Spring学习指南

（第4版）

[印度] J. 夏尔马（J. Sharma） 阿西施·萨林 (Ashish Sarin) 著
周密 译

人民邮电出版社
北京

图书在版编目（C I P）数据

Spring学习指南 : 第4版 / (印) J.夏尔马
(J. Sharma) , (印) 阿西施·萨林 (Ashish Sarin) 著 ;
周密译. -- 北京 : 人民邮电出版社, 2020.1
ISBN 978-7-115-51929-0

Ⅰ. ①S… Ⅱ. ①J… ②阿… ③周… Ⅲ. ①JAVA语言
—程序设计 Ⅳ. ①TP312.8

中国版本图书馆CIP数据核字(2019)第189458号

版权声明

◆ 著　　[印度] J. 夏尔马（J. Sharma ）阿西施·萨林(Ashish Sarin)
译　　周　密
责任编辑　吴晋瑜
责任印制　焦志炜

◆ 人民邮电出版社出版发行　　北京市丰台区成寿寺路 11 号
邮编　100164　　电子邮件　315@ptpress.com.cn
网址　http://www.ptpress.com.cn
大厂聚鑫印刷有限责任公司印刷

◆ 开本：787×1092　1/16
印张：29.75
字数：954 千字　　2020 年 1 月第 1 版
印数：1 – 2 400 册　　2020 年 1 月河北第 1 次印刷

著作权合同登记号　图字：01-2018-7368 号

定价：89.00 元

读者服务热线：(010) 81055410　印装质量热线：(010) 81055316
反盗版热线：(010) 81055315
广告经营许可证：京东工商广登字 20170147 号

内 容 提 要

Spring 框架是以简化 J2EE 应用程序开发为特定目标而创建的，是当前最流行的 Java 开发框架。本书主要介绍 Beans 的配置、依赖注入、定制 bean、基于 Java 的容器、AOP、Spring Data、Spring MVC 等内容。本书基于非常适合构建 JavaWeb 微服务框架的 Spring 5 编写，涵盖 Java 的函数式编程、RxJava 2 的反应式编程、用 Spring WebFlux、Spring Data 和 Spring Security 开发反应式 RESTful Web 服务等内容。

本书适合 Web 开发者和想使用 Spring 的初学者参考，也可供对 Web 开发和 Spring 感兴趣的读者参考。

前　　言

如何使用这本书

下载示例项目

这本书有许多示例项目，你可以从 GitHub 中找到相应的项目。你既可以将示例项目作为单个 ZIP 文件下载，也可以使用 Git 检出示例项目。

将示例项目导入你的 Eclipse IDE

如果你在阅读本书时发现有 IMPORT chapter<chapter-number>/<project name> 这样的标识，应该将指定的项目导入你的 Eclipse IDE（或者使用其他的 IDE）。附录 B 介绍了导入和运行示例项目所需的步骤。

参考代码示例

本书在每个程序示例中都会指明示例项目的名称（使用 Project 标签）和源文件位置（使用 Source location 标签）。如果没有在程序示例中指明 Project 和 Source location 标签，那么你可以认为程序示例中的代码并不是从示例项目中摘录出来的，纯粹是为了帮助你理解而给出的。

本书使用的体例

斜体字用于强调术语。

`Consolas` 用于程序示例，`Java` 代码，`XML` 中的配置细节、属性文件以及展示程序输出。

`Consolas` 用于在程序示例和程序输出中突出重要的代码或者配置。

> **注　意**
>
> 这样的一个标注突出了一个重要的点或概念。

反馈和问题

你可以在异步社区中本书的图书详情页发送反馈和问题。

关于作者

J. 夏尔马（J. Sharma）拥有丰富的 Spring 应用开发经验，是一位自由职业的 Java 开发者。

阿西施·萨林（Ashish Sarin）拥有超过 18 年的应用程序架构设计经验，是 Sun 认证企业架构师。他同时也是 *Spring Roo 1.1 Cookbook*（Packt 出版社）和 *Portlets in Action*（Manning 出版社）的作者。

资源与支持

本书由异步社区出品，社区（https://www.epubit.com/）为您提供相关资源和后续服务。

配套资源

本书为读者提供源代码。

请在异步社区本书页面中单击 配套资源，跳转到下载界面，按提示进行操作即可。注意：为保证购书读者的权益，该操作会给出相关提示，要求输入提取码进行验证。

提交勘误

作者和编辑尽最大努力来确保书中内容的准确性，但难免会存在疏漏。欢迎您将发现的问题反馈给我们，帮助我们提升图书的质量。

当您发现错误时，请登录异步社区，按书名搜索，进入本书页面，单击“提交勘误”，输入勘误信息，单击“提交”按钮即可。本书的作者和编辑会对您提交的勘误进行审核，确认并接受后，将赠予您异步社区的 100 积分（积分可用于在异步社区兑换优惠券、样书或奖品）。

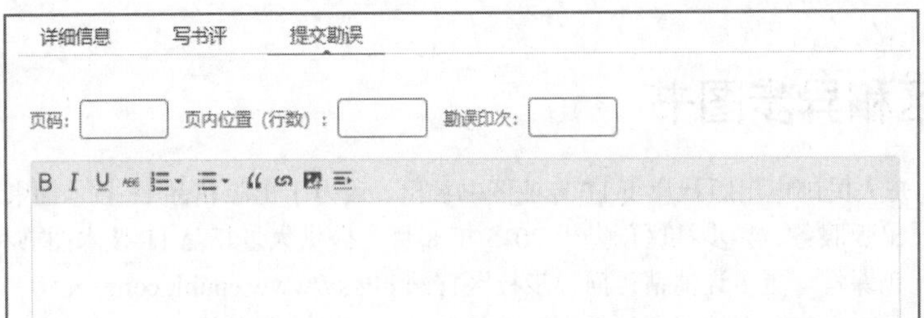

扫码关注本书

扫描下方二维码，您将会在异步社区微信服务号中看到本书信息及相关的服务提示。

与我们联系

我们的联系邮箱是 contact@epubit.com.cn。

如果您对本书有任何疑问或建议，请您发邮件给我们，并请在邮件标题中注明本书书名，以便我们更高效地做出反馈。

如果您有兴趣出版图书、录制教学视频，或者参与图书翻译、技术审校等工作，可以发邮件给我们；有意出版图书的作者也可以到异步社区在线提交投稿（直接访问 www.epubit.com/selfpublish/submission 即可）。

如果您来自学校、培训机构或企业，想批量购买本书或异步社区出版的其他图书，也可以发邮件给我们。

如果您在网上发现有针对异步社区出品图书的各种形式的盗版行为，包括对图书全部或部分内容的非授权传播，请您将怀疑有侵权行为的链接发邮件给我们。您的这一举动是对作者权益的保护，也是我们持续为您提供有价值的内容的动力之源。

关于异步社区和异步图书

"异步社区"是人民邮电出版社旗下 IT 专业图书社区，致力于出版精品 IT 技术图书和相关学习产品，为作译者提供优质出版服务。异步社区创办于 2015 年 8 月，提供大量精品 IT 技术图书和电子书，以及高品质技术文章和视频课程。更多详情请访问异步社区官网 https://www.epubit.com。

"异步图书"是由异步社区编辑团队策划出版的精品 IT 专业图书的品牌，依托于人民邮电出版社近 30 年的计算机图书出版积累和专业编辑团队，相关图书在封面上印有异步图书的 LOGO。异步图书的出版领域包括软件开发、大数据、AI、测试、前端、网络技术等。

异步社区

微信服务号

目 录

第 1 章　Spring 框架概述

1.1　简介

在传统的 Java 企业级应用开发中，创建结构良好、易于维护和易于测试的应用程序是开发者的职责。开发者用各式各样的设计模式来解决这些应用的非业务需求。这不但导致开发者生产效率低下，而且对开发应用的质量造成了不良影响。

Spring 框架（简称 Spring）是一个用于简化 Java 企业级应用开发的开源的应用程序框架。它提供了开发结构良好、可维护和易于测试的应用所需的基础设施，使用 Spring 时，开发者只需要专注于编写应用的业务逻辑，从而提高了开发者的生产效率。你可以使用 Spring 开发独立的 Java 应用程序、Web 应用程序、Applet，或任何其他类型的 Java 应用程序。你可以访问 Spring 项目的主页来查阅相关的文档和 API。

本章首先介绍 Spring 的模块和它们的优点。Spring 的核心是提供了依赖注入（Dependency Injection，DI）机制的控制翻转（Inversion of Control，IoC）容器。然后介绍 Spring 的 DI 机制和 IoC 容器，并展示如何使用 Spring 开发一个独立的 Java 应用。最后介绍 Spring 5 的新特性和增强的功能，以及一些以 Spring 为基础的项目。有了本章的铺垫，我们可以在后面的章节更深入地探究 Spring 框架。

注　意

在本书中，我们将以一个名为 **MyBank** 的网上银行应用为例，介绍 Spring 框架的功能。

1.2　Spring 框架的模块

Spring 框架由多个模块组成，它们根据应用开发功能进行分组。表 1-1 列出了 Spring 框架中的各个模块组，并描述了其中一些重要模块组所提供的功能。

表 1-1　　　　Spring 框架中的各个模块组

模块组	描述
Core container	包含构成 Spring 框架基础的模块。该组中的 spring-core 和 spring-beans 模块提供了 Spring 的 DI 功能和 IoC 容器实现。spring-expressions 模块为在 Spring 应用中通过 **Spring 表达式语言**（见第 6 章）配置应用程序对象提供了支持
AOP and instrumentation	包含支持 AOP（面向切面编程）和类工具模块。The spring-aop 模块提供 Spring 的 AOP 功能，spring-instrument 模块提供了对类工具的支持
Messaging	包含简化开发基于消息的应用的 spring-messaging 模块
Data Access/Integration	包含简化与数据库和消息提供者交互的模块。spring-jdbc 模块简化了用 JDBC 与数据库的交互，spring-orm 模块提供了与 ORM（对象关系映射）框架的集成，如 JPA 和 Hibernate。spring-jms 模块简化了与 JMS 提供者的交互 此模块组还包含 spring-tx 模块，该模块提供了编程式与声明式事务管理
Web	包含简化开发 Web 和 portlet 应用的模块。spring-web 和 spring-webmvc 模块都是用于开发 Web 应用和 RESTful 的 Web 服务的。spring-websocket 模块支持使用 WebSocket 开发 Web 应用
Test	包含 spring-test 模块，简化了创建单元和集成测试

注 意

Spring 5 不再支持开发 portlet 应用程序。如果你想使用 Spring 开发 portlet 应用程序，请继续使用 Spring 4.3.x 版本。

由表 1-1 可知，Spring 涵盖了企业应用程序开发的各个方面，可以使用 Spring 开发 Web 应用程序、访问数据库、管理事务、创建单元和集成测试等。在设计 Spring 框架模块时，你只需要引入应用程序所需要的模块。例如，在应用程序中使用 Spring 的 DI 功能，只需要引入核心容器（**Core container**）组中的模块。看完本书之后，你会发现更多关于 Spring 模块和示例的细节，来展示如何把它们应用在开发工作中。

在 Spring 框架中，JAR 文件的命名惯例如下：

```
spring-<short-module-name>-<spring-version>.jar.
```

其中，**<short-module-name>** Spring 模块的简称，如 aop、beans、context、expressions 等，而**<spring-version>**是 Spring 框架的版本。

根据这个命名惯例，Spring 5.0.1.RELEASE 版本中 JAR 文件的名字为 spring-aop-5.0.1.RELEASE.jar、spring-beans-5.0.1.RELEASE.jar 等。

图 1-1 显示了 Spring 模块之间的依赖关系。其中，**核心容器**组所包含的模块是 Spring 框架的中心，其他模块都依赖于它。同等重要的是 AOP 和工具组所包含的模块，因为它们提供了 Spring 框架中其他模块的 AOP 功能。

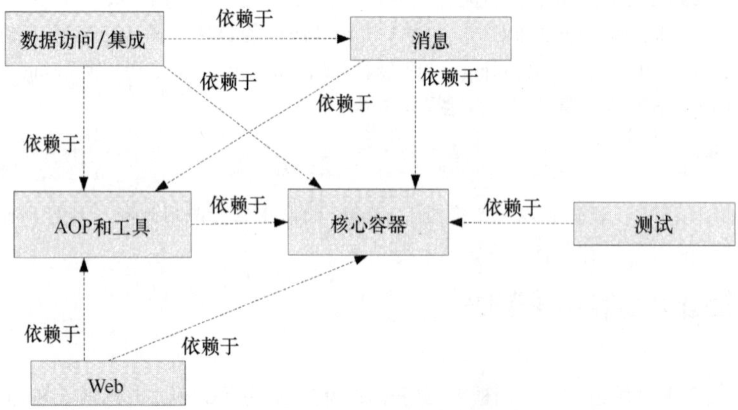

图 1-1 Spring 模块之间的依赖关系

现在你对 Spring 所涵盖的应用程序开发已经有了一些基本的了解，让我们来介绍一下 Spring 的 IoC 容器。

1.3 Spring IoC 容器

一个 Java 应用程序由互相调用以提供应用程序行为的一组对象组成。某个对象调用的其他对象称为它的**依赖项**。例如，如果对象 X 调用了对象 Y 和 Z，那么 Y 和 Z 就是对象 X 的依赖项。DI（Dependency Injection）是一种设计模式，其中对象的依赖项通常被指定为其构造函数和 setter 方法的参数。这些依赖项将在这些对象创建时注入该对象中。

在 Spring 应用程序中，Spring IoC 容器（也称为 Spring 容器）负责创建应用程序对象并注入它们的依赖项。Spring 容器创建和管理的应用对象称为 **bean**。由于 Spring 容器负责将应用程序对象组合在一起，因此不需要实现诸如工厂或者服务定位器等设计模式来构成应用。因为创建和注入依赖项的不是应用程序的对象，而是 Spring 容器，所以 DI 也称为控制反转（IoC，Inversion of Control）。

假设 Mybank 应用程序（这是示例应用程序的名称）包含 FixedDepositController 和 FixedDepositService 两个对象，FixedDepositController 对象依赖于 FixedDepositService 对象，如代码清单 1-1 所示。

代码清单 1-1 FixedDepositController 类

```
public class FixedDepositController {
  private FixedDepositService fixedDepositService;

  public FixedDepositController() {
    fixedDepositService = new FixedDepositService();
  }

  public boolean submit() {
    //-- 保存定期存款明细
    fixedDepositService.save(.....);
  }
}
```

在代码清单 1-1 中，FixedDepositController 的构造函数创建了一个 FixedDepositService 的实例后用于 FixedDepositController 的 submit 方法。因为 FixedDepositController 调用了 FixedDepositService，所以 FixedDepositService 就是 FixedDepositController 的一个依赖项。

若要将 FixedDepositController 配置为一个 Spring bean，首先需要修改代码清单 1-1 中的 FixedDepositController 类，让它接收 FixedDepositService 依赖作为构造函数参数或者 setter 方法的参数。修改后的 FixedDepositController 类如代码清单 1-2 所示。

代码清单 1-2 FixedDepositController 类——FixedDepositService 作为构造函数参数传递

```
public class FixedDepositController {
  private FixedDepositService fixedDepositService;

  public FixedDepositController(FixedDepositService fixedDepositService) {
    this.fixedDepositService = fixedDepositService;
  }

  public boolean submit() {
    //--保存定期存款明细
    fixedDepositService.save(.....);
  }
}
```

代码清单 1-2 表明 FixedDepositService 示例现在已经作为构造函数参数传递到 FixedDepositController 实例中。现在的 FixedDepositController 类可以配置为一个 Spring bean。注意，FixedDepositController 类并没有实现或者继承任何 Spring 的接口或者类。

在基于 Spring 的应用程序中，有关应用程序对象及其依赖项的信息都是由**配置元数据**来指定的。Spring IoC 容器读取应用程序的配置元数据来实例化应用程序对象并注入它们的依赖项。代码清单 1-3 展示了包含 FixedDepositController 和 FixedDepositService 两个类的 MyBank 应用程序的配置元数据（XML 格式）。

代码清单 1-3 MyBank 应用程序的配置元数据

```
<beans .....>
  <bean id="fdController" class="sample.spring.controller.FixedDepositController">
    <constructor-arg ref="fdService" />
  </bean>

  <bean id="fdService" class="sample.spring.service.FixedDepositService"/>
</beans>
```

在代码清单 1-3 中，每个<bean>元素定义了一个由 Spring 容器管理的应用对象，而<constructor-arg>元素指定 FixedDepositService 实例作为一个构造函数的参数传递给 FixedDepositController。我们将在本章后面的部分介绍<bean>元素，关于<constructor-arg>元素的介绍会放在第 2 章。

Spring 容器读取应用程序的配置元数据（见代码清单 1-3）后，创建由<bean>元素定义的应用程序并注入它们的依赖项。Spring 容器使用 Java 反射 API 创建应用程序对象并注入其依赖项。图 1-2 总结了 Spring 容器的工作原理。

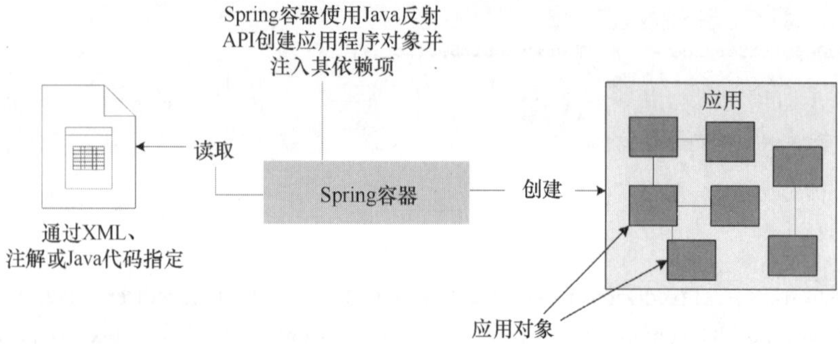

图 1-2 Spring 容器读取应用程序的配置元数据并创建一个配置完整的应用程序

Spring 容器的配置元数据可以通过 XML（见代码清单 1-3）、Java 注解（见第 6 章）以及 Java 代码（见第 7 章）来指定。

由于 Spring 容器负责创建和管理应用程序对象，企业服务（如事务管理、安全性、远程访问等）可以通过 Spring 容器透明地应用到对象上。Spring 容器的这种增强应用程序对象附加功能的能力让我们可以使用简单的 Java 对象（也称为 Plain Old Java Object，POJO）作为应用对象。对应于 POJO 的 Java 类称作 **POJO 类**，也就是不实现或继承特定于框架的接口或类的 Java 类。需要这些 POJO 的企业服务，如事务管理、安全、远程访问等，由 Spring 容器透明地提供。

现在你知道 Spring 容器是如何工作的了，下面再通过几个例子来看看使用 Spring 开发应用的好处。

1.4 使用 Spring 框架的好处

在前面的章节中，我们介绍了 Spring 带来的以下好处。

（1）Spring 负责应用程序对象的创建并注入它们的依赖项，简化了 Java 应用程序的组成。

（2）Spring 推动了以 POJO 的形式来开发应用程序。

Spring 提供了一个负责样板代码的抽象层，以此简化与以下模块的交互，如 JMS 提供者、JNDI、MBean 服务器、邮件服务器和数据库等。

让我们快速地通过几个例子来更好地理解使用 Spring 开发应用程序有哪些好处。

1.4.1 管理本地和全局事务的一致方法

如果你正在使用 Spring 开发一个需要**事务**的应用程序，那么可以使用 Spring 的**声明式事务管理**来管理事务。

MyBank 应用程序中的 FixedDepositService 类，如代码清单 1-4 所示。

代码清单 1-4 FixedDepositService 类

```
public class FixedDepositService {
  public FixedDepositDetails getFixedDepositDetails( ..... ) { ..... }
  public boolean createFixedDeposit(FixedDepositDetails fixedDepositDetails) { ..... }
}
```

FixedDepositService 类是用来定义定期存款业务中创建和取回明细方法的 POJO 类。图 1-3 展示了创建一笔新的定期存款的表单。

图 1-3 创建定期存款的 HTML 表单

一位客户在上面的表单中输入了定期存款金额、存期和电子邮箱 ID 信息，并单击 SAVE 按钮来创建一笔新的定期存款，此时会调用在 FixedDepositService 中的 createFixedDeposit 方法（见代码清单 1-4）来创建存款，createFixedDeposit 方法从该客户银行账户中扣除他输入的金额并创建一笔等额的定期存款。

假定关于客户银行余额的信息存在数据表 BANK_ACCOUNT_DETAILS 中，定期存款的明细存在数据表 FIXED_DEPOSIT_DETAILS 中。如果客户创建了一笔金额为 x 的定期存款，应该在 BANK_ACCOUNT_DETAILS 表中减去 x 并在 FIXED_DEPOSIT_DETAILS 表中插入一条记录来反映这笔新加的定期存款。如果 BANK_ACCOUNT_DETAILS 表没有更新或者新的记录没有插入 FIXED_DEPOSIT_DETAILS 表，这会让系统处于不一致状态。这意味着 createFixedDeposit 方法必须在一个事务中执行。

由 Mybank 应用程序所使用的数据库是一个事务性资源。以传统的方式在一个工作单元中执行一组数据库的修改操作时，先要禁用 JDBC 连接的自动提交模式，然后执行 SQL 语句，最后提交（或回滚）事务。代码清单 1-5 展示了使用传统方式管理数据库事务的 createFixedDeposit 方法。

代码清单 1-5 以编程方式使用 JDBC 连接对象管理数据库事务

```
import java.sql.Connection;
import java.sql.SQLException;

public class FixedDepositService {
   public FixedDepositDetails getFixedDepositDetails( ..... ) { ..... }

   public boolean createFixedDeposit(FixedDepositDetails fixedDepositDetails) {
           Connection con = ..... ;
           try {
               con.setAutoCommit(false);
               //-- 执行修改数据库表的 SQL 语句
               con.commit();
           } catch(SQLException sqle) {
               if(con != null) {
                   con.rollback();
               }
           }
           .....
      }
}
```

代码清单 1-5 展示了如何在 createFixedDeposit 方法中以编程方式使用 JDBC 连接对象管理数据库事务。与具体资源相关的事务，如与 JDBC 连接对象相关的事务，称为**本地事务**。

使用 JDBC Connection 对象管理事务的方法适用于只涉及单个数据库（即单个事务资源）的应用场景。当涉及多个事务资源，使用 JTA（Java 事务 API）来管理事务时，例如要在同一个事务中将 JMS 消息发送到消息中间件（一种事务资源）并更新数据库（另一种事务资源），则必须使用一个 JTA 事务管理器管理事务。JTA 事务也称为全局（或分布式）事务。要使用 JTA，需要先从 JNDI 中获取 UserTransaction 对象

（这是 JTA API 的一部分），并编程开始和提交（或回滚）事务。

如你所见，可以使用 JDBC 连接（本地事务）或 userTransaction（对于全局事务）对象以编程方式管理事务。但是请注意，本地事务**无法**在全局事务中运行。这意味着如果要在 createFixedDeposit 数据库更新方法（见代码清单 1-5）使之成为 JTA 事务的一部分，则需要修改 createFixedDeposit 方法，用 UserTransaction 对象进行事务管理。

Spring 通过提供一个抽象层来简化事务管理，从而提供管理本地和全局事务的一致方法。这意味着如果用 Spring 的事务抽象写 createfixeddeposit 方法（见代码清单 1-5），那么从本地切换到全局事务管理时不需要修改方法，反之亦然。Spring 的事务抽象将在第 8 章详细说明。

1.4.2 声明式事务管理

Spring 提供了使用**声明式事务管理**的选项，你可以在一个方法上使用 Spring 的@Transactional 注解并让 Spring 来处理事务，如代码清单 1-6 所示。

代码清单 1-6 使用@Transactional 注解

```
import org.springframework.transaction.annotation.Transactional;

public class FixedDepositService {
  public FixedDepositDetails getFixedDepositDetails( ..... ) { ..... }

  @Transactional
  public boolean createFixedDeposit(FixedDepositDetails fixedDepositDetails) { ..... }
}
```

代码清单 1-6 表明，FixedDepositService 类没有实现或继承任何特定于 Spring 的接口或类以得到 Spring 的事务管理能力。Spring 框架透明地通过@Transactional 注解为 createFixedDeposit 方法提供事务管理功能。这说明 Spring 是一个非侵入性的框架，因为它不需要应用对象依赖于 Spring 特定的类或接口。由于事务管理是由 Spring 接管的，因此不需要直接使用事务管理 API 来管理事务。

1.4.3 安全

对于任何 Java 应用程序来说，安全都是非常重要的。Spring Security 是一个置于 Spring 框架顶层的项目，它提供了身份验证和授权功能，可以用来保护 Java 应用程序。下面以 3 个在 Mybank 应用程序中认证过的用户角色为例进行说明，即 LOAN_CUSTOMER、SAVINGS_ACCOUNT_CUSTOMER 和 APPLICATION_ADMIN。调用 FixedDepositService 类（见示例 1-6）中 createFixedDeposit 方法的客户必须是相关的 SAVINGS_ ACCOUNT_CUSTOMER 或者拥有 APPLICATION_ADMIN 角色。使用 Spring Security 时，你可以通过在 createFixedDeposit 方法上添加 Spring Security 的 @Secured 注解来轻松地解决这个问题，如代码清单 1-7 所示。

代码清单 1-7 使用@Secured 注解的 createFixedDeposit 方法

```
import org.springframework.transaction.annotation.Transactional;
import org.springframework.security.access.annotation.Secured;

public class FixedDepositService {
        public FixedDepositDetails getFixedDepositDetails( ..... ) { ..... }

        @Transactional
        @Secured({ "SAVINGS_ACCOUNT_CUSTOMER", "APPLICATION_ADMIN" })
        public boolean createFixedDeposit(FixedDepositDetails fixedDepositDetails) { ..... }
}
```

如果用@Secured 给一个方法加注解，安全特性将被 Spring Security 框架透明地应用到该方法上。代码清单 1-7 表明，为了实现方法级别的安全，你无须继承或实现任何 Spring 特定类或接口，而且不需要在业务方法中写安全相关的代码。

我们将在第 16 章详细讨论 Spring Security 框架。

1.4.4 Java 管理扩展

Spring 对 Java 管理扩展（JMX）的支持可以让你非常简单地将 JMX 技术融合到应用程序中。

假设 Mybank 应用程序的定期存款功能应该只在每天早上 9 点到下午 6 点的时间段提供给客户。为了满足这个要求，你需要在 FixedDepositService 中增加一个变量，以此作为一个标志表明定期存款服务是否活跃。代码清单 1-8 显示了使用活跃变量的 FixedDepositService 类。

代码清单 1-8 使用活跃变量的 FixedDepositService 类

```
public class FixedDepositService {
   private boolean active;

  public FixedDepositDetails getFixedDepositDetails( ..... ) {
         if(active) { ..... }
  }
  public boolean createFixedDeposit(FixedDepositDetails fixedDepositDetails) {
         if(active) { ..... }
  }
  public void activateService() {
         active = true;
  }
  public void deactivateService() {
         active = false;
  }
}
```

代码清单 1-8 表明，FixedDepositService 类中加了一个名为 active 的变量。如果 active 变量的值为 true，getFixedDepositDetails 和 createFixedDeposit 方法将按照预期工作。如果 active 变量的值为 false，getFixedDepositDetails 和 createFixedDeposit 方法将抛出一个异常，表明定期存款服务当前不可用。activateService 和 deactivateService 方法分别将 active 变量的值置为 true 和 false。

那么，谁调用 activateService 和 deactivateService 方法呢？假设有一个名为 Bank App Scheduler 的调度应用程序，分别在上午 9:00 和下午 6:00 执行 activateservice 和 deactivateservice 方法。Bank App Scheduler 应用使用 JMX（Java 管理扩展）API 与 FixedDepositService 实例远程交互。

注 意

有关 JMX 的更多信息，请查阅相关的文档。

Bank App Scheduler 使用 JMX 改变 FixedDepositService 中 active 变量的值，你需要将 FixedDepositService 实例在一个可被管理的 bean（或者称为 MBean）服务器上注册为一个 MBean，并将 FixedDepositService 中的 activateService 和 deactivateService 方法暴露为 JMX 操作方法。在 Spring 中，你可以通过在一个类上添加 Spring 的@ManagedResource 注解来将一个类的实例注册到 MBean 服务器上，并且可以使用 Spring 的@ManagedOperation 注解将该类的方法暴露为 JMX 操作方法。

代码清单 1-9 展示了使用@ManagedResource 和@ManagedOperation 注解将 FixedDepositService 类的实例注册到 MBean 服务器，并将 activateService 和 deactivateService 方法暴露为 JMX 操作方法。

代码清单 1-9 使用 Spring JMX 支持的 FixedDepositService 类

```
import org.springframework.jmx.export.annotation.ManagedOperation;
import org.springframework.jmx.export.annotation.ManagedResource;

@ManagedResource(objectName =  "fixed_deposit_service:name=FixedDepositService")
public class FixedDepositService {
```

```
    private boolean active;

    public FixedDepositDetails getFixedDepositDetails( ..... ) {
        if(active) { ..... }
    }
    public boolean createFixedDeposit(FixedDepositDetails fixedDepositDetails) {
        if(active) { ..... }
    }

    @ManagedOperation
    public void activateService() {
        active = true;
    }

    @ManagedOperation
    public void deactivateService() {
        active = false;
    }
}
```

代码清单 1-9 表明 FixedDepositService 类将它的实例注册到 MBean 服务器并暴露它的方法为 JMX 操作方法时，并没有直接使用 JMX API。

1.4.5 Java 消息服务

Spring 的 Java 消息服务（JMS）支持简化了与 JMS 提供者之间的消息发送和接收。

在 MyBank 应用程序中，当客户通过电子邮件提交一个接收其定期存款明细的请求时，FixedDepositService 将请求的明细发送到 JMS 消息中间件（比如 ActiveMQ），而请求随后由消息侦听器处理。Spring 通过提供一个抽象层来简化与 JMS 提供者的交互。代码清单 1-10 展示了 FixedDepositService 类如何通过 Spring 的 JmsTemplate 将请求的明细发送到 JMS 提供者。

代码清单 1-10　发送 JMS 消息的 FixedDepositService 类

```
import org.springframework.beans.factory.annotation.Autowired;
import org.springframework.jms.core.JmsTemplate;

public class FixedDepositService {
  @Autowired
  private transient JmsTemplate jmsTemplate;
  .....
  public boolean submitRequest(Request request) {
      jmsTemplate.convertAndSend(request);
  }
}
```

在代码清单 1-10 中，FixedDepositService 定义了一个 JmsTemplate 类型的变量，这个变量使用了 Spring 的@Autowired 注解。现在，你可以认为@Autowired 注解提供了一个 JmsTemplate 实例。这个 JmsTemplate 实例知道 JMS 消息发送的目的地。FixedDepositService 类的 submitRequest 方法调用了 JmsTemplate 的 convertAndSend 方法，把请求的明细（由 submitRequest 方法的 Request 参数表示）作为一个 JMS 消息发送到 JMS 提供者。我们将在第 10 章详细介绍 JmsTemplate。

这也再一次表明，如果使用 Spring 框架向 JMS 提供者发送消息，并不需要直接处理 JMS API。

1.4.6 缓存

Spring 的缓存抽象提供了在应用程序中使用缓存的一致方法。

使用缓存解决方案来提高应用程序的性能是很常见的。MyBank 应用使用一个缓存产品以提高读取定期存款明细操作的性能。Spring 框架通过抽象缓存相关的逻辑来简化与不同缓存解决方案的交互。

代码清单 1-11 展示了 FixedDepositService 类的 getFixedDepositDetails 方法使用 Spring 的缓存抽象功能来缓存定期存款明细。

代码清单 1-11　将定期存款明细缓存的 FixedDepositService 类

```
import org.springframework.cache.annotation.Cacheable;

public class FixedDepositService {

  @Cacheable("fixedDeposits")
  public FixedDepositDetails getFixedDepositDetails( ..... ) { ..... }

  public boolean createFixedDeposit(FixedDepositDetails fixedDepositDetails) { ..... }
}
```

在代码清单 1-11 中，Spring 的@Cacheable 注解表明由 getFixedDepositDetails 方法返回的定期存款明细将被缓存起来，如果使用同样的参数来调用 getFixedDepositDetails 方法，getFixedDepositDetails 方法并不会实际运行，而是直接返回缓存中的定期存款明细。这表明，如果使用 Spring 框架，则不需要在类中编写与缓存相关的逻辑。Spring 的缓存抽象在第 10 章中详细介绍。

在这一部分中，我们看到 Spring 框架通过透明地向 POJO 提供服务的方式简化了企业应用程序的开发，从而将开发者从底层 API 的细节中解放出来。Spring 还提供了与各种标准框架，如 Hibernate、Quartz、JSF、Struts 和 EJB 等的简单集成，使得 Spring 成为企业应用程序开发的理想选择。

现在，我们已经看到了一些使用 Spring 框架的好处。下面来看如何开发一个简单的 Spring 应用程序。

1.5　一个简单的 Spring 应用程序

在这一部分，我们来关注一个使用 Spring 的 DI 功能的简单的 Spring 应用程序。在一个应用程序中使用 Spring 的 DI 功能，需要遵循以下步骤。

（1）确定应用程序对象及其依赖关系。

（2）根据步骤 1 中确定的应用程序对象创建 POJO 类。

（3）创建描述应用程序对象及其依赖项的配置元数据。

（4）创建一个 Spring IoC 容器的实例并将配置元数据传递给它。

（5）从 Spring IoC 容器实例中访问应用程序对象。

现在让我们来看看上述步骤在 Mybank 应用程序中是如何体现的。

1.5.1　确定应用程序对象及其依赖关系

前面讨论过，Mybank 应用程序展示了创建一笔定期存款的表单（见图 1-3）。图 1-4 的时序图显示了当用户提交表单时出现的应用程序对象（以及它们之间的交互）。

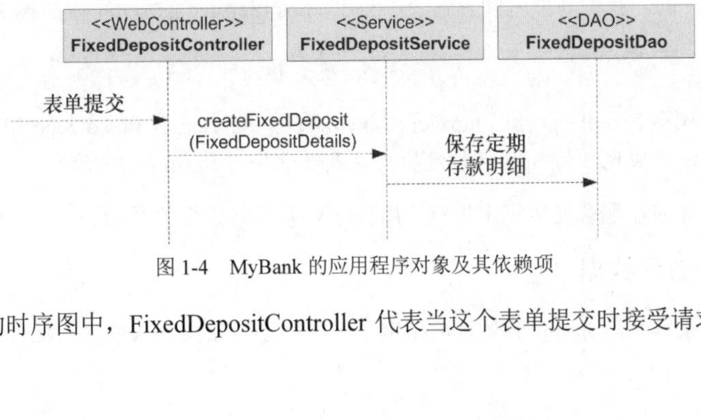

图 1-4　MyBank 的应用程序对象及其依赖项

在图 1-4 所示的时序图中，FixedDepositController 代表当这个表单提交时接受请求的 WebController，而 FixedDepositDetails 对象包含定期存款明细，FixedDepositController 调用 FixedDepositService（服务层对象）的 createFixedDeposit 方法。然后，FixedDepositService 调用 FixedDepositDao 对象（数据访问对象）来把定期存款明细保存到应用程序的数据存储区。因此，我们可以从图中理解 FixedDepositService 是 FixedDepositController 对象的依赖项，而 FixedDepositDao 是 FixedDepositService 对象的依赖项。

含 义

chapter 1/ch01-bankapp-xml（这个项目是一个使用 Spring DI 功能的简单的 Spring 应用程序。执行项目中 BankApp 类中的 main 方法即可运行应用程序）。

1.5.2 根据确定的应用程序对象创建 POJO 类

一旦确定了应用程序对象，下一步就是根据这些应用程序对象创建 POJO 类。ch01-bankapp-xml 项目中包含了对应于 FixedDepositController、FixedDepositService 和 FixedDepositDao 这些应用程序对象的 POJO 类。ch01-bankapp-xml 项目是一个使用 Spring DI 功能的简化版 Mybank 应用程序。你可以将 ch01-bankapp-xml 项目导入 IDE 中。接下来我们来看这个项目中包含的文件。

在 1.3 节中，我们讨论了把依赖项作为构造函数参数或作为 setter 方法参数传递给应用程序对象。代码清单 1-12 展示了一个 FixedDepositService 的实例（FixedDepositController 的依赖项）是如何作为一个 setter 方法的参数传递给 FixedDepositController 类的。

代码清单 1-12 FixedDepositController 类

```
Project-ch01-bankapp-xml
Source location - src/main/java/sample/spring/chapter01/bankapp

package sample.spring.chapter01.bankapp;
.....
public class FixedDepositController {
  .....
  private FixedDepositService fixedDepositService;
  .....
  public void setFixedDepositService(FixedDepositService fixedDepositService) {
    logger.info("Setting fixedDepositService property");
    this.fixedDepositService = fixedDepositService;
  }
  .....
  public void submit() {
    fixedDepositService.createFixedDeposit(new FixedDepositDetails( 1, 10000,
      365, "someemail@something.com"));
  }
  .....
}
```

在代码清单 1-12 中，FixedDepositService 这个依赖项是通过 setFixedDepositService 方法被传递给 FixedDepositController 的。我们马上就能看到 setFixedDepositService 的 setter 方法被 Spring 调用。

注 意

如果观察 FixedDepositController、FixedDepositService 和 FixedDepositDao 类，你会发现这几个类都没有实现任何 Spring 特定的接口或继承任何 Spring 指定的类。

现在让我们看看如何在配置元数据中指定应用程序对象及其依赖关系。

1.5.3 创建配置元数据

我们在 1.3 节中了解到，Spring 容器读取指定了应用程序对象及其依赖项的配置元数据，将应用程序对象实例化并注入它们的依赖项。在本节中，我们先介绍配置元数据中包含的其他信息，然后深入研究如何用 XML 方式指定配置元数据。

配置元数据指定应用程序所需的企业服务（如事务管理、安全性和远程访问）的信息，例如，如果想让 Spring 来管理事务，你需要在配置元数据中配置对 Spring 的 PlatformTransactionManager 接口的一个实现。PlatformTransactionManager 实现负责管理事务（更多关于 Spring 的事务管理功能详见第 8 章）。

如果应用程序和消息中间件（如 ActiveMQ）、数据库（如 MySQL）、电子邮件服务器等进行交互，那么这些简化了与外部系统交互的 Spring 的特定对象也是在配置元数据中定义的。例如，如果应用程序需要向 ActiveMQ 发送或接收 JMS 消息，你可以在配置元数据中配置 Spring 的 JmsTemplate 类来简化和 ActiveMQ 的交互。在代码清单 1-10 中可以看到，如果使用 JmsTemplate 向 JMS 提供者发送消息，你不需要处理低级别的 JMS API（更多关于 Spring 对与 JMS 提供者交互的支持详见第 10 章）。

你可以通过 XML 文件或者通过 POJO 类中的注解将配置元数据提供给 Spring 容器。从 Spring 3.0 版本开始，你也可以通过在 Java 类上添加 Spring 的@Configuration 注解来将配置元数据提供给 Spring 容器。在本节中，我们将介绍如何通过 XML 方式指定配置元数据。在第 6 章和第 7 章中，我们将分别介绍如何通过 POJO 类中的注解和通过对 Java 类的@Configuration 注解来配置元数据。

通过创建一个包含应用程序对象及其依赖项信息的**应用程序上下文 XML** 文件，可以按照 XML 格式将配置元数据提供给应用程序。代码清单 1-13 呈现了一个应用程序上下文 XML 文件的大体样式。下面的 XML 展示了 MyBank 应用程序的应用程序上下文 XML 文件由 FixedDepositController、FixedDepositService 以及 FixedDepositDao（见图 1-4 以了解这些对象如何相互作用）等对象组成。

代码清单 1-13 applicationContext.xml——MyBank 的应用程序上下文 XML 文件

```
Project-ch01-bankapp-xml
Source location - src/main/resources/META-INF/spring

<?xml version="1.0" encoding="UTF-8" standalone="no"?>
<beans xmlns = "http://www.springframework.org/schema/beans"
    xmlns:xsi = "http://www.w3.org/2001/XMLSchema-instance"
    xsi:schemaLocation = "http://www.springframework.org/schema/beans
          http://www.springframework.org/schema/beans/spring-beans.xsd">

    <bean id="controller"
            class="sample.spring.chapter01.bankapp.FixedDepositController">
        <property name="fixedDepositService" ref="service" />
    </bean>

    <bean id="service" class="sample.spring.chapter01.bankapp.FixedDepositService">
      <property name="fixedDepositDao" ref="dao" />
    </bean>

    <bean id="dao" class="sample.spring.chapter01.bankapp.FixedDepositDao"/>
</beans>
```

以下是关于应用程序上下文 XML 文件的要点。

（1）在 spring-beans.xsd schema（也被称为 Spring 的 bean schema）中定义的<beans>元素是应用程序上下文的 XML 文件的根元素。spring-beans.xsd schema 包含在 Spring 5.0.1 发布版的 spring-beans-5.0.1.RELEASE.jar JAR 包中。

（2）每个<bean>元素配置一个由 Spring 容器管理的应用程序对象。在 Spring 框架的术语中，一个<bean>元素代表一个 bean 定义。Spring 容器创建的基于 bean 定义的对象称为一个 bean。id 特性指定 bean 的唯一名称，class 特性指定 bean 的完全限定类名。还可以使用<bean>元素的 name 特性来指定 bean 的别名。在 MyBank 应用程序中，FixedDepositController、FixedDepositService 和 FixedDepositDao 为应用程序对象，因此我们有 3 个<bean>元素——每个应用程序对象对应一个<bean>元素。由于 Spring 容器管理着由<bean>元素配置的应用程序对象，Spring 容器也就需要承担创建并注入它们的依赖关系的责任。不需要直接创建由<bean>元素定义的应用程序对象实例，而是应该从 Spring 容器中获取它们。在本节后面的部分，我们将介绍如何获取由 Spring 容器管理的应用程序对象。

（3）没有和 MyBank 应用程序中的 FixedDepositDetails 域对象相对应的<bean>元素。这是因为域对象通常不是由 Spring 容器管理的，它们由应用程序所使用的 ORM 框架（如 Hibernate）创建，或者通过使用 new 运算符以编程方式创建它们。

（4）<property>元素指定由<bean>元素配置的 bean 的依赖项（或者配置属性）。<property> 元素对应于 bean 类中的 JavaBean 风格的 setter 方法，该方法由 Spring 容器调用以设置 bean 的依赖关系（或配置属性）。

现在让我们来介绍一下如何通过 setter 方法注入依赖项。

1.5.4 通过 setter 方法注入依赖项

为了理解如何通过在 bean 类中定义的 setter 方法注入依赖，我们再来观察一下 MyBank 应用程序中的 FixedDepositController 类。

代码清单 1-14 FixedDepositController 类

```
Project-ch01-bankapp-xml
Source location - src/main/java/sample/spring/chapter01/bankapp

package sample.spring.chapter01.bankapp;

import org.apache.logging.log4j.LogManager;
import org.apache.logging.log4j.Logger;

public class FixedDepositController {
  private static Logger logger = LogManager.getLogger(FixedDepositController.class);

  private FixedDepositService fixedDepositService;

  public FixedDepositController() {
    logger.info("initializing");
  }

  public void setFixedDepositService(FixedDepositService fixedDepositService) {
    logger.info("Setting fixedDepositService property");
    this.fixedDepositService = fixedDepositService;
  }
  .....
}
```

代码清单 1-14 表明 FixedDepositController 类中声明了一个类型为 FixedDepositService、名称为 fixedDepositService 的实例变量。这个 fixedDepositService 变量由 setFixedDepositService 方法设定——一种针对 fixedDepositService 变量的 JavaBean 风格的 setter 方法。这是一个基于 setter 方法的 DI 示例，其中的 setter 方法满足依赖项。

图 1-5 描述了在 applicationContext.xml 文件中对 FixedDepositController 类的 bean 定义（见代码清单 1-13）。

前文的 bean 定义表明，FixedDepositController bean 通过<property>元素定义了它对于 FixedDepositService bean 的依赖。Spring 容器在 bean 创建时会调用 bean 类中 JavaBean 风格的 setter 方法，该方法与<property>元素的 name 特性对应。<property>元素的引用特性标识可以分辨需要创建具体哪个 Spring bean 的实例。引用特性的值必须与配置元数据中的<bean>元素的 id 特性值（或由 name 特性指定的名称之一）匹配。

在图 1-5 中，<property>元素的 name 特性的值为 fixedDepositService，这意味着<property>元素对应于 FixedDepositController 类（见代码清单 1-14）中 setFixedDepositService 的 setter 方法。由于<property>元素的 ref 特性的值是 service，因此<property>元素是指 id 特性的值为 service 的<bean>元素。现在，id 特性的值为 service 的<bean>元素是 FixedDepositService bean（见代码清单 1-13）。Spring 容器创建了一个

FixedDepositService 类（一个依赖项）的实例，并将 FixedDepositService 实例作为调用 FixedDepositController（一个依赖对象）的 setFixedDepositService 方法（一个用于 fixedDepositService 变量的 JavaBean 风格的 setter 方法）的参数。

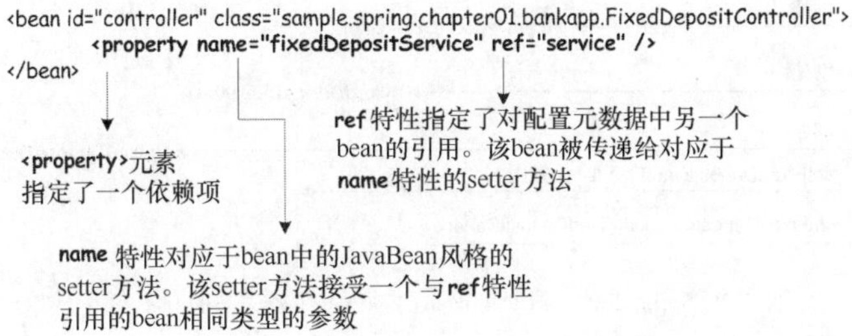

图 1-5　使用<property> 元素定义依赖项

在 FixedDepositController 应用程序对象的上下文中，图 1-6 总结了<property>元素的 name 和 ref 特性的用途。

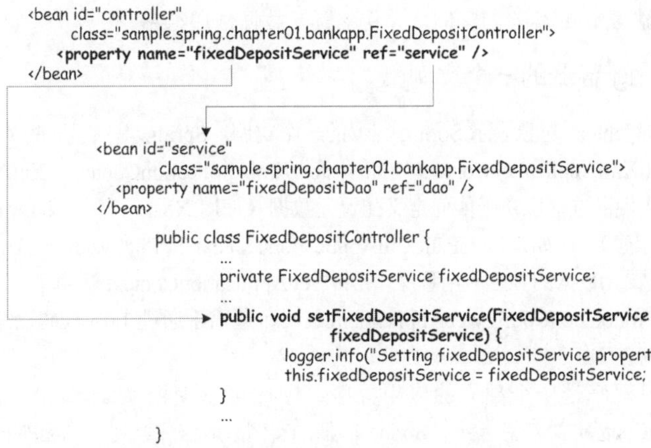

图 1-6　<property>元素的 name 特性对应于一个满足 bean 依赖关系的 JavaBean 风格的 setter 方法，ref 特性指的是另一个 bean

图 1-6 显示了 name 特性的 fixedDepositService 值对应于 FixedDepositController 类的 setFixedDepositService 方法，ref 特性的 service 值对应于 id 值为 service 的 bean。

图 1-7 总结了 Spring 容器如何根据 MyBank 应用程序的 applicationContext.xml 文件（见代码清单 1-13）提供的配置元数据创建 bean 并注入它们的依赖项。该图显示了 Spring IoC 容器创建 FixedDepositController、FixedDepositService 和 FixedDepositDao bean 并注入其依赖项的步骤顺序。在尝试创建 bean 之前，Spring 容器读取并验证由 applicationContext.xml 文件提供的配置元数据。由 Spring 容器创建 bean 的顺序取决于它们在 applicationContext.xml 文件中的定义顺序。Spring 容器确保在调用 setter 方法之前完全配置了一个 bean 的依赖关系。例如，FixedDepositController bean 依赖于 FixedDepositService bean，因此，Spring 容器会在调用 FixedDepositController bean 的 setFixedDepositService 方法之前配置好 FixedDepositService bean。

注　意

通过一个 bean 的名称（id 特性的值）或类型（class 特性的值）或由 bean 类实现的接口来指代 bean 定义是相当普遍的。例如，你可以将“FixedDepositController bean”指代为“controller bean”。此外，如果 FixedDepositController 类实现了 FixedDepositControllerIntf 接口，那么可以将“FixedDepositController bean”指代为“FixedDepositControllerIntf bean”。

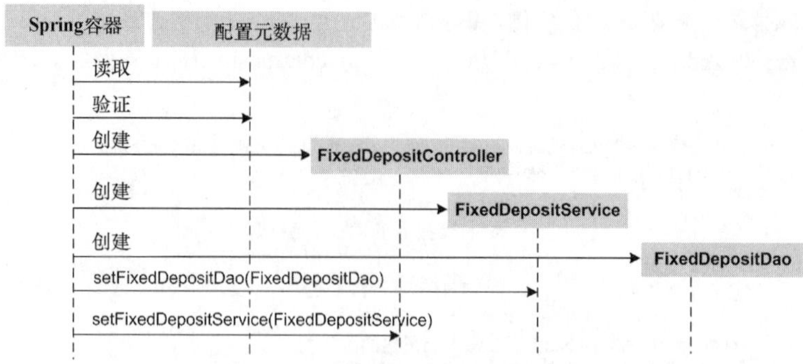

图 1-7 Spring IoC 容器创建 bean 并注入其依赖关系的顺序

到目前为止，我们已经看到的这些 bean 定义指示 Spring 容器调用 bean 类的无参数构造函数来创建 bean 实例，并使用基于 setter 的 DI 来注入依赖关系。在第 2 章中，我们将介绍指示 Spring 容器通过类中定义的工厂方法创建 bean 实例的 bean 定义。另外，我们将介绍如何通过构造函数参数注入依赖关系（也称为基于构造函数的 DI）。

现在来看看如何创建 Spring 容器的实例，并将配置元数据传递给它。

1.5.5 创建 Spring 容器的一个实例

Spring 的 ApplicationContext 对象表示 Spring 容器的一个实例。Spring 提供了一些 ApplicationContext 接口的内置实现，如 ClassPathXmlApplicationContext、FileSystemXmlApplicationContext、XmlWebApplicationContext 等。ApplicationContext 实现的选择取决于如何定义配置元数据（使用 XML、注解或 Java 代码）以及应用程序类型（独立或 Web 应用程序）。例如，ClassPathXmlApplicationContext 和 FileSystemXmlApplicationContext 类适用于以 XML 格式提供配置元数据的独立应用程序，XmlWebApplicationContext 适用于以 XML 格式提供配置元数据的 Web 应用程序，AnnotationConfigWebApplicationContext 适用于通过 Java 代码以编程方式提供配置元数据的 Web 应用程序，等等。

由于 MyBank 应用程序是一个独立的应用程序，因此可以使用 ClassPathXmlApplicationContext 或 FileSystemXmlApplicationContext 类来创建一个 Spring 容器的实例。应该注意到，ClassPathXmlApplicationContext 类从指定的类路径位置加载应用程序上下文 XML 文件，FileSystemXmlApplicationContext 类从文件系统上的指定位置加载应用程序上下文 XML 文件。

MyBank 应用程序中的 BankApp 类展示了使用 ClassPathXmlApplicationContext 类创建一个 Spring 容器的实例（见代码清单 1-15）。

代码清单 1-15 BankApp 类

```
Project-ch01-bankapp-xml
Source location - src/main/java/sample/spring/chapter01/bankapp

package sample.spring.chapter01.bankapp;

import org.springframework.context.ApplicationContext;
import org.springframework.context.support.ClassPathXmlApplicationContext;

public class BankApp {
  .....
  public static void main(String args[]) {
     ApplicationContext context = new ClassPathXmlApplicationContext(
        "classpath:META-INF/spring/applicationContext.xml");
     .....
  }
}
```

代码清单 1-15 展示了 BankApp 中负责引导 Spring 容器的 main 方法，其中应用程序上下文 XML 文件的类路径位置传递给了 ClassPathXmlApplicationContext 类中的构造函数。创建 ClassPathXmlApplicationContext 实例的结果是在应用程序上下文 XML 文件中创建的那些 bean 都是单个范围并被设置为预实例化的。在第 2 章中，我们将讨论 bean 的范围，以及使用 Spring 容器预实例化或者延迟实例化 bean 的含义。现在，你可以假设在 MyBank 应用程序的 applicationContext.xml 文件中定义的 bean 是 singleton 范围的，并设置为预实例化。这意味着在创建 ClassPathXmlApplicationContext 的实例时，在 applicationContext.xml 文件中定义的 bean 也会被创建。

现在我们已经看到如何创建一个 Spring 容器的实例，下面来看如何从 Spring 容器中检索 bean 实例。

1.5.6　从 Spring 容器访问 bean

通过<bean>元素定义的应用程序对象由 Spring 容器创建和管理。可以通过调用 ApplicationContext 接口的 getBean 方法来访问这些应用程序对象的实例。

代码清单 1-16 展示了 BankApp 类的 main 方法，它从 Spring 容器中检索 FixedDepositController bean 实例并调用其方法。

代码清单 1-16　BankApp 类

```
Project-ch01-bankapp-xml
Source location - src/main/java/sample/spring/chapter01/bankapp

package sample.spring.chapter01.bankapp;

import org.apache.logging.log4j.LogManager;
import org.apache.logging.log4j.Logger;
import org.springframework.context.ApplicationContext;
import org.springframework.context.support.ClassPathXmlApplicationContext;

public class BankApp {
  private static Logger logger = LogManager.getLogger(BankApp.class);

  public static void main(String args[]) {
      ApplicationContext context = new ClassPathXmlApplicationContext(
      "classpath:META-INF/spring/applicationContext.xml");

      FixedDepositController fixedDepositController =
            (FixedDepositController) context.getBean("controller");
      logger.info("Submission status of fixed deposit : " + fixedDepositController.submit());
      logger.info("Returned fixed deposit info : " + fixedDepositController.get());
    }
}
```

首先调用 ApplicationContext 的 getBean 方法，从 Spring 容器中检索 FixedDepositController bean 的一个实例，然后调用 FixedDepositController bean 的 submit 和 get 方法。要从 Spring 容器检索其实例的 bean 的名称是传递给 getBean 方法的参数。传递给 getBean 方法的 bean 的名称必须是要检索的 bean 的 id 或 name 特性的值。如果没有指定名称的 bean 注册到 Spring 容器中，getBean 方法将抛出异常。

在代码清单 1-16 中，要配置 FixedDepositController 实例，我们没有以编程方式创建 FixedDepositService 的实例并将其设置在 FixedDepositController 实例上，也没有创建一个 FixedDepositDao 的实例并将其设置在 FixedDepositService 实例上。这是因为创建依赖项并将它们注入依赖对象中的任务是由 Spring 容器处理的。

如果进入 ch01-bankapp-xml 项目并执行 BankApp 类的 main 方法，将在控制台上看到以下输出内容。

```
INFO  sample.spring.chapter01.bankapp.FixedDepositController - initializing
INFO  sample.spring.chapter01.bankapp.FixedDepositService - initializing
INFO  sample.spring.chapter01.bankapp.FixedDepositDao - initializing
```

```
INFO  sample.spring.chapter01.bankapp.FixedDepositService - Setting fixedDepositDao property
INFO sample.spring.chapter01.bankapp.FixedDepositController - Setting fixedDepositService property
INFO  sample.spring.chapter01.bankapp.BankApp - Submission status of fixed deposit : true
INFO  sample.spring.chapter01.bankapp.BankApp - Returned fixed deposit info : id :1, deposit amount :
10000.0, tenure : 365, email : someemail@something.com
```

由上面的输出可知，Spring 容器将所有在 MyBank 应用程序的 applicationContext.xml 文件中定义的 bean 都创建了一个实例。此外，Spring 容器使用基于 setter 的 DI 将 FixedDepositService 的实例注入 FixedDepositController 实例中，并将 FixedDepositDao 的实例注入 FixedDepositService 实例中。

Spring 5 引入了很多新的有趣功能和增强功能。让我们介绍一下 Spring 5 的一些重要更改。

1.6 Spring 框架 5 的新功能

以下是 Spring 5 发布的一些重要更改。

- 与 Java 9 兼容。这意味着你可以使用 Java 9 的功能开发应用程序并在 Java 9 上进行部署。
- Spring 框架的 JAR 包可以添加到 Java 9 的模块路径或类路径中。如果将 Spring 框架的 JAR 包添加到模块路径，它们将转换为导出其所有包的自动模块。
- 采用反应式编程范例来开发异步和非阻塞应用程序。Spring 支持使用 Reactor 3.1、RxJava 1.3 和 2.1 库定义的反应式类型。在第 18 章和第 19 章会介绍如何使用 RxJava 2 和 Reactor 3.1 开发反应式应用程序。
- Spring 5 本身的源代码目前基于 Java 8。
- Spring 5 中删除了对 portlet、Velocity 模板和 JasperReports 的支持。
- @Nullable、@NonNull、@NonNullApi 和@NonNullFields 注解为 Spring 应用程序带来了空（null）安全性。@Nullable 注解表示字段、方法参数或方法的返回值可以为 null。@NonNull 注解表示字段、方法参数或方法的返回值不能为 null。@NonNullApi 是一个包级注解，指定方法及其参数不能为空。@NonNullFields 是一个包级注解，指定字段不能为空。静态代码分析工具（如 FindBugs）可以使用这些注解来高亮显示程序中可能在运行时导致 java.lang.NullPointerException 的潜在问题。
- 使用 AnnotationConfigApplicationContext 类中新引入的方法进行函数式 bean 注册和自定义（更多详细信息，请参阅第 7 章）。
- 从文件生成和读取 Spring 组件的索引（以取代类路径扫描），以便更快地启动应用程序（更多详细信息，请参阅第 7 章）。
- 支持 Servlet 4.0 的 javax.servlet.http.PushBuilder 作为 Spring Web MVC 应用程序中的控制器方法参数。PushBuilder 允许使用 HTTP / 2 协议将资源推送到 Web 客户端。
- 一个新的 Web 模块 spring-webflux，用于使用 RxJava 和 Reactor 库开发反应式 Web 应用程序和 RESTful Web 服务（在第 18 章和第 19 章中介绍）。
- 推荐使用反应式 WebClient 取代 AsyncRestTemplate 支持（在第 19 章会介绍如何使用 WebClient 以函数式和反应式方式访问 RESTful Web 服务）

下面我们来介绍一些建立在 Spring 之上的框架。

1.7 建立在 Spring 之上的框架

虽说有很多以 Spring 作为基础的框架，但我们将着重介绍一些广泛流行的框架。有关更全面的框架列表以及有关单个框架的更多详细信息，建议读者自行访问 Spring 官方网站查阅。

注　意

由于 Spring 5 采用了反应式编程范例，因此构建于 Spring 之上的框架为了支持开发反应式应用程序也做了相应的更新。

构建在 Spring 之上的框架的高阶概述见表 1-2。

表 1-2　　构建在 Spring 之上的框架的高阶概述

框架	描述
Spring Security	企业应用认证和授权框架。你需要在应用程序上下文 XML 文件中配置几个 bean，以将身份验证和授权功能合并到应用程序中
Spring Data	提供一致的编程模型来与不同类型的数据库进行交互。例如，你可以使用它与非关系数据库（如 MongoDB 或 Neo4j）进行交互，还可以通过它来使用 JPA 访问关系数据库
Spring Batch	如果应用程序需要批量处理，则使用此框架
Spring Integration	为应用程序提供企业应用程序集成（EAI）功能
Spring Social	如果应用程序需要与社交媒体网站（如 Facebook 和 Twitter）进行交互，那么你将发现此框架非常有用

由于表 1-1 中提到的框架构建在 Spring 框架之上，因此在使用任何这些框架之前，请确保它们与你正在使用的 Spring 框架版本兼容。

1.8　小结

在本章中，我们介绍了使用 Spring 框架的好处。我们还研究了一个简单的 Spring 应用程序，它展示了如何在 xml 格式中指定配置元数据，如何创建 Spring 容器实例并从中获取 bean。在第 2 章中，我们将讨论 Spring 框架的一些基础概念。

第 2 章　Spring 框架基础

2.1　简介

在第 1 章中，我们看到了使用 Spring 容器调用 bean 类的无参数构造函数来创建 bean 实例，并使用基于 DI 的 setter 来设置 bean 依赖项的示例。在本章中，我们将进一步介绍以下内容：

- Spring 支持“面向接口编程”的设计方法；
- 使用静态和实例工厂方法创建 bean；
- 基于构造函数的 DI，用于将 bean 依赖关系作为构造函数参数传递；
- 将简单的 String 值作为参数传递给构造函数和 setter 方法；
- bean 的作用域。

Spring 如何通过支持“面向接口编程”的设计方法来提高应用程序的可测试性是本章首先要介绍的内容。

2.2　面向接口编程的设计方法

在 1.5 节中，我们看到一个依赖于其他类的 POJO 类包含了对其依赖项的具体类的引用。例如，FixedDepositController 类包含对 FixedDepositService 类的引用，FixedDepositService 类包含对 FixedDepositDao 类的引用。如果这个依赖于其他类的类直接引用其依赖项的具体类，则会导致类之间的紧密耦合。这意味着如果要替换其依赖项的其他实现，则需要更改这个依赖于其他类的类本身。

我们知道 Java 接口定义了其实现类应遵循的契约。因此，如果一个类依赖于其依赖项实现的接口，那么当替换不同的依赖项实现时，类不需要改变。一个类依赖于由其依赖项所实现的接口的应用程序设计方法称为“面向接口编程”。这种设计方法使得依赖类与其依赖项之间松耦合。由依赖项类实现的接口称为依赖接口。

和“面向类编程”相比，“面向接口编程”是更加良好的设计实践。图 2-1 所示的类图表明 ABean 类依赖于 BBean 接口，而不是 BBeanImpl 类（BBean 接口的实现）。

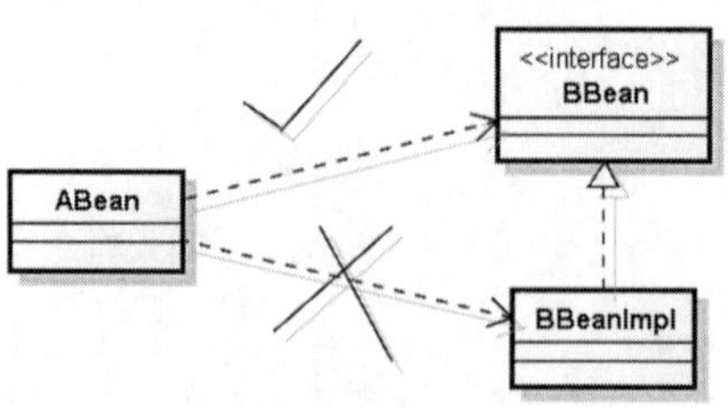

图 2-1　和“面向类编程”相比，“面向接口编程”是更加良好的设计实践

图 2-2 所示的类图显示了 FixedDepositService 类如何使用“面向接口编程”的设计方法轻松地切换与数据库交互的策略。

在图 2-2 中，FixedDepositJdbcDao 单纯地使用 JDBC，而 FixedDepositHibernateDao 使用 Hibernate ORM 进行数据库交互。如果 FixedDepositService 直接依赖于 FixedDepositJdbcDao 或 FixedDepositHibernateDao，当需要切换与数据库交互的策略时，则需要在 FixedDepositService 类中进行必要的更改。FixedDepositService 依赖于 FixedDepositJdbcDao 和 FixedDepositHibernateDao 类实现 FixedDepositDao 接口（依赖接口）。现在，通过使用单纯的 JDBC 或 Hibernate ORM 框架，你可以向 FixedDepositService 实例提供 FixedDepositJdbcDao 或 FixedDepositHibernateDao 的实例。

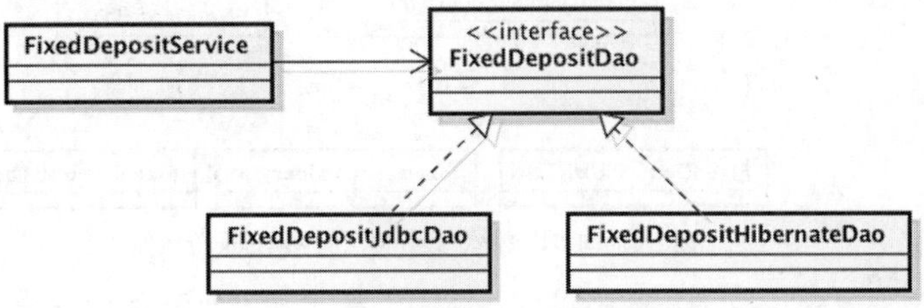

图 2-2 FixedDepositService 依赖于 FixedDepositDao 接口，由 FixedDepositJdbcDao 和 FixedDepositHibernateDao 类实现

由于 FixedDepositService 依赖于 FixedDepositDao 接口，因此将来可以支持其他数据库交互策略。如果决定使用 iBATIS（现在更名为 MyBatis）持久性框架进行数据库交互，那么可以使用 iBATIS，而不需要对 FixedDepositService 类进行任何更改，只需创建一个实现 FixedDepositDao 接口的 FixedDepositIbatisDao 类，并将 FixedDepositIbatisDao 的实例提供给 FixedDepositService 实例。

现在来看看“面向接口编程”是如何提高依赖类的可测试性的。

提高依赖类的可测试性

在图 2-2 中，FixedDepositService 类保留了对 FixedDepositDao 接口的引用。FixedDepositJdbcDao 和 FixedDepositHibernateDao 是 FixedDepositDao 接口的具体实现类。现在，为了简化 FixedDepositService 类的单元测试，我们可以把原来对具体数据库操作的实现去掉，用一个实现了 FixedDepositDao 接口但是不需要数据库的代码来代替。

如果 FixedDepositService 类直接引用 FixedDepositJdbcDao 或 FixedDepositHibernateDao 类，那么测试 FixedDepositService 类则需要设置数据库以进行测试。这表明通过对依赖接口的模拟依赖类实现，你可以减少针对单元测试的基础设施设置的工作量。

现在来看看 Spring 如何在应用程序中支持“面向接口编程”的设计方法。

Spring 对“面向接口编程”设计方法的支持

要在 Spring 应用程序中使用“面向接口编程”的设计方法，你需要执行以下操作：

- 创建引用依赖接口，而不是依赖项的具体实现类的 bean 类；
- 定义<bean>元素，并在元素中指定所要注入依赖 bean 的依赖项的具体实现类。

现在来看看根据“面向接口编程”设计方法修改后的 MyBank 应用程序。

含 义

chapter 2/ch02-bankapp-interfaces（本项目展示了如何在创建 Spring 应用程序中应用“面向接口编程”设计方法。要运行应用程序，请执行本项目的 BankApp 类的 main 方法）。

使用“面向接口编程”设计方法的 MyBank 应用程序

图 2-3 所示的类图描述了根据“面向接口编程”设计方法修改后的 MyBank 应用程序。

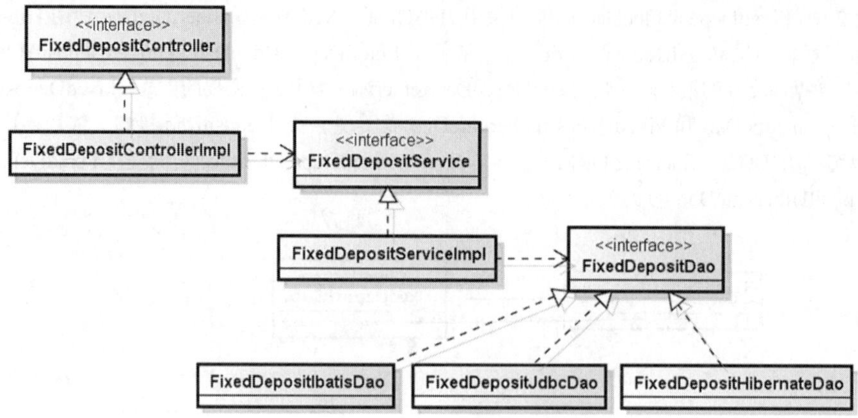

图 2-3 使用“面向接口编程”设计方法的 MyBank 应用程序

图 2-3 显示了一个类依赖于依赖项实现的接口，而不依赖于具体的依赖项实现类。例如，FixedDepositControllerImpl 类依赖于 FixedDepositService 接口，FixedDepositServiceImpl 类依赖于 FixedDepositDao 接口。

代码清单 2-1 展示了基于图 2-3 设计的 FixedDepositServiceImpl 类。

代码清单 2-1 FixedDepositService 类

```
Project-ch02-bankapp-interfaces
Source location - src/main/java/sample/spring/chapter02/bankapp

package sample.spring.chapter02.bankapp;

public class FixedDepositServiceImpl implements FixedDepositService {
  private FixedDepositDao fixedDepositDao;
    .....
  public void setFixedDepositDao(FixedDepositDao fixedDepositDao) {
    this.fixedDepositDao = fixedDepositDao;
  }

  public FixedDepositDetails getFixedDepositDetails(long id) {
    return fixedDepositDao.getFixedDepositDetails(id);
  }

  public boolean createFixedDeposit(FixedDepositDetails fdd) {
    return fixedDepositDao.createFixedDeposit(fdd);
  }
}
```

在代码清单 2-1 中，FixedDepositServiceImpl 类包含对 FixedDepositDao 接口的引用。要注入 FixedDepositServiceImpl 实例中的 FixedDepositDao 具体实现，则在应用程序上下文 XML 文件中指定。如图 2-3 所示，可以注入以下 FixedDepositDao 接口的具体实现：FixedDepositIbatisDao、FixedDepositJdbcDao 和 FixedDepositHibernateDao。

代码清单 2-2 展示了将 FixedDepositHibernateDao 注入 FixedDepositServiceImpl 中的 applicationContext.xml 文件。

代码清单 2-2 applicationContext.xml——MyBank 的应用程序上下文 XML 文件

```
Project-ch02-bankapp-interfaces
Source location - src/main/resources/META-INF/spring

<?xml version="1.0" encoding="UTF-8" standalone="no"?>
```

```
<beans .....>

    <bean id="controller"
        class="sample.spring.chapter02.bankapp.controller.FixedDepositControllerImpl">
        <property name="fixedDepositService" ref="service" />
    </bean>

    <bean id="service" class="sample.spring.chapter02.bankapp.service.FixedDepositServiceImpl">
        <property name="fixedDepositDao" ref="dao" />
    </bean>

    <bean id="dao" class="sample.spring.chapter02.bankapp.dao.FixedDepositHibernateDao"/>
</beans>
```

上述的 applicationContext.xml 文件显示了 FixedDepositHibernateDao（一个 FixedDepositDao 接口的实现）的一个实例被注入 FixedDepositServiceImpl 中。现在，如果决定使用 iBATIS 代替 Hibernate 进行持久化，那么所需要做的就是将 dao bean 定义的 class 特性修改为 FixedDepositIbatisDao 类的完全限定名。

到目前为止，我们已经介绍了 bean 定义的示例，Spring 容器通过调用 bean 类的无参构造函数来创建 bean 实例。下面来了解 Spring 容器如何使用静态或实例工厂方法来创建 bean 实例。

2.3 使用静态和实例工厂方法创建 Spring bean

Spring 容器可以创建和管理任何类的实例，而不管类是否提供无参数构造函数。在 2.4 节中，我们将介绍在构造函数中可以接受一个或多个参数的 bean 类的定义。如果现有的 Java 应用程序用工厂类来创建对象实例，那么仍然可以使用 Spring 容器来管理由这些工厂创建的对象。

现在来介绍一下 Spring 容器如何调用类的静态或实例工厂方法来管理返回的对象实例。

2.3.1 通过静态工厂方法实例化 bean

图 2-3 展示了如何使用 FixedDepositHibernateDao、FixedDepositIbatisDao 和 FixedDepositJdbcDao 类实现 FixedDepositDao 接口。代码清单 2-3 中的 FixedDepositDaoFactory 类定义了一个静态工厂的方法。该静态方法根据传入的参数来创建和返回 FixedDepositDao 实例。

代码清单 2-3 FixedDepositDaoFactory 类

```
public class FixedDepositDaoFactory {
  private FixedDepositDaoFactory() { }

  public static FixedDepositDao getFixedDepositDao(String daoType, ...) {
    FixedDepositDao fixedDepositDao = null;

    if("jdbc".equalsIgnoreCase(daoType)) {
          fixedDepositDao = new FixedDepositJdbcDao();
    }
    if("hibernate".equalsIgnoreCase(daoType)) {
          fixedDepositDao = new FixedDepositHibernateDao();
    }
    .....
    return fixedDepositDao;
  }
}
```

如代码清单 2-3 所示，FixedDepositDaoFactory 类定义了一个 getFixedDepositDao 静态方法。该方法根据 daoType 参数的值创建并返回 FixedDepositJdbcDao、FixedDepositHibernateDao 或 FixedDepositIbatisDao 类的实例。

在代码清单 2-4 中，FixedDepositDaoFactory 类的 bean 定义指示 Spring 容器调用 FixedDepositDaoFactory 的 getFixedDepositDao 方法，以获取 FixedDepositJdbcDao 类的实例。

代码清单 2-4 FixedDepositDaoFactory 类的 bean 定义

```
<bean id="dao" class="sample.spring.FixedDepositDaoFactory"
        factory-method="getFixedDepositDao">
    <constructor-arg index="0"value="jdbc"/>
    ...
</bean>
```

在上述 bean 定义中，class 特性指定了定义静态工厂方法的类的完全限定名称。factory-method 特性指定了 Spring 容器调用的获取 FixedDepositDao 对象实例的静态工厂方法的名称。<constructor-arg>元素在 Spring 的 bean schema 中定义，用于传递构造函数的参数以及静态和实例工厂方法的参数。index 特性指的是构造函数中，也可以是静态或实例工厂方法的参数的位置。在上述 bean 定义中，index 特性值为 0 意味着<constructor-arg>元素为 getFixedDepositDao 工厂方法的第一个参数（即 daoType），而 value 特性指定了参数值。如果工厂方法接受多个参数，则需要为每个参数定义一个<constructor-arg>元素。

需要着重注意的是，调用 ApplicationContext 的 getBean 方法来获取 dao bean（见代码清单 2-4）将调用 FixedDepositDaoFactory 的 getFixedDepositDao 工厂方法。这意味着调用 getBean（“dao”）返回由 getFixedDepositDao 工厂方法创建的 FixedDepositDao 实例，而不是 FixedDepositDaoFactory 类的实例。

现在我们已经看到创建了一个 FixedDepositDao 实例的工厂类的配置，代码清单 2-5 将展示如何将 FixedDepositDao 的实例注入 FixedDepositServiceImpl 类中。

代码清单 2-5 注入由静态工厂方法创建的对象

```
<bean id="service" class="sample.spring.chapter02.bankapp.FixedDepositServiceImpl">
    <property name= "fixedDepositDao" ref="dao" />
</bean>

<bean id="dao" class="sample.spring.chapter02.basicapp.FixedDepositDaoFactory"
     factory-method="getFixedDepositDao">
     <constructor-arg index=”0” value="jdbc"/>
</bean>
```

在代码清单 2-5 中，<property>元素将 FixedDepositDaoFactory 的 getFixedDepositDao 工厂方法返回的 FixedDepositDao 实例注入 FixedDepositServiceImpl 实例中。如果将上面显示的 FixedDepositServiceImpl 类的 bean 定义与代码清单 2-2 中所示的 bean 定义进行对比，你会发现它们完全相同。这表明，无论 Spring 容器如何（使用无参数构造函数或静态工厂方法）创建 bean 实例，bean 的依赖项都会以相同的方式指定。

现在来介绍一下 Spring 容器是如何通过调用实例工厂方法来将 bean 实例化的。

2.3.2 通过实例工厂方法实例化 bean

代码清单 2-6 展示了 FixedDepositDaoFactory 类，它定义了用于创建和返回 FixedDepositDao 实例的实例工厂方法。

代码清单 2-6 FixedDepositDaoFactory 类

```
public class FixedDepositDaoFactory {
  public FixedDepositDaoFactory() {
  }

  public FixedDepositDao getFixedDepositDao(String daoType, ...) {
    FixedDepositDao fixedDepositDao = null;

    if("jdbc".equalsIgnoreCase(daoType)) {
          fixedDepositDao = new FixedDepositJdbcDao();
    }
```

```
        if("hibernate".equalsIgnoreCase(daoType)) {
            fixedDepositDao = new FixedDepositHibernateDao();
        }
        .....
        return fixedDepositDao;
    }
}
```

如果类定义了一个实例工厂方法，则该类必须定义一个 public 构造函数，以便 Spring 容器可以创建该类的实例。在代码清单 2-6 中，FixedDepositDaoFactory 类定义了一个 public 无参构造函数。FixedDepositDaoFactory 的 getFixedDepositDao 方法是一个创建并返回 FixedDepositDao 实例的实例工厂方法。

代码清单 2-7 展现了如何指示 Spring 容器调用 FixedDepositDaoFactory 的 getFixedDepositDao 方法来获取 FixedDepositDao 的一个实例。

代码清单 2-7 调用 FixedDepositDaoFactory 的 getFixedDepositDao 方法的配置

```
<bean id="daoFactory" class="sample.spring.chapter02.basicapp.FixedDepositDaoFactory" />

<bean id="dao" factory-bean="daoFactory" factory-method="getFixedDepositDao">
    <constructor-arg index="0" value="jdbc"/>
</bean>

<bean id="service" class="sample.spring.chapter02.bankapp.FixedDepositServiceImpl">
   <property name= "fixedDepositDao" ref="dao" />
</bean>
```

在代码清单 2-7 中，FixedDepositDaoFactory 类（包含实例工厂方法的类）被配置为常规的 Spring bean，并且使用单独的<bean>元素来配置实例工厂方法的详细信息。要配置实例工厂方法的详细信息，请使用<bean>元素的 factory-bean 和 factory-method 特性。factory-bean 特性是指定义实例工厂方法的 bean、factory-method 特性指定实例工厂方法的名称。在代码清单 2-7 中，<property>元素将 FixedDepositDaoFactory 的 getFixedDepositDao 工厂方法返回的 FixedDepositDao 实例注入 FixedDepositServiceImpl 实例中。

与 static 工厂方法一样，可以使用<constructor-arg>元素将参数传递给实例工厂方法。注意，在代码清单 2-7 中，调用 ApplicationContext 的 getBean 方法获取 dao bean 将导致调用 FixedDepositDaoFactory 的 getFixedDepositDao 工厂方法。

下面介绍如何设置由静态和实例工厂方法创建的 bean 的依赖项。

注入由工厂方法创建的 bean 的依赖项

可以将 bean 依赖项作为参数传递给工厂方法，也可以使用基于 setter 的 DI 来注入由静态或实例工厂方法返回的 bean 实例的依赖项。

用于定义 databaseInfo 特性的 FixedDepositJdbcDao 类如代码清单 2-8 所示。

代码清单 2-8 FixedDepositJdbcDao 类

```
public class FixedDepositJdbcDao {
  private DatabaseInfo databaseInfo;
  .....
  public FixedDepositJdbcDao() { }

  public void setDatabaseInfo(DatabaseInfo databaseInfo) {
      this. databaseInfo = databaseInfo;
  }
  .....
}
```

在代码清单 2-8 中，databaseInfo 表示通过 setDatabaseInfo 方法赋值的 FixedDepositJdbcDao 类的依赖项。

FixedDepositDaoFactory 类定义了一个负责创建和返回 FixedDepositJdbcDao 类的实例的工厂方法，如代码清单 2-9 所示。

代码清单 2-9 FixedDepositDaoFactory 类

```
public class FixedDepositDaoFactory {
  public FixedDepositDaoFactory() {
  }

  public FixedDepositDao getFixedDepositDao(String daoType) {
      FixedDepositDao fixedDepositDao = null;

      if("jdbc".equalsIgnoreCase(daoType)) {
         fixedDepositDao = new FixedDepositJdbcDao();
      }
      if("hibernate".equalsIgnoreCase(daoType)) {
            fixedDepositDao = new FixedDepositHibernateDao();
      }
      .....
      return fixedDepositDao;
  }
}
```

在代码清单 2-9 中，getFixedDepositDao 方法是用于创建 FixedDepositDao 实例的实例工厂方法。如果 daoType 参数的值为 jdbc，则 getFixedDepositDao 方法将创建一个 FixedDepositJdbcDao 的实例。请注意，getFixedDepositDao 方法没有设置 FixedDepositJdbcDao 实例的 databaseInfo 特性。

正如我们在代码清单 2-7 中看到的，bean 定义指示 Spring 容器通过调用 FixedDepositDaoFactory 类的 getFixedDepositDao 实例工厂方法来创建 FixedDepositJdbcDao 的实例，如代码清单 2-10 所示。

代码清单 2-10 调用 FixedDepositDaoFactory 的 getFixedDepositDao 方法的配置

```
<bean id="daoFactory" class="FixedDepositDaoFactory" />

<bean id="dao" factory-bean="daoFactory" factory-method="getFixedDepositDao">
     <constructor-arg index="0" value="jdbc"/>
</bean>
```

dao bean 定义指示 Spring 容器调用 FixedDepositDaoFactory 的 getFixedDepositDao 方法，该方法创建并返回 FixedDepositJdbcDao 的实例。但是，FixedDepositJdbcDao 的 databaseInfo 特性并没有设置。如果需要设置 databaseInfo 特性，可以在 getFixedDepositDao 方法返回的 FixedDepositJdbcDao 实例上执行基于 setter 的 DI，如代码清单 2-11 所示。

代码清单 2-11 调用 FixedDepositDaoFactory 的 getFixedDepositDao 方法并设置返回的 FixedDepositJdbcDao 实例的 databaseInfo 特性的配置

```
<bean id="daoFactory" class="FixedDepositDaoFactory" />

<bean id="dao" factory-bean="daoFactory" factory-method="getFixedDepositDao">
     <constructor-arg index="0" value="jdbc"/>
     <property name="databaseInfo" ref="databaseInfo"/>
</bean>

<bean id="databaseInfo" class="DatabaseInfo" />
```

在代码清单 2-11 的 bean 定义中，<property>元素用于设置由 getFixedDepositDao 实例工厂方法返回的 FixedDepositJdbcDao 实例的 databaseInfo 特性。

注 意

与实例工厂方法一样，你可以使用<property>元素将依赖项注入静态工厂方法返回的 bean 实例中。

2.4 基于构造函数的 DI

在 Spring 中，依赖注入是通过将参数传递给 bean 的构造函数和 setter 方法来实现的。我们在前面的章节中介绍过，通过 setter 方法注入依赖的 DI 技术称为基于 setter 的 DI。在本节中，我们将介绍依赖项作为构造函数参数传递的 DI 技术（又称为基于构造函数的 DI）。

下面通过一个例子比较一下在基于 setter 的 DI 和基于构造函数的 DI 技术中指定 bean 依赖项的区别。

2.4.1 回顾基于 setter 的 DI

在基于 setter 的 DI 中，<property>元素用于指定 bean 依赖项。假设 MyBank 应用程序包含一个 PersonalBankingService 服务，该服务允许客户检索银行账户对账单、检查银行账户明细、更新联系电话、更改密码和联系客户服务。PersonalBankingService 类使用 JmsMessageSender（用于发送 JMS 消息）、EmailMessageSender（用于发送电子邮件）和 WebServiceInvoker（用于调用外部 Web 服务）对象来完成其预期功能。代码清单 2-12 展示了 PersonalBankingService 类。

代码清单 2-12 PersonalBankingService 类

```
public class PersonalBankingService {
  private JmsMessageSender jmsMessageSender;
  private EmailMessageSender emailMessageSender;
  private WebServiceInvoker webServiceInvoker;
  .....
  public void setJmsMessageSender(JmsMessageSender jmsMessageSender) {
      this.jmsMessageSender = jmsMessageSender;
  }

  public void setEmailMessageSender(EmailMessageSender emailMessageSender) {
      this.emailMessageSender = emailMessageSender;
  }

  public void setWebServiceInvoker(WebServiceInvoker webServiceInvoker) {
      this.webServiceInvoker = webServiceInvoker;
  }
  .....
}
```

在代码清单 2-12 中，PersonalBankingService 类的每个依赖项（JmsMessageSender、EmailMessageSender 和 WebServiceInvoker）都定义了一个 setter 方法。

PersonalBankingService 类为其依赖项定义了 setter 方法，因此使用了基于 setter 的 DI，如代码清单 2-13 所示。

代码清单 2-13 PersonalBankingService 类的 bean 定义及其依赖项

```
<bean id="personalBankingService" class="PersonalBankingService">
  <property name="emailMessageSender" ref="emailMessageSender" />
  <property name="jmsMessageSender" ref="jmsMessageSender" />
  <property name="webServiceInvoker" ref="webServiceInvoker" />
</bean>

<bean id="jmsMessageSender" class="JmsMessageSender">
```

```
  .....
</bean>
<bean id="webServiceInvoker" class="WebServiceInvoker" />
  .....
</bean>
<bean id="emailMessageSender" class="EmailMessageSender" />
  .....
</bean>
```

在 PersonalBankingService bean 的定义中，为 PersonalBankingService 类的每个依赖项都指定了一个<property>元素。

下面介绍如何使用基于构造函数的 DI 来对 PersonalBankingService 类建模。

2.4.2 基于构造函数的 DI

在基于构造函数的 DI 中，bean 的依赖项作为参数传递给 bean 类的构造函数。代码清单 2-14 展示了一个 PersonalBankingService 类的修改版本，其构造函数接收 JmsMessageSender、EmailMessageSender 和 WebServiceInvoker 对象。

代码清单 2-14 PersonalBankingService 类

```
public class PersonalBankingService {
  private JmsMessageSender jmsMessageSender;
  private EmailMessageSender emailMessageSender;
  private WebServiceInvoker webServiceInvoker;
  .....
  public PersonalBankingService(JmsMessageSender jmsMessageSender,
    EmailMessageSender emailMessageSender,
    WebServiceInvoker webServiceInvoker) {

    this.jmsMessageSender = jmsMessageSender;
    this.emailMessageSender = emailMessageSender;
    this.webServiceInvoker = webServiceInvoker;
  }
  .....
}
```

PersonalBankingService 类的构造函数的参数代表 PersonalBankingService 类的依赖项。代码清单 2-15 展示了如何通过<constructor-arg>元素来提供这些依赖项。

代码清单 2-15 PersonalBankingService 的 bean 定义

```
<bean id="personalBankingService" class="PersonalBankingService">
  <constructor-arg index="0" ref="jmsMessageSender" />
  <constructor-arg index="1" ref="emailMessageSender" />
  <constructor-arg index="2" ref="webServiceInvoker" />
</bean>
<bean id="jmsMessageSender" class="JmsMessageSender">
  .....
</bean>
<bean id="webServiceInvoker" class="WebServiceInvoker" />
  .....
</bean>
<bean id="emailMessageSender" class="EmailMessageSender" />
  .....
</bean>
```

在代码清单 2-15 中，<constructor-arg>元素指定了传递给 PersonalBankingService 实例的构造函数参数的详细信息。index 特性指定了构造函数参数中的索引：如果 index 特性值为 0，则表示<constructor-arg>元素对应于第一个构造函数参数；如果 index 特性值为 1，则表示<constructor-arg>元素对应于第二个构造函数参数，以此类推。如果构造函数参数与继承无关，则不需要指定 index 特性。例如，如果 JmsMessageSender、WebServiceInvoker 和 EmailMessageSender 是不同的对象，则不需要指定 index 特性。与< property >元素的情况一样，<constructor-arg>元素的 ref 特性用于传递对 bean 的引用。

下面介绍如何结合使用基于构造函数的 DI 以及基于 setter 的 DI。

基于构造函数和基于 setter 的 DI 机制的结合使用

如果 bean 类需要结合使用基于构造函数的 ID 机制和基于 setter 的 DI 机制，则可以使用<constructor-arg>和<property>元素的组合来注入依赖关系。

代码清单 2-16 展示了 PersonalBankingService 类的一个版本，其依赖项作为参数注入构造函数和 setter 方法中。

代码清单 2-16 PersonalBankingService 类

```
public class PersonalBankingService {
  private JmsMessageSender jmsMessageSender;
  private EmailMessageSender emailMessageSender;
  private WebServiceInvoker webServiceInvoker;
  .....
  public PersonalBankingService(JmsMessageSender jmsMessageSender,
          EmailMessageSender emailMessageSender) {
    this.jmsMessageSender = jmsMessageSender;
    this.emailMessageSender = emailMessageSender;
  }

  public void setWebServiceInvoker(WebServiceInvoker webServiceInvoker) {
    this.webServiceInvoker = webServiceInvoker;
  }
  .....
}
```

在 PersonalBankingService 类中，jmsMessageSender 和 emailMessageSender 依赖项作为构造函数注入，而 webServiceInvoker 依赖关系通过 setWebServiceInvoker setter 方法注入。以下 bean 定义表明，<constructor-arg>和<property>元素用于注入 PersonalBankingService 类的依赖项，如代码清单 2-17 所示。

代码清单 2-17 基于构造函数和基于 setter 两种 DI 机制的结合

```
<bean id="dataSource" class="PersonalBankingService">
    <constructor-arg index="0" ref="jmsMessageSender" />
    <constructor-arg index="1" ref="emailMessageSender" />
    <property name="webServiceInvoker" ref="webServiceInvoker" />
</bean>
```

可以看到，<property>和<constructor-arg>元素用于传递依赖项（对其他 bean 的引用）到 setter 方法和构造函数中。也可以使用这些元素来传递 bean 所需的配置信息（单纯的 String 值）。

2.5 将配置详细信息传递给 bean

以 EmailMessageSender 类为例，在该类中需要使用电子邮件服务器地址、用户名和密码 3 项来对连接电子邮件服务器进行身份验证。可以使用<property>元素设置 EmailMessageSender bean 的属性，如代码清单 2-18 所示。

代码清单 2-18 EmailMessageSender 类和相应的 bean 定义

```
public class EmailMessageSender {
  private String host;
  private String username;
```

```
    private String password;
    .....
    public void setHost(String host) {
        this.host = host;
    }

    public void setUsername(String username) {
        this.username = username;
    }

    public void setPassword(String password) {
        this.password = password;
    }
    .....
}

<bean id="emailMessageSender" class="EmailMessageSender">
    <property name="host" value="smtp.gmail.com"/>
    <property name="username" value="myusername"/>
    <property name="password" value="mypassword"/>
</bean>
```

在代码清单 2-18 中，我们已经使用<property>元素来设置 EmailMessageSender bean 的主机（host）、用户名（username）和密码（password）特性。由 name 特性标识的 bean 特性的 String 值通过 value 特性来指定。主机、用户名和密码特性表示 EmailMessageSender bean 所需的配置信息。在第 3 章中，我们将看到如何设置原始类型（如 int、long 等）、集合类型（如 java.util.List、java.util.Map 等）和自定义类型（如地址）的特性。

代码清单 2-19 展示了将配置信息（如主机、用户名和密码）作为构造函数参数接收的 EmailMessageSender 类（以及相应的 bean 定义）的修改版本。

代码清单 2-19　EmailMessageSender 类和相应的 bean 定义

```
public class EmailMessageSender {
  private String host;
  private String username;
  private String password;
  .....
  public EmailMessageSender(String host, String username, String password) {
    this.host = host;
    this.username = username;
    this.password = password;
  }
  .....
}

<bean id="emailMessageSender" class="EmailMessageSender">
  <constructor-arg index="0" value="smtp.gmail.com"/>
  <constructor-arg index="1" value="myusername"/>
  <constructor-arg index="2" value="mypassword"/>
</bean>
```

在代码清单 2-19 中，<constructor-arg>元素用于传递 EmailMessageSender bean 所需的配置详细信息。由 index 特性标识的构造函数参数的 String 值通过 value 特性来指定。

到目前为止，我们已经看到，<constructor-arg>元素用于注入 bean 依赖项，并为 String 类型构造函数参数传递值。在第 3 章中，我们将看到如何为原始类型（如 int、long 等）、集合类型（如 java.util.List、java.util.Map 等）以及自定义类型（如地址）的构造函数参数指定值。

现在我们已经了解了如何指示 Spring 容器创建 bean 并执行 DI，接下来介绍 bean 的各种作用域。

2.6 bean 的作用域

你可能需要指定一个 bean 的范围，以控制所创建的 bean 实例是否可以共享（singleton 范围），还是每次从 Spring 容器请求 bean 时都创建一个新的 bean 实例（prototype 范围）。bean 的范围由<bean>元素的 scope 特性定义。如果没有指定 scope 特性，则表示该 bean 是 singleton 范围的。

在 Web 应用程序场景中，Spring 允许你指定其他的范围：request、session、websocket 和 application。这些范围决定了 bean 实例的生命周期。例如，request 范围的 bean 的生命周期仅限于单个 HTTP 请求。在本章中，我们的讨论仅限于 singleton 和 prototype 两种范围。request、session 和 application 范围在第 12 章中描述。

含 义

chapter 2/ch02-bankapp-scopes（这个项目展示了 singleton 和 prototype 范围的 bean 的使用，若要运行应用程序，执行该项目的 BankApp 类的 main 方法，该项目还包含两个 JUnit 测试可以执行，分别是 PrototypeTest 和 SingletonTest）。

2.6.1 singleton

singleton 范围是应用程序上下文 XML 文件中定义的所有 bean 的默认范围。singleton 范围 bean 的实例在创建 Spring 容器时创建，并且在 Spring 容器被销毁时销毁。Spring 容器会为每个 singleton 范围 bean 创建唯一的实例，该实例由依赖于它的所有 bean 共享。

代码清单 2-20 展示了 ch02-bankapp-scope 项目的 applicationContext.xml 文件，其中所有的 bean 都是 singleton 范围的。

代码清单 2-20 singleton 范围 bean 的 applicationContext.xml 示例

```
Project-ch02-bankapp-scopes
Source location - src/main/resources/META-INF/spring

<beans ..... >
  <bean id="controller"
        class="sample.spring.chapter02.bankapp.controller.FixedDepositControllerImpl">
     <property name="fixedDepositService" ref="service" />
  </bean>

  <bean id="service"
        class="sample.spring.chapter02.bankapp.service.FixedDepositServiceImpl">
     <property name="fixedDepositDao" ref="dao" />
  </bean>

  <bean id="dao" class="sample.spring.chapter02.bankapp.dao.FixedDepositDaoImpl" />
  .....
</beans>
```

在代码清单 2-20 的 applicationContext.xml 文件中，因为没有为<bean>元素指定 scope 特性，所以 controller、service 和 dao bean 都是 singleton 范围的。这意味着 Spring 容器只分别创建了 FixedDepositControllerImpl、FixedDepositServiceImpl 和 FixedDepositDaoImpl 类的一个实例。由于这些 bean 是 singleton 范围的，Spring 容器在每次使用 ApplicationContext 的 getBean 方法检索其中一个 bean 时返回的都是该 bean 的同一个实例。

注 意

如果未指定 scope 特性或 scope 特性的值为 singleton，则表示该 bean 为 singleton 范围。

代码清单 2-21 展示了 ch02-bankapp-scope 项目的 SingletonTest（JUnit 测试类）类的 testInstances 方法。

testInstances 方法测试了对 ApplicationContext 的 getBean 方法的多次调用返回的是 controller bean 的相同实例或不同实例。

代码清单 2-21 SingletonTest JUnit 测试类

```
Project-ch02-bankapp-scopes
Source location - src/test/java/sample/spring/chapter02/bankapp

package sample.spring.chapter02.bankapp;

import static org.junit.Assert.assertSame;
import org.junit.BeforeClass;
import org.junit.Test;

import sample.spring.chapter02.bankapp.controller.FixedDepositController;

public class SingletonTest {
  private static ApplicationContext context;

  @BeforeClass
  public static void init() {
    context = new ClassPathXmlApplicationContext(
        "classpath:META-INF/spring/applicationContext.xml");
  }

  @Test
  public void testInstances() {
    FixedDepositController controller1 = (FixedDepositController) context.getBean("controller");
    FixedDepositController controller2 = (FixedDepositController) context.getBean("controller");
    assertSame("Different FixedDepositController instances", controller1, controller2);
  }
  .....
}
```

在代码清单 2-21 中，JUnit 的@BeforeClass 注解指定了在类中的任何测试方法（即用 JUnit 的@Test 注解的方法）之前调用 init 方法。这意味着@BeforeClass 注解方法只被调用一次，而@Test 注解的方法只有在执行@BeforeClass 注解的方法后才能执行。请注意，init 方法是一种静态方法。init 方法通过将配置元数据（见代码清单 2-20）传递给 ClassPathXmlApplicationContext 的构造函数来创建 ApplicationContext 对象的实例。testInstances 方法获取 controller bean 的两个实例，并通过使用 JUnit 的 assertSame 断言来检查这两个实例是否相同。由于 controller bean 是 singleton 范围的，因此 controller1 bean 和 controller2 bean 的实例是一样的。因为这个原因，SingletonTest 的 testInstances 测试在执行时不会有任何断言错误。

图 2-4 描述了当多次调用 ApplicationContext 的 getBean 方法时，Spring 容器返回的是相同的 controller bean 实例。

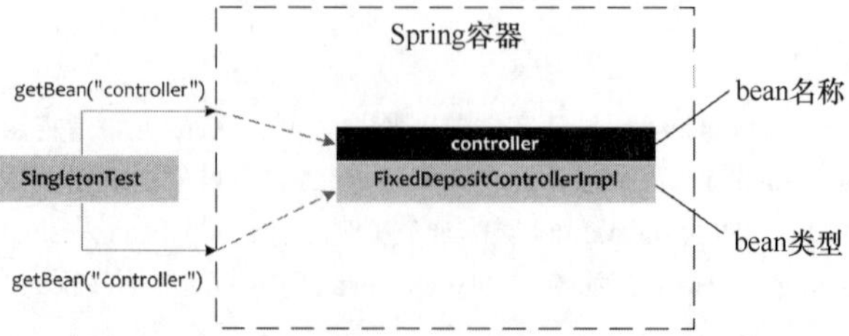

图 2-4 对 singleton 范围 bean 的多个请求来说，从 Spring 容器返回的是 bean 的同一个实例

获取 controller bean 的多次调用返回了 controller bean 的同一个实例，如图 2-4 所示。

注 意

在图 2-4 中，controller bean 实例由一个双层的矩形表示。顶部的矩形展示了该 bean 的名称（即<bean>元素的 id 特性的值），底部的矩形展示了该 bean 的类型（也就是<bean>元素的 class 特性的值）。在本书的其余部分，我们将使用此约定来表示在 Spring 容器中的 bean 实例。

singleton 范围的 bean 实例在依赖它的 bean 之间共享。代码清单 2-22 展示了 SingletonTest（一个 JUnit 测试类）的 testReference 方法，该方法用于检查 FixedDepositController 实例引用的 FixedDepositDao 实例是否与直接调用 ApplicationContext 的 getBean 方法获得的相同。

代码清单 2-22　SingletonTest JUnit 测试类的 testReference 方法

```
Project-ch02-bankapp-scopes
Source location - src/test/java/sample/spring/chapter02/bankapp

package sample.spring.chapter02.bankapp;

import static org.junit.Assert.assertSame;
import org.junit.Test;

public class SingletonTest {
  private static ApplicationContext context;
  .....
  @Test
  public void testReference() {
    FixedDepositController controller = (FixedDepositController) context.getBean("controller");

    FixedDepositDao fixedDepositDao1 =
          controller.getFixedDepositService().getFixedDepositDao();
    FixedDepositDao fixedDepositDao2 = (FixedDepositDao) context.getBean("dao");
    assertSame("Different FixedDepositDao instances", fixedDepositDao1, fixedDepositDao2);
  }
}
```

在代码清单 2-22 中，testReference 方法首先检索 FixedDepositController bean 引用的 FixedDepositDao 实例（见代码清单 2-22 中的 fixedDepositDao1 变量），然后使用 ApplicationContext 的 getBean 方法直接检索 FixedDepositDao bean 的另一个实例（见代码清单 2-22 中的 fixedDepositDao2 变量）。如果执行 testReference 测试，将看到测试成功通过，因为 fixedDepositDao1 和 fixedDepositDao2 实例是相同的。

图 2-5 展示了 FixedDepositController 实例引用的 FixedDepositDao 实例与通过在 ApplicationContext 上调用 getBean（"dao"）方法返回的实例相同。

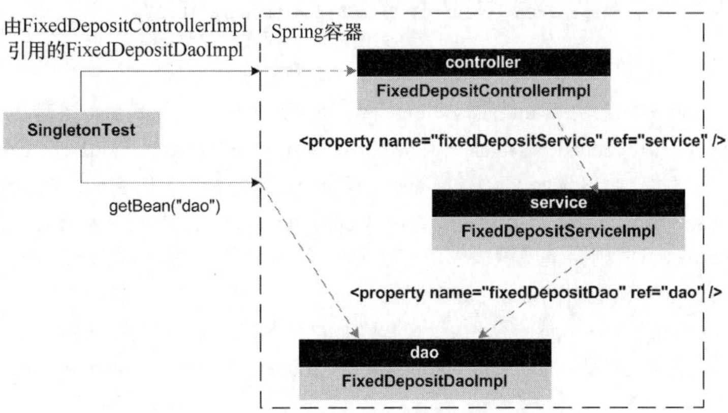

图 2-5　singleton 范围的 bean 实例在依赖它的 bean 之间共享

FixedDepositController bean 实例引用的 FixedDepositDao 实例和通过调用 ApplicationContext 的 getBean 方法直接获取的一个实例是相同的，如图 2-5 所示。如果多个 bean 依赖于 singleton 范围的 bean，那么所有依赖的 bean 共享相同的 singleton 范围的 bean 实例。

下面来看多个 Spring 容器之间是否会共享同一个 singleton 范围的 bean 实例。

1. singleton 范围的 bean 和多个 Spring 容器

singleton 范围 bean 实例的范围仅限于 Spring 容器实例。这意味着如果使用相同的配置元数据创建 Spring 容器的两个实例，则每个 Spring 容器都将得到属于其自己的 singleton bean 实例集合。

代码清单 2-23 展示了 SingletonTest 类的 testSingletonScope 方法。该方法用于测试从两个不同的 Spring 容器实例检索到的 FixedDepositController bean 实例是否相同。

代码清单 2-23 SingletonTest（JUnit 测试类）的 testSingletonScope 方法

```
Project-ch02-bankapp-scopes
Source location - src/test/java/sample/spring/chapter02/bankapp

package sample.spring.chapter02.bankapp;

import static org.junit.Assert.assertNotSame;

public class SingletonTest {
    private static ApplicationContext context;
    .....
    @BeforeClass
    public static void init() {
        context = new ClassPathXmlApplicationContext(
            "classpath:META-INF/spring/applicationContext.xml");
    }

    @Test
    public void testSingletonScope() {
         ApplicationContext anotherContext = new ClassPathXmlApplicationContext(
                "classpath:META-INF/spring/applicationContext.xml");

        FixedDepositController fixedDepositController1 =
                (FixedDepositController)anotherContext.getBean("controller");

        FixedDepositController fixedDepositController2 =
                (FixedDepositController)context.getBean("controller");

        assertNotSame("Same FixedDepositController instances",
                fixedDepositController1, fixedDepositController2);
    }
}
```

SingletonTest 的 init 方法（用 JUnit 的@BeforeClass 注解）在执行任何@Test 注解方法之前都会创建一个 ApplicationContext（由 context 变量标识）的实例，testSingletonScope 方法使用相同的 applicationContext.xml 文件再创建另一个 Spring 容器（由 anotherContext 变量标识）的实例。在 testSingletonScope 中会从两个 Spring 容器中分别检索出一个 FixedDepositController bean 的实例，并检查它们是否不相同。如果执行 testSingletonScope 测试，则会发现测试成功通过，因为从上下文实例检索的 FixedDepositController bean 实例与从 anotherContext 实例检索的 bean 实例不同。

图 2-6 描述了 testSingletonScope 方法所展示的行为。每个 Spring 容器都会创建其自己的 controller bean 实例，如图 2-6 所示。这就是当调用 getBean（"controller"）方法时，context 和 anotherContext 返回的 controller bean 是不同实例的原因。

testSingletonScope 方法展示了每个 Spring 容器都创建了其自己的 singleton 范围的 bean 实例。需要注意的是，Spring 容器会为每个 bean 定义都创建一个 singleton 范围的 bean 实例。代码清单 2-24 展示了 FixedDepositDaoImpl 类的多个 bean 定义。

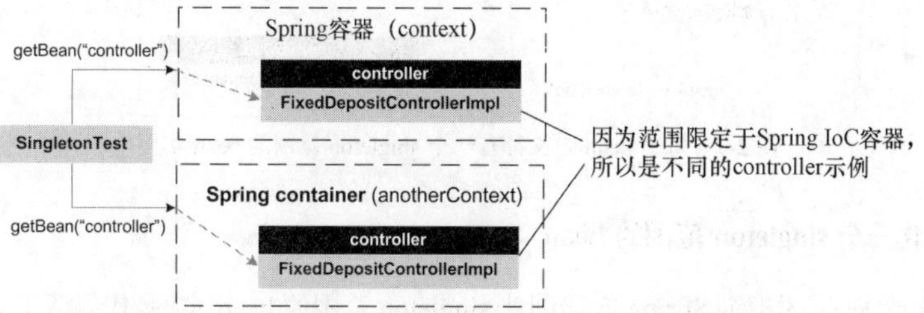

图 2-6 每个 Spring 容器都创建其自己的 controller bean 实例

代码清单 2-24 applicationContext.xml——对同一个类的多个 bean 定义

```
Project-ch02-bankapp-scopes
Source location - src/main/resources/META-INF/spring

  <bean id="dao" class="sample.spring.chapter02.bankapp.dao.FixedDepositDaoImpl" />
  <bean id="anotherDao"
          class="sample.spring.chapter02.bankapp.dao.FixedDepositDaoImpl" />
```

代码清单 2-24 展示的 bean 定义用于 FixedDepositDaoImpl 类。由于未指定范围特性，示例中展示的 bean 定义代表 singleton 范围的 bean。Spring 容器将 dao 和 anotherDao 视为两个不同的 bean 定义，并分别为它们创建相应的 FixedDepositDaoImpl 实例。

代码清单 2-25 展示了 singleton 范围的 testSingletonScopePerBeanDef 方法。该方法用于测试对应于 dao 和 anotherDao bean 定义的 FixedDepositDaoImpl 实例是否是相同的。

代码清单 2-25 SingletonTest（JUnit 测试类）的 testSingletonScopePerBeanDef 方法

```
Project-ch02-bankapp-scopes
Source location - src/test/java/sample/spring/chapter02/bankapp

package sample.spring.chapter02.bankapp;

import static org.junit.Assert.assertNotSame;

public class SingletonTest {
  private static ApplicationContext context;
  .....
  @Test
  public void testSingletonScopePerBeanDef() {
      FixedDepositDao fixedDepositDao1 = (FixedDepositDao) context.getBean("dao");
      FixedDepositDao fixedDepositDao2 = (FixedDepositDao) context.getBean("anotherDao");
      assertNotSame("Same FixedDepositDao instances", fixedDepositDao1, fixedDepositDao2);
  }
}
```

在代码清单 2-25 中，fixedDepositDao1 和 fixedDepositDao2 变量表示 Spring 容器分别根据 dao 和 anotherDao bean 定义创建的 FixedDepositDaoImpl 类的实例。由于 fixedDepositDao1（对应于 dao bean 定义）和 fixedDepositDao2（对应于 anotherDao bean 定义）是不同的实例，如果执行 testSingletonScopePerBeanDef 测试，不会产生任何断言错误。

图 2-7 总结了每个 bean 定义都有一个相应的 singleton 范围的 bean。

图 2-7 展示了在 Spring 容器中每个 bean 定义都存在一个 singleton 范围的 bean 实例。

前面提到，默认情况下，singleton 范围的 bean 是预实例化的，这意味着在创建 Spring 容器的实例时，将创建一个 singleton 范围 bean 的实例。下面来看如何对一个 singleton 范围的 bean 进行延迟初始化。

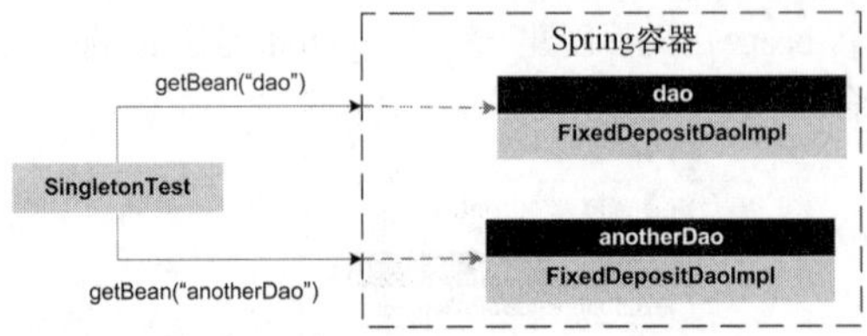

图 2-7 每个 bean 定义都有一个 singleton 范围的 bean 实例

2. 延迟初始化一个 singleton 范围的 bean

只有在第一次请求时，才指示 Spring 容器创建 singleton 范围的 bean 实例。代码清单 2-26 中的 lazyBean 定义展示了如何指示 Spring 容器延迟初始化一个 singleton 范围的 bean。

代码清单 2-26 延迟初始化一个 singleton 范围的 bean

```
<bean id="lazyBean" class="example.LazyBean" lazy-init="true"/>
```

<bean>元素的 lazy-init 特性用于指定 bean 实例是否需要延迟初始化。如果该值为 true（如代码清单 2-26 所示的 bean 定义的情况），则 Spring 容器将在第一次接收到对该 bean 的请求时对其初始化。

图 2-8 所示的时序图展示了 lazy-init 特性如何影响 singleton bean 实例的创建。

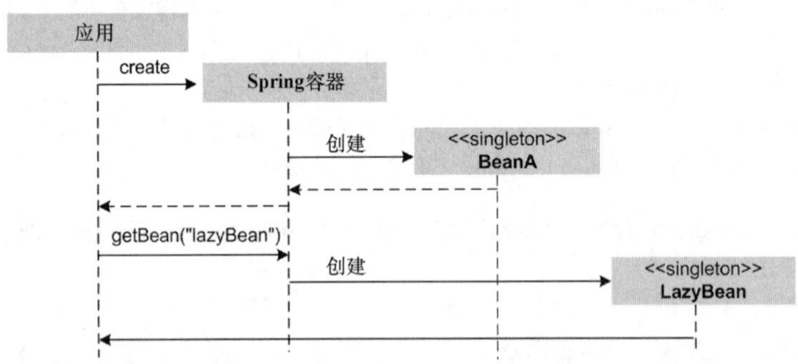

图 2-8 当应用程序第一次请求时，会创建一个延迟初始化的 singleton bean 实例

在图 2-8 中，BeanA 表示未被设置为延迟初始化的 singleton bean，LazyBean 表示被设置为延迟初始化的 singleton bean。当创建 Spring 容器时，BeanA 也被实例化，因为它没有被设置为延迟初始化。此外，LazyBean 将在第一次调用 ApplicationContext 的 getBean 方法来检索 LazyBean 的实例时被实例化。

注 意

你可以使用<beans>元素的 default-lazy-init 特性来指定应用程序上下文 XML 文件中定义的 bean 的默认初始化策略。如果<bean>元素的 lazy-init 特性与<beans>元素的 default-lazy-init 特性指定的值不同，则该 bean 使用 lazy-init 特性指定的值。

作为一个 singleton bean，可以通过 Spring 容器进行延迟初始化或预实例化，你可能会考虑此时是否应该将 singleton bean 定义为延迟初始化或预实例化。在大多数应用场景中，在创建 Spring 容器之前预先实例化 singleton bean 以发现配置问题是有益的。代码清单 2-27 展示了一个被设置为延迟初始化的 aBean 的 singleton bean，这个 aBean 依赖于 bBean bean。

代码清单 2-27 延迟初始化的 singleton bean

```
public class ABean {
    private BBean bBean;

    public void setBBean(BBean bBean) {
```

```
        this.bBean = bBean;
    }
    .....
}

<bean id="aBean" class="ABean" lazy-init="true">
  <property name="bBean" value="bBean" />
</bean>

<bean id="bBean" class="BBean" />
```

在代码清单 2-27 中，ABean 的 bBean property 引用了 BBean bean。请注意，ABean 的 bBean property 是用<property>元素的 value 特性而不是 ref 特性来指定的。如果通过传递包含上述 bean 定义的 XML 文件来创建 ApplicationContext 实例，则不会抛出任何错误。但是，当尝试通过调用 ApplicationContext 的 getBean 方法获取 aBean bean 时，将收到以下错误消息。

```
Caused by: java.lang.IllegalStateException: Cannot convert value of type [java.lang.String] to required
type [BBean] for property 'bBean: no matching editors or conversion strategy found
```

显示上述错误消息是因为 Spring 容器无法将 ABean 的 bBean property 的 String 值转换为 BBean 类型。这突出了用指定 value 特性取代指定 ref 特性来配置<bean>元素的问题。如果 aBean 被定义为预实例化（而不是延迟初始化），则上述配置问题可能在创建 ApplicationContext 的实例时就被捕获，而不是尝试从 ApplicationContext 获取一个 aBean bean 的实例时。

现在来了解一下 Spring 中 prototype 范围的 bean。

2.6.2　prototype

prototype 范围的 bean 与 singleton 范围的 bean 不同，因为 Spring 容器总是返回一个 prototype 范围 bean 的新实例。prototype 范围的 bean 的另一个独特之处在于它们总是被延迟初始化。

代码清单 2-28 中的 FixedDepositDetails bean 表示一个 prototype 范围的 bean，该配置来源于 ch02-bankapp-scopes 项目的 applicationContext.xml 文件。

代码清单 2-28　prototype 范围 bean 的 applicationContext.xml 示例

```
Project-ch02-bankapp-scopes
Source location - src/main/resources/META-INF/spring

<bean id="fixedDepositDetails"
      class="sample.spring.chapter02.bankapp.domain.FixedDepositDetails"
        scope="prototype" />
```

<bean>元素的 scope 特性值设置为 prototype，如代码清单 2-28 所示。这意味着 fixedDepositDetails bean 是一个 prototype 范围的 bean。

PrototypeTest（JUnit 测试类）的 testInstances 方法展示了从 Spring 容器检索的 fixedDepositDetails bean 的两个实例是不同的，如代码清单 2-29 所示。

代码清单 2-29　PrototypeTest（JUnit 测试类）的 testInstances 方法

```
Project-ch02-bankapp-scopes
Source location - src/test/java/sample/spring/chapter02/bankapp

package sample.spring.chapter02.bankapp;

import static org.junit.Assert.assertNotSame;

public class PrototypeTest {
  private static ApplicationContext context;
  .....
```

```
    @Test
    public void testInstances() {
      FixedDepositDetails fixedDepositDetails1 =
          (FixedDepositDetails)context.getBean("fixedDepositDetails");
      FixedDepositDetails fixedDepositDetails2 =
          (FixedDepositDetails) context.getBean("fixedDepositDetails");

      assertNotSame("Same FixedDepositDetails instances",
            fixedDepositDetails1, fixedDepositDetails2);
    }
  }
```

因为从 ApplicationContext 获取的两个 FixedDepositDetails 实例（fixedDepositDetails1 和 fixedDepositDetails2）不同，如果执行 testInstances 测试，则会看到测试在没有任何断言错误的情况下通过。

现在来了解如何为一个 bean 选择正确的范围（singleton 或 prototype）。

2.6.3 为你的 bean 选择适当的范围

如果一个 bean 不会保持任何会话状态（也就是说，它是无状态的），那么它应该定义为一个 singleton 范围的 bean。如果一个 bean 保持对话状态，它应该定义为一个 prototype 范围的 bean。MyBank 应用程序的 FixedDepositServiceImpl、FixedDepositDaoImpl 和 FixedDepositControllerImpl bean 本质上是无状态的，因此，它们定义为 singleton 范围的 bean。MyBank 应用程序的 FixedDepositDetails bean（域对象）维护会话状态，因此，它定义为 prototype 范围的 bean。

注 意

如果你在应用程序中使用 ORM 框架（如 Hibenate 或 iBATIS），则域对象由 ORM 框架创建，或者使用 new 运算符在应用程序代码中以编程方式创建。正是由于这个原因，如果应用程序使用 ORM 框架进行持久化，域对象将不会在应用程序上下文 XML 文件中被定义。

2.7 小结

在本章中，我们讨论了 Spring 框架的一些基础知识。我们研究了“面向接口编程”的设计方法，创建 bean 实例的不同方法，基于构造函数的 DI 和 bean 的作用域。在第 3 章中，我们将介绍如何设置 bean 属性和构造函数参数的不同类型（如 int、long、Map、Set 等）。

第 3 章　bean 的配置

3.1　简介

在第 2 章中，我们介绍了 Spring 框架的一些基本概念、如何在应用程序上下文 XML 文件中指定 Spring bean 及其依赖关系、singleton 和 prototype 范围的 bean，并讨论了为 bean 配置这些作用范围的意义。

在本章中，我们将介绍以下内容：

- bean 定义的继承；
- 如何解决 bean 类的构造函数的参数；
- 如何配置原始类型（如 int、float 等）、集合类型（如 java.util.List、java.util.Map 等）以及自定义类型（如 Address）等的 bean 属性和构造函数参数；
- 如何通过使用 p 命名空间和 c 命名空间分别指定 bean 属性和构造函数参数来使应用程序上下文 XML 文件变得简洁；
- Spring 的 FactoryBean 接口，允许编写自己的工厂类来创建 bean 实例；
- 模块化 bean 配置。

3.2　bean 定义的继承

我们在第 1 章和第 2 章中看到，应用程序上下文 XML 文件中的 bean 定义指定了 bean 类及其依赖项的完全限定名称。在某些场景下，为了使 bean 定义不那么冗长，你可能希望 bean 定义从另一个 bean 定义继承配置信息。下面介绍 MyBank 应用中这样的一个场景。

含　义

chapter 3/ch03-bankapp-inheritance（此项目展示使用了 bean 定义继承的 MyBank 应用。要运行应用程序，请执行此项目的 BankApp 类的 main 方法）。

3.2.1　MyBank——bean 定义继承示例

在第 2 章中，我们了解到 MyBank 应用通过 DAO 来访问数据库。假设 MyBank 应用定义了一个可以简化与数据库交互的 DatabaseOperations 类，因此 MyBank 应用中的所有 DAO 都依赖于 DatabaseOperations 类来执行数据库操作，如图 3-1 所示。

图 3-1 展示了 FixedDepositDao 和 PersonalBankingDao 类依赖于 DatabaseOperations 类。以下应用程序上下文 XML 文件展示了这些类的 bean 定义。

代码清单 3-1　DAO bean 依赖于 DatabaseOperations bean

```
<bean id="databaseOperations"
  class="sample.spring.chapter01.bankapp.utils.DatabaseOperations" />
```

```
<bean id="personalBankingDao"
  class="sample.spring.chapter01.bankapp.dao.PersonalBankingDaoImpl">
    <property name="databaseOperations" ref="databaseOperations" />
</bean>

<bean id="fixedDepositDao"
  class="sample.spring.chapter01.bankapp.dao.FixedDepositDaoImpl">
    <property name="databaseOperations" ref="databaseOperations" />
</bean>
```

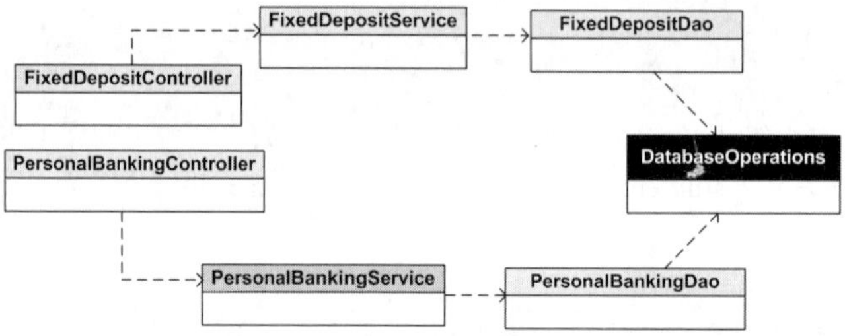

图 3-1 MyBank 应用程序中的 DAO 类使用 DatabaseOperations 类执行数据库交互

在代码清单 3-1 中，personalBankingDao 和 fixedDepositDao bean 定义都使用 databaseOperations 属性来引用 DatabaseOperations 实例。这意味着 PersonalBankingDaoImpl 和 FixedDepositDaoImpl 类都定义了一个 setDatabaseOperations 方法，以允许 Spring 容器注入 DatabaseOperations 实例。

如果应用程序中的多个 bean 共享一组公共的配置（属性、构造函数参数等），则可以创建一个 bean 定义，作为其他 bean 定义的父定义。在 personalBankingDao 和 fixedDepositDao bean 定义中，公共的配置是 databaseOperations 属性。代码清单 3-2 展示了 personalBankingDao 和 fixedDepositDao bean 定义如何从父 bean 定义继承 databaseOperations 属性。

代码清单 3-2 applicationContext.xml——MyBank 的应用程序上下文 XML 文件

```
Project-ch03-bankapp-inheritance
Source location - src/main/resources/META-INF/spring

  <bean id="databaseOperations"
    class="sample.spring.chapter03.bankapp.utils.DatabaseOperations" />

  <bean id="daoTemplate" abstract="true">
     <property name="databaseOperations" ref="databaseOperations" />
  </bean>

  <bean id="fixedDepositDao" parent="daoTemplate"
    class="sample.spring.chapter03.bankapp.dao.FixedDepositDaoImpl" />

  <bean id="personalBankingDao" parent="daoTemplate"
    class="sample.spring.chapter03.bankapp.dao.PersonalBankingDaoImpl" />
```

在代码清单 3-2 中，daoTemplate bean 定义了 fixedDepositDao 和 personalBankingDao bean 定义共享的公共配置。由于 fixedDepositDao 和 personalBankingDao bean 定义都需要 databaseOperations 依赖项（见代码清单 3-1），daoTemplate bean 定义使用<property>元素定义 databaseOperations 依赖项。<bean>元素的 parent 属性指定从中继承配置的 bean 定义的名称。由于 fixedDepositDao 和 personalBankingDao bean 定义中的 parent 属性值为 daoTemplate，因此它们从 daoTemplate bean 定义继承了 databaseOperations 属性。代码清单 3-2 使用了 bean 定义继承，等效于代码清单 3-1 中的定义。

如果<bean>元素的 abstract 特性值设置为 true，则表示 bean 定义是抽象的。在代码清单 3-2 中，daoTemplate bean 定义是抽象的。注意，Spring 容器不会尝试创建一个与抽象 bean 定义相对应的 bean。

注 意

抽象 bean 不能作为其他 bean 定义的依赖项，也就是说，不能使用<property>或<constructor-arg>元素来引用抽象 bean。

你可能已经注意到 daoTemplate bean 定义没有指定 class 特性。如果父 bean 定义没有指定 class 特性，则需要在子 bean 定义（如 fixedDepositDao 和 personalBankingDao）中指定 class 特性。注意，如果不指定 class 特性，则必须将 bean 定义为抽象的，以使 Spring 容器不会去尝试创建与之对应的 bean 实例。

要验证 fixedDepositDao 和 personalBankingDao bean 定义是否继承了 daoTemplate bean 定义的 databaseOperations 属性，请执行 ch03-bankapp-inheritance 项目的 BankApp 类的 main 方法。BankApp 的 main 方法调用在 fixedDepositDao 和 personalBankingDao bean 中的方法，而这些 bean 调用 DatabaseOperations 实例上的方法。你会注意到，BankApp 的 main 方法成功运行，没有抛出任何异常。如果没有将 Database- Operations 实例注入 fixedDepositDao 和 personalBankingDao bean 中，那么代码将抛出 java.lang. NullPointer- Exception。

图 3-2 显示了在 fixedDepositDao 和 personalBankingDao bean 定义中，bean 定义继承是如何工作的。

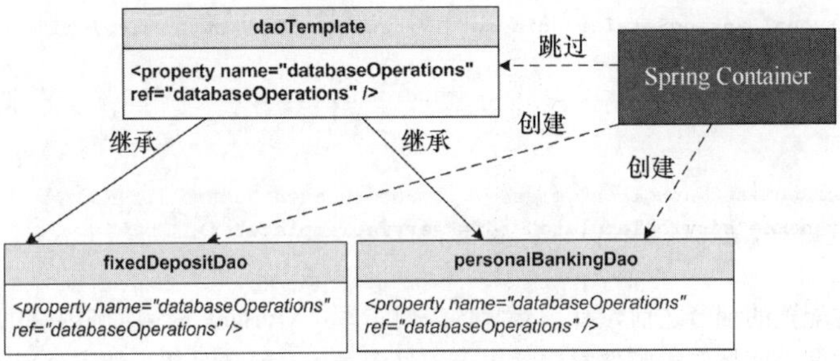

图 3-2 MyBank 应用中的 bean 定义继承

图 3-2 展示了 fixedDepositDao 和 personalBankingDao bean 定义从 daoTemplate bean 定义继承了 databaseOperations 属性（以 fixedDepositDao 和 personalBankingDao 标识的方框中的斜体显示部分）。图 3-2 还描述了 Spring 容器不会尝试创建与 daoTemplate bean 定义相对应的 bean 实例，因为它被标记为 **abstract**。

下面来了解一下从父 bean 定义中继承的配置信息。

3.2.2 继承了什么

子 bean 定义从父 bean 定义继承以下配置信息：

- 属性，通过<property>元素指定；
- 构造函数参数，通过<constructor-arg>元素指定；
- 方法覆盖（见 4.5 节）；
- 初始化和销毁方法（见第 5 章）；
- 工厂方法，通过<bean>元素的工厂方法特性指定（见 2.3 节，了解静态和实例工厂方法如何用于创建 bean）。

含 义

chapter 3/ch03-bankapp-inheritance-examples（此项目展示了使用 bean 定义继承的 MyBank 应用程序，在此项目中，你将看到使用了 bean 定义继承的多个场景。要运行应用程序，请执行此项目的 BankApp 类的 main 方法）。

下面来看一些 bean 定义继承的例子。

bean 定义继承示例——父 bean 定义非抽象

代码清单 3-3 展示了一个 bean 继承示例，其中父 bean 定义不是抽象的，而且子 bean 定义了一个额外的依赖项。

代码清单 3-3 applicationContext.xml —— 父 bean 定义非抽象的 bean 定义继承

```
Project-ch03-bankapp-inheritance-examples
Source location - src/main/resources/META-INF/spring

  <bean id="serviceTemplate"
       class="sample.spring.chapter03.bankapp.base.ServiceTemplate">
    <property name="jmsMessageSender" ref="jmsMessageSender" />
    <property name="emailMessageSender" ref="emailMessageSender" />
    <property name="webServiceInvoker" ref="webServiceInvoker" />
  </bean>

  <bean id="fixedDepositService" class=".....FixedDepositServiceImpl"
        parent="serviceTemplate">
    <property name="fixedDepositDao" ref="fixedDepositDao" />
  </bean>

  <bean id="personalBankingService" class=".....PersonalBankingServiceImpl"
        parent="serviceTemplate">
    <property name="personalBankingDao" ref="personalBankingDao" />
  </bean>

  <bean id="userRequestController" class=".....UserRequestControllerImpl">
      <property name="serviceTemplate" ref="serviceTemplate" />
  </bean>
```

在深入了解上述配置的细节之前，有一点背景需要了解：MyBank 应用程序中的服务可能会将 JMS 消息发送到消息传递中间件或将电子邮件发送到电子邮件服务器，或者可能会调用外部 Web 服务。在代码清单 3-3 中，jmsMessageSender、emailMessageSender 和 webServiceInvoker bean 通过提供一个抽象层来简化这些任务，由 serviceTemplate bean 提供对 jmsMessageSender、emailMessageSender 和 webServiceInvoker bean 的访问。这就是 serviceTemplate bean 依赖于 jmsMessageSender、emailMessageSender 和 webServiceInvoker-bean 的原因。

代码清单 3-3 展示了 serviceTemplate bean 定义是 fixedDepositService 和 personalBankingService bean 定义的父 bean 定义。请注意，serviceTemplate bean 定义不是抽象的，class 特性指定的类为 ServiceTemplate。在之前的 bean 定义继承示例（见代码清单 3-2）中，子 bean 定义没有定义任何属性。在代码清单 3-3 中，fixedDepositService 和 personalBankingService 子 bean 定义分别定义了 fixedDepositDao 和 personal-BankingDao 属性。

由于父 bean 定义的属性由子 bean 定义继承，FixedDepositServiceImpl 和 PersonalBankingServiceImpl 类必须为 jmsMessageSender、emailMessageSender 和 webServiceInvoker 属性定义 setter 方法。你可以选择在 FixedDepositServiceImpl 和 PersonalBankingServiceImpl 类中定义 setter 方法，也可以将 FixedDepositServiceImpl 和 PersonalBankingServiceImpl 类作为 ServiceTemplate 类的子类。在 ch03-bankapp-inheritance-examples 中，FixedDepositServiceImpl 和 PersonalBankingServiceImpl 类是 ServiceTemplate 类的子类。

PersonalBankingServiceImpl 类的代码如代码清单 3-4 所示。

代码清单 3-4 PersonalBankingServiceImpl 类

```
Project-ch03-bankapp-inheritance-examples
Source location - src/main/java/sample/spring/chapter03/bankapp/service

package sample.spring.chapter03.bankapp.service;

public class PersonalBankingServiceImpl extends ServiceTemplate implements
        PersonalBankingService {
```

```
    private PersonalBankingDao personalBankingDao;

    public void setPersonalBankingDao(PersonalBankingDao personalBankingDao) {
      this.personalBankingDao = personalBankingDao;
    }

    @Override
    public BankStatement getMiniStatement() {
      return personalBankingDao.getMiniStatement();
    }
}
```

在代码清单 3-3 中，personalBankingService bean 定义将 personalBankingDao 指定为依赖项。其中，setPersonalBankingDao setter 方法对应于 personalBankingDao 依赖项。另外，请注意 PersonalBankingServiceImpl 类是 ServiceTemplate 类的子类。

图 3-3 展示了父 bean 定义（如 ServiceTemplate）不必是抽象的，子 bean 定义（如 fixedDepositService 和 personalBankingService）可以定义附加属性，父类（如 ServiceTemplate 类）和子 bean 定义（如 FixedDepositServiceImpl 和 PersonalBankingServiceImpl）所表示的类本身也可以通过继承相关联。

由图 3-3 可知：

- 因为 serviceTemplate bean 没有被定义为抽象的，所以 Spring 容器将创建一个它的实例；
- FixedDepositServiceImpl 和 PersonalBankingServiceImpl 类（对应于子 bean 定义）是对应于 serviceTemplate 父 bean 定义的 ServiceTemplate 类的子类；
- 而且，fixedDepositService 和 personalBankingService bean 定义分别定义了附加的属性 fixedDepositDao 和 personalBankingDao，应该注意的是，子 bean 定义还可以定义附加的构造函数参数和方法覆盖（在 4.5 节中讨论）。

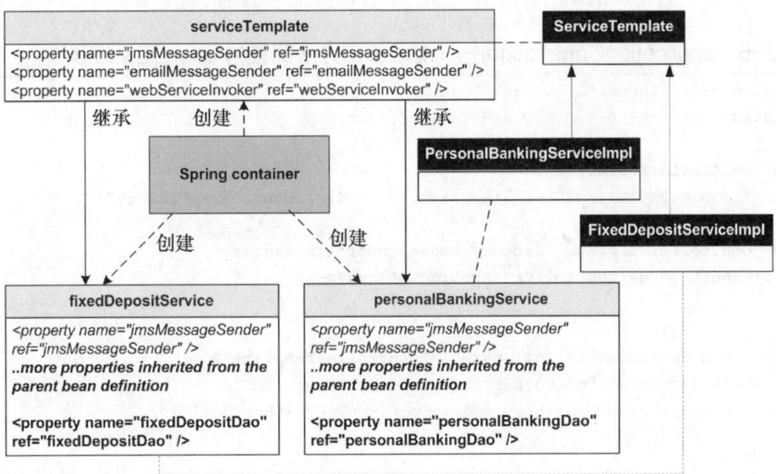

图 3-3 子 bean 定义添加附加属性，父 bean 定义不是抽象的，父子关系存在于父 bean 和子 bean 定义之间的类之间

由于 serviceTemplate bean 定义不是抽象的，其他 bean 可以将 serviceTemplate bean 定义为依赖项。例如，在代码清单 3-3 中，serviceTemplate bean 是 userRequestController bean 的依赖项。你可以从这个讨论中推断，如果一个父 bean 定义不是抽象的，那么父 bean 提供的功能不仅可以被子 bean 使用，也可以被应用程序上下文中的其他 bean 所利用。

bean 定义继承示例——继承工厂方法配置

子 bean 定义可以使用 bean 定义继承来从父 bean 定义继承工厂方法配置。我们来看一个例子，其中父工厂方法配置由子 bean 定义继承。

在代码清单 3-5 中，ControllerFactory 类定义了一个 getController 实例工厂方法。

代码清单 3-5 ControllerFactory 类

```
Project-ch03-bankapp-inheritance-examples
Source location - src/main/java/sample/spring/chapter03/bankapp/controller

package sample.spring.chapter03.bankapp.controller;

public class ControllerFactory {

  public Object getController(String controllerName) {
    Object controller = null;
    if ("fixedDepositController".equalsIgnoreCase(controllerName)) {
       controller = new FixedDepositControllerImpl();
    }
    if ("personalBankingController".equalsIgnoreCase(controllerName)) {
       controller = new PersonalBankingControllerImpl();
    }
    return controller;
  }
}
```

由代码清单 3-5 可知，getController 工厂方法根据传递给它的 controllerName 参数的值创建 FixedDepositControllerImpl 或 PersonalBankingControllerImpl 类的实例。如果 controllerName 参数的值为 fixedDepositController，则 getController 方法将创建 FixedDepositControllerImpl 类的实例。而如果 controllerName 参数的值为 personalBankingController，则 getController 方法将创建 PersonalBankingControllerImpl 类的实例。

在 ch03-bankapp-inheritance-example 项目中，applicationContext.xml 文件中的 bean 定义表明子 bean 定义从父 bean 定义继承了 getController 实例工厂方法配置，如代码清单 3-6 所示。

代码清单 3-6 applicationContext.xml——继承工厂方法配置的 bean 定义继承

```
Project-ch03-bankapp-inheritance-examples
Source location - src/main/resources/META-INF/spring

  <bean id="controllerFactory"
      class="sample.spring.chapter03.bankapp.controller.ControllerFactory" />

  <bean id="controllerTemplate" factory-bean="controllerFactory"
      factory-method="getController" abstract="true">
  </bean>

  <bean id="fixedDepositController" parent="controllerTemplate">
    <constructor-arg index="0" value="fixedDepositController" />
    <property name="fixedDepositService" ref="fixedDepositService" />
  </bean>

  <bean id="personalBankingController" parent="controllerTemplate">
    <constructor-arg index="0" value="personalBankingController" />
    <property name="personalBankingService" ref="personalBankingService" />
  </bean>
```

在代码清单 3-6 中，ControllerFactory 类表示一个定义 getController 实例工厂方法的工厂类。controllerTemplate bean 定义指定 ControllerFactory 类的 getController 工厂方法用于创建 bean 实例。getController 方法（见代码清单 3-5）创建一个 FixedDepositControllerImpl 或 PersonalBankingControllerImpl bean 的实例，具体创建哪个实例取决于传递给 getController 方法的参数。

由于 controllerTemplate bean 定义是抽象的，它由 fixedDepositController 和 personalBankingController 子 bean 定义来使用 getController 工厂方法配置。我们在 2.3 节中看到，<constructor-arg>元素用于将参数传

递给实例工厂方法。在代码清单 3-6 中，fixedDepositController 和 personalBankingController 子 bean 定义使用了 <constructor-arg> 元素分别将 fixedDepositController 和 personalBankingController 的值传递给 getController 工厂方法。

因此，在使用 fixedDepositController bean 定义的情况下，Spring 容器使用参数 fixedDepositController 调用 getController 方法，从而创建了 FixedDepositControllerImpl 实例。此外，在使用 personalBankingController bean 定义的情况下，Spring 容器使用参数 personalBankingController 调用 getController 方法，从而创建 PersonalBankingControllerImpl 实例。

建议你现在运行 ch03-bankapp-inheritance-examples 项目的 BankApp 类的 main 方法，以查看本节讨论的 bean 定义继承示例的用法。

现在我们来了解一下在 bean 定义中定义的 constructor 参数如何与在构造函数的签名中定义的参数相匹配。

3.3 构造函数参数匹配

在第 2 章中，我们学习了如何使用<constructor-arg>元素在 bean 定义中指定构造函数参数。在本节中，我们将介绍 Spring 容器如何将使用<constructor-arg>元素指定的构造函数参数和在 bean 类的构造函数中指定的构造函数参数进行匹配。

在介绍构造函数参数匹配的细节之前，我们再来看一下如何把参数传递给一个 bean 类的构造函数。

含 义

chapter3/ch03-bankapp-constructor-args-by-type（此项目展示了 MyBank 应用程序，其中 bean 类的构造函数参数按类型进行匹配。要运行应用程序，请执行此项目的 BankApp 类的 main 方法）。

3.3.1 使用<constructor-arg>元素传递简单的值和 bean 引用

如果构造函数参数是简单的 Java 类型（如 int、String 等），则<constructor-arg>元素的 value 特性用于指定构造函数参数的值。如果构造函数参数是对 bean 的引用，则使用<constructor-arg>元素的 ref 特性指定 bean 的名称。

代码清单 3-7 展示了 ch03-bankapp-constructor-args-by-type 项目的 UserRequestControllerImpl 类，其构造函数接受 ServiceTemplate 类型的参数。

代码清单 3-7 UserRequestControllerImpl 类

```
Project-ch03-bankapp-constructor-args-by-type
Source location - src/main/java/sample/spring/chapter03/bankapp/controller

package sample.spring.chapter03.bankapp.controller;

public class UserRequestControllerImpl implements UserRequestController {
  private ServiceTemplate serviceTemplate;

  public UserRequestControllerImpl(ServiceTemplate serviceTemplate) {
    this.serviceTemplate = serviceTemplate;
  }

  @Override
  public void submitRequest(Request request) {
```

```
        //-- do something using ServiceTemplate
        serviceTemplate.getJmsMessageSender(); //-- For ex., send JMS message
        .....
    }
}
```

在代码清单 3-8 中，使用<constructor-arg>元素的 ref 特性将对 ServiceTemplate 实例（由 serviceTemplate bean 定义表示）的引用传递给 UserRequestControllerImpl 的构造函数。

代码清单 3-8 applicationContext.xml——将引用传递给 Spring bean 作为构造函数参数

```
Project-ch03-bankapp-constructor-args-by-type
Source location - src/main/resources/META-INF/spring

<bean id="serviceTemplate" class="sample.spring.chapter03.bankapp.base.ServiceTemplate">
  .....
</bean>

<bean id="userRequestController"
    class="sample.spring.chapter03.bankapp.controller.UserRequestControllerImpl">
  <constructor-arg index="0" ref="serviceTemplate" />
</bean>
```

有了如何将简单值和 bean 引用作为构造函数参数的背景信息，现在我们来看一下 Spring 容器如何匹配构造函数参数类型，并以此定位其调用的 bean 的构造函数。

3.3.2 基于类型的构造方法参数匹配

如果未指定<constructor-arg>元素的 index 特性，则 Spring 容器通过将<constructor-arg>元素引用的类型与 bean 类的构造函数中指定的参数类型进行匹配来定位其调用的构造函数。

我们首先看一下在构造函数参数的 Spring bean 与继承关系无关的情况下，Spring 容器是如何匹配构造函数参数的。

1. 构造函数参数表示不同的 Spring bean

代码清单 3-9 展示了 ServiceTemplate 类。该类定义了一个构造函数，用于接收对 JmsMessageSender、EmailMessageSender 和 WebServiceInvoker bean 的引用。

代码清单 3-9 ServiceTemplate 类

```
Project-ch03-bankapp-constructor-args-by-type
Source location - src/main/java/sample/spring/chapter03/bankapp/base

package sample.spring.chapter03.bankapp.base;

public class ServiceTemplate {
   .....
   public ServiceTemplate(JmsMessageSender jmsMessageSender,
        EmailMessageSender emailMessageSender,
        WebServiceInvoker webServiceInvoker) {
     .....
   }
}
```

代码清单 3-10 展示了 ServiceTemplate 类的 bean 定义和 ServiceTemplate 引用的 bean。

代码清单 3-10 applicationContext.xml——ServiceTemplate 类的 bean 定义及其依赖项

```
Project-ch03-bankapp-constructor-args-by-type
Source location - src/main/resources/META-INF/spring
```

```
<bean id="serviceTemplate" class="sample.spring.chapter03.bankapp.base.ServiceTemplate">
   <constructor-arg ref="emailMessageSender" />
   <constructor-arg ref="jmsMessageSender" />
   <constructor-arg ref="webServiceInvoker" />
</bean>

<bean id="jmsMessageSender" class="sample.spring.chapter03.bankapp.base.JmsMessageSender" />
<bean id="emailMessageSender" class="sample.spring.chapter03.bankapp.base.EmailMessageSender" />
<bean id="webServiceInvoker" class="sample.spring.chapter03.bankapp.base.WebServiceInvoker" />
```

在代码清单 3-10 中，serviceTemplate bean 的<constructor-arg>元素没有指定 index 特性。由<constructor-arg>元素指定的构造函数参数的顺序是 EmailMessageSender、JmsMessageSender、WebServiceInvoker。在 ServiceTemplate 类的构造函数中指定的构造函数参数的顺序是 JmsMessageSender、EmailMessageSender、WebServiceInvoker。可以看到，构造函数参数由<constructor-arg>元素定义的顺序与在 ServiceTemplate 类的构造函数中指定的顺序不同。

如果执行 ch03-bankapp-constructor-args-by-type 项目的 BankApp 类的 main 方法，就会发现 Spring 容器成功创建了一个 ServiceTemplate bean 的实例。这是因为 JmsMessageSender、EmailMessageSender 和 WebServiceInvoker 的类型在本质上是不同的（即它们与继承关系无关），这使得 Spring 容器可以将它们以正确的顺序注入 ServiceTemplate 的构造函数中。

如果构造函数参数类型与继承相关，则 Spring 容器需要额外的指令来帮助解析构造函数参数。我们来看一个例子，其中由构造函数参数引用的 bean 与继承关系相关。

2. 构造函数参数表示相关的 Spring bean

请看代码清单 3-11 中的 SampleBean 类，其构造函数接受与继承关系相关的参数类型。

代码清单 3-11　SampleBean 类

```
public class SampleBean {
  public SampleBean(ABean aBean, BBean bBean) { ..... }
  .....
}
```

在代码清单 3-11 中，SampleBean 类的构造函数接受 ABean 和 BBean 类型作为参数。ABean 和 BBean 表示与继承关系相关的 Spring bean，BBean 是 ABean 的一个子类。

代码清单 3-12 中的应用程序上下文 XML 文件展示了 SampleBean、ABean 和 BBean 类的 bean 定义。

代码清单 3-12　SampleBean、ABean 和 BBean 类的 Bean 定义

```
<bean id="aBean" class="example.ABean"/>
<bean id="bBean" class="example.BBean"/>

<bean id="sampleBean" class="example.SampleBean">
   <constructor-arg ref="bBean"/>
   <constructor-arg ref="aBean"/>
</bean>
```

由于 aBean bean 和 bBean bean 与继承关系相关，因此 Spring 容器按照 SampleBean 类的 bean 定义中的<constructor-arg>元素的顺序将构造函数参数应用于 SampleBean 的构造函数。在代码清单 3-12 的 sampleBean bean 定义中，第一个<constructor-arg>元素指的是 bBean bean，第二个<constructor-arg>元素是指 aBean bean。这意味着 bBean 作为第一个构造函数参数传递，并将 aBean 作为第二个构造函数参数传递给 SampleBean 构造函数。由于 ABean（超类）的实例满足不了程序对 BBean（子类）实例的需求，因此 sampleBean bean 定义中的第二个<constructor-arg>元素会导致 Spring 容器抛出异常。为了处理这种情况，你可以使用<constructor-arg>元素的 index 或 type 特性来标识<constructor-arg>元素中对应的构造函数参数。例如，代码清单 3-13 中的 sampleBean bean 定义用 type 特性来标识<constructor-arg>元素中对应的构造函数参数的类型。

代码清单 3-13　<constructor-arg>元素的 type 特性标识了构造函数参数的类型

```
<bean id="sampleBean" class="example.SampleBean">
  <constructor-arg type="sample.spring.chapter03.bankapp.controller.BBean" ref="bBean"/>
  <constructor-arg type="sample.spring.chapter03.bankapp.controller.ABean" ref="aBean"/>
</bean>
```

<constructor-arg>元素的 type 特性指定了<constructor-arg>元素所使用的类型的完全限定名称。在代码清单 3-13 中，第一个<constructor-arg>适用于类型为 BBean 的构造函数参数，第二个<constructor-arg>元素适用于类型为 ABean 的构造函数参数。指定 type 特性会消除构造函数参数与继承关系相关的歧义。

注 意

如果两个或多个构造函数的参数是相同的类型，唯一的选择是使用 index 特性来标识每个<constructor-arg>元素对应的构造函数参数。

到目前为止，我们已经看到构造函数参数类型匹配的场景，其中构造函数参数表示不同或相关的 Spring bean。现在我们来看一下构造函数参数类型是如何匹配标准的 Java 类型（如 int、long、boolean、String、Date 等）和自定义（如 Address）类型的。

3. 构造函数参数表示标准 Java 类型和自定义类型

如果构造函数参数的类型是原始类型（如 int、long、boolean 等）或 String 类型或自定义类型（如 Address），则<constructor-arg>元素的 value 特性用于指定值。如果有两个或多个构造函数参数，由 value 属性指定的字符串值可以互相转换，则 Spring 容器无法获取构造函数参数的类型（例如，该值表示 int、long 或 String）。在这种情况下，你需要使用 type 特性显式指定构造函数参数的类型。

代码清单 3-14 展示了 TransferFundsServiceImpl 类，其构造函数可以接受 String、boolean、long 和 int 类型的参数。

代码清单 3-14　TransferFundsServiceImpl 类

```
Project-ch03-bankapp-constructor-args-by-type
Source location - src/main/java/sample/spring/chapter03/bankapp/service

package sample.spring.chapter03.bankapp.service;

public class TransferFundsServiceImpl implements TransferFundsService {
  public TransferFundsServiceImpl(String webServiceUrl, boolean active, long timeout,
    int numberOfRetrialAttempts) {.....}
  .....
}
```

TransferFundsServiceImpl 的构造函数接受以下参数：webServiceUrl、active、timeout 和 numberOfRetrialAttempts。代码清单 3-15 中 TransferFundsServiceImpl 类的以下 bean 定义展示了如何将构造函数参数值传递给 TransferFundsServiceImpl 的构造函数。

代码清单 3-15　TransferFundsServiceImpl 类的 bean 定义

```
<bean id="transferFundsService"
  class="sample.spring.chapter03.bankapp.service.TransferFundsServiceImpl">
  <constructor-arg value="http://someUrl.com/xyz" />
  <constructor-arg value="true" />
  <constructor-arg value="5" />
  <constructor-arg value="200" />
</bean>
```

假设第三个<constructor-arg>元素（value 特性的值为 5）应该为 numberOfRetrialAttempts 构造函数参数提供值，第四个<constructor-arg>元素（value 属性的值为 200）应该为 timeout 构造函数参数提供值。Spring 容器根据 transferFundsService bean 定义中的<constructor-arg>元素的顺序将<constructor-arg>元素应用于 TransferFundsServiceImpl 的构造函数。这意味着第三个<constructor-arg>元素应用于 timeout 参数，而不是 numberOfRetrialAttempts 参数。而且，第四个<constructor-arg>元素应用于 numberOfRetrialAttempts 参数，而不是 timeout 参数。要处理这种情况，可以使用<constructor-arg>元素的 type 属性来指定构造函数参数的类型，如代码清单 3-16 所示。

代码清单 3-16 applicationContext.xml——<constructor-arg> 元素的 type 特性

```
Project-ch03-bankapp-constructor-args-by-type
Source location - src/main/resources/META-INF/spring

  <bean id="transferFundsService"
    class="sample.spring.chapter03.bankapp.service.TransferFundsServiceImpl">
    <constructor-arg type="java.lang.String" value="http://someUrl.com/xyz" />
    <constructor-arg type="boolean" value="true" />
    <constructor-arg type="int" value="5" />
    <constructor-arg type="long" value="200" />
  </bean>
```

在代码清单 3-16 TransferFundsServiceImpl 类的 bean 定义中，type 特性用于指定构造函数参数类型。Spring 容器现在可以比较构造函数参数类型，以将其正确地应用于 TransferFundsServiceImpl 的构造函数。

注 意

如果两个或多个构造函数的参数是相同的类型，则唯一的选择是使用 index 特性来标识每个<constructor-arg>元素对应的构造函数参数。

在本节中，我们看到 Spring 如何执行类型匹配来解析构造函数参数。现在我们来看一下如何指示 Spring 根据构造函数参数的名称来执行构造函数参数的匹配。

含 义

chapter 3/ch03-bankapp-constructor-args-by-name（此项目展示了 MyBank 应用程序，其中 bean 类的构造函数参数通过名称来匹配。要运行应用程序，请执行此项目的 BankApp 类的 main 方法）。

3.3.3 基于名称的构造函数参数匹配

<constructor-arg>元素的 name 特性用于指定<constructor-arg>元素对应的构造函数参数的名称。代码清单 3-17 再一次展示了接收多个参数的 TransferFundsServiceImpl 类的构造函数。

代码清单 3-17 TransferFundsServiceImpl 类

```
Project-ch03-bankapp-constructor-args-by-name
Source location - src/main/java/sample/spring/chapter03/bankapp/service

package sample.spring.chapter03.bankapp.service;

public class TransferFundsServiceImpl implements TransferFundsService {
  .....
  public TransferFundsServiceImpl(String webServiceUrl, boolean active, long timeout,
    int numberOfRetrialAttempts) { ..... }
}
```

在代码清单 3-17 中，由 TransferFundsServiceImpl 的构造函数定义的构造方法参数的名称是：

webServiceUrl、active、timeout 和 numberOfRetrialAttempts。

注 意

TransferFundsServiceImpl 类的构造函数接受简单 Java 类型的参数（如 int、long、boolean、String 等），但本节中介绍的概念也适用于构造函数参数为 Spring bean 的引用的场景。

在代码清单 3-18 中，TransferFundsServiceImpl 类的 bean 定义使用<constructor-arg>元素的 name 特性来指定<constructor-arg>元素对应的构造函数参数的名称。

代码清单 3-18 applicationContext.xml——<constructor-arg> 元素的 name 特性

```
Project-ch03-bankapp-constructor-args-by-name
Source location - src/main/resources/META-INF/spring

  <bean id="transferFundsService"
    class="sample.spring.chapter03.bankapp.service.TransferFundsServiceImpl">

    <constructor-arg name="webServiceUrl" value="http://someUrl.com/xyz" />
    <constructor-arg name="active" value="true" />
    <constructor-arg name="numberOfRetrialAttempts" value="5" />
    <constructor-arg name="timeout" value="200" />
  </bean>
```

上述配置将仅在 TransferFundsServiceImpl 类编译时启用了调试标志（参见 javac 的-g 选项）或启用了“参数名称发现”（“parameter name discovery”）标志（参见 Java 8 中的 javac 的-parameters 选项）时才起作用。当启用调试或“参数名称发现”标志时，构造函数参数和方法参数的名称将保留在生成的.class 文件中。如果不使用调试或“参数名称发现”标志编译类，则编译期间构造函数参数名称将丢失。在生成的.class 文件中没有构造函数参数名称的情况下，Spring 无法通过名称来匹配构造函数参数。

如果不想使用调试或“参数名称发现”标志编译类，则可以使用@ConstructorProperties 注解来清楚地显示构造函数参数的名称，如 TransferFundsServiceImpl 类，如代码清单 3-19 所示。

代码清单 3-19 @ConstructorProperties 注解

```
Project-ch03-bankapp-constructor-args-by-name
Source location - src/main/java/sample/spring/chapter03/bankapp/service

package sample.spring.chapter03.bankapp.service;

import java.beans.ConstructorProperties;

public class TransferFundsServiceImpl implements TransferFundsService {

  @ConstructorProperties({"webServiceUrl","active","timeout","numberOfRetrialAttempts"})
  public TransferFundsServiceImpl(String webServiceUrl, boolean active, long timeout,
      int numberOfRetrialAttempts) { ..... }
}
```

在代码清单 3-19 中，@ConstructorProperties 注解以构造函数参数的名称指定它们在 bean 类的构造函数中的显示顺序。必须确保在<constructor-arg>元素中使用相同的构造函数参数名称。

现在我们来看一下@ConstructorProperties 注解如何影响 bean 定义继承。

1. @ConstructorProperties 注解和 bean 定义继承

如果对应于父 bean 定义的类的构造函数使用@ConstructorProperties 注解，则对应于子 bean 定义的 bean 类也必须使用@ConstructorProperties 注解。

代码清单 3-20 展示了 serviceTemplate（父 bean）和 FixedDepositService（子 bean）的 bean 定义。

代码清单 3-20 applicationContext.xml——父 bean 定义和子 bean 定义

```
Project-ch03-bankapp-constructor-args-by-name
Source location - src/main/resources/META-INF/spring

  <bean id="serviceTemplate"
    class="sample.spring.chapter03.bankapp.base.ServiceTemplate">
       <constructor-arg name="emailMessageSender" ref="emailMessageSender" />
       <constructor-arg name="jmsMessageSender" ref="jmsMessageSender" />
       <constructor-arg name="webServiceInvoker" ref="webServiceInvoker" />
  </bean>

  <bean id="fixedDepositService"
    class="sample.spring.chapter03.bankapp.service.FixedDepositServiceImpl"
    parent="serviceTemplate">
       <property name= "fixedDepositDao" ref="fixedDepositDao" />
  </bean>
```

代码清单 3-20 展示了 serviceTemplate bean 定义是非抽象的，这意味着 Spring 容器将创建一个 serviceTemplate bean 的实例。serviceTemplate bean 定义指定 3 个<constructor-arg>元素，对应于 ServiceTemplate 类定义的 3 个参数（见代码清单 3-21）。

由于我们通过 serviceTemplate bean 定义中的名称指定了构造函数参数，ServiceTemplate 类的构造函数使用@ConstructorProperties 进行注解，以确保构造函数参数名在运行时可用于 Spring，如代码清单 3-21 所示。

代码清单 3-21 ServiceTemplate 类

```
Project-ch03-bankapp-constructor-args-by-name
Source location - src/main/java/sample/spring/chapter03/bankapp/base

package sample.spring.chapter03.bankapp.base;

import java.beans.ConstructorProperties;

public class ServiceTemplate {
  .....
  @ConstructorProperties({"jmsMessageSender","emailMessageSender","webServiceInvoker"})
  public ServiceTemplate(JmsMessageSender jmsMessageSender,
       EmailMessageSender emailMessageSender,
       WebServiceInvoker webServiceInvoker) { ..... }
}
```

由于 FixedDepositService 是 serviceTemplate 的子 bean 定义，serviceTemplate bean 定义中的<constructor-arg>配置由 FixedDepositService bean 定义继承。这意味着 FixedDepositServiceImpl 类必须定义一个构造函数，该构造函数接收与 ServiceTemplate 类定义相同的参数集合，并且必须使用@ConstructorProperties 注解，以允许 Spring 通过名称来匹配构造函数参数。如果不使用@ConstructorProperties 对 FixedDepositServiceImpl 的构造函数进行注解，则 Spring 容器无法将继承的<constructor-arg>元素与 FixedD- epositServiceImpl 的构造函数中指定的构造函数相匹配。

不能使用@ConstructorProperties 注解通过名称将参数传递给静态或实例工厂方法，如下所述。

2. @ConstructorProperties 注解和工厂方法

我们在 2.3 节中看到，<constructor-arg>元素也用于将参数传递给静态和实例工厂方法。你可能会认为，可以通过指定<constructor-arg>元素的 name 特性并使用@ConstructorProperties 注解工厂方法，将名称传递给静态和实例工厂方法。你应该注意到，@ConstructorProperties 注解仅适用于构造函数，不能使用@ConstructorProperties 来注解方法。因此，如果要通过名称将参数传递给静态或实例工厂方法，则唯一的选项是启用调试或“参数名称发现”标志来编译类。

注 意

如果使用 debug 或“参数名称发现”标志编译类，会导致.class 文件比原本要大，但这只会使类的加载时间增加，对应用程序的运行性能没有影响。

现在来看一下如何在 Eclipse IDE 中启用或禁用调试标志。

3. 在 Eclipse IDE 中启用（或禁用）调试或“参数名称发现”标志

在 Eclipse IDE 中，按照以下步骤为项目启用调试标志：

（1）打开 Windows 菜单，进入 Preferences 菜单并选择 Java 的 Compiler 选项卡；

（2）现在将看到一个名为“Classfile Generation”的部分。

a. 在这部分中，如果勾选“Add variable attributes to generated class files (used by the debugger)”复选框，则启用调试标志。取消选中此复选框将禁用调试标志。

b. 在这部分中，如果勾选“Store information about method parameters (usable via reflection)”复选框，则启用“参数名称发现”标志。取消选中此复选框将禁用该标志。

到目前为止，我们主要介绍了一些 bean 定义示例，这些 bean 定义中的 bean 属性和构造函数参数是对其他 bean 的引用。现在我们来介绍另外一些 bean 定义示例，这些 bean 定义中的 bean 属性和构造函数参数是原始类型、集合类型、java.util.Date、java.util.Properties 等。

3.4 配置不同类型的 bean 属性和构造函数参数

在现实世界的应用程序开发场景中，Spring bean 的属性和构造函数参数的取值范围可以是 String 类型、对另一个 bean 的引用、其他标准类型（如 java.util.Date、java.util.Map）或自定义类型（例如 Address）。到目前为止，我们已经看到了如何为 bean 属性（使用<property> 元素的 value 特性）和构造函数参数（使用<constructor-arg>元素的 value 特性）提供字符串值的示例。我们还研究了如何通过 bean 属性（使用<property>元素的 ref 特性）和构造函数参数（使用<constructor-arg>元素的 ref 特性）注入依赖项。

在本节中，我们将介绍 Spring 中内置的 PropertyEditor 实现，它简化了 java.util.Date、java.util.Currency、primitive 等类型作为 bean 属性和构造函数参数的传递。我们还将介绍如何为应用程序上下文 XML 文件中的集合类型（如 java.util.List 和 java.util.Map）指定值，以及如何使用 Spring 注册自定义 PropertyEditor 实现。

现在我们来看一下使用了内置 PropertyEditor 实现的 bean 定义示例。

含 义

chapter 3/ch03-simple-types-examples（此项目展示了一个 Spring 应用程序，其中 bean 属性和构造函数参数都是基本类型，如 java.util.Date、java.util.List、java.util.Map 等，此项目还展示了如何使用 Spring 容器注册自定义的 PropertyEditor 实现，要运行此应用程序，请执行项目的 SampleApp 类的 main 方法）。

3.4.1 Spring 的内置属性编辑器

JavaBeans PropertyEditors 提供了将 Java 类型转换为字符串值所必需的逻辑，反之亦然。Spring 提供了几个内置的 PropertyEditor，用于将 bean 属性或构造函数参数（通过<property>和<constructor-arg>元素的 value 特性指定）的字符串值转换为实际的 Java 类型的属性或构造函数。

在学习涉及内置 PropertyEditors 的示例之前，首先需要了解 PropertyEditors 在设置 bean 属性和构造函数参数的值时的重要性。

我们要将代码清单 3-22 中的 BankDetails 类配置为具有预定义特性值的 singleton 范围 bean。

代码清单 3-22 BankDetails 类

```
public class BankDetails {
  private String bankName;

  public void setBankName(String bankName) {
    this.bankName = bankName;
  }
}
```

在代码清单 3-22 中，bankName 是 BankDetails 类的一个 String 类型的特性。在代码清单 3-23 中，BankDetails 类的 bean 定义展示了如何将 bankName 特性的值设置为“My Personal Bank”。

代码清单 3-23 BankDetails 类的 bean 定义

```
<bean id= "bankDetails" class= "BankDetails">
  <property name= "bankName" value= "My Personal Bank"/>
</bean>
```

在代码清单 3-23 的 bean 定义中，<property>元素的 value 特性指定了 bankName 属性的字符串值。可以看到，如果一个 bean 属性是 String 类型，那么可以使用<property>元素的 value 特性来简单地设置该属性值。类似地，如果构造函数参数的类型为 String，则可以使用<constructor-arg>元素的 value 特性来设置构造函数参数值。

假设以下特性（以及它们的 setter 方法）已经被添加到 BankDetails 类中：byte []类型的 bankPrimaryBusiness 特性、char []类型的 headOfficeAddress 特性、char 类型的 privateBank 特性、java.util.Currency 类型的 primaryCurrency 特性、java.util.Date 类型的 dateOfInception 特性，以及 java.util.Properties 类型的 branchAddresses 特性。修改后的 BankDetails 类如代码清单 3-24 所示。

代码清单 3-24 包含不同类型属性的 BankDetails 类

```
Project-ch03-simple-types-examples
Source location - src/main/java/sample/spring/chapter03/beans

package sample.spring.chapter03.beans;
.....
public class BankDetails {
  private String bankName;
  private byte[] bankPrimaryBusiness;
  private char[] headOfficeAddress;
  private char privateBank;
  private Currency primaryCurrency;
  private Date dateOfInception;
  private Properties branchAddresses;
  .....
  public void setBankName(String bankName) {
    this.bankName = bankName;
  }
  //-- more setter methods
}
```

可以通过为属性指定字符串值来将 BankDetails 类配置为 Spring bean，并通过使用注册的 JavaBeans PropertyEditor 实现使 Spring 容器将这些字符串值转换为相应的 Java 类型的属性。

在代码清单 3-25 中，BankDetails 类的 bean 定义为不同的属性类型指定简单的字符串值。

代码清单 3-25 applicationContext.xml——BankDetails 类的 bean 定义

```
Project-ch03-simple-types-examples
Source location - src/main/resources/META-INF/spring
```

```
<bean id="bankDetails" class="sample.spring.chapter03.beans.BankDetails">
   <property name="bankName" value="My Personal Bank" />
   <property name="bankPrimaryBusiness" value="Retail banking" />
   <property name="headOfficeAddress" value="Address of head office" />
   <property name="privateBank" value="Y" />
   <property name="primaryCurrency" value="INR" />
   <property name="dateOfInception" value="30-01-2012"></property>
   <property name="branchAddresses">
        <value>
           x = Branch X's address
           y = Branch Y's address
        </value>
    </property>
 </bean>
```

在代码清单 3-25 中，为 java.util.Date、java.util.Currency、char[]、byte[]、char 和 java.util.Properties 类型的属性指定了字符串值。Spring 容器使用注册的 PropertyEditors 将属性和构造函数参数的字符串值转换为相应的 Java 类型。例如，Spring 容器使用 CustomDateEditor（java.util.Date 类型的内置 PropertyEditor 实现）将 dateOfInception 属性的值"30 -01-2012"转换为 java.util.Date 类型。

如果你观察代码清单 3-25 中 branchAddresses 属性（在类型为 java.util.Properties 中）是如何配置的，就会注意到，属性的值是通过<property>元素的<value>子元素指定而不是<property>元素的 value 属性。在单值属性的情况下，使用<property>元素的 value 特性优于<value>子元素。但是，如果需要为属性指定多个值，或者需要在个别的行上指定值（如在 branchAddresses 属性的情况下），则<value>子元素优于 value 属性。在下一节中，你将看到类型为 java.util.Properties 的属性（或构造函数参数）的值也可以使用<property>（或<constructor-arg>）元素的<props>子元素来指定。

Spring 带有几个内置的 PropertyEditor 实现，它们的功能是将应用程序上下文 XML 文件中指定的值转换为 bean 属性或构造函数参数的对应的 Java 类型。表 3-1 介绍了 Spring 中一些内置的 PropertyEditor 实现。

表 3-1　　Spring 中一些内置的 PropertyEditor 实现

内置 PropertyEditor 实现	描述
CustomBooleanEditor	将字符串值转换为布尔型或布尔类型
CustomNumberEditor	将字符串值转换为数字（如 int、long 等）
ChracterEditor	将字符串值转换为字符类型
ByteArrayPropertyEditor	将字符串值转换为 byte []
CustomDateEditor	将字符串值转换为 java.util.Date 类型
PropertiesEditor	将字符串值转换为 java.util.Properties 类型

表 3-1 仅显示了 Spring 中内置 PropertyEditor 实现的一个子集。有关完整列表，请参阅 Spring 的 org.springframework.beans.propertyeditors 包。注意，默认情况下，并非 Spring 中的所有内置 PropertyEditor 实现都注册到 Spring 容器中。例如，你需要明确注册 CustomDateEditor 以允许 Spring 容器执行从字符串值到 java.util.Date 类型的转换。稍后我们将介绍如何使用 Spring 容器注册属性编辑器。

现在来看如何为 java.util.List、java.util.Set 和 java.util.Map 类型的 bean 属性（或构造函数参数）指定值。

3.4.2 指定不同集合类型的值

<property>和<constructor-arg>元素的<list>、<map>和<set>子元素（在 Spring 的 beans schema 中定义）分别用于设置类型为 java.util.List、java.util.Map 和 java.util.Set 的属性和构造方法参数。

注 意

Spring 的 util 模式还提供了简化不同集合类型的属性和构造函数参数的<list>、<set>和<map>元素。在 3.8 节中，我们将详细介绍 Spring 的 util 模式元素。

如代码清单 3-26 所示，DataTypesExample 类展示了接受不同类型参数的构造函数。

代码清单 3-26 DataTypesExample 类

```
Project-ch03-simple-types-examples
Source location - src/main/java/sample/spring/chapter03/beans

package sample.spring.chapter03.beans;

import java.beans.ConstructorProperties;
.....
public class DataTypesExample {
  private static Logger logger = LogManager.getLogger(DataTypesExample.class);

  @SuppressWarnings("rawtypes")
  @ConstructorProperties({ "byteArrayType", "charType", "charArray",
     "classType", "currencyType", "booleanType", "dateType", "longType",
     "doubleType", "propertiesType", "listType", "mapType", "setType",
     "anotherPropertiesType" })
  public DataTypesExample(byte[] byteArrayType, char charType,
       char[] charArray, Class classType, Currency currencyType,
       boolean booleanType, Date dateType, long longType,
       double doubleType, Properties propertiesType, List<Integer> listType,
       Map mapType, Set setType, Properties anotherPropertiesType)  {
    .....
    logger.info("classType " + classType.getName());
    logger.info("listType " + listType);
    logger.info("mapType " + mapType);
    logger.info("setType " + setType);
    logger.info("anotherPropertiesType " + anotherPropertiesType);
  }
}
```

DataTypesExample 类的构造函数接收 java.util.List、java.util.Map、java.util.Set、java.util.Properties 等类型的参数，并记录每个构造函数参数的值。

DataTypesExample 类的 bean 定义如代码清单 3-27 所示。

代码清单 3-27 applicationContext.xml——DataTypesExample 类的 bean 定义

```
Project-ch03-simple-types-examples
Source location - src/main/resources/META-INF/spring

  <bean id="dataTypes" class="sample.spring.chapter03.beans.DataTypesExample">
    .....
    <constructor-arg name="anotherPropertiesType">
        <props>
           <prop key="book">Getting started with the Spring Framework</prop>
        </props>
    </constructor-arg>
    <constructor-arg name="listType">
        <list>
            <value>1</value>
            <value>2</value>
        </list>
    </constructor-arg>
```

```
    <constructor-arg name="mapType">
        <map>
            <entry>
                <key>
                    <value>map key 1</value>
                </key>
                <value>map key 1's value</value>
            </entry>
        </map>
    </constructor-arg>
    <constructor-arg name="setType">
        <set>
            <value>Element 1</value>
            <value>Element 2</value>
        </set>
    </constructor-arg>
</bean>
```

由代码清单 3-27 可得到以下结论。

- 使用<constructor-arg>元素的<props>子元素指定 anotherPropertiesType（java.util.Properties 类型）的值。在<props>元素内，每个<prop>子元素指定一个键值对，key 特性指定该键，而<prop>元素的内容是该键的值。你可以使用<constructor-arg>元素的<value>子元素取代<props>元素来指定 anotherPropertiesType 参数的值（见代码清单 3-25）。
- 使用<constructor-arg>的<list>子元素指定 listType 构造函数参数（类型为 java.util.List <Integer>）的值。<list>元素的<value>子元素指定列表中包含的项目。由于 listType 构造函数参数的类型为 List <Integer>，Spring 容器使用 CustomNumberEditor（默认情况下与 Spring 容器注册的 PropertyEditor）将由<value>元素指定的字符串值转换为 java.lang.Integer 类型。
- 使用<constructor-arg>的<map>子元素指定 mapType 构造函数参数（类型为 java.util.Map）的值。<map>的<entry>子元素指定 Map 中包含的键值对，<key>元素指定键，<value>元素指定键的值。如果构造函数参数被定义为参数化的 Map（如 Map<Integer, Integer>），那么 Spring 容器使用注册了的属性编辑器来执行键和值的转换，使其被参数化的 Map 接受。
- 使用<constructor-arg>的<set>子元素指定 setType 构造函数参数（类型为 java.util.Set）的值。<set>的每个<value>子元素指定一个 Set 中包含的元素。如果构造函数参数被定义为参数化 Set（如 Set <Integer>），则 Spring 容器使用注册了的属性编辑器来执行将值转换为参数化 Set 接受的类型。

在 DataTypesExample 类（见代码清单 3-26 和代码清单 3-27）中，List、Map 和 Set 类型的构造函数参数包含 String 或 Integer 类型的元素。在应用程序中，集合可能包含 Map、Set、Class、Properties 或任何其他 Java 类型的元素。集合中包含的元素也可以是 bean 引用。为了解决这种情况，Spring 允许以<map>、<set>、<list>、<props>、<ref>等元素作为<list>、<map>和< set>的子元素。

现在来看一个演示如何向 Map、List 和 Set 类型构造函数参数和 bean 属性添加不同类型的元素的示例。

1. 将 List、Map、Set 和 Properties 类型的元素添加到集合类型

如果 bean 属性或构造函数参数的类型为 List <List>，只需使用嵌套的<list>元素，如代码清单 3-28 所示。

代码清单 3-28 配置示例：List 中嵌套 List

```
<constructor-arg name="nestedList">
  <list>
     <list>
        <value>A simple String value in the nested list</value>
        <value>Another simple String value in nested list</value>
```

```
      </list>
    </list>
  </constructor-arg>
```

在代码清单 3-28 中，<constructor-arg>元素为名为 nestedList 的构造函数参数提供了类型为 List <List>的值。嵌套的<list>元素表示一个 List 类型的元素。类似地，可以通过在<list>元素中嵌套<map>、<set>和<props>元素来分别设置 List <Map>、List <Set>和 List <Properties>的属性或构造函数参数的值。像<list>元素一样，<set>元素也可以包含<set>、<list>、<map>或<props>元素。在<map>元素中，可以使用<map>、<set>、<list>或<props>元素来指定条目的键和值。

代码清单 3-29 展示了如何为 Map <List，Set> 类型的构造函数参数指定值。

代码清单 3-29 配置示例：键 List 类型、值为 Set 类型的 Map

```
<constructor-arg name="nestedListAndSetMap">
     <map>
       <entry>
         <key>
             <list>
                <value>a List element</value>
             </list>
         </key>
          <set>
              <value>a Set element</value>
          </set>
       </entry>
     </map>
</constructor-arg>
```

在代码清单 3-29 中，nestedListAndSetMap 的构造函数参数是 Map 类型，该 Map 的键为 List 类型，值为 Set 类型。<key>元素可以包含以下任何元素作为其子元素：<map>、<set>、<list>和<props>。键值可以使用<map>、<set>、<list>或<props>元素定义。

2. 将 bean 引用添加到集合类型

可以通过使用<list>和<set>元素中的<ref>元素将对 Spring bean 的引用添加到 List 和 Set 类型的属性和构造函数参数中。

代码清单 3-30 展示了如何将对 bean 的引用添加到 List 类型的构造函数参数中。

代码清单 3-30 配置示例：包含 bean 引用的 List

```
<bean .....>
  <constructor-arg name="myList">
    <list>
         <ref bean="aBean" />
         <ref bean="bBean" />
    </list>
  </constructor-arg>
</bean>

<bean id="aBean" class="somepackage.ABean" />
<bean id="bBean" class="somepackage.BBean" />
```

代码清单 3-30 展示了 myList 的构造函数参数是 List 类型，它包含两个元素：对 aBean bean 的引用和对 bBean bean 的引用。<ref>元素的 bean 特性指定由<ref>元素引用的 bean 的名称。

例如在<list>元素的情况下，可以使用<set>元素中的<ref>元素将 bean 引用添加到 Set 类型构造函数参数或 bean 属性。在<map>元素的情况下，可以在<key>元素中使用<ref>元素来指定一个 bean 引用作为键，并使用<ref>元素指定一个 bean 引用作为键值。代码清单 3-31 展示了一个 Map 类型的构造函数参数，它包含一个键值对，其中 key 和 value 都是 bean 的引用。

代码清单 3-31 配置示例：使用 bean 引用作为键和值的 Map

```
<bean .....>
  <constructor-arg name="myMapWithBeanRef">
     <map>
       <entry>
         <key>
             <ref bean="aBean" />
         </key>
         <ref bean="bBean" />
       </entry>
     </map>
  </constructor-arg>
</bean>

<bean id="aBean" class="somepackage.ABean" />
<bean id="bBean" class="somepackage.BBean" />
```

在代码清单 3-31 中，<constructor-arg>为 Map 类型的构造函数参数的键值对提供了值，其中 key 是对 aBean bean 的引用，该 value 是对 bBean bean 的引用。

3. 将 bean 名称添加到集合类型

如果要将一个 bean 名称（由<bean>元素的 id 特性指定）添加到 List、Map 或 Set 类型的构造函数参数或 bean 属性中，那么可以使用<map>、<set>和<list>元素中的<idref>元素。在代码清单 3-32 中，<constructor-arg>元素为 Map 类型构造函数参数提供了一个键值对，其中 bean 名称是键，而 bean 引用的是值。

代码清单 3-32 配置示例：将 bean 作为 key 和 bean 引用作为值的 Map

```
<constructor-arg name="myExample">
  <map>
    <entry>
      <key>
        <idref bean="sampleBean" />
      </key>
      <ref bean="sampleBean" />
    </entry>
  </map>
</constructor-arg>

<bean id="sampleBean" class="somepackage.SampleBean" />
```

在代码清单 3-32 中，<constructor-arg>为 Map 类型构造函数参数提供了一个键值对，其中 key 是字符串值 sampleBean，value 是 sampleBean bean。我们可以使用<value>元素来设置 sampleBean 字符串值作为 key，而这里使用<idref>元素的原因是 Spring 容器会在部署应用程序时验证 sampleBean bean 是否存在。

注 意

可以使用<property>或<constructor-arg>元素中的<idref>元素将 bean 名称设置为 bean 属性或构造函数参数的值。

4. 将 null 值添加到集合类型

可以使用<null>元素为 Set 和 List 类型的集合添加一个空值。代码清单 3-33 展示了如何使用<null>元素将一个空值添加到 Set 类型的构造函数参数。

代码清单 3-33 配置示例：包含空元素的 Set

```
<constructor-arg name="setWithNullElement">
  <set>
    <value>Element 1</value>
    <value>Element 2</value>
    <null />
  </set>
</constructor-arg>
```

在代码清单 3-33 中，setWithNullElement 的构造函数参数包含 3 个元素：Element 1、Element 2 和 null。

要向 Map 类型构造函数参数或属性添加空键，可以使用<key>元素内的<null>元素。另外，要添加一个空值，可以在<entry>元素中添加<null>元素。代码清单 3-34 展示了一个包含空键和空值的 Map 类型构造函数参数。

代码清单 3-34 配置示例：包含空键和空值的 Map

```
<constructor-arg name="mapType">
  <map>
    <entry>
      <key>
          <null />
      </key>
      <null />
    </entry>
  </map>
</constructor-arg>
```

在代码清单 3-34 中，通过<null>元素将一个空键和空值的元素添加到 mapType 构造函数参数中。

注 意

还可以使用<property>和<constructor-arg>元素中的<null>元素分别为属性和构造函数参数设置空值。

现在来看一下如何为数组类型属性和构造函数参数指定值。

3.4.3 指定数组的值

可以使用<property>（或<constructor-arg>）元素的<array>子元素为数组类型属性（或构造函数参数）设置值。

代码清单 3-35 展示了如何将 bean 属性设置为 int []类型。

代码清单 3-35 配置示例：设置 int[]类型的 bean 属性的值

```
<property name="numbersProperty">
     <array>
        <value>1</value>
        <value>2</value>
     </array>
</property>
```

在代码清单 3-35 中，<array>元素的每个<value>子元素表示 numberProperty 数组中的一个元素。由 Spring 容器使用的 CustomNumberEditor 属性编辑器，将每个<value>元素指定的字符串值转换为 int 类型。可以使用<list>、<set>和<map>元素中的<array>元素，还可以使用<array>元素中的<list>、<set>、<map>、<pro>和<ref>元素来创建 List、Set、Map、Properties 和 bean 引用的数组。如果要创建一个数组的数组，可以在<array>元素中使用<array>元素。

我们讨论了如何使用<list>、<map>和<set>元素分别对 List、Map 和 Set 类型的属性或构造函数参数进行设置。现在来看一下 Spring 中对应于这些元素创建的默认集合实现。

3.4.4 与<list>、<set>和<map>元素相对应的默认实现

表 3-2 展示了 Spring 为<list>、<set>和<map>元素创建的默认集合实现。

表 3-2 Spring 为<list>、<set>和<map>元素创建的默认集合实现

集合元素	默认集合实现
<list>	java.util.ArrayList
<set>	java.util.LinkedHashSet
<map>	java.util.LinkedHashMap

由表 3-2 可知：

- 如果使用<list>元素指定属性（或构造函数参数）的值，则 Spring 将创建一个 ArrayList 实例并将其分配给该属性（或构造函数参数）；
- 如果使用<set>元素指定了属性（或构造函数参数）的值，则 Spring 将创建一个 LinkedHashSet 的实例，并将其分配给该属性（或构造函数参数）；
- 如果使用<map>元素指定了属性（或构造函数参数）的值，Spring 将创建一个 LinkedHashMap 的实例，并将其分配给该属性（或构造函数参数）。

你可能希望将 bean 属性或构造函数参数中的 List、Set 或 Map 替换为其他实现。例如，可能需要用 java.util.LinkedList 的实例来取代 java.util.ArrayList 的实例以分配给 List 类型的 bean 属性。在这种情况下，建议使用 Spring 的 util 模式的<list>、<map>和<set>元素（参见 3.8 节）。Spring 的 util 模式的<list>、<set>和<map>元素提供了一个选项，用于指定要分配给该 bean 的属性或构造函数参数的具体集合类的完全限定名称。

现在来看 Spring 提供的一些内置的属性编辑器。

3.5 内置属性编辑器

Spring 提供了一组内置的属性编辑器，它们在设置 bean 属性和构造函数参数时非常有用。在本节中，我们将主要介绍 CustomCollectionEditor、CustomMapEditor 和 CustomDateEditor 这 3 种内置属性编辑器。

在 ch03-simple-types-examples 项目中，bean 使用的其他一些内置属性编辑器包括：

- ByteArrayPropertyEditor——用于将字符串值转换为 byte []（参见代码清单 3-24 中 BankDetails 类的 bankPrimaryBusiness 特性）；
- CurrencyEditor——用于将货币代码转换为 java.util.Currency 对象（参见代码清单 3-24 中 BankDetails 类的 primaryCurrency 特性）；
- CharacterEditor——用于将字符串值转换为 char[]（参见代码清单 3-24 中 BankDetails 类的 headOfficeAddress 特性），等等。

如果需要查看内置属性编辑器的完整列表，请参见 org.springframework.beans.propertyeditors 包。

3.5.1 CustomCollectionEditor

CustomCollectionEditor 属性编辑器负责将源集合（如 java.util.LinkedList）类型转换为目标集合（如 java.util.ArrayList）类型。默认情况下，CustomCollectionEditor 会对 Set、SortedSet 和 List 类型进行注册。

请看代码清单 3-36 所示的 CollectionTypesExample 类，它定义了 Set 和 List 类型的特性（和相应的 setter 方法）。

代码清单 3-36 CollectionTypesExample 类

```
Project-ch03-simple-types-examples
Source location - src/main/java/sample/spring/chapter03/beans
```

```
package sample.spring.chapter03.beans;

import java.util.List;
import java.util.Set;

public class CollectionTypesExample {
  private Set setType;
  private List listType;
   .....
   //-- setter methods for attributes
   public void setSetType(Set setType) {
     this.setType = setType;
   }
   .....
}
```

CollectionTypesExample 类分别定义了 SetType 和 List 类型的 setType 和 listType 特性。CollectionTypesExample 类的 bean 定义，如代码清单 3-37 所示。

代码清单 3-37 applicationContext.xml——CollectionTypesExample 类的 bean 定义

```
Project-ch03-simple-types-examples
Source location - src/main/resources/META-INF/spring

  <bean class="sample.spring.chapter03.beans.CollectionTypesExample">
    <property name="listType">
        <set>
            <value>set element 1</value>
            <value>set element 2</value>
        </set>
    </property>
    <property name="setType">
        <list>
            <value>list element 1</value>
            <value>list element 2</value>
        </list>
    </property>
    .....
  </bean>
```

你可能会认为上述配置不正确，因为<set>元素已被用于设置 listType 特性（类型为 List）的值，而<list>元素已被用于设置 setType 特性（类型为 Set）的值。

其实上述配置是完全合法的，而且 Spring 容器不会对此质疑。这是因为在设置 setType 属性之前，CustomCollectionEditor 已经将 ArrayList 实例（对应于<list> 类型元素）转换为 LinkedHashSet 类型（Set 类型的实现）。此外，CustomCollectionEditor 在设置 listType 属性之前，已经将 LinkedHashSet 实例（对应于<set> 类型元素）转换为 ArrayList 类型（List 类型的实现）。

如图 3-4 所示，CustomCollectionEditor 将 LinkedHashSet 类型转换为 ArrayList 以设置 CollectionTypesExample 中 listType 属性的值。该图展示了 Spring 设置 listType 属性值的步骤顺序。首先，Spring 创建一个对应于<set>元素的 LinkedHashSet 实例。由于 listType 属性的类型为 List(参见代码清单 3-36)，CustomCollectionEditor 将用于设置 listType 属性的值。之后 CustomCollectionEditor 会创建一个 ArrayList 实例，并使用 LinkedHashSet 中的元素进行填充。最后，listType 变量的值被设置为由 CustomCollectionEditor 创建的 ArrayList 实现。

注意，如果属性或构造函数参数类型是具体的集合类（如 LinkedList），CustomCollectionEditor 属性编辑器将简单地创建一个具体的集合类的实例，并从源集合中向其添加元素。图 3-5 展示了一个场景，其中 bean 属性的类型为 java.util.Vector（具体的集合类）。

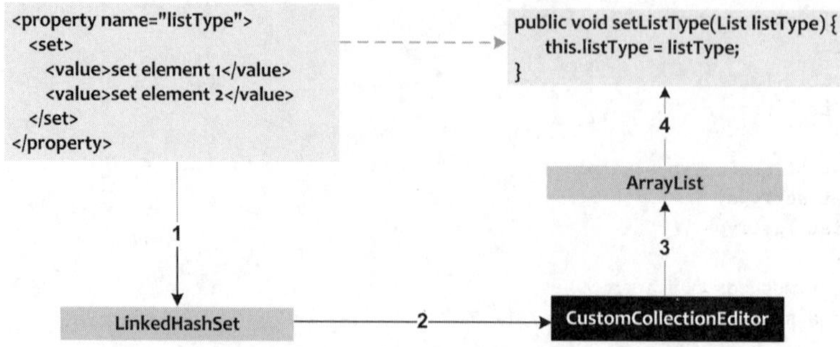

图 3-4 CustomCollectionEditor 将 LinkedHashSet 转换为 ArrayList 类型

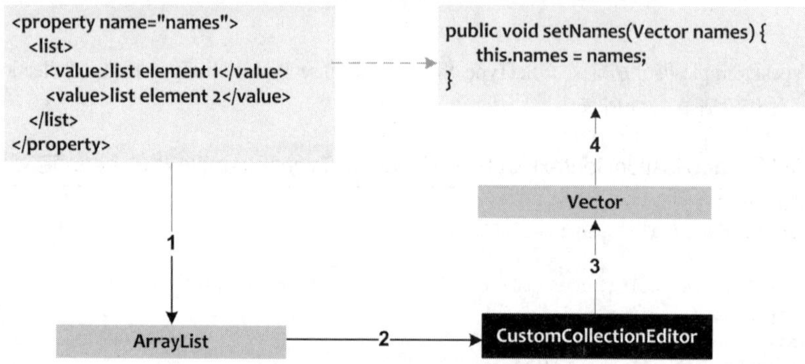

图 3-5 CustomCollectionEditor 将 ArrayList 转换为 Vector 类型

如图 3-5 所示，CustomCollectionEditor 创建了一个 Vector（具体的集合类）的实例，并从源集合 ArrayList 向其添加元素。

下面来看 CustomMapEditor 属性编辑器。

3.5.2 CustomMapEditor

CustomMapEditor 属性编辑器将源 Map 类型（如 HashMap）转换为目标 Map 类型（如 TreeMap）。默认情况下，CustomMapEditor 只对 SortedMap 类型进行注册。

图 3-6 展示了一个场景，其中 CustomMapEditor 将 LinkedHashMap（源 Map 类型）转换为 TreeMap（SortedMap 类型的实现）。该图展示了 Spring 设置 mapType 属性值的步骤顺序。起初，Spring 创建一个对应于<map>元素的 LinkedHashMap 实例。由于 mapType 属性的类型为 SortedMap，因此 CustomMapEditor 将用于设置 mapType 属性值。CustomMapEditor 创建了一个 TreeMap 实例（一个 SortedSet 接口的具体实现），将 LinkedHashMap 中的键值对添加到新创建的 TreeMap 实例中，并将 TreeMap 实例分配给 mapType 属性。

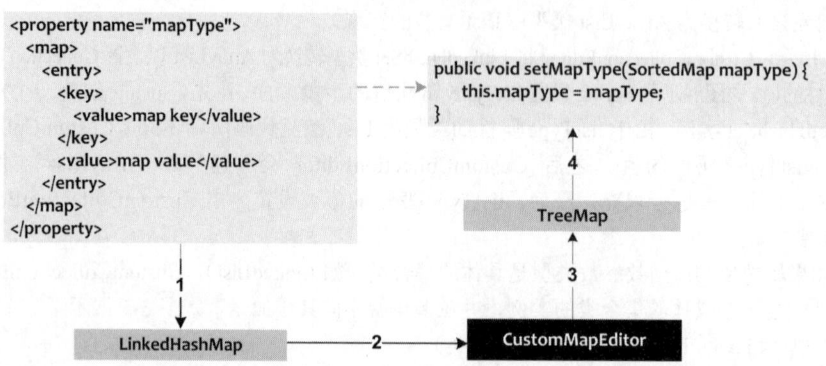

图 3-6 CustomMapEditor 将 LinkedHashMap（源 Map 类型）转换为 TreeMap（目标 Map 类型）类型

3.5.3　CustomDateEditor

CustomDateEditor 是 java.util.Date 类型的 bean 属性和构造函数参数的属性编辑器。CustomDateEditor 支持自定义java.text.DateFormat，用于将日期/时间字符串格式化为java.util.Date类型对象，并将java.util.Date 类型对象解析为日期/时间字符串。

在下一节中，我们将看到 CustomDateEditor 如何用于设置类型为 java.util.Date 的 bean 属性和构造函数参数。在 ch03-simple-types-examples 项目中，CustomDateEditor 将 BankDetails 的 dateOfInception 属性（见代码清单 3-24 和代码清单 3-25）和 DataTypesExample 的 dateType 构造函数参数（见代码清单 3-26）的字符串值转换为 java.util 日期类型。

现在来看一下如何使用 Spring 容器注册属性编辑器。

3.6　向 Spring 容器注册属性编辑器

Spring 的 BeanWrapperImpl 类会向 Spring 容器注册一些内置的属性编辑器。例如，默认情况下会向 Spring 容器注册 CustomCollectionEditor、CustomMapEditor、CurrencyEditor、ByteArrayPropertyEditor 和 CharacterEditor 属性编辑器。但是，默认情况下不会向 Spring 容器注册 CustomDateEditor 属性编辑器。

要向 Spring 容器注册属性编辑器，可以使用 Spring 中 CustomEditorConfigurer 这个特定的 bean。CustomEditorConfigurer 类实现了 Spring 的 BeanFactoryPostProcessor 接口（见 5.4 节），它由 Spring 容器自动检测并执行。

在 ch03-simple-types-examples 项目中，BankDetails 类（见代码清单 3-24）定义了一个类型为 java.util.Date 的 dateOfInception 属性。为 dateOfInception 属性指定的值为“30 -01-2012”（见代码清单 3-25）。要将字符串值“30 -01-2012”转换为 java.util.Date 类型，必须注册一个 java.util.Date 类型的属性编辑器。由于 Spring 的 CustomDateEditor 属性编辑器提供对 java.util.Date 类型的支持，可以向 Spring 容器注册这个属性编辑器。

要向 Spring 容器注册属性编辑器，需要执行以下操作：

（1）创建一个实现 Spring 的 PropertyEditorRegistrar 接口的类，该类负责向 Spring 容器注册属性编辑器；

（2）将 PropertyEditorRegistrar 实现配置为应用程序上下文 XML 文件中的 Spring Bean；

（3）在应用程序上下文 XML 文件中配置 Spring 中 CustomEditorConfigurer 这个特定的 bean，并为其提供对在步骤 1 中创建并在步骤 2 中配置的 PropertyEditorRegistrar 实现的引用。

现在我们来看一下在 ch03-simple-types-examples 项目中是如何向 Spring 容器注册 CustomDateEditor 的。

3.6.1　创建一个 PropertyEditorRegistrar 实现

代码清单 3-38 展示了实现 PropertyEditorRegistrar 接口的 MyPropertyEditorRegistrar 类。

代码清单 3-38　MyPropertyEditorRegistrar 类

```
Project-ch03-simple-types-examples
Source location - src/main/java/sample/spring/chapter03/beans

package sample.spring.chapter03.beans;

import java.text.SimpleDateFormat;
import java.util.Date;

import org.springframework.beans.PropertyEditorRegistrar;
import org.springframework.beans.PropertyEditorRegistry;
import org.springframework.beans.propertyeditors.CustomDateEditor;

public class MyPropertyEditorRegistrar implements PropertyEditorRegistrar {

  @Override
```

```
    public void registerCustomEditors(PropertyEditorRegistry registry) {
        registry.registerCustomEditor(Date.class, new CustomDateEditor(
            new SimpleDateFormat("dd-MM-yyyy"), false));
    }
}
```

在代码清单 3-38 中，MyPropertyEditorRegistrar 类实现了 Spring 的 PropertyEditorRegistrar 接口，并提供了对 PropertyEditorRegistrar 中 registerCustomEditors 方法的实现。PropertyEditorRegistrar 的 registerCustom Editors 方法接收一个 PropertyEditorRegistry 实例，该实例的 registerCustomEditor 方法用于向 Spring 容器注册属性编辑器。在代码清单 3-38 中，PropertyEditorRegistry 的 registerCustomEditor 向 Spring 容器注册了 CustomDateEditor 属性编辑器。

3.6.2 配置 CustomEditorConfigurer 类

代码清单 3-39 展示了如何在应用程序上下文 XML 文件中配置 CustomEditorConfigurer 类。

代码清单 3-39 applicationContext.xml——CustomEditorConfigurer 的配置

```
Project-ch03-simple-types-examples
Source location - src/main/resources/META-INF/spring

<bean id="myPropertyEditorRegistrar"
        class="sample.spring.chapter03.beans.MyPropertyEditorRegistrar " />

<bean id="editorConfigurer"
    class="org.springframework.beans.factory.config.CustomEditorConfigurer">
    <property name="propertyEditorRegistrars">
        <list>
            <ref bean="myPropertyEditorRegistrar"/>
        </list>
    </property>
</bean>
```

在代码清单 3-39 中，myPropertyEditorRegistrar bean 定义将 MyPropertyEditorRegistrar 类（见代码清单 3-38）配置为 Spring bean。MyPropertyEditorRegistrar 类实现了 Spring 的 PropertyEditorRegistrar 接口，并负责向 Spring 容器注册 CustomDateEditor 属性编辑器。CustomEditorConfigurer 的 propertyEditorRegistrars 属性指定 PropertyEditorRegistrar 实现的列表。在代码清单 3-39 中，myPropertyEditorRegistrar 被指定为 propertyEditorRegistrars 属性的值之一。CustomEditorConfigurer bean 由 Spring 容器自动检测并执行，由此通过 MyPropertyEditorRegistrar 实例注册属性编辑器。

现在来看一下如何使用 p 命名空间（对应于 bean 属性）和 c 命名空间（对应于构造函数参数）来在应用程序上下文 XML 文件中编写简明的 bean 定义。

3.7 具有 p 和 c 命名空间的简明 bean 定义

为了使应用程序上下文 XML 文件中的 bean 定义不那么冗长，Spring 提供了 p 和 c 命名空间来分别指定 bean 属性和构造函数参数的值。p 和 c 命名空间分别是使用<property>和<constructor-arg>元素的替代方法。

我们先来看一下 p 命名空间。

含 义

chapter 3/ch03-namespaces-example（此项目展示了一个 Spring 应用程序，其中分别使用 p 和 c 命名空间设置 bean 属性和构造函数参数。要运行应用程序，请执行此项目中 SampleApp 类的 main 方法）。

3.7.1 p 命名空间

要使用 p 命名空间设置 bean 属性，请将 bean 属性指定为<bean>元素的特性，并将每个 bean 属性指定为 p 命名空间。

代码清单 3-40 展示了如何使用 p 命名空间来设置 bean 属性。

代码清单 3-40 applicationContext.xml——p 命名空间示例

```
Project-ch03-namespaces-example
Source location - src/main/resources/META-INF/spring

<beans xmlns="http://www.springframework.org/schema/beans"
   xmlns:p="http://www.springframework.org/schema/p" xsi:schemaLocation=".....">

  <bean id="bankDetails" class="sample.spring.chapter03.beans.BankDetails"
    p:bankName="My Personal Bank" p:bankPrimaryBusiness="Retail banking"
    p:headOfficeAddress="Address of head office" p:privateBank="y"
    p:primaryCurrency="INR" p:dateOfInception="30-01-2012"
    p:branchAddresses-ref="branchAddresses"/>
  .....
</beans>
```

在代码清单 3-40 所示的应用程序上下文 XML 文件中，通过 xmlns 特性指定了 p 命名空间。bankDetails bean 定义使用 p 前缀（对应于 p 命名空间）来指定 bean 属性。

如果将代码清单 3-40 与代码清单 3-25 进行比较，你将注意到代码清单 3-40 更为简洁。即使可以混合使用<property>元素和 p-namespace 来指定 bean 属性，建议你选择一种用于指定 bean 属性的样式，并始终使用它。

注 意

由于 p 命名空间作为 Spring 的一部分实现，因此没有与 p 命名空间对应的模式。因此，在代码清单 3-40 中，没有看到对应于 p 命名空间的任何模式引用。如果希望 IDE 在使用 p 命名空间时自动补全 bean 属性名称，请考虑使用 IntelliJ IDEA 或 SpringSource Tool Suite（STS）。

如果 bean 属性不是对另一个 bean 的引用，则使用以下语法指定。

```
p:<property-name>="<property-value>"
```

在这里，<property-name>是 bean 属性的名称，<property-value>是 bean 属性的值。

如果 bean 属性是对另一个 bean 的引用，则使用以下语法指定。

```
p:<property-name>-ref="<bean-reference>"
```

在这里，<property-name>是 bean 属性的名称，<bean-reference>是引用的 bean 的 id（或 name）。注意，bean 属性的名称后面有-ref 标识。由于 BankDetails bean 的 branchAddresses 属性表示对 branchAddresses bean 的引用，所以在代码清单 3-40 中将 branchAddresses 属性指定为 p：branchAddresses-ref。

现在我们来看一下如何使用 c 命名空间来设置构造函数参数的值。

3.7.2 c 命名空间

要使用 c 命名空间设置构造函数参数，请将构造函数参数指定为<bean>元素的特性，并在 c 命名空间中指定所有的构造函数参数。

代码清单 3-41 展示了使用 c 命名空间配置为 Spring bean 的 BankStatement 类。

代码清单 3-41 BankStatement 类

```
Project-ch03-namespaces-example
Source location - src/main/java/sample/spring/chapter03/beans
```

```
package sample.spring.chapter03.beans;

import java.beans.ConstructorProperties;

public class BankStatement {
  .....
  @ConstructorProperties({ "transactionDate", "amount", "transactionType",
     "referenceNumber" })
  public BankStatement(Date transactionDate, double amount,
          String transactionType, String referenceNumber) {
   this.transactionDate = transactionDate;
   this.amount = amount;
   .....
  }
  .....
}
```

在代码清单 3-42 中，Bank Statement 类的 bean 定义展示了使用 c 命名空间来设置构造函数参数的值。

代码清单 3-42 applicationContext.xml——c 命名空间示例

```
Project-ch03-namespaces-example
Source location - src/main/resources/META-INF/spring

<beans xmlns="http://www.springframework.org/schema/beans"
   xmlns:c="http://www.springframework.org/schema/c"
   xsi:schemaLocation=".....">
   .....
   <bean id="bankStatement" class="sample.spring.chapter03.beans.BankStatement"
     c:transactionDate = "30-01-2012"
     c:amount = "1000"
     c:transactionType = "Credit"
     c:referenceNumber = "1110202" />
   .....
</beans>
```

在代码清单 3-42 中，通过 xmlns 特性指定了 c 命名空间。bankStatement bean 定义使用了 c 前缀（对应于 c 命名空间）来指定构造函数参数。使用 c 命名空间指定构造函数参数的语法与 p 命名空间的情况类似。

注 意

由于 c 命名空间作为 Spring 的一部分实现，因此没有与 c 命名空间对应的模式。所以，在代码清单 3-42 中，没有看到对应于 c 命名空间的任何模式引用。如果你希望 IDE 在使用 c 命名空间时自动补全构造函数参数名称，请考虑使用 IntelliJ IDEA 或 SpringSource Tool Suite（STS）。

如果构造函数参数不是对另一个 bean 的引用，则使用以下语法指定它。

```
c:<constructor-argument-name>="<constructor-argument-value>"
```

其中，<constructor-argument-name>是构造函数参数的名称，<constructor-argument-value>是构造函数参数的值。

如果构造函数参数是对另一个 bean 的引用，则使用以下语法指定它。

```
c:<constructor-argument-name>-ref="<bean-reference>"
```

其中，<constructor-argument-name>是构造函数参数的名称，<bean-reference>是引用的 bean 的 id（或 name）。注意，构造函数参数的名称后面有-ref 标识。例如，如果名为 myargument 的构造函数参数表示对具有 id"x"的 bean 的引用，则可以将 myargument 构造函数参数指定为

```
c:myargument-ref = "x"
```

如前所述，如果使用 debug 或“参数名称发现”标志编译了一个类，构造函数参数名将保留在生成的.class 文件中。如果 BankStatement 类未被编译，启用了 debug 或“参数名称发现”标志，则代码清单 3-42 中所示的配置将无法正常工作。在这种情况下，可以使用其索引为构造函数参数提供值，如代码清单 3-43 所示。

代码清单 3-43　使用索引为构造函数参数提供值

```
<beans xmlns="http://www.springframework.org/schema/beans"
  xmlns:c="http://www.springframework.org/schema/c"
  xsi:schemaLocation=".....">
  .....
  <bean id="bankStatement" class="sample.spring.chapter03.beans.BankStatement"
    c:_0 = "30-01-2012"
    c:_1 = "1000"
    c:_2 = "Credit"
    c:_3 = "1110202" />
  .....
</beans>
```

在代码清单 3-43 中，BankStatement 类的 bean 定义使用构造函数参数的索引（而不是 name）来提供值。请注意，构造函数参数的索引以下划线为前缀，因为 XML 中的属性名称不能以数值开头。如果构造函数参数是对另一个 bean 的引用，则必须将-ref 添加到构造函数参数的索引中。例如，如果索引 0 处的构造函数参数表示对另一个 bean 的引用，则将其指定为 c:_0-ref。即使可以同时使用<constructor-arg>元素和 c 命名空间来指定构造函数参数，建议选择其中一种作为指定构造函数参数的风格，并始终使用它。

我们之前了解过如何使用<list>、<map>和<set>元素来设置 List、Map 和 Set 类型的属性或构造函数参数。现在来看一下 Spring 的 util 模式是如何将集合类型、属性类型、常量等的创建工作简化，并将它们暴露为 Spring bean。

3.8　Spring 的 util 模式

Spring 的 util 模式提供了一种简洁的方式来执行常见的配置任务，以此来简化配置 bean。表 3-3 描述了 util 模式的各种元素。

表 3-3　util 模式的各种元素

元素	描述
<list>	创建一个 java.util.List 类型并将其暴露为一个 bean
<map>	创建一个 java.util.Map 类型并将其暴露为一个 bean
<set>	创建一个 java.util.Set 类型并将其暴露为一个 bean
<constant>	将 Java 类型上的 public static 字段暴露为一个 bean
<property-path>	将 bean 属性暴露为一个 bean
<properties>	从属性文件创建一个 java.util.Properties 对象，并将其暴露为一个 bean

注　意

Spring 的 util 模式中所有元素都接受一个 scope 特性，该特性指定暴露的 bean 的范围。默认情况下，暴露的 bean 是 singleton 范围的。

Spring 提供了一个 FactoryBean 接口，可以通过该接口来创建一个用于创建 bean 实例的工厂。Spring 提供了许多内置的 FactoryBean 实现，可以用来代替 util 模式元素执行相同的功能。由于使用 util 模式元素比使用内置 FactoryBeans 简单得多，因此我们的讨论范围仅限于 util 模式元素。

含 义

chapter 3/ch03-util-schema-examples（该项目展示了一个使用 Spring 的 util 模式元素创建 List、Set、Map 等共享实例的 Spring 应用程序。要运行应用程序，请执行此项目的 SampleApp 类的 main 方法）。

我们先来看一下<list>元素。

3.8.1 <list>元素

Spring util 模式的<list>元素用于创建类型为 java.util.List 的对象，如代码清单 3-44 所示。

代码清单 3-44 applicationContext.xml——util 模式的<list> 元素

```
Project-ch03-util-schema-examples
Source location - src/main/resources/META-INF/spring

<beans xmlns="http://www.springframework.org/schema/beans"
      xmlns:util="http://www.springframework.org/schema/util"
      xsi:schemaLocation="..... http://www.springframework.org/schema/util
      http://www.springframework.org/schema/util/spring-util.xsd">

   <bean id="dataTypes" class="sample.spring.chapter03.beans.DataTypesExample">
     .....
     <constructor-arg name="listType" ref="listType" />
     .....
   </bean>

   <util:list id="listType" list-class="java.util.ArrayList">
       <value>A simple String value in list</value>
       <value>Another simple String value in list</value>
   </util:list>
</beans>
```

首先，需要包含 Spring 的 util 模式来访问它的元素。在代码清单 3-44 中，util 模式的<list>元素创建了一个 java.util.ArrayList（由 list-class 特性指定）的实例，并将其暴露为一个名为 listType（由 id 特性指定）的 bean。list-class 特性指定由<list>元素创建的 java.util.List 接口的具体实现。如果不指定 list-class 特性，则默认情况下会创建一个 java.util.ArrayList 实例。请注意，Spring 的 bean 模式的<value>元素用于向由<list>元素创建的列表中添加条目。

由于 util 模式的<list>元素将 List 实例作为 bean 暴露，可以将暴露的 List 实例作为依赖项注入到任何其他 bean 中。例如，在代码清单 3-44 中，<constructor-arg>元素将由<list>元素创建的 ArrayList 实例传递给 DataTypesExample 的 listType（java.util.List 类型）构造函数参数。

例如，在代码清单 3-44 中，DataTypesExample bean 的 listType 构造函数参数（其类型为 java.util.List）是由 util 模式的<list>元素创建的 List 实例。

util 模式的<list>元素的替代方法是 Spring 的 ListFactoryBean，一个用于创建 java.util.List 实例并将其作为 Spring bean 使用的工厂。util 模式的<list>元素提供了比 ListFactoryBean 创建 List 实例更简洁的配置。

3.8.2 <map>元素

Spring 的 util 模式中的<map>元素用于创建一个类型为 java.util.Map 的对象，并将其暴露为一个 bean，如代码清单 3-45 所示。

代码清单 3-45 applicationContext.xml——util 模式的 <map> 元素

```
Project-ch03-util-schema-examples
Source location - src/main/resources/META-INF/spring
```

```
<beans .....
    xmlns:util="http://www.springframework.org/schema/util"
    xsi:schemaLocation="..... http://www.springframework.org/schema/util
    http://www.springframework.org/schema/util/spring-util.xsd">

   <bean id="dataTypes" class="sample.spring.chapter03.beans.DataTypesExample">
     .....
     <constructor-arg name="mapType" ref="mapType" />
     .....
   </bean>

   <util:map id="mapType" map-class="java.util.TreeMap">
      <entry key="map key 1" value="map key 1's value"/>
   </util:map>
   .....
</beans>
```

在代码清单 3-45 中，util 模式的<map>元素创建了一个 java.util.TreeMap 实例（由 map-class 特性指定），并将其暴露为名为 mapType（由 id 特性指定）的 bean。map-class 特性指定了由<map>元素创建的 java.util.Map 接口的具体实现的完全限定名称。如果不指定 map-class 特性，则默认情况下，Spring 容器将创建一个 java.util.LinkedHashMap 实例。请注意，Spring 的 bean 模式的<entry>元素用于向由<map>元素创建的 Map 实例添加一个键值对。

由于<map>元素将 Map 实例暴露为一个 bean，因此暴露的 Map 实例可以像依赖项一样注入到任何其他 bean 中。例如，在代码清单 3-45 中，<constructor-arg>元素将由<map>元素创建的 TreeMap 实例传递给 DataTypesExample 的 mapType（其类型为 java.util.Map）构造函数参数。

如果要替代 util 模式的<map>元素，可以使用 Spring 的 MapFactoryBean，一个用于创建 java.util.Map 实例的工厂，并使其可用作 Spring bean。util 模式的<map>元素提供了比 MapFactoryBean 创建 Map 实例更简洁的配置。

3.8.3 <set>元素

Spring util 模式的<set>元素用于创建一个类型为 java.util.Set 的对象，并将其暴露为一个 bean，如代码清单 3-46 所示。

代码清单 3-46 applicationContext.xml——util 模式的<set>元素

```
Project-ch03-util-schema-examples
Source location - src/main/resources/META-INF/spring

<beans .....
    xmlns:util="http://www.springframework.org/schema/util"
    xsi:schemaLocation="..... http://www.springframework.org/schema/util
    http://www.springframework.org/schema/util/spring-util.xsd">

   <bean id="dataTypes" class="sample.spring.chapter03.beans.DataTypesExample">
      .....
      <constructor-arg name="setType" ref="setType" />
   </bean>
   <util:set id="setType" set-class="java.util.HashSet">
       <value>Element 1</value>
       <value>Element 2</value>
   </util:set>
    .....
</beans>
```

在代码清单 3-46 中，util 模式的<set>元素创建了一个 HashSet 实例（由 set-class 特性指定），并将其暴露为名为 setType（由 id 特性指定）的 bean。set-class 特性指定由<set>元素创建的 java.util.Set 接口的具体实现类。Spring 的 bean 模式的<value>元素将一个元素添加到 Set 实例中。

由<set>元素创建的 Set 实例可以像依赖项一样注入任何其他的 bean。例如，在代码清单 3-46 中，<constructor-arg>元素将由<set>元素创建的 HashSet 实例传递给 DataTypesExample 的 setType（其类型为 java.util.Set）构造函数参数。

可以使用 Spring 的 SetFactoryBean 创建一个 Set 实例，并将其暴露为 Spring bean，以取代 util 模式的<set>元素。但使用<set>元素优于 SetFactoryBean，因为它为创建 Set 实例提供了更简洁的配置。

3.8.4 <properties>元素

如果要从属性文件创建 java.util.Properties 对象的实例并将其暴露为 bean，那么 util 模式的<properties>元素很有用。代码清单 3-47 展示了如何使用<properties>元素。

代码清单 3-47 applicationContext.xml——util 模式的<properties>元素

```
Project-ch03-util-schema-examples
Source location - src/main/resources/META-INF/spring

<beans .....
   xmlns:util="http://www.springframework.org/schema/util"
   xsi:schemaLocation=".....http://www.springframework.org/schema/util
   http://www.springframework.org/schema/util/spring-util.xsd">

  <bean id="bankDetails" class="sample.spring.chapter03.beans.BankDetails">
    .....
    <property name="branchAddresses" ref="branchAddresses" />
  </bean>
  .....
  <util:properties id="branchAddresses"
      location="classpath:META-INF/addresses.properties" />
</beans>
```

在代码清单 3-47 中，util 模式的<properties>元素使用 addresses.properties 文件中定义的属性（由 location 特性指定）创建了一个 java.util.Properties 实例，并将这个 java.util.Properties 实例暴露为名为 branchAddresses（由 id 特性指定）的 bean。由<properties>元素创建的 Properties 实例可以像依赖项一样注入任何其他 bean。在代码清单 3-47 中，<property>元素将 BankDetails 的 branchAddresses 属性（其类型为 java.util.Properties）设置为由 util 模式的<properties>元素创建的 Properties 实例。

使用<properties>元素的替代方法是 Spring 的 PropertiesFactoryBean，但为简洁起见，宜使用<properties>元素。

3.8.5 <constant>元素

util 模式的<constant>元素用于将对象的 public static 字段暴露为 Spring bean。代码清单 3-48 展示了<constant>元素的示例用法。

代码清单 3-48 applicationContext.xml——util 模式的 <constant>元素

```
Project-ch03-util-schema-examples
Source location - src/main/resources/META-INF/spring

<beans ..... xmlns:util="http://www.springframework.org/schema/util"
     xsi:schemaLocation="..... http://www.springframework.org/schema/util
     http://www.springframework.org/schema/util/spring-util.xsd">

   <bean id="dataTypes" class="sample.spring.chapter03.beans.DataTypesExample">
     .....
     <constructor-arg name="booleanType" ref="booleanTrue" />
```

```
  .....
  </bean>

  <util:constant id="booleanTrue" static-field="java.lang.Boolean.TRUE" />
  .....
</beans>
```

util 模式的<constant>元素将其 static-field 特性指定的值作为 Spring bean 暴露。在代码清单 3-48 中，<constant>元素暴露了一个值为java.lang.Boolean.TRUE，而id为booleanTrue的bean。可以将任何public static 字段指定为 static-field 特性的值，并从 Spring 容器中的其他 bean 引用它。例如，在代码清单 3-48 中，booleanType bean 由 DataTypesExample 的 booleanType 构造函数引用，类型为 boolean。booleanType bean 被 DataTypesExample 中类型为 boolean 的 booleanType 构造函数引用。

使用 Spring 的 FieldRetrievingFactoryBean 暴露 public static 字段的方式不太简洁。

3.8.6 <property-path>元素

util 模式的<property-path>元素用于将 bean 属性值暴露为一个 bean。代码清单 3-49 展示了<property-path>元素的示例用法。

代码清单 3-49 applicationContext.xml——util 模式的 <property-path> 元素

```
Project-ch03-util-schema-examples
Source location - src/main/resources/META-INF/spring

<beans .....
  xmlns:util="http://www.springframework.org/schema/util"
  xsi:schemaLocation="..... http://www.springframework.org/schema/util
  http://www.springframework.org/schema/util/spring-util.xsd">

  <bean id="bankDetails" class="sample.spring.chapter03.beans.BankDetails">
   .....
   <property name="dateOfInception" ref="dateType" />
   .....
  </bean>

  <util:property-path id="dateType" path="dataTypes.dateType" />

  <bean id="dataTypes" class="sample.spring.chapter03.beans.DataTypesExample">
   .....
   <property name="dateType" value="30-01-2012" />
   .....
  </bean>
</beans>
```

在代码清单 3-49 中，DataTypesExample 的 dateType 属性（类型为 java.util.Date）的值被指定为 30-01-2012。<property-path>元素检索 DataTypesExample 的 dateType 属性（由 path 特性指定），并将其暴露为名为 dateType 的 bean（由 name 特性指定）。<property-path>元素的 path 特性具有以下语法。

```
<bean-name>.<bean-property>
```

其中，<bean-name>是 bean 的 id 或名称，<bean-property>是要暴露的属性的名称。

当<property-path>元素暴露一个 bean 时，暴露的 bean 可以被注入到 Spring 容器中的任何其他 bean 中。例如，在代码清单 3-49 中，dateType bean 被 BankDetails bean 的 dateOfInception 属性引用。

使用 Spring 的 PropertyPathFactoryBean 来将 bean 属性暴露为 Spring bean 的方式相对没有这么简洁。

现在我们已经深入了解了 util 模式元素，下面来看看 Spring 的 FactoryBean 接口。

3.9 FactoryBean 接口

Spring 的 FactoryBean 接口由用来创建 bean 实例的工厂的类实现。实现了 FactoryBean 接口的类像任何其他 bean 一样在应用程序上下文 XML 文件中进行配置。如果要执行复杂的条件检查来决定要创建的 bean 类型以及执行复杂的 bean 初始化逻辑，FactoryBean 特别有用。

现在来看一个应用场景，其中 FactoryBean 用于选择一个 bean 类型，然后创建它。

3.9.1 MyBank application——将事件存储在数据库中

在 MyBank 应用中，重要事件（如信用和借记交易、开立和清算固定存款等）保存在数据库中。MyBank 可以将这些事件直接保存到数据库中，或者先将事件发送到消息传递中间件或 Web 服务来间接保存。表 3-4 描述了由 MyBank 应用程序定义的用于直接或间接保存事件的类。

表 3-4 由 MyBank 应用程序定义的类

类	描述
DatabaseEventSender	将事件保存在数据库中
MessagingEventSender	将事件发送到消息传递中间件
WebServiceEventSender	将事件发送到远程 Web 服务

直接将事件保存在数据库中或将其发送到消息传递中间件或 Web 服务取决于配置。例如，如果 MyBank 发现存在一个 database.properties 文件，MyBank 将从 database.properties 文件中读取配置信息（如数据库 url、用户名和密码），并创建 DatabaseEventSender 实例。同样，如果存在 messaging.properties 文件，MyBank 将创建一个 MessagingEventSender 实例的实例，如果存在 webservice.properties 文件，则会创建一个 WebServiceEventSender 实例。

初始化 DatabaseEventSender、MessagingEventSender 和 WebServiceEventSender 实例可能需要执行复杂的初始化逻辑。例如，需要创建（或从 JNDI 获取）javax.jms.ConnectionFactory 和 javax.jms.Destination 实例，并将其设置在 MessagingEventSender 实例上，以便 MessagingEventSender 可以向消息中间件发送 JMS 消息。

图 3-7 展示了 MyBank 的 FixedDepositServiceImpl 类使用 DatabaseEventSender、MessagingEventSender 或 WebServiceEventSender 实例来直接或间接保存与数据库中与定期存款相关的事件。在类图中，EventSender 接口的 sendEvent 方法定义了在数据库中直接或间接保存事件的契约。DatabaseEventSender、MessagingEventSender 和 WebServiceEventSender 类实现了 EventSender 接口并提供了 sendEvent 方法的实现。

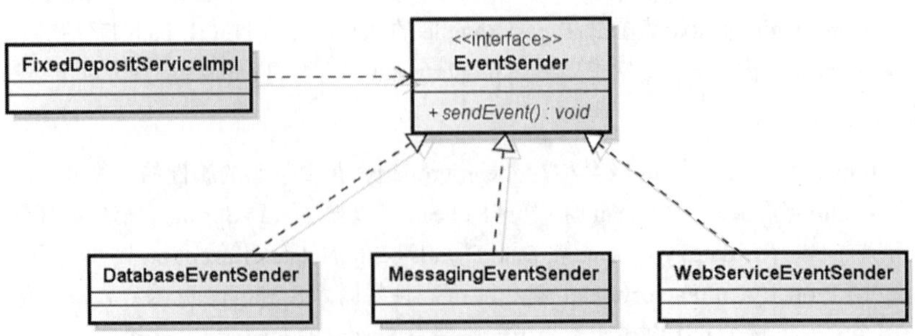

图 3-7 FixedDepositServiceImpl 类使用了 EventSender 接口的一个实现

现在来看一下 FactoryBean 是如何将选择 EventSender 接口的正确实现并进行初始化过程简化的。

含 义

chapter 3/ch03-bankapp-factorybean（此项目展示了一个使用 FactoryBean 实现来创建类型为 EventSender 的对象的 MyBank 应用程序。要运行应用程序，请执行此项目的 BankApp 类的 main 方法）。

3.9.2 MyBank——FactoryBean 示例

在 MyBank 中，选择正确的 EventSender 实现并初始化它是一项关系密切的任务，因此，它代表了使用 FactoryBean 实现的理想场景。FactoryBean 接口定义了以下需要实现的方法。

- getObjectType：返回由该 FactoryBean 实现管理的对象的类型。在 MyBank 应用程序中，该 FactoryBean 实现创建并返回类型为 EventSender 的对象。
- getObject：返回由该 FactoryBean 实现管理的对象。在 MyBank 应用程序中，getObject 方法返回一个 DatabaseEventSender 或 MessagingEventSender 或 WebServiceEventSender 的实例。
- isSingleton：如果该 FactoryBean 实现是 singleton 范围对象的工厂，则返回 true。如果 isSingleton 方法返回 true，则由 getObject 方法返回的对象由 Spring 容器缓存，并在后续请求中返回相同的实例。如果该 FactoryBean 实现是 prototype 范围对象的工厂，则从 isSingleton 方法返回 false。如果 isSingleton 方法返回 false，那么每个请求都会通过 getObject 方法创建一个新的实例。在 MyBank 应用程序中，FactoryBean 实现返回一个 DatabaseEventSender 或 MessagingEventSender 或 WebServiceEventSender 类的实例。一旦创建，在 MyBank 应用程序的整个生命周期中使用相同的实例，因此，必须定义 isSingleton 方法返回 true。

代码清单 3-50 展示了 EventSender FactoryBean 类，创建并返回类型为 EventSender 的对象的 FactoryBean 实现。

代码清单 3-50 EventSenderFactoryBean 类

```
Project-ch03-bankapp-factorybean
Source location - src/main/java/sample/spring/chapter03/bankapp/event

package sample.spring.chapter03.bankapp.event;

import org.springframework.beans.factory.FactoryBean;
import org.springframework.beans.factory.FactoryBeanNotInitializedException;
import org.springframework.core.io.ClassPathResource;
.....
public class EventSenderFactoryBean implements FactoryBean<EventSender> {
   private String databasePropertiesFile;
   private String webServicePropertiesFile;
   private String messagingPropertiesFile;
   .....
   public EventSender getObject() throws Exception {
      EventSender eventSender = null;
    Properties properties = new Properties();

    ClassPathResource databaseProperties = null;
    if(databasePropertiesFile != null) {
        databaseProperties = new ClassPathResource(databasePropertiesFile);
    }
    .....
    if (databaseProperties != null && databaseProperties.exists()) {
       InputStream inStream = databaseProperties.getInputStream();
       properties.load(inStream);
       eventSender = new DatabaseEventSender(properties);
    }
```

```
    else if (webServiceProperties != null  && webServiceProperties.exists()) {.....}
    else if (messagingProperties != null  && messagingProperties.exists()) {.....}

    return eventSender;
  }

  public Class<?> getObjectType() {
    return EventSender.class;
  }

  public boolean isSingleton() {
    return true;
  }
}
```

在代码清单 3-50 中，EventSenderFactoryBean 实现了 FactoryBean 接口。FactoryBean <EventSender>声明中的 EventSender 参数表示 FactoryBean 的 getObject 方法返回类型为 EventSender 的对象。databasePropertiesFile、webServicePropertiesFile 和 messagingPropertiesFile 是 EventSenderFactoryBean 类的属性，它们表示类路径中的 database.properties、webservice.properties 和 messaging.properties 文件的位置。

getObject 方法使用 Spring 的 ClassPathResource 类来验证指定的属性文件是否存在于类路径中。如果属性文件存在，该文件的属性将被加载并传递给 EventSender 实现类的构造函数。例如，在代码清单 3-50 中，如果存在 database.properties 文件（由 databasePropertiesFile 属性表示），则会从 database.properties 文件中加载属性，并作为参数传递给 DatabaseEventSender 的构造函数。由于 EventSenderFactoryBean 的 getObject 方法返回类型为 EventSender 的对象，getObjectType 方法返回 EventSender 类型。isSingleton 方法返回 true，这意味着由 getObject 方法返回的对象被 Spring 缓存，并且每次调用 EventSenderFactoryBean 的 getObject 方法时都返回相同的实例。

现在，已经了解到在 MyBank 应用程序中是如何实现 EventSenderFactoryBean 类的，你可以猜测 Spring 的内置 FactoryBean 实现，如 ListFactoryBean（用于创建 List 类型的实例）、MapFactoryBean（用于创建 Map 类型的实例）、SetFactoryBean（用于创建 Set 类型的实例）等。

代码清单 3-51 展示了如何在应用程序上下文 XML 文件中配置 EventSenderFactoryBean 类。

代码清单 3-51 applicationContext.xml——EventSenderFactoryBean 配置

```
Project-ch03-bankapp-factorybean
Source location - src/main/resources/META-INF/spring

<beans .....>

  <bean id="service"
     class="sample.spring.chapter03.bankapp.service.FixedDepositServiceImpl">
     .....
     <property name="eventSender" ref="eventSenderFactory" />
  </bean>
  .....
  <bean id="eventSenderFactory"
      class="sample.spring.chapter03.bankapp.event.EventSenderFactoryBean">
    <property name="databasePropertiesFile" value="META-INF/config/database.properties"/>
  </bean>
</beans>
```

代码清单 3-51 展示了对 EventSenderFactoryBean 类的配置和任何其他 Spring bean 一样。即使对一个 FactoryBean 实现的配置和任何其他 Spring bean 一样，Spring 容器的处理方式也不同。最重要的区别之一是，如果一个 bean 依赖于一个 FactoryBean 实现，则 Spring 容器将调用该 FactoryBean 实现的 getObject 方法，并将返回的对象注入到依赖 bean 中。

注 意

请注意，如果 isSingleton 方法返回 true，那么 FactoryBean 的 getObject 方法只由 Spring 容器调用了一次。

在代码清单 3-51 中，FixedDepositServiceImpl 类的 bean 定义显示它依赖于 EventSenderFactoryBean——一个 FactoryBean 实现。所以，Spring 容器调用 EventSenderFactoryBean 的 getObject 方法，并将返回的 EventSender 对象注入 FixedDepositServiceImpl 实例中。

代码清单 3-52 展示了 FixedDepositServiceImpl 类，它需要 EventSenderFactoryBean bean 创建的 EventSender 实例。

代码清单 3-52 FixedDepositServiceImpl 类

```
Project-ch03-bankapp-factorybean
Source location - src/main/java/sample/spring/chapter03/bankapp/service

package sample.spring.chapter03.bankapp.service;

import sample.spring.chapter03.bankapp.event.EventSender;

public class FixedDepositServiceImpl implements FixedDepositService {
  .....
  private EventSender eventSender;

  public void setEventSender(EventSender eventSender) {
       this.eventSender = eventSender;
  }
  .....
  public void createFixedDeposit(FixedDepositDetails fixedDepositDetails) {
    .....
    eventSender.sendEvent(event);
  }
}
```

在代码清单 3-52 中，FixedDepositServiceImpl 类依赖于 EventSender 实例，而不依赖于 EventSenderFactoryBean 实例。Spring 容器通过调用 EventSenderFactoryBean 的 getObject 方法获取 EventSender 实例，并将获取的 EventSender 实例注入 FixedDepositServiceImpl 实例中。

现在来看如何访问 FactoryBean 本身，而不是访问通过 getObject 方法创建并返回的 bean。

3.9.3 访问 FactoryBean 实例

如果要从 Spring 容器获取 FactoryBean 本身，需要使用“&”符号作为工厂 bean 的 name（或 id）的前缀。

假设 FixedDepositServiceImpl 类需要访问 EventSenderFactoryBean 本身，如代码清单 3-53 所示。

代码清单 3-53 依赖于 EventSenderFactoryBean 本身的 FixedDepositServiceImpl 类

```
package sample.spring.chapter03.bankapp.service;

import sample.spring.chapter03.bankapp.event.EventSenderFactoryBean;
import sample.spring.chapter03.bankapp.event.EventSender;

public class FixedDepositServiceImpl implements FixedDepositService {
  .....
  private EventSenderFactoryBean eventSenderFactoryBean;

  public void setEventSenderFactoryBean (EventSenderFactoryBean eventSenderFactoryBean) {
    this. eventSenderFactoryBean = eventSenderFactoryBean;
```

```
  }
  .....
  public void createFixedDeposit(FixedDepositDetails fixedDepositDetails) {
    .....
    EventSender eventSender = eventSenderFactoryBean.getObject();
    evenSender.sendEvent(event);
  }
}
```

在代码清单 3-53 中，FixedDepositServiceImpl 类依赖于 EventSenderFactoryBean 本身。FixedDepositServiceImpl 显式调用 EventSenderFactoryBean 的 getObject 方法来获取一个 EventSender 对象。

我们在代码清单 3-51 中看到，当 EventSenderFactoryBean bean 被定义为 FixedDepositServiceImpl bean 的依赖项时，Spring 容器将调用 EventSenderFactoryBean 的 getObject 方法，并将返回的 EventSender 对象注入 FixedDepositServiceImpl bean 中。要指示 Spring 容器注入 EventSenderFactoryBean 本身，需要在 ref 特性指定的 bean 的 id（或 name）上添加“&”符号作为前缀，如代码清单 3-54 所示。

代码清单 3-54　将 EventSenderFactoryBean 实例注入 FixedDepositServiceImpl bean 中

```
<beans .....>

  <bean id="service" class="sample.spring.chapter03.bankapp.service.FixedDepositServiceImpl">
    .....
    <property name="eventSenderFactoryBean" ref="&amp;eventSenderFactory" />
  </bean>
  .....
  <bean id="eventSenderFactory"
       class="sample.spring.chapter03.bankapp.event.EventSenderFactoryBean">
    <property name="databasePropertiesFile" value="META-INF/config/database.properties"/>
  </bean>
</beans>
```

在代码清单 3-54 中，以下<property>元素指定了 FixedDepositServiceImpl bean 依赖于 EventSenderFactoryBean。

```
<property name="eventSenderFactoryBean" ref="&amp;eventSenderFactory" />
```

请注意，ref 特性的值为“& eventSenderFactory”。“&”前缀指示 Spring 容器将 EventSenderFactoryBean 实例本身注入 FixedDepositServiceImpl bean 中。

在用 ApplicationContext 的 getBean 方法检索 FactoryBean 实例时，也需要使用“&”。代码清单 3-55 展示了检索 EventSender 对象（由 EventSenderFactoryBean 创建）和 EventSenderFactoryBean 实例本身的 MyBank 应用程序的 BankApp 类。

代码清单 3-55　BankApp 类

```
Project-ch03-bankapp-factorybean
Source location - src/main/java/sample/spring/chapter03/bankapp

package sample.spring.chapter03.bankapp;
.....
public class BankApp {
  private static Logger logger = LogManager.getLogger(BankApp.class);

  public static void main(String args[]) {
     ApplicationContext context = new ClassPathXmlApplicationContext(
     .....
     logger.info("Invoking getBean(\"eventFactory\") returns : " +
          context.getBean("eventSenderFactory"));
     logger.info("Invoking getBean(\"&eventFactory\") returns : " +
          context.getBean("&eventSenderFactory"));
  }
}
```

如果执行上面显示的 BankApp 类的 main 方法，你会发现调用 getBean("eventSenderFactory")会返回一个 DatabaseEventSender 类的实例，而 getBean("&eventSenderFactory")会返回 EventSenderFactoryBean 实例。

3.10　模块化 bean 配置

可以在多个应用程序上下文 XML 文件中定义 bean，以将应用程序配置进行模块化或结构化。例如，可以定义一个定义应用程序的数据访问对象（DAO）的 myapp-dao.xml 文件，定义服务的 myapp-service.xml 以及定义应用程序控制器的 myapp-controller.xml。在这种情况下，你可以将所有配置 XML 文件传递给 ClassPathXmlApplicationContext 的构造函数，也可以将所有 XML 文件导入一个 XML 文件中，并将该文件传递给 ClassPathXmlApplicationContext 的构造函数。

含　义

chapter 3/ch03-bankapp-modular(此项目展示了在多个应用程序上下文XML文件中配置了bean的 MyBank 应用程序：bankapp-controller.xml（定义控制器）、bankapp-dao.xml（定义 DAO）和 bankapp-service.xml（定义服务）。要运行应用程序，请执行本项目的BankApp类的main方法）。

代码清单 3-56 展示了使用 bean 模式的<import>元素导入 bankapp-dao.xml 和 bankapp-service.xml 文件的 bankapp-controller.xml 文件。

代码清单 3-56　bankapp-controller.xml 文件

```
Project-ch03-bankapp-modular
Source location - src/main/resources/META-INF/spring

<beans .....">
  <import resource="bankapp-dao.xml" />
  <import resource="bankapp-service.xml" />

  <bean id="controller"
    class="sample.spring.chapter03.bankapp.controller.FixedDepositControllerImpl">
    <property name="fixedDepositService" ref="service" />
  </bean>
</beans>
```

<import>元素导入了 resource 特性指定的应用程序上下文 XML 文件。XML 文件的位置（由 resource 特性指定）与包含<import>元素的文件相对应。在不同 XML 文件中定义的 bean 之间存在的相互依赖关系在应用程序启动时由 Spring 容器解析。例如，上面定义的 controller bean 依赖于在 bankapp-service.xml 文件中定义的 service bean。Spring 容器在创建应用程序上下文 XML 文件中定义的 bean 时解析这些依赖关系。

将 bankapp-dao.xml 和 bankapp-service.xml 文件导入 bankapp-controller.xml 时，我们只需要将 bankapp-controller.xml 传递给 ClassPathXmlApplicationContext 的构造函数。如果不想使用导入功能，可以将所有 XML 文件传递给 ClassPathXmlApplicationContext 的构造函数。

3.11　小结

在本章中，我们学习到如何使用 bean 定义继承来创建较少冗长且易于管理的 bean 定义。我们研究了如何使用 Spring 的 util 模式来设置不同类型的 bean 属性和构造函数参数，使用 FactoryBean 接口创建 bean 工厂，并使用 p 命名空间和 c 命名空间写出简洁的 bean 定义。我们还学习了 Spring 中的一些内置 Property Editor 实现，以及如何使用 Spring 容器注册其他属性编辑器。在第 4 章中，我们将深入介绍 Spring 的依赖注入功能。

第 4 章　依赖注入

4.1　简介

在第 3 章中，我们研究了 Spring 的 util 模式、p 命名空间和 c 命名空间、FactoryBean 接口等。在本章中，我们将重点介绍在现实世界的应用程序开发工作中通常遇到的挑战，以及 Spring 如何解决这些挑战。

本章的开始，我们先介绍一下内部 bean——使用<property>和<constructor-arg>元素的 ref 特性的替代方案，然后介绍<bean>元素的 depend-on 特性。在本章的下半部分，我们将讨论同时使用 singleton 和 prototype 范围的 bean 提供应用程序功能时可能出现的问题。我们将在本章中深入了解 Spring 的 **autowiring** 功能。

含　义

chapter 4/ch04-bankapp-dependencies（此项目展示了内部 bean 的使用和<bean>元素的 depends-on 特性，该项目还展示了定义 singleton 范围 bean 对 prototype 范围的 bean 的依赖关系的影响，反之亦然。要运行应用程序，请执行本项目的 BankApp 类的 main 方法）。

4.2　内部 bean

如果一个 bean 的依赖项没有被多个 bean 共享的情况，那么可以考虑将该依赖项定义为内部 bean。内部 bean 通过使用 Spring 的 bean 模式的<bean>元素在<property>或<constructor-arg>元素内定义。你应该注意到，一个内部 bean 只能在包含它的 bean 定义中访问，而不能访问注册到 Spring 容器的其他 bean。

代码清单 4-1 展示了通常如何表示 bean 的依赖项。

代码清单 4-1　使用<property>元素的 ref 特性指定的依赖项

```
<bean id="service"
   class="sample.spring.chapter04.bankapp.service.FixedDepositServiceImpl">
  <property name="fixedDepositDao" ref="dao" />
</bean>

<bean id="dao" class="sample.spring.chapter04.bankapp.dao.FixedDepositDaoImpl" />
```

在代码清单 4-1 中，service bean 依赖于 dao bean。如果 service bean 是唯一依赖 dao bean 的 bean，那么可以将 dao bean 定义为 service bean 的内部 bean。

在代码清单 4-2 中，FixedDepositDaoImpl 类的 bean 定义位于 service bean 的<property>元素之内。如果将代码清单 4-2 与代码清单 4-1 比较，你会注意到<property>元素不再指定 ref 特性，而与 FixedDepositDaoImpl 类相对应的<bean>元素不再具有 id 特性。

代码清单 4-2　applicationContext.xml——内部 bean 示例

```
Project-ch04-bankapp-dependencies
Source location - src/main/resources/META-INF/spring

  <bean id="service"
```

```
    class="sample.spring.chapter04.bankapp.service.FixedDepositServiceImpl">
  <property name="fixedDepositDao">
    <bean class="sample.spring.chapter04.bankapp.dao.FixedDepositDaoImpl" />
  </property>
</bean>
```

对应于内部 bean 定义的<bean>元素没有指定 id 特性是因为内部 bean 未向 Spring 容器注册。如果为内部 bean 定义指定了一个 id 特性，则它将被 Spring 容器忽略。内部 bean 总是 prototype 范围。因此，如果对应于内部 bean 定义的<bean>元素指定了 scope 特性，那么它将被 Spring 容器忽略。请注意，内部 bean 在本质上是匿名的，并且对于 Spring 容器中的其他 bean（包含该内部 bean 定义的 bean 除外）是不可访问的。

注 意

在正常的 bean 定义的情况下，你可以使用内部 bean 定义的<bean>元素中的<property>、<constructor-arg>等。

在第 3 章中，我们看到 Spring 的 util 模式元素用于创建表示 List、Set、Map 等的 bean。由 Spring 的 util 模式元素创建的 bean 被定义为其他 bean 的依赖项。内部 bean 的概念使得可以在<property>和<constructor-arg>元素中使用 Spring 的 util 模式元素，如代码清单 4-3 所示。

代码清单 4-3 util 模式的<list>元素定义了一个内部 bean

```
<beans xmlns="http://www.springframework.org/schema/beans"
          xmlns:util="http://www.springframework.org/schema/util"
          xsi:schemaLocation="..... http://www.springframework.org/schema/util
                http://www.springframework.org/schema/util/spring-util.xsd">

   <bean id="someBean" class="com.sample.SomeBean">
     .....
     <constructor-arg name="listType">
          <util:list list-class="java.util.ArrayList">
               <value>A simple String value in list</value>
               <value>Another simple String value in list</value>
          </util:list>
     </constructor-arg>
     .....
   </bean>
</beans>
```

在代码清单 4-3 中，listType 构造函数参数的类型为 java.util.List。传递给 listType 构造函数参数的值由 util 模式的<list>元素指定。注意，我们没有指定<list>元素的 id 特性，因为 Spring 容器忽略内部 bean 的 id。下面来看<bean>元素的 depend-on 特性。

4.3 使用 depends-on 特性控制 bean 的初始化顺序

在 1.5 节中，我们讨论了按照应用程序上下文 XML 文件中定义的顺序创建 bean。bean 的创建顺序也是基于 bean 的相互依赖关系决定的。例如，如果 bean A 接受 bean B 的实例作为构造函数参数，Spring 容器将在 bean A 之前创建 bean B，而不管它们在应用程序上下文 XML 文件中的定义顺序如何。Spring 容器的这种行为确保 bean 的依赖项在被注入依赖 bean 之前能够完全配置完成。

在迄今为止看到的示例中，bean 的依赖项都是通过<property>和<constructor-arg>元素显式指定的。如果 bean 的依赖项是隐式的，则可以使用<bean>元素的 depends-on 特性来控制由 Spring 容器创建 bean 的顺序。Spring 容器会确保在初始化 depends-on 特性指定的 bean 之前就初始化了 depend-on 特性指定的依赖项。

现在我们来看一个示例场景，其中使用 depend-on 特性来控制 bean 的初始化顺序。

4.3.1 MyBank——bean 之间隐式的依赖关系

在第 3 章的 MyBank 应用程序中，FactoryBean 实现创建了一个 EventSender 对象，该对象被 FixedDepositServiceImpl 实例用于直接或间接地将事件存储在数据库中（见 3.9 节）。假设要替代使用 FactoryBean 实现来创建 EventSender 实现的方式，而采用图 4-1 所示的方法。

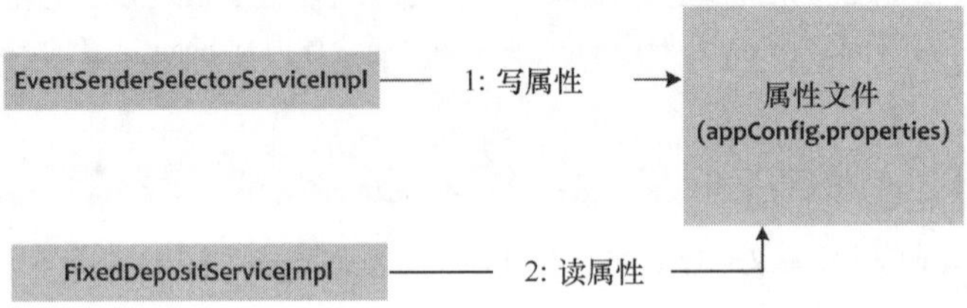

图 4-1 EventSenderSelectorServiceImpl 类将 EventSender 实现的名称写入 appConfig.properties 文件中，后者将被 FixedDepositServiceImpl 实例读取

在图 4-1 中：

- EventSenderSelectorServiceImpl 的构造函数决定 FixedDepositServiceImpl 类使用的 EventSender 实现（DatabaseEventSender 或 WebServiceEventSender 或 MessagingEventSender）；
- EventSenderSelectorServiceImpl 的构造函数将 EventSender 实现的完全限定名称存储在 appConfig.properties 文件中；
- FixedDepositServiceImpl 的构造函数从 appConfig.properties 文件中读取 EventSender 实现的完全限定名称，创建 EventSender 对象，并将其用于在数据库中存储固定存款事件。

在 EventSenderSelectorServiceImpl 写入了 EventSender 实现的名称之前，如果 FixedDepositServiceImpl 尝试从 appConfig.properties 文件中读取，则上述方法将失败。如果对 appConfig.properties 文件的读取和写入发生在 EventSenderSelectorServiceImpl 和 FixedDepositServiceImpl 类的构造函数中时，必须在 EventSenderSelectorServiceImpl 实例之后创建 FixedDepositServiceImpl 实例。这意味着 FixedDepositService Impl 隐含地依赖于 EventSenderSelectorServiceImpl。

现在来看 FixedDepositServiceImpl 的隐含依赖对 EventSenderSelectorServiceImpl 的影响。

4.3.2 隐性依赖问题

以代码清单 4-4 中的应用程序上下文 XML 文件为例，其中包含 FixedDepositServiceImpl 和 EventSenderSelectorServiceImpl 类的 bean 定义。

代码清单 4-4 applicationContext.xml——隐性依赖问题

```
Project-ch04-bankapp-dependencies
Source location - src/main/resources/META-INF/spring

<beans .....>
  <bean id="service"
     class="sample.spring.chapter04.bankapp.service.FixedDepositServiceImpl">
    .....
    <constructor-arg index="0" value="META-INF/config/appConfig.properties" />
  </bean>

  <bean id="eventSenderSelectorService"
      class="sample.spring.chapter04.bankapp.service.EventSenderSelectorServiceImpl">
    <constructor-arg index="0" value="META-INF/config/appConfig.properties" />
  </bean>
</beans>
```

上述应用程序上下文XML文件展示了FixedDepositServiceImpl和EventSenderSelectorServiceImpl类的构造函数接受 appConfig.properties 文件的位置。EventSenderSelectorServiceImpl 实例使用 appConfig.properties 文件将EventSender 实现类的完全限定名称传达给 FixedDepositServiceImpl 实例。

由于在 service 和 eventSenderSelectorService bean 之间不存在明确的依赖关系，Spring 容器按应用程序上下文 XML 文件中定义的顺序创建它们的实例。由于 service bean 在 eventSenderSelectorService bean 之前定义，因此在 EventSenderSelectorServiceImpl 实例之前创建了 FixedDepositServiceImpl 实例。如果在EventSenderSelectorServiceImpl 实例之前创建了 FixedDepositServiceImpl 实例，则 FixedDepositServiceImpl 实例将无法从 appConfig.properties 文件中读取完全限定的 EventSender 实现类的名称。

现在我们来看一下EventSenderSelectorServiceImpl和FixedDepositServiceImpl类以及appConfig.properties文件。

1. EventSenderSelectorServiceImpl——写入者

EventSenderSelectorServiceImpl 类的代码如代码清单 4-5 所示。

代码清单 4-5 EventSenderSelectorServiceImpl 类

```
Project-ch04-bankapp-dependencies
Source location - src/main/java/sample/spring/chapter04/bankapp/service

package sample.spring.chapter04.bankapp.service;

import org.springframework.core.io.ClassPathResource;
import sample.spring.chapter04.bankapp.Constants;

public class EventSenderSelectorServiceImpl {

  public EventSenderSelectorServiceImpl(String configFile) throws Exception {
     ClassPathResource resource = new ClassPathResource(configFile);
     OutputStream os = new FileOutputStream(resource.getFile());

     Properties properties = new Properties();
      properties
        .setProperty(Constants.EVENT_SENDER_CLASS_PROPERTY,
            "sample.spring.chapter04.bankapp.event.DatabaseEventSender");
      properties.store(os, null);
      .....
  }
}
```

如代码清单4-5所示，appConfig.properties文件的位置被作为参数传递给了EventSenderSelectorServiceImpl类的构造函数。EventSenderSelectorServiceImpl 类的构造函数向 appConfig.properties 文件中写入了名为eventSenderClass 的属性（这是在 Constants 类中定义的 EVENT_SENDER_CLASS_PROPERTY 常量的值）。FixedDepositServiceImpl实例用于将事件保存到数据库中的EventSender实现的完全限定名称由eventSenderClass属性指定。为简单起见，EventSenderSelectorServiceImpl类的构造函数将DatabaseEventSender类的完全限定名称设置为eventSenderClass属性的值。

2. appConfig.properties

EventSenderSelectorServiceImpl 类将以下条目添加到 appConfig.properties 文件中：

```
eventSenderClass=sample.spring.chapter04.bankapp.event.DatabaseEventSender
```

3. FixedDepositServiceImpl——读取者

FixedDepositServiceImpl 实例读取了 EventSenderSelector ServiceImpl 实例编写的 eventSenderClass 属性，如代码清单 4-6 所示。

代码清单 4-6 FixedDepositServiceImpl 类

```
Project-ch04-bankapp-dependencies
Source location - src/main/java/sample/spring/chapter04/bankapp/service

package sample.spring.chapter04.bankapp.service;

import org.springframework.core.io.ClassPathResource;
import sample.spring.chapter04.bankapp.Constants;

public class FixedDepositServiceImpl implements FixedDepositService {
  private FixedDepositDao fixedDepositDao;
  private EventSender eventSender;

  public FixedDepositServiceImpl(String configFile) throws Exception {
    ClassPathResource configProperties = new ClassPathResource(configFile);

    if (configProperties.exists()) {
        InputStream inStream = configProperties.getInputStream();
        Properties properties = new Properties();
        properties.load(inStream);

        String eventSenderClassString =
           properties.getProperty(Constants.EVENT_SENDER_CLASS_PROPERTY);

        if(eventSenderClassString != null) {
            Class<?> eventSenderClass = Class.forName(eventSenderClassString);
            eventSender = (EventSender) eventSenderClass.
getDeclaredConstructor().newInstance();
            logger.info("Created EventSender class");
        } else {
            logger.info("appConfig.properties file doesn't contain the information " +
                         "about EventSender class");
        }
    }
  }

  public void createFixedDeposit(FixedDepositDetails fixedDepositDetails) throws Exception {
    .....
    eventSender.sendEvent(event);
  }
}
```

代码清单 4-6 展示了以下由 FixedDepositServiceImpl 类的构造函数执行的操作。

- 从 appConfig.properties 文件中加载属性，并从中获取 eventSenderClass 属性（由 EVENT_SENDER_CLASS_PROPERTY 常量表示）。configFile 构造函数参数表示 appConfig.properties 文件的位置。eventSenderClass 属性的值是 FixedDepositServiceImpl 需要使用的 EventSender 实现类的全限定名称。eventSenderClass 属性的值存储在 eventSenderClassString 局部变量中。
- 使用 eventSenderClassString 变量的值创建一个 EventSender 实现类的实例，并将实例存储到名为 eventSender 的变量中。eventSender 变量后来被 FixedDepositServiceImpl 的 createFixedDeposit 方法使用（见代码清单 4-6 中的 createFixedDeposit 方法）将事件存储在数据库中。

如果在 appConfig.properties 文件中找不到名为 eventSenderClass 的属性，则不会设置 eventSenderClass String 变量。在这种情况下，FixedDepositServiceImpl 的构造函数会在控制台上打印以下消息："appConfig.properties 文件不包含有关 EventSender 类的信息"。由于 Spring 容器在 EventSenderSelectorServiceImpl 实例之前创建了 FixedDepositServiceImpl 实例（见代码清单 4-4），所以 FixedDepositServiceImpl 实例将不会在 appConfig. properties 文件中找到任何 eventSenderClass 属性（见代码清单 4-5 和代码清单 4-6）。这意味着 FixedDeposit ServiceImpl bean 隐含地依赖于 EventSenderSelectorServiceImpl bean。

4. 如何解决隐含依赖问题

可以通过以下两种方式解决隐含依赖问题。

- 更改在应用程序上下文 XML 文件中定义 EventSenderSelectorServiceImpl 和 FixedDepositServiceImpl 类的 bean 定义的顺序。如果 EventSenderSelectorServiceImpl 类的 bean 定义出现在 FixedDepositServiceImpl 类的 bean 定义之前，将在 FixedDepositServiceImpl 实例之前创建 EventSenderSelectorServiceImpl 实例。
- 使用<bean>元素的 depends-on 特性显式指定 service bean（对应于 FixedDepositServiceImpl 类）依赖于 eventSenderSelectorService bean（对应于 EventSenderSelectorServiceImpl 类）。

代码清单 4-7 展示了<bean>元素的 depends-on 特性的用法。

代码清单 4-7 <bean> 元素的 depends-on 特性

```
<beans .....>
  <bean id="service"
      class="sample.spring.chapter04.bankapp.service.FixedDepositServiceImpl"
    depends-on="eventSenderSelectorService">
    .....
  </bean>

  <bean id="eventSenderSelectorService"
      class="sample.spring.chapter04.bankapp.service.EventSenderSelectorServiceImpl">
    .....
  </bean>
</beans>
```

在代码清单 4-7 中，service bean 使用 depends-on 特性来显式指定它依赖于 eventSenderSelectorService bean。depends-on 特性指定 bean 所依赖的 bean 的 id 或名称。当 service bean 指定它依赖于 eventSenderSelectorService bean 时，Spring 容器将在 service bean（对应于 FixedDepositServiceImpl 类）实例之前创建 eventSenderSelectorService bean（对应于 EventSenderSelectorServiceImpl 类）实例。

注 意

如果执行 ch04-bankapp-dependencies 项目的 BankApp 类的 main 方法，你将发现在 EventSenderSelectServiceImpl 实例之前创建了 FixedDepositServiceImpl 实例。因此，控制台上会显示以下消息："appConfig.properties 文件不包含有关 EventSender 类的信息"。

5. 多个隐式依赖项

如果 bean 具有多个隐式依赖项，则可以将所有这些依赖项的 id 或 name 名称指定为 depends-on 特性的值，如代码清单 4-8 所示。

代码清单 4-8 depends-on 特性示例——多个隐式依赖项

```
<beans .....>
  <bean id="abean" ..... depends-on="bBean, cBean">
    .....
  </bean>
  .....
</beans>
```

6. depends-on 特性和 bean 定义继承

注意，depend-on 特性不是由子 bean 定义继承的。代码清单 4-9 展示了一个抽象的 serviceTemplate 父 bean 定义，它使用 depends-on 特性来指定对 baseService bean 的依赖。

代码清单 4-9 depends-on 特性——bean 定义继承

```
<bean id="serviceTemplate" class=".....ServiceTemplate" depends-on="baseService"
   abstract="true"/>

<bean id="someService" class=".....SomeServiceImpl" parent="serviceTemplate"/>

<bean id="someOtherService" class=".....SomeOtherServiceImpl" parent="serviceTemplate"/>

<bean id="baseService" class=".....BaseServiceImpl" />
```

在代码清单 4-9 中，serviceTemplate 的 someService 和 someOtherService 子 bean 定义不会从 service Template bean 定义继承 depend-on 特性。由于 Spring 容器按应用程序上下文 XML 文件中定义的顺序创建 bean，因此在创建 someService 和 someOtherService bean 之后创建了 baseService bean。

下面来看 Spring 容器如何管理 singleton 和 prototype 范围的 bean 的依赖项。

4.4 singleton 和 prototype 范围的 bean 的依赖项

创建 ApplicationContext 实例时，将创建一个 singleton bean（及其 singleton 依赖项）。并且，每次调用 ApplicationContext 的 getBean 方法来获取 prototype bean 时，都会创建一个 prototype bean（及其 prototype 依赖项）。

在应用程序中，如果 singleton bean 依赖于 prototype bean，则会有些复杂，反之亦然。要了解这样的应用场景，先来看一下 singleton 和 prototype bean 的依赖项是如何通过 Spring 容器来管理的。

4.4.1 singleton bean 的依赖项

代码清单 4-10 展示了 singleton 范围的 customerRequestService bean 及其依赖项。

代码清单 4-10 applicationContext.xml——customerRequestService bean 的依赖项

```
Project-ch04-bankapp-dependencies
Source location - src/main/resources/META-INF/spring

  <bean id="customerRequestService"
    class="sample.spring.chapter04.bankapp.service.CustomerRequestServiceImpl">
       <constructor-arg name="customerRequestDetails" ref="customerRequestDetails" />
       <constructor-arg name="customerRequestDao" ref="customerRequestDao" />
  </bean>

  <bean id="customerRequestDetails"
    class="sample.spring.chapter04.bankapp.domain.CustomerRequestDetails"
    scope="prototype" />

  <bean id="customerRequestDao"
    class="sample.spring.chapter04.bankapp.dao.CustomerRequestDaoImpl" />
```

在代码清单 4-10 中，singleton 范围的 customerRequestService bean 依赖于 prototype 范围的 customerRequestDetails 和 singleton 范围的 customerRequestDao bean。

CustomerRequestService 对象（由 customerRequestService bean 表示）是当银行客户创建新请求（如支票登记请求）时调用的服务。CustomerRequestService 将客户请求的详细信息放入 CustomerRequestDetails 对象（由 customerRequestDetails bean 表示）中，并使用 CustomerRequestDao 对象（由 customerRequestDao bean 表示）将其保存在数据存储中。

代码清单 4-11 展示了一个 BankApp 类的 main 方法。该方法载入了代码清单 4-10 所示的 bean 定义。

代码清单 4-11 BankApp 类

```
Project-ch04-bankapp-dependencies
Source location - src/main/java/sample/spring/chapter04/bankapp

package sample.spring.chapter04.bankapp;

import org.springframework.context.ApplicationContext;
import org.springframework.context.support.ClassPathXmlApplicationContext;

public class BankApp {
  private static Logger logger = LogManager.getLogger(BankApp.class);

  public static void main(String args[]) throws Exception {
     ApplicationContext context = new ClassPathXmlApplicationContext(
          "classpath:META-INF/spring/applicationContext.xml");
     .....
     logger.info("Beginning with accessing CustomerRequestService");
     CustomerRequestService customerRequestService_1 =
          context.getBean(CustomerRequestService.class);
     .....
     CustomerRequestService customerRequestService_2 =
          context.getBean(CustomerRequestService.class);
     .....
     logger.info("Done with accessing CustomerRequestService");
  }
}
```

代码清单 4-11 展示了在 ApplicationContext 实例创建之后，ApplicationContext 的 getBean 方法被调用两次以获取对 customerRequestService bean 的引用。

如果执行 BankApp 类的 main 主要方法，将看到以下输出。

```
Created CustomerRequestDetails instance
Created CustomerRequestDaoImpl instance
Created CustomerRequestServiceImpl instance
.....
Beginning with accessing CustomerRequestService
Done with accessing CustomerRequestService
```

"Created……"消息由相应的 bean 类的构造函数打印出来。输出展示了在创建 Spring 容器时，prototype 范围的 customerRequestDetails 和 singleton 范围的 customerRequestDao 作为 singleton 范围的 customerRequest Service bean 的两个依赖项，将被创建并注入到 customerRequestService 实例中。

由于在"Beginning……"和"Done……"消息之间的控制台上没有打印出"Created……"消息，因此当 ApplicationContext 的 getBean 方法被调用以获取 customerRequestService bean 时，Spring 容器没有创建任何 bean 实例。

图 4-2 展示了当执行 BankApp 的 main 方法时，会发生描述以下事件序列的时序图：

- 当创建 Spring 容器时，首先会创建 prototype 范围的 customerRequestDetails 和 singleton 范围的 customerRequestDao bean，然后创建 singleton 范围的 customerRequestService；
- customerRequestDetails 和 customerRequestDao bean 作为构造函数参数传递给 customerRequestService bean。

由于 Spring 容器只能创建一个单例 bean，因此 Spring 容器只有一个机会来注入 customerRequestService bean 的依赖项。所以，Spring 容器仅将 prototype 范围的 customerRequestDetails bean 实例注入 customer RequestService bean 一次。这种行为的效果是，customerRequestService bean 在其整个生命周期内始终保持对同一 customerRequestDetails bean 实例的引用。

注意，即使使用基于 setter 的 DI 来注入 customerRequestService bean 的 prototype 范围的 customerRequest

Details 依赖项，Spring 容器在 customerRequestService bean 的生命周期内也只会调用 setter 方法一次。这意味着，无论使用基于 setter 还是基于构造函数的 DI，singleton bean 在其整个生命周期内都保持对同一 prototype bean 实例的引用。

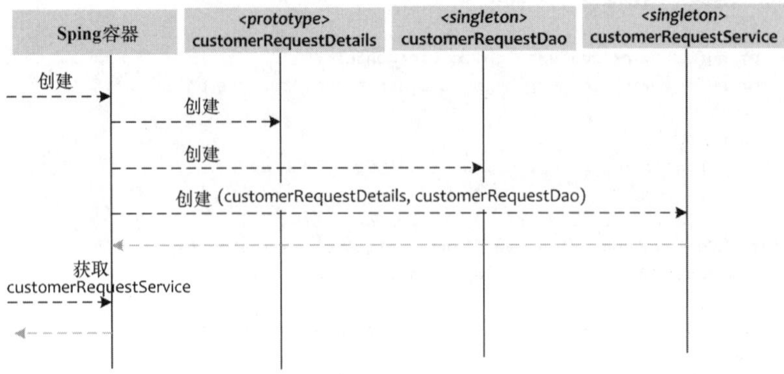

图 4-2 创建 Spring 容器并从 Spring 容器获取 customerRequestService bean 时发生的事件时序

现在，一旦创建了 Spring 容器，对 singleton 范围的 customerRequestService bean 的任何请求都将返回同一个缓存的 customerRequestService bean 实例。因此，当我们执行 BankApp 的 main 方法时，在“Beginning……”和“Done……”消息之间不会有“Created……”消息输出到控制台（见代码清单 4-11）。

由于 customerRequestService bean 始终保持对相同 prototype 范围的 customerRequestDetails Bean 的引用，因此可能会对 MyBank 应用程序的行为产生不利影响。例如，如果多个客户同时向 CustomerRequestServiceImpl 实例提交请求，则所有请求都将修改 CustomerRequestService 所持有的同一个 CustomerRequestDetails 对象的实例。

在理想情况下，CustomerRequestServiceImpl 应该为每个请求创建一个 CustomerRequestDetails 对象的新实例。在 4.5 节中，我们将看到需要对 singleton bean 的 bean 类进行什么修改，以便它可以在每个方法调用中都能获取到一个 prototype bean 的新实例。

下面来看 Spring 容器是如何管理一个 prototype bean 的 prototype 和 singleton 依赖项的。

4.4.2 Prototype bean 的依赖项

在 MyBank 中，客户按照一系列的步骤操作向 MyBank 应用程序注册。例如，客户首先输入个人信息及其账户详细信息，如果 MyBank 应用程序找到匹配记录，则会要求客户提供借记卡详细信息。MyBank 应用程序的 CustomerRegistrationServiceImpl 类包含注册客户的必要业务逻辑。由于向 MyBank 应用程序注册需要经过一系列步骤，CustomerRegistrationServiceImpl 对象在方法调用之间维持会话状态。

代码清单 4-12 展示了 MyBank 应用程序中 prototype 范围的 customerRegistrationService bean（表示 CustomerRegistrationServiceImpl 类）及其依赖项。

代码清单 4-12 applicationContext.xml——customerRegistrationService bean 及其依赖项

```
Project-ch04-bankapp-dependencies
Source location - src/main/resources/META-INF/spring

  <bean id="customerRegistrationService"
    class="sample.spring.chapter04.bankapp.service.CustomerRegistrationServiceImpl"
    scope="prototype">
      <constructor-arg name="customerRegistrationDetails" ref="customerRegistrationDetails" />
      <constructor-arg name="customerRegistrationDao" ref="customerRegistrationDao" />
  </bean>
  <bean id="customerRegistrationDetails"
    class="sample.spring.chapter04.bankapp.domain.CustomerRegistrationDetails"
    scope="prototype" />
```

```
<bean id="customerRegistrationDao"
  class="sample.spring.chapter04.bankapp.dao.CustomerRegistrationDaoImpl" />
```

在代码清单 4-12 中，prototype 范围的 customerRegistrationService bean 依赖于 prototype 范围的 customer RegistrationDetails 和 singleton 范围的 customerRegistrationDao bean。

CustomerRegistrationServiceImpl 实例维护注册过程的进度，并将在注册过程中客户提供的信息存储在 CustomerRegistrationDetails 对象（由 customerRegistrationDetails bean 表示）中。由于 CustomerRegistrationServiceImpl 和 CustomerRegistrationDetails 对象本质上都是有状态的，因此 customerRegistrationService 和 customerRegistration Details bean 都被定义为 prototype 范围的 bean。

代码清单 4-13 展示了 BankApp 类的 main 方法，它加载了与用户注册相关的 bean（见代码清单 4-12），并为两个客户施行了注册。

代码清单 4-13 BankApp 类

```
Project-ch04-bankapp-dependencies
Source location - src/main/java/sample/spring/chapter04/bankapp

package sample.spring.chapter04.bankapp;

import org.springframework.context.ApplicationContext;
import org.springframework.context.support.ClassPathXmlApplicationContext;

public class BankApp {
  private static Logger logger = LogManager.getLogger(BankApp.class);

  public static void main(String args[]) throws Exception {
      ApplicationContext context = new ClassPathXmlApplicationContext(
        "classpath:META-INF/spring/applicationContext.xml");
      .....
      logger.info("Beginning with accessing CustomerRegistrationService");

      CustomerRegistrationService customerRegistrationService_1 = context
         .getBean(CustomerRegistrationService.class);
      customerRegistrationService_1.setAccountNumber("account_1");
      customerRegistrationService_1.setAddress("address_1");
      customerRegistrationService_1.setDebitCardNumber("debitCardNumber_1");
      customerRegistrationService_1.register();
      logger.info("registered customer with id account_1");

      CustomerRegistrationService customerRegistrationService_2 = context
         .getBean(CustomerRegistrationService.class);

      .....
      logger.info("registered customer with id account_2");
      logger.info("Done with accessing CustomerRegistrationService");
  }
}
```

在代码清单 4-13 中，BankApp 的 main 方法调用 ApplicationContext 的 getBean 方法两次来获取对 customerRegistrationService bean 的引用。一旦获取到 customerRegistrationService bean 实例，就会调用 setAccountNumber、setAddress、setDebitCardNumber 和 register 方法。如果执行了 BankApp 的 main 方法，将在控制台上看到以下输出。

```
Created CustomerRegistrationDaoImpl instance
.....
Beginning with accessing CustomerRegistrationService
Created CustomerRegistrationDetails instance
```

```
Created CustomerRegistrationServiceImpl instance
registered customer with id account_1
Created CustomerRegistrationDetails instance
Created CustomerRegistrationServiceImpl instance
registered customer with id account_2
Done with accessing CustomerRegistrationService
```

上述输出中显示的"Created……"消息由各个 bean 类的构造函数打印。以上输出显示了创建 Application Context 实例时，仅创建 singleton 范围的 customerRegistrationDao bean（表示 CustomerRegistrationDaoImpl 类）一次。

"Beginning……"和"Done……"消息之间的"Created……"消息表明，每次调用 ApplicationContext 的 getBean 方法来获取 prototype 范围的 customerRegistrationService bean 时，由 Spring 容器创建一个新的 customerRegistration Service bean 实例及其 prototype 范围的依赖项 customerRegistrationDetails。

图 4-3 描述了当 BankApp 的 main 方法（见代码清单 4-13）被执行时发生的事件时序图。该图展示了：

- 创建 ApplicationContext 实例时，仅创建 singleton 范围的 customerRegistrationDao bean 一次；
- 当从 Spring 容器请求 prototype 范围的 customerRegistrationService bean 时，Spring 容器首先创建一个 customerRegistrationDetails bean 的实例（它是 customerRegistrationService bean 的 prototype 范围的依赖项），然后创建 customerRegistrationService bean。

这意味着如果 prototype bean X 依赖于另一个 prototype bean Y，那么每当从 Spring 容器请求 bean X 时，Spring 容器将创建一个新的 X 和 Y 实例。

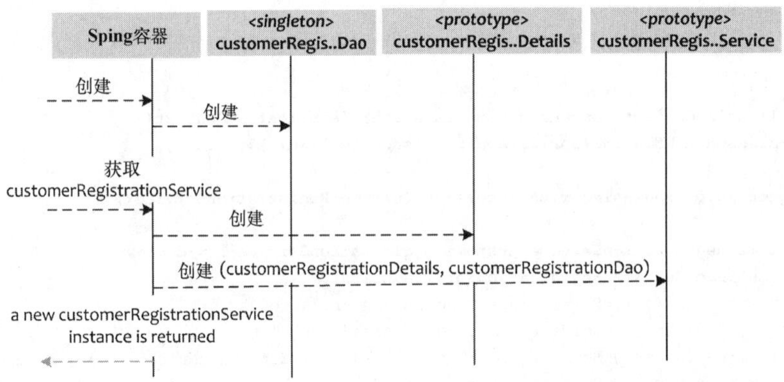

图 4-3　创建 Spring 容器并从 Spring 容器获取 customerRegistrationService bean 时发生的事件顺序

前文提到，如果一个 singleton bean 依赖于一个 prototype bean，那么在整个生命周期中，singleton bean 都与 prototype bean 的同一个实例相关联。下面我们来了解一个 singleton bean 从 Spring 容器中获取一个 prototype bean 新实例的不同方法。

4.5　通过 singleton bean 中获取 prototype bean 的新实例

在 4.4 节中，我们看到了在创建 singleton bean 时注入 singleton bean 的 prototype 范围依赖项（见图 4-2）。由于 Spring 容器仅创建一个 singleton bean 的实例，因此 singleton bean 在其整个生命周期中保持对同一 prototype bean 实例的引用。singleton bean 的方法可以使用以下任一方法从 Spring 容器获取其 prototype 范围的依赖项的新实例：

- 使 singleton bean 的类实现 Spring 的 ApplicationContextAware 接口；
- 使用 Spring 的 bean 模式的<lookup-method>元素；
- 使用 Spring 的 bean 模式的< replaced-method >元素。

注 意

如果遵循注解驱动的开发方法（见第 6 章）来创建 Spring 应用程序，则可以使用@Lazy 注解（见 6.7 节）来获取 singleton bean 中的 prototype bean 的一个全新实例。

含 义

chapter 4/ch04-bankapp-context-aware（本项目展示了一个 singleton bean 的类实现 Spring 的 ApplicationContextAware 接口以从 Spring 容器获取一个 prototype bean 实例的场景。要运行该应用程序，请执行该项目的 BankApp 类的 main 方法）。

首先来看 ApplicationContextAware 接口。

4.5.1 ApplicationContextAware 接口

Spring 的 ApplicationContextAware 接口由需要访问它们正在运行的 ApplicationContext 实例的 bean 来实现。ApplicationContextAware 接口定义了单一的方法 setApplicationContext，它为实现 bean 提供了一个 ApplicationContext 对象的实例。在创建 bean 时，由 Spring 容器调用 setApplicationContext 方法。

ApplicationContextAware 接口是一个生命周期接口。生命周期接口定义了一个或多个由 Spring 容器调用的回调方法，该方法在 bean 的生命周期内适当的时候被调用。例如，ApplicationContextAware 的 setApplicationContext 方法在创建 bean 实例之后，但在 bean 实例完全初始化之前由 Spring 容器调用。在第 5 章中，我们将看到更多在 Spring 中的生命周期接口。

注 意

通常我们认为一个 bean 实例是在它的初始化方法（见 5.2 节）被 Spring 容器调用之后才被完全初始化的。只有在 bean 实例被完全初始化之后，它才被 Spring 容器注入依赖的 bean 实例中。

实现 ApplicationContextAware 接口的 bean 可以通过调用 ApplicationContext 的 getBean 方法来访问通过 ApplicationContext 实例注册的其他的 bean。这意味着如果一个 singleton Bean 实现了 ApplicationContext Aware 接口，它可以通过调用 ApplicationContext 的 getBean 方法来显式地获取其 prototype 范围的依赖项。

每次调用 CustomerRequestImpl 的 submitRequest 方法时，以下代码清单展示了需要 CustomerRequestDetails 对象（一个 prototype bean）的新实例的 CustomerRequestServiceImpl 类（一个 singleton Bean）。

代码清单 4-14 展示了 CustomerRequestServiceImpl 类（一个 singleton Bean），在每次调用 CustomerRequestImpl 的 submitRequest 方法时，该类都需要一个 CustomerRequestDetails 对象（一个 prototype bean）的新实例。

代码清单 4-14 实现了 Spring 的 ApplicationContextAware 接口的 CustomerRequestServiceImpl 类

```
Project-ch04-bankapp-context-aware
Source location - src/main/java/sample/spring/chapter04/bankapp/service

package sample.spring.chapter04.bankapp.service;

import org.springframework.context.ApplicationContext;
import org.springframework.context.ApplicationContextAware;

public class CustomerRequestServiceImpl implements
  CustomerRequestService, ApplicationContextAware {

  private CustomerRequestDao customerRequestDao;
  private ApplicationContext applicationContext;
```

```
  @ConstructorProperties({ "customerRequestDao" })
  public CustomerRequestServiceImpl(CustomerRequestDao customerRequestDao) {
    this.customerRequestDao = customerRequestDao;
  }

  public void setApplicationContext(ApplicationContext applicationContext)
          throws BeansException {
    this.applicationContext = applicationContext;
  }

  public void submitRequest(String requestType, String requestDescription) {
    CustomerRequestDetails customerRequestDetails = applicationContext
             .getBean(CustomerRequestDetails.class);
    customerRequestDetails.setType(requestType);
    customerRequestDetails.setDescription(requestDescription);
    customerRequestDao.submitRequest(customerRequestDetails);
  }
}
```

在代码清单 4-14 中，setApplicationContext 方法为 CustomerRequestServiceImpl 提供了一个 ApplicationContext 对象的实例。稍后 submitRequest 方法使用 ApplicationContext 实例从 Spring 容器中获取了一个 CustomerRequestDetails 对象的实例。

如果访问 ch04-bankapp-context-aware 项目并执行 BankApp 的 main 方法，就会发现在每次调用 submitRequest 方法时，都会从 Spring 容器中获取一个新的 CustomerRequestDetails 对象实例。

可以看到，在 MyBank 应用程序的上下文中，如果一个 bean 需要访问其他的 bean，那么 ApplicationContextAware 接口是有用的。实现 ApplicationContextAware 接口的缺点在于它将 bean 类与 Spring Framework 相耦合。可以使用 Spring 的 bean 模式的<lookup-method>和<replaced-method>元素提供的**方法注入**技术从 Spring 容器访问其他 bean，以避免将 bean 类与 Spring Framework 耦合。

下面来看<lookup-method>元素。

含 义

chapter 4/ch04-bankapp-lookup-method（本项目展示了使用 Spring bean 模式中<lookup-method>元素的 MyBank 应用程序。要运行该应用程序，请执行此项目的 BankApp 类的 main 方法）。

4.5.2 <lookup-method> 元素

如果一个 bean 类定义了一个 bean lookup 方法，其返回类型表示一个 bean，那么<lookup-method>元素将指示 Spring 为此方法提供实现。Spring 提供的方法实现负责从 Spring 容器获取 bean 实例并返回它。

<lookup-method>元素的 bean 特性指定要查找的 bean 的名称，而名称特性指定 Spring 实现方法的名称。注意，bean 类定义的 bean 查找方法可以是抽象的或具体的方法。

注 意

使用<lookup-method>元素来查找 bean 被称为“方法注入”技术，因为<lookup-method>元素将 bean 查找方法实现注入 bean 类中。

可以看到，在代码清单 4-14 中，每次调用 CustomerRequestServiceImpl 的 submitRequest 方法时，CustomerRequestServiceImpl 都需要一个新的 CustomerRequestDetails 对象实例。代码清单 4-15 展示了一个 CustomerRequestServiceImpl 类的变体，它定义了一个抽象 bean 查找方法 getCustomerRequestDetails，其返回类型为 CustomerRequestDetails。submitRequest 方法调用 getCustomerRequestDetails 方法来获取一个新的 CustomerRequestDetails 实例。

代码清单 4-15 CustomerRequestServiceImpl 类——定义一个 bean 查找方法

```
Project-ch04-bankapp-lookup-method
Source location - src/main/java/sample/spring/chapter04/bankapp/service

package sample.spring.chapter04.bankapp.service;

public abstract class CustomerRequestServiceImpl implements CustomerRequestService {
  private CustomerRequestDao customerRequestDao;

  @ConstructorProperties({ "customerRequestDao" })
  public CustomerRequestServiceImpl(CustomerRequestDao customerRequestDao) {
    this.customerRequestDao = customerRequestDao;
  }

  public abstract CustomerRequestDetails getCustomerRequestDetails();

  @Override
  public void submitRequest(String requestType, String requestDescription) {
     // -- populate CustomerRequestDetails object and save it
     CustomerRequestDetails customerRequestDetails = getCustomerRequestDetails();
     .....
  }
}
```

应该注意的是，可以将 getCustomerRequestDetails 方法定义为具体方法。由于 getCustomerRequestDetails 方法被 Spring 覆盖，因此不管在方法中执行任何操作或将其保持为空，都无关紧要。

代码清单 4-16 展示了 CustomerRequestServiceImpl 和 CustomerRequestDetails 类的 bean 定义。

代码清单 4-16 applicationContext.xml——<lookup-method>元素的使用

```
Project-ch04-bankapp-lookup-method
Source location - src/main/resources/META-INF/spring

  <bean id="customerRequestService"
    class="sample.spring.chapter04.bankapp.service.CustomerRequestServiceImpl">
    <constructor-arg name="customerRequestDao" ref="customerRequestDao" />
    <lookup-method bean="customerRequestDetails" name="getCustomerRequestDetails"/>
  </bean>

  <bean id="customerRequestDetails"
    class="sample.spring.chapter04.bankapp.domain.CustomerRequestDetails"
    scope="prototype" />
```

在代码清单 4-16 中，CustomerRequestServiceImpl 类的 bean 定义包含一个<lookup-method>元素。<lookup-method>元素名称特性的值为 getCustomerRequestDetails，它指示 Spring 为 getCustomerRequestDetails 查找方法提供实现。元素的 bean 特性的值为 customerRequestDetails，这意味着 getCustomerRequestDetails 方法的实现从 Spring 容器中获取具有 id（或 name）为 customerRequestDetails 的 bean 并返回它。当 customerRequestDetails bean 表示一个 CustomerRequestDetails 对象时，getCustomerRequestDetails 方法的实现返回一个 CustomerRequestDetails 对象。

在代码清单 4-15 中，CustomerRequestServiceImpl 的 submitRequest 方法调用 getCustomerRequestDetails bean 查找方法来获取 CustomerRequestDetails 实例。当 CustomerRequestDetails 被定义为应用程序上下文 XML 文件（见代码清单 4-16）中的 prototype bean 时，每次调用 submitRequest 方法将从 Spring 容器获取一个 CustomerRequestDetails 对象的新实例。

要检查<lookup-method>元素是否为 CustomerRequestServiceImpl 的 getCustomerRequestDetails bean 查找方法提供正确的实现，BankApp 类的 main 方法从 Spring 容器获取一个 CustomerRequestServiceImpl 实例并多次调用其 submitRequest 方法。如果每次调用 submitRequest 方法的结果都是从 Spring 容器获取一个新

的 CustomerRequestDetails 对象实例，那么这意味着<lookup-method>元素为 getCustomerRequestDetails 方法提供了正确的实现。

在代码清单 4-17 中，BankApp 的 main 方法多次调用 CustomerRequestServiceImpl 的 submitRequest 方法。

代码清单 4-17 BankApp 类

```
Project-ch04-bankapp-lookup-method
Source location - src/main/java/sample/spring/chapter04/bankapp

package sample.spring.chapter04.bankapp;
.....
public class BankApp {
  private static Logger logger = LogManager.getLogger(BankApp.class);

  public static void main(String args[]) throws Exception {
     ApplicationContext context = new ClassPathXmlApplicationContext(
          "classpath:META-INF/spring/applicationContext.xml");
     .....
     logger.info("Beginning with accessing CustomerRequestService");
     CustomerRequestService customerRequestService_1 = context
          .getBean(CustomerRequestService.class);
     customerRequestService_1.submitRequest("checkBookRequest",
          "Request to send a 50-leaf check book");
     customerRequestService_1.submitRequest("checkBookRequest",
          "Request to send a 100-leaf check book");
     .....
     logger.info("Done with accessing CustomerRequestService");
  }
}
```

如果执行 BankApp 的 main 方法，将在控制台上看到以下输出。

```
Beginning with accessing CustomerRequestService
Created CustomerRequestDetails instance
Created CustomerRequestDetails instance
.....
Done with accessing CustomerRequestService
```

"Created……"消息由相应的 bean 类的构造函数打印出来。以上输出展示了每次调用 CustomerRequestServiceImpl 的 submitRequest 方法都会导致 Spring 容器创建一个新的 CustomerRequestDetails 实例。

由于 bean 查找方法的实现由 Spring 容器提供，因此对于 bean 查找方法有一些限制。例如，bean 查找方法必须被定义为 public 或 protected，它不能接受任何参数。由于包含 bean lookup 方法的 bean 类在运行时由 Spring 子类化，以提供 bean 查找方法的实现，所以 bean 类和 bean 查找方法不能被定义为 final。

注 意

由于包含 bean 查找方法的 bean 类需要在运行时由 Spring 子类化，以便为 bean 查找方法提供实现，Spring 使用 CGLIB 库来执行 bean 类的子类化。从 Spring 3.2 开始，CGLIB 类被打包在 spring-core JAR 文件本身中，因此，不需要明确指定你的项目依赖于 CGLIB JAR 文件。

除了使用<lookup-method>元素，还可以使用 Spring 的 bean 模式的<replaced-method>元素以从 Spring 容器获取 bean。

含 义

chapter 4/ch04-bankapp-replaced-method（本项目展示了使用 Spring 的 bean 模式中<replaced-method>元素的 MyBank 应用程序。要运行应用程序，请执行此项目的 BankApp 类的 main 方法）。

4.5.3 <replaced-method> 元素

< replaced-method >元素允许用不同的实现替换 bean 类中的任何方法。代码清单 4-18 展示了一个 CustomerRequestServiceImpl 类的变体，我们以此作为示例来演示<replaced-method>元素的使用。

代码清单 4-18 CustomerRequestServiceImpl 类

```
Project-ch04-bankapp-replaced-method
Source location - src/main/java/sample/spring/chapter04/bankapp/service

package sample.spring.chapter04.bankapp.service;
.....
public class CustomerRequestServiceImpl implements CustomerRequestService {
  private CustomerRequestDao customerRequestDao;
  .....
  public Object getMyBean(String beanName) {
    return null;
  }

  @Override
  public void submitRequest(String requestType, String requestDescription) {
    // -- populate CustomerRequestDetails object and save it
    CustomerRequestDetails customerRequestDetails =
       (CustomerRequestDetails) getMyBean("customerRequestDetails");
    customerRequestDetails.setType(requestType);
    customerRequestDetails.setDescription(requestDescription);
    customerRequestDao.submitRequest(customerRequestDetails);
  }
}
```

在代码清单 4-18 中，CustomerRequestServiceImpl 类定义了一个 getMyBean 方法。getMyBean 方法接受 bean 的名称作为参数，不同于返回相应的 bean 实例，getMyBean 方法返回 null。submitRequest 方法将"customerRequestDetails"的 bean 名称作为参数传递给 getMyBean 方法，并假定 getMyBean 方法返回一个 customerRequestDetails bean 的实例。通过使用< replaced -method>元素，我们可以覆盖 getMyBean 方法来返回与 bean name 参数相对应的 bean 实例。

<replaced-method>元素需要被覆盖的方法（CustomerRequestServiceImpl 的 getMyBean 方法）和覆盖方法的信息。覆盖方法由实现 Spring 的 MethodReplacer 接口的类提供。代码清单 4-19 展示了实现 MethodReplacer 接口的 MyMethodReplacer 类。

代码清单 4-19 MyMethodReplacer 类

```
Project-ch04-bankapp-replaced-method
Source location - src/main/java/sample/spring/chapter04/bankapp/service

package sample.spring.chapter04.bankapp.service;

import org.springframework.beans.factory.support.MethodReplacer;
import org.springframework.context.ApplicationContextAware;

public class MyMethodReplacer implements MethodReplacer, ApplicationContextAware {
  private ApplicationContext applicationContext;
```

```
    @Override
    public Object reimplement(Object obj, Method method, Object[] args) throws Throwable {
      return applicationContext.getBean((String) args[0]);
    }

    @Override
    public void setApplicationContext(ApplicationContext applicationContext)
        throws BeansException {
      this.applicationContext = applicationContext;
    }
  }
```

Spring 的 MethodReplacer 接口定义了一个 reimplement 方法，其实现由 MyMethodReplacer 类提供。reimplement 方法代表了覆盖方法。MyMethodReplacer 类还实现了 Spring 的 ApplicationContextAware 接口，以便 reimplement 方法可以使用 ApplicationContext 实例从 Spring 容器中获取 bean 实例。

reimplement 方法接收以下参数。

- Object obj：其方法是被我们覆盖的对象，在示例中，obj 对象是 CustomerRequestServiceImpl 对象。
- Method method：被 reimplement 方法覆盖的 bean 方法，在我们的例子中，这是 CustomerRequest Service Impl 的 getMyBean 方法。
- Object[] args：传递给被覆盖的 bean 方法的参数。在我们的例子中，args 表示传递给 CustomerRequest ServiceImpl 的 getMyBean 方法的参数。在代码清单 4-19 中，reimplement 方法中的 args [0]是指传递给 CustomerRequestServiceImpl 的 getMyBean 方法的 bean 名称参数。

如果现在观察代码清单 4-19 中 MyMethodReplacer 的 reimplement 方法，可以推断它使用 args 参数来获取传递给 CustomerRequestServiceImpl 的 getMyBean 方法的 bean 名称，然后调用 ApplicationContext 的 getBean 方法来获取相应的 bean 实例。由于 MyMethodReplacer 的 reimplement 方法覆盖了 CustomerRequestServiceImpl 的 getMyBean 方法，因此在运行时调用 getMyBean 方法将返回名称已被传递给 getMyBean 方法的 bean 实例。

如代码清单 4-20 所示，<replaced-method>元素通知 Spring，MyMethodReplacer 的 reimplement 方法将覆盖 CustomerRequestServiceImpl 的 getMyBean 方法。

代码清单 4-20 applicationContext.xml——<replaced-method>元素的使用

```
Project-ch04-bankapp-replaced-method
Source location - src/main/resources/META-INF/spring

  <bean id="customerRequestService"
    class="sample.spring.chapter04.bankapp.service.CustomerRequestServiceImpl">
    <constructor-arg name="customerRequestDao" ref="customerRequestDao" />
    <replaced-method name="getMyBean" replacer="methodReplacer" />
  </bean>

  <bean id="methodReplacer"
    class="sample.spring.chapter04.bankapp.service.MyMethodReplacer" />
```

代码清单 4-20 展示了 MyMethodReplacer 和 CustomerRequestServiceImpl 类的 bean 定义。<replace-method>元素的 name 特性指定要覆盖的方法的名称，而 replacer 特性指定实现 MethodReplacer 接口的 bean 的引用。由 name 特性指定的方法被 replacer 特性引用的 bean 的 reimplement 方法所覆盖。

ch04-bankapp-replacement-method 项目的 BankApp 类与在代码清单 4-17 中 ch04-bankapp-lookup-method 项目看到的相同。如果执行 BankApp 类的 main 方法，会发现<replace-method>元素使用 MyMethodReplacer 的 reimplement 方法覆盖了 CustomerRequestServiceImpl 的 getMyBean 方法。因此，每次调用 CustomerRequestServiceImpl 的 submitRequest 方法（见代码清单 4-18）时，将从 Spring 容器获取一个新的 CustomerRequestDetails 实例。

注意，可以使用<replaced-method>元素替换不同方法实现的 bean 类的任何抽象或具体的方法。例如，我们可以将 getMyBean 方法定义为抽象方法，并以与本节所述相同的方式使用<replaced-method>元素。

下面来看<replaced-method>元素是如何唯一地标识要覆盖的 bean 方法的。

唯一地标识 bean 方法

你可能会遇到使用<replaced-method>元素替换的 bean 方法无法通过名称作为唯一标识的场景。例如，代码清单 4-21 展示了一个包含重载的 perform 方法的 bean 类。

代码清单 4-21　一个 bean 类中的重载方法

```
public class MyBean {
        public void perform(String task1, String task2) { ..... }
        public void perform(String task) { ..... }
        public void perform(MyTask task) { ..... }
}
```

在代码清单 4-21 中，MyBean 类包含多个名为 perform 的方法。要唯一标识需要被覆盖的 bean 方法，<replaced-method>元素使用<arg-type>子元素来指定方法参数类型。例如，代码清单 4-22 展示了<substitute-method>元素如何指定 MyBean 类中应该被覆盖的 perform(String, String)方法。

代码清单 4-22　<replaced-method> 元素与<arg-type>子元素

```
<bean id="mybean" class="MyBean">
  <replaced-method name="perform" replacer=".....">
    <arg-type>java.lang.String</arg-type>
    <arg-type>java.lang.String</arg-type>
  </replaced-method>
</bean>
```

可以使用一个参数类型的完全限定名称的子字符串，而不是完整的完全限定名称，将其指定为<arg-type>元素的值。例如，可以在代码清单 4-22 中指定 Str 或 String 作为<arg-type>元素的值，而不是 java.lang.String。

下面来看 Spring 的自动装配功能，可以节省在应用程序上下文 XML 文件中指定 bean 依赖项的工作量。

4.6 自动装配依赖项

在 Spring 中，可以选择使用<property>和<constructor-arg>元素显式指定 bean 依赖项，或者让 Spring 自动解析 bean 依赖项。Spring 中自动解析依赖项的过程称为“自动装配”。

> **含 义**
>
> chapter 4/ch04-bankapp-autowiring（本项目展示了使用 Spring 的自动装配功能进行依赖注入的 MyBank 应用程序。要运行应用程序，请执行此项目的 BankApp 类的 main 方法）。

<bean>元素的 autowire 特性指定了如何由 Spring 自动解决一个 bean 的依赖项。autowire 特性可以使用以下任何值：default、byName、byType、constructor 和 no。现在我们来详细分析这些特性值。

> **注 意**
>
> <bean>元素的 autowire 特性不会被子 bean 定义继承。

4.6.1 byType

如果将 autowire 特性的值指定为 byType，那么 Spring 将根据其类型自动装配 bean 属性。例如，如果

bean A 定义了 X 类型的属性，Spring 会在 ApplicationContext 中寻找一个类型为 X 的 bean，并将其注入 bean A。下面来看一个 MyBank 应用程序中 byType 自动装配的示例用法。

代码清单 4-23 展示了 MyBank 应用程序的 CustomerRegistrationServiceImpl 类。

代码清单 4-23 CustomerRegistrationServiceImpl 类

```
Project-ch04-bankapp-autowiring
Source location - src/main/java/sample/spring/chapter04/bankapp/service

package sample.spring.chapter04.bankapp.service;

public class CustomerRegistrationServiceImpl implements CustomerRegistrationService {

  private CustomerRegistrationDetails customerRegistrationDetails;
  private CustomerRegistrationDao customerRegistrationDao;
  ....
  public void setCustomerRegistrationDetails(
       CustomerRegistrationDetails customerRegistrationDetails) {
    this.customerRegistrationDetails = customerRegistrationDetails;
  }
  public void setCustomerRegistrationDao(
       CustomerRegistrationDao customerRegistrationDao) {
    this.customerRegistrationDao = customerRegistrationDao;
  }
  .....
}
```

在代码清单 4-23 中，CustomerRegistrationServiceImpl 类定义了 CustomerRegistrationDetails 和 Customer RegistrationDao 对象作为其依赖项。

代码清单 4-24 展示了 CustomerRegistrationServiceImpl、CustomerRegistrationDetails 和 Customer RegistrationDaoImpl（一个 CustomerRegistrationDao 接口的实现）类的 bean 定义：

代码清单 4-24 applicationContext.xml——自动装配 byType 配置

```
Project-ch04-bankapp-autowiring
Source location - src/main/resources/META-INF/spring

<bean id="customerRegistrationService"
    class="sample.spring.chapter04.bankapp.service.CustomerRegistrationServiceImpl"
    scope="prototype" autowire="byType" />

<bean id="customerRegistrationDetails"
    class="sample.spring.chapter04.bankapp.domain.CustomerRegistrationDetails"
    scope="prototype" />

<bean id="customerRegistrationDao"
    class="sample.spring.chapter04.bankapp.dao.CustomerRegistrationDaoImpl" />
```

在代码清单 4-24 中，customerRegistrationService 的 bean 定义并不包含用于设置 customerRegistrationDetails 和 customerRegistrationDao 属性的<property>元素（见代码清单 4-23）。相反，<bean>元素将 autowire 特性的值指定为 byType，以指示 Spring 根据其类型自动解析 customerRegistrationService bean 的依赖项。Spring 在 ApplicationContext 中查找 CustomerRegistrationDetails 和 CustomerRegistrationDao 类型的 bean，并将它们注入 customerRegistrationService bean 中。

Spring 有可能找不到任何在 ApplicationContext 中注册且其类型能够与属性类型匹配的 bean。在这种情况下，不会抛出异常，并且 bean 属性不会被设置。例如，如果 bean 定义了一个类型 Y 的属性 x，并且没有类型为 Y 的 bean 注册到 ApplicationContext 实例中，则属性 x 不会被设置。

如果 Spring 在 ApplicationContext 中找到多个与属性类型匹配的 bean，则会抛出异常。在这种情况下，不要使用自动装配功能，而是应该使用<property>元素来明确标识 bean 的依赖项，或者通过将其<bean>元素的 primary 特性值设置为 true，将 bean 设置为自动装配的主要候选者。

4.6.2 constructor

如果将 autowire 特性的值指定为 constructor，Spring 将根据其类型自动装配 bean 类的构造函数参数。例如，如果 bean A 的构造函数接受 X 和 Y 类型的参数，Spring 在 ApplicationContext 中寻找 X 和 Y 类型的 bean，并将它们作为参数注入 bean A 的构造函数中。我们来看一个 constructor 自动装配的例子。

代码清单 4-25 展示了 MyBank 应用程序的 CustomerRequestServiceImpl 类。

代码清单 4-25 CustomerRequestServiceImpl 类

```
Project-ch04-bankapp-autowiring
Source location - src/main/java/sample/spring/chapter04/bankapp/service

package sample.spring.chapter04.bankapp.service;

public class CustomerRequestServiceImpl implements CustomerRequestService {
  private CustomerRequestDetails customerRequestDetails;
  private CustomerRequestDao customerRequestDao;

  @ConstructorProperties({ "customerRequestDetails", "customerRequestDao" })
  public CustomerRequestServiceImpl(
       CustomerRequestDetails customerRequestDetails,
       CustomerRequestDao customerRequestDao) {
    this.customerRequestDetails = customerRequestDetails;
    this.customerRequestDao = customerRequestDao;
  }
  .....
}
```

CustomerRequestServiceImpl 类定义了一个构造函数，接受类型为 CustomerRequestDetails 和 Customer RequestDao 的参数。

代码清单 4-26 展示了 CustomerRequestServiceImpl、CustomerRequestDetails 和 CustomerRequestDaoImpl（一个 CustomerRequestDao 接口的实现）类的 bean 定义。

代码清单 4-26 applicationContext.xml——constructor 自动装配

```
Project-ch04-bankapp-autowiring
Source location - src/main/resources/META-INF/spring

  <bean id="customerRequestService"
    class="sample.spring.chapter04.bankapp.service.CustomerRequestServiceImpl"
    autowire="constructor">
  </bean>

  <bean id="customerRequestDetails"
    class="sample.spring.chapter04.bankapp.domain.CustomerRequestDetails"
    scope="prototype" />

  <bean id="customerRequestDao"
    class="sample.spring.chapter04.bankapp.dao.CustomerRequestDaoImpl" />
```

在代码清单 4-26 中，customerRequestService bean 定义将 autowire 特性的值指定为 constructor，这意味着 Spring 会在 ApplicationContext 中定位类型为 CustomerRequestDetails 和 CustomerRequestDao 的 bean，并将它们作为参数传递给 CustomerRequestServiceImpl 类的构造函数。由于 customerRequestDetails 和 customerRequestDao bean 的类型为 CustomerRequestDetails 和 CustomerRequestDao，Spring 会自动将这些 bean 的实例注入 CustomerRequestServiceImpl 类的构造函数中。

如果 Spring 在 ApplicationContext 中找不到任何类型与构造函数参数类型匹配的 bean，那么构造函数参数就不会被设置。如果 Spring 在 ApplicationContext 中找到多个与构造函数参数类型匹配的 bean，则会抛出异常。在这种情况下，应该使用<constructor-arg>元素显式指定 bean 依赖项，或者通过将<bean>元素的 primary 特性值设置为 true，将 bean 设置为自动装配的主要候选项。

4.6.3 byName

如果将 autowire 特性的值指定为 byName，那么 Spring 将根据名称自动选择 bean 属性。例如，如果一个 bean A 定义了一个名为 x 的属性，Spring 会在 ApplicationContext 中寻找一个名为 x 的 bean，并将其注入 bean A。下面来看一个 byName 自动装配的用法示例。

代码清单 4-27 展示了 MyBank 应用程序的 FixedDepositServiceImpl 类。

代码清单 4-27 FixedDepositServiceImpl 类

```
Project-ch04-bankapp-autowiring
Source location - src/main/java/sample/spring/chapter04/bankapp/service

package sample.spring.chapter04.bankapp.service;

import sample.spring.chapter04.bankapp.dao.FixedDepositDao;
import sample.spring.chapter04.bankapp.domain.FixedDepositDetails;

public class FixedDepositServiceImpl implements FixedDepositService {
  private FixedDepositDao myFixedDepositDao;

  public void setMyFixedDepositDao(FixedDepositDao myFixedDepositDao) {
    this.myFixedDepositDao = myFixedDepositDao;
  }
  .....
}
```

在代码清单 4-27 中，FixedDepositServiceImpl 类定义了一个名为 myFixedDepositDao、类型为 FixedDepositDao 的属性。

代码清单 4-28 展示了 FixedDepositServiceImpl 和 FixedDepositDaoImpl（一个 FixedDepositDao 接口的实现）类的 bean 定义。

代码清单 4-28 applicationContext.xml——byName 自动装配

```
Project-ch04-bankapp-autowiring
Source location - src/main/resources/META-INF/spring

  <bean id="fixedDepositService"
    class="sample.spring.chapter04.bankapp.service.FixedDepositServiceImpl"
    autowire="byName" />

  <bean id="myFixedDepositDao"
    class="sample.spring.chapter04.bankapp.dao.FixedDepositDaoImpl" />
```

在代码清单 4-28 中，fixedDepositService bean 定义将 autowire 特性值指定为 byName，这意味着 fixedDepositService bean 的属性将由 Spring 根据名称自动解析。在代码清单 4-27 中，我们看到 FixedDepositServiceImpl 类定义了一个名为 myFixedDepositDao 的属性，因此，Spring 将一个 myFixedDepositDao bean 的实例注入 fixedDepositService bean 中。

4.6.4 default / no

如果将 autowire 特性的值指定为 default 或 no，则对该 bean 禁用自动装配功能。由于 Spring 的默认行为是不使用 bean 的自动装配，因此将 autowire 特性的值指定为 default 或者 no 意味着不会对该 bean 使用自动装配。

可以通过设置<beans>元素的 default-autowire 特性来更改所有 bean 的默认自动装配行为。例如，如果将 default-autowire 特性的值设置为 byType，则它实际上意味着将应用程序上下文 XML 文件中的所有<bean>元素的 autowire 特性的值设置为 byType。bean 可以通过为 autowire 特性指定一个不同的值来覆盖 default-autowire 特性的值。例如，如果 default-autowire 特性的值是 byType，那么一个 bean 可以通过将其 autowire 特性的值设置为 default / no 来指定不应该为其属性执行自动装配。

到目前为止，在本节中，我们已经看到了 Spring 自动装配 bean 依赖项的不同方式。下面来看如何使用<bean>元素的 autowire-candidate 特性使一个 bean 无法用于自动装配的目的。

4.6.5 使 bean 无法用于自动装配

Spring 容器的默认行为是使 bean 可用于自动装配。可以通过将<bean>元素的 autowire-candidate 特性的值设置为 false，使 bean 不能用于其他 bean 的自动装配。

在 MyBank 应用程序中，AccountStatementServiceImpl 类定义了一个 AccountStatementDao 类型的属性。代码清单 4-29 展示了 AccountStatementServiceImpl 类。

代码清单 4-29 AccountStatementServiceImpl 类

```
Project-ch04-bankapp-autowiring
Source location - src/main/java/sample/spring/chapter04/bankapp/service

package sample.spring.chapter04.bankapp.service;

import sample.spring.chapter04.bankapp.dao.AccountStatementDao;
import sample.spring.chapter04.bankapp.domain.AccountStatement;

public class AccountStatementServiceImpl implements AccountStatementService {
  private AccountStatementDao accountStatementDao;

  public void setAccountStatementDao(AccountStatementDao accountStatementDao) {
    this.accountStatementDao = accountStatementDao;
  }
  .....
}
```

代码清单 4-30 展示了 AccountStatementServiceImpl 和 AccountStatementDaoImpl（一个 AccountStatementDao 接口的实现）类的 bean 定义。

代码清单 4-30 applicationContext.xml——autowire-candidate 特性

```
Project-ch04-bankapp-autowiring
Source location - src/main/resources/META-INF/spring

<bean id="accountStatementService"
     class="sample.spring.chapter04.bankapp.service.AccountStatementServiceImpl"
     autowire="byType" />

<bean id="accountStatementDao"
     class="sample.spring.chapter04.bankapp.dao.AccountStatementDaoImpl"
     autowire-candidate="false" />
```

在代码清单 4-30 中，accountStatementService bean 定义将 autowire 特性的值指定为 byType，这意味着 accountStatementService bean 的 AccountStatementDao 属性将由 Spring 自动装配。由于 accountStatementDao bean 的类型为 AccountStatementDao，你可能希望 Spring 会将一个 accountStatementDaobean 的实例注入 accountStatementService bean 中。但是，由于 accountStatementDao bean 定义将 autowire-candidate 特性的值指定为 false，因此 Spring 不会考虑使用 accountStatementDao bean 进行自动装配。

注 意

请注意，对其他 bean 的自动装配目的不可用的 bean 可以使用 Spring 的自动装配功能来自动解析其本身的依赖项。

如前所述，Spring 的默认行为是使 bean 可用于自动装配的目的。要仅使特定的一组 bean 可用于自动装配，请设置<beans>元素的 default-autowire-candidates 特性。default-autowire-candidates 特性指定一个 bean 名称模式，只有名称与指定模式匹配的 bean 才可用于自动装配。代码清单 4-31 展示了 default-autowire-candidates 特性的示例用法。

代码清单 4-31 default-autowire-candidates 特性示例

```
<beans default-autowire-candidates="*Dao" >
  .....
  <bean id="customerRequestDetails"
    class="sample.spring.chapter04.bankapp.domain.CustomerRequestDetails"
    scope="prototype" autowire-candidate="true"/>

  <bean id="customerRequestDao"
    class="sample.spring.chapter04.bankapp.dao.CustomerRequestDaoImpl" />

  <bean id="customerRegistrationDao"
    class="sample.spring.chapter04.bankapp.dao.CustomerRegistrationDaoImpl" />
  .....
</beans>
```

在代码清单 4-31 中，default-autowire-candidates 的值被设置为*Dao，这意味着名称以 Dao 结尾的 bean（如 customerRequestDao 和 customerRegistrationDao bean）将可用于自动装配。如果一个 bean 名称与 default-autowire-candidates 特性（如 customerRequestDetails bean）指定的模式不匹配，仍然可以通过将其<bean>元素的 autowire-candidate 特性设置为 true 来使其可用于自动装配。

下面来看在应用程序中使用自动装配的局限性。

4.6.6 自动装配的局限性

我们看到，自动装配功能可以省去使用<property>和<constructor-arg>元素显式指定 bean 依赖项的工作量。使用自动装配功能的缺点如下。

- 不能使用自动装配来设置简单 Java 类型的属性或构造函数参数（如 int、long、boolean、String、Date 等），如果 autowire 特性的值设置为 byType 或 constructor，则可以自动装配数组、类型集合和映射。
- 由于 bean 的依赖项由 Spring 自动解析，因此隐藏了应用程序的整体结构。如果使用<property>和<constructor-arg>元素来指定 bean 依赖项，则会显式记录应用程序的整体结构。可以轻松地了解和维护一个显式记录了 bean 依赖项的应用程序。因此，不推荐在大型应用中使用自动装配。

4.7 小结

在本章中，我们研究了 Spring 如何适应不同的依赖注入场景，以及如何使用 ApplicationContextAware 接口、<bean>元素的< replaced-method >和< lookup-method >子元素以编程方式从 ApplicationContext 中获取一个 bean 实例。我们还研究了 Spring 的自动装配功能是如何省去在应用程序上下文 XML 文件中显式指定 bean 依赖项的工作量。在第 5 章中，我们将介绍如何自定义 bean 和 bean 定义。

第 5 章　自定义 bean 和 bean 定义

5.1　简介

到目前为止，我们介绍了一些示例，这些示例展示了 Spring 容器如何基于应用程序上下文 XML 文件中指定的 bean 定义来创建 bean 实例。在本章中，我们将进一步介绍：

- 如何将自定义初始化和销毁逻辑合并到一个 bean 中；
- 如何通过实现 Spring 的 BeanPostProcessor 接口与新创建的 bean 实例进行交互；
- 如何通过实现 Spring 的 BeanFactoryPostProcessor 接口修改 bean 定义。

5.2　自定义 bean 的初始化和销毁逻辑

我们在前面的章节中看到，Spring 容器负责创建一个 bean 实例并注入其依赖项。通过调用 bean 类的构造函数创建 bean 实例后，Spring 容器通过调用 bean 的 setter 方法来设置 bean 属性。如果要在设置 bean 属性之后，又在 Spring 容器完全初始化 bean 之前执行自定义初始化逻辑（如打开文件、创建数据库连接等），请将初始化方法的名称指定为 <bean>元素的 init-method 特性的值。同样，如果要在包含 bean 实例的 Spring 容器被销毁之前执行自定义清理逻辑，则可以将 cleanup 方法的名称指定为<bean>元素的 destroy-method 特性的值。

含　义

chapter 5/ch05-bankapp-customization（本项目展示了使用<bean>元素的 init-method 和 destroy-method 特性来指定自定义初始化和销毁方法的 MyBank 应用程序。要测试初始化方法是否被执行，请执行本项目的 BankApp 类的 main 方法。要测试销毁方法是否被执行，请执行本项目的 BankAppWithHook 类的 main 方法）。

代码清单 5-1 展示了 MyBank 的 FixedDepositDaoImpl 类，它定义了一个名为 initializeDbConnection 的初始化方法，用于获取与 MyBank 数据库的连接，以及一个名为 releaseDbConnection 的销毁方法来释放连接。

代码清单 5-1　FixedDepositDaoImpl 类——自定义初始化和销毁逻辑

```
Project-ch05-bankapp-customization
Source location - src/main/java/sample/spring/chapter05/bankapp/dao

package sample.spring.chapter05.bankapp.dao;

public class FixedDepositDaoImpl implements FixedDepositDao {
  private static Logger logger = LogManager.getLogger(FixedDepositDaoImpl.class);
  private DatabaseConnection connection;

  public FixedDepositDaoImpl() {
    logger.info("FixedDepositDaoImpl's constructor invoked");
  }
```

```
    public void initializeDbConnection() {
      logger.info("FixedDepositDaoImpl's initializeDbConnection method invoked");
      connection = DatabaseConnection.getInstance();
    }

    public boolean createFixedDeposit(FixedDepositDetails fixedDepositDetails) {
      logger.info("FixedDepositDaoImpl's createFixedDeposit method invoked");
      // -- save the fixed deposits and then return true
      return true;
    }

    public void releaseDbConnection() {
      logger.info("FixedDepositDaoImpl's releaseDbConnection method invoked");
      connection.releaseConnection();
    }
  }
```

在代码清单 5-1 中，DatabaseConnection 对象用于与 MyBank 的数据库进行交互。FixedDepositDaoImpl 类定义了一个初始化 DatabaseConnection 对象的 initializeDbConnection 方法，该对象稍后由 createFixedDeposit 方法用于在 MyBank 数据库中保存定期存款明细。

代码清单 5-2 展示了 MyBank 的 FixedDepositServiceImpl 类，它使用 FixedDepositDaoImpl 实例创建新的定期存款。

代码清单 5-2 FixedDepositServiceImpl 类

```
Project-ch05-bankapp-customization
Source location - src/main/java/sample/spring/chapter05/bankapp/service

package sample.spring.chapter05.bankapp.service;

public class FixedDepositServiceImpl implements FixedDepositService {
  private static Logger logger = LogManager.getLogger(FixedDepositServiceImpl.class);
  private FixedDepositDao myFixedDepositDao;

  public void setMyFixedDepositDao(FixedDepositDao myFixedDepositDao) {
    logger.info("FixedDepositServiceImpl's setMyFixedDepositDao method invoked");
    this.myFixedDepositDao = myFixedDepositDao;
  }

  @Override
  public void createFixedDeposit(FixedDepositDetails fixedDepositDetails) throws Exception {
    // -- create fixed deposit
    myFixedDepositDao.createFixedDeposit(fixedDepositDetails);
  }
}
```

在代码清单 5-2 中，FixedDepositDaoImpl 实例是 FixedDepositServiceImpl 的依赖项，并作为参数传递给 setMyFixedDepositDao 的 setter 方法。另外，如果调用了 FixedDepositServiceImpl 的 createFixedDeposit 方法，则 FixedDepositDaoImpl 的 createFixedDeposit 方法也会被调用。

代码清单 5-3 展示了 FixedDepositDaoImpl 和 FixedDepositServiceImpl 类的 bean 定义。

代码清单 5-3 applicationContext.xml——init-method 和 destroy-method 特性的使用

```
Project-ch05-bankapp-customization
Source location - src/main/resources/META-INF/spring

<beans .....>
  <bean id="fixedDepositService"
    class="sample.spring.chapter05.bankapp.service.FixedDepositServiceImpl">
    <property name="myFixedDepositDao" ref="myFixedDepositDao" />
```

```
  </bean>

  <bean id="myFixedDepositDao"
    class="sample.spring.chapter05.bankapp.dao.FixedDepositDaoImpl"
    init-method="initializeDbConnection" destroy-method="releaseDbConnection" />
</beans>
```

代码清单 5-3 展示了对应于 FixedDepositDaoImpl 类的<bean>元素分别指定了 initializeDbConnection 和 releaseDbConnection 作为 init-method 和 destroy-method 特性的值。

注 意

由<bean>元素的 init-method 和 destroy-method 特性指定的初始化和销毁方法不能接受任何参数，但可以定义为抛出异常。

代码清单 5-4 展示了一个 BankApp 类，其 main 方法从 ApplicationContext 中获取 FixedDepositServiceImpl 实例，并调用 FixedDepositServiceImpl 的 createFixedDeposit 方法。

代码清单 5-4　BankApp 类

```
Project-ch05-bankapp-customization
Source location - src/main/java/sample/spring/chapter05/bankapp

package sample.spring.chapter05.bankapp;

public class BankApp {
  public static void main(String args[]) throws Exception {
    ApplicationContext context = new classpathXmlApplicationContext(
         "classpath:META-INF/spring/applicationContext.xml");

    FixedDepositService fixedDepositService = context.getBean(FixedDepositService.class);
    fixedDepositService.createFixedDeposit(new FixedDepositDetails(1, 1000,
         12, "someemail@somedomain.com"));
  }
}
```

如果现在执行 BankApp 的 main 方法，将在控制台上看到以下输出内容。

```
FixedDepositDaoImpl's constructor invoked
FixedDepositDaoImpl's initializeDbConnection method invoked
FixedDepositServiceImpl's setMyFixedDepositDao method invoked
FixedDepositDaoImpl's createFixedDeposit method invoked
```

上面的输出展示了 Spring 容器创建了一个 FixedDepositDaoImpl 的实例，并调用了它的 initializeDb Connection 方法。调用 initializeDbConnection 方法后，将 FixedDepositDaoImpl 实例注入 FixedDepositService Impl 实例中。在 Spring 容器调用依赖项的初始化方法之后，Spring 容器会将依赖项（FixedDepositDaoImpl 实例）注入依赖 bean（FixedDepositServiceImpl 实例）中。

你可能已经注意到，执行 BankApp 的 main 方法的输出不包含以下消息：FixedDepositDaoImpl 的 releaseDbConnection 方法被调用（见代码清单 5-1 中的 FixedDepositDaoImpl 的 releaseDbConnection 方法）。这意味着当 BankApp 的 main 方法退出时，FixedDepositDaoImpl 的 releaseDbConnection 方法没有被 Spring 容器调用。在现实世界的应用程序开发场景中，这意味着由 FixedDepositDaoImpl 实例持有的数据库连接永远不会被释放。

下面来看如何通过调用由<bean>元素的 destroy-method 特性指定的 cleanup 方法，使 Spring 能优雅地销毁 singleton bean 实例。

5.2.1　使 Spring 调用由 destroy-method 特性指定的 cleanup 方法

ApplicationContext 实现的 Web 版本由 Spring 的 WebApplicationContext 对象表示。在 Web 应用程序关

闭之前，WebApplicationContext 的实现具有调用 singleton bean 实例的 cleanup 方法（由 destroy-method 特性指定）的必要逻辑。

注 意

本节中描述的通过调用 cleanup 方法使 Spring 优雅地销毁 singleton bean 实例的方法用于特定的独立应用程序。

代码清单 5-5 展示了 BankAppWithHook 类（见代码清单 5-4 中所示的 BankApp 类的修改版本），其 main 方法确保在 main 方法退出时，所有注册到 Spring 容器的 singleton bean 的 cleanup 方法（由<bean>元素的 destroy-method 特性指定）都会被调用。

代码清单 5-5 BankAppWithHook 类——向 JVM 注册一个关闭钩子

```
Project-ch05-bankapp-customization
Source location - src/main/java/sample/spring/chapter05/bankapp

package sample.spring.chapter05.bankapp;

public class BankAppWithHook {
  public static void main(String args[]) throws Exception {
    ConfigurableApplicationContext context = new classpathXmlApplicationContext(
        "classpath:META-INF/spring/applicationContext.xml");

    context.registerShutdownHook();

    FixedDepositService fixedDepositService = context.getBean(FixedDepositService.class);
    fixedDepositService.createFixedDeposit(new FixedDepositDetails(1, 1000,
        12, "someemail@somedomain.com"));
  }
}
```

Spring 的 ConfigurableApplicationContext（ApplicationContext 的子接口）定义了一个 registerShutdownHook 方法，该方法向 JVM 注册了一个关闭钩子。这个关闭钩子负责在 JVM 停止时关闭 ApplicationContext。在代码清单 5-5 中，你会注意到 ClassPathXmlApplicationContext 实例被分配给 ConfigurableApplicationContext 类型，并且调用 ConfigurableApplicationContext 的 registerShutdownHook 向 JVM 注册一个关闭钩子。当 BankAppWithHook 的 main 方法存在时，关闭钩子会破坏所有缓存的 singleton bean 实例并关闭 ApplicationContext 实例。

如果执行 ch05-bankapp-customization 项目中 BankAppWithHook 的 main 方法，将在控制台上看到以下输出内容。

```
FixedDepositDaoImpl's constructor invoked
FixedDepositDaoImpl's initializeDbConnection method invoked
FixedDepositServiceImpl's setMyFixedDepositDao method invoked
FixedDepositDaoImpl's createFixedDeposit method invoked
FixedDepositDaoImpl's releaseDbConnection method invoked
```

通过控制台上的消息“FixedDepositDaoImpl's releaseDbConnection method invoked”可以确认 FixedDepositDaoImpl 的 releaseDbConnection 方法（见代码清单 5-1）已被调用。可以看到，向 JVM 注册一个关闭钩子会调用 singleton 范围的 myFixedDepositDao bean（对应于 FixedDepositDaoImpl 类）的 cleanup 方法。

注 意

一个替代使用 registerShutdownHook 方法的方案是使用 ConfigurableApplicationContext 的 close 方法，可以调用它来显式关闭 ApplicationContext。

现在来看一下当 ApplicationContext 关闭时，prototype bean 会发生什么。

5.2.2 清理方法和 prototype bean

在 prototype 范围的 bean 的情况下，destroy-method 特性会被 Spring 容器忽略。destroy-method 特性被忽略的原因是 Spring 容器期望从 ApplicationContext 获取 prototype bean 实例的对象能负责在 prototype bean 实例上显式调用清除方法。

> **注 意**
>
> 对于 prototype 范围的 bean 和 singleton 范围的 bean，它们的生命周期是相同的，只是 Spring 容器不会调用 prototype 范围 bean 实例的 cleanup 方法（由 destroy-method 特性指定）。

下面来看如何为应用程序上下文 XML 文件中包含的所有 bean 指定默认的初始化和销毁方法。

5.2.3 为所有 bean 指定默认的 bean 初始化和销毁方法

可以使用<beans>元素的 default-init-method 和 default-destroy-method 特性来指定 bean 的默认初始化和销毁方法，如代码清单 5-6 所示。

代码清单 5-6 default-init-method 和 default-destroy-method 特性

```
<beans  ..... default-init-method="initialize" default-destroy-method="release">
  <bean id="A" class="....." init-method="initializeService" />
  <bean id="B" class ="....." />
</beans>
```

如果多个 bean 定义具有相同名称的初始化或清理方法，则使用 default-init-method 和 default-destroy-method 特性是有意义的。通过指定 init-method 和 destroy-method 特性，一个<bean>元素可以覆盖由<beans>元素的 default-init-method 和 default-destroy-method 特性指定的值。例如，在代码清单 5-6 中，bean A 将 init-method 特性的值指定为 initializeService，这意味着 initializeService 方法（而不是由<beans>元素的 default-init-method 特性指定的 initialize 方法）是 bean A 的初始化方法。

如果要替代使用<bean>元素的 init-method 和 destroy-method 特性来指定自定义的初始化和销毁方法，也可以使用 Spring 的 InitializingBean 和 DisposableBean 生命周期接口。

5.2.4 InitializingBean 和 DisposableBean 生命周期接口

一个实现生命周期接口的 bean 将收到 Spring 容器的回调，如 ApplicationContextAware（见 4.5 节）、InitializingBean 和 DisposableBean。这些回调给了 bean 实例执行一些操作的机会，或者它们提供了 bean 实例所需的信息。例如，如果一个 bean 实现了 ApplicationContextAware 接口，容器将调用 bean 实例的 setApplicationContext 方法来为该 bean 提供其所在的 ApplicationContext 的引用。

InitializingBean 接口定义了在设置了 bean 属性后由 Spring 容器调用的 afterPropertiesSet 方法。Bean 在 afterPropertiesSet 方法中执行初始化工作，例如获取到数据库的连接、打开平面文件进行读取等。DisposableBean 接口定义了在销毁 bean 实例时由 Spring 容器调用的 destroy 方法。

> **注 意**
>
> 与 ApplicationContextAware 生命周期接口一样，bean 应避免实现 InitializingBean 和 DisposableBean 接口，因为它将应用程序代码与 Spring 相耦合。

现在来看一下 JSR 250 的@PostConstruct 和@PreDestroy 注解，它们用于指定 bean 初始化和销毁方法。

5.2.5 JSR 250's @PostConstruct 和@PreDestroy 注解

JSR 250（Java 平台的通用注解）定义了跨不同 Java 技术使用的标准注解。JSR 250 的@PostConstruct 和@PreDestroy 注解标识对象的初始化和销毁方法。Spring 中的一个 bean 类可以通过使用@PostConstruct

对它进行注解来设置一个方法作为初始化方法，并通过使用@PreDestroy 注解将其注解为破坏方法。

注 意

请参阅 JSR 250 主页获取更多详情。

含 义

chapter 5/ch05-bankapp-jsr250（本项目展示了使用 JSR 250 的@PostConstruct 和@PreDestroy 注解的 MyBank 应用程序，分别标识自定义的初始化和销毁方法。要测试初始化方法是否被执行，请执行本项目的 BankApp 类的 main 方法。测试销毁方法是否被执行，请执行本项目的 BankAppWithHook 类的 main 方法）。

代码清单 5-7 展示了 ch05-bankapp-jsr250 项目中使用@PostConstruct 和@PreDestroy 注解的 FixedDepositDaoImpl 类。

代码清单 5-7 FixedDepositDaoImpl 类——@PostConstruct 和@PreDestroy 注解

```
Project-ch05-bankapp-jsr250
Source location - src/main/java/sample/spring/chapter05/bankapp/dao

package sample.spring.chapter05.bankapp.dao;

import javax.annotation.PostConstruct;
import javax.annotation.PreDestroy;

public class FixedDepositDaoImpl implements FixedDepositDao {
  private DatabaseConnection connection;
  .....
  @PostConstruct
  public void initializeDbConnection() {
    logger.info("FixedDepositDaoImpl's initializeDbConnection method invoked");
    connection = DatabaseConnection.getInstance();
  }
  .....
  @PreDestroy
  public void releaseDbConnection() {
    logger.info("FixedDepositDaoImpl's releaseDbConnection method invoked");
    connection.releaseConnection();
  }
}
```

在代码清单 5-7 中，FixedDepositDaoImpl 类使用@PostConstruct 和@PreDestroy 注解来标识初始化和销毁方法。在 Java 9 中，@PostConstruct 和@PreDestroy 注解不再是 Java SE 的一部分。因此，ch05-bankapp-jsr250 项目定义了对 jsr250-api JAR 文件的依赖。

要在 Spring 应用程序中使用@PostConstruct 和@PreDestroy 注解，需要在应用程序上下文 XML 文件中配置 Spring 的 CommonAnnotationBeanPostProcessor 类，如代码清单 5-8 所示。

代码清单 5-8 applicationContext.xml——CommonAnnotationBeanPostProcessor 配置

```
Project-ch05-bankapp-jsr250
Source location - src/main/resources/META-INF/spring

<beans .....>
  <bean id="fixedDepositService"
    class="sample.spring.chapter05.bankapp.service.FixedDepositServiceImpl">
    <property name="myFixedDepositDao" ref="myFixedDepositDao" />
  </bean>
```

```
  <bean id="myFixedDepositDao"
    class="sample.spring.chapter05.bankapp.dao.FixedDepositDaoImpl" />

  <bean
    class="org.springframework.context.annotation.CommonAnnotationBeanPostProcessor"/>
</beans>
```

CommonAnnotationBeanPostProcessor 实现 Spring 的 BeanPostProcessor 接口（见 5.3 节），并负责处理 JSR 250 注解。

如果执行 BankApp 和 BankAppWithHook 类的 main 方法，你会注意到，FixedDepositDaoImpl 类的@PostConstruct 和@PreDestroy 注解方法分别在创建和销毁 FixedDepositDaoImpl 实例时执行。

下面来看 Spring 的 BeanPostProcessor 接口，它允许在 Spring 容器初始化之前和/或之后与新创建的 bean 实例进行交互。

5.3 使用 BeanPostProcessor 与新创建的 bean 实例进行交互

BeanPostProcessor 用于在 Spring 容器调用新创建的 bean 实例的初始化方法之前和/或之后，与其进行交互。还可以使用 BeanPostProcessor 在 Spring 容器调用 bean 的初始化方法之前和/或之后执行自定义逻辑。

> **注 意**
>
> 实现 Spring 的 BeanPostProcessor 接口的 bean 是一个特殊的 bean 类型，Spring 容器会自动检测并执行一个 BeanPostProcessor bean。

BeanPostProcessor 接口定义了以下方法：

- Object postProcessBeforeInitialization（Object bean, String beanName），此方法在 bean 实例的初始化方法被调用之前被调用；
- Object postProcessAfterInitialization（Object bean, String beanName），此方法在 bean 实例的初始化方法被调用之后被调用。

BeanPostProcessor 的方法接收新创建的 bean 实例及其名称作为参数，它们可能返回相同或修改的 bean 实例。例如，如果已将 FixedDepositDaoImpl 类配置为 id 为 myFixedDepositDao（见代码清单 5-8）的 Bean，则 BeanPostProcessor 的方法将接收 FixedDepositDaoImpl 类的实例和“myFixedDepositDao”字符串值作为参数。BeanPostProcessor 的方法可以原样返回原始的 bean 实例，或者返回原始 bean 实例的修改后的 bean 实例或对象。

可以像任何其他 Spring bean 一样在应用程序上下文 XML 文件中配置一个 BeanPostProcessor 实现。Spring 容器自动检测实现 BeanPostProcessor 接口的 bean，并在创建应用程序上下文 XML 文件中定义的任何其他 bean 的实例之前创建它们的实例。一旦创建了 BeanPostProcessor bean，Spring 容器将为其创建的每个 bean 实例调用 BeanPostProcessor 的 postProcessBeforeInitialization 和 postProcessAfterInitialization 方法。

假设已经在应用程序上下文 XML 文件中定义了 ABean（一个 singleton bean）和 MyBeanPostProcessor（一个 BeanPostProcessor bean）。图 5-1 展示了一个时序图，描述了 Spring 容器调用 MyBeanPostProcessor 方法的顺序。

序列图中的 init 方法调用表示调用 bean 的初始化方法。序列图展示了 MyBeanPostProcessor 实例是在 ABean bean 实例之前创建的。由于 BeanPostProcessor 的实现方式与任何其他 bean 的配置方式相同，如果 MyBeanPostProcessor 定义了一个初始化方法，容器将调用 MyBeanPostProcessor 实例的初始化方法。在创建 ABean 实例后，由 Spring 容器调用 ABean 实例的 setter 方法来满足其依赖项，并向 bean 实例提供所需的配置信息。在属性设置后且在调用 ABean 的初始化方法之前，Spring 容器将调用 MyBeanPostProcessor 的 postProcessBeforeInitialization 方法。在调用 ABean 的初始化方法之后，Spring 容器将调用

MyBeanPostProcessor 的 postProcessAfterInitialization 方法。

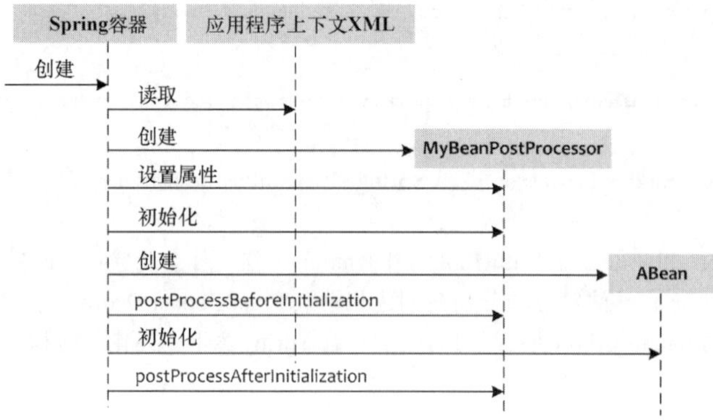

图 5-1 Spring 容器在调用 ABean 的初始化方法之前和之后调用 MyBeanPostProcessor 的方法

只有在 postProcessAfterInitialization 方法的调用之后，bean 实例才会被 Spring 容器完全初始化。因此，如果 ABean bean 依赖于 BBean，则只有在为 BBean 实例调用 MyBeanPostProcessor 的 postProcessAfterInitialization 方法之后，容器才会将 BBean 实例注入 ABean 中。

你应该注意到，如果 BeanPostProcessor bean 的 bean 定义指定它应该被延迟创建（见 2.6 节中的<bean>元素的 lazy-init 特性或<beans>元素的 default-lazy-init 特性），Spring 容器将忽略延迟初始化配置，并在创建应用程序上下文 XML 文件中定义的 singleton 范围 bean 的实例之前创建 BeanPostProcessor bean 实例。你应该注意，实现 BeanFactoryPostProcessor 接口的 bean（见 5.4 节）是在实现 BeanPostProcessor 接口的 bean 之前创建的。

现在来看一些可以使用 Spring 的 BeanPostProcessor 的示例场景。

含 义

chapter 5/ch05-bankapp-beanpostprocessor（本项目展示了使用 BeanPostProcessor 实现的 MyBank 应用程序来验证 bean 实例并解析 bean 依赖项。要验证 BeanPostProcessor 实现是否正常运行，请执行本项目的 BankApp 类的 main 方法）。

5.3.1 BeanPostProcessor 示例——验证 bean 实例

在 Spring 应用程序中，可能需要在将 bean 实例注入依赖 bean 中或在应用程序中被其他对象访问之前验证 bean 实例是否正确配置。让我们看一下如何使用 BeanPostProcessor 实现来为每个 bean 实例提供机会，以便在 bean 实例可用于依赖 bean 或其他应用程序对象之前对其配置进行验证。

代码清单 5-9 展示了 MyBank 的 InstanceValidator 接口，该接口必须由我们想要使用 BeanPostProcessor 实现来验证配置的 bean 实现。

代码清单 5-9 InstanceValidator 接口

```
Project-ch05-bankapp-beanpostprocessor
Source location - src/main/java/sample/spring/chapter05/bankapp/common

package sample.spring.chapter05.bankapp.common;

public interface InstanceValidator {
  void validateInstance();
}
```

InstanceValidator 接口定义了一个 validateInstance 方法，用于验证 bean 实例是否已正确初始化。我们很快会看到 validateInstance 方法由 BeanPostProcessor 实现调用。

代码清单 5-10 展示了实现 InstanceValidator 接口的 FixedDepositDaoImpl 类。

代码清单 5-10 FixedDepositDaoImpl 类

```
Project-ch05-bankapp-beanpostprocessor
Source location - src/main/java/sample/spring/chapter05/bankapp/dao

package sample.spring.chapter05.bankapp.dao;

import sample.spring.chapter05.bankapp.common.InstanceValidator;

public class FixedDepositDaoImpl implements FixedDepositDao, InstanceValidator {
  private static Logger logger = LogManager.getLogger(FixedDepositDaoImpl.class);
  private DatabaseConnection connection;

  public FixedDepositDaoImpl() {
    logger.info("FixedDepositDaoImpl's constructor invoked");
  }

  public void initializeDbConnection() {
    logger.info("FixedDepositDaoImpl's initializeDbConnection method invoked");
    connection = DatabaseConnection.getInstance();
  }

  @Override
  public void validateInstance() {
    logger.info("Validating FixedDepositDaoImpl instance");
    if(connection == null) {
       logger.error("Failed to obtain DatabaseConnection instance");
    }
  }
}
```

在代码清单 5-10 中，initializeDbConnection 方法是通过调用 DatabaseConnection 类中的 getInstance 静态方法来获取 DatabaseConnection 实例的初始化方法。如果 FixedDepositDaoImpl 实例无法获取 DatabaseConnection 的实例，则 connection 特性为 null。如果 connection 特性为 null，则 validateInstance 方法会记录一条指出 FixedDepositDaoImpl 实例未正确初始化的错误信息。由于 initializeDbConnection 初始化方法设置了 connection 特性的值，因此必须在 initializeDbConnection 方法之后调用 validateInstance 方法。在现实世界的应用程序开发场景中，如果一个 bean 实例配置不正确，则 validateInstance 方法可能会采取一些纠正措施或抛出运行时异常以停止应用程序启动。为简单起见，如果 bean 实例配置不正确，则 validateInstance 方法将记录一条错误信息。

代码清单 5-11 展示了实现 Spring 的 BeanPostProcessor 接口，并负责调用新创建的 bean 的 validateInstance 方法的 InstanceValidationBeanPostProcessor 类。

代码清单 5-11 InstanceValidationBeanPostProcessor 类

```
Project-ch05-bankapp-beanpostprocessor
Source location - src/main/java/sample/spring/chapter05/bankapp/postprocessor

package sample.spring.chapter05.bankapp.postprocessor;

import org.springframework.beans.BeansException;
import org.springframework.beans.factory.config.BeanPostProcessor;
import org.springframework.core.Ordered;

public class InstanceValidationBeanPostProcessor implements BeanPostProcessor, Ordered {
  private static Logger logger =
      LogManager.getLogger(InstanceValidationBeanPostProcessor.class);
```

```
    private int order;

    public InstanceValidationBeanPostProcessor() {
      logger.info("Created InstanceValidationBeanPostProcessor instance");
    }

    @Override
    public Object postProcessBeforeInitialization(Object bean, String beanName)
         throws BeansException {
      logger.info("postProcessBeforeInitialization method invoked");
      return bean;
    }

    @Override
    public Object postProcessAfterInitialization(Object bean, String beanName)
         throws BeansException {
      logger.info("postProcessAfterInitialization method invoked");
      if (bean instanceof InstanceValidator) {
         ((InstanceValidator) bean).validateInstance();
      }
      return bean;
    }

    public void setOrder(int order) {
      this.order = order;
    }

    @Override
    public int getOrder() {
      return order;
    }
  }
```

代码清单 5-11 展示了 InstanceValidationBeanPostProcessor 类实现了 Spring 的 BeanPostProcessor 和 Ordered 接口。postProcessBeforeInitialization 方法只返回传递给该方法的 bean 实例。在 postProcessAfterInitialization 方法中，如果发现 bean 实例的类型为 InstanceValidator，则调用 bean 实例的 validateInstance 方法。这意味着，如果一个 bean 实现 InstanceValidator 接口，InstanceValidationBeanPostProcessor 在 Spring 容器调用 bean 实例的初始化方法之后调用 bean 实例的 validateInstance 方法。

Ordered 接口定义了返回整数值的 getOrder 方法。getOrder 方法返回的整数值决定了一个 BeanPostProcessor 实现与应用程序上下文 XML 文件中配置的其他 BeanPostProcessor 实现的优先级。具有较高顺序值的 BeanPostProcessor 的优先级较低，并会在具有较低顺序值的 BeanPostProcessor 实现之后执行。因为我们希望通过 getOrder 方法返回的整数值被配置为 bean 属性，在 InstanceValidationBeanPostProcessor 类中会定义一个 setOrder 方法和一个 order 实例变量。

代码清单 5-12 展示了 InstanceValidationBeanPostProcessor 类的 bean 定义。

代码清单 5-12　InstanceValidationBeanPostProcessor 类的 bean 定义

```
Project-ch05-bankapp-beanpostprocessor
Source location - src/main/resources/META-INF/spring

<bean class="...bankapp.postprocessor.InstanceValidationBeanPostProcessor">
     <property name="order" value="1" />
</bean>
```

在代码清单 5-12 展示的 bean 定义中，没有指定<bean>元素的 id 特性，因为我们通常不希望 BeanPostProcessor 是任何其他 bean 的依赖项。<property>元素将 order 属性的值设置为 1。

下面来看用于解析 bean 的依赖项的 BeanPostProcessor 实现。

5.3.2 BeanPostProcessor 示例——解析 bean 依赖项

在第 4 章中，我们看到如果一个 bean 实现了 Spring 的 ApplicationContextAware 接口，它可以使用 ApplicationContext 的 getBean 方法以编程方式获取 bean 实例。实现 ApplicationContextAware 接口会使应用程序代码与 Spring 耦合，因此，建议不要实现 ApplicationContextAware 接口。在本节中，我们将介绍一个 BeanPostProcessor 实现，它为 bean 提供一个包装 ApplicationContext 实例的对象，从而使得应用程序代码不直接依赖于 Spring 的 ApplicationContextAware 和 ApplicationContext 接口。

代码清单 5-13 展示了 MyBank 的 DependencyResolver 接口，该接口由那些想要从 ApplicationContext 以编程方式获取其依赖项的 bean 实现。

代码清单 5-13 DependencyResolver 接口

```
Project-ch05-bankapp-beanpostprocessor
Source location - src/main/java/sample/spring/chapter05/bankapp/common

package sample.spring.chapter05.bankapp.common;

public interface DependencyResolver {
  void resolveDependency(MyApplicationContext myApplicationContext);
}
```

DependencyResolver 定义了一个 resolveDependency 方法，它接受一个 MyApplicationContext 对象——一个 ApplicationContext 对象的包装器。我们很快就会看到，由 BeanPostProcessor 实现调用 resolveDependency 方法。

代码清单 5-14 展示了实现 DependencyResolver 接口的 FixedDepositServiceImpl 类。

代码清单 5-14 FixedDepositServiceImpl 类

```
Project-ch05-bankapp-beanpostprocessor
Source location - src/main/java/sample/spring/chapter05/bankapp/service

package sample.spring.chapter05.bankapp.service;

import sample.spring.chapter05.bankapp.common.DependencyResolver;
import sample.spring.chapter05.bankapp.common.MyApplicationContext;

public class FixedDepositServiceImpl implements FixedDepositService, DependencyResolver {
  private FixedDepositDao fixedDepositDao;
  .....
  @Override
  public void resolveDependency(MyApplicationContext myApplicationContext) {
    fixedDepositDao = myApplicationContext.getBean(FixedDepositDao.class);
  }
}
```

FixedDepositServiceImpl 定义了一个 FixedDepositDao 类型的 fixedDepositDao 特性。resolveDependency 方法从 MyApplicationContext（Spring 的 ApplicationContext 对象的包装器）获取一个 FixedDepositDao 对象的实例，并将其分配给 fixedDepositDao 特性。

代码清单 5-15 展示了 DependencyResolutionBeanPostProcessor 类，它调用实现 DependencyResolver 接口的 bean 的 resolveDependency 方法。

代码清单 5-15 DependencyResolutionBeanPostProcessor 类

```
Project-ch05-bankapp-beanpostprocessor
Source location - src/main/java/sample/spring/chapter05/bankapp/postprocessor

package sample.spring.chapter05.bankapp.postprocessor;
```

```
import org.springframework.beans.factory.config.BeanPostProcessor;
import org.springframework.core.Ordered;
import sample.spring.chapter05.bankapp.common.MyApplicationContext;

public class DependencyResolutionBeanPostProcessor implements BeanPostProcessor,
     Ordered {
  private MyApplicationContext myApplicationContext;
  private int order;

  public void setMyApplicationContext(MyApplicationContext myApplicationContext) {
    this.myApplicationContext = myApplicationContext;
  }

  public void setOrder(int order) {
    this.order = order;
  }

  @Override
  public int getOrder() {
    return order;
  }

  @Override
  public Object postProcessBeforeInitialization(Object bean, String beanName)
       throws BeansException {
    if (bean instanceof DependencyResolver) {
      ((DependencyResolver) bean).resolveDependency(myApplicationContext);
    }
    return bean;
  }

  @Override
  public Object postProcessAfterInitialization(Object bean, String beanName)
       throws BeansException {
    return bean;
  }
}
```

DependencyResolutionBeanPostProcessor 实现了 Spring 的 BeanPostProcessor 和 Ordered 接口。myApplicationContext 特性（类型为 MyApplicationContext）表示一个 DependencyResolutionBeanPostProcessor 的依赖项。postProcessBeforeInitialization 方法调用实现 DependencyResolver 接口的 bean 的 resolveDependency 方法，将 MyApplicationContext 对象作为参数传递。postProcessAfterInitialization 方法只返回传递给该方法的 bean 实例。

代码清单 5-16 展示了作为 Spring 的 ApplicationContext 对象的包装器的 MyApplicationContext 类。

代码清单 5-16 MyApplicationContext 类

```
Project-ch05-bankapp-beanpostprocessor
Location - src/main/java/sample/spring/chapter05/bankapp/common

package sample.spring.chapter05.bankapp.common;

import org.springframework.context.ApplicationContext;
import org.springframework.context.ApplicationContextAware;

public class MyApplicationContext implements ApplicationContextAware {
  private ApplicationContext applicationContext;

  @Override
  public void setApplicationContext(ApplicationContext applicationContext)
```

```
      throws BeansException {
    this.applicationContext = applicationContext;
  }

  public <T> T getBean(class <T> klass) {
    return applicationContext.getBean(klass);
  }
}
```

MyApplicationContext 类实现了 Spring 的 ApplicationContextAware 接口，以获得对部署了 bean 的 ApplicationContext 对象的引用。MyApplicationContext 类定义了一个 getBean 方法，它从 ApplicationContext 实例返回一个具有给定名称的 bean 实例。

代码清单 5-17 展示了 DependencyResolutionBeanPostProcessor 和 MyApplicationContext 类的 bean 定义。

代码清单 5-17 applicationContext.xml

```
Project-ch05-bankapp-beanpostprocessor
Source location - src/main/resources/META-INF/spring

  <bean class=".....postprocessor.DependencyResolutionBeanPostProcessor">
    <property name="myApplicationContext" ref="myApplicationContext" />
    <property name="order" value="0" />
  </bean>

  <bean id="myApplicationContext" class=".....bankapp.common.MyApplicationContext" />
```

DependencyResolutionBeanPostProcessor 类的 bean 定义展示了其 order 属性值被设置为 0。代码清单 5-12 展示了 InstanceValidationBeanPostProcessor 的 order 属性值被设置为 1。由于较低的属性值意味着较高的优先级，因此 Spring 容器在 InstanceValidationBeanPostProcessor 之前将 DependencyResolutionBeanPostProcessor 应用于一个 bean 实例。

代码清单 5-18 展示了 BankApp 类的 main 方法。该方法会检查 DependencyResolutionBeanPostProcessor 和 InstanceValidationBeanPostProcessor 的功能。

代码清单 5-18 BankApp 类

```
Project-bankapp-beanpostprocessor
Location - src/main/java/sample/spring/chapter05/bankapp

package sample.spring.chapter05.bankapp;

public class BankApp {
  public static void main(String args[]) throws Exception {
    ConfigurableApplicationContext context = new classpathXmlApplicationContext(
        "classpath:META-INF/spring/applicationContext.xml");

    FixedDepositService fixedDepositService = context.getBean(FixedDepositService.class);
    fixedDepositService.createFixedDeposit(new FixedDepositDetails(1, 1000, 12,
       "someemail@somedomain.com"));
    .....
  }
}
```

BankApp 的 main 方法从 ApplicationContext 中获取一个 fixedDepositService 的实例，并执行 FixedDepositService 的 createFixedDeposit 方法。当执行 BankApp 的 main 方法时，你会注意到，在创建应用程序上下文 XML 文件中定义的任何其他 bean 的实例之前，Spring 容器将创建 DependencyResolutionBeanPost Processor 和 Instance ValidationBeanPostProcessor beans 的实例。并且，在应用 InstanceValidationBeanPostProcessor（order 值为 1）之前，会先将 DependencyResolutionBeanPostProcessor（order 值为 0）应用于新创建的 bean 实例。

你应该注意到，Spring 容器不会将一个 BeanPostProcessor 实现应用于其他 BeanPostProcessor 实现。例如，在

MyBank 应用程序中，当创建一个 InstanceValidationBeanPostProcessor 的实例时，Spring 容器不会调用 DependencyResolutionBeanPostProcessor 的 postProcessBeforeInitialization 和 postProcessAfterInitialization 方法。

下面来看实现 FactoryBean 接口的 bean 的 BeanPostProcessor 实现的行为。

5.3.3 FactoryBeans 的 BeanPostProcessor 行为

在 3.9 节中，我们讲到一个实现了 Spring 的 FactoryBean 接口的 bean 代表一个用于创建 bean 实例的工厂。在本节中，我们将看到，当 Spring 容器创建一个 FactoryBean 实例时，将调用 BeanPostProcessor 的 postProcessBeforeInitialization 和 postProcessAfterInitialization 方法。而且，对于由 FactoryBean 创建的 bean 实例，只调用 postProcessAfterInitialization 方法。

代码清单 5-19 展示了创建 EventSender bean 实例的 MyBank 应用程序的 EventSenderFactoryBean（一个 FactoryBean 实现）类。

代码清单 5-19 EventSenderFactoryBean 类

```
Project-ch05-bankapp-beanpostprocessor
Location - src/main/java/sample/spring/chapter05/bankapp/factory

package sample.spring.chapter05.bankapp.factory;

import org.springframework.beans.factory.FactoryBean;
import org.springframework.beans.factory.InitializingBean;

public class EventSenderFactoryBean implements FactoryBean<EventSender>, InitializingBean {
  .....
  @Override
  public EventSender getObject() throws Exception {
    logger.info("getObject method of EventSenderFactoryBean invoked");
    return new EventSender();
  }

  @Override
  public class<?> getObjectType() {
    return EventSender.class;
  }

  @Override
  public boolean isSingleton() {
    return false;
  }

  @Override
  public void afterPropertiesSet() throws Exception {
    logger.info("afterPropertiesSet method of EventSenderFactoryBean invoked");
  }
}
```

EventSenderFactoryBean 类实现了 Spring 的 InitializingBean 和 FactoryBean 接口。getObject 方法返回一个 EventSender 对象的实例。由于 isSingleton 方法返回 false，EventSenderFactoryBean 的 getObject 方法在每次 EventSenderFactoryBean 接收到 EventSender 对象的请求时被调用。

代码清单 5-20 展示了 ch05-bankapp-beanpostprocessor 项目中 BankApp 类的 main 方法。该方法从 EventSenderFactoryBean 中获取 EventSender 实例。

代码清单 5-20 BankApp 类

```
Project-ch05-bankapp-beanpostprocessor
Location - src/main/java/sample/spring/chapter05/bankapp
```

```
package sample.spring.chapter05.bankapp;

public class BankApp {
  public static void main(String args[]) throws Exception {
    ConfigurableApplicationContext context = new classpathXmlApplicationContext(
         "classpath:META-INF/spring/applicationContext.xml");
    .....
    context.getBean("eventSenderFactory");
    context.getBean("eventSenderFactory");
    context.close();
  }
}
```

在代码清单 5-20 中，为了从 EventSenderFactoryBean 中获取两个不同的 EventSender 实例，ApplicationContext 的 getBean 方法被调用了两次。如果执行 BankApp 的 main 方法，将在控制台上看到以下消息：

```
Created EventSenderFactoryBean
DependencyResolutionBeanPostProcessor's postProcessBeforeInitialization method invoked for.....Ev
entSenderFactoryBean
InstanceValidationBeanPostProcessor's postProcessBeforeInitialization method invoked for .....Eve
ntSenderFactoryBean
afterPropertiesSet method of EventSenderFactoryBean invoked
DependencyResolutionBeanPostProcessor's postProcessAfterInitialization method invoked for.....Eve
ntSenderFactoryBean
InstanceValidationBeanPostProcessor's postProcessAfterInitialization method invoked for bean ....
.EventSenderFactoryBean
```

以上的输出展示了 Spring 容器创建的 EventSenderFactoryBean 实例调用了 BeanPostProcessor 的 postProcess BeforeInitialization 和 postProcessAfterInitialization 方法。

执行 BankApp 的 main 方法也展示了在控制台上的以下输出：

```
getObject method of EventSenderFactoryBean invoked
DependencyResolutionBeanPostProcessor's postProcessAfterInitialization method invoked for.....Eve
ntSender
getObject method of EventSenderFactoryBean invoked
DependencyResolutionBeanPostProcessor's postProcessAfterInitialization method invoked for.....Eve
ntSender
```

上面的输出表明，EventPosterBean 创建的 EventSender 实例只会调用 BeanPostProcessor 的 postProcess AfterInitialization 方法。如果需要，可以在 postProcessAfterInitialization 方法中对 EventSender 实例进行修改。

下面来看 Spring 内置的 RequiredAnnotationBeanPostProcessor，可以使用它们来确保在应用程序上下文 XML 文件中配置了需要的（或必需的）bean 属性。

5.3.4 RequiredAnnotationBeanPostProcessor

如果在 bean 属性的 setter 方法上使用 Spring 的@Required 注解，Spring 的 RequiredAnnotationBeanPostProcessor（一个 BeanPostProcessor 实现）将检查 bean 属性是否已在应用程序上下文 XML 文件中配置。

注 意

RequiredAnnotationBeanPostProcessor 不会自动注册到 Spring 容器，需要通过在应用程序上下文 XML 文件中的定义来显式地注册。

代码清单 5-21 展示了@Required 注解的示例用法。

代码清单 5-21 @Required 注解的使用

```
import org.springframework.beans.factory.annotation.Required;

public class FixedDepositServiceImpl implements FixedDepositService {
```

```
    private FixedDepositDao fixedDepositDao;

    @Required
    public void setFixedDepositDao(FixedDepositDao fixedDepositDao) {
      this.fixedDepositDao = fixedDepositDao;
    }
    .....
  }
```

在代码清单 5-21 中，fixedDepositDao 属性的 setter 方法 setFixedDepositDao 使用了@Required 注解。如果在应用程序上下文 XML 文件中定义了 RequiredAnnotationBeanPostProcessor，则 RequiredAnnotationBeanPostProcessor 将检查是否指定了一个<property>元素（或使用 p 命名空间）来设置 fixedDepositDao 属性的值。如果尚未在应用程序上下文 XML 文件中配置 fixedDepositDao 属性，则会导致异常。这说明可以使用 RequiredAnnotation-BeanPostProcessor 来确保应用程序中所有的 bean 都已经在应用程序上下文 XML 文件中被正确地配置了。

RequiredAnnotationBeanPostProcessor 仅能确保 bean 定义中配置了一个 bean 属性。它不能确保配置的属性值的正确性。例如，可以将属性的值配置为 null，而不是一个有效的值。因此，bean 可能仍然需要实现初始化方法来检查属性是否正确设置。

现在来看一下 Spring 的 DestructionAwareBeanPostProcessor 接口，它是 Spring 的 BeanPostProcessor 接口的子接口。

5.3.5 DestructionAwareBeanPostProcessor

到目前为止，我们已经看到一个用于与新创建的 bean 实例进行交互的 BeanPostProcessor 实现。在某些场景下，可能还需要在一个 bean 实例被销毁之前与其进行交互。要在 bean 实例销毁之前与 bean 实例进行交互，请在应用程序上下文 XML 文件中配置一个实现 Spring 的 DestructionAwareBeanPostProcessor 接口的 bean。DestructionAwareBeanPostProcessor 是 BeanPostProcessor 接口的子接口，并定义了以下方法。

```
void postProcessBeforeDestruction(Object bean, String beanName)
```

postProcessBeforeDestruction 方法接受即将由 Spring 容器销毁的 bean 实例以及它的名称作为参数。在 bean 实例被 Spring 容器销毁之前，Spring 容器会为每个 singleton bean 的实例调用 postProcessBefore Destruction 方法。通常，postProcessBeforeDestruction 方法用于调用 bean 实例的自定义销毁方法。注意，prototype bean 不会调用 postProcessBeforeDestruction 方法。

下面来看 Spring 的 BeanFactoryPostProcessor 接口，它允许你修改 bean 定义。

5.4 使用 BeanFactoryPostProcessor 修改 bean 定义

Spring 的 BeanFactoryPostProcessor 接口由那些希望对 bean 定义进行修改的类实现。BeanFactoryPostProcessor 在 Spring 容器加载 bean 定义之后且在任何 bean 实例尚未创建之前执行。BeanFactoryPostProcessor 会在应用程序上下文 XML 文件中定义的任何其他 bean 被创建之前就被创建，这使得 BeanFactoryPostProcessor 有机会对其他 bean 的 bean 定义进行修改。可以在应用程序上下文 XML 文件中配置 BeanFactoryPostProcessor 实现，就像任何其他 Spring bean 一样。

注 意

如果要修改或与 bean 实例进行交互，请使用 BeanPostProcessor（见 5.3 节）而不是 BeanFactoryPostProcessor 来替代 bean 定义。

BeanFactoryPostProcessor 接口定义了一个方法——postProcessBeanFactory。此方法接受 Configurable ListableBeanFactory 类型的参数，该参数可用于获取和修改由 Spring 容器加载的 bean 定义。可以通过调用

ConfigurableListableBeanFactory 的 getBean 方法在 postProcessBeanFactory 方法本身内创建一个 bean 实例，但不建议在 postProcessBeanFactory 方法中创建 bean。请注意，在 PostProcessBeanFactory 方法中创建的 bean 实例不会执行 BeanPostProcessors（见 5.3 节）。

注意，ConfigurableListableBeanFactory 就像 ApplicationContext 对象一样提供对 Spring 容器的访问。ConfigurableListableBeanFactory 还允许配置 Spring 容器、迭代 bean 和修改 bean 定义。例如，使用 ConfigurableListableBeanFactory 对象可以注册 PropertyEditorRegistrars（见 3.6 节）、注册 BeanPostProcessors 等。在本节稍后的部分，我们将看到如何使用 ConfigurableListableBeanFactory 对象来修改 bean 定义。

下面来看如何使用 BeanFactoryPostProcessor 来修改 bean 定义。

含 义

chapter 5/ch05-bankapp-beanfactorypostprocessor（本项目展示了一个 MyBank 应用程序，在该应用程序中使用了 BeanFactoryPostProcessor 实现来禁用应用程序中的自动装配，并且如果发现有 singleton bean 依赖于 prototype bean，则记录一条错误信息。为了正确地验证 BeanFactoryPostProcessor 实现的功能，请执行本项目中 BankApp 类的 main 方法）。

5.4.1 BeanFactoryPostProcessor 示例

在第 4 章中，我们看到自动装配隐藏了应用程序的整体结构（见 4.6 节）。我们还讨论过，应该使用<lookup-method>或<replaced-method>元素（见 4.4 节和 4.5 节以了解更多细节）以编程方式获得 singleton bean 的 prototype 范围依赖项，以此取代使用<property>元素来指定 singleton bean 依赖的 prototype bean。现在我们来看一个 BeanFactoryPostProcessor 实现，它使得 bean 不可用于自动装配（见 4.6 节中描述的<bean>元素的 autowire-candidate 特性），如果发现一个 singleton bean 依赖于 prototype bean，则记录一条错误信息。为简单起见，假设一个 singleton bean 使用<property>元素来指定它依赖于一个 prototype bean。

注 意

实现 Spring 的 BeanFactoryPostProcessor 接口的 bean 是一个特殊的 bean 类型，Spring 容器会自动检测并执行一个 BeanFactoryPostProcessor bean。

代码清单 5-22 展示了在 MyBank 内实现了 BeanFactoryPostProcessor 接口的 ApplicationConfigurer 类。

代码清单 5-22 ApplicationConfigurer 类——一个 BeanFactoryPostProcessor 实现

```
Project-ch05-bankapp-beanfactorypostprocessor
Source location - src/main/java/sample/spring/chapter05/bankapp/postprocessor

package sample.spring.chapter05.bankapp.postprocessor;

import org.springframework.beans.factory.config.BeanDefinition;
import org.springframework.beans.factory.config.BeanFactoryPostProcessor;
import org.springframework.beans.factory.config.ConfigurableListableBeanFactory;

public class ApplicationConfigurer implements BeanFactoryPostProcessor {

  public ApplicationConfigurer() {
    logger.info("Created ApplicationConfigurer instance");
  }

  @Override
  public void postProcessBeanFactory(
       ConfigurableListableBeanFactory beanFactory) throws BeansException {
     String[] beanDefinitionNames = beanFactory.getBeanDefinitionNames();
```

```
        // -- get all the bean definitions
        for (int i = 0; i < beanDefinitionNames.length; i++) {
           String beanName = beanDefinitionNames[i];
           BeanDefinition beanDefinition = beanFactory.getBeanDefinition(beanName);
           beanDefinition.setAutowireCandidate(false);

           // -- obtain dependencies of a bean
           if (beanDefinition.isSingleton()) {
              if (hasPrototypeDependency(beanFactory, beanDefinition)) {
                 logger.error("Singleton-scoped " + beanName
                       + " bean is dependent on a prototype-scoped bean.");
              }
           }
        }
     }
   .....
}
```

以下是 postProcessBeanFactory 方法执行的动作序列。

（1）首先，postProcessBeanFactory 方法调用 ConfigurableListableBeanFactory 的 getBeanDefinitionNames 方法来获取 Spring 容器加载的所有 bean 定义的名称。你应该注意到，bean 定义的名称是<bean>元素的 id 特性的值。

（2）当获取到所有 bean 定义的名称后，postProcessBeanFactory 方法调用 ConfigurableListableBeanFactory 的 getBeanDefinition 方法来获取与每个 bean 定义相对应的 BeanDefinition 对象。getBeanDefinition 方法接受 bean 定义名称（在步骤 1 中获得）作为参数。

（3）BeanDefinition 对象表示一个 bean 定义，可以用来修改 bean 的配置。对于每个由 Spring 容器加载的 bean 定义，postProcessBeanFactory 方法调用 BeanDefinition 的 setAutowireCandidate 方法来使所有 bean 都无法自动装配。

（4）BeanDefinition 的 isSingleton 方法在一个 bean 定义是 singleton bean 的情况下将返回 true。如果一个 bean 定义是 singleton bean，则 postProcessBeanFactory 方法将调用 hasPrototypeDependency 方法来检查该 singleton bean 是否依赖于任何 prototype bean。此外，如果该 singleton bean 依赖于 prototype bean，那么 postProcessBeanFactory 方法会记录一条错误信息。

代码清单 5-23 展示了一个 ApplicationConfigurer 实现的 hasPrototypeDependency 方法。如果一个 bean 依赖于一个 prototype bean，则该方法返回 true。

代码清单 5-23 ApplicationConfigurer 实现的 hasPrototypeDependency 方法

```
Project-ch05-bankapp-beanfactorypostprocessor
Source location - src/main/java/sample/spring/chapter05/bankapp/postprocessor

import org.springframework.beans.MutablePropertyValues;
import org.springframework.beans.PropertyValue;
import org.springframework.beans.factory.config.RuntimeBeanReference;

public class ApplicationConfigurer implements BeanFactoryPostProcessor {
  .....
  private boolean hasPrototypeDependency(ConfigurableListableBeanFactory beanFactory,
       BeanDefinition beanDefinition) {
     boolean isPrototype = false;
     MutablePropertyValues mutablePropertyValues = beanDefinition.getPropertyValues();
     PropertyValue[] propertyValues = mutablePropertyValues.getPropertyValues();

     for (int j = 0; j < propertyValues.length; j++) {
       if (propertyValues[j].getValue()   instanceof   RuntimeBeanReference) {
          String dependencyBeanName = ((RuntimeBeanReference) propertyValues[j]
              .getValue()).getBeanName();
```

```
            BeanDefinition dependencyBeanDef =
beanFactory.getBeanDefinition(dependencyBeanName);
            if (dependencyBeanDef.isPrototype()) {
               isPrototype = true;
               break;
            }
         }
      }
      return isPrototype;
   }
}
```

hasPrototypeDependency 方法检查由 BeanDefinition 参数表示的 bean 是否依赖于 prototype bean。ConfigurableListableBeanFactory 参数提供对 Spring 容器加载的 bean 定义的访问。通过 hasPrototypeDependency 方法执行的以下操作序列，可以找到 BeanDefinition 参数表示的 bean 是否具有 prototype 范围的依赖项。

（1）hasPrototypeDependency 方法调用 BeanDefinition 的 getPropertyValues 方法来获取由<property>元素定义的 bean 属性。BeanDefinition 的 getPropertyValues 返回一个可以用于修改 bean 属性的 MutablePropertyValues 类型的对象。例如，可以通过使用 MutablePropertyValues 的 addPropertyValue 和 addPropertyValues 方法向 bean 定义添加附加的属性。

（2）如果想遍历所有的 bean 属性并检查是否有 bean 属性引用 prototype bean，可以调用 MutablePropertyValues 的 getPropertyValues 方法来获取一个 PropertyValue 对象的数组。PropertyValue 对象保存有关 bean 属性的信息。

（3）如果一个 bean 属性引用了一个 Spring bean，那么调用 PropertyValue 的 getValue 方法将返回一个 RuntimeBeanReference 对象的实例，它保存了引用的 bean 的名称。由于我们对引用 Spring bean 的 bean 属性感兴趣，因此如果它代表 RuntimeBeanReference 类型的一个实例，则会检查 PropertyValue 的 getValue 方法的返回值。如果是，则 PropertyValue 的 getValue 方法返回的对象将转换为 RuntimeBeanReference 类型，并通过调用 RuntimeBeanReference 的 getBeanName 方法获取引用的 bean 的名称。

（4）通过调用 ConfigurableListableBeanFactory 的 getBeanDefinition 方法获取被引用 bean 的 BeanDefinition 对象，现在我们可以得到 bean 属性引用的 bean 的名称。可以通过调用 BeanDefinition 的 isPrototype 方法来检查引用的 bean 是否是 prototype bean。

图 5-2 所示的时序图概述了 PrototypeDependency 方法的工作原理。

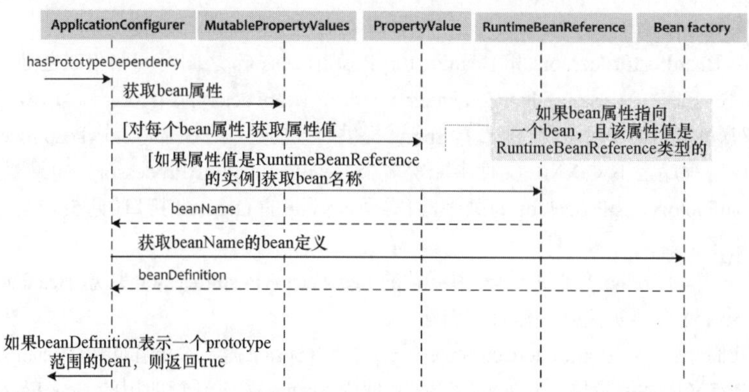

图 5-2 hasPrototypeDependency 方法遍历依赖项的 bean 定义，如果发现有 prototype 范围的依赖项，则返回 true

在图 5-2 所示的时序图中，ConfigurableListableBeanFactory 对象被描述为“Bean factory”对象。

代码清单 5-24 展示了 ch05-bankapp-beanfactorypostprocessor 项目的应用程序上下文 XML 文件，它包含了 ApplicationConfigurer 类（一个 BeanFactoryPostProcessor 实现）、InstanceValidationBeanPostProcessor 类（一个 BeanPostProcessor 实现）以及应用程序特定对象的 bean 定义。

代码清单 5-24 applicationContext.xml——BeanFactoryPostProcessor 的 bean 定义

```
Project-ch05-bankapp-beanfactorypostprocessor
Source location - src/main/resources/META-INF/spring

<beans .....>
  .....
  <bean id="fixedDepositDao"
    class="sample.spring.chapter05.bankapp.dao.FixedDepositDaoImpl"..... >
    <property name="fixedDepositDetails" ref="fixedDepositDetails" />
  </bean>

  <bean id="fixedDepositDetails"
    class="sample.spring.chapter05.bankapp.domain.FixedDepositDetails"
    scope="prototype" />

  <bean class=".....postprocessor.InstanceValidationBeanPostProcessor">
    <property name="order" value="1" />
  </bean>

  <bean class="sample.spring.chapter05.bankapp.postprocessor.ApplicationConfigurer" />
</beans>
```

在代码清单 5-24 所示的 bean 定义中，singleton 范围的 fixedDepositDao bean 依赖于 prototype 范围的 fixedDepositDetails bean。

如果执行 ch05-bankapp-beanfactorypostprocessor 项目的 BankApp 类的 main 方法，可以在控制台上看到以下输出。

```
Created ApplicationConfigurer instance
Singleton-scoped fixedDepositDao bean is dependent on a prototype-scoped bean.
Created InstanceValidationBeanPostProcessor instance
```

上面的输出表明 Spring 容器创建了 ApplicationConfigurer（一个 BeanFactoryPostProcessor），并在创建 InstanceValidationBeanPostProcessor（一个 BeanPostProcessor）实例之前执行了 ApplicationConfigurer 的 postProcessBeanFactory 方法。需要注意的是，处理实现 BeanFactoryPostProcessor 接口的 bean 的时间点会在处理实现 BeanPostProcessor 接口的 bean 之前。因此，不能使用 BeanPostProcessor 对 BeanFactoryPostProcessor 实例进行修改。BeanFactoryPostProcessor 让你有机会修改由 Spring 容器加载的 bean 定义，而 BeanPostProcessor 让你有机会对新创建的 bean 实例进行修改。

现在来看一下 BeanPostProcessors 和 BeanFactoryPostProcessors 之间有哪些相似之处。

在第 3 章中，我们查看了 CustomEditorConfigurer——一个 BeanFactoryPostProcessor 实现，Spring 提供了开箱即用的注册自定义属性编辑器。现在我们来看看 Spring 提供的一些更多的 BeanFactoryPostProcessor 实现。

- 可以在应用程序上下文 XML 文件中配置多个 BeanFactoryPostProcessor。如果要控制 Spring 容器执行 BeanFactoryPostProcessor 的顺序，请实现 Spring 的 Ordered 接口（见 5.3 节，了解有关 Ordered 接口的更多信息）。
- 即使指定一个由 Spring 容器进行延迟初始化的 BeanFactoryPostProcessor 实现，BeanFactoryPostProcessor 也将在 Spring 容器实例被创建时被创建。

在第3章中，我们介绍了 CustomEditorConfigurer——一个由 Spring 提供的开箱即用的 BeanFactoryPostProcessor 实现，用于注册自定义属性编辑器。下面来看一些其他由 Spring 提供开箱即用的 BeanFactoryPost Processor 实现。

5.4.2 PropertySourcesPlaceholderConfigurer

到目前为止，我们已经看到了使用<property>或<constructor-arg>元素的 value 特性来指定 bean 属性或构造函数参数的实际字符串值的 bean 定义示例。PropertySourcesPlaceholderConfigurer（一个 BeanFactory-

PostProcessor）允许在属性文件中指定 bean 属性和构造函数参数的实际字符串值。在 bean 定义中，只需指定属性占位符（格式为${<property_name_in_properties_file>}）作为<property>或<constructor-arg>元素 value 特性的值。当 Spring 容器加载 bean 定义时，PropertySourcesPlaceholderConfigurer 从属性文件中提取实际值，并使用实际值替换 bean 定义中的属性占位符。

含 义

chapter 5/ch05-propertySourcesPlaceholderConfigurer-example（本项目展示了一个 Spring 应用程序，它使用 Spring 的 PropertySourcesPlaceholderConfigurer 从外部属性文件中指定的属性设置 bean 属性。要验证 PropertySourcesPlaceholderConfigurer 是否正常运行，请执行此项目中 SampleApp 类的 main 方法）。

代码清单 5-25 展示了使用属性占位符的 dataSource 和 webserviceconfiguration 类的 bean 定义。

代码清单 5-25 applicationContext.xml——使用属性占位符的 bean 定义

```
Project-ch05-propertySourcesPlaceholderConfigurer-example
Source location - src/main/resources/META-INF/spring

 <bean id="datasource" class="sample.spring.chapter05.domain.DataSource">
   <property name="url" value="${database.url}" />
   <property name="username" value="${database.username}" />
   <property name="password" value="${database.password}" />
   <property name="driverClass" value="${database.driverClass}" />
 </bean>

 <bean id="webServiceConfiguration"
      class="sample.spring.chapter05.domain.WebServiceConfiguration">
   <property name="webServiceUrl" value="${webservice.url}" />
 </bean>
```

在代码清单 5-25 中，每个<property>元素的 value 特性指定一个属性占位符。当 Spring 容器加载 bean 定义时，PropertySourcesPlaceholderConfigurer 将属性占位符替换为属性文件中的值。例如，如果在属性文件中定义了 database.username 属性，则 database.username 属性的值将替换 dataSource bean 的${database.username}属性占位符。

PropertySourcesPlaceholderConfigurer 的 bean 定义中指定了为查找属性占位符的替换值所要搜索的属性文件，如代码清单 5-26 所示。

代码清单 5-26 applicationContext.xml——PropertySourcesPlaceholderConfigurer 的 bean 定义

```
Project-ch05-propertySourcesPlaceholderConfigurer-example
Source location - src/main/resources/META-INF/spring

 <bean
   class="org.springframework.context.support.PropertySourcesPlaceholderConfigurer">
   <property name="locations">
     <list>
         <value>classpath:database.properties</value>
         <value>classpath:webservice.properties</value>
     </list>
   </property>
   <property name="ignoreUnresolvablePlaceholders" value="false" />
 </bean>
```

PropertySourcesPlaceholderConfigurer 的 locations 属性指定了为查找属性占位符的值所要搜索的属性文件。在代码清单 5-26 中，PropertySourcesPlaceholderConfigurer 在 database.properties 和 webservice.properties 文件中查找属性占位符的值。ignoreUnresolvablePlaceholders 属性指定了在 locations 属性指定的所有属性文件中都找不到属性占

位符值时，PropertySourcesPlaceholderConfigurer 是静默地忽略或是抛出异常。值 false 表示如果在 database.properties 或 webservice.properties 文件中找不到属性占位符的值，则 PropertySourcesPlaceholderConfigurer 将抛出异常。

代码清单 5-27 展示了在 database.properties 和 webservice.properties 文件中定义的属性。

代码清单 5-27 在 database.properties 和 webservice.properties 文件中定义的属性

```
Project-ch05-propertySourcesPlaceholderConfigurer-example
Source location - src/main/resources/META-INF

---------------- database.properties file ------------------
database.url=some_url
database.username=some_username
database.password=some_password
database.driverClass=some_driverClass

---------------- webservice.properties file ------------------
webservice.url=some_url
```

如果将 database.properties 和 webservice.properties 文件中定义的属性与 datasource 和 webServiceConfiguration bean 定义（见代码清单 5-25）中指定的属性占位符进行比较，你会注意到，对于每个属性占位符，属性都在其中一个属性文件中定义。

在 ch05-propertySourcesPlaceholderConfigurer-example 项目的 SampleApp 类中，main 方法从 ApplicationContext 中获取 WebServiceConfiguration 和 DataSource bean，并将它们的属性打印在控制台上。如果执行 SampleApp 的 main 方法，将在控制台上看到以下输出。

```
DataSource [url=some_url, username=some_username, password=some_password, driverClass=some_driverclass]

WebServiceConfiguration [webServiceUrl=some_url]
```

以上的输出表明：

- DataSource 的 url 被设置为 some_url，username 被设置为 some_username，password 被设置为 some_password，而 driverclass 被设置为 some_driverclass；
- WebServiceConfiguration 的 webServiceUrl 属性被设置为 some_url。

如果从 database.properties 或 webservice.properties 文件中删除一个属性，则执行 SampleApp 的 main 方法会导致异常。

下面来看 PropertySourcesPlaceholderConfigurer 的 localOverride 属性。

1. localOverride 属性

如果希望用本地属性（通过<props>元素设置）来覆盖从属性文件读取的属性，则可以将 PropertySourcesPlaceholderConfigurer 的 localOverride 属性设置为 true。

含 义

chapter 5/ch05-localoverride-example（此项目展示了一个 Spring 应用程序，其中使用了 PropertySourcesPlaceholderConfigurer 的 localOverride 属性。要运行应用程序，请执行此项目中 SampleApp 类的 main 方法）。

代码清单 5-28 展示了 DataSource 和 WebServiceConfiguration 类的 bean 定义。

代码清单 5-28 applicationContext.xml——使用属性占位符的 bean 定义

```
Project-ch05-localOverride-example
Source location - src/main/resources/META-INF/spring

  <bean id="datasource" class="sample.spring.chapter05.domain.DataSource">
    <property name="url" value="${database.url}" />
```

```
    <property name="username" value="${database.username}" />
    <property name="password" value="${database.password}" />
    <property name="driverClass" value="${database.driverClass}" />
  </bean>

  <bean id="webServiceConfiguration"
      class="sample.spring.chapter05.domain.WebServiceConfiguration">
    <property name="webServiceUrl" value="${webservice.url}" />
  </bean>
```

DataSource 和 WebServiceConfiguration 类的 bean 定义与我们在代码清单 5-25 中看到的相同。

代码清单 5-29 展示了在 database.properties 和 webservice.properties 文件中定义的属性。

代码清单 5-29 在 database.properties 和 webservice.properties 文件中定义的属性

```
Project-ch05-localOverride-example
Source location - src/main/resources/META-INF

---------------- database.properties file ------------------
database.url=some_url
database.username=some_username

---------------- webservice.properties file ------------------
webservice.url=some_url
```

如果将 database.properties 和 webservice.properties 文件中定义的属性与 datasource 和 webServiceConfiguration bean 定义（见代码清单 5-28）中指定的属性占位符进行比较，那么你会注意到没有为 database.properties 文件中的 ${database.password} 和${database.driverclass}占位符定义属性。

代码清单 5-30 展示了 PropertySourcesPlaceholderConfigurer 类的 bean 定义。

代码清单 5-30 applicationContext.xml——PropertySourcesPlaceholderConfigurer 类的 bean 定义

```
Project-ch05-localOverride-example
Source location - src/main/resources/META-INF/spring

  <bean
    class="org.springframework.context.support.PropertySourcesPlaceholderConfigurer">
    <property name="locations">
       <list>
          <value>classpath:database.properties</value>
          <value>classpath:webservice.properties</value>
       </list>
    </property>
    <property name="properties">
       <props>
          <prop key="database.password">locally-set-password</prop>
          <prop key="database.driverClass">locally-set-driverClass</prop>
          <prop key="webservice.url">locally-set-webServiceUrl</prop>
       </props>
    </property>
    <property name="ignoreUnresolvablePlaceholders" value="false" />
    <property name="localOverride" value="true" />
  </bean>
```

PropertySourcesPlaceholderConfigurer 的 properties 属性定义了 **local** 属性。database.password、database.driverclass 和 webservice.url 属性都是 **local** 属性。localOverride 属性指定本地属性是否优先于从外部属性文件读取的属性。由于 localOverride 属性的值为 true，因此本地属性优先。

注 意

可以使用 Spring util 模式的<properties>元素（见 3.8 节）取代 PropertySourcesPlaceholder-Configurer 的 `properties` 属性来定义本地属性。

在 ch05-localOverride-example 项目的 SampleApp 类中，main 方法从 ApplicationContext 中获取 WebServiceConfiguration 和 DataSource bean，并在控制台上打印它们的属性。如果执行 SampleApp 的 main 方法，将在控制台上看到以下输出。

```
DataSource [url=some_url, username=some_username, password=locally-set-password,
driverClass=locally-set-driverClass]

WebServiceConfiguration [webServiceUrl=locally-set-webServiceUrl]
```

输出展示了 DataSource 的 password 和 driverclass 属性的值分别为 local-set-password 和 local-set-driverclass。这意味着 DataSource 的 password 和 driverclass 属性的值来自 PropertySourcesPlaceholderConfigurer bean 定义的本地属性（见代码清单 5-30）。这说明如果 PropertySourcesPlaceholderConfigurer 在外部属性文件中找不到相应占位符的属性，它将在 PropertySourcesPlaceholderConfigurer bean 定义的本地属性中搜索属性。输出还展示了 WebServiceConfiguration 的 webServiceUrl 属性值来自 PropertySourcesPlaceholderConfigurer bean 定义的本地属性（见代码清单 5-30）。PropertySourcesPlaceholderConfigurer 的 localOverride 属性的值被设置为 true，因此，本地定义的 webservice.url 属性优先于从 webservice.properties 文件读取的 webservice.url 属性。

可以使用 Spring 的 context 模式中的<property-placeholder>元素以取代在应用程序上下文 XML 文件中直接配置 PropertySourcesPlaceholderConfigurer bean。<property-placeholder>元素配置了一个 PropertySourcesPlaceholder Configurer 实例。下面来看<property-placeholder>元素的详情。

含 义

chapter 5/ch05-property-placeholder-element-example（此项目展示了一个使用<property-placeholder>元素的 Spring 应用程序。要运行应用程序，请执行此项目的 SampleApp 类的 main 方法）。

2. <property-placeholder> 元素

代码清单 5-31 展示了如何使用<property-placeholder>元素来配置一个与我们在代码清单 5-30 中配置的相同的 PropertySourcesPlaceholderConfigurer 实例。

代码清单 5-31 applicationContext.xml——<property-placeholder> 元素

```
Project-ch05-property-placeholder-element-example
Source location - src/main/resources/META-INF/spring

<beans xmlns="http://www.springframework.org/schema/beans"
   xmlns:context="http://www.springframework.org/schema/context"
  xmlns:util="http://www.springframework.org/schema/util" .....>
  .....
  <context:property-placeholder ignore-unresolvable="false"
    location="classpath:database.properties, classpath:webservice.properties"
    local-override="true" order="1" properties-ref="localProps" />

  <util:properties id="localProps">
    <prop key="database.password">locally-set-password</prop>
    <prop key="database.driverClass">locally-set-driverClass</prop>
    <prop key="webservice.url">locally-set-webServiceUrl</prop>
  </util:properties>
</beans>
```

在代码清单 5-31 中，引用了 Spring 的 context 模式，以便其元素可访问。代码清单 5-31 说明使用 <property-placeholder>元素会使 PropertySourcesPlaceholderConfigurer 的配置更简洁。ignore-unresolvable、location 和 local-override 特性对应于 PropertySourcesPlaceholderConfigurer 的 ignoreUnresolvablePlaceholder、location 和 localOverride 属性。由于 PropertySourcesPlaceholderConfigurer 类实现了 Spring 的 Ordered 接口，所以 order 特性的值用于设置 PropertySourcesPlaceholderConfigurer 实例的 order 属性。properties-ref 特性引用了一个表示 **local** 属性的 java.util.Properties 对象。在代码清单 5-31 中，Spring 的 util 模式的<properties>元素（见 3.8 节）创建了一个 java.util.Properties 对象的实例，它被<property-placeholder>元素的 properties-ref 特性所引用。

现在来看一下 Spring 的 PropertyOverrideConfigurer（一个 BeanFactoryPostProcessor），它允许你在外部属性文件中指定 bean 属性的值。

5.4.3 PropertyOverrideConfigurer

PropertyOverrideConfigurer 类似于 PropertySourcesPlaceholderConfigurer，它允许在外部属性文件中指定一个 bean 属性值。当使用 PropertyOverrideConfigurer 时，在外部属性文件中用以下格式指定 bean 的属性值。

```
<bean-name>.<bean-property-name>=<value>
```

其中，<bean-name>是 bean 的名称，<bean-property-name>是 bean 属性的名称，<value>是要分配给 bean 属性的值。

PropertyOverrideConfigurer 和 PropertySourcesPlaceholderConfigurer 类之间的显著区别如下。

- PropertyOverrideConfigurer 仅可用于在外部指定 bean 属性的值，也就是说，不能使用 PropertyOverride-Configurer 在外部指定构造函数参数的值。
- PropertySourcesPlaceholderConfigurer 不提供为属性指定默认值的选项。但是，PropertyOverride-Configurer 允许指定 bean 属性的默认值。

现在来看一个 PropertyOverrideConfigurer 的使用示例。

含 义

chapter 5/ch05-propertyOverrideConfigurer-example（本项目展示了一个使用 Spring 的 PropertyOverrideConfigurer 的 Spring 应用程序。要运行该应用程序，请执行此项目的 SampleApp 类的 main 方法）。

PropertyOverrideConfigurer 示例

代码清单 5-32 展示了 DataSource 和 WebServiceConfiguration 类的 bean 定义，其属性将使用 PropertyOverrideConfigurer 进行设置。

代码清单 5-32 applicationContext.xml——DataSource 和 WebServiceConfiguration 类的 bean 定义

```
Project-ch05-propertyOverrideConfigurer-example
Source location - src/main/resources/META-INF/spring

  <bean id="datasource" class="sample.spring.chapter05.domain.DataSource">
    <property name="url" value="test url value" />
    <property name="username" value="test username value" />
    <property name="password" value="test password value" />
    <property name="driverClass" value="test driverClass value" />
  </bean>

  <bean id="webServiceConfiguration"
      class="sample.spring.chapter05.domain.WebServiceConfiguration">
```

```
  <property name="webServiceUrl" value="this webservice url needs to be replaced" />
</bean>
```

在代码清单 5-32 中，<property>元素的 value 特性指定了一个 bean 属性的默认值。

代码清单 5-33 展示了 PropertyOverrideConfigurer 类的 bean 定义，在此 bean 定义中使用了从 database.properties 和 webservice.properties 文件中读取的值替换了 bean 属性的默认值，如代码清单 5-32 所示。

代码清单 5-33 applicationContext.xml——PropertyOverrideConfigurer 的配置

```
Project-ch05-propertyOverrideConfigurer-example
Source location - src/main/resources/META-INF/spring

<bean
  class="org.springframework.beans.factory.config.PropertyOverrideConfigurer">
  <property name="locations">
    <list>
       <value>classpath:database.properties</value>
       <value>classpath:webservice.properties</value>
    </list>
  </property>
</bean>
```

在代码清单 5-33 中，PropertyOverrideConfigurer 的 locations 属性指定了包含 bean 属性值的属性文件。

注 意

可以使用 Spring 的 context 模式中的<property-override>元素来配置 PropertyOverrideConfigurer 实例，以取代直接对 PropertyOverrideConfigurer 进行配置。

代码清单 5-34 展示了包含 bean 属性值的 database.properties 和 webservice.properties 文件。

代码清单 5-34 在 database.properties 和 webservice.properties 中定义的属性

```
Project-ch05-propertyOverrideConfigurer-example
Source location - src/main/resources/META-INF

---------------- database.properties file ------------------
datasource.url=some_url
datasource.username=some_username
datasource.password=some_password

---------------- webservice.properties file ------------------
webServiceConfiguration.webServiceUrl=some_url
```

database.properties 和 webservice.properties 文件中的条目在展示属性名称时遵循以下模式：**<bean-name>.<property-name>**。当 bean 定义被 Spring 容器加载时，PropertyOverrideConfigurer 将用从 bean.properties 和 webservice.properties 文件中读取的 bean 属性的值来替换该 bean 属性的默认值。例如，datasource bean 的 url 属性被设置为 database.properties 文件中定义的 datasource.url 属性的值。同样，webServiceConfiguration bean 的 webServiceUrl 属性被设置为 webservice.properties 文件中定义的 webServiceConfiguration.webServiceUrl 属性的值。

如果在外部属性文件中没有找到 bean 属性的值，则该 bean 属性保留其默认值。代码清单 5-32 展示了 datasource bean 的 driverclass 属性具有默认值“test driverclass value”。代码清单 5-34 展示了在 database.properties 或 webservice.properties 文件中没有定义名为 datasource.driverclass 的属性，因此，driverclass bean 属性保留其默认值。

在 ch05-propertyOverrideConfigurer-example 项目的 SampleApp 类中，main 主方法从 ApplicationContext 中获取 WebServiceConfiguration 和 DataSource bean，并在控制台上打印其属性。如果执行 SampleApp 的 main 方法，将在控制台上看到以下输出。

```
DataSource [url=some_url, username=some_username, password=some_password, driverClass=test driver-
Class value]

WebServiceConfiguration [webServiceUrl=some_url]
```

以上输出表明，除 driverclass 之外，所有 bean 属性的默认值都被外部属性文件中指定的属性值所替代。

由于 PropertyOverrideConfigurer 和 PropertySourcesPlaceholderConfigurer 继承自 Spring 的 Property-ResourceConfigurer 类，你会注意到这两种类型共享许多常见的配置选项。例如，可以设置 PropertyOverrideConfigurer 的 localOverride 属性来控制本地属性是否优先于从外部属性文件读取的属性，还可以设置 PropertyOverrideConfigurer 的 properties 属性来定义本地属性，以此类推。

5.5　小结

在本章中，我们介绍了如何向一个 bean 实例添加自定义的初始化和逻辑销毁。我们还介绍了如何使用 BeanPostProcessor 实现修改新创建的 bean 实例，并使用 BeanFactoryPostProcessor 实现修改 bean 定义。Spring 内部使用 BeanPostProcessors 和 BeanFactoryPostProcessors 来提供许多框架功能。在第 6 章中，我们将介绍 Spring 对注解驱动开发的支持。

第 6 章　使用 Spring 进行注解驱动开发

6.1　简介

在前面的章节中，我们看到 Spring 容器使用应用程序上下文 XML 文件中包含的 bean 定义作为创建 bean 实例的蓝图。bean 的定义指定了关于 bean 的依赖项、bean 的初始化和销毁方法、bean 实例的延迟或即刻初始化策略、bean 的作用范围等信息。在本章中，我们介绍可以用来在 bean 类本身中指定相同信息的注解，从而节省在应用程序上下文 XML 文件中显式配置 bean 的工作。我们还将介绍 Spring 表达语言（SpEL）、如何使用 Spring 的 Validator 接口和 JSR 380 注解，以及 bean 定义配置文件验证对象和方法。

我们首先从 Spring 的@Component 注解开始学习。该注解用于标识表示一个 Spring bean 的特定类。

6.2　用@Component 标识 Spring bean

Spring 的@Component 注解是一个类型级的注解，它能标识表示一个 Spring bean（也称为 Spring 组件）的类。建议使用@Component 注解的特殊形式来注解应用程序的控制器、服务和数据访问对象（DAO）。例如，使用@Controller 注解控制器、使用@Service 注解服务以及使用@Repository 注解 DAO。

应该注意的是，@Service、@Controller 和@Repository 注解使用@Component 注解进行元注解，也就是说，它们本身使用@Component 注解进行注解。例如，@Service 注解的以下定义表明它是使用@Component 注解进行元注解的。

```
@Target({ElementType.TYPE})
@Retention(RetentionPolicy.RUNTIME)
@Documented
@Component
public @interface Service {
  String value() default "";
}
```

含　义

chapter 6/ch06-bankapp-annotations（此项目展示了 MyBank 应用程序，该应用程序使用注解来向 Spring 容器注册 bean 并自动装配依赖项。要运行该应用程序，请执行此项目的 BankApp 类的 main 方法）。

代码清单 6-1 展示了 MyBank 中使用@Service 注解的 FixedDepositServiceImpl 类。

代码清单 6-1　FixedDepositServiceImpl 类—— @Service 注解的使用

```
Project-ch06-bankapp-annotations
Source location - src/main/java/sample/spring/chapter06/bankapp/service

package sample.spring.chapter06.bankapp.service;

import org.springframework.stereotype.Service;
```

```
@Service(value="fixedDepositService")
public class FixedDepositServiceImpl implements FixedDepositService { ..... }
```

由于 FixedDepositServiceImpl 类使用了@Service 注解，因此 FixedDepositServiceImpl 类表示一个 Spring bean。@Service 注解接受一个 value 特性，该特性指定了 bean 与 Spring 容器注册的名称。value 特性的作用与<bean>元素的 id 特性相同。在代码清单 6-1 中，将 FixedDepositServiceImpl 类作为一个名为 fixedDepositService 的 bean 向 Spring 容器注册。

像@Service 注解一样，@Component、@Repository 和@Controller 注解通过 value 特性指定 bean 名称。可以指定 bean 名称而不显式指定 value 属性，@Service（value="fixedDepositService"）与@Service（"fixedDepositService"）的效果是相同的。如果不指定 bean 名称，则 Spring 假定 bean 名称与以小写字母开头的类的名称相同。那么应该指定一个自定义 bean 名称，因为当通过名称来自动装配依赖项时这点特别有用。

如果启用 Spring 的类路径扫描功能，则使用@Component、@Controller、@Service 或@Repository 注解的 bean 类将自动注册到 Spring 容器。可以使用 Spring 的 context 模式的<component-scan>元素来启用 Spring 的类路径扫描功能。代码清单 6-2 展示了<component-scan>元素的用法。

代码清单 6-2 applicationContext.xml

```
Project-ch06-bankapp-annotations
Source location - src/main/resources/META-INF/spring

<beans xmlns="http://www.springframework.org/schema/beans"
  xmlns:context="http://www.springframework.org/schema/context"
  xsi:schemaLocation=".....http://www.springframework.org/schema/context
      http://www.springframework.org/schema/context/spring-context.xsd">

  <context:component-scan base-package="sample.spring"/>
</beans>
```

在代码清单 6-2 中，引用了 Spring 的 context 模式，以便其元素可访问。<component-scan>元素的 base-package 特性指定了一个用于搜索 Spring bean 的包列表，该列表以逗号分隔。由于 base-package 特性的值为 sample.spring，因此将在 sample.spring 包及其子包中搜索 Spring bean。由于代码清单 6-1 所示的 FixedDepositServiceImpl 类使用了@Service 注解，并且位于包 sample.spring.chapter06.bankapp.service 中，代码清单 6-2 中的<component-scan>元素将自动把 FixedDepositServiceImpl 类作为一个 bean 注册到 Spring 容器。这相当于在应用程序上下文 XML 文件中对 FixedDepositServiceImpl 类进行 bean 定义，如代码清单 6-3 所示。

代码清单 6-3 用于 FixedDepositServiceImpl 类的 bean 定义

```
<bean id="fixedDepositService"
        class="sample.spring.chapter06.bankapp.service.FixedDepositServiceImpl" />
```

如果要过滤用于向 Spring 容器自动注册的 bean 类，请使用<component-scan>元素的 resource-pattern 特性。resource-pattern 特性的默认值是**/*.class，这意味着 base-package 特性指定的包下的所有 bean 类将自动注册。<component-scan>元素的<include-filter>和<exclude-filter>子元素提供了一种更简洁的方法来指定用于自动注册的组件类，以及应忽略的类。例如，代码清单 6-4 展示了<include-filter>和<exclude-filter>元素的示例用法。

代码清单 6-4 <include-filter> 和 <exclude-filter> 元素

```
<beans .....>
  <context:component-scan base-package="sample.example">
     <context:include-filter type="annotation" expression="example.annotation.MyAnnotation"/>
     <context:exclude-filter type="regex" expression=".*Details"/>
```

```
  </context:component-scan>
</beans>
```

<exclude-filter>和<include-filter>元素定义了一个 type 特性，它指定了用于过滤 bean 类的策略，而 expression 特性指定了相应的过滤器表达式。在代码清单 6-4 中，<include-filter>元素指定了使用 MyAnnotation 类型级注解的 bean 类将自动注册到 Spring 容器中，而<exclude-filter>元素指定了名称以 Details 结尾的 bean 类将被<component-scan>元素忽略。

表 6-1 描述了<include-filter>和<exclude-filter>元素中 type 特性可以接受的可能值。

表 6-1　type 特性可以接受的值

type 特性的值	描述
annotation	如果 type 特性的值为 annotation，则 expression 特性需要指定为一个注解的完全限定类名，使用该注解的 bean 类满足过滤条件。例如，如果 expression 特性的值为 example.annotation.MyAnnotation，则使用 MyAnnotation 注解的 bean 类将被包含（在<include-filter>元素的情况下）或排除（在<exclude-filter>元素的情况下）
assignable	如果 type 特性的值是 assignable，则 expression 特性需要指定为一个可以被 bean 类分配到的类或接口的完全限定名称
aspectj	如果 type 特性的值为 aspectj，则 expression 特性需要指定为一个用于过滤 bean 类的 AspectJ 表达式
regex	如果 type 特性的值为 regex，则 expression 特性需要指定为一个用于通过名称过滤 bean 类的正则表达式
custom	如果 type 特性的值为 custom，则 expression 特性需要指定为一个用于过滤 bean 类的 org.springframework.core.type.TypeFilter 接口的实现

在本节中，我们研究了@Service 注解的示例用法。@Component、@Controller 和@Repository 注解与@Service 注解的方式相同。可以参阅 ch06-bankapp-annotations 项目中的 CustomerRegistrationDetails 和 CustomerRequestDetails 类以查看@Component 注解的用法，参阅 ch06-bankapp-annotations 项目中包含的 DAO 类以查看@Repository 注解的用法。

因为我们没有在应用程序上下文 XML 文件中定义注解的 bean 类，所以无法使用<property>或<constructor-arg>元素来指定它们的依赖项。因此，需要使用@Autowired、@Inject 等注解来指定被注解的 bean 类的依赖项。

下面来看 Spring 的@Autowired 注解。

6.3　@Autowired 通过类型自动装配依赖项

@Autowired 注解用于通过类型“自动装配依赖项”。Spring 的@Autowired 注解有着与第 4 章中讨论的 Spring 的自动装配功能相同的功能，但它为自动装配 bean 的依赖项提供了一种清晰和灵活的方法。@Autowired 注解可以在构造函数级、方法级和字段级使用。

代码清单 6-5 展示了在字段级使用@Autowired 注解的 AccountStatementServiceImpl 类。

代码清单 6-5　AccountStatementServiceImpl 类——字段级的@Autowired 注解用法

```
Project-ch06-bankapp-annotations
Source location - src/main/java/sample/spring/chapter06/bankapp/service

package sample.spring.chapter06.bankapp.service;

import org.springframework.beans.factory.annotation.Autowired;
import org.springframework.stereotype.Service;

@Service(value="accountStatementService")
public class AccountStatementServiceImpl implements AccountStatementService {

  @Autowired
```

```
  private AccountStatementDao accountStatementDao;

  @Override
  public AccountStatement getAccountStatement(Date from, Date to) {
    return accountStatementDao.getAccountStatement(from, to);
  }
}
```

在代码清单 6-5 中，accountStatementDao 字段（AccountStatementDao 类型）使用了@Autowired 注解。当创建一个 AccountStatementServiceImpl 的实例时，Spring 的 AutowiredAnnotationBeanPostProcessor（一个 BeanPostProcessor 实现）负责自动装配 accountStatementDao 字段。AutowiredAnnotationBeanPostProcessor 从 Spring 容器获取对 AccountStatementDao 类型 bean 的引用，并将其分配给 accountStatementDao 字段。请注意，使用@Autowired 注解的字段不需要一定是公有的或具有相应的公有 setter 方法。

注 意

Spring 的 AutowiredAnnotationBeanPostProcessor 对使用 Spring 的@Autowired 或 JSR 330 的@Inject（见 6.5 节）注解的字段，方法和构造函数进行自动装配。

代码清单 6-6 展示了在方法级使用@Autowired 注解的 CustomerRegistrationServiceImpl 类。

代码清单 6-6　CustomerRegistrationServiceImpl 类——方法级的@Autowired 注解用法

```
Project-ch06-bankapp-annotations
Source location - src/main/java/sample/spring/chapter06/bankapp/service

package sample.spring.chapter06.bankapp.service;

@Service("customerRegistrationService")
@Scope(value = ConfigurableBeanFactory.SCOPE_PROTOTYPE)
public class CustomerRegistrationServiceImpl implements CustomerRegistrationService {

  private CustomerRegistrationDetails customerRegistrationDetails;
  .....
  @Autowired
  public void obtainCustomerRegistrationDetails(
       CustomerRegistrationDetails customerRegistrationDetails) {
    this.customerRegistrationDetails = customerRegistrationDetails;
  }
  .....
  @Override
  public void setAccountNumber(String accountNumber) {
    customerRegistrationDetails.setAccountNumber(accountNumber);
  }
  .....
}
```

在代码清单 6-6 中，getsCustomerRegistrationDetails 方法使用了@Autowired 注解。如果一个方法使用了@Autowired 注解，则该方法的参数是自动装配的。由于 getsCustomerRegistrationDetails 方法使用了@Autowired 注解，因此它的 CustomerRegistrationDetails 参数是按类型自动装配的。请注意，@Autowired 注解方法不需要一定是公有的。

注 意

在 bean 实例创建之后，使用@Autowired 注解的方法将自动被调用，而使用@Autowired 注解的字段也将被注入到匹配的 bean 实例中。

代码清单 6-7 展示了在构造函数级使用@Autowired 注解的 CustomerRequestServiceImpl 类。

代码清单 6-7 CustomerRequestServiceImpl 类——构造函数级的@Autowired 注解用法

```
Project-ch06-bankapp-annotations
Source location - src/main/java/sample/spring/chapter06/bankapp/service

package sample.spring.chapter06.bankapp.service;

@Service(value="customerRequestService")
public class CustomerRequestServiceImpl implements CustomerRequestService {
  private CustomerRequestDetails customerRequestDetails;
  private CustomerRequestDao customerRequestDao;

  @Autowired
  public CustomerRequestServiceImpl(CustomerRequestDetails customerRequestDetails,
       CustomerRequestDao customerRequestDao) {
    this.customerRequestDetails = customerRequestDetails;
    this.customerRequestDao = customerRequestDao;
  }
  .....
}
```

在代码清单 6-7 中，CustomerRequestServiceImpl 的构造函数使用了@Autowired 注解。如果使用了@Autowired 注解构造函数，则构造函数的参数是自动装配的。由于 CustomerRequestServiceImpl 的构造函数使用了@Autowired 注解，因此 CustomerRequestDetails 和 CustomerRequestDao 参数将根据类型自动装配。请注意，@Autowired 注解的构造函数不需要是公有的。

注 意

从 Spring 4.3 开始，如果 bean 类只定义了一个构造函数，则不需要使用@Autowired 来注解构造函数。默认情况下，Spring 容器将处理构造函数参数的自动装配。

使用@Autowired 注解时，如果找不到匹配所需类型的 bean，则抛出异常。例如，在代码清单 6-7 中，如果没有找到已在 Spring 容器中注册的 CustomerRequestDetails 或 CustomerRequestDao 类型的 bean，则在创建 CustomerRequestServiceImpl 实例时抛出异常。

@Autowired 的 required 特性可以指定一个依赖项是必选的还是可选的。如果将@Autowired 的 required 特性值设置为 false，则该依赖项是可选的。这意味着如果将 required 特性的值设置为 false，则即使在 Spring 容器中找不到匹配所需类型的 bean 时，也不会抛出异常。默认情况下，required 特性的值为 true，Spring 容器必须能满足所有依赖项。

如果一个 bean 类定义了一个带@Autowired 注解的构造函数，其中 required 属性的值设置为 true，则该 bean 类不能有另一个用@Autowired 注解的构造函数。例如，请看代码清单 6-8，其中使用@Autowired 注解了两个构造函数。

代码清单 6-8 定义了两个使用@Autowired 注解构造函数的 bean 类

```
@Service(value="customerRequestService")
public class CustomerRequestServiceImpl implements CustomerRequestService {
  .....
  @Autowired(required=false)
  public CustomerRequestServiceImpl(CustomerRequestDetails customerRequestDetails) { ..... }

  @Autowired
  public CustomerRequestServiceImpl(CustomerRequestDetails customerRequestDetails,
        CustomerRequestDao customerRequestDao) { ..... }
}
```

由于在代码清单 6-8 中，对于其中一个构造函数是需要自动装配依赖项的（@ Autowired 的 required 特性设置为 true），而对另一个构造函数则是可选的（@ Autowired 的 required 特性设置为 false），因此会导致

Spring 抛出一个异常。

一个 bean 类可以定义多个@Autowired 注解的构造函数，其中 required 特性的值需要设置为 false。在这种情况下，Spring 将调用其中一个构造函数来创建一个 bean 类的实例。代码清单 6-9 展示了一个 bean 类，它定义了两个使用@Autowired（required = false）注解的构造函数以及默认构造函数。

代码清单 6-9　定义了多个@Autowired 注解的构造函数，且 required 特性值设置为 false 的 bean 类

```
@Service(value="customerRequestService")
public class CustomerRequestServiceImpl implements CustomerRequestService {
  public CustomerRequestServiceImpl() {
    .....
  }
  @Autowired(required=false)
  public CustomerRequestServiceImpl(CustomerRequestDetails customerRequestDetails) {
    .....
  }

  @Autowired(required=false)
  public CustomerRequestServiceImpl(CustomerRequestDetails customerRequestDetails,
       CustomerRequestDao customerRequestDao) {
    .....
  }
}
```

在代码清单 6-9 中，使用@Autowired 注解的构造函数都是 Spring 自动装配的候选项，可以用于创建 CustomerRequestServiceImpl 类的实例。具有最大序号且满足依赖项的构造函数将被选中。在 CustomerRequestServiceImpl 类的情况下，如果将类型为 CustomerRequestDetails 和 CustomerRequestDao 的 bean 注册到 Spring 容器，则 Spring 将调用 CustomerRequestServiceImpl（CustomerRequestDetails 和 CustomerRequestDao）的构造函数。如果在容器中注册了一个 CustomerRequestDetails 类型的 bean，但没有注册 CustomerRequestDao 类型的 bean，则调用 CustomerRequestServiceImpl（CustomerRequestDetails）的构造函数。如果没有找到任何依赖项，则调用 CustomerRequestServiceImpl 类的默认构造函数。

现在来看一下如何使用 Spring 的@Qualifier 注解以及@Autowired 注解来按名称自动装配依赖项。

6.4 @Qualifier 按名称自动装配依赖项

可以使用 Spring 的@Qualifier 注解以及@Autowired 注解来按名称自动连接依赖项。@Qualifier 注解可以在字段级、方法参数级和构造函数参数级来按名称自动装配依赖项。

代码清单 6-10 展示了使用@Qualifier 注解的 FixedDepositServiceImpl 类。

代码清单 6-10　FixedDepositServiceImpl 类——@Qualifier 注解的使用

```
Project-ch06-bankapp-annotations
Source location - src/main/java/sample/spring/chapter06/bankapp/service

package sample.spring.chapter06.bankapp.service;

import org.springframework.beans.factory.annotation.Autowired;
import org.springframework.beans.factory.annotation.Qualifier;

@Service(value="fixedDepositService")
.....
public class FixedDepositServiceImpl implements FixedDepositService {

  @Autowired
  @Qualifier(value="myFixedDepositDao")
```

```
  private FixedDepositDao myFixedDepositDao;
  .....
}
```

在代码清单 6-10 中，myFixedDepositDao 字段使用了@Autowired 和@Qualifier 两个注解。@Qualifier 注解的 value 特性指定了 bean 的名称，该 bean 的实例将分配给 myFixedDepositDao 字段。

Spring 首先通过使用@Autowired 注解的字段、构造函数参数和方法参数“按类型”找到自动装配候选项。然后，Spring 使用@Qualifier 注解指定的 bean 名称来定位自动装配候选列表中唯一的 bean。例如，在代码清单 6-10 中，Spring 首先为 myFixedDepositDao 字段找到 FixedDepositDao 类型的 bean，然后在自动装配候选列表中查找名为 myFixedDepositDao 的 bean。如果找到一个名为 myFixedDepositDao 的 bean，Spring 将其分配给 myFixedDepositDao 字段。

注 意

@Qualifier(value="myFixedDepositDao") 等同于@Qualifier("myFixedDepositDao")，不需要使用 value 特性来指定要自动装配的 bean 的名称。

代码清单 6-11 展示了在方法参数级和构造函数参数级中@Qualifier 注解的使用。

代码清单 6-11 在方法参数级和构造函数参数级中使用@Qualifier 注解

```
public class Sample {

  @Autowired
  public Sample(@Qualifier("aBean") ABean bean) { .... }

  @Autowired
  public void doSomething(@Qualifier("bBean") BBean bean, CBean cBean) { ..... }
}
```

在代码清单 6-11 中，为一个构造函数参数和一个方法参数指定了@Qualifier 注解。当创建一个 Sample 类的实例时，Spring 会寻找一个名为 aBean、类型为 ABean 的 bean，并将其作为参数传递给 Sample 类的构造函数。当调用 Sample 的 doSomething 方法时，Spring 会找到一个类型为 BBean（名称为 bBean）的 bean 和另一个 CBean 类型的 bean，并将这两个 bean 作为参数传递给 doSomething 方法。请注意，BBean 依赖项是通过名称自动装配的，CBean 依赖项是按类型自动装配的。

可以使用 **qualifiers** 以取代按 bean 名称来自动装配 bean 依赖项。现在我们来看一下如何使用 **qualifiers** 来寻找自动装配候选项。

6.4.1 使用 qualifiers 自动装配 bean

qualifier 是使用@Qualifier 注解与 bean 关联的字符串值，并且在向 Spring 容器注册的 bean 中不要求是唯一的。代码清单 6-12 展示了用@Qualifier 注解将限定符与 bean 关联起来。

代码清单 6-12 TxDaoImpl 类——将限定符与 bean 关联

```
Project-ch06-bankapp-annotations
Source location - src/main/java/sample/spring/chapter06/bankapp/dao

package sample.spring.chapter06.bankapp.dao;
.....
@Repository(value = "txDao")
@Qualifier("myTx")
public class TxDaoImpl implements TxDao {
  .....
}
```

在代码清单 6-12 中，myTx（由@Qualifier 指定）是限定符，而 txDao（由@Repository 指定）是 bean

名称。代码清单 6-13 展示了如何使用限定符自动装配 txDao 的 bean。

代码清单 6-13 TxServiceImpl 类——使用限定符自动装配

```
Project-ch06-bankapp-annotations
Source location - src/main/java/sample/spring/chapter06/bankapp/service

package sample.spring.chapter06.bankapp.service;
.....
@Service("txService")
public class TxServiceImpl implements TxService {
  @Autowired
  @Qualifier("myTx")
  private TxDao txDao;
  .....
}
```

在代码清单 6-13 中，在自动装配 txDao bean 时没有使用 bean 名称 txDao，而是通过@Qualifier 指定限定符 myTx 的方式。

可以通过定义一个类型化的集合来自动装配与限定符关联的所有 bean，如代码清单 6-14 所示。

代码清单 6-14 Services 类——获取与 service 限定符相关联的所有 bean

```
Project-ch06-bankapp-annotations
Source location - src/main/java/sample/spring/chapter06/bankapp/service

package sample.spring.chapter06.bankapp.service;
.....
@Component
public class Services {
  @Autowired
  @Qualifier("service")
  private Set<MyService> services;
  .....
}
```

在代码清单 6-14 中，Set<MyService>集合表示实现了 MyService 接口的服务。@Qualifier 将与限定符值 service 相关联的所有 bean 自动装配到 Set<MyService>集合中。在 ch06-bankapp-annotations 项目中，所有服务都实现了 MyService 标记接口，并用@Qualifier("service")注解，因此，ch06-bankapp-annotations 项目中定义的所有服务都将自动装配到 Set<MyService>集合中。

不同于使用简单的限定符值和 bean 名称，可以创建自定义的限定符注解，在这种注解中可以定义基于过滤自动装配候选项的特性。下面来看如何创建和使用这样的注解。

含 义

chapter 6/ch06-custom-qualifier（本项目展示了使用自定义限定符注解的 MyBank 应用程序。要运行应用程序，请执行本项目 BankApp 类中的 main 方法）。

6.4.2 创建自定义限定符注解

MyBank 允许其客户将资金从一个账户转移到另一个账户。图 6-1 展示了 MyBank 应用程序在转移资金时出现的类。

在图 6-1 中，FundTransferProcessor 负责处理资金转账请求。如何选择 FundTransferService 的适当实现取决于收款人的银行账户是否在同一银行，以及资金转账是否需要立即执行。例如，如果收款人的账户位于相同的银行（即 MyBank），并且客户选择即时资金转账选项，则使用 ImmediateSameBank 实现转移资金。

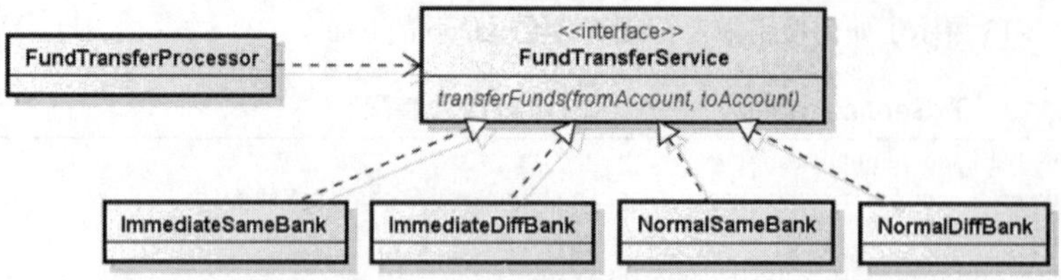

图 6-1 使用 FundTransferService 处理资金转账的 FundTransferProcessor

代码清单 6-15 展示了@FundTransfer 自定义限定符注解，该注解定义了 transferSpeed 和 bankType 特性。稍后我们将使用此自定义限定符注解，将 FundTransferService 的适当实现自动装配到 FundTransferProcessor 实例中。

代码清单 6-15 @FundTransfer——一个自定义限定符注解

```
Project-ch06-bankapp-annotations
Source location - src/main/java/sample/spring/chapter06/bankapp/service

package sample.spring.chapter06.bankapp.annotation;
.....
import org.springframework.beans.factory.annotation.Qualifier;

@Target({ElementType.FIELD,ElementType.PARAMETER,ElementType.TYPE,
ElementType.ANNOTATION_TYPE })
@Retention(RetentionPolicy.RUNTIME)
@Qualifier
public @interface FundTransfer {
   TransferMode transferSpeed();
   BankType bankType();
}
```

@FundTransfer 注解使用了 Spring 的@Qualifier 注解进行元注解，这意味着@FundTransfer 注解是一个自定义限定符注解。如果不使用@Qualifier 对@FundTransfer 注解进行元注解，则需要使用 Spring 的 CustomAutowireConfigurer（一个 BeanFactoryPostProcessor）bean 显式地向 Spring 容器注册@FundTransfer 注解。@FundTransfer 与 Spring 的@Qualifier 注解具有相同的用途，它们允许基于 transferSpeed 和 bankType 特性对 bean 进行自动装配。

代码清单 6-16 展示了实现 FundTransferService 接口的 ImmediateSameBank bean 类。

代码清单 6-16 ImmediateSameBank——@FundTransfer 注解

```
Project-ch06-bankapp-annotations
Source location - src/main/java/sample/spring/chapter06/bankapp/service

package sample.spring.chapter06.bankapp.service;

import sample.spring.chapter06.bankapp.annotation.BankType;
import sample.spring.chapter06.bankapp.annotation.FundTransfer;
import sample.spring.chapter06.bankapp.annotation.TransferSpeed;
.....
@Service
@FundTransfer(transferSpeed = TransferSpeed.IMMEDIATE, bankType=BankType.SAME)
public class ImmediateSameBank implements FundTransferService {
  .....
}
```

ImmediateSameBank 使用了@FundTransfer 注解。该注解分别将 transferSpeed 和 bankType 属性的值指定为 TransferSpeed.IMMEDIATE 和 BankType.SAME。类似地，实现了 ImmediateDiffBank、NormalSameBank 和 NormalDiffBank bean 类。

如代码清单 6-17 所示，FundTransferProcessor 使用@FundTransfer 注解将 FundTransferService 的不同实

现自动装配到其字段中。

代码清单 6-17 FundTransferProcessor

```
Project-ch06-bankapp-annotations
Source location - src/main/java/sample/spring/chapter06/bankapp/service

package sample.spring.chapter06.bankapp.service;

import sample.spring.chapter06.bankapp.annotation.BankType;
import sample.spring.chapter06.bankapp.annotation.FundTransfer;
import sample.spring.chapter06.bankapp.annotation.TransferSpeed;
.....
@Component
public class FundTransferProcessor {
  @Autowired
  @FundTransfer(transferSpeed=TransferSpeed.IMMEDIATE, bankType=BankType.SAME)
  private FundTransferService sameBankImmediateFundTransferService;

  @Autowired
  @FundTransfer(transferSpeed=TransferSpeed.IMMEDIATE, bankType=BankType.DIFFERENT)
  private FundTransferService diffBankImmediateFundTransferService;
  .....
}
```

在代码清单 6-17 中，@FundTransfer 注解自动将 ImmediateSameBank 的实例自动装配到 sameBankImmediate FundTransferService 字段中，并将 ImmediateDiffBank 的实例自动装配到 diffBankImmediateFundTransferService 字段中。

如果一个自定义限定符注解没有使用@Qualifier 进行元注解，那么需要使用 Spring 的 CustomAutowire Configurer（一个 BeanFactoryPostProcessor）向 Spring 容器显式注册，如代码清单 6-18 所示。

代码清单 6-18 使用 CustomAutowireConfigurer 注册自定义限定符注解

```
<bean class="org.springframework.beans.factory.annotation.CustomAutowireConfigurer">
  <property name="customQualifierTypes">
     <set>
        <value>sample.MyCustomQualifier</value>
     </set>
  </property>
</bean>
```

如果要向 Spring 容器注册自定义限定符注解，可以通过 CustomAutowireConfigurer 的 customQualifier-Types 属性。在代码清单 6-18 中，CustomAutowireConfigurer 将 MyCustomQualifier 注解注册到 Spring 容器。

下面来了解一下 JSR 330 的@Inject 和@Named 注解，可以用它们取代 Spring 的@Autowired 和@Qualifier 注解。

6.5 JSR 330 的@Inject 和@Named 注解

JSR 330（Java 的依赖注入）将 Java 平台的依赖注入注解标准化。JSR 330 分别定义了与 Spring 的@Autowired 和@Qualifier 注解类似的@Inject 和@Named 注解。Spring 提供对@Inject 和@Named 注解的支持。

含 义

chapter 6/ch06-bankapp-jsr330（本项目展示了 MyBank 应用程序，该应用程序使用 JSR 330 的@Inject 和@Named 注解进行自动装配依赖项。要运行应用程序，请执行本项目 BankApp 类中的 main 方法）。

代码清单 6-19 展示了使用 JSR 330 的@Inject 和@Named 注解的 FixedDepositServiceImpl 类。

代码清单 6-19 FixedDepositServiceImpl 类

```
Project-ch06-bankapp-jsr330
Source location - src/main/java/sample/spring/chapter06/bankapp/service

package sample.spring.chapter06.bankapp.service;

import javax.inject.Inject;
import javax.inject.Named;

@Named(value="fixedDepositService")
public class FixedDepositServiceImpl implements FixedDepositService {

  @Inject
  @Named(value="myFixedDepositDao")
  private FixedDepositDao myFixedDepositDao;
  .....
}
```

如果将代码清单 6-19 中的 FixedDepositServiceImpl 类与代码清单 6-10 中的 FixedDepositServiceImpl 类进行比较，你会注意到 JSR 330 的@Named 注解已用于代替@Service 和@Qualifier 注解，JSR 330 的@ Inject 注解已用于代替@Autowired 注解。

@Autowired 和@Inject 注解具有相同的语义，它们用于按类型自动装配依赖项。像@Autowired 注解一样，@Inject 可以在方法级、构造函数级和字段级使用。首先执行构造函数的依赖注入，其次执行字段的，最后再执行方法的。

如果在类型级别使用@Named 注解，它的作用就像 Spring 的@Component 注解。如果在方法参数级或构造函数参数级使用@Named 注解，它的作用就像 Spring 的@Qualifier 注解。如果一个类使用了@Named 注解，则 Spring 的 context 模式的<component-scan>元素对它的处理方式等同于使用了@Component 注解的 bean 类。

要使用@Named 和@Inject 注解，需要在项目中包含 JSR 330 JAR 文件。ch06-bankapp-jsr330 项目通过 pom.xml 文件中的以下<dependency>元素包含 JSR 330 JAR 文件。

```
<dependency>
   <groupId>javax.inject</groupId>
   <artifactId>javax.inject</artifactId>
   <version>1</version>
</dependency>
```

之前讨论过，如果将@Autowired 注解的 required 特性值设置为 false，则依赖项成为可选项；如果没有找到该依赖项，Spring 容器不会抛出异常。@Inject 无法等同于@Autowired 注解的 required 特性，但是可以使用 Java 8 的 Optional 类型来实现相同的行为。

Java 8 的 Optional 类型

Spring 支持对 Optional 类型的字段、构造函数参数和方法参数的自动装配。代码清单 6-20 展示了在用@Inject 注解自动装配依赖项时如何应用 Optional 类型。

代码清单 6-20 Java 8 的 Optional 类型的使用

```
import java.util.Optional;
.....
@Named(value="myService")
public class MyService {

  @Inject
```

```
  private Optional<ExternalService> externalServiceHolder;

  public void doSomething(Data data) {
    if(externalServiceHolder.isPresent()) {
      //-- save data using the external service
      externalServiceHolder.get().save(data);
    }
    else {
      //--save the data locally
      saveLocally(data);
    }
  }

  private void saveLocally(Data data) { ..... }
}
```

在代码清单 6-20 中，MyService 表示一个使用 ExternalService bean 远程存储数据的 bean。如果找不到 ExternalService bean，则数据将存储在本地。由于 ExternalService 是一个可选的依赖项（也就是说，它在某些设置中可能不可用），MyService 使用 Optional<ExternalService>类型的 externalServiceHolder 定义对 ExternalService bean 的依赖。Optional 类型持有一个非空值，在代码清单 6-20 中，该值是对一个 ExternalService bean 实例的引用。

如果 Spring 容器找到一个 ExternalService bean，它将存储在 externalServiceHolder 字段中。如果它包含一个值，则 Optional 的 isPresent 方法返回 true，否则返回 false。在代码清单 6-20 中，如果 isPresent 方法返回 true，则通过调用 Optional 的 get 方法获取包含的 ExternalService 实例。然后调用 ExternalService 的 save 方法来远程保存数据。如果 isPresent 方法返回 false，则通过调用 saveLocally 方法在本地保存数据。

在第 5 章中，我们介绍了在 JSR 250 中用于标识 bean 的初始化和销毁方法的@PostConstruct 和 @PreDestroy 注解。下面来看 JSR 250 中的@Resource 注解，通过它可以按名称自动装配依赖项。

6.6 JSR 250 的 @Resource 注解

Spring 通过 JSR 250 的@Resource 注解支持按字段和 setter 方法的名称自动装配。@Resource 注解由 CommonAnnotationBeanPostProcessor（一个 BeanPostProcessor 实现）处理。@Resource 注解的 name 特性指定要自动装配的 bean 的名称。注意，不能使用@Resource 注解来自动装配构造函数参数和接受多个参数的方法。

代码清单 6-19 中的 FixedDepositServiceImpl 类可以使用@Resource 注解进行重写，如代码清单 6-21 所示。

代码清单 6-21 @Resource 注解在字段级别的使用

```
import javax.annotation.Resource;

@Named(value="fixedDepositService")
public class FixedDepositServiceImpl implements FixedDepositService {

  @Resource(name="myFixedDepositDao")
  private FixedDepositDao myFixedDepositDao;
  .....
}
```

在代码清单 6-21 中，@Resource 注解用于自动装配 myFixedDepositDao 字段。由于 name 特性的值为 myFixedDepositDao，Spring 会在其容器中定位一个名为 myFixedDepositDao 的 bean，并将其分配给 myFixedDepositDao 字段。

作为@Autowired 和@Qualifier 注解的替代方案，应该使用@Resource 注解按名称来进行自动装配依赖项。如前所述，如果使用@ Autowired-@Qualifier 组合来按名称执行自动装配，Spring 首先根据自动装配的字段类型（或方法参数或构造方法参数的类型）来查找 bean，以便通过由@Qualifier 注解指定的 bean 名称来缩小候选到唯一的 bean。但是，如果使用@Resource 注解，Spring 使用@Resource 注解指定的 bean 名称来定位唯一的 bean。这意味着使用@Resource 注解时，Spring 不会考虑使用自动装配的字段（或 setter 方法参数）的类型。

@Autowired 注解不适用于本身为集合或 Map 类型的 bean。例如，如果使用 util 模式的 map 元素定义一个 bean，则不能使用@Autowired 注解来自动装配它。在这种场景下，应该使用@Resource 注解来自动装配 bean。

注 意

由于 BeanPostProcessors 会处理@Autowired、@Inject 和@Resource 注解，因此不应该在实现 BeanFactoryPostProcessor 或 BeanPostProcessor 接口的组件类中使用这些注解。

如果未指定@Resource 的 name 特性，则使用字段名称或属性名称作为 name 特性的默认值。代码清单 6-22 展示了一个不使用@Resource 注解的 name 特性的 bean 类。

代码清单 6-22 不使用 name 特性值的@Resource 用法

```
@Named(value="mybean")
public class MyService {

  @Resource
  private MyDao myDao;
  private SomeService service;

  @Resource
  public void setOtherService(SomeService service) {
    this.service = service;
  }
}
```

在代码清单 6-22 中，第一个@Resource 元素 name 特性的默认值为 myDao（字段名称），第二个@Resource 元素的 name 特性的默认值为 otherService（属性名称来自 setter 方法名称 setOtherService）。如果未找到名为 myDao 的 bean，则@Resource 注解的行为与@Autowired 注解的方式相同，Spring 容器查找一个类型为 MyDao（它是字段类型）的 bean。类似地，如果找不到名为 otherService 的 bean，则 Spring 容器将查找类型为 SomeService 的 bean（setter 方法参数类型）。

下面来看@Scope、@Lazy、@DependsOn 和@Primary 注解。

6.7 @Scope、@Lazy、@DependsOn 和@Primary 注解

表 6-2 描述了@Scope、@Lazy、@DependsOn 和@Primary 注解所提供的功能。

表 6-2 @Scope、@Lazy、@DependsOn 和@Primary 注解

注解	描述
@Scope	指定 bean 范围（与<bean>元素的 scope 特性相同）
@Lazy	指定该 bean 由 Spring 容器延迟创建（与<bean>元素的 lazy-init 特性相同）
@DependsOn	指定 bean 的隐式依赖项（与<bean>元素的 depend-on 特性相同）
@Primary	将 bean 指定为自动装配的主要候选项（与<bean>元素的 primary 特性相同）

下面详细介绍这些注解。

6.7.1 @Scope

可以使用 Spring 的@Scope 注解指定 bean 的范围。默认情况下，Spring bean 是 singleton 范围的。如果要为 bean 指定不同的范围，则必须通过@Scope 注解指定它。@Scope 注解起着与<bean>元素 scope 特性相同的作用（见 2.6 节，了解更多关于 scope 特性的信息）。

代码清单 6-23 展示了使用@Scope 注解的 CustomerRequestDetails 类。

代码清单 6-23 @Scope 注解的使用

```
Project-ch06-bankapp-jsr330
Source location - src/main/java/sample/spring/chapter06/bankapp/domain

package sample.spring.chapter06.bankapp.domain;

import javax.inject.Named;
import org.springframework.beans.factory.config.ConfigurableBeanFactory;
import org.springframework.context.annotation.Scope;

@Named(value="customerRequestDetails")
@Scope(value=ConfigurableBeanFactory.SCOPE_PROTOTYPE)
public class CustomerRequestDetails { ..... }
```

@Scope 注解接收一个 value 特性来指定 bean 的范围。例如，可以将 value 特性的值设置为 prototype，以指示 bean 是 prototype 范围的。还可以使用 ConfigurableBeanFactory 中定义的 SCOPE_*常数（定义 singleton 和 prototype 范围的常量）和 WebApplicationContext（定义 application、session 和 request 范围的常量）接口来指定 value 特性的值。

如果使用的是 Spring 4.2 或更高版本，则可以使用@Scope 注解的 scopeName 特性来取代使用 value 特性来以指定该 bean 的范围。Spring 4.2 在其大部分注解（如@RequestMapping、@RequestParam 等）中添加了特性别名，以允许使用更有意义的名称来引用 value 特性。例如，在@Scope 注解的情况下，scopeName 是 value 特性的特性别名。

6.7.2 @Lazy

默认情况下，singleton 范围的 Spring bean 被即时初始化，也就是在创建 Spring 容器时实例化它们。如果想要一个 singleton bean 被延迟创建，用@Lazy 注解一个 singleton bean 的 bean 类。

注 意

使用@Lazy 注解 bean 类的作用与使用<bean>元素的 lazy-init 特性相同。要了解更多关于 lazy-init 特性的信息，可参见 2.6 节。

代码清单 6-24 展示了@Lazy 注解的用法。

代码清单 6-24 @Lazy 注解的用法

```
@Lazy(value=true)
@Component
public class Sample { ..... }
```

@Lazy 注解的 value 特性指定了 bean 是延迟初始化还是即时初始化。如果 value 特性的值为 true，则表示该 bean 已被延迟初始化。如果没有指定 value 特性，则该 bean 被认为是延迟初始化的。

@Lazy 注解也可以用于延迟自动装配依赖项。

含 义

chapter 6/ch06-lazy-dependencies（此项目展示了一个使用@Lazy 注解和@Autowired 注解以实现延迟自动装配依赖项的应用程序。要运行应用程序，请执行此项目的 SampleApp 类中的 main 方法）。

延迟自动装配依赖项

可以使用@Lazy 注解以及自动装配注解（如@Autowired、@Inject 和@Resource）来延迟自动装配依赖项（即依赖项在被依赖 bean 访问时自动装配）。下面来看一个展示了如何延迟自动装配依赖项的例子。

图 6-2 显示了 ch06-lazy-dependencies 项目中包含的 bean。

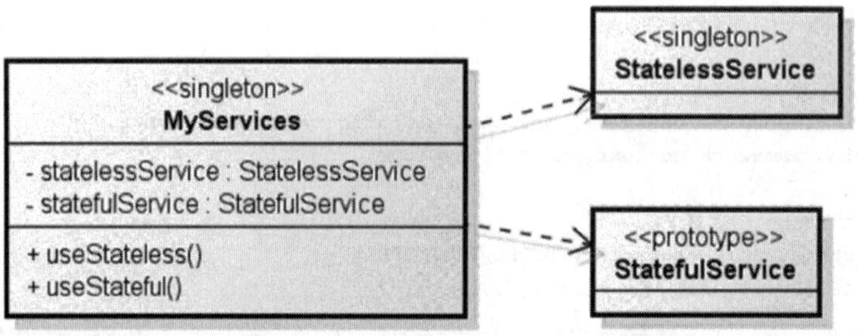

图 6-2 MyServices 依赖于 StatelessService（一个 singleton bean）和 StatefulService（一个 prototype bean）bean

MyServices 是一个 singleton bean，它依赖于 singleton 范围的 StatelessService 和 prototype 范围的 StatefulService bean。MyServices 类定义了自动装配的 statelessService（StatelessService 类型）和 statefulService（StatefulService 类型）字段。useStateless 和 useStateful 方法分别访问 StatelessService 和 StatefulService bean。预期 StatelessService 和 StatefulService bean 只有在通过 useStateless 和 useStateful 方法访问时才自动装配到 MyServices 中。

代码清单 6-25 展示了 MyServices 类。

代码清单 6-25 MyServices 类——延迟自动装配依赖项

```
Project-ch06-lazy-dependencies
Source location - src/main/java/sample/spring

package sample.spring;
.....
@Service
public class MyServices {
  private static Logger logger = LogManager.getLogger(MyServices.class);

  @Autowired
  @Lazy
  private StatelessService statelessService;

  @Autowired
  @Lazy
  private StatefulService statefulService;

  public void useStateless() {
    logger.info(" --> " + statelessService);
  }

  public void useStateful() {
    logger.info(" --> " + statefulService);
  }
}
```

由于我们希望将 StatelessService 和 StatefulService 依赖项延迟自动装配到 MyServices bean 中，因此 statelessService 和 statefulService 字段都使用了@Autowired 和@Lazy 注解。useStateless 和 useStateful 方法不做任何令人关注的事情，它们只需将 StatelessService 和 StatefulService bean 实例写入控制台。

StatefulService bean（参见 ch06-lazy-dependencies 项目中的 StatefulService 类）是 prototype 范围的，因此，它是由 Spring 容器延迟创建的。StatelessService bean（参见 ch06-lazy-dependencies 项目中的 StatelessService 类）是 singleton 范围的，但用@Lazy 注解，它指示 Spring 容器延迟创建它。

由于 StatelessService 和 StatefulService bean 都被定义为延迟创建，因此当创建 Spring 容器时，只创建了 MyServices singleton bean。由于 StatelessService 和 StatefulService 都被指定为自动装配到 MyServices bean 中，因此在创建 MyServices bean 时，Spring 容器不会尝试自动装配它们。当调用 MyServices 的 useStateless 和 useStateful 方法时，只有在 StatelessService 和 StatefulService bean 的自动装配由 Spring 容器负责执行时，才会创建 StatefulService 和 StatelessService bean。

代码清单 6-26 展示了调用 MyServices bean 的 useStateless 和 useStateful 方法的 SampleApp 类的 main 方法。

代码清单 6-26　SampleApp 类

```
Project-ch06-lazy-dependencies
Source location - src/main/java/sample/spring

package sample.spring;
.....
public class SampleApp {
  private static Logger logger = LogManager.getLogger(SampleApp.class);

  public static void main(String args[]) throws Exception {
    ConfigurableApplicationContext context = new ClassPathXmlApplicationContext(
        "classpath:META-INF/spring/applicationContext.xml");
    MyServices services = context.getBean(MyServices.class);

    logger.info("Calling --> useStateless");
    services.useStateless();

    logger.info("Calling again --> useStateless");
    services.useStateless();

    logger.info("Calling --> useStateful");
    services.useStateful();

    logger.info("Calling again --> useStateful");
    services.useStateful();

    context.close();
  }
}
```

SampleApp 的 main 方法调用 useStateless 和 useStateful 方法两次，以演示如何通过 Spring 容器执行 MyServices 依赖项的延迟自动装配。如果运行 main 方法，将在控制台上看到以下输出。

```
INFO  sample.spring.SampleApp - Calling --> useStateless
INFO  sample.spring.StatelessService - Created StatelessService
INFO  sample.spring.MyServices -  --> sample.spring.StatelessService@4445629
INFO  sample.spring.SampleApp - Calling again --> useStateless
INFO  sample.spring.MyServices -  --> sample.spring.StatelessService@4445629
INFO  sample.spring.SampleApp - Calling --> useStateful
INFO  sample.spring.StatefulService - Created StatefulService
INFO  sample.spring.MyServices -  --> sample.spring.StatefulService@4df50bcc
INFO  sample.spring.SampleApp - Calling again --> useStateful
```

```
INFO  sample.spring.StatefulService - Created StatefulService
INFO  sample.spring.MyServices - --> sample.spring.StatefulService@63a65a25
```

输出展示了第一次调用 useStateless 方法的结果是创建了 StatelessService bean（由 StatelessService 的构造函数编写的“Created StatelessService”消息指示）。对 useStateless 方法的第二次调用不会再创建 StatelessService bean，因为它是一个 singleton bean。此外，两次对 useStateful 的调用都会创建 StatefulService bean（由 StatefulService 的构造函数编写的“Created StatefulService”消息指示），因为它是一个 prototype bean。这说明只有当通过 MyServices bean 中定义的方法访问 StatelessService 和 StatefulService bean 时，Spring 容器才会自动装配。这也说明了如果有一个 singleton bean（在我们的示例中是 MyService），它依赖于一个 prototype bean（在我们的例子中是 StatefulService），那么每次通过 singleton bean 中定义的方法访问一个新的 prototype bean 实例时，可以使用延迟自动装配方法。

6.7.3　@DependsOn

可以使用@DependsOn 注解指定隐式 bean 依赖项。代码清单 6-27 展示了@DependsOn 注解的用法。

代码清单 6-27　@DependsOn 注解的用法

```
@DependsOn(value = {"beanA", "beanB"})
@Component
public class Sample { ..... }
```

在代码清单 6-27 中，创建 Sample 类的实例之前，Sample 类的@DependsOn 注解指示 Spring 容器创建 beanA 和 beanB bean。

注　意

@DependsOn 注解与<bean>元素的 depends-on 特性具有相同的用途。要了解更多关于 depends-on 特性的信息，参见 4.3 节。

6.7.4　@Primary

如果多个自动装配候选项对于一个依赖项可用，则@Primary 注解将一个 bean 指定为自动装配的主要候选项。代码清单 6-28 展示了@Primary 注解的用法。

代码清单 6-28　@Primary 注解的用法

```
@Primary
@Component
public class Sample { ..... }
```

注　意

@Primary 注解的作用与<bean>元素的 primary 特性相同。要了解有关 primary 特性的更多信息，参见 4.6 节。

下面来看 Spring @Value 注解，它简化了注解的 bean 类的配置。

6.8　使用@Value 简化注解的 bean 类的配置

在前面的章节中，我们看到了通过<property>和<constructor-arg>元素的 value 特性指定了 bean 所需的配置信息的示例。由于注解的 Spring bean 在应用程序上下文 XML 文件中未定义，所以 Spring 的@Value 注解的用途与<property>和<constructor-arg>元素的 value 特性相同。请注意，@Value 注解可以在字段级、方法级、方法参数级和构造函数参数级使用。Spring 中处理@Autowired 和@Inject 注解的 Autowired

AnnotationBeanPostProcessor 也会负责处理@Value 注解。

含　义

chapter 6/ch06-value-annotation（本项目展示了一个使用 Spring 的@Value 注解配置 Spring 组件的应用程序。要运行应用程序，请执行此项目的 SampleApp 类中的 main 方法）。

代码清单 6-29 展示了在字段级别使用@Value 注解的示例。

代码清单 6-29　Sample 类——@Value 注解的使用

```
Project-ch06-value-annotation
Source location - src/main/java/sample/spring/chapter06/beans

package sample.spring.chapter06.beans;

import org.springframework.beans.factory.annotation.Value;

@Component(value="sample")
public class Sample {
  @Value("Some currency")
  private String currency;
  .....
}
```

在代码清单 6-29 中，currency 字段使用了@Value 注解。@Value 注解的 value 特性指定字段的默认值。指定 value 特性是可选的，因此，@Value（value="Some currency"）与@Value（"Some currency"）相同。

注　意

@Value 注解由 BeanPostProcessor 处理，因此，不应该在实现 BeanFactoryPostProcessor 或 BeanPostProcessor 接口的 bean 类中使用@Value 注解。

可以用 Spring 表达式语言（SpEL）表达式取代字符串值来指定@Value 注解的 value 特性值。

6.8.1　在@Value 注解中使用 Spring 表达式语言（SpEL）

SpEL 是一种表达式语言，可用于在运行时查询和操作对象。代码清单 6-30 展示了使用 SpEL 表达式指定@Value 注解的 Sample bean 类。

代码清单 6-30　Sample 类——在@Value 注解中使用 SpEL 表达式

```
Project-ch06-value-annotation
Source location - src/main/java/sample/spring/chapter06/beans

package sample.spring.chapter06.beans;

import org.springframework.beans.factory.annotation.Value;

@Component(value="sample")
public class Sample {
  @Value("#{configuration.environment}")
  private String environment;
  .....
  @Value("#{configuration.getCountry()}")
  private String country;

  @Value("#{configuration.state}")
  private String state;
  .....
}
```

如代码清单 6-30 所示，@Value 注解指定了一个具有语法#{<spel-expression>}的值。由@Value 注解指定的 SpEL 表达式由 AutowiredAnnotationBeanPostProcessor（一个 BeanPostProcessor）处理。SpEL 表达式可以使用<beanName>.<field 或 property 或 method>格式来获取其值。例如，#{configuration.environment}表示获取名为 configuration 的 bean 的 environment 属性值，#{configuration.getCountry()}表示调用名为 configuration 的 bean 的 getCountry 方法。

代码清单 6-31 展示了代码清单 6-30 所示的由 SpEL 表达式引用的 Configuration bean 类。

代码清单 6-31　Configuration bean 类

```
Project-ch06-value-annotation
Source location - src/main/java/sample/spring/chapter06/beans

package sample.spring.chapter06.beans;

import org.springframework.stereotype.Component;

@Component("configuration")
public class Configuration {
  public static String environment = "DEV";

  public String getCountry() {
    return "Some country";
  }

  public String getState() {
    return "Some state";
  }

  public String[] splitName(String name) {
    return name.split(" ");
  }

  public String getCity() {
    return "Some city";
  }
}
```

Configuration bean 类定义了字段和方法。如果将代码清单 6-30 与代码清单 6-31 进行比较，就会注意到#{configuration.environment}表达式是指 Configuration 类中定义的静态环境变量，# {configuration.getCountry()}表达式指的是 Configuration 的 getCountry 方法而# {configuration.state}表达式是指 Configuration 的 getState 方法。

ch06-value-annotation 项目中 SampleApp 类的 main 方法从 ApplicationContext 中获取一个 Sample bean 的实例，并打印 Sample bean 实例的各种特性的值。如果执行 SampleApp 的 main 方法，将看到以下输出。

```
environment --> DEV
country --> Some country
state --> Some state
```

以上输出表明：

- #{configuration.environment}表达式将 Sample 的 environment 字段值设置为“DEV”，它是 Configuration 类的公有静态字段 environment 的值；
- #{configuration.getCountry()}表达式将 Sample 的 country 字段值设置为“Some country”，这是通过调用 Configuration 的 getCountry 方法返回的值；
- #{configuration.state}表达式将 Sample 的 state 字段值设置为“Some state”，这是通过调用 Configuration 的 getState 方法返回的值。

通过以上示例可知，可以使用 SpEL 从其他 bean 中获取配置信息。

6.8.2 在方法级和方法参数级使用@Value 注解

代码清单 6-32 展示了在方法级和方法参数级使用@Value 注解的示例。

代码清单 6-32 Sample 类——在方法级和方法参数级使用@Value 注解

```
Project-ch06-value-annotation
Source location - src/main/java/sample/spring/chapter06/beans

package sample.spring.chapter06.beans;

import org.springframework.beans.factory.annotation.Autowired;
import org.springframework.beans.factory.annotation.Value;

@Component(value="sample")
public class Sample {
  .....
  private String[] splitName;
  private String city;

  @Autowired
  public void splitName(@Value("#{configuration.splitName('FirstName LastName')}")
                        String[] splitName) {
    this.splitName = splitName;
  }

  @Autowired
  @Value("#{configuration.getCity()}")
  public void city(String city) {
    this.city = city;
  }
  .....
}
```

如代码清单 6-32 所示，使用@Autowired 注解的方法同时在方法级和方法参数级使用了@Value 注解。你应该注意到，只有当一个方法使用了@Autowired 或@Resource 或@Inject 注解时，该方法可以在方法级和方法参数级使用@Value 注解。Spel 表达式#{configuration.splitName('FirstName LastName')}致使在调用 Configuration 的 splitName 方法时使用 FirstName LastName 作为参数。这展示了 SpEL 表达式可以用于调用接受参数的方法。

执行 SampleApp 的 main 主要方法的输出展示了 splitName 和 city 特性的以下值。

```
city --> Some city
splitName --> FirstName LastName
```

6.8.3 在 SpEL 中使用数学、关系和逻辑运算符

可以在 SpEL 表达式中使用数学、关系和逻辑运算符，如代码清单 6-33 所示。

代码清单 6-33 Sample 类——使用不同的运算符

```
Project-ch06-value-annotation
Source location - src/main/java/sample/spring/chapter06/beans

package sample.spring.chapter06.beans;
.....
@Component(value = "sample")
public class Sample {
  .....
  @Value("#{101 > 100}")
```

```
  private boolean isGreaterThan;

  @Value("#{3 > 2 && 4 > 3}")
  private boolean isConditionTrue;

  @Value("#{100 + 200 - 300*1 + 4/2}")
  private int totalAmount;
  .....
}
```

执行 SampleApp 的 main 方法的输出展示了 isGreaterThan、isConditionTrue 和 totalAmount 特性的值。

```
isGreaterThan --> true
isConditionTrue --> true
totalAmount --> 2
```

6.8.4 使用 SpEL 获取 bean 的引用

可以通过在@Value 注解中简单指定 bean 名称来获取对 bean 的引用，如代码清单 6-34 所示。

代码清单 6-34 Sample 类——获取对 bean 的引用

```
Project-ch06-value-annotation
Source location - src/main/java/sample/spring/chapter06/beans

package sample.spring.chapter06.beans;
.....
@Component(value = "sample")
public class Sample {
  .....
  @Value("#{configuration}")
  private Configuration myConfiguration;
  .....
}
```

在代码清单 6-34 中，将名为 configuration 的 bean 的引用分配给了 myConfiguration 特性。

6.8.5 在 SpEL 中使用正则表达式

SpEL 通过 matches 运算符也可以支持正则表达式，如代码清单 6-35 所示。

代码清单 6-35 Sample 类——使用正则表达式

```
Project-ch06-value-annotation
Source location - src/main/java/sample/spring/chapter06/beans

package sample.spring.chapter06.beans;
.....
@Component(value = "sample")
public class Sample {
  .....
  @Value("#{('abcd@xyz.com' matches '^[A-Za-z0-9+_.-]+@(.+)$') == true ? true : false}")
  private boolean isEmailId;
  .....
}
```

在代码清单6-35中，使用matches运算符将abcd@xyz.com这个电子邮件ID与正则表达式^[A-Za-z0-9+_.-]+@(.+)$匹配。该示例表明，也可以通过 Spel 使用三元运算符（条件？true 值表达式：false 值表达式）。

6.8.6 在 SpEL 中使用映射和列表

也可以通过 SpEL 使用映射和列表。代码清单 6-36 展示了使用 Spring 的 util 模式在应用程序上下文

XML 文件中配置 mapType（类型为 Map）和 listType（类型为 List）的 bean。

代码清单 6-36 applicationContext.xml

```
Project-ch06-value-annotation
Source location - src/main/resources/META-INF/spring

  <util:list id="listType" list-class="java.util.ArrayList">
    <value>A simple String value in list</value>
    <value>Another simple String value in list</value>
  </util:list>
  <util:map id="mapType" map-class="java.util.TreeMap">
    <entry key="map key 1" value="map key 1's value" />
  </util:map>
```

可以使用 SpEL 来访问 listType 和 mapType bean 中包含的条目，如代码清单 6-37 所示。

代码清单 6-37 Sample 类——使用列表和映射

```
Project-ch06-value-annotation
Source location - src/main/java/sample/spring/chapter06/beans

package sample.spring.chapter06.beans;
.....
@Component(value = "sample")
public class Sample {
  .....
  @Value("#{listType[0]}")
  private String listItem;

  @Value("#{mapType['map key 1']}")
  private String mapItem;
  .....
}
```

在代码清单 6-37 中，#{listType[0]}表达式从 listType 中获取第一个元素，#{mapType['map key 1']}表达式获取与“map key 1”对应的值。

执行 SampleApp 的 main 方法的输出展示了 listItem 和 mapItem 特性的值。

```
listItem --> A simple String value in list
mapItem --> map key 1's value
```

6.8.7 在基于 XML 的 bean 定义中指定 SpEL 表达式

SpEL 的使用不限于@Value 注解，可以在应用程序上下文 XML 文件中包含的 bean 定义中使用 SpEL。

含 义

chapter 6/ch06-spel-example（此项目展示了在应用程序上下文 XML 文件中包含的 bean 定义中使用 SpEL 表达式的应用程序。要运行应用程序，请执行此项目的 SampleApp 类中的 main 方法）。

代码清单 6-38 展示了如何在基于 XML 的 bean 定义中使用 SpEL。

代码清单 6-38 applicationContext.xml——bean 定义中的 Spel 表达式

```
Project-ch06-spel-example
Source location - src/main/resources/META-INF/spring

 <beans ..... >
   <bean id="sample" class="sample.spring.chapter06.beans.Sample">
```

```
    <property name="environment" value="#{configuration.environment}" />
    <property name="currency" value="Some currency" />
    <property name="country" value="#{configuration.getCountry()}" />
    <property name="state" value="#{configuration.state}" />
  </bean>

  <bean id="configuration" class="sample.spring.chapter06.beans.Configuration" />
</beans>
```

代码清单 6-38 展示了 Sample 类的 bean 定义使用 SpEL 表达式（指的是 Configuration bean）来设置 environment、currency、country 和 state 属性的默认值。

注 意

SpEL 是一种非常强大的表达式语言，它能提供比本书中的描述更多的功能。建议参考 Spring 参考文档以了解有关 SpEL 的更多信息。

下面来看如何使用 Spring 的 Validator 接口在 Spring 应用程序中执行对象的验证。

6.9 使用 Spring 的 Validator 接口验证对象

Spring 的 Validator 接口是 Spring Validation API 的一部分，它允许执行对象的验证。可以使用 Validator 接口来执行任何应用程序层中对象的验证。例如，可以使用 Validator 接口验证 Web 层以及持久层中的对象。

注 意

使用 Validator 接口的另一种方式是使用 JSR 380 注解来指定适用于对象的约束。JSR 303 / JSR 380 注解将在 6.10 节中进行介绍。

含 义

chapter 6/ch06-validator-interface（本项目展示了使用 Spring 的 Validator 接口验证 FixedDepositDetails 对象的 MyBank 应用程序，运行该应用程序，执行该项目的 BankApp 类中的 main 方法）。

MyBank 应用程序中的 FixedDepositDetails 对象表示定期存款的明细信息。代码清单 6-39 展示了 FixedDepositDetails 类。

代码清单 6-39 FixedDepositDetails 类

```
Project-ch06-validator-interface
Source location - src/main/java/sample/spring/chapter06/bankapp/domain

package sample.spring.chapter06.bankapp.domain;

public class FixedDepositDetails {
  private long id;
  private float depositAmount;
  private int tenure;
  private String email;

  public FixedDepositDetails(long id, float depositAmount, int tenure,
       String email) {
    this.id = id;
    this.depositAmount = depositAmount;
```

```
    this.tenure = tenure;
    this.email = email;
  }
  .....
  //-- getters and setters for instance variables
  public float getDepositAmount() {
    return depositAmount;
  }
  .....
}
```

代码清单 6-39 展示了 FixedDepositDetails 类定义了 id、depositAmount、tenure 和 email 实例变量。假设在系统中保存定期存款明细之前，我们需要确保定期存款金额（由 depositAmount 实例变量表示）不为 0。

要验证 FixedDepositDetails 对象的 depositAmount 属性，我们需要创建一个 Spring 的 Validator 接口的实现。代码清单 6-40 展示了一个 FixedDepositDetails 类型的对象的验证器。

代码清单 6-40 FixedDepositValidator 类——Spring 的 Validator 接口实现

```
Project-ch06-validator-interface
Source location - src/main/java/sample/spring/chapter06/bankapp/validator

package sample.spring.chapter06.bankapp.validator;

import org.springframework.validation.Errors;
import org.springframework.validation.Validator;

public class FixedDepositValidator implements Validator {

  @Override
  public boolean supports(Class<?> clazz) {
    return FixedDepositDetails.class.isAssignableFrom(clazz);
  }

  @Override
  public void validate(Object target, Errors errors) {
    FixedDepositDetails fixedDepositDetails = (FixedDepositDetails) target;
    if (fixedDepositDetails.getDepositAmount() == 0) {
       errors.reject("zeroDepositAmount");
    }
  }
}
```

Validator 接口定义了 supports 和 validate 方法。supports 方法检查提供的对象实例（由 clazz 特性表示）是否可以验证。如果 supports 方法返回 true，则使用 validate 方法验证该对象。在代码清单 6-40 中，FixedDepositValidator 的 supports 方法检查提供的对象实例是否为 FixedDepositDetails 类型。如果 supports 方法返回 true，那么 FixedDepositValidator 的 validate 方法验证该对象。validate 方法接受要验证的对象实例和一个 Errors 实例。Errors 实例的 reject 方法用于存储验证期间发生的错误。你可以稍后查看 Errors 实例以了解有关验证错误的更多信息。

如代码清单 6-41 所示，FixedDepositServiceImpl 的 createFixedDeposit 方法用 FixedDepositValidator（见代码清单 6-40）来验证 FixedDepositDetails 对象。

代码清单 6-41 FixedDepositServiceImpl 类——验证 FixedDepositDetails 对象

```
Project-ch06-validator-interface
Source location - src/main/java/sample/spring/chapter06/bankapp/service

package sample.spring.chapter06.bankapp.service;

import org.springframework.validation.BeanPropertyBindingResult;
```

```
import sample.spring.chapter06.bankapp.validator.FixedDepositValidator;

@Service(value="fixedDepositService")
public class FixedDepositServiceImpl implements FixedDepositService {

  @Autowired
  @Qualifier(value="myFixedDepositDao")
  private FixedDepositDao myFixedDepositDao;

  @Override
  public void createFixedDeposit(FixedDepositDetails fixedDepositDetails) throws Exception {
    BeanPropertyBindingResult bindingResult =
            new BeanPropertyBindingResult(fixedDepositDetails, "Errors");
    FixedDepositValidator validator = new FixedDepositValidator();
    validator.validate(fixedDepositDetails, bindingResult);

    if(bindingResult.getErrorCount() > 0) {
       logger.error("Errors were found while validating FixedDepositDetails instance");
    } else {
       myFixedDepositDao.createFixedDeposit(fixedDepositDetails);
       logger.info("Created fixed deposit");
    }
  }
}
```

FixedDepositServiceImpl 的 createFixedDeposit 方法在 FixedDepositDao 保存到数据存储之前验证 FixedDepositDetails 对象（由 fixedDepositDetails 参数表示）。代码清单 6-41 显示的 createFixedDeposit 方法执行以下任务。

- 创建一个 FixedDepositValidator 和 Spring 的 BeanPropertyBindingResult 的实例，由 Spring 提供的 Errors 接口的开箱即用的默认实现。
- 调用 FixedDepositValidator 的 validate 方法，传递 FixedDepositDetails 对象和 BeanPropertyBindingResult 实例。
- 调用 BeanPropertyBindingResult 的 getErrorCount 方法来检查是否报告了任何验证错误。如果没有报告验证错误，则调用 FixedDepositDao 的 createFixedDeposit 方法保存数据存储中的定期存款明细。

代码清单 6-42 展示了 BankApp 的 main 方法，它调用 FixedDepositServiceImpl 的 createFixedDeposit 方法（见代码清单 6-41），以检查 FixedDepositValidator 的 validate 方法是否正确地执行了验证。

代码清单 6-42　BankApp 类

```
Project-ch06-validator-interface
Source location - src/main/java/sample/spring/chapter06/bankapp

package sample.spring.chapter06.bankapp;

public class BankApp {
  public static void main(String args[]) throws Exception {
    ApplicationContext context = new ClassPathXmlApplicationContext(
         "classpath:META-INF/spring/applicationContext.xml");

    FixedDepositService fixedDepositService = context.getBean(FixedDepositService.class);

    fixedDepositService.createFixedDeposit(new FixedDepositDetails(1, 0,
         12, "someemail@somedomain.com"));
    fixedDepositService.createFixedDeposit(new FixedDepositDetails(1, 1000,
         12, "someemail@somedomain.com"));
  }
}
```

首先，FixedDepositService 的 createFixedDeposit 方法传递一个 FixedCountDetails 对象，其中 depositAmount 值为 0，后面是一个 FixedCountDetails 对象，对应的 depositAmount 值为 1000。

如果执行 BankApp 的 main 方法，将在控制台上看到以下输出。

```
Errors were found while validating FixedDepositDetails instance
Created fixed deposit
```

当使用 0 作为 depositAmount 值的 FixedDepositDetails 实例被验证时，输出“Errors were found while validating FixedDepositDetails instance”展示了 FixedDepositValidator 报告的错误。当用 1000 作为 depositAmount 值的 FixedDepositDetails 实例被验证时，输出“Created fixed deposit”展示了没有报告错误。

注 意

Spring 的 Validator 接口通常用于基于 Spring MVC 的 Web 应用程序，同时将 HTML 表单中用户输入的信息绑定到相应的表单支持对象。

现在来看一下如何使用 JSR 380 注解来指定 bean 的约束，并让 Spring 执行验证。

6.10 使用 JSR 380（Bean Validation 2.0）注解指定约束

JSR 380（Bean Validation API 2.0）允许使用注解来指定 JavaBeans 组件的约束。当把 Spring 和 JSR 380 结合使用时，可以使用 JSR 380 来注解 bean 属性方法以及容器（如集合和映射）元素，而 Spring 将负责验证 bean 并提供验证结果。

注 意

Spring 5 支持 JSR 349(Bean Validation API 1.1)和 JSR 380(Bean Validation API 2.0)。Spring 4.x 支持 JSR 303（Bean Validation API 1.0）和 JSR 349（Bean Validation API 1.1）。

含 义

chapter 6/ch06-jsr380-validation（本项目展示了使用 JSR 380 注解的 MyBank 应用程序。要运行应用程序，请执行本项目的 BankApp 类的 main 方法）。

代码清单 6-43 展示了使用 JSR 380 注解的 FixedDepositDetails 类。

代码清单 6-43　FixedDepositDetails 类——JSR 380 注解

```
Project-ch06-jsr380-validation
Source location - src/main/java/sample/spring/chapter06/bankapp/domain

package sample.spring.chapter06.bankapp.domain;

import javax.validation.constraints.*;
import javax.validatoin.constraints.NotBlank;

public class FixedDepositDetails {
  @NotNull
  private long id;

  @Min(1000)
  @Max(500000)
  private float depositAmount;

  @Min(6)
```

```
    private int tenure;

    @NotBlank
    @Size(min=5, max=100)
    private String email;

    public FixedDepositDetails(long id, float depositAmount, int tenure, String email) {
      this.id = id;
      this.depositAmount = depositAmount;
      this.tenure = tenure;
      this.email = email;
    }
    .....
  }
```

@NotNull、@Min、@Max、@NotBlank 和@Size 是 JSR 380 Bean Validation API 定义的一些注解。如代码清单 6-43 所示，通过使用 JSR 380 注解，FixedDepositDetails 类清楚地指定了应用于其字段的约束。此外，如果使用 Spring Validation API 验证对象，那么约束信息就包含在 Validator 实现中（见代码清单 6-40）。

表 6-3 描述了由 JSR 380 的注解在代码清单 6-43 中展示的 FixedDepositDetails 对象上实施的约束。

表 6-3　　由 JSR 349 注解执行的约束

JSR 349 注解	约束描述
@NotNull	注解字段不能为 null，例如，FixedDepositDetails 的 id 字段不能为 null
@Min	注解字段的值必须大于或等于指定的最小值，例如，FixedDepositDetails 对象 depositAmount 字段上的@Min（1000）注解意味着 depositAmount 的值必须大于或等于 1000
@Max	注解字段的值必须小于或等于指定的值，例如，FixedDepositDetails 对象 depositAmount 字段上的@Max（500 000）注解意味着 depositAmount 的值必须小于或等于 500 000
@NotBlank	注解字段的值不能为 null 或为空，例如，FixedDepositDetails 的 email 字段不能为 null 或为空
@Size	注解字段的大小必须在指定的最小和最大特性之间，例如，FixedDepositDetails 对象的 email 字段上的@Size(min=5, max=100)注解意味着 email 字段的大小必须大于或等于 5 且小于或等于 100

注　意

为了使用 JSR 380 注解，ch06-jsr380-validation 项目指定了对 JSR 380 API JAR 文件（validation-api-2.0.0.FINAL）和 Hibernate Validator 框架（hibernate-validation-6.0.4.Final）的依赖。Hibernate Validator 框架提供了 JSR 380 的参考实现。由于 Hibernate Validator 需要统一表达式语言（JSR 341）的实现，因此 ch06-jsr380-validation 项目指定了对 javax.el-api（API）和 javax.el 的依赖（参考实现）。

在上面表格中展示的注解都是由 JSR 380 定义的。Hibernate Validator 框架提供了可与 JSR 380 注解一起使用的附加约束注解（如@Currency、@CreditCardNumber，等等）。

现在已经在 FixedDepositDetails 类中指定了 JSR 380 约束，下面来看如何使用 Spring 验证 FixedDepositDetails 对象。

6.10.1 Spring 中的 JSR 380 支持

Spring 支持使用 JSR 380 约束验证对象。Spring 的 LocalValidatorFactoryBean 类负责在应用程序的类路径中检测 JSR 380 提供程序（如 Hibernate Validator）的存在并对其进行初始化。注意，LocalValidatorFactoryBean 实现了 JSR 380 的 Validator 和 ValidatorFactory 接口以及 Spring 的 Validator 接口。

代码清单 6-44 展示了 LocalValidatorFactoryBean 类在应用程序上下文 XML 文件中的配置。

代码清单 6-44 applicationContext.xml——Spring 的 LocalValidatorFactoryBean 配置

```
Project-ch06-jsr380-validation
Source location - src/main/resources/META-INF/spring
<bean id="validator"
        class="org.springframework.validation.beanvalidation.LocalValidatorFactoryBean" />
```

可以看到，LocalValidatorFactoryBean 的配置方式和任何其他 Spring bean 没有区别。现在已经配置了 LocalValidatorFactoryBean，下面来看它是如何用来执行验证的。

代码清单 6-45 展示了 FixedDepositServiceImpl 的 createFixedDeposit 方法。该方法用于在将定期存款明细保存在数据存储中之前验证 FixedDepositDetails 对象。

代码清单 6-45 FixedDepositServiceImpl 类——验证 FixedDepositDetails 对象

```
Project-ch06-jsr380-validation
Source location - src/main/java/sample/spring/chapter06/bankapp/service

package sample.spring.chapter06.bankapp.service;

import org.springframework.validation.BeanPropertyBindingResult;
import org.springframework.validation.Validator;
.....
@Service(value="fixedDepositService")
public class FixedDepositServiceImpl implements FixedDepositService {

  @Autowired
  private Validator validator;

  @Autowired
  @Qualifier(value="myFixedDepositDao")
  private FixedDepositDao myFixedDepositDao;

  @Override
  public void createFixedDeposit(FixedDepositDetails fixedDepositDetails) throws Exception {
    BeanPropertyBindingResult bindingResult =
        new BeanPropertyBindingResult(fixedDepositDetails, "Errors");
    validator.validate(fixedDepositDetails, bindingResult);

    if(bindingResult.getErrorCount() > 0) {
        logger.error("Errors were found while validating FixedDepositDetails instance");
    } else {
        myFixedDepositDao.createFixedDeposit(fixedDepositDetails);
        logger.info("Created fixed deposit");
    }
  }
}
```

代码清单 6-45 展示了被 validator 字段引用的 Spring 的 Validator 实现。由于 LocalValidatorFactoryBean 实现了 Spring 的 Validator 接口，LocalValidatorFactoryBean 实例被分配给 validator 字段。FixedDepositServiceImpl 的 createFixedDeposit 方法调用 Validator 的 validate 方法来执行 FixedDepositDetails 对象的验证。

在代码清单 6-45 中，需要注意有一件有趣的事情，我们没有用 JSR 380 API 来执行 FixedDepositDetails 对象的验证，而是用 Spring Validation API 来执行验证。这么做之所以可行，是因为 LocalValidatorFactoryBean 实现了 Spring 的 Validator 接口的 validate 方法，这样既可以使用 JSR 380 API 来执行对象的验证，又能将开发人员与 JSR 380 特定的 API 细节隔离。

代码清单 6-46 展示了 BankApp 的 main 方法，它调用 FixedDepositServiceImpl 的 createFixedDeposit 方法（见代码清单 6-45）来检查验证是否正确执行。

代码清单 6-46 BankApp 类

```
Project-ch06-jsr380-validation
Source location - src/main/java/sample/spring/chapter06/bankapp

package sample.spring.chapter06.bankapp;
.....
public class BankApp {
  private static Logger logger = LogManager.getLogger(BankApp.class);

  public static void main(String args[]) throws Exception {
    ConfigurableApplicationContext context = new ClassPathXmlApplicationContext(
         "classpath:META-INF/spring/applicationContext.xml");
    logger.info("Validating FixedDepositDetails object using Spring Validation API");

    FixedDepositService fixedDepositService = (FixedDepositService)
                                          context.getBean("fixedDepositService");
    fixedDepositService.createFixedDeposit(new FixedDepositDetails(1, 0, 12,
                                         "someemail@somedomain.com"));
    fixedDepositService.createFixedDeposit(new FixedDepositDetails(1, 1000, 12,
                                         "someemail@somedomain.com"));
    .....
  }
}
```

首先，传递给 FixedDepositService 的 createFixedDeposit 方法的是一个 FixedCountDetails 对象，其中 depositAmount 值为 0，接着是一个 FixedCountDetails 对象，其中 depositAmount 值为 1000。

如果执行 BankApp 的 main 方法，将在控制台上看到以下输出。

```
Validating FixedDepositDetails object using Spring Validation API
Errors were found while validating FixedDepositDetails instance
Created fixed deposit
```

用 0 作为 depositAmount 值的 FixedDepositDetails 实例进行验证时，输出“Errors were found while validating FixedDepositDetails instance”展示了在验证 depositAmount 值为 0 的 FixedDepositDetails 实例时 FixedDepositValidator 报告的错误。输出“Created fixed deposit”表明在验证 depositAmount 值为 1000 的 FixedDepositDetails 实例时没有报告错误。

由于 LocalValidatorFactoryBean 还实现了 JSR 380 的 Validator 和 ValidatorFactory 接口，因此可以选择使用 JSR 380 API 来执行 FixedDepositDetails 对象的验证。代码清单 6-47 展示了使用 JSR 380 的 Validator 执行验证的 FixedDepositServiceImpl 类的替代实现。

代码清单 6-47 FixedDepositServiceJsr380Impl 类——验证 FixedDepositDetails 对象

```
Project-ch06-jsr380-validation
Source location - src/main/java/sample/spring/chapter06/bankapp/service

package sample.spring.chapter06.bankapp.service;

import javax.validation.ConstraintViolation;
import javax.validation.Validator;

@Service(value = "fixedDepositServiceJsr380")
public class FixedDepositServiceJsr380Impl implements FixedDepositService {
  .....
  @Autowired
  private Validator validator;

  @Autowired
  @Qualifier(value = "myFixedDepositDao")
  private FixedDepositDao myFixedDepositDao;
```

```
  @Override
  public void createFixedDeposit(FixedDepositDetails fixedDepositDetails) throws Exception {
    Set<ConstraintViolation<FixedDepositDetails>> violations =
       validator.validate(fixedDepositDetails);

    Iterator<ConstraintViolation<FixedDepositDetails>> itr = violations.iterator();

    if (itr.hasNext()) {
       logger.error("Errors were found while validating FixedDepositDetails instance");
    } else {
       myFixedDepositDao.createFixedDeposit(fixedDepositDetails);
       logger.info("Created fixed deposit");
    }
  }
}
```

如代码清单 6-47 所示，JSR 380 的 Validator 实现被 validator 字段引用。由于 LocalValidatorFactoryBean 实现了 JSR 380 的 Validator 接口，LocalValidatorFactoryBean 实例被分配给 validator 字段。createFixedDeposit 方法通过调用 Validator 的 validate 方法来验证 FixedDepositDetails 对象。validate 方法返回一个包含由 JSR 380 提供者报告的约束冲突的 java.util.Set<ConstraintViolation>对象。可以通过检查 validate 方法返回的 java.util.Set 对象来了解是否报告了任何约束冲突。每个约束冲突都由返回的 java.util.Set 中包含的 ConstraintViolation 对象表示。例如，在代码清单 6-47 中，只有在 java.util.Set 不包含任何约束冲突的情况下，createFixedDeposit 方法才会调用 FixedDepositDao 的 createFixedDeposit 方法。

下面来看如何使用 JSR 380 验证方法。

验证方法

JSR 380 支持验证方法——它们的参数和返回值。要启用方法验证，需要配置 Spring 的 MethodValidationPostProcessor——一个将方法验证委托给可用的 JSR 380 提供者的 BeanPostProcessor。代码清单 6-48 展示了在 applicationContext.xml 文件中的 MethodValidationPostProcessor 的配置。

代码清单 6-48 applicationContext.xml——MethodValidationPostProcessor 配置

```
Project-ch06-jsr380-validation
Source location - src/main/resources/META-INF/spring

<bean
  class="org.springframework.validation.beanvalidation.MethodValidationPostProcessor" />
```

默认情况下，MethodValidationPostProcessor 查找使用 Spring 的@Validated 注解的 bean 类，并为使用 JSR 380 约束注解的方法添加验证支持。

代码清单 6-49 展示了定义 submitRequest 方法的 CustomerRequestService 接口。

代码清单 6-49 CustomerRequestService interface——验证方法参数和返回值

```
Project-ch06-jsr380-validation
Source location - src/main/java/sample/spring/chapter06/bankapp/service

package sample.spring.chapter06.bankapp.service;

import javax.validation.constraints.*;
import org.springframework.validation.annotation.Validated;

@Validated
public interface CustomerRequestService {
  @Future
  Calendar submitRequest(@NotBlank String type, @Size(min=20, max=100) String description,
```

```
            @Past Calendar accountOpeningDate);
}
```

在代码清单 6-49 中，在 submitRequest 方法的参数及其返回值上指定了 JSR 380 约束。@Past 注解指定了作为 accountOpeningDate 参数的值传递的日期必须在过去。submitRequest 方法上的@Future 注解指定了 submitRequest 方法返回的日期必须在将来。在 CustomerRequestService 接口上的@Validated 注解表明它包含具有 JSR 380 约束的方法。

CustomerRequestServiceImpl 实现 CustomerRequestService 接口并提供 submitRequest 方法的实现。由于 JSR 380 约束的继承，CustomerRequestServiceImpl 类中覆盖的 submitRequest 方法必须满足 CustomerRequestService 的 submitRequest 方法上指定的约束。代码清单 6-50 展示了 CustomerRequestServiceImpl 的 submitRequest 方法的实现。

代码清单 6-50　CustomerRequestServiceImpl

```
Project-ch06-jsr380-validation
Source location - src/main/java/sample/spring/chapter06/bankapp/service

package sample.spring.chapter06.bankapp.service;
.....
@Service("customerRequestService")
public class CustomerRequestServiceImpl implements CustomerRequestService {
  @Override
  public Calendar submitRequest(String type, String description, Calendar accountSinceDate) {
    .....
    customerRequestDao.submitRequest(details);
    Calendar cal = Calendar.getInstance();
    cal.add(Calendar.MONTH, -1);
    return cal;
  }
}
```

在代码清单 6-50 中，submitRequest 方法保存请求并返回一个比当前日期晚一个月的日期。

代码清单 6-51 展示了 BankApp 类的 main 方法，它使用不同的参数集多次调用 CustomerRequestServiceImpl 的 submitRequest 方法。

代码清单 6-51　BankApp 类

```
Project-ch06-jsr380-validation
Source location - src/main/java/sample/spring/chapter06/bankapp

package sample.spring.chapter06.bankapp;

import javax.validation.ConstraintViolation;
import javax.validation.ConstraintViolationException;
.....
public class BankApp {
  private static Logger logger = LogManager.getLogger(BankApp.class);

  public static void main(String args[]) throws Exception {
    .....
    logger.info("Validating CustomerRequestDetails object using JSR 380 Validator");
    CustomerRequestService customerRequestService =
                                  context.getBean(CustomerRequestService.class);
    try {
       customerRequestService.submitRequest("request type", "description < 20",
                                                    Calendar.getInstance());
    } catch (ConstraintViolationException ex) {
       printValidationErrors(ex);
    }
    .....
```

```
        Calendar futureDate = Calendar.getInstance();
        futureDate.add(Calendar.MONTH, 1);
        customerRequestService.submitRequest("request type", "description size > 20", futureDate);
        .....
        Calendar pastDate = Calendar.getInstance();
        pastDate.add(Calendar.MONTH, -1);
        customerRequestService.submitRequest("request type", "description size > 20", pastDate);
        .....
    }
    .....
}
```

在代码清单 6-51 中，CustomerRequestServiceImpl 的 submitRequest 方法被调用了 3 次。在第一次调用中，description 参数的长度小于 20，这意味着参数的@Size（min = 20，max = 100）约束将失败。在第二次调用中，作为参数传递给 accountOpeningDate 参数的日期在将来，这意味着参数上的@Past 约束将失败。在第三次调用中，所有参数都满足约束条件，但是由 submitRequest 方法返回的日期在过去（见代码清单 6-49），因此，submitRequest 方法返回值的@Future 约束将失败。当 JSR 380 约束失败时，会抛出 ConstraintViolationException。在代码清单 6-51 中，ConstraintViolationException 被捕获，其详细信息将使用 printValidationErrors 方法写入控制台。

如果运行 BankApp 的 main 方法，将在控制台上看到以下输出。

```
Validating CustomerRequestDetails object using JSR 380 Validator
ConstraintViolationImpl{interpolatedMessage='size must be between 20 and 100', .....}
ConstraintViolationImpl{interpolatedMessage='must be a past date' .....}
ConstraintViolationImpl{interpolatedMessage='must be a future date'.....}
```

输出展示了每次调用 CustomerRequestServiceImpl 的 submitRequest 方法时报告的相应错误消息。

6.10.2　JSR 380 有什么新功能

尽管 Spring 5 同时支持 JSR 349 和 JSR 380，但你应该考虑使用 JSR 380 来开发应用程序。JSR 380 提供了以下 JSR 349 中没有的新功能：

- 你可以为容器元素（如集合和映射）中包含的元素指定验证约束；
- 你可以在 java.util.Optional 类型的变量上指定约束；
- 新的验证约束，如@NotBlank、@Email、@Prositive 以及@VendorOrZero 等。

注　意

有关 JSR 380 中更改的完整列表，请参阅 JSR 380 规范文档。

含　义

chapter 6/ch06-jsr380-newfeatures（此项目展示了一个使用了 JSR380 新功能的样例应用程序。要运行该应用程序，请执行此项目的 SampleApp 类的 main 方法）。

代码清单 6-52 展示了使用 JSR 380 提供的新功能的 Profile 类。

代码清单 6-52　Profile 类——JSR 380 的新功能

```
Project-ch06-jsr380-newfeatures
Source location - src/main/java/sample/spring/chapter06/newfeatures/domain
package sample.spring.chapter06.newfeatures.domain;

import java.util.List;
import java.util.Optional;
import javax.validation.constraints.*;
import org.hibernate.validator.constraints.Length;
```

```
.....
public class Profile {
    private List<@Size(min = 5) String> friendNames;

    private Optional<@Length(min = 10, max = 10) String> phoneNumber;

    @PositiveOrZero
    private Integer income;

    @Positive
    private Integer age;

    .....getters/setters and constructor.....
}
```

在代码清单 6-52 中：

- List <@Size（min = 5）String> friendNames——@Size 注解指定了 friendNames 列表中包含的每个String 值的长度至少为 5；
- Optional<@Length（min = 10，max = 10）String> phoneNumber——Hibernate Validator 的@Length 注解（与 JSR 380 的@Size 注解具有相同的作用）指定了 phoneNumber 字段的长度必须为 10；
- @PositiveOrZero 注解指定了 income 字段的值必须大于或等于 0；
- @Positive 注解指定了 age 字段的值必须大于 0。

代码清单 6-53 展示了 SampleApp 类，在其 main 方法中创建了 Profile 对象实例并调用 Validator 的 validate 方法对它进行验证，并打印验证错误消息。

代码清单 6-53　SampleApp 类——验证 Profile 对象

```
Project-ch06-jsr380-newfeatures
Source location - src/main/java/sample/spring/chapter06/newfeatures
package sample.spring.chapter06.newfeatures;

import javax.validation.*;
import sample.spring.chapter06.newfeatures.domain.Profile;
.....
public class SampleApp {
    .....
    public static void main(String args[]) throws Exception {
        .....
        List<String> friends = new ArrayList<String>();
        friends.add("Johnson");
        friends.add("John");
        Profile profile = new Profile(friends, Optional.of("123456789"), -1, 0);

        Validator validator = context.getBean(Validator.class);
        Set<ConstraintViolation<Profile>> violations = validator.validate(profile);
        .....
    }
}
```

如果运行 SampleApp 的 main 方法，将看到以下输出：

```
ConstraintViolationImpl{interpolatedMessage='must be greater than 0', propertyPath=age, .....}
ConstraintViolationImpl{interpolatedMessage='length must be between 10 and 10', propertyPath=phoneNumber.
....}
ConstraintViolationImpl{interpolatedMessage='size must be between 5 and 2147483647', propertyPath=
friendNames[1].<list element>.....}
ConstraintViolationImpl{interpolatedMessage='must be greater than or equal to 0', propertyPath=income.
....}
```

ConstraintViolationImpl（ConstraintViolation 接口的实现）的 propertyPath 特性标识验证失败的字段。

输出显示了 friendNames [1]（即 friendNames 列表的第二个元素）验证失败。这是因为 friendNames 列表中的第二个元素是“John”，其长度不符合@Size（min = 5）约束（见代码清单 6-52）。

在本节中，我们看到了如何使用 Spring 对 JSR 380 的支持来执行对象和方法的验证。注意，JSR 380 允许创建自定义约束并在应用程序中使用它们。例如，可以创建一个@MyConstraint 自定义约束和相应的 validator 来强制对对象的约束。

下面来看 bean 定义配置文件的概念。

6.11 bean 定义配置文件

Spring 的 bean 定义配置文件功能允许将一组 bean 与配置文件相关联。配置文件是给定的一组 bean 的逻辑名称。如果配置文件处于活跃状态，则 Spring 容器将创建与该配置文件相关联的 bean。要将配置文件设置为活跃状态，请将其名称指定为 spring.profiles.active 属性的值。spring.profiles.active 属性可以定义为系统属性、环境变量、JVM 系统属性、servlet 上下文参数（在 Web 应用程序的情况下）或 JNDI 条目。

如果你希望在不同环境中使用不同的 bean 集合，通常应将 bean 与配置文件相关联。例如，你可能希望在开发环境中使用内嵌的数据库，并在生产环境中使用独立数据库。

含 义

chapter 6/ch06-bean-profiles（本项目展示了使用 bean 定义配置文件的 MyBank 应用程序。要运行应用程序，请执行本项目中 BankAppWithProfile 的 main 方法或 BankAppWithoutProfile 的 main 方法）。

下面来看一个使用了 bean 定义配置文件的示例场景。

bean 定义配置文件示例

ch06-bean-profiles 项目的 MyBank 应用程序使用 bean 定义配置文件来满足以下应用程序要求。

- 应用程序应在开发过程中使用内嵌的数据库，并在生产环境中使用独立的数据库。
- 应用程序应支持 Hibernate 和 MyBatis 两种 ORM 框架进行数据库交互。在部署时，可以指定应用程序使用 Hibernate 还是 MyBatis 进行数据库交互。如果没有指定，默认情况下使用 Hibernate。

下面来看如何通过使用 bean 定义配置文件满足这些要求。

1. 开发和生产环境中的不同数据库

ch06-bean-profiles 项目的 DataSource 类保存数据库配置（如驱动程序类、用户名等），并被 DAO 用于与数据库连接并执行 SQL。代码清单 6-54 展示了 DataSource 类。

代码清单 6-54 DataSource 类

```
Project-ch06-bean-profiles
Source location - src/main/java/sample/spring/chapter06/bankapp/domain

package sample.spring.chapter06.bankapp.domain;
.....
@Component
public class DataSource {
  @Value("#{dbProps.driverClassName}")
  private String driverClass;

  @Value("#{dbProps.url}")
  private String url;
  .....
}
```

如代码清单 6-54 所示，DataSource bean 从 dbProps bean 中获取数据库配置。dbProps bean 配置在应用程序上下文 XML 文件中，如代码清单 6-55 所示。

代码清单 6-55　applicationContext.xml

```
Project-ch06-bean-profiles
Source location - src/main/resources/META-INF/spring

<beans .....
  xmlns:util="http://www.springframework.org/schema/util".....>
  .....
  <beans profile="dev, default">
    <util:properties id="dbProps" location="classpath:META-INF/devDB.properties" />
  </beans>

  <beans profile="production">
    <util:properties id="dbProps" location="classpath:META-INF/productiondDB.properties" />
  </beans>
</beans>
```

在代码清单 6-55 中，嵌套的<beans>标签定义了与一个或多个配置文件相关联的 bean。profile 特性指定了 bean 所属的配置文件。例如，由 util 模式的第一个<properties>元素创建的 dbProps bean 与 dev 和 default 配置文件相关联，而由第二个<properties>元素创建的 dbProps bean 与 production 配置文件相关联。devDB.properties 文件包含开发环境的数据库配置，因此，由第一个<properties>元素创建的 dbProps bean 包含适用于开发环境的数据库配置。类似地，由第二个<properties>元素创建的 dbProps bean 包含适用于生产环境的数据库配置（包含在 productionDB.properties 文件中）。

注 意

嵌套的<beans>标签必须出现在应用程序上下文 XML 文件的末尾。

这意味着，如果 dev 或 default 配置文件处于活跃状态，DataSource bean 将提供 devDB.properties 中定义的数据库配置，而当 production 配置文件处于活跃状态时，DataSource bean 将提供在 productionDB.properties 中定义的数据库配置。

2. 支持 Hibernate 和 MyBatis

为了支持使用 Hibernate 和 MyBatis 与数据库进行交互，我们已经为 Hibernate 和 MyBatis 创建了单独的 DAO（FixedDepositHibernateDao 和 FixedDepositMyBatisDao）。

代码清单 6-56 展示了使用 Hibernate 进行数据库交互的 FixedDepositHibernateDao 类（FixedDepositDao 的一个实现）。

代码清单 6-56　FixedDepositHibernateDao——针对 Hibernate 的 DAO 实现

```
Project-ch06-bean-profiles
Source location - src/main/java/sample/spring/chapter06/bankapp/dao

package sample.spring.chapter06.bankapp.dao;

@Profile({ "hibernate", "default" })
@Repository
public class FixedDepositHibernateDao implements FixedDepositDao {
  private DataSource dataSource;
  .....
  @Autowired
  public FixedDepositHibernateDao(DataSource dataSource) {
    this.dataSource = dataSource;
  }
```

```
  .....
}
```

在代码清单 6-56 中，@Profile 注解指定了 FixedDepositHibernateDao bean 仅在活跃的配置文件为 hibernate 或 default 的情况下才向 Spring 容器注册。这意味着，如果活跃配置文件不是 hibernate 或 default，则 Spring 容器将不会创建 FixedDepositHibernateDao bean 的实例。请注意，FixedDepositHibernateDao 的构造函数接受 DataSource 作为 Hibernate 用于与数据库连接并执行 SQL 的参数。

代码清单 6-57 展示了使用 MyBatis 进行数据库交互的 FixedDepositMyBatisDao 类（FixedDepositDao 的另一个实现）。

代码清单 6-57 FixedDepositMyBatisDao——针对 MyBatis 的 DAO 实现

```
Project-ch06-bean-profiles
Source location - src/main/java/sample/spring/chapter06/bankapp/dao

package sample.spring.chapter06.bankapp.dao;

import org.springframework.context.annotation.Profile;
.....
@Profile("mybatis")
@Repository
public class FixedDepositMyBatisDao implements FixedDepositDao {
  private DataSource dataSource;
  .....
  @Autowired
  public FixedDepositMyBatisDao(DataSource dataSource) {
    this.dataSource = dataSource;
  }
  .....
}
```

在代码清单 6-57 中，@Profile 注解指定了仅当活跃配置文件为 mybatis 时，FixedDepositMyBatisDao 才能注册到 Spring 容器。FixedDepositMyBatisDao 的构造函数接受 DataSource 作为 MyBatis 用于连接数据库和执行 SQL 的参数。

3. 设置活跃配置文件

代码清单 6-58 展示了 BankAppWithProfile 的 main 方法，在 main 方法中将 mybatis 和 production 设置为活跃配置文件。

代码清单 6-58 BankAppWithProfile——将 mybatis 和 production 设置为活跃配置文件

```
Project-ch06-bean-profiles
Source location - src/main/java/sample/spring/chapter06/bankapp

package sample.spring.chapter06.bankapp;

public class BankAppWithProfile {
  public static void main(String args[]) {
    System.setProperty("spring.profiles.active", "mybatis, production");
    ConfigurableApplicationContext context = new ClassPathXmlApplicationContext(
         "classpath:META-INF/spring/applicationContext.xml");
    .....
  }
}
```

在代码清单 6-58 中，System 的 setProperty 方法将 spring.profiles.active 系统属性设置为“mybatis, production”。这有效地将 mybatis 和 production 配置文件设置为活跃。由于 FixedDepositMyBatisDao bean（见代码清单 6-57）和从 productionDB.properties 文件（见代码清单 6-55）读取数据库配置的 dbProps bean 分

别与 mybatis 和 production 配置文件相关联，它们将被 Spring 容器分别创建。

如果运行 BankAppWithProfile 的 main 方法，将在输出中看到以下消息。

```
INFO .....FixedDepositMyBatisDao - initializing
INFO ..... dbProps bean -> {password=root, driverClassName=com.mysql.jdbc.Driver, url=jdbc:mysql:
//production:3306/spring_bank_app_db, username=root}
```

以上的输出展示了由 Spring 容器创建的 FixedDepositMyBatisDao bean。此外，包含在 productionDB.properties 文件中的数据库配置的 dbProps bean 也是由 Spring 容器创建的。

如果没有配置文件处于活跃状态，则 Spring 容器将 default 配置文件视为活跃配置文件。BankAppWithoutProfile 的 main 方法没有设置任何活跃的配置文件。如果运行 BankAppWithoutProfile 的 main 方法，将在控制台上看到以下输出。

```
INFO .....FixedDepositHibernateDao-initializing
INFO ..... dbProps bean -> {password=devDBPassword, driverClassName=devDBDriver, url=devDBURL, u
sername=devDBUsername}
```

我们之前看到，持有包含在 devDB.properties 文件（见代码清单 6-55）中的数据库配置的 dbProps bean 和 FixedDepositHibernateDao bean（见代码清单 6-56）与 default 配置文件相关联。因此，Spring 容器创建了 FixedDepositHibernateDao bean 和从 devDB.properties 文件中获取配置的 dbProps bean。

注 意

可以通过设置 spring.profiles.default 属性将默认活跃配置文件的名称从 default 更改为其他的值。

我们之前看到嵌套的<beans>标签的 profile 特性指定了包含 bean 所属的配置文件。如果应用程序上下文 XML 文件中的所有 bean 都属于同一个配置文件，那么可以使用顶级<beans>元素的 profile 特性来指定所有 bean 所属的配置文件。代码清单 6-59 展示了一个场景，其中在应用程序上下文 XML 文件中定义的所有 bean 都属于 dev 配置文件。

代码清单 6-59 为所有的 bean 设置相同的配置文件

```
<beans profile="dev" .....>
    <bean id="aBean" class="A"/>
    <bean id="bBean" class="B" />
</beans>
```

在代码清单 6-59 中，aBean 和 bBean 都与 dev 配置文件相关联。

如果不将任何配置文件与 bean 相关联，则无论活跃配置文件如何，都会注册该 bean。请考虑代码清单 6-60，其中 aBean 不与任何配置文件相关联。

代码清单 6-60 没有指定配置文件的 Bean 在所有配置文件中都是可用的

```
<beans .....>
  .....
  <bean id="aBean" class="A"/>

  <beans profile="dev">
    <bean id="bBean" class="B"/>
  </beans>

  <beans profile="prod">
    <bean id="cBean" class="C"/>
  </beans>
</beans>
```

在代码清单 6-60 中，aBean 是可用的（注册到 Spring 容器），而不管 dev 或 prod 配置文件是否是活跃的。

可以使用“!”运算符作为配置文件名称的前缀，以表示该配置文件未处于非活跃状态时，该 bean 应该向 Spring 容器注册。在代码清单 6-61 中，只有在 dev 配置文件为非活跃时，才会注册 aBean。

代码清单 6-61　在配置文件名称上使用!运算符

```
<beans .....>
  .....
  <beans profile="!dev">
    <bean id="aBean" class="A"/>
  </beans>

  <beans profile="prod, default">
    <bean id="bBean" class="B"/>
  </beans>
</beans>
```

如果 prod 配置文件（或除 dev 之外的任何其他配置文件）处于活跃状态或没有配置文件处于活跃状态，只有这个时候 aBean 才会被注册到 Spring 容器中。

注　意

也可以在@Profile 注解上使用!运算符，这样只有在配置文件非活跃时这个 bean 才可用。例如，一个 bean 上的@Profile（"!dev"）注解使得只有在 dev 配置文件非活跃的情况下，bean 才可用。

6.12　小结

在本章中，我们介绍了如何使用注解（如@Component、@Inject、@Lazy、@Autowired 等）来配置 Spring bean。我们还介绍了简化 bean 配置、bean 定义配置文件以及 Spring 的验证 API 和 JSR 380 的 SpEL 表达式。在第 7 章中，我们将介绍如何以编程方式配置 Spring 容器并使用它注册 bean。

第 7 章　基于 Java 的容器配置

7.1　简介

在我们迄今为止看到的示例中，都是使用应用程序上下文 XML 文件或使用 Java 注解来配置 Spring 容器。在本章中，我们将看到如何以编程方式配置 Spring 容器。用编程的方式配置 bean 和 Spring 容器也称为“基于 Java 的容器配置”。你可以根据自己的偏好选择 XML 或 Java 注解或基于 Java 的配置方法来开发应用程序。Spring 允许使用这些方法的组合来开发应用程序，但建议使用单一方法。

在本章的开始，我们先看一下基于 Java 配置的核心：@Configuration 和@Bean 注解。

7.2　使用@Configuration 和@Bean 注解配置 bean

@Configuration 和@Bean 注解用于以编程方式配置 Spring bean。如果使用@Configuration 注解一个类，则表示该类包含一个或多个使用@Bean 注解的方法，这些方法可以创建并返回 bean 实例。由@Bean 注解的方法返回的 bean 实例由 Spring 容器管理。

含　义

chapter 7/ch07-bankapp-configuration（此项目展示了 MyBank 应用程序使用@Configuration 和@Bean 注解来以编程方式配置 bean。要运行该应用程序，请执行此项目的 BankApp 类的 main 方法）。

代码清单 7-1 展示了使用@Configuration 注解的 BankAppConfiguration 类。

代码清单 7-1　BankAppConfiguration 类——@Configuration 和@Bean 注解

```
Project-ch07-bankapp-configuration
Source location - src/main/java/sample/spring/chapter07/bankapp

package sample.spring.chapter07.bankapp;

import org.springframework.context.annotation.Bean;
import org.springframework.context.annotation.Configuration;
.....
@Configuration
public class BankAppConfiguration {
  .....
  @Bean(name = "fixedDepositService")
  public FixedDepositService fixedDepositService() {
    return new FixedDepositServiceImpl();
  }
  .....
}
```

BankAppConfiguration 类定义了@Bean 注解方法来创建和返回 bean 实例。@Bean 的 name 特性指定了返回的 bean 实例向 Spring 容器注册时的名称。在代码清单 7-1 中，fixedDepositService 方法创建并返回一个

FixedDepositServiceImpl bean 的实例，该实例的 bean 向 Spring 容器注册使用的名称为 fixedDepositService。fixedDepositService 方法与应用程序上下文 XML 文件中的以下 bean 定义具有相同的效果。

```
<bean id="fixedDepositService"
          class="sample.spring.chapter07.bankapp.service.FixedDepositServiceImpl" />
```

注 意

@ Bean 的 name 特性可以接受一个表示 bean 的别名的名称数组。想引用不同名称的同一个 bean 时，可以使用别名。

要使用@Configuration 注解类来定义 bean，需要 CGLIB 库。CGLIB 库扩展了@Configuration 注解类以向@Bean 注解方法添加行为。从 Spring 3.2 开始，CGLIB 类包装在 spring-core JAR 文件本身当中。因此，不需要显式指定你的项目依赖于 CGLIB JAR 文件。由于@Configuration 注解类被 CGLIB 子类化，因此不能将它们定义为 final，而且必须提供无参数的构造函数。

除了 name 特性，@Bean 注解还定义了可用于配置返回的 bean 实例的以下特性。

特性	描述
autowire	具有与<bean>元素的 autowire 特性相同的目的（更多关于 autowire 特性的信息见 4.6 节）。如果@Bean 注解方法返回的 bean 依赖于其他 bean，则可以使用 autowire 特性来指示 Spring 按名称或类型执行依赖项的自动装配。默认情况下，返回的 bean 的自动装配功能是禁用的
initMethod	具有与<bean>元素的 init-method 特性相同的目的（更多关于 init-method 特性的信息见 5.2 节）
destroyMethod	具有与<bean>元素的 destroy-method 特性相同的目的（更多关于 destroy-method 特性的信息见 5.2 节）

如果不指定@ Bean 的 name 特性，则该方法的名称将被视为 bean 的名称。在代码清单 7-2 中，FixedDepositDao 实例将被注册为名为 fixedDepositDao 的 bean。

代码清单 7-2 BankAppConfiguration 类——不使用 name 特性的@Bean 注解

```
Project-ch07-bankapp-configuration
Source location - src/main/java/sample/spring/chapter07/bankapp

  @Bean
  public FixedDepositDao fixedDepositDao() {
    return new FixedDepositDaoImpl();
  }
```

注意，@Bean 注解方法也可以使用@Lazy、@DependsOn、@Primary 和@Scope 注解。在@Bean 注解方法上指定时，这些注解将应用于由@Bean 注解方法返回的 bean 实例。例如，@DependsOn 注解指定由@Bean 注解方法返回的 bean 实例的隐式依赖项。代码清单 7-3 展示了@DependsOn 注解的用法。

代码清单 7-3 SomeConfig 类——@DependsOn 注解

```
import org.springframework.context.annotation.DependsOn;
.....
@Configuration
public class SomeConfig {
  .....
  @Bean(name = "someBean")
  @DependsOn({"aBean", "bBean"})
  public SomeBean someBean() {
    return new SomeBean();
  }
  .....
}
```

在代码清单 7-3 中，@DependsOn 注解指定 aBean 和 bBean bean 是 someBean 的隐式依赖项，因此必须在创建 someBean 实例之前创建它们。

默认情况下，@Bean 注解方法返回的 bean 为 singleton 范围。可以使用@Scope 注解为返回的 bean 设置不同的范围，如代码清单 7-4 所示。

代码清单 7-4 BankAppConfiguration 类——@Scope 注解

```
Project-ch07-bankapp-configuration
Source location - src/main/java/sample/spring/chapter07/bankapp

package sample.spring.chapter07.bankapp;

import org.springframework.context.annotation.Scope;
.....
@Configuration
public class BankAppConfiguration {
  .....
  @Bean(name = "customerRegistrationService")
  @Scope(scopeName = ConfigurableBeanFactory.SCOPE_PROTOTYPE)
  public CustomerRegistrationService customerRegistrationService() {
    return new CustomerRegistrationServiceImpl();
  }
  .....
}
```

在代码清单 7-4 中，@Scope 注解将 customerRegistrationService bean 指定为一个 prototype 范围的 bean。

在@Component 和 JSR 330 的@Named 类中定义@Bean 方法

还可以在使用@Component 或 JSR 330 的@Named 注解的 bean 类中定义@Bean 方法。代码清单 7-5 展示了一个定义了@Bean 方法的@Service 注解 bean 类。

代码清单 7-5 TransactionServiceImpl——在@Component 类中定义@Bean 方法

```
Project-ch07-bankapp-configuration
Source location - src/main/java/sample/spring/chapter07/bankapp/service

package sample.spring.chapter07.bankapp.service;
.....
@Service
public class TransactionServiceImpl implements TransactionService {
  @Autowired
  private TransactionDao transactionDao;

  @Override
  public void getTransactions(String customerId) {
    transactionDao.getTransactions(customerId);
  }

  @Bean
  public TransactionDao transactionDao() {
    return new TransactionDaoImpl();
  }
}
```

在代码清单 7-5 中，TransactionServiceImpl bean 类定义了一个@Bean 注解的 transactionDao 方法。该方法返回一个 TransactionDaoImpl 的实例（一个 TransactionDao 接口的实现）。TransactionServiceImpl 使用@Autowired 注解来自动装配 TransactionDaoImpl 实例。这看起来可能有点混乱，因为在 bean 类中发生了太多的事情。在 bean 类中定义@Bean 注解方法的另一个问题是，可能会无意中调用@Bean 注解方法，并只是将其视为另一种 bean 类的方法。因此，建议使用@Configuration 类定义@Bean 注解方法。

注 意

@Configuration 注解用@Component 进行元注解。因此@Configuration 和@Component 类有许多共同之处。例如，两者都可以定义@Bean 注解方法在其中，都可以使用自动装配，@Configuration 和@Component 类的实例都可以由 Spring 容器创建并注册为 bean，等等。

使用@ComponentScan 搜索和注册 bean

@ComponentScan 注解与我们在第 6 章中讨论的<component-scan>元素具有相同的作用。一个使用了@Configuration 配置注解的类可以使用@ComponentScan 注解来搜索和注册@Component 类。

以下代码展示了一个在使用@Configuration 注解的类上使用@ComponentScan 注解：

```
@Configuration
@ComponentScan(basePackages = "com.sample")
public class ABean {
  .....
}
```

basePackages 特性指定了哪些是用于搜索@Component 注解类的包。如果找到@Component 注解类，则会将它们注册到 Spring 容器中。

与<component-scan>元素类似，@ComponentScan 定义了 excludeFilters 和 includeFilters 特性，这些特性与<component-scan>元素的<exclude-filter>和<include-filter>子元素具有相同的作用。

含 义

chapter 7/ch07-indexed-annotation（该项目展示了一个在编译时生成 Spring 组件索引的应用程序。要生成索引，从项目目录执行 mvn clean compile。然后，若要运行应用程序，请执行此项目的 SampleApp 类中的 main 方法。）

使用组件索引代替类路径扫描

Spring 5 加入了一个名为 spring-context-indexer 的新模块，你可以将其添加到项目中，以便在编译时生成 Spring 组件的索引。在应用程序启动时，将使用该索引（而不是类路径扫描）来加载 Spring 组件。

要启用组件索引生成，你需要添加项目对 spring-context-indexer 模块的依赖，并使用 Maven 编译器插件配置 CandidateComponentsIndexer 注解处理器（在 spring-context-indexer 模块中定义）。代码清单 7-6 展示了如何使用 Maven 编译器插件配置 CandidateComponentsIndexer。

代码清单 7-6 pom.xml——配置 CandidateComponentsIndexer 注解处理器

```
Project-ch07-indexed-annotation
      <plugin>
        <groupId>org.apache.maven.plugins</groupId>
        <artifactId>maven-compiler-plugin</artifactId>
        <version>3.7.0</version>
        <configuration>
          .....
          <annotationProcessors>
            <annotationProcessor>
              org.springframework.context.index.CandidateComponentsIndexer
            </annotationProcessor>
          </annotationProcessors>
        </configuration>
      </plugin>
```

<annotationProcessors>元素使用<annotationProcessor>子元素来指定在编译期间运行的注解处理器。在代码清单7-6中，指定了CandidateComponentsIndexer作为在编译期间运行的注解处理器。

如果你转到命令行并执行mvn clean compile命令（或在Eclipse IDE中选择pom.xml文件，右击并从ch07-indexed-annotation文件夹中选择RunAs→Mavenbuild），在编译过程中会在ch07-indexed-annotation / target / classes / META-INF文件夹下生成一个spring.components文件。spring.components文件包含Spring组件的索引，如下所示：

com.sample.functionalstyle.domain.MyConfiguration=org.springframework.stereotype.Component
com.sample.functionalstyle.domain.BeanB=org.springframework.stereotype.Component
com.sample.functionalstyle.domain.BeanA=org.springframework.stereotype.Component

所有使用Spring的@Indexed注解的类都会被CandidateComponentsIndexer索引。在Spring 5中，使用了@Indexed 注解对@Configuration 和@Component 注解进行元注解；因此，当我们编译ch07-indexed-annotation项目时，MyConfiguration类（使用了@Configuration和@ComponentScan注解）和BeanA和BeanB类（使用了@Component注解）都会被编入索引。

当你运行SampleApp的main方法时，将忽略MyConfiguration类的@ComponentScan（具有运行时语义）注解。另外，Spring框架将加载spring.components文件中包含的组件。由于Spring组件是从spring.components文件加载的，并且没有执行类路径扫描，因此你会发现大型应用程序的启动时间会显着改善。

7.3 注入bean依赖项

使用基于Java的配置方法时，用@Bean方法来创建bean。要满足由@Bean方法创建的bean的依赖关系，可以使用以下选项：

- 通过显式调用创建和返回依赖项的@Bean方法来获取依赖项；
- 将bean依赖项指定为@Bean方法的参数，Spring容器负责调用与依赖项相对应的@Bean方法，并将依赖项作为方法参数提供；
- 通过在bean类中使用@Autowired、@Inject和@Resource注解来实现自动装配依赖项。

代码清单7-7展示了一个通过调用相应的@Bean方法获取bean依赖项的场景。

代码清单7-7 BankAppConfiguration类——通过调用@Bean方法获取bean依赖项

```
Project-ch07-bankapp-configuration
Source location - src/main/java/sample/spring/chapter07/bankapp

package sample.spring.chapter07.bankapp;
.....
@Configuration
public class BankAppConfiguration {
  @Bean(name = "accountStatementService")
  public AccountStatementService accountStatementService() {
    AccountStatementServiceImpl accountStatementServiceImpl =
       new AccountStatementServiceImpl();
    accountStatementServiceImpl.setAccountStatementDao(accountStatementDao());
    return accountStatementServiceImpl;
  }

  @Bean(name = "accountStatementDao")
  public AccountStatementDao accountStatementDao() {
    return new AccountStatementDaoImpl();
  }
  .....
}
```

在代码清单 7-7 中，accountStatementService 方法创建 AccountStatementServiceImpl bean，accountStatementDao 方法创建 AccountStatementDaoImpl bean。由于 AccountStatementServiceImpl 依赖于 AccountStatementDaoImpl，我们显式地调用 accountStatementDao 方法来获取一个 AccountStatementDaoImpl bean 的实例，并将其设置在 AccountStatementServiceImpl 实例上。

你应该注意到，@Bean 方法的行为符合指定的 bean 配置。例如，如果多次调用 accountStatementService 方法，并不会导致创建 AccountStatementServiceImpl bean 的多个实例。因为 AccountStatementServiceImpl 是 singleton 范围的，因此 accountStatementService 方法将返回同一个 AccountStatementServiceImpl bean 实例。这种行为之所以会发生是因为@Configuration 类被子类化，并且它们的@Bean 方法被覆盖。例如，BankAppConfiguration 类由 CGLIB 子类化，并且 accountStatementService 方法也被覆盖了，它将在调用父 accountStatementService 方法来创建一个新的 AccountStatementServiceImpl bean 实例之前，首先检查 Spring 容器中的 AccountStatementServiceImpl bean。

作为显式调用@Bean 方法获取依赖项的替代方案，可以将依赖项指定为@Bean 方法的参数。代码清单 7-8 展示了一个 accountStatementService 方法的变体，该方法将 AccountStatementServiceImpl bean 的依赖项指定为方法参数。

代码清单 7-8 依赖项作为@Bean 方法的参数

```
@Configuration
public class BankAppConfiguration {
  @Bean(name = "accountStatementService")
  public AccountStatementService accountStatementService(
         AccountStatementDao accountStatementDao) {
    AccountStatementServiceImpl accountStatementServiceImpl =
                              new AccountStatementServiceImpl();
    accountStatementServiceImpl.setAccountStatementDao(accountStatementDao);
    return accountStatementServiceImpl;
  }

  @Bean(name = "accountStatementDao")
  public AccountStatementDao accountStatementDao() {
    return new AccountStatementDaoImpl();
  }
  .....
}
```

在代码清单 7-8 中，AccountStatementDao bean（AccountStatementServiceImpl bean 的依赖项）被定义为 accountStatementService 方法的一个参数。在这个场景背后，Spring 容器调用了 accountStatementDao 方法，并提供一个具有 AccountStatementDao bean 实例的 accountStatementService 方法。

可以使用@Autowired、@Inject 和@Resource 注解来自动装配依赖项，以此代替显式设置 bean 依赖项。代码清单 7-9 展示了创建 FixedDepositService 和 FixedDepositDao bean 的@Bean 方法：provides the accountStatementService method with an instance of AccountStatementDao bean。

代码清单 7-9 BankAppConfiguration 类

```
Project-ch07-bankapp-configuration
Source location - src/main/java/sample/spring/chapter07/bankapp

package sample.spring.chapter07.bankapp;
.....
@Configuration
public class BankAppConfiguration {
  .....
  @Bean(name = "fixedDepositService")
  public FixedDepositService fixedDepositService(FixedDepositDao fixedDepositDao) {
    return new FixedDepositServiceImpl();
```

```
    }
    @Bean
    public FixedDepositDao fixedDepositDao() {
      return new FixedDepositDaoImpl();
    }
    .....
}
```

在代码清单 7-9 中，fixedDepositService 方法创建了 FixedDepositServiceImpl 的实例，fixedDepositDao 方法创建了 FixedDepositDaoImpl 的实例。即使 FixedDepositServiceImpl 依赖于 FixedDepositDaoImpl，我们也不会在 FixedDepositServiceImpl 上设置 FixedDepositDaoImpl 实例。相反，FixedDepositServiceImpl 对 FixedDepositDaoImpl 的依赖是通过@Autowired 注解来指定的，如代码清单 7-10 所示。

代码清单 7-10　FixedDepositServiceImpl 类

```
Project-ch07-bankapp-configuration
Source location - src/main/java/sample/spring/chapter07/bankapp/service

package sample.spring.chapter07.bankapp.service;
.....
public class FixedDepositServiceImpl implements FixedDepositService {
  @Autowired
  private FixedDepositDao fixedDepositDao;

  @Override
  public void createFixedDeposit(FixedDepositDetails fdd) throws Exception {
    fixedDepositDao.createFixedDeposit(fdd);
  }
}
```

在代码清单 7-10 中，@Autowired 注解自动装配由 BankAppConfiguration 类的 fixedDepositDao 方法创建的 FixedDepositDao bean（见代码清单 7-9）。

现在我们已经看到由@Bean 方法创建的 bean 的依赖注入是如何执行的，下面来看使用基于 Java 的配置时该如何配置 Spring 容器。

7.4　配置 Spring 容器

在我们迄今为止看到的例子中，我们创建了一个 ClassPathXmlApplicationContext 类的实例（一个 ApplicationContext 接口的实现）来表示 Spring 容器。如果使用@Configuration 注解类作为 bean 的源，则需要创建 AnnotationConfigApplicationContext 类（另一个 ApplicationContext 接口的实现）的实例来表示 Spring 容器。

代码清单 7-11 展示了创建 AnnotationConfigApplicationContext 类的实例的 BankApp 类，并从中获取 bean。

代码清单 7-11　BankApp 类——AnnotationConfigApplicationContext 的使用

```
Project-ch07-bankapp-configuration
Source location - src/main/java/sample/spring/chapter07/bankapp

package sample.spring.chapter07.bankapp;

import org.springframework.context.annotation.AnnotationConfigApplicationContext;

public class BankApp {

  public static void main(String args[]) throws Exception {
    AnnotationConfigApplicationContext context =
```

```
    new AnnotationConfigApplicationContext(BankAppConfiguration.class);
  .....
  FixedDepositService fixedDepositService = context.getBean(FixedDepositService.class);
  fixedDepositService.createFixedDeposit(new FixedDepositDetails(1, 1000,
      12, "someemail@somedomain.com"));
  .....
 }
}
```

在代码清单 7-11 中，BankAppConfiguration 类作为一个参数被传递给 AnnotationConfigApplicationContext 的构造函数。由于 AnnotationConfigApplicationContext 类实现了 ApplicationContext 接口，因此可以用与 ClassPathXmlApplicationContext 相同的方式访问注册的 bean。如果已经在多个@Configuration 类中定义了@Bean 方法，那么将所有@Configuration 类传递给 AnnotationConfigApplicationContext 的构造函数。

注 意

@Configuration 类也被注册为 Spring bean，因此，可以通过在 AnnotationConfigApplicationContext 实例上调用 getBean（BankAppConfiguration.class）来获取 BankAppConfiguration 类的实例。

如果还在@Component 和 JSR 330 的@Named 注解类中定义了@Bean 方法，则可以将这些类传递给 AnnotationConfigApplicationContext 的构造函数，如代码清单 7-12 所示。

代码清单 7-12 BankAppMixed 类

```
Project-ch07-bankapp-configuration
Source location - src/main/java/sample/spring/chapter07/bankapp

package sample.spring.chapter07.bankapp;

import org.springframework.context.annotation.AnnotationConfigApplicationContext;
.....
public class BankAppMixed {
  public static void main(String args[]) throws Exception {
    AnnotationConfigApplicationContext context =
    new AnnotationConfigApplicationContext(BankAppConfiguration.class,
          TransactionServiceImpl.class);
    .....
  }
}
```

在代码清单 7-12 中，将 BankAppConfiguration（一个@Configuration 注解类）和 TransactionServiceImpl（一个@Service 注解类）类传递给 AnnotationConfigApplicationContext 的构造函数。

如果要以编程方式配置 AnnotationConfigApplicationContext 实例，请调用 AnnotationConfigApplicationContext 的 no-args 构造函数，然后使用 AnnotationConfigApplicationContext 的 register 方法添加@Configuration（或@Component 或@Named）类。代码清单 7-13 展示了一个场景，其中使用 configClass JVM 属性的值来决定哪些@Configuration 类将被添加到 AnnotationConfigApplicationContext 实例中。

代码清单 7-13 以编程方式配置 AnnotationConfigApplicationContext

```
public class MyApp {
  public static void main(String args[]) throws Exception {
    AnnotationConfigApplicationContext context = new AnnotationConfigApplicationContext();
    if(context.getEnvironment().getProperty("configClass").equalsIgnoreCase("myConfig")) {
       context.register(MyConfig.class);
       context.register(MyOtherConfig.class);
    } else {
       context.register(YourConfig.class);
    }
    context.refresh();
```

```
    .....
  }
}
```

AnnotationConfigApplicationContext 的 getEnvironment 方法返回一个包含 JVM 属性的 Environment 实例。在代码清单 7-13 中，如果 configClass JVM 属性的值为 myConfig，那么 MyConfig 和 MyOtherConfig 类将被添加到 AnnotationConfigApplicationContext 中，否则将添加 YourConfig 类。你应该注意到，在添加@Configuration 类之后，必须调用 refresh 方法，以便让 AnnotationConfigApplicationContext 实例处理这些类。

可以使用 AnnotationConfigApplicationContext 的 scan 方法来指定要扫描的包，以此取代将@Configuration 类显式地添加到 AnnotationConfigApplicationContext 中。scan 方法的作用与 Spring 的上下文模式的<component-scan>元素相同，它查找@Component（或@Named）注解类并将其注册到 Spring 容器。由于@Configuration 通过@Component 注解进行元注解，scan 方法还会将发现的所有@Configuration 类添加到 AnnotationConfigApplicationContext 中。

代码清单 7-14 展示了 scan 方法的用法。

代码清单 7-14 AnnotationConfigApplicationContext 的 scan 方法

```
public class MyApp {
  public static void main(String args[]) throws Exception {
    AnnotationConfigApplicationContext context = new AnnotationConfigApplicationContext();
    context.scan("sample.spring", "com.sample");
    context.refresh();
    .....
  }
}
```

AnnotationConfigApplicationContext 的 scan 方法指定了应被用于搜索@Component 类的包列表。在代码清单 7-14 中，将在 sample.spring 和 com.sample 包及其子包中搜索@Component 类。如果找到@Component 类，它们将被添加到 AnnotationConfigApplicationContext 实例中。

下面来看@Bean 方法创建的 bean 如何从 Spring 容器接收生命周期回调。

7.5 生命周期回调

我们之前看到 JSR 250 的@PostConstruct 和@PreDestroy 注解标识了一个 bean 的初始化和销毁方法。如果由@Bean 方法创建的 bean 定义了@PostConstruct 和@PreDestroy 方法，那么它们将被 Spring 容器调用。

另外，如果由@Bean 注解方法创建的 bean 实现了生命周期接口（如 InitializingBean 和 DisposableBean）和 Spring 的*Aware 接口（如 ApplicationContextAware、BeanNameAware 等），它将从 Spring 容器接收回调。

如前所述，@Bean 定义了 initMethod 和 destroyMethod 特性，可以用它们来指定自定义初始化和销毁方法。代码清单 7-15 展示了 initMethod 和 destroyMethod 特性的使用。

代码清单 7-15 SomeConfig 类——@Bean 的 initMethod 和 destroyMethod 特性

```
@Configuration
public class SomeConfig {
  .....
  @Bean(initMethod = "initialize", destroyMethod  = "close")
  public SomeBean someBean() {
    return new SomeBean();
  }
  .....
}
```

在代码清单 7-15 中，SomeBean 的 initialize 和 close 方法分别在初始化和销毁时被调用。

作为要求 Spring 容器调用 SomeBean 的 initialize 方法的替代方案，你可以在构造过程中显式调用它，如代码清单 7-16 所示。

代码清单 7-16 SomeConfig 类——显式调用 initialize 方法

```
@Configuration
public class SomeConfig {
  .....
  @Bean(initMethod = "initialize", destroyMethod  = "close")
  public SomeBean someBean() {
    SomeBean bean =  new SomeBean();
    bean.initialize();
    return bean;
  }
  .....
}
```

在代码清单 7-16 中，SomeBean 的 initialize 方法被显式地调用来初始化 bean 实例。

如果未指定 destroyMethod 特性，并且由@Bean 方法返回的 bean 定义了一个公有的 close 或 shutdown 方法，则 Spring 容器将 close 或 shutdown 方法视为 bean 的默认销毁方法。可以通过将 destroyMethod 特性的值设置为空字符串来覆盖此默认行为，如下所示。

```
@Bean(destroyMethod  = "")
public SomeBean someBean() {
  return new SomeBean();
}
```

在上面的@Bean 方法中，destroyMethod 特性的值被设置为“”（空字符串），因此，即使 SomeBean 定义了一个公有的 close 或 shutdown 方法，它们也不会在 Spring 容器关闭时被调用。此功能在应用程序从 JNDI 获取资源（如 javax.sql.DataSource）时特别有用，因为 JNDI 的生命周期不受 Spring 容器的管理。

7.6 导入基于 Java 的配置

要模块化应用程序，可以在多个@Configuration 文件中定义 bean。要组合一个或多个@Configuration 文件，可以使用@Import 注解。@Import 注解的作用与 beans 模式的<import>元素（见 3.10 节）相同。

含 义

chapter 7/ch07-bankapp-import-configs（本项目展示了使用多个@Configuration 文件定义 bean 的 MyBank 应用程序。要运行应用程序，请执行此项目中 BankApp 类的 main 方法）。

在 ch07-bankapp-import-configs 项目中，bean 定义在 3 个不同的@Configuration 文件中：BankServicesConfig（定义服务）、BankDaosConfig（定义 DAO）和 BankOtherObjects（定义域对象）。BankServicesConfig 导入 BankDaosConfig 和 BankOtherObjects 文件，如代码清单 7-17 所示。

代码清单 7-17 BankServicesConfig 类——@Import 注解的使用

```
Project-ch07-bankapp-import-configs
Source location - src/main/java/sample/spring/chapter07/bankapp

package sample.spring.chapter07.bankapp;

import org.springframework.context.annotation.Import;
.....
@Configuration
```

```
@Import({BankDaosConfig.class, BankOtherObjects.class})
public class BankServicesConfig {
  .....
}
```

如果应用程序包含@Component 类，则可以使用@Import 注解将它们导入@Configuration 类中，如代码清单 7-18 所示。

代码清单 7-18　BankOtherObjects 类——使用@Import 导入@Component 类

```
Project-ch07-bankapp-import-configs
Source location - src/main/java/sample/spring/chapter07/bankapp

package sample.spring.chapter07.bankapp;
.....
@Import({ TransactionServiceImpl.class, TransactionDaoImpl.class })
public class BankOtherObjects {
  .....
}
```

在代码清单 7-18 中，TransactionServiceImpl 和 TransactionDaoImpl 是@Component 注解类。

解决依赖关系

可以使用以下任何方法来处理在不同@Configuration 文件中定义的 bean 之间的相互依赖关系：

- 将 bean 依赖项指定为@Bean 方法的参数；
- 将导入的@Configuration 类自动装配为 bean，并调用其@Bean 方法来获取依赖项。

代码清单 7-19 展示了以上两种方法在 BankServicesConfig 类中的使用。

代码清单 7-19　BankServicesConfig 类——依赖注入

```
Project-ch07-bankapp-import-configs
Source location - src/main/java/sample/spring/chapter07/bankapp

package sample.spring.chapter07.bankapp;
.....
@Configuration
@Import({BankDaosConfig.class, BankOtherObjects.class})
public class BankServicesConfig {
  @Autowired
  private BankDaosConfig bankAppDao;

  @Bean(name = "accountStatementService")
  public AccountStatementService
          accountStatementService(AccountStatementDao accountStatementDao) {
    AccountStatementServiceImpl accountStatementServiceImpl =
            new AccountStatementServiceImpl();
    accountStatementServiceImpl.setAccountStatementDao(accountStatementDao);
    return accountStatementServiceImpl;
  }
  .....
  @Bean(name = "fixedDepositService")
  public FixedDepositService fixedDepositService() {
    return new FixedDepositServiceImpl(bankAppDao.fixedDepositDao());
  }
}
```

在代码清单 7-19 中，accountStatementService 方法创建一个 AccountStatementServiceImpl bean 的实例，该实例依赖于 BankDaosConfig 的 accountStatementDao 方法创建的 AccountStatementDao bean。由于 AccountStatementServiceImpl 依赖于 AccountStatementDao，因此 accountStatementDao 方法被定义为接受一个

AccountStatementDao 类型的参数。Spring 容器负责提供 accountStatementService 方法与 AccountStatementDao bean 的实例。使用此方法的缺点是无法轻松识别创建 AccountStatementDao bean 的@Configuration 类。

fixedDepositService 方法创建一个 FixedDepositServiceImpl 的实例，该实例依赖于由 BankDaosConfig 的 fixedDepositDao 方法创建的 FixedDepositDao bean。由于@Configuration 类可以被像任何其他 bean 类一样对待，因此我们自动装配了 BankDaosConfig bean。BankDaosConfig 的 fixedDepositDao 方法被显式调用以获取 FixedDepositDao bean 的实例。在@Configuration 类上显式调用@Bean 方法以获取 bean 依赖项的好处是它清楚地标识哪个@Configuration 类创建了依赖项。

下面来看如何在使用基于 Java 的配置时解决一些应用程序的需求。

7.7 附加主题

在本节中，我们介绍：

- 如何覆盖@Bean 方法；
- 如何配置 BeanPostProcessors 和 BeanFactoryPostProcessors；
- 将应用程序上下文 XML 文件导入@Configuration 类；
- 有条件地导入@Bean 方法和@Configuration 类；
- bean 的函数式注册；

下面来看这些需求是如何解决的。

7.7.1 覆盖@Bean 方法

可以通过在新的@Configuration 类中重新定义@Bean 方法，并将该类传递给 AnnotationConfigApplicationContext 的构造函数的方式来覆盖@Bean 方法。需要确保在构造函数参数列表中，新的@Configuration 类位于包含要覆盖的@Bean 方法的@Configuration 类之后。如果使用 AnnotationConfigApplicationContext 的 register 方法添加@Configuration 类，则在添加包含要覆盖的@Bean 方法的@Configuration 类之后添加新的@Configuration 类。

含 义

chapter 7/ch07-bankapp-more（本项目展示了 MyBank 应用程序，在该应用程序中展示了如何覆盖@Bean 方法。在*HibernateDaoImpl 类中定义的@Bean 方法由*MyBatisDaoImpl 类覆盖。要运行应用程序，请执行此项目中 BankApp 类的 main 方法）。

在 ch07-bankapp-more 项目中，bean 在这些@Configuration 类之间定义：

- BankServicesConfig——包含创建服务的@Bean 方法；
- BankHibernateDaosConfig——包含创建使用 Hibernate ORM 进行数据访问的 DAO 的@Bean 方法；
- BankMyBatisDaosConfig——包含与 BankHibernateDaosConfig 类中定义的相同的@Bean 方法，但是，该类中的方法创建使用 MyBatis ORM 进行数据访问的 DAO；
- BankOtherObjects——包含创建域对象、BeanPostProcessors 和 BeanFactoryPostProcessors 的@Bean 方法。

图 7-1 展示了由@Configuration 创建的 bean 注解了的 BankHibernateDaosConfig 和 BankMyBatisDaosConfig 类。

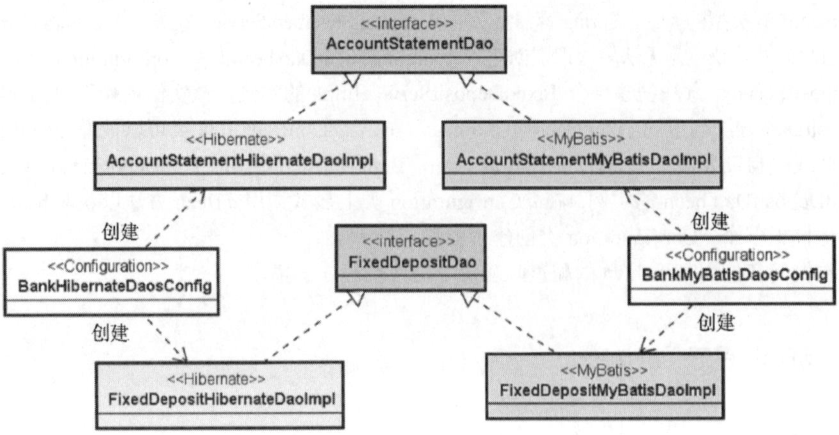

图 7-1 BankHibernateDaosConfig 创建针对 Hibernate 的 DAO，BankMyBatisDaosConfig 创建针对 MyBatis 的 DAO

代码清单 7-20 展示了一些在 BankHibernateDaosConfig 类中定义的@Bean 方法。

代码清单 7-20 BankHibernateDaosConfig 类

```
Project-ch07-bankapp-more
Source location - src/main/java/sample/spring/chapter07/bankapp

package sample.spring.chapter07.bankapp;
.....
@Configuration
public class BankHibernateDaosConfig {

  @Bean
  public AccountStatementDao accountStatementDao() {
    return new AccountStatementHibernateDaoImpl(.....);
  }
  .....
  @Bean
  public FixedDepositDao fixedDepositDao() {
    return new FixedDepositHibernateDaoImpl(.....);
  }
}
```

在代码清单 7-20 中，accountStatementDao 和 fixedDepositDao 方法分别创建并返回 AccountStatement-HibernateDaoImpl 和 FixedDepositHibernateDaoImpl bean 的实例。AccountStatementHibernateDaoImpl 和 FixedDepositHibernateDaoImpl 是使用 Hibernate ORM 进行数据访问的 DAO 实现。

BankMyBatisDaosConfig 类包含相同的 accountStatementDao 和 fixedDepositDao 方法，但是这些方法创建并返回使用 MyBatis ORM 进行数据访问的 DAO 实现。代码清单 7-21 展示了 BankMyBatisDaosConfig 类的 accountStatementDao 和 fixedDepositDao 方法。

代码清单 7-21 BankMyBatisDaosConfig 类

```
Project-ch07-bankapp-more
Source location - src/main/java/sample/spring/chapter07/bankapp

package sample.spring.chapter07.bankapp;
.....
@Configuration
public class BankMyBatisDaosConfig {

  @Bean
  public AccountStatementDao accountStatementDao() {
```

```
    return new AccountStatementMyBatisDaoImpl(.....);
  }
  .....
  @Bean
  public FixedDepositDao fixedDepositDao() {
    return new FixedDepositMyBatisDaoImpl(.....);
  }
}
```

BankMyBatisDaosConfig 类的 accountStatementDao 和 fixedDepositDao 方法分别创建并返回 AccountStatementMyBatisDaoImpl 和 FixedDepositMyBatisDaoImpl bean 的实例。

如果将 BankHibernateDaosConfig 和 BankMyBatisDaosConfig 类传递给 AnnotationConfigApplicationContext 的构造函数，则构造函数参数列表中稍后出现的类将覆盖前面出现的类的@Bean 方法。如果使用 AnnotationConfigApplicationContext 的 register 方法来添加@Configuration 类，则稍后添加的类将覆盖之前添加的类的@Bean 方法。

代码清单 7-22 展示了 ch07-bankapp-more 项目的 BankApp 类，其 main 方法创建了一个 AnnotationConfigApplicationContext 的实例，并向其中添加了@Configuration 类。

代码清单 7-22 BankApp 类

```
Project-ch07-bankapp-more
Source location - src/main/java/sample/spring/chapter07/bankapp

package sample.spring.chapter07.bankapp;
.....
public class BankApp {
  public static void main(String args[]) throws Exception {
    AnnotationConfigApplicationContext context = new AnnotationConfigApplicationContext();
    context.register(BankServicesConfig.class);
    context.register(BankHibernateDaosConfig.class);
    context.register(BankOtherObjects.class);
    context.register(BankMyBatisDaosConfig.class);
    context.refresh();
    .....
    FixedDepositService fixedDepositService = context.getBean(FixedDepositService.class);
    fixedDepositService.createFixedDeposit(
            new FixedDepositDetails(1, 1000, 12, "someemail@somedomain.com"));
    .....
    context.close();
  }
}
```

在代码清单 7-22 中，BankMyBatisDaosConfig 在 BankHibernateDaosConfig 类之后添加，因此，在 BankMyBatisDaosConfig 中定义的@Bean 方法覆盖了 BankHibernateDaosConfig 中定义的@Bean 方法。如果运行 BankApp 的 main 方法，将在控制台上看到以下输出。

```
INFO  .....CustomerRegistrationMyBatisDaoImpl - Registering customer
INFO  .....FixedDepositMyBatisDaoImpl - Saving fixed deposit details
INFO  .....AccountStatementMyBatisDaoImpl - Getting account statement
```

输出展示了应用程序将使用针对于 MyBatis 的 DAO 进行数据访问。

如果修改 BankApp 的 main 方法，使 BankMyBatisDaosConfig 在 BankHibernateDaosConfig 之前添加到 AnnotationConfigApplicationContext，那么运行 BankApp 的 main 方法将导致以下输出。

```
INFO  .....CustomerRegistrationHibernateDaoImpl - Registering customer
INFO  .....FixedDepositHibernateDaoImpl - Saving fixed deposit details
INFO  .....AccountStatementHibernateDaoImpl - Getting account statement
```

输出展示了应用程序现在使用针对 Hibernate 的 DAO 进行数据访问。

7.7.2　配置 BeanPostProcessors 和 BeanFactoryPostProcessors

可以使用@Bean 方法配置 BeanPostProcessors 和 BeanFactoryPostProcessors。配置 BeanPostProcessors 和 BeanFactoryPostProcessors 的@Bean 方法必须定义为 static，如代码清单 7-23 所示。

代码清单 7-23　BankOtherObjects 类

```
Project-ch07-bankapp-more
Source location - src/main/java/sample/spring/chapter07/bankapp

package sample.spring.chapter07.bankapp;
.....
public class BankOtherObjects {
  .....
  @Bean
  public static BeanNamePrinter beanNamePrinter() {
    return new BeanNamePrinter();
  }

  @Bean
  public static MyBeanPostProcessor myBeanPostProcessor() {
    return new MyBeanPostProcessor();
  }
}
```

在代码清单 7-23 中，beanNamePrinter 方法创建了一个 BeanNamePrinter（一个 BeanFactoryPostProcessor）实例，myBeanPostProcessor 方法创建了一个 MyBeanPostProcessor（一个 BeanPostProcessor）实例。BeanNamePrinter 的 postProcessBeanFactory 方法在控制台上写入 bean 名称，MyBeanPostProcessor 的 postProcessBeforeInitialization 和 postProcessAfterInitialization 方法只需编写正在处理的 bean 实例的名称和类。注意，beanNamePrinter 和 myBeanPostProcessor 方法都被定义为静态方法。

如果没有将 beanNamePrinter 和 myBeanPostProcessor 方法定义为静态方法，Spring 容器将在创建 BeanNamePrinter 和 MyBeanPostProcessor bean 的实例之前创建一个 BankOtherObject 的实例。这意味着 BankOtherObjects bean 不会被 BeanNamePrinter 和 MyBeanPostProcessor bean 处理。

如果运行 ch07-bankapp-more 项目的 BankApp 类的 main 方法，将在控制台上看到以下输出。

```
INFO  .....BeanNamePrinter - Created BeanNamePrinter instance
INFO  .....BeanNamePrinter - Found bean named: bankServicesConfig
INFO  .....BeanNamePrinter - Found bean named: bankHibernateDaosConfig
INFO  .....BeanNamePrinter - Found bean named: customerRegistrationService
INFO  .....BeanNamePrinter - Found bean named: myBeanPostProcessor
.....
INFO  .....MyBeanPostProcessor - Created MyBeanPostProcessor
INFO  .....MyBeanPostProcessor - postProcessBeforeInitialization method invoked for bean
bankOtherObjects of type class sample.spring.chapter07.bankapp.BankOtherObjects
INFO  .....MyBeanPostProcessor - postProcessBeforeInitialization method invoked for bean
fixedDepositDao of type class
sample.spring.chapter07.bankapp.mybatis.dao.FixedDepositMyBatisDaoImpl
```

以上输出展示了 BeanNamePrinter 处理对应于@Configuration 和@Bean 注解方法的 bean 定义。而且，MyBeanPostProcessor 与由@Bean 方法创建的 bean 实例和由对应于@Configuration 类的 Spring 容器创建的 bean 实例进行交互。

7.7.3　导入应用程序上下文 XML 文件

即使使用基于 Java 的配置方法，也可能会有需要在应用程序上下文 XML 文件中包含某些配置信息的情况。在这种情况下，可以使用@ImportResource 注解将应用程序上下文 XML 文件导入@Configuration 类中。在导入的应用程序上下文 XML 文件中定义的 bean 也会注册到 Spring 容器中。

ch07-bankapp-more 项目中的 DAO 需要访问数据库的属性（如驱动程序类、用户名等）才能连接到数据库。由于这些数据库属性在外部的 db.properties 文件中定义，因此可以使用 Spring 的 util 模式轻松加载它们。代码清单 7-24 展示了使用 Spring 的 util 模式加载 db.properties 文件的应用程序上下文 XML 文件。

代码清单 7-24 applicationContext.xml——从 db.properties 加载数据库属性

```
Project-ch07-bankapp-more
Source location - src/main/resources/META-INF/spring

<beans ..... xmlns:util="http://www.springframework.org/schema/util"....>
  <util:properties id="dbProps" location="classpath:META-INF/db.properties" />
</beans>
```

<properties>元素从 db.properties 文件中加载属性，并将它们作为名为 dbProps 的 bean 公开。db.properties 文件的内容如下所示。

```
driverClassName=com.mysql.jdbc.Driver
url=jdbc\:mysql\://localhost\:3306/spring_bank_app_db
username=root
password=root
```

由于 DAO 由 BankHibernateDaosConfig 和 BankMyBatisDaosConfig 类创建，因此这两个类都需要访问 dbProps bean。为此，这两个类都使用@ImportResource 注解来导入 applicationContext.xml 文件。代码清单 7-25 展示了使用 dbProps bean 获取创建 DAO 的数据库属性的 BankHibernateDaosConfig 类。

代码清单 7-25 BankHibernateDaosConfig class——@ImportResource 的使用

```
Project-ch07-bankapp-more
Source location - src/main/java/sample/spring/chapter07/bankapp

package sample.spring.chapter07.bankapp;

import org.springframework.context.annotation.ImportResource;
import sample.spring.chapter07.bankapp.domain.DataSource;
.....
@Configuration
@ImportResource(locations = "classpath:META-INF/spring/applicationContext.xml")
public class BankHibernateDaosConfig {
  @Value("#{dbProps.driverClassName}")
  private String driverClass;

  @Value("#{dbProps.url}")
  private String url;
  .....
  @Bean
  public AccountStatementDao accountStatementDao() {
    return new AccountStatementHibernateDaoImpl(
            new DataSource(driverClass, url, username, password));
  }
  .....
}
```

在代码清单 7-25 中，@ImportResource 导入定义了 dbProps bean 的 applicationContext.xml 文件（见代码清单 7-24）。locations 特性指定了需要导入的应用程序上下文 XML 文件的位置。可以通过将其位置指定为 locations 特性的值来导入多个应用程序上下文 XML 文件。使用@Value 注解可以从 dbProps bean 中获取数据库属性。这些数据库属性随后用于创建 DataSource 对象并将其传递给 AccountStatementHibernateDaoImpl 的构造函数。

7.7.4 有条件地包含@Bean 和 @Configuration 类

可以使用@Profile 注解来有条件地包含@Bean 方法和@Configuration 类以供 Spring 容器处理。

含 义

chapter 7/ch07-bankapp-profiles（该项目是使用基于 Java 的配置来开发 MyBank 应用程序的 ch06-bean-profiles 项目的修改版本。要运行该应用程序，请执行 BankAppWithProfile 的 main 方法或此项目中 BankAppWithoutProfile 的 main 方法）。

我们来看一下 ch07-bankapp-profiles 项目的 MyBank 应用程序，这个应用程序通过使用@Profile 注解有条件地包含了@Bean 方法和@Configuration 类，以便向 Spring 容器注册。

ch07-bean-profiles 项目中 MyBank 应用程序的要求如下。

- 应用程序应在开发过程中使用内嵌的数据库，并在生产环境中使用独立的数据库。
- 应用程序应支持 Hibernate 和 MyBatis ORM 框架进行数据库交互。在部署时，可以指定应用程序是使用 Hibernate 还是 MyBatis 进行数据库交互，如果没有指定，默认情况下使用 Hibernate。

下面来看 MyBank 应用程序是如何满足这些要求的。

1. 开发和生产环境中的不同数据库

ch07-bankapp-profiles 项目的 DataSource 类保存了数据库配置（如驱动程序类、用户名等），并由 DAO 用于连接到数据库和执行 SQL。代码清单 7-26 展示了 DataSource 类。

代码清单 7-26 DataSource 类

```
Project-ch07-bankapp-profiles
Source location - src/main/java/sample/spring/chapter07/bankapp/domain

package sample.spring.chapter07.bankapp.domain;

public class DataSource {
  private String driverClass;
  private String url;
  .....
  public DataSource(String driverClass, String url, .....) {
    this.driverClass = driverClass;
    this.url = url;
    .....
  }
 .....
}
```

DataSource 的构造函数接受数据库配置（如驱动程序类、URL 等）。用于开发环境的数据库配置存储在 devDB.properties 文件中，而用于生产环境的数据库配置存储在 productionDB.properties 文件中。由于需要从不同属性文件加载数据库配置，具体取决于 MyBank 应用程序部署在哪个环境，因此我们定义了两个不同的@Configuration 类，DevDBConfiguration 和 ProdDBConfiguration 来创建 DataSource bean。

用 devDB.properties 文件中定义的属性创建 DataSource bean 的 DevDBConfiguration 类，如代码清单 7-27 所示。

代码清单 7-27 DevDBConfiguration 类

```
Project-ch07-bankapp-profiles
Source location - src/main/java/sample/spring/chapter07/bankapp

package sample.spring.chapter07.bankapp;
.....
```

```
import org.springframework.context.annotation.PropertySource;
import org.springframework.context.support.PropertySourcesPlaceholderConfigurer;

@Configuration
@Profile({ "dev", "default" })
@PropertySource("classpath:/META-INF/devDB.properties")
public class DevDBConfiguration {
  private static Logger logger = LogManager.getLogger(DevDBConfiguration.class);

  @Value("${driverClassName}")
  private String driverClass;

  @Value("${url}")
  private String url;
  .....
  @Bean
  public DataSource dataSource() {
    return new DataSource(driverClass, url, username, password);
  }

  @Bean
  public static PropertySourcesPlaceholderConfigurer propertySourcesPlaceholderConfigurer() {
    return new PropertySourcesPlaceholderConfigurer();
  }
}
```

在代码清单 7-27 中，@Profile 注解指定了只有在 dev 或 default 配置文件处于活跃状态时，DevDBConfiguration 类才会被 Spring 处理。@PropertySource 注解从 devDB.properties 文件读取数据库配置，并将其添加到 Spring 的 Environment 对象中。例如，将在 devDB.properties 文件中定义的 driverClassName、url、username 和 password 属性添加到 Environment 对象中。propertySourcesPlaceholderConfigurer 方法配置了 PropertySourcesPlaceholderConfigurer（一个 BeanFactoryPostProcessor），它根据 Environment 对象解析由@Value 注解指定的${.....}占位符。例如，driverClass 字段上的@Value（"${driverClassName}"）注解将 driverClass 字段的值设置为 Environment 对象中的 driverClassName 属性值。dataSource 方法创建一个包含从 devDB.properties 文件读取的配置的 DataSource 实例。

代码清单 7-28 展示了一个 ProdDBConfiguration 类。该类使用在 productionDB.properties 文件中定义的属性创建了 DataSource bean。

代码清单 7-28 ProdDBConfiguration 类

```
Project-ch07-bankapp-profiles
Source location - src/main/java/sample/spring/chapter07/bankapp

package sample.spring.chapter07.bankapp;
.....
@Configuration
@Profile("production")
@PropertySource("classpath:/META-INF/productionDB.properties")
public class ProdDBConfiguration {
  @Autowired
  private Environment env;
  .....
  @Bean
  public DataSource dataSource() {
    return new DataSource(env.getProperty("driverClass"),
        env.getProperty("url"), env.getProperty("username"), env.getProperty("password"));
  }
}
```

在代码清单 7-28 中，@Profile 注解指定了只有在 production 配置文件处于活跃状态时，ProdDBConfiguration 类才会被 Spring 处理。@PropertySource 将从 productionDB.properties 文件中读取的数据库配置添加到 Spring 的 Environment 对象中。环境的 getProperty 方法取代通过@Value 注解来从 Environment 对象中获取数据库配置。由于我们没有使用@Value 注解来从 Environment 对象中获取属性，因此 ProdDBConfiguration 并没有配置一个 PropertySourcesPlaceholderConfigurer。dataSource 方法创建了一个 DataSource 实例，该实例包含由@PropertySource 从 productionDB.properties 文件中读取的数据库配置。

2. 对 Hibernate 和 MyBatis 的支持

为了支持通过 Hibernate 和 MyBatis 与数据库进行交互，已经为 Hibernate 和 MyBatis 创建了单独的 DAO（FixedDepositHibernateDao 和 FixedDepositMyBatisDao）。

代码清单 7-29 展示了使用 Hibernate 进行数据库交互的 FixedDepositHibernateDao 类（FixedDepositDao 的一个实现）。

代码清单 7-29　FixedDepositHibernateDao 类

```
Project-ch07-bankapp-profiles
Source location - src/main/java/sample/spring/chapter07/bankapp/dao

package sample.spring.chapter07.bankapp.dao;
.....
public class FixedDepositHibernateDao implements FixedDepositDao {
  private DataSource dataSource;
  .....
  public FixedDepositHibernateDao(DataSource dataSource) {
    this.dataSource = dataSource;
  }
  .....
}
```

FixedDepositHibernateDao 的构造函数接受 DataSource 作为 Hibernate 用于连接数据库和执行 SQL 的参数。FixedDepositMyBatisDao（FixedDepositDao 的另一个实现）与 FixedDepositHibernateDao 类似，唯一的区别是它使用 MyBatis 进行数据库交互。

代码清单 7-30 展示了将 MyBank 应用程序对象放在一起的 BankAppConfiguration 类。

代码清单 7-30　BankAppConfiguration 类

```
Project-ch07-bankapp-profiles
Source location - src/main/java/sample/spring/chapter07/bankapp

package sample.spring.chapter07.bankapp;
.....
@Configuration
public class BankAppConfiguration {
  private static Logger logger = LogManager.getLogger(BankAppConfiguration.class);

  @Bean
  public FixedDepositController fixedDepositController(FixedDepositService fixedDepositService) {
    .....
  }

  @Bean
  @Profile({ "hibernate", "default" })
  public FixedDepositDao fixedDepositHibernateDao(DataSource dataSource) {
    logger.info("creating FixedDepositHibernateDao. Database URL is - " + dataSource.getUrl());
    return new FixedDepositHibernateDao(dataSource);
  }
```

```
  @Bean
  @Profile({ "mybatis" })
  public FixedDepositDao fixedDepositMyBatisDao(DataSource dataSource) {
    logger.info("creating FixedDepositMyBatisDao. Database URL is - " +
    dataSource.getUrl());
    return new FixedDepositMyBatisDao(dataSource);
  }

  @Bean
  public FixedDepositService fixedDepositService(FixedDepositDao fixedDepositDao) {
    .....
  }
}
```

在代码清单 7-30 中，fixedDepositHibernateDao 方法上的@Profile 注解指定只有在 hibernate 或 default 配置文件处于活跃状态时，该方法才会被 Spring 调用。类似地，fixedDepositMyBatisDao 方法上的@Profile 注解指定只有在 mybatis 配置文件处于活跃状态时，该方法才会被 Spring 调用。注意，fixedDepositService 方法接受 FixedDepositDao 类型的参数（由 FixedDepositHibernateDao 和 FixedDepositMyBatisDao 实现的接口）。如果 fixedDepositHibernateDao 和 fixedDepositMyBatisDao 方法都由 Spring 容器调用，则会导致 Spring 容器创建两个 FixedDepositDao 类型的对象，因此，必须确保在 mybatis、hibernate 和 default 中只有一个配置文件处于活跃状态。

代码清单 7-31 展示了 BankAppWithProfile 的 main 方法，其将 mybatis 和 production 配置文件设置为活跃。

代码清单 7-31 BankAppWithProfile——将 mybatis 和 production 设置为活跃配置文件

```
Project-ch07-bankapp-profiles
Source location - src/main/java/sample/spring/chapter07/bankapp

package sample.spring.chapter07.bankapp;
.....
public class BankAppWithProfile {
  public static void main(String args[]) {
    AnnotationConfigApplicationContext context = new AnnotationConfigApplicationContext();
    context.getEnvironment().setActiveProfiles("mybatis", "production");
    context.register(BankAppConfiguration.class, DevDBConfiguration.class,
       ProdDBConfiguration.class);
    context.refresh();
    .....
  }
}
```

在代码清单 7-31 中，AnnotationConfigApplicationContext 的 getEnvironment 方法返回 Spring 的 Environment 对象，该对象的 setActiveProfiles 方法用于设置活跃的配置文件。如果运行 BankAppWithProfile 的 main 方法，将在控制台上看到以下输出。

```
INFO  .....ProdDBConfiguration - initializing
INFO  .....BankAppConfiguration - creating FixedDepositMyBatisDao. Database URL is - jdbc:mysql:
//production:3306/spring_bank_app_db
INFO  .....FixedDepositMyBatisDao - initializing
INFO  .....FixedDepositServiceImpl - initializing
```

由于 mybatis 和 production 配置文件是活跃的，Spring 容器创建了 ProdDBConfiguration 实例（见代码清单 7-28），并调用了 BankAppConfiguration 的 fixedDepositMyBatisDao 方法（见代码清单 7-30）。

ch07-bankapp-profiles 项目还定义了一个 BankAppWithoutProfile 类，其 main 方法没有设置任何活跃的配置文件。如果运行 BankAppWithoutProfile 的 main 方法，将在控制台上看到以下输出。

```
INFO  .....DevDBConfiguration - initializing
INFO  .....BankAppConfiguration - creating FixedDepositHibernateDao. Database URL is - jdbc:mysql:
```

```
//localhost:3306/spring_bank_app_db
INFO  .....FixedDepositHibernateDao - initializing
INFO  .....FixedDepositServiceImpl - initializing
```

由于没有将任何配置文件设置为活跃状态，因此 default 配置文件被 Spring 认为是活跃的。为此，上述输出展示了 Spring 容器创建了 DevDBConfiguration（见代码清单 7-27）实例，并且调用了 BankAppConfiguration 的 fixedDepositHibernateDao（见代码清单 7-30）方法。

在本节中，我们看到@Profile 注解允许 Spring 有条件地包含@Configuration 类和@Bean 方法以供 Spring 容器处理。@Profile 是使用 Spring 的@Conditional 注解进行元注解的，该注解指定了一个 Condition 对象，该对象将活跃的配置文件与由@Profile 注解指定的配置文件相匹配。如果找到匹配项，则包含相应的@Configuration 类或@Bean 方法以供 Spring 容器处理。

如果要根据你要包含@Configuration 类和@Bean 方法来定义自定义条件（如 Spring 容器中的特定 bean 的可用性、Internet 连接的可用性等），请创建使用@Conditional 注解进行元注解或直接使用@Conditional 注解的自定义注解。

bean 的函数式注册

AnnotationConfigApplicationContext 的 register 方法（见代码清单 7-13 和代码清单 7-22）用于向 Spring 容器注册 bean。在 Spring 5 中，registerBean 方法已添加到允许 bean 的函数式注册的 AnnotationConfigApplicationContext 和 GenericApplicationContext 类中。

含 义

chapter 7/ch07-functional-style（此项目展示了 bean 的函数式注册。要运行应用程序，请执行 SampleApp 类的 main 方法。）

代码清单 7-32 SampleApp——bean 的函数式注册

```
Project-ch07-bankapp-profiles
Source location - src/main/java/sample/spring/chapter07/bankapp
package com.sample.functionalstyle;

.....
import org.springframework.beans.factory.config.BeanDefinition;
import org.springframework.context.annotation.AnnotationConfigApplicationContext;
.....
public class SampleApp {
    .....
    public static void main(String... args) {
        AnnotationConfigApplicationContext context =
           new AnnotationConfigApplicationContext();
        context.registerBean("primaryProfile", Profile.class,
                beanDefinition -> beanDefinition.setScope(BeanDefinition.SCOPE_PROTOTYPE),
                beanDefinition -> beanDefinition.setPrimary(true));

        context.registerBean("secondaryProfile", Profile.class,
                () -> new Profile("secondaryProfileName", "00"),
                beanDefinition -> beanDefinition.setScope(BeanDefinition.SCOPE_PROTOTYPE),
                beanDefinition -> beanDefinition.setPrimary(false));

        context.registerBean("personPrimary", Person.class);
        context.refresh();

        Profile profile = context.getBean(Person.class).getProfile();
        logger.info("Profile -> name: " + profile.getName()
               + ", age: " + profile.getAge());
        .....
```

```
    }
}
```

在代码清单 7-32 中，AnnotationConfigApplicationContext 的 registerBean 方法用于注册名称为 primaryProfile（类型为 Profile）、secondaryProfile（类型为 Profile）和 personPrimary（类型为 Person）的 bean。Profile 类定义了无参数构造函数和接收 name 和 age 参数的构造函数。当调用 Profile 类的无参数构造函数时，它将 name 设置为“defaultName”并将 age 设置为“99”。

注册 primaryProfile 的 registerBean 方法具有以下签名：

```
void registerBean(@Nullable String beanName, Class<T> beanClass, BeanDefinitionCustomizer... customizers)
```

在这里，beanName 是 bean 名称，beanClass 是 bean 类，BeanDefinitionCustomizer（Spring 5 中引入的新功能）是一个接收 BeanDefinition 作为参数的函数接口。你可以通过调用 BeanDefinition 对象的方法来自定义 bean 定义。请注意，你可以将任意数量的 BeanDefinitionCustomizer 实例传给 registerBean 方法。此外，beanName 参数上的@Nullable 注解意味着你可以传递 null 作为 bean 名称。

在代码清单 7-32 中，registerBean 方法使用 Profile 类的无参数构造函数来创建 Profile bean，并将它的名称注册为 primaryProfile，Lambda 表达式用于自定义 bean 定义。例如，setScope 方法将 bean 范围设置为'prototype'，setPrimary 方法将 bean 设置为自动装配的主要候选者。

注册 secondaryProfile 的 registerBean 方法具有以下签名：

```
void registerBean(@Nullable String beanName, Class<T> beanClass, @Nullable Supplier<T> supplier,
BeanDefinitionCustomizer... customizers)
```

在这里，beanName 是 bean 名称，beanClass 是 bean 类，Supplier 是创建 bean 实例的函数接口，BeanDefinitionCustomizer 是一个接收 BeanDefinition 作为参数的函数接口。@Nullable 注解意味着你可以传递 null 作为 supplier 参数的值。

在代码清单 7-32 中，registerBean 方法使用() -> new Profile("secondaryProfileName", "00") Lambda 表达式来创建一个新的 Profile bean 并将它的名称注册为 secondaryProfile。通过调用 BeanDefintion 的 setScope 和 setPrimary 方法来自定义 bean 定义。

由于 Person 类的构造函数接收类型为 Profile 的参数，因此会将 primaryProfile bean（自动装配的主要候选者）注入 Person 对象。因此，如果你执行 SampleApp 的 main 方法，将会有以下输出：

```
Profile -> name: defaultName, age: 99
```

7.8 小结

在本章中，我们介绍了基于 Java 的配置方法来配置 Spring bean。我们学习了用于配置 bean 的各种注解（如@Configuration、@Bean、@Profile 等）。我们还学习了执行依赖注入 bean 的不同方法，以及如何混合使用应用程序上下文 XML 和基于 Java 的配置方法来开发 Spring 应用程序。第 8 章将介绍 Spring 如何简化与数据库的交互。

第 8 章　使用 Spring 进行数据库交互

8.1　简介

Spring 通过在 JDBC 之上提供一层抽象来简化与数据库的交互。Spring 还简化了用于与数据库交互的 ORM（对象关系映射）框架，如 Hibernate 和 MyBatis 的使用。在本章中，我们将介绍一些示例以演示 Spring 如何简化开发与数据库交互的应用程序。

注　意

Spring 5 已经放弃了对 Hibernate 4 的支持。如果你想使用 Hibernate 4，那么继续使用 Spring 4.x。

让我们通过介绍一个使用 Spring JDBC 抽象与 MySQL 数据库交互的示例应用程序来开始本章。之后，我们将使用 Spring 对 Hibernate 框架的支持来开发相同的应用程序。我们将在本章中讨论 Spring 对程序化和声明式事务管理的支持。

我们来看一下本章讨论的 MyBank 应用程序的需求。

8.2　MyBank 应用程序的需求

MyBank 应用程序是一个互联网银行应用程序，允许银行客户检查银行账户详细信息、生成银行对账单、创建定期存款、查询支票簿等。存储 MyBank 应用程序数据的 BANK_ACCOUNT_DETAILS 和 FIXED_DEPOSIT_DETAILS 表如图 8-1 所示。

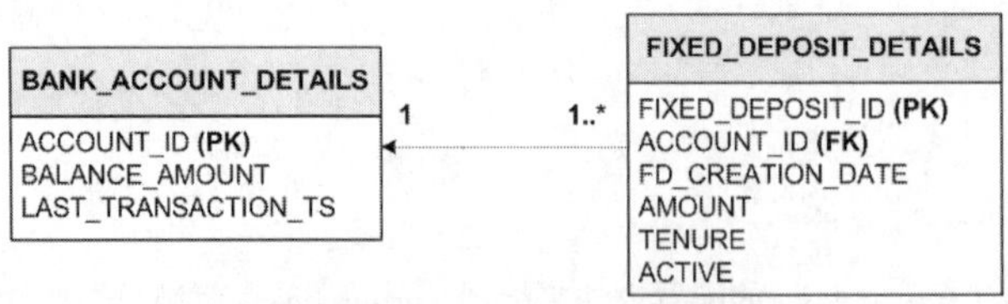

图 8-1　MyBank 应用程序使用的数据库表

BANK_ACCOUNT_DETAILS 表包含有关银行账户的信息，FIXED_DEPOSIT_DETAILS 表包含有关定期存款的信息。如图 8-1 所示，FIXED_DEPOSIT_DETAILS 与 BANK_ACCOUNT_DETAILS 表之间存在多对一的关系。当银行客户开立新的定期存款时，定期存款金额将从 BANK_ACCOUNT_DETAILS 表的 BALANCE_AMOUNT 列中扣除，定期存款明细信息将保存在 FIXED_DEPOSIT_DETAILS 表中。

BANK_ACCOUNT_DETAILS 表包含以下的列：

- ACCOUNT_ID——唯一标识客户银行账户的账户标识符；
- BALANCE_AMOUNT——持有银行账户中的当前余额，当客户要求开立定期存款时，定期存款金额将从本列中扣除；
- LAST_TRANSACTION_TS——保存对该账户执行的上一次交易的日期/时间。

FIXED_DEPOSIT_DETAILS 表包含以下的列：

- FIXED_DEPOSIT_ID——定期存款标识符，用于唯一标识定期存款，当客户开立定期存款时，MyBank 应用程序会生成一个唯一的定期存款标识符，供客户将来参考，FIXED_DEPOSIT_ID 列的值由 MySQL 数据库自动生成；
- ACCOUNT_ID——用于标识与定期存款相关联的银行账户的外键，每季度，定期存款所得的利息记入本列标识的银行账户；
- FD_CREATION_DATE——创建定期存款的日期；
- AMOUNT——定期存款金额；
- TENURE——定期存款期（月），定期存款期限必须大于或等于 12 个月，少于或等于 60 个月；
- ACTIVE——表示定期存款是否当前处于活跃状态。活跃定期存款利息定金存入利息。

下面来看如何使用 Spring 的 JDBC 模块来满足 MyBank 应用程序的需求。

8.3 使用 Spring JDBC 模块开发 MyBank 应用程序

Spring 的 JDBC 模块通过处理开放和关闭连接的低层细节、管理事务、处理异常等工作来简化与数据源的交互。在本节中，我们将介绍使用 Spring JDBC 模块开发的 MyBank 应用程序。为了简单起见，我们将仅关注构成 MyBank 应用程序的服务和 DAO 部分。

含 义

chapter 8/ch08-bankapp-jdbc（此项目展示了使用 Spring JDBC 模块与数据库进行交互的 MyBank 应用程序。要运行应用程序，请执行此项目的 BankApp 类的 main 方法）。

注 意

本章中的所有项目都要求安装 MySQL 数据库并执行包含在项目的 sql 文件夹中的 spring_bank_app_db.sql SQL 脚本。执行 spring_bank_app_db.sql 脚本创建 SPRING_BANK_APP_DB 数据库，并将 BANK_ACCOUNT_DETAILS 和 FIXED_DEPOSIT_DETAILS 表添加到数据库。此外，需要修改 src/main/resources/META-INF/spring/database.properties 文件以指向你的 MySQL。

要开发一个使用 Spring JDBC 模块进行数据库交互的应用程序，需要执行以下操作：

- 配置一个标识数据源的 javax.sql.DataSource 对象；
- 实现使用 Spring 的 JDBC 模块类进行数据库交互的 DAO。

8.3.1 配置数据源

如果正在使用 Spring 开发一个独立应用程序，则可以将数据源配置为应用程序上下文 XML 文件中的 bean。如果正在开发企业应用程序，则可以定义绑定到应用程序服务器的 JNDI 的数据源，并使用 Spring 的 jee 模式来获取 JNDI 绑定的数据源，并将其作为 bean 使用。以 ch08-bankapp-jdbc 项目的情况，数据源配置在应用程序上下文 XML 文件中。

代码清单 8-1 展示了如何在应用程序上下文中配置 MyBank 应用程序的数据源 XML 文件。

代码清单 8-1 applicationContext.xml——数据源配置

```
Project-ch08-bankapp-jdbc
Source location - src/main/resources/META-INF/spring

  <context:property-placeholder location="classpath*:META-INF/spring/database.properties" />

  <bean id="dataSource"
    class="org.apache.commons.dbcp2.BasicDataSource" destroy-method="close" >
```

```
    <property name="driverClassName" value="${database.driverClassName}" />
    <property name="url" value="${database.url}" />
    <property name="username" value="${database.username}" />
    <property name="password" value="${database.password}" />
</bean>
```

在代码清单 8-1 中，Spring 上下文模式的<property-placeholder>元素（更多信息见 5.4 节）从 META-INF/spring/database.properties 文件中加载属性，并使其可用于应用程序上下文 XML 文件中的 bean 定义。dataSource bean 表示一个 javax.sql.DataSource 对象，其扮演了创建与数据源连接工厂角色。BasicDataSource 类是支持连接池功能的 javax.sql.DataSource 接口的实现。BasicDataSource 类是 Apache Commons DBCP 项目的一部分。BasicDataSource 类的 driverClassName、url、username 和 password 属性的值来自 database. properties 文件中定义的属性。BasicDataSource 类的 close 方法关闭池中的所有空闲连接。由于 BasicDataSource 类的 bean 定义将 destroy-method 特性的值指定为 close，因此在 Spring 容器销毁 dataSource bean 实例时，池中的所有空闲连接都将被关闭。

在 Java EE 环境中配置数据源

如果正在开发部署在应用程序服务器中的企业应用程序，则通常需要向应用服务器的 JNDI 注册 javax.sql.DataSource 对象。在这种情况下，可以使用 Spring 的 jee 模式的<jndi-lookup>元素使 JNDI 绑定的数据源可用作 Spring bean。

```
<jee:jndi-lookup jndi-name="java:comp/env/jdbc/bankAppDb" id="dataSource" />
```

其中，jndi-name 特性指定了绑定到 JNDI 的 javax.sql.DataSource 对象的 JNDI 名称，id 特性指定 javax.sql.DataSource 对象在 ApplicationContext 中注册为 bean 的名称。

如果使用基于 Java 的配置方法，可以使用 Spring 的 JndiTemplate 或 JndiLocatorDelegate 从 JNDI 获取 javax.sql.DataSource 对象。代码清单 8-2 展示了 JndiLocatorDelegate 的用法。

代码清单 8-2 使用 Spring 的 JndiLocatorDelegate 获取 JNDI 绑定的数据源

```
@Bean(destroyMethod="")
public DataSource dataSource() throws NamingException {
  JndiLocatorDelegate delegate = JndiLocatorDelegate.createDefaultResourceRefLocator();
  return delegate.lookup("jdbc/bankAppDb", DataSource.class);
}
```

在代码清单 8-2 中，JndiLocatorDelegate 的 createDefaultResourceRefLocator 方法指定查找 JNDI 名称时都将自动以 java:comp/env/作为前缀。JndiLocatorDelegate 的 lookup 方法对给定的名称执行实际的 JNDI 查找。lookup 方法的第二个参数指定从 JNDI 查找返回的对象的类型。注意，我们将 destroyMethod 特性的值设置为" "。由于 JNDI 绑定的 DataSource 对象的生命周期由应用程序服务器管理，Spring 容器在关闭时不能调用 DataSource 对象的销毁方法。

下面来看 Spring 的 JDBC 模块类，可以用于在 DAO 中与数据库进行交互。

8.3.2 创建使用 Spring 的 JDBC 模块类的 DAO

Spring 的 JDBC 模块定义了多个简化数据库交互的类。我们将首先介绍 Spring JDBC 的核心部分 JdbcTemplate 类。其他我们将在本节讨论的类有 NamedParameterJdbcTemplate 和 SimpleJdbcInsert。要了解其他 Spring 的 JDBC 模块类，请参考 Spring 的参考文档。

1. JdbcTemplate

JdbcTemplate 类负责管理 Connection、Statement 和 ResultSet 对象，捕获 JDBC 异常并将它们转换为易于理解的异常（如 ErrorResultSetColumnCountException 和 CannotGetJdbcConnectionException），执行批处理操作等。应用程序开发人员只需要向 JdbcTemplate 类提供 SQL，并在 SQL 执行后提取结果。

由于 JdbcTemplate 扮演了 javax.sql.DataSource 对象的包装器角色，JdbcTemplate 实例通常是通过引用它从中获取数据库连接的 javax.sql.DataSource 对象来初始化的，如代码清单 8-3 所示。

代码清单 8-3 applicationContext.xml——JdbcTemplate 配置

```
Project-ch08-bankapp-jdbc
Source location - src/main/resources/META-INF/spring

  <bean id="jdbcTemplate" class="org.springframework.jdbc.core.JdbcTemplate">
    <property name="dataSource" ref="dataSource" />
  </bean>

  <bean id="dataSource" class="org.apache.commons.dbcp2.BasicDataSource".....>
    .....
  </bean>
```

在上述代码中，JdbcTemplate 类定义了一个引用 javax.sql.DataSource 对象的 dataSource 属性。

如果应用程序使用 JNDI 绑定数据源，请使用 jee 模式的<jndi-lookup>元素来获取 JNDI 绑定的数据源，并将其注册为 Spring 容器的 bean。如代码清单 8-4 所示，这种方法使得 JdbcTemplate 可以访问 JNDI 绑定的数据源作为一个 bean。

代码清单 8-4 用于 JNDI 绑定数据源的 JdbcTemplate 配置

```
<beans .....
      xmlns:jee="http://www.springframework.org/schema/jee"
      xsi:schemaLocation=".....
         http://www.springframework.org/schema/jee
        http://www.springframework.org/schema/jee/spring-jee.xsd">

  <bean id="jdbcTemplate" class="org.springframework.jdbc.core.JdbcTemplate">
    <property name="dataSource" ref="dataSource" />
  </bean>

  <jee:jndi-lookup jndi-name="java:comp/env/jdbc/bankAppDb" id="dataSource" />
  .....
</beans>
```

在上述代码中，应用程序上下文XML文件包含了对Spring的jee模式的引用。<jndi-lookup>元素从JNDI中获取 javax.sql.DataSource 对象，并将其注册为名为 dataSource 的 bean，该 bean 由 JdbcTemplate 类引用。

JdbcTemplate 实例是线程安全的，这意味着应用程序的多个 DAO 可以共享与数据库交互的 JdbcTemplate 类的同一个实例。代码清单 8-5 展示了 FixedDepositDaoImpl 的 createFixedDeposit 方法，它使用 JdbcTemplate 来在数据库中保存定期存款的明细信息。

代码清单 8-5 FixedDepositDaoImpl 类——使用 JdbcTemplate 保存数据

```
Project-ch08-bankapp-jdbc
Source location - src/main/java/sample/spring/chapter08/bankapp/dao

package sample.spring.chapter08.bankapp.dao;

import java.sql.*;
import org.springframework.jdbc.core.JdbcTemplate;
import org.springframework.jdbc.core.PreparedStatementCreator;
import org.springframework.jdbc.support.GeneratedKeyHolder;
import org.springframework.jdbc.support.KeyHolder;
import org.springframework.stereotype.Repository;

@Repository(value = "fixedDepositDao")
public class FixedDepositDaoImpl implements FixedDepositDao {
```

```
 @Autowired
 private JdbcTemplate jdbcTemplate;
.....
public int createFixedDeposit(final FixedDepositDetails fixedDepositDetails) {
  final String sql =
     "insert into fixed_deposit_details(account_id, fixedDeposit_creation_date, amount,
         tenure, active) values(?, ?, ?, ?, ?)";

  KeyHolder keyHolder = new GeneratedKeyHolder();

  jdbcTemplate.update(new PreparedStatementCreator() {

     @Override
     public PreparedStatement createPreparedStatement(Connection con)
          throws SQLException {
       PreparedStatement ps = con.prepareStatement(sql, new String[] {
            "fixed_deposit_id" });
       ps.setInt(1, fixedDepositDetails.getBankAccountId());
       ps.setDate(2,
          new java.sql.Date(fixedDepositDetails.getFixedDepositCreationDate().getTime()));
       .....
       return ps;
      }
    }, keyHolder);

   return keyHolder.getKey().intValue();
  }
  .....
}
```

在代码清单 8-5 中，因为 FixedDepositDaoImpl 类表示一个 DAO，FixedDepositDaoImpl 类使用了 Spring 的@Repository 注解。我们在应用程序上下文 XML 文件（见代码清单 8-3）中配置的 JdbcTemplate 实例自动装配到 FixedDepositDaoImpl 实例中。JdbcTemplate 的 update 方法用于对数据库执行插入、更新或删除操作。JdbcTemplate 的 update 方法接收一个 PreparedStatementCreator 的实例和一个 KeyHolder 的实例。PreparedStatementCreator 创建一个给定 Connection 对象的 java.sql.PreparedStatement。Spring 的 KeyHolder 接口表示在执行插入 SQL 语句时自动生成键的持有者。GeneratedKeyHolder 类是 KeyHolder 接口的默认实现。

INSERT SQL 语句成功执行后，自动生成的键将添加到 GeneratedKeyHolder 实例中。可以通过调用 getKey 方法从 GeneratedKeyHolder 中提取自动生成的键。在代码清单 8-5 中，createFixedDeposit 方法将定期存款明细插入到 FIXED_DEPOSIT_DETAILS 表中，并返回自动生成的键。

代码清单 8-5 展示了不需要担心去捕获执行 PreparedStatement 时可能抛出的 SQLException。这是因为 JdbcTemplate 负责处理 SQLExceptions。

下面来看 NamedParameterJdbcTemplate 类。

2. NamedParameterJdbcTemplate

如果是 JdbcTemplate 类的情况，在 SQL 语句中使用“？”占位符（见代码清单 8-5）以指定参数。Spring 的 NamedParameterJdbcTemplate 是针对 JdbcTemplate 实例的包装器，它允许在 SQL 语句中使用命名参数取代“？”占位符。

代码清单 8-6 展示了如何在应用程序上下文 XML 文件中配置 NamedParameterJdbcTemplate 类。

代码清单 8-6 applicationContext.xml——NamedParameterJdbcTemplate 配置

```
Project-ch08-bankapp-jdbc
Source location - src/main/resources/META-INF/spring
```

```
<bean id="namedJdbcTemplate"
  class="org.springframework.jdbc.core.namedparam.NamedParameterJdbcTemplate">
  <constructor-arg ref="dataSource" />
</bean>

<bean id="dataSource" class="org.apache.commons.dbcp2.BasicDataSource".....>
  .....
</bean>
```

代码清单 8-6 展示了 NamedParameterJdbcTemplate 类接收 javax.sql.DataSource 对象作为构造函数参数。

代码清单 8-7 展示了使用 NamedParameterJdbcTemplate 从 FIXED_DEPOSIT_DETAILS 表中获取定期存款明细的 FixedDepositDaoImpl 类。

代码清单 8-7 FixedDepositDaoImpl 类——NamedParameterJdbcTemplate 的使用

```
Project-ch08-bankapp-jdbc
Source location - src/main/java/sample/spring/chapter08/bankapp/dao

package sample.spring.chapter08.bankapp.dao;

import java.sql.ResultSet;
import org.springframework.jdbc.core.RowMapper;
import org.springframework.jdbc.core.namedparam.MapSqlParameterSource;
import org.springframework.jdbc.core.namedparam.NamedParameterJdbcTemplate;
import org.springframework.jdbc.core.namedparam.SqlParameterSource;
.....
@Repository(value = "fixedDepositDao")
public class FixedDepositDaoImpl implements FixedDepositDao {
  .....
  @Autowired
  private NamedParameterJdbcTemplate namedParameterJdbcTemplate;
  .....
  public FixedDepositDetails getFixedDeposit(final int fixedDepositId) {
    final String sql = "select * from fixed_deposit_details where fixed_deposit_id
          = :fixedDepositId";

    SqlParameterSource namedParameters = new MapSqlParameterSource(
          "fixedDepositId", fixedDepositId);

    return namedParameterJdbcTemplate.queryForObject(sql, namedParameters,
        new RowMapper<FixedDepositDetails>() {
          public FixedDepositDetails mapRow(ResultSet rs, int rowNum) throws SQLException {
            FixedDepositDetails fixedDepositDetails = new FixedDepositDetails();
            fixedDepositDetails.setActive(rs.getString("active"));
            .....
            return fixedDepositDetails;
          }
        });
  }
}
```

我们在应用程序上下文 XML 文件（见代码清单 8-6）中配置的 NamedParameterJdbcTemplate 实例自动装配到 FixedDepositDaoImpl 类。在代码清单 8-7 中，传递给 NamedParameterJdbcTemplate 的 queryForObject 方法的 SQL 查询包含一个命名参数 fixedDepositId。命名的参数值是通过 Spring 的 SqlParameterSource 接口的实现提供的。MapSqlParameterSource 类是 SqlParameterSource 接口的一个实现，它将命名参数（及其值）存储在一个 java.util.Map 中。在代码清单 8-7 中，MapSqlParameterSource 实例保留 fixedDepositId 命名参数的值。NamedParameterJdbcTemplate 的 queryForObject 方法执行提供的 SQL 查询并返回单个对象。Spring 的 RowMapper 对象用于将每个返回的行映射到一个对象上。在代码清单 8-7 中，RowMapper 将 ResultSet

中返回的行映射到 FixedDepositDetails 对象上。

下面来看 Spring 的 SimpleJdbcInsert 类。

3. SimpleJdbcInsert

SimpleJdbcInsert 类用数据库元数据来简化基本的 SQL 插入语句的创建。

用 SimpleJdbcInsert 的 BankAccountDaoImpl 类将银行账户详细信息插入 BANK_ACCOUNT_DETAILS 表中，如代码清单 8-8 所示。

代码清单 8-8 BankAccountDaoImpl 类——SimpleJdbcInsert 的使用

```
Project-ch08-bankapp-jdbc
Source location - src/main/java/sample/spring/chapter08/bankapp/dao

package sample.spring.chapter08.bankapp.dao;

import javax.sql.DataSource;
import org.springframework.jdbc.core.simple.SimpleJdbcInsert;
.....
@Repository(value = "bankAccountDao")
public class BankAccountDaoImpl implements BankAccountDao {
  private SimpleJdbcInsert insertBankAccountDetail;

  @Autowired
  private void setDataSource(DataSource dataSource) {
    this.insertBankAccountDetail = new SimpleJdbcInsert(dataSource)
          .withTableName("bank_account_details")
          .usingGeneratedKeyColumns("account_id");
  }

  @Override
  public int createBankAccount(final BankAccountDetails bankAccountDetails) {
    Map<String, Object> parameters = new HashMap<String, Object>(2);
    parameters.put("balance_amount", bankAccountDetails.getBalanceAmount());
    parameters.put("last_transaction_ts", new java.sql.Date(
        bankAccountDetails.getLastTransactionTimestamp().getTime()));

    Number key = insertBankAccountDetail.executeAndReturnKey(parameters);
    return key.intValue();
  }
  .....
}
```

由于 setDataSource 方法使用了@Autowired 注解，因此 javax.sql.DataSource 对象将作为参数传递给 setDataSource 方法。在 setDataSource 方法中，通过将 javax.sql.DataSource 对象的引用传递给 SimpleJdbcInsert 的构造函数来创建 SimpleJdbcInsert 的实例。

SimpleJdbcInsert 的 withTableName 方法设置要插入记录的表的名称。要将银行账户详细信息插入 BANK_ACCOUNT_DETAILS 表中时，“bank_account_details”字符串值作为参数传递给 withTableName 方法。SimpleJdbcInsert 的 useGeneratedKeyColumns 方法设置包含自动生成的键的表列的名称。以 BANK_ACCOUNT_DETAILS 表为例，ACCOUNT_ID 列包含自动生成的键。因此，“account_id”字符串值传递给了 usingGeneratedKeyColumns 方法。实际的插入操作是通过调用 SimpleJdbcInsert 的 executeAndReturnKey 方法来执行的。executeAndReturnKey 方法接受包含表列名称和对应值的 java.util.Map 类型参数，并返回生成的键。你应该注意到，在 SimpleJdbcInsert 类内部使用 JdbcTemplate 来执行实际的 SQL 插入操作。

如果观察 ch08-bankapp-jdbc 项目的 BankAccountDaoImpl 类，就会注意到它同时使用了 SimpleJdbcInsert 和 JdbcTemplate 类来与数据库进行交互。类似地，ch08-bankapp-jdbc 项目的 FixedDepositDaoImpl 类同时使

用了 JdbcTemplate 和 NamedParameterJdbcTemplate 类进行数据库交互。这表明在与数据库进行交互时，你可以将 Spring 的 JDBC 模块类结合使用。

注 意

由于 ch08-bankapp-jdbc 项目使用 Spring 的 JDBC 模块和 Spring 的事务管理功能（见 8.5 节），ch08-bankapp-jdbc 项目的 pom.xml 文件依赖于 spring-jdbc 和 spring-tx 这两个 JAR 文件。

下面来看 ch08-bankapp-jdbc 项目的 BankApp 类，它首先创建一个银行账户，然后创建一笔相应的定期存款。

4. BankApp 类

ch08-bankapp-jdbc 项目的 BankApp 类将 MyBank 应用程序作为一个独立的 Java 应用程序来运行。BankApp 的 main 方法在 BANK_ACCOUNT_DETAILS 表中创建一个银行账户，并在 FIXED_DEPOSIT_DETAILS 表中开立一笔与之对应的固定存款。

BankApp 类的代码如代码清单 8-9 所示。

代码清单 8-9 BankApp 类

```
Project-ch08-bankapp-jdbc
Source location - src/main/java/sample/spring/chapter08/bankapp

package sample.spring.chapter08.bankapp;
.....
public class BankApp {
  private static Logger logger = LogManager.getLogger(BankApp.class);

  public static void main(String args[]) throws Exception {
    ConfigurableApplicationContext context = new ClassPathXmlApplicationContext(
        "classpath:META-INF/spring/applicationContext.xml");

    BankAccountService bankAccountService = context.getBean(BankAccountService.class);
    BankAccountDetails bankAccountDetails = new BankAccountDetails();
    .....
    int bankAccountId = bankAccountService.createBankAccount(bankAccountDetails);
    .....
    FixedDepositService fixedDepositService = context.getBean(FixedDepositService.class);
    FixedDepositDetails fixedDepositDetails = new FixedDepositDetails();
    .....
    int fixedDepositId = fixedDepositService.createFixedDeposit(fixedDepositDetails);
    .....
  }
}
```

在代码清单 8-9 中，BankAccountService 使用 BankAccountDaoImpl（见代码清单 8-8）创建了一个银行账户，而 FixedDepositService 使用 FixedDepositDaoImpl（见代码清单 8-5 和代码清单 8-7）开立对应于新建银行账户的定期存款。如果执行 BankApp 的 main 方法，你会发现 BANK_ACCOUNT_DETAILS 和 FIXED_DEPOSIT_DETAILS 表中都插入了新的记录。

在本节中，我们介绍了 Spring 的 JDBC 模块如何把数据库更新或获取数据的操作简化。Spring 的 JDBC 模块也可以用于以下目的。

- 执行存储过程和函数，例如，可以使用 Spring 的 SimpleJdbcCall 类来执行存储过程和函数。
- 执行批量更新，例如，可以使用 JdbcTemplate 的 batchUpdate 方法在同一个 PreparedStatement 上批量执行多个更新调用。
- 以面向对象的方式访问关系数据库，例如，可以扩展 Spring 的 MappingSqlQuery 类，将返回的

ResultSet 中的每一行映射到一个对象。

- 配置内嵌数据库实例，例如，可以使用 Spring 的 jdbc 模式创建 HSQL、H2 或 Derby 数据库的实例，并在 Spring 容器中将数据库实例注册为类型为 javax.sql.DataSource 的 bean。

下面来看如何使用 Spring 对 Hibernate ORM 框架的支持来与数据库进行交互。

8.4 使用 Hibernate 开发 MyBank 应用程序

Spring 的 ORM 模块提供与 Hibernate、Java Persistence API（JPA）和 Java 数据对象（JDO）的集成。在本节中，我们将看到 Spring 如何对使用 Hibernate 框架对数据库的交互进行简化。由于 Hibernate 本身是一个 JPA 提供程序，因此将使用 JPA 注解来将我们的持久实体类映射到数据库表。

含 义

chapter 8/ch08-bankapp-hibernate（本项目展示了使用 Hibernate 与数据库进行交互的 MyBank 应用程序，该项目使用的 Hibernate 版本为 5.2.12.Final。若要运行应用程序，请执行本项目的 BankApp 类的 main 方法）。

下面来看如何配置 Hibernate 的 SessionFactory 实例。

8.4.1 配置 SessionFactory 实例

SessionFactory 是用于创建 Hibernate 的 Session 对象的工厂。DAO 用 Session 对象来对持久性实体执行创建、读取、删除和更新操作。Spring 的 org.springframework.orm.hibernate5.LocalSessionFactoryBean（一个 FactoryBean 实现）创建一个由 DAO 类使用的 SessionFactory 实例以获取 Session 实例。

注 意

如果要在应用程序的 DAO 中使用 JPA 的 EntityManager 进行数据库交互，请配置 Spring 的 LocalContainerEntityManagerFactoryBean 来取代 org.springframework.orm.hibernate5. LocalSessionFactoryBean。第 9 章包含有关如何在 Spring 中使用 JPA 的详细信息。

代码清单 8-10 展示了如何在应用程序上下文 XML 文件中配置 LocalSessionFactoryBean 类。

代码清单 8-10 applicationContext.xml——LocalSessionFactoryBean 配置

```
Project-ch08-bankapp-hibernate
Source location - src/main/java/sample/spring/chapter08/bankapp

  <bean id="sessionFactory"
    class=" org.springframework.orm.hibernate5.LocalSessionFactoryBean">
    <property name="dataSource" ref="dataSource" />
    <property name="packagesToScan" value="sample.spring" />
  </bean>
```

dataSource 属性指定对 javax.sql.DataSource 类型的 bean 的引用。packagesToScan 属性指定了供 Spring 查找持久类的包。例如，代码清单 8-10 指定了如果一个持久化类使用 JPA 的@Entity 注解，而且其位于 sample.spring 包（或其子包）内，则会由 org.springframework.orm.hibernate5. LocalSessionFactoryBean 自动探测。使用 packagesToScan 属性的替代方法是使用 annotatedClasses 属性显式指定所有持久化类，如代码清单 8-11 所示。

代码清单 8-11 LocalSessionFactoryBean 的 annotatedClasses 属性

```
<bean id="sessionFactory"
  class="org.springframework.orm.hibernate5.LocalSessionFactoryBean">
```

```
    <property name="dataSource" ref="dataSource" />
    <property name="annotatedClasses">
      <list>
        <value>sample.spring.chapter08.bankapp.domain.BankAccountDetails</value>
        <value>sample.spring.chapter08.bankapp.domain.FixedDepositDetails</value>
      </list>
    </property>
  </bean>
```

在代码清单 8-11 中，annotatedClasses 属性（类型为 java.util.List）列出了应用程序中的所有持久化类。DAO 使用由 LocalSessionFactoryBean 创建的 SessionFactory 执行数据库操作。下面来看 DAO 如何使用 SessionFactory。

8.4.2 创建使用 Hibernate API 进行数据库交互的 DAO

要与数据库进行交互，DAO 需要访问 Hibernate 的 Session 对象。要访问 Hibernate 的 Session 对象，需要将由 LocalSessionFactoryBean bean（见代码清单 8-10）创建的 SessionFactory 实例注入 DAO 中，并使用注入的 SessionFactory 实例获取一个 Session 对象。

用 Hibernate API 来保存和获取 FixedDepositDetails 持久化实体的 FixedDepositDaoImpl 类，如代码清单 8-12 所示。

代码清单 8-12 FixedDepositDaoImpl 类——Hibernate API 的使用

```
Project-ch08-bankapp-hibernate
Source location - src/main/java/sample/spring/chapter08/bankapp/dao

package sample.spring.chapter08.bankapp.dao;

import org.hibernate.SessionFactory;
.....
@Repository(value = "fixedDepositDao")
public class FixedDepositDaoImpl implements FixedDepositDao {

  @Autowired
  private SessionFactory sessionFactory;

  public int createFixedDeposit(final FixedDepositDetails fixedDepositDetails) {
    sessionFactory.getCurrentSession().save(fixedDepositDetails);
    return fixedDepositDetails.getFixedDepositId();
  }

  public FixedDepositDetails getFixedDeposit(final int fixedDepositId) {
    String hql = "from FixedDepositDetails as fixedDepositDetails where "
         + "fixedDepositDetails.fixedDepositId ="
         + fixedDepositId;
    return (FixedDepositDetails) sessionFactory.getCurrentSession()
         .createQuery(hql).uniqueResult();
  }
}
```

代码清单 8-12 展示了一个自动装配到 FixedDepositDaoImpl 实例的 SessionFactory 实例。SessionFactory 稍后被 createFixedDeposit 和 getFixedDeposit 方法用于保存和获取 FixedDepositDetails 持久化实体。

如前所述，SessionFactory 由 LocalSessionFactoryBean 创建一个 FactoryBean 实现。SessionFactory 实例的自动装配意味着可以通过简单地定义 FactoryBean 创建的类型并使用@Autowired 对其进行注解来自动装配由 FactoryBean 创建的对象（有关 Spring 的 FactoryBean 接口的更多信息见 3.9 节）。

createFixedDeposit 和 getFixedDeposit 方法调用 SessionFactory 的 getCurrentSession 方法来获取 Session 的一个实例。请注意，调用 getCurrentSession 方法会返回与当前事务或线程关联的 Session 对象。如果希望

Spring 管理事务，那么使用 getCurrentSession 方法很有用，MyBank 应用程序就是这样做的。

下面来看 Spring 的编程和声明式事务管理功能。

8.5 使用 Spring 的事务管理

Spring Framework 支持编程式和声明式两种事务管理方式。在编程式事务管理中，Spring 的事务管理抽象用于显式启动、结束和提交事务。在声明式事务管理中，可以使用 Spring 的@Transactional 注解来注解在事务中执行的方法。

我们先来看 8.2 节描述的 MyBank 应用程序的事务管理需求。

8.5.1 MyBank 的事务管理需求

8.2 节中提到，当银行客户开立新的定期存款时，将从 BANK_ACCOUNT_DETAILS 表的 BALANCE_AMOUNT 列中扣除定期存款金额，定期存款明细将保存在 FIXED_DEPOSIT_DETAILS 表中。

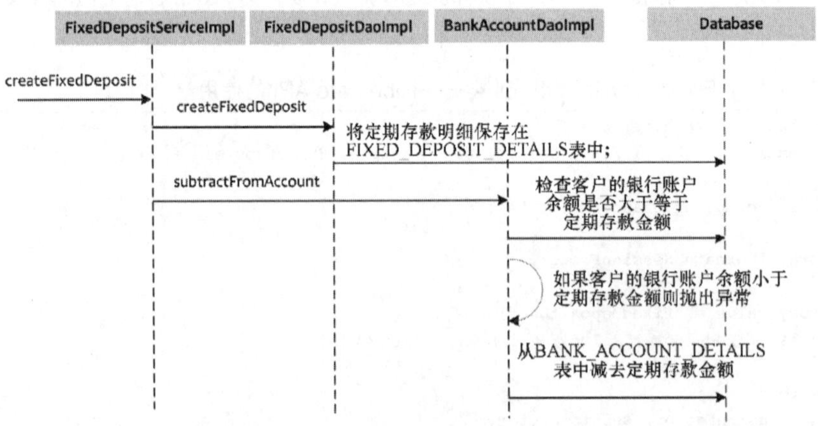

图 8-2　当客户开立新的定期存款时，MyBank 应用程序执行的操作时序图

图 8-2 的时序图展示了 FixedDepositServiceImpl 的 createFixedDeposit 方法将定期存款明细保存在 FIXED_DEPOSIT_DETAILS 表中，并从 BANK_ACCOUNT_DETAILS 表中的相应银行账户中扣除定期存款金额。FixedDepositServiceImpl 的 createFixedDeposit 方法调用 FixedDepositDaoImpl 的 createFixedDeposit 方法和 BankAccountDaoImpl 的 subtractFromAccount 方法。FixedDepositDaoImpl 的 createFixedDeposit 方法将定期存款明细保存在 FIXED_DEPOSIT_DETAILS 表中。BankAccountDaoImpl 的 subtractFromAccount 方法首先检查客户的银行账户是否有足够的余额以创建指定金额的定期存款。如果有足够的余额，subtractFromAccount 方法从客户的银行账户中扣除定期存款金额。如果没有足够的余额，BankAccountDaoImpl 的 subtractFromAccount 方法会抛出异常。如果由于某些原因 FixedDepositDaoImpl 的 createFixedDeposit 或 BankAccountDaoImpl 的 subtractFromAccount 方法执行失败，系统将处于不一致的状态，因此这两种方法必须在事务中执行。

现在来看在 MyBank 应用程序中如何以编程方式使用 Spring 来管理事务。

8.5.2 编程式事务管理

可以通过使用 Spring 的 TransactionTemplate 类或使用 Spring 的 PlatformTransactionManager 接口的实现来以编程方式管理事务。TransactionTemplate 类通过处理启动和提交事务来简化事务管理。只需要提供一个包含要在事务中执行的代码的 Spring 的 TransactionCallback 接口的实现。

含 义

chapter 8/ch08-bankapp-tx-jdbc（本项目展示了使用 Spring 的 TransactionTemplate 类以编程方式管理事务的 MyBank 应用程序。要运行应用程序，请执行此项目的 BankApp 类的 main 方法。创建 SPRING_BANK_APP_DB 数据库，并按照 ch08-bankapp-jdbc 项目所述创建 BANK_ACCOUNT_DETAILS 和 FIXED_DEPOSIT_DETAILS 表）。

代码清单 8-13 展示了在应用程序上下文 XML 文件中如何配置 TransactionTemplate 类。

代码清单 8-13 applicationContext.xml——TransactionTemplate 配置

```
Project-ch08-bankapp-tx-jdbc
Source location - src/main/resources/META-INF/spring

  <bean id="dataSource" class="org.apache.commons.dbcp2.BasicDataSource".....>
    .....
  </bean>

  <bean id="txManager"
    class="org.springframework.jdbc.datasource.DataSourceTransactionManager">
    <property name="dataSource" ref="dataSource" />
  </bean>

  <bean id="transactionTemplate"
    class="org.springframework.transaction.support.TransactionTemplate">
    <property name="transactionManager" ref="txManager"/>
    <property name="isolationLevelName" value="ISOLATION_READ_UNCOMMITTED" />
    <property name="propagationBehaviorName" value="PROPAGATION_REQUIRED" />
  </bean>
```

TransactionTemplate 的 transactionManager 属性引用了负责管理事务的 Spring 的 PlatformTransactionManager 实现。TransactionTemplate 的 isolationLevelName 属性指定了事务管理器管理的事务设置的事务隔离级别。isolationLevelName 属性的值引用了由 Spring 的 TransactionDefinition 接口定义的常量。例如，ISOLATION_READ_UNCOMMITTED 是由 TransactionDefinition 接口定义的常量，指示事务的未提交的更改可以由其他事务读取。

TransactionTemplate 的 propagationBehaviorName 属性指定了事务传播行为。propagationBehaviorName 属性的值引用了由 Spring 的 TransactionDefinition 接口定义的常量。例如，PROPAGATION_REQUIRED 是由 TransactionDefinition 接口定义的常量，其指示：

- 如果在事务中未调用方法，则事务管理器将启动新事务并在新创建的事务中执行该方法；
- 如果事务中调用了一种方法，则事务管理器将在同一事务中执行该方法。

Spring 提供了一些内置的 PlatformTransactionManager 实现，可以根据应用程序使用的数据访问技术进行选择。例如，DataSourceTransactionManager 适用于管理使用纯 JDBC 与数据库进行交互的应用程序中的事务，当使用 Hibernate 的 Session 用于数据库交互时适合使用 HibernateTransactionManager，当使用 JPA 的 EntityManager 用于数据访问时适合使用 JpaTransactionManager。HibernateTransactionManager 和 JpaTransactionManager 也支持使用纯 JDBC 进行数据库交互。

在代码清单 8-13 中，由于 ch08-bankapp-tx-jdbc 项目的 MyBank 应用程序使用纯 JDBC 进行数据访问，TransactionTemplate 的 transactionManager 属性引用了 DataSourceTransactionManager 实例。代码清单 8-13 展示了 DataSourceTransactionManager 的 dataSource 属性引用了一个 javax.sql.DataSource 对象，该对象表示事务由 DataSourceTransactionManager 实例管理的数据库。

代码清单 8-14 展示了使用 TransactionTemplate 实例进行事务管理的 FixedDepositServiceImpl 类。

代码清单 8-14 使用 TransactionTemplate 的 FixedDepositServiceImpl 类

```
Project-ch08-bankapp-tx-jdbc
Source location - src/main/java/sample/spring/chapter08/bankapp/service

package sample.spring.chapter08.bankapp.service;

import org.springframework.transaction.TransactionStatus;
import org.springframework.transaction.support.TransactionCallback;
import org.springframework.transaction.support.TransactionTemplate;
.....
@Service(value = "fixedDepositService")
public class FixedDepositServiceImpl implements FixedDepositService {

  @Autowired
  private TransactionTemplate transactionTemplate;
  .....
  @Override
  public int createFixedDeposit(final FixedDepositDetails fixedDepositDetails) throws Exception {
    transactionTemplate.execute(new TransactionCallback<FixedDepositDetails>() {
          public FixedDepositDetails doInTransaction(TransactionStatus status) {
            try {
                myFixedDepositDao.createFixedDeposit(fixedDepositDetails);
                bankAccountDao.subtractFromAccount(
                    fixedDepositDetails.getBankAccountId(),
                          fixedDepositDetails.getFixedDepositAmount()
                );
            } catch (Exception e) { status.setRollbackOnly(); }
            return fixedDepositDetails;
          }
        });
    return fixedDepositDetails.getFixedDepositId();
  }
  .....
}
```

代码清单 8-14 展示了 FixedDepositServiceImpl 的 createFixedDeposit 方法（更多详细信息参见图 8-2），该方法在 FIXED_DEPOSIT_DETAILS 表中保存定期存款明细，并从 BANK_ACCOUNT_DETAILS 表中的相应银行账户中扣除定期存款金额。

TransactionCallback 接口定义了一个 doInTransaction 方法，该方法用于提供应在事务中执行的操作。TransactionCallback 的 doInTransaction 方法由 TransactionTemplate 的 execute 方法在事务中调用。doInTransaction 方法接收可用于控制事务结果的 TransactionStatus 对象。

在代码清单 8-14 中，TransactionCallback 的 doInTransaction 方法包含对 FixedDepositDaoImpl 的 createFixedDeposit 方法和 BankAccountDaoImpl 的 subtractFromAccount 方法的调用，这是由于我们希望在单个事务中执行这两个方法。如果任何一个方法失败，我们希望回滚该事务，则在异常情况下调用 TransactionStatus 的 setRollbackOnly 方法。如果调用 TransactionStatus 的 setRollbackOnly 方法，则 TransactionTemplate 实例将回滚该事务。如果 doInTransaction 方法中包含的操作导致 java.lang.RuntimeException，则事务将自动回滚。

TransactionCallback 实例接受一个泛型类型参数，它引用 doInTransaction 方法返回的对象类型。在代码清单 8-14 中，doInTransaction 方法返回一个 FixedDepositDetails 对象。如果不希望 doInTransaction 方法返回任何对象，请使用实现 TransactionCallback 接口的 TransactionCallbackWithoutResult 抽象类。TransactionCallbackWithoutResult 类允许创建 TransactionCallback 实现，其中 doInTransaction 方法不返回值。

代码清单 8-15 展示了 BankApp 类的 main 方法，它调用 BankAccountServiceImpl 的 createBankAccount 方法来创建一个银行账户，而 FixedDepositServiceImpl 的 createFixedDeposit 方法创建一笔与新创建的银行账户对应的定期存款。

代码清单 8-15 BankApp 类

```
Project-ch08-bankapp-tx-jdbc
Source location - src/main/java/sample/spring/chapter08/bankapp

package sample.spring.chapter08.bankapp;

public class BankApp {
  .....
  public static void main(String args[]) throws Exception {
    ConfigurableApplicationContext context = new ClassPathXmlApplicationContext(
        "classpath:META-INF/spring/applicationContext.xml");

    BankAccountService bankAccountService = context.getBean(BankAccountService.class);
    FixedDepositService fixedDepositService = context.getBean(FixedDepositService.class);

    BankAccountDetails bankAccountDetails = new BankAccountDetails();
    bankAccountDetails.setBalanceAmount(1000);
    .....
    int bankAccountId = bankAccountService.createBankAccount(bankAccountDetails);

    FixedDepositDetails fixedDepositDetails = new FixedDepositDetails();
    fixedDepositDetails.setFixedDepositAmount(1500);
    fixedDepositDetails.setBankAccountId(bankAccountId);
    .....
    int fixedDepositId = fixedDepositService.createFixedDeposit(fixedDepositDetails);
    .....
  }
}
```

代码清单 8-15 展示了创建银行账户以后首先设置了 1000 的余额，然后创建了一笔 1500 的定期存款。由于定期存款金额大于银行账户余额，BankAccountDaoImpl 的 subtractFromAccount 方法会抛出异常（见 BankAccountDaoImpl 的 subtractFromAccount 方法或图 8-2）。BankAccountDaoImpl 的 subtractFromAccount 方法抛出的异常被 FixedDepositServiceImpl 的 createFixedDeposit 方法（见代码清单 8-14）捕获，并通过调用 TransactionStatus 的 setRollbackOnly 方法将事务标记为回滚。

如果执行 BankApp 的 main 方法，会注意到定期存款没有在 FIXED_DEPOSIT_DETAILS 表中创建，1500 的金额也不会从 BANK_ACCOUNT_DETAILS 表中扣除。这展示了 FixedDepositDaoImpl 的 createFixedDeposit 和 BankAccountDaoImpl 的 subtractFromAccount 都在同一个事务中执行。

为了取代 TransactionTemplate 类，可以直接使用 PlatformTransactionManager 实现来以编程方式管理事务。使用 PlatformTransactionManager 实现时，需要显式启动和提交（或回滚）事务。因此，建议使用 TransactionTemplate 而不是直接使用 PlatformTransactionManager 实现。

下面来看 Spring 的声明式事务管理功能。

8.5.3 声明式事务管理

编程式事务管理将应用程序代码与 Spring 特定的类相耦合。此外，声明式事务管理要求仅使用 Spring 的@Transactional 注解来注解方法或类。如果要在事务中执行方法，请使用@Transactional 注解方法。如果要在事务中执行类的所有方法，请使用@Transactional 对该类进行注解。

注 意

使用@Transactional 注解来进行的声明式事务管理可以由使用 Spring 的 tx 模式元素来标识事务方法所取代。由于使用 Spring 的 tx 模式会导致应用程序上下文 XML 文件变得复杂庞大，我们将仅使用@Transactional 注解来进行声明式事务管理。

含　义

chapter 8/ch08-bankapp-jdbc 和 chapter 8/ch08-bankapp-hibernate（ch08-bankapp-jdbc 项目展示了使用 Spring 的 JDBC 模块进行数据库交互的 MyBank 应用程序（有关 ch08-bankapp-jdbc 项目的更多信息见 8.3 节）。ch08-bankapp-hibernate 项目展示了使用 Hibernate 与数据库进行交互的 MyBank 应用程序（有关 ch08-bankapp-hibernate 项目的更多信息见 8.4 节）。

可以使用 Spring 的 tx 模式的<annotation-driven>元素启用声明式事务管理。代码清单 8-16 展示了 ch08-bankapp-jdbc 项目中的<annotation-driven>元素的用法。

代码清单 8-16　applicationContext.xml——<annotation-driven> 元素

```
Project-ch08-bankapp-jdbc
Source location - src/main/resources/META-INF/spring

<beans ..... xmlns:tx="http://www.springframework.org/schema/tx"
  xsi:schemaLocation=".....http://www.springframework.org/schema/tx
    http://www.springframework.org/schema/tx/spring-tx.xsd">
  .....
  <tx:annotation-driven transaction-manager="txManager" />

  <bean id="txManager"
    class="org.springframework.jdbc.datasource.DataSourceTransactionManager">
    <property name="dataSource" ref="dataSource" />
  </bean>
  .....
</beans>
```

在代码清单 8-16 中，有 Spring 的 tx 模式，以便其应用程序上下文 XML 文件中的元素可以被访问。<annotation-driven>元素支持声明式事务管理。<annotation-driven>元素的 transaction-manager 特性指定用于事务管理的 PlatformTransactionManager 实现的引用。代码清单 8-16 展示了在 ch08-bankapp-jdbc 项目中使用 DataSourceTransactionManager 作为事务管理器。

代码清单 8-17 展示了如何在使用 Hibernate ORM 进行数据访问的 ch08-bankapp-hibernate 项目中使用声明式事务管理。

代码清单 8-17　applicationContext.xml——<annotation-driven> 元素

```
Project-ch08-bankapp-hibernate
Source location - src/main/resources/META-INF/spring

<beans ..... xmlns:tx="http://www.springframework.org/schema/tx"
  xsi:schemaLocation=".....http://www.springframework.org/schema/tx
    http://www.springframework.org/schema/tx/spring-tx.xsd">
  .....
  <tx:annotation-driven transaction-manager="txManager" />

  <bean id="txManager"
    class="org.springframework.orm.hibernate5.HibernateTransactionManager">
    <property name="sessionFactory" ref="sessionFactory"/>
  </bean>
  .....
</beans>
```

如果将代码清单 8-17 与代码清单 8-16 进行比较，你将注意到，唯一的区别在于由<annotation-driven>元素的 transaction-manager 特性引用的 PlatformTransactionManager 实现。如代码清单 8-17 所示，如果 Hibernate ORM 用于数据库交互，则 PlatformTransactionManager 的 org.springframework.orm.hibernate5.HibernateTransactionManager 实现用于管理事务。

代码清单 8-18 展示了使用声明式事务管理的 FixedDepositServiceImpl 类。

代码清单 8-18 FixedDepositServiceImpl 类——@Transactional 注解的使用

```
Project-ch08-bankapp-jdbc
Source location - src/main/java/sample/spring/chapter08/bankapp/service

package sample.spring.chapter08.bankapp.service;

import org.springframework.transaction.annotation.Transactional;
.....
@Service(value = "fixedDepositService")
public class FixedDepositServiceImpl implements FixedDepositService {
  .....
  @Transactional
  public int createFixedDeposit(FixedDepositDetails fixedDepositDetails) throws Exception {
    bankAccountDao.subtractFromAccount(fixedDepositDetails.getBankAccountId(),
      fixedDepositDetails.getFixedDepositAmount());
    return myFixedDepositDao.createFixedDeposit(fixedDepositDetails);
  }
  .....
}
```

在代码清单 8-18 中，createFixedDeposit 方法用@Transactional 来注解。这意味着 createFixedDeposit 方法将在事务中执行。通过<annotation-driven>元素（见代码清单 8-16 和代码清单 8-17）的 transaction-manager 特性指定的事务管理器用于管理事务。如果在执行 createFixedDeposit 方法期间抛出 java.lang.RuntimeException，则事务将自动回滚。

@Transactional 注解定义了可以用来配置事务管理器行为的特性。例如，可以使用 rollbackFor 特性来指定导致事务回滚的异常类。rollbackFor 特性指定的异常类必须是 java.lang.Throwable 类的子类。同样，可以使用 isolation 特性来指定事务隔离级别。

如果应用程序定义了多个事务管理器，则可以使用@Transactional 注解的 transactionManager 特性来指定要用于管理事务的 PlatformTransactionManager 实现的 bean 名称。代码清单 8-19 展示了在应用程序上下文 XML 文件中定义的两个事务管理器 tx1 和 tx2。SomeServiceImpl 的方法 A 使用了 tx1 事务管理器，而 SomeServiceImpl 的 methodB 使用了 tx2 事务管理器。

代码清单 8-19 @Transactional 的 transactionManager 特性的使用

```
----------------------- SomeServiceImpl class ------------------------

@Service
public class SomeServiceImpl implements SomeService {
  .....
  @Transactional(transactionManager = "tx1")
  public int methodA() {.....}

  @Transactional(transactionManager = "tx2")
  public int methodB() {.....}
}
----------------------- application context XML file ------------------------

  <tx:annotation-driven />

  <bean id="tx1"
    class="org.springframework.orm.hibernate5.HibernateTransactionManager">
    <property name="sessionFactory1" ref="sessionFactory1"/>
  </bean>

  <bean id="tx2"
```

```
    class="org.springframework.jdbc.datasource.DataSourceTransactionManager">
    <property name="dataSource" ref="dataSource" />
  </bean>
```

在代码清单 8-19 中，由于用于管理事务的事务管理器由@Transactional 注解本身指定，Spring 的 tx 模式的<annotation-driven>元素不指定 transaction-manager 特性。在代码清单 8-19 中，@Transactional 注解的 transactionManager 特性指定了用于管理事务的事务管理器。这意味着 SomeServiceImpl 的 methodA 在 tx1 事务管理器下执行，SomeServiceImpl 的 methodB 在 tx2 事务管理器下执行。

下面来看 Spring 对 JTA（Java Transaction API）事务的支持。

8.5.4 Spring 对 JTA 的支持

在第 1 章中，我们讨论了当事务中涉及多个事务资源时，可以使用 JTA 进行事务管理。Spring 提供了一个通用的 JtaTransactionManager 类（一个 PlatformTransactionManager 实现），可以在应用程序中用它来管理 JTA 事务。

在大多数应用服务器环境中，JtaTransactionManager 可以满足你的需求。但是，Spring 还提供了供应商特定的 JtaTransactionManager 实现，它可以利用应用服务器特定的功能来管理 JTA 事务。Spring 提供的供应商特定的 JTA 事务管理器有：WebLogicJtaTransactionManager（用于 WebLogic 应用程序服务器）和 WebSphereUowTransactionManager（用于 WebSphere 应用程序服务器）。

图 8-3 总结了 JTA 事务管理器和资源特定的事务管理器（如 DataSourceTransactionManager、HibernateTransactionManager、JmsTransactionManager 等）与 PlatformTransactionManager 接口的关系。资源特定的事务管理器实现 ResourceTransactionManager 接口（一个 PlatformTransactionManager 的子接口），并管理与单个目标资源关联的事务。例如，DataSourceTransactionManager、HibernateTransactionManager 和 JpaTransactionManager 分别管理与单个 DataSource、SessionFactory 和 EntityManagerFactory 相关联的事务。

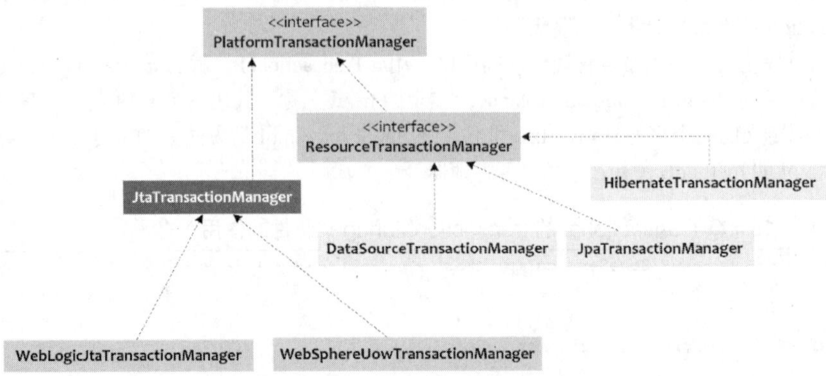

图 8-3 JTA 事务管理器和资源特定的事务管理器实现 PlatformTransactionManager 接口

下面来看 Spring 如何简化在应用程序上下文 XML 文件中的 JTA 事务管理器配置。

使用<jta-transaction-manager>元素配置 JTA 事务管理器

Spring 的 tx 模式提供了一个自动检测应用程序部署的应用程序服务器的<jta-transaction-manager>元素，并配置了一个合适的 JTA 事务管理器。这节省了在应用程序上下文 XML 文件中显式配置应用程序服务器特定的 JTA 事务管理器的工作。例如，如果在 WebSphere Application Server 中部署应用程序，则<jta-transaction-manager>元素将配置一个 WebSphereUowTransactionManager 实例的实例。如果在 WebLogic 应用程序服务器中部署相同的应用程序，则<jta-transaction-manager>元素将配置一个 WebLogicJtaTransactionManager 实例的实例。如果应用程序部署在除 WebSphere 和 WebLogic 之外的任意应用程序服务器中，则<jta-transaction-manager>元素将配置 JtaTransactionManager 实例的实例。

现在来看一下如何使用基于 Java 的配置开发 MyBank 应用程序。

8.6 使用基于 Java 的配置开发 MyBank 应用程序

在我们迄今为止看到的示例中，与 javax.sql.DataSource、事务、Hibernate 等相关的配置都指定在应用程序上下文 XML 文件中。在本节中，我们将介绍如何使用基于 Java 的配置方法来指定这些配置。

含 义

chapter 8/ch08-javaconfig-hibernate（此项目是 ch08-bankapp-hibernate 项目的修改版本，它使用基于 Java 的配置方法来配置应用程序对象、javax.sql.DataSource、Hibernate 的 SessionFactory 和声明式事务管理。要运行应用程序，请执行本项目的 BankApp 类中的 main 方法）。

ch08-javaconfig-hibernate 项目包含以下@Configuration 类：

- DatabaseConfig——配置 javax.sql.DataSource、Hibernate 的 SessionFactory 和声明式事务管理；
- DaosConfig——在应用程序中配置 DAO；
- ServicesConfig——配置应用程序服务。

首先看一下 DatabaseConfig 类，它大规模地配置了 javax.sql.DataSource 和 Hibernate 的 SessionFactory，并添加了对@Transactional 注解的支持。

8.6.1 配置 javax.sql.DataSource

代码清单 8-20 展示了如何使用基于 Java 的配置方法配置 javax.sql.DataSource 对象。

代码清单 8-20 DatabaseConfig 类——javax.sql.DataSource 配置

```
Project-ch08-javaconfig-hibernate
Source location - src/main/java/sample/spring/chapter08/bankapp

package sample.spring.chapter08.bankapp;

import javax.sql.DataSource;
import org.apache.commons.dbcp2.BasicDataSource;
import org.springframework.core.env.Environment;
.....
@Configuration
@PropertySource("classpath:/META-INF/database.properties")
.....
public class DatabaseConfig {
  @Autowired
  private Environment env;

  @Bean(destroyMethod = "close")
  public DataSource dataSource() {
    BasicDataSource dataSource = new BasicDataSource();
    dataSource.setDriverClassName(env.getProperty("database.driverClassName"));
    .....
    return dataSource;
  }
  .....
}
```

在代码清单 8-20 中，@PropertySource 将在 database.properties 文件中定义的属性添加到 Spring 的 Environment 对象中（更多详细信息见 7.7 节）。database.properties 文件定义了连接到数据库所需的属性（如驱动程序类、数据库 URL 等）。dataSource 方法使用从 database.properties 文件读取的属性创建一个 BasicDataSource（由 Apache Commons DBCP 项目提供的一个 javax.sql.DataSource 的实现）的实例。

8.6.2 配置 Hibernate 的 SessionFactory

代码清单 8-21 展示了如何使用 Spring 的 LocalSessionFactoryBuilder 类以编程方式配置 Hibernate 的 SessionFactory。

代码清单 8-21 DatabaseConfig 类——Hibernate 的 SessionFactory 配置

```
Project-ch08-javaconfig-hibernate
Source location - src/main/java/sample/spring/chapter08/bankapp

package sample.spring.chapter08.bankapp;
.....
import org.hibernate.SessionFactory;
import org.springframework.orm.hibernate5.LocalSessionFactoryBuilder;

@Configuration
.....
public class DatabaseConfig {
  .....
  @Bean
  public SessionFactory sessionFactory(DataSource dataSource) {
    LocalSessionFactoryBuilder builder = new LocalSessionFactoryBuilder(dataSource);
    builder.scanPackages("sample.spring");
    builder.setProperty("hibernate.show_sql", "true");
    builder.setProperty("hibernate.id.new_generator_mappings", "false");
    return builder.buildSessionFactory();
  }
  .....
}
```

在代码清单 8-21 中，Spring 的 LocalSessionFactoryBuilder 简化了 Hibernate 的 SessionFactory 的创建。LocalSessionFactoryBuilder 扩展了配置 Hibernate 的 Configuration 类。scanPackages 方法查找指定包（及其子包）中的实体类，并将其注册到 Hibernate。setProperty 方法设置一个 Hibernate 属性。例如，将 hibernate.id.new_generator_mappings 属性设置为 false（默认值为 true）。buildSessionFactory 方法基于提供的配置创建一个 SessionFactory 实例。

应该注意的是，如果 hibernate.id.new_generator_mappings 属性设置为 true，Hibernate 将使用新的标识符生成器来生成使用 AUTO 或 TABLE 或 SEQUENCE 策略的列的值。在 ch08-javaconfig-hibernate 项目的情况下，如果将 hibernate.id.new_generator_mappings 属性的值设置为 true，Hibernate 将在 MySQL 中查找一个 hibernate_sequence 表，其中一列为 next_val（类型为 BIGINT）用于生成值。这是因为 FixedDepositDetails 和 BankAccountDetails 实体指定了生成其主键的 AUTO 策略。

8.6.3 启用@Transactional 支持

代码清单 8-22 展示了在使用基于 Java 的配置方法时如何启用@Transactional 支持。

代码清单 8-22 DatabaseConfig 类——启用@Transactional 支持

```
Project-ch08-javaconfig-hibernate
Source location - src/main/java/sample/spring/chapter08/bankapp

package sample.spring.chapter08.bankapp;

import org.springframework.orm.hibernate5.HibernateTransactionManager;
import org.springframework.transaction.PlatformTransactionManager;
import org.springframework.transaction.annotation.EnableTransactionManagement;

@Configuration
```

```
@EnableTransactionManagement
.....
public class DatabaseConfig {
  .....
  @Bean
  public PlatformTransactionManager platformTransactionManager(SessionFactory sessionFactory) {
    return new HibernateTransactionManager(sessionFactory);
  }
}
```

在代码清单 8-22 中，@EnableTransactionManagement 注解与 Spring 的 tx 模式的<annotation-driven>元素相同（见代码清单 8-16），它启用了@Transactional 注解。@Bean 注解的 platformTransactionManager 方法返回了 Spring 用于事务管理的 HibernateTransactionManager 实例。

如果运行 BankApp 的 ch08-javaconfig-hibernate 项目的 main 方法，你会注意到它与 ch08-bankapp-hibernate 项目中 BankApp 的 main 方法相同。

8.7 小结

在本章中，我们学习了 Spring 如何支持使用纯 JDBC 和 Hibernate 进行数据库交互。我们还学习了如何使用 Spring 以编程和声明方式来管理事务。在第 9 章中，我们将介绍 Spring 如何简化与使用 Spring Data 的关系数据库和 NoSQL 数据库的交互。

第 9 章　Spring Data

9.1　简介

可以将数据存储在关系数据存储（如 MySQL、Oracle 等）、NoSQL 数据存储（如 MongoDB、Neo4j、Redis 等）或大数据数据存储（如 HDFSSplunk 等）中。为此，需要大量样板代码来实现这些持久存储的数据访问层。例如，如果使用 JPA 访问关系数据存储，则需要编写访问实体的查询，执行查询结果的分页和排序等。在这些不同的数据存储上，Spring Data 提供了一个抽象层，减少了实现数据访问层所需的样板代码量。

Spring Data 由多个项目组成，每个项目都专注于特定的数据存储。表 9-1 提到了一些 Spring Data 项目。

表 9-1　Spring Data 项目

项目	描述
Spring Data JPA	简化了使用 JPA 进行数据访问的应用程序开发
Spring Data Solr	简化了 Apache Solr 搜索服务器的配置和访问
Spring Data MongoDB	简化了使用 MongoDB 的应用程序开发
Spring Data Aerospike	简化了使用 Aerospike 的应用程序开发
Spring Data Hadoop	简化了 Apache Hadoop 的配置和访问

有关支持的数据存储的完整列表，请参阅 Spring Data 项目的主页。在本章中，我们将介绍 Spring Data JPA 和 Spring Data MongoDB 项目是如何简化与关系数据库和 MongoDB 交互的应用程序数据访问层的开发的。

让我们来看一些核心概念和接口，它们是所有 Spring Data 项目的核心。

含　义

chapter 9/ch09-javaconfig-jpa 和 chapter 9/ch09-springdata-jpa[ch09-javaconfig-jpa 项目是使用 JPA 的 EntityManager（代替 Hibernate 的 SessionFactory）进行数据库交互的 ch08-javaconfig-hibernate 项目的修改版本，ch09-springdata-jpa 项目使用 Spring Data JPA（代替纯 JPA） 用于数据库交互。要运行项目，请执行 BankApp 类的 main 方法]。

9.2　核心概念和接口

使用 Spring Data 时，可以在应用程序中定义与每个域实体对应的存储库接口。存储库包含对实体执行 CRUD 操作的方法，并对实体进行分页和排序。可以通过继承 Repository、CrudRepository 或 PagingAndSortingRepository 接口来创建与域实体对应的存储库。存储库接口是一个标记接口，也就是说，它没有定义任何方法。CrudRepository 声明可以在实体上执行标准的 CRUD 操作。PagingAndSortingRepository 声明允许对实体进行分页和排序的方法。

图 9-1 中的类图展示了 Repository、CrudRepository 和 PagingAndSortingRepository 接口的继承关系。

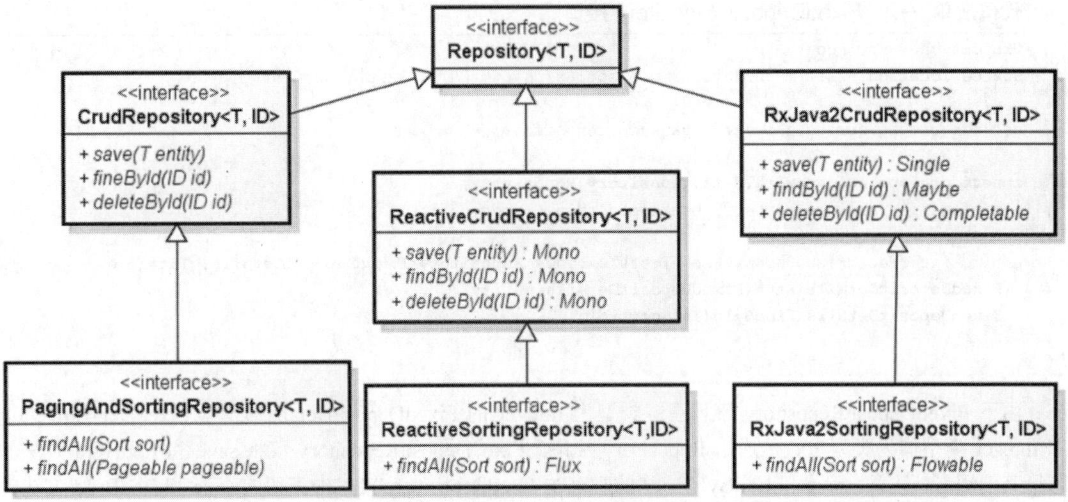

图 9-1 CrudRepository 继承了 Repository，PagingAndSortingRepository 继承了 CrudRepository，在后面类似的继承结构是为开发反应式应用程序提供支持的接口

图 9-1 还展示了 Spring Data 定义的支持反应式应用程序开发的接口（见第 18 章）。例如，ReactiveCrudRepository 和 ReactiveSortingRepository 接口用于使用 Reactor（见第 19 章）开发反应式应用程序，RxJava2CrudRepository 和 RxJava2SortingRepository 接口用于使用 RxJava 2 开发反应式应用程序（见第 18 章）。第 19 章将介绍如何使用这些接口开发反应式应用程序。

Spring Data 使用 Repository 接口（一个标记接口）来发现应用程序中定义的存储库。存储库接口接受实体类（由 T 类型指定）及其主键类型（由 ID 类型指定）作为类型参数。CrudRepository 继承了 Repository 并声明了对该实体执行 CRUD 操作的方法。例如，可以使用 save 方法将实体实例保存到数据存储中，findById 方法根据其主键来查找实体，以此类推。PagingAndSortingRepository 继承了 CrudRepository，并添加了分页和排序支持。例如，Spring Data 使用传递给 findAll 方法的分页信息（由 Pageable 实例指定）来提供对实体的分页访问。

代码清单 9-1 展示了 CrudRepository 中声明的一些方法。

代码清单 9-1 CrudRepository 接口

```
package org.springframework.data.repository;
.....
public interface CrudRepository<T, ID extends Serializable> extends Repository<T, ID> {
  <S extends T> S save(S entity);
  T findById(ID id);
  Iterable<T> findAll();
  void deleteById(ID id);
  void delete(T entity);
  long count();
  .....
}
```

如代码清单 9-1 所示，CrudRepository 声明了 save、findById、findAll、deleteById、delete、count 等方法。在某些情况下，可能希望将存储库暴露的方法对其调用者进行限制。例如，可能不希望调用者访问 deleteById 方法来删除实体实例。可以通过使用以下任何方法来创建自定义存储库来实现此要求：

- 通过继承 CrudRepository 来创建存储库，并仅声明希望向调用者提供的存储库接口中的那些方法；
- 通过继承 Repository 接口来创建存储库，并只声明希望向调用者提供的 CrudRepository 方法。

代码清单 9-2 展示了继承 Repository 接口的 FixedDepositRepository 接口。

代码清单 9-2 FixedDepositRepository 接口

```
Project-ch09-springdata-jpa
Source location - src/main/java/sample/spring/chapter09/bankapp/repository

package sample.spring.chapter09.bankapp.repository;

import org.springframework.data.repository.Repository;
import sample.spring.chapter09.bankapp.domain.FixedDepositDetails;

public interface FixedDepositRepository extends Repository<FixedDepositDetails, Integer> ..... {
  FixedDepositDetails save(FixedDepositDetails entity);
  FixedDepositDetails findById(Integer id);
  .....
}
```

由于 FixedDepositRepository 管理主键类型为 Integer 的 FixedDepositDetails 实体，FixedDepositDetails 和 Integer 类型作为类型参数传递给 Repository 接口。FixedDepositRepository 仅将 save 和 findById 方法暴露给其调用者。注意，save 和 findById 方法的签名与 CrudRepository 接口中声明的 save 和 findById 方法的签名相匹配（见代码清单 9-1）。save 方法将 FixedDepositDetails 实体的实例保存到数据存储中，findById 方法返回具有给定主键的 FixedDepositDetails 实体的实例。不需要实现这些方法，因为它们的实现由 Spring Data 提供。

可以使用@RepositoryDefinition 对接口进行注解来指示它代表存储库，以此取代继承 Repository、CrudRepository 或 PagingAndSortingRepository 接口。代码清单 9-3 展示了如何使用@RepositoryDefinition 重写 FixedDepositRepository（见代码清单 9-2）。

代码清单 9-3 FixedDepositRepository 接口——@RepositoryDefinition 的使用

```
package sample.spring.chapter09.bankapp.repository;

import org.springframework.data.repository.RepositoryDefinition;
.....
@RepositoryDefinition(domainClass=FixedDepositDetails.class, idClass=Integer.class)
public interface FixedDepositRepository {
  FixedDepositDetails save(FixedDepositDetails entity);
  FixedDepositDetails findById(Integer id);
  .....
}
```

在代码清单 9-3 中，@RepositoryDefinition 的 domainClass 特性指定了由存储库管理的域实体的类型，idClass 特性指定了域实体的主键类型。

CrudRepository 的 count 方法返回数据存储中的实体数量，CrudRepository 的 delete 方法将删除给定的实体。可以根据实体定义的字段来声明 count 和 delete 方法的变体。例如，可以在 FixedDepositRepository 中声明 countByTenure（int tenure）方法，以获得具有给定期限的 FixedDepositDetails 实体的计数。count 和 delete 方法的变体具有以下语法。

```
countBy<field-name> or deleteBy<field-name>
```

其中，<field-name>是由实体定义的字段。

如果声明 delete 方法的变体（如 deleteByTenure），则返回已删除实体的计数。如果要访问已删除的实体，请在自定义存储库中声明 removeBy ...方法以取代 deleteBy ...方法。

如代码清单 9-4 所示，FixedDepositRepository 声明了 count、countByTenure 和 removeByTenure 方法。

代码清单 9-4 FixedDepositRepository 接口——声明 count 和 delete 方法的变体

```
Project-ch09-springdata-jpa
Source location - src/main/java/sample/spring/chapter09/bankapp/repository
```

```
package sample.spring.chapter09.bankapp.repository;
.....
public interface FixedDepositRepository extends Repository<FixedDepositDetails, Integer> ..... {
  .....
  long count();
  long countByTenure(int tenure);
  List<FixedDepositDetails> removeByTenure(int tenure);
}
```

在代码清单 9-4 中，countByTenure 返回具有给定期限的定期存款的数量，removeByTenure 删除并返回给定期限的定期存款，count 方法只返回数据存储中定期存款的总数。

可以在自定义存储库接口中声明 **query** 方法来查询数据存储。查询方法名称具有以下格式：find...By、read...By、query...By、count...By 或 get...By。Spring Data 附带了一个复杂的查询构建器，它根据在存储库中声明的查询方法构建特定于数据存储的查询。代码清单 9-5 展示了在 FixedDepositRepository 接口中声明的查询方法。

代码清单 9-5 FixedDepositRepository 接口——声明查询方法

```
Project-ch09-springdata-jpa
Source location - src/main/java/sample/spring/chapter09/bankapp/repository

package sample.spring.chapter09.bankapp.repository;
.....
public interface FixedDepositRepository extends Repository<FixedDepositDetails, Integer> ..... {
  .....
  List<FixedDepositDetails> findByTenure(int tenure);
  List<FixedDepositDetails> findByTenureLessThan(int tenure);
  List<FixedDepositDetails> findByFdAmountGreaterThan(int fdAmount);
}
```

在代码清单 9-5 中，findByTenure、findByTenureLessThan 和 findByFdAmountGreaterThan 方法表示由 Spring Data 提供的查询方法。Spring Data 的查询构建器使用关键字 LessThan 和 GreaterThan 来生成与查询方法相对应的适当查询。例如，findByTenureLessThan 方法将产生一个查询，返回期限小于给定期限的 FixedDepositDetails 实例。

在本节中，我们看到 Spring Data 简化了应用程序数据访问层的开发。真实世界中应用程序的要求比我们在本节中看到的要复杂得多。在 9.3 节中，我们将在 Spring Data JPA 项目的上下文中介绍 Spring Data 提供的一些更多功能。

9.3 Spring Data JPA

Repository、CrudRepository 和 PagingAndSortingRepository 接口对底层数据存储是不可感知的，也就是说，你无法使用它们来利用特定于数据存储的功能。因此，每个 Spring Data 项目定义了一个数据存储特定的存储库接口，允许使用特定于该数据存储的功能。例如，Spring Data JPA 定义了一个 JpaRepository 接口（一个 JPA 特定的存储库接口），Spring Data MongoDB 定义了一个 MongoRepository 接口（一个 MongoDB 特定的接口）。这两个接口都继承了 PagingAndSortingRepository 和 QueryByExampleExecutor 接口，并添加了特定于数据存储的功能。在本章的后面，我们将介绍 QueryByExampleExecutor，它允许以给定的实体实例作为查询数据存储的搜索条件。

注 意

为了使用 Spring Data JPA，ch09-springdata-jpa 项目的 pom.xml 包含了对 spring-data-commons 和 spring-data-jpa JAR 的版本 2.0.1.RELEASE 的依赖。

那么，Spring Data 实际上是如何工作的呢？在 FixedDepositRepository 的上下文中，图 9-2 展示了 Spring Data 的工作原理。

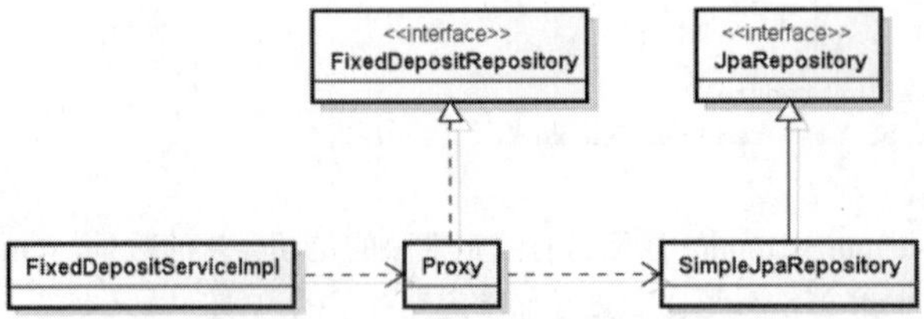

图 9-2 Spring Data 创建一个代理，该代理对应于将方法调用引导到默认存储库实现的存储库

Spring Data 创建一个与在应用程序中定义的每个存储库接口相对应的代理。例如，创建一个对应于 FixedDepositRepository 接口的代理。该代理持有对 Spring Data 提供的开箱即用的一个默认存储库实现的引用。如果使用的是 Spring Data JPA，则默认存储库实现是使用 JPA 访问关系数据存储的 SimpleJpaRepository 类（一个 JpaRepository 接口的实现）的实例。对 FixedDepositRepository 接口的方法调用被代理拦截并委派给 SimpleJpaRepository 实例。例如，调用 FixedDepositRepository 的 save 方法时，代理将调用委托给 SimpleJpaRepository 的 save 方法。

下面介绍如何插入一个存储库方法的自定义实现。

9.3.1 代替存储库方法的自定义实现

在 Spring Data 中，可以通过在名为<your-repository-interface> Impl 的类中定义方法来替换存储库方法的自定义实现。这里的<your-repository-interface>是要自定义方法的自定义存储库的名称。该类必须位于定义了自定义存储库接口的同一个包（或其子包之一）中。

假设要覆盖 FixedDepositRepository 的 findByTenure 方法，以便在没有找到给定期限的定期存款时抛出 NoFixedDepositFoundException 异常。要实现此需求，只需定义一个 FixedDepositRepositoryImpl 类（请注意，命名约定是<your-repository-interface> Impl），其中包含 findByTenure 方法的自定义实现。

如代码清单 9-6 所示，findByTenure 方法使用了 JPA 的 EntityManager 查询数据存储中的定期存款。由于 FixedDepositRepositoryImpl 由 Spring Data 自动获取并像其他 Spring Bean 一样处理，我们已经能够使用 @PersistenceContext 注解来自动装配 EntityManager 的实例。在运行时，对 FixedDepositRepository 的 findByTenure 方法的调用由 FixedDepositRepositoryImpl 的 findByTenure 方法处理。代码清单 9-6 还展示了 Spring Data JPA 为你提供了在应用程序中直接使用 JPA 的灵活性。

代码清单 9-6 FixedDepositRepositoryImpl——覆盖 findByTenure 方法

```
Project-ch09-springdata-jpa
Source location - src/main/java/sample/spring/chapter09/bankapp/repository

package sample.spring.chapter09.bankapp.repository;
.....
import javax.persistence.EntityManager;
import javax.persistence.PersistenceContext;
import sample.spring.chapter09.bankapp.exceptions.NoFixedDepositFoundException;
.....
public class FixedDepositRepositoryImpl {

  @PersistenceContext
  private EntityManager entityManager;

  public List<FixedDepositDetails> findByTenure(int tenure) {
    List<FixedDepositDetails> fds = entityManager
    .createQuery("SELECT details from FixedDepositDetails details where details.tenure = :tenure",
    FixedDepositDetails.class).setParameter("tenure", tenure).getResultList();
    if (fds.isEmpty()) {
```

```
        throw new NoFixedDepositFoundException("No fixed deposits found");
      }
      return fds;
    }
  }
```

在某些情况下，你可能希望将自定义方法添加到存储库。我们来看一下如何将自定义方法添加到你的存储库。

9.3.2 将自定义方法添加到存储库

图 9-3 中的类图展示了如何在 ch09-springdata-jpa 项目中将 subtractFromAccount 自定义方法添加到 BankAccountRepository 中。

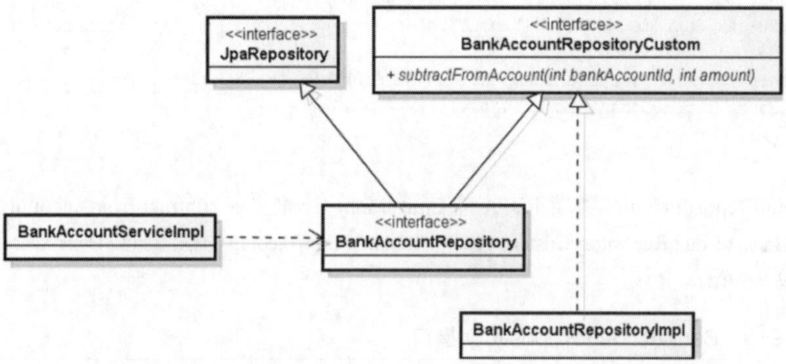

图 9-3 将 subtractFromAccount 自定义方法添加到 BankAccountRepository

在图9-3中，BankAccountRepository代表一个管理BankAccountDetails实体的存储库。BankAccountRepository继承了 JpaRepository 接口（由 Spring Data JPA 项目提供的 JPA 特定的存储库接口）。要将 subtractFromAccount 方法添加到 BankAccountRepository 中：

- 创建用于声明 subtractFromAccount 方法的 BankAccountRepositoryCustom 接口；
- 通过使 BankAccountRepository 成为 BankAccountRepositoryCustom 的子接口，将 subtractFromAccount 方法添加到 BankAccountRepository；
- 创建实现 BankAccountRepositoryCustom 接口的 BankAccountRepositoryImpl 类，由于 BankAccount-RepositoryImpl 类遵循<your-repository-interface> Impl 命名约定，它由 Spring Data 自动提取。

在运行时，当 BankAccountRepository 的 subtractFromAccount 方法被调用时，对应于 BankAccountRepository 的代理将调用 BankAccountRepositoryImpl 的 subtractFromAccount 方法。

代码清单 9-7 展示了用于声明 subtractFromAccount 自定义方法的 BankAccountRepositoryCustom 接口。

代码清单 9-7 BankAccountRepositoryCustom 接口

```
Project-ch09-springdata-jpa
Source location - src/main/java/sample/spring/chapter09/bankapp/repository

package sample.spring.chapter09.bankapp.repository;

interface BankAccountRepositoryCustom {
   void subtractFromAccount(int bankAccountId, int amount);
}
```

代码清单 9-8 展示了实现 BankAccountRepositoryCustom 接口的 BankAccountRepositoryImpl 类。

代码清单 9-8 BankAccountRepositoryImpl 类

```
Project-ch09-springdata-jpa
Source location - src/main/java/sample/spring/chapter09/bankapp/repository

package sample.spring.chapter09.bankapp.repository;
.....
public class BankAccountRepositoryImpl implements BankAccountRepositoryCustom {
  @PersistenceContext
  private EntityManager entityManager;

  @Override
  public void subtractFromAccount(int bankAccountId, int amount) {
    BankAccountDetails bankAccountDetails =
         entityManager.find(BankAccountDetails.class, bankAccountId);
    if (bankAccountDetails.getBalanceAmount() < amount) {
       throw new RuntimeException("Insufficient balance amount in bank account");
    }
    bankAccountDetails.setBalanceAmount(bankAccountDetails.getBalanceAmount() - amount);
    entityManager.merge(bankAccountDetails);
  }
}
```

BankAccountRepositoryImpl 类使用 JPA 的 EntityManager 来实现 subtractFromAccount 方法。

通过继承 BankAccountRepositoryCustom 接口将 subtractFromAccount 方法添加到 BankAccountRepository 接口中，如代码清单 9-9 所示。

代码清单 9-9 BankAccountRepository 接口

```
Project-ch09-springdata-jpa
Source location - src/main/java/sample/spring/chapter09/bankapp/repository

package sample.spring.chapter09.bankapp.repository;

import org.springframework.data.jpa.repository.JpaRepository;
.....
public interface BankAccountRepository extends JpaRepository<BankAccountDetails, Integer>,
BankAccountRepositoryCustom { }
```

BankAccountRepository 继承了 JpaRepository 接口，该接口还定义了 JPA 特定的方法，如 deleteInBatch 和 saveAndFlush。

下面来看如何为项目配置 Spring Data JPA。

9.3.3 配置 Spring Data JPA——基于 Java 的配置方法

可以像为任何 Spring 应用程序配置 JPA 一样配置 Spring Data JPA。代码清单 9-10 展示了配置 javax.sql.DataSource、LocalContainerEntityManagerFactoryBean 和 PlatformTransactionManager 的 DatabaseConfig 类（一个@Configuration 类）。

代码清单 9-10 DatabaseConfig 类

```
Project-ch09-springdata-jpa
Source location - src/main/java/sample/spring/chapter09/bankapp

package sample.spring.chapter09.bankapp;

import org.springframework.data.jpa.repository.config.EnableJpaRepositories;
.....
@Configuration
@PropertySource("classpath:/META-INF/database.properties")
```

```
@EnableTransactionManagement
@EnableJpaRepositories(basePackages = "sample.spring")
public class DatabaseConfig {

  @Bean(destroyMethod = "close")
  public DataSource dataSource() { ..... }

  @Bean
  public LocalContainerEntityManagerFactoryBean entityManagerFactory(DataSource dataSource) {
    LocalContainerEntityManagerFactoryBean entityManagerFactory
        = new LocalContainerEntityManagerFactoryBean();
    entityManagerFactory.setDataSource(dataSource);
    entityManagerFactory.setPackagesToScan("sample.spring");
    entityManagerFactory.setJpaVendorAdapter(new HibernateJpaVendorAdapter());
    Properties props = new Properties();
    props.put("hibernate.show_sql", "true");
    props.put("hibernate.id.new_generator_mappings", "false");
    entityManagerFactory.setJpaProperties(props);
    return entityManagerFactory;
  }

  @Bean(name = "transactionManager")
  public PlatformTransactionManager platformTransactionManager(
        EntityManagerFactory entityManagerFactory) {
    return new JpaTransactionManager(entityManagerFactory);
  }

  @Bean(name = "transactionTemplate")
  public TransactionTemplate transactionTemplate(
           PlatformTransactionManager platformTransactionManager) {
      return new TransactionTemplate(platformTransactionManager);
  }
}
```

Spring 的 LocalContainerEntityManagerFactoryBean 是一个 FactoryBean 实现，用于配置 JPA 的 EntityManagerFactory。setDataSource 方法设置 javax.sql.DataSource 对象。setPackagesToScan 方法指定 Spring 扫描 JPA 实体的包。指定包下的所有子包也会是扫描 JPA 实体的目标。setJpaVendorAdapter 方法设置 HibernateJpaVendorAdapter 实例（一个 JpaVendorAdapter 的实现）。LocalContainerEntityManagerFactoryBean 使用 JpaVendorAdapter 来确定用于创建 EntityManagerFactory 实例的 JPA 的 javax.persistence.spi.PersistenceProvider 实现。setJpaProperties 方法设置创建 EntityManagerFactory 时使用的特定于 Hibernate 的属性。

platformTransactionManager 方法返回 Spring 用于管理数据库事务的 JpaTransactionManager（一个 Spring 的 PlatformTransactionManager 接口的实现）的一个实例。因为 Spring Data JPA 要求将具有名称 transactionManager 的 PlatformTransactionManager 注册到 Spring 容器，因此由 PlatformTransactionManager 方法返回的 JpaTransactionManager 实例被注册为名为 transactionManager 的 bean。

transactionTemplate 类返回一个 TransactionTemplate 的实例，该实例用于以编程方式管理事务。在本章的后面，我们将看到如果存储库方法返回的类型为 Stream，则 Stream 中的数据必须被消费在一个事务中。我们将使用 TrasactionTemplate 在一个事务中执行使用 Stream 数据的代码。

如果将 ch09-springdata-jpa（使用 Spring Data JPA 的项目）与 ch09-javaconfig-jpa（使用普通 JPA 的项目）的 DatabaseConfig 类进行比较，则会注意到以下差异：

- ch09-springdata-jpa 中 DatabaseConfig 的 platformTransactionManager 方法将返回的 JpaTransactionManager 实例的名称设置为 transactionManager；
- ch09-springdata-jpa 中的 DatabaseConfig 类被 Spring Data JPA 的 @EnableJpaRepositories 注解。

@EnableJpaRepositories 注解为应用程序启用了 Spring Data JPA。basePackages 特性指定要为 Spring 数据存储库扫描的包（继承 Repository 接口的接口）。Spring Data 创建与这些包中找到的存储库相对应的代理。

@EnableJpaRepositories 定义的其他值得注意的特性有：

- repositoryImplementationPostfix——Spring Data 用于查找自定义存储库实现的后缀，默认值为 Impl，我们之前看到，为了将自定义方法添加到存储库或自定义存储库方法，我们声明了一个存储库实现类，其名称遵循<your-repository-interface> Impl 命名约定；
- transactionManagerRef——指定用于事务管理的 PlatformTransactionManager bean 的名称，默认值为 transactionManager，这就是为什么在代码清单 9-10 中，platformTransactionManager 方法返回的 JpaTransactionManager 实例被注册为名为 transactionManager 的 bean；
- queryLookupStrategy——指定解决查询的策略，我们之前看到可以从查询方法名称派生查询，例如，Spring Data 使用查询构建器来派生与 FixedDepositRepository 的 findByTenureLessThan 方法相对应的查询，如果查询相当复杂，可以考虑使用@Query 注解显式声明查询。

9.3.4 配置 Spring Data JPA——基于 XML 的配置方法

ch09-springdata-jpa 项目附带了可以使用的应用程序上下文 XML 文件，以此取代 DatabaseConfig 类来配置应用程序。我们来看一下如何启用对 Spring Data JPA 的支持，并在应用程序上下文 XML 文件中配置 LocalContainerEntityManagerFactoryBean。

1. 启用 Spring Data JPA

Spring Data JPA 包含 spring-jpa 模式，其<repository>元素启用了对 Spring Data JPA 的支持。代码清单 9-11 展示了<repositories>元素的用法。

代码清单 9-11 <repositories> 元素

```
Project-ch09-springdata-jpa
Source location - META-INF/spring/applicationContext.xml

<beans .....
  xmlns:jpa="http://www.springframework.org/schema/data/jpa"
  xsi:schemaLocation=".....http://www.springframework.org/schema/data/jpa
        http://www.springframework.org/schema/data/jpa/spring-jpa.xsd">

  <jpa:repositories base-package="sample.spring" />
  .....
</beans>
```

jpa 命名空间的<repositories>元素与@EnableJpaRepositories 注解的目的相同。base-package 特性指定将为 Spring Data JPA 存储库扫描 sample.spring 的包及其子包。

2. 配置 LocalContainerEntityManagerFactoryBean

代码清单 9-12 展示了如何为 LocalContainerEntityManagerFactoryBean 设置 dataSource、packagesToScan、jpaProperties 和 jpaVendorAdapter 属性。jpaProperties 是指由 Spring 的 util 模式的<properties>元素创建的 java.util.Properties 实例。jpaVendorAdapter 是指 HibernateJpaVendorAdapter 的一个实例。

代码清单 9-12 LocalContainerEntityManagerFactoryBean 配置

```
Project-ch09-springdata-jpa
Source location - META-INF/spring/applicationContext.xml

<beans .....>

  <bean id="entityManagerFactory"
    class="org.springframework.orm.jpa.LocalContainerEntityManagerFactoryBean">
    <property name="dataSource" ref="dataSource" />
    <property name="packagesToScan" value="sample.spring" />
```

```
    <property name="jpaVendorAdapter" ref="hibernateVendorAdapter" />
    <property name="jpaProperties" ref="props" />
  </bean>

  <bean class="org.apache.commons.dbcp2.BasicDataSource" destroy-method="close" id="dataSource">
    .....
  </bean>

  <bean id="hibernateVendorAdapter"
    class="org.springframework.orm.jpa.vendor.HibernateJpaVendorAdapter" />

  <util:properties id="props">
    <prop key="hibernate.show_sql">true</prop>
    <prop key="hibernate.id.new_generator_mappings">false</prop>
  </util:properties>
  ....
</beans>
```

3. 配置 PlatformTransactionManager

配置 PlatformTransactionManager 的代码如代码清单 9-13 所示。

代码清单 9-13 配置 PlatformTransactionManager

```
Project-ch09-springdata-jpa
Source location - META-INF/spring/applicationContext.xml

<beans .....>
  .....
  <tx:annotation-driven transaction-manager="transactionManager" />

  <bean id="transactionManager" class="org.springframework.orm.jpa.JpaTransactionManager">
    <constructor-arg ref="entityManagerFactory" />
  </bean>
  .....
</beans>
```

Spring 的 tx 模式的<annotation-driven>元素启用了声明式事务管理。

现在我们来深入了解可以在仓库中定义的不同类型的查询方法。

9.3.5 查询方法

我们之前讨论过，Spring Data 使用查询方法名称来创建相应的查询。我们还介绍了一些简单的查询方法示例。在本节中，我们将介绍如何定义更复杂的查询方法。

1. 限制结果数量

可以使用 top 或 first 关键字来限制查询方法返回的结果数。以下查询方法只返回两个 FixedDepositDetails 对象。

```
List<FixedDepositDetails> findTop2ByTenure(int tenure);
```

在上述方法中，Top2 指定方法只返回前两个结果。

如果将查询结果限制为只有一个实体实例，则可以将 Java 8 的 Optional<T>指定为查询方法的返回类型。例如，以下查询方法只返回一个 FixedDepositDetails 实例。

```
Optional<FixedDepositDetails> findTopByTenure(int tenure);
```

Optional 返回类型表示 findTopByTenure 方法可能不返回任何 FixedDepositDetails 实例。

2. 排序结果

可以使用 OrderBy 关键字后跟属性名称和排序方向（降序或升序）从查询方法接收排序结果。例如，以下方法按照 fdCreationDate 属性的降序返回 FixedDepositDetails。

```
List<FixedDepositDetails> findTop2ByOrderByFdCreationDateDesc();
```

在上述方法中，Desc 表示结果按降序排列。如果要按照升序对结果进行排序，请使用 Asc。

3. 基于多个特性的查询

可以使用 And 和 Or 关键字根据多个实体特性来查询结果。例如，以下方法返回具有给定期限和定期存款金额的 FixedDepositDetails 实体。

```
List<FixedDepositDetails> findByTenureAndFdAmount(int tenure, int fdAmount);
```

4. 为查询添加分页

可以将 Pageable 参数添加到分页访问实体的查询方法。以下 findByTenure 方法提供了对 FixedDepositDetails 实体的分页访问。

```
List<FixedDepositDetails> findByTenure(int tenure, Pageable pageable);
```

Pageable 包含分页细节，如页码、每页记录的数量等。你创建一个 PageRequest 对象（一个 Pageable 的实现）的实例，其中包含有关所请求页面的信息，并将其传递给查询方法。例如，你可以调用 findByTenure 方法。

```
findByTenure(6, PageRequest.of(1, 10))
```

PageRequest 的 of 方法会创建一个 PageRequest 对象。在上面的代码中，我们创建了一个 PageRequest 对象，页号为 1，每页记录的数量为 10，页码从 0 开始。因此，上述调用将返回第二页，每页记录的数量将为 10。

5. 为查询添加排序

可以在查询方法中添加 Sort 参数来为查询添加排序。以下是 findByTenure 方法返回的排序结果。

```
List<FixedDepositDetails> findByTenure(int tenure, Sort sort)
```

Sort 参数指定了排序详细信息，其中包括执行排序的属性和排序顺序。这就是你调用 findByTenure 方法的方式。

```
findByTenure(6, new Sort(Sort.Direction.ASC, "fdCreationDate"))
```

Sort 构造函数接受排序顺序（由 Sort.Direction.ASC 常量指定）和 sort 属性（也就是 fdCreationDate），根据这些对查询结果进行排序。

6. 对大型结果集进行分页

如果要对大型结果集进行分页，请将 Slice <T>和 Page <T>定义为查询方法的返回类型。这两种方法都提供了对实体的分页访问。以下方法显示了 Slice <T>和 Page <T>作为返回类型的用法。

```
Page<FixedDepositDetails> findByFdAmountGreatherThan(int amount, Pageable pageable);
Slice<FixedDepositDetails> findByFdAmount(int amount, Pageable pageable);
```

Page 包含查询返回的结果和数据存储中实体的总数。使用 Page <T>的缺点是导致执行额外的查询以查找数据存储中的实体总数。由于此查询可能耗时，你可能只想知道是否有下一页。你可以使用 Slice <T>作为返回类型来实现此目的，其中包含查询返回的结果以及指示数据库中是否有更多实体可用的标志。

代码清单 9-14 展示了如何使用 Slice 进行分页访问实体。

代码清单 9-14 BankApp 类——Slice 的使用

```
Project-ch09-springdata-jpa
Source location - src/main/java/sample/spring/chapter09/bankapp

package sample.spring.chapter09.bankapp;

import org.springframework.data.domain.Pageable;
import org.springframework.data.domain.Slice;
.....
public class BankApp {
  public static void main(String args[]) throws Exception {
    .....
    Slice<FixedDepositDetails> slice =
          fixedDepositService.findByFdAmount(500, PageRequest.of(0, 2));
    if (slice.hasContent()) {
       logger.info("Slice has content");
       List<FixedDepositDetails> list = slice.getContent();
       for (FixedDepositDetails details : list) {
         logger.info("Fixed Deposit ID --> " + details.getFixedDepositId());
       }
    }
    if (slice.hasNext()) {
       Pageable pageable = slice.nextPageable();
       slice = fixedDepositService.findByFdAmount(500, pageable);
    }
    .....
  }
}
```

在代码清单 9-14 中，首先调用 findByFdAmount 方法来获取第一个结果页。Slice 的 hasContent 方法检查查询是否返回任何结果。Slice 的 getContent 方法用于获取查询返回的结果。Slice 的 hasNext 方法检查是否有更多的结果可用。如果有更多结果可用，请使用 Slice 的 nextPageable 方法获取下一个 Pageable 对象，并使用它再次调用查询方法。

你应该注意，当使用 Slice<T>作为返回类型时，Spring Data 会获取比请求的数量更多一个的结果。例如，调用 findByFdAmount（500, PageRequest.of（0, 2））方法从数据存储中获取 3 个 FixedDepositDetails 实体而不是 2 个。如果查询返回了额外的结果，则 hasNext 方法返回 true。

7. 流式查询结果

我们在之前的部分介绍了可以使用分页来处理大的结果集。也可以使用 Stream<T>作为处理大型结果集的查询方法的返回类型。以下 findAllByTenure 方法使用了 Stream<T>作为返回类型。

```
Stream<FixedDepositDetails> findAllByTenure(int tenure);
```

如果你使用 Stream<T>返回类型，则在完整的结果集读入内存之前查询方法不会被阻塞。在从数据存储中读取第一个结果之后，查询方法立即返回。由于 JPA 仅以 java.util.List 的形式提供查询结果，Spring Data JPA 使用底层持久性提供程序 API 来实现流式查询结果。

代码清单 9-15 展示了 Stream 中的数据是如何被消费的。

代码清单 9-15 BankApp 类——消费 Stream 数据

```
Project-ch09-springdata-jpa
Source location - src/main/java/sample/spring/chapter09/bankapp
package sample.spring.chapter09.bankapp;

import java.util.stream.Stream;
import org.springframework.transaction.support.TransactionCallbackWithoutResult;
import org.springframework.transaction.support.TransactionTemplate;
```

```
.....
public class BankApp {
  .....
  public static void main(String args[]) throws Exception {
    AnnotationConfigApplicationContext context = new AnnotationConfigApplicationContext();
    .....
    logger.info("findAllByTenure : ");
    TransactionTemplate txTemplate = context.getBean(TransactionTemplate.class);
    txTemplate.execute(new TransactionCallbackWithoutResult() {
      @Override
      protected void doInTransactionWithoutResult(TransactionStatus status) {
        try (Stream<FixedDepositDetails> stream = fixedDepositService.findAllByTenure(6)) {
          logger.info("count from stream --> "
                    + stream.filter(t -> t.getActive().equals("Y")).count());
        }
      }
    });
    .....
  }
}
```

在代码清单 9-15 中，TransactionTemplate 实例是从 Spring 容器中获取的，用于在事务中执行以下代码：

```
try (Stream<FixedDepositDetails> stream = fixedDepositService.findAllByTenure(6)) {
  logger.info("count from stream --> "
            + stream.filter(t -> t.getActive().equals("Y")).count());
}
```

这意味着消费 Stream 数据的代码将在一个事务中执行。该事务确保在 Stream 中的数据被消费完成之前不会关闭 Stream。如果你没有在一个事务中执行上述代码，则会导致 org.springframework.dao.InvalidDataAccessApiUsageException。

8. 异步执行查询方法

可以通过使用 Spring 的@Async 注解一个查询方法来执行异步查询，如代码清单 9-16 所示。

代码清单 9-16 FixedDepositRepository——@Async 查询方法

```
Project-ch09-springdata-jpa
Source location - src/main/java/sample/spring/chapter09/bankapp/repository

package sample.spring.chapter09.bankapp.repository;

import java.util.concurrent.CompletableFuture;
import org.springframework.scheduling.annotation.Async;
.....
public interface FixedDepositRepository extends Repository<FixedDepositDetails, Integer> ..... {
  .....
  @Async
  CompletableFuture<List<FixedDepositDetails>> findAllByFdAmount(int fdAmount);
}
```

@Async 注解查询方法的可能返回类型有 Future<T>、ListenableFuture<T>和 Java 8 的 CompletableFuture<T>。你可以通过使用@EnableAsync 注解@Configuration 类来支持@Async 注解。@Async 和@EnableAsync 注解将在第 10 章中详细介绍。

代码清单 9-17 展示了在 ch09-springdata-jpa 项目中的@EnableAsync 注解的使用。

代码清单 9-17 BankApp 类——@EnableAsync 注解的使用

```
Project-ch09-springdata-jpa
Source location - src/main/java/sample/spring/chapter09/bankapp
```

```
package sample.spring.chapter09.bankapp;

import org.springframework.scheduling.annotation.EnableAsync;
.....
@EnableAsync
public class DatabaseConfig { ..... }
```

在代码清单 9-18 中，FixedDepositSerivce 的 findAllByFdAmount 方法调用@Async 注解的 FixedDepositRepository 的 findAllByFdAmount 查询方法（见代码清单 9-16）。

代码清单 9-18　BankApp 类——CompletableFuture 的使用

```
Project-ch09-springdata-jpa
Source location - src/main/java/sample/spring/chapter09/bankapp

package sample.spring.chapter09.bankapp;

import java.util.concurrent.CompletableFuture;
.....
public class BankApp {
  private static Logger logger = LogManager.getLogger(BankApp.class);

  public static void main(String args[]) throws Exception {
    AnnotationConfigApplicationContext context = new AnnotationConfigApplicationContext();
    .....
    FixedDepositService fixedDepositService = context.getBean(FixedDepositService.class);
    .....
    //-- async query method execution
    CompletableFuture<List<FixedDepositDetails>> future =
            fixedDepositService.findAllByFdAmount(500);
    while(!future.isDone()) {
      logger.info("Waiting for findAllByFdAmount method to complete .....");
    }
    logger.info(future.get());
    .....
  }
}
```

由于 FixedDepositRepository 的 findAllByFdAmount 查询方法是异步执行的，因此 FixedDepositSerivce 的 findAllByFdAmount 方法调用将立即返回。CompletableFuture 的 isDone 方法只有在执行 FixedDepositRepository 的 findAllByFdAmount 方法完成后才返回 true。当查询方法的执行完成（即 isDone 方法返回 true）时，将调用 CompletableFuture 的 get 方法来获取结果。

9. 使用@Query 注解显式指定查询

如果查询相当复杂，则可以使用@Query 注解来显式指定查询。在以下查询方法中，我们使用@Query 注解显式指定了查询。

```
@Query("select fd from FixedDepositDetails fd where fd.tenure = ?1 and fd.fdAmount <= ?2 and
fd.active = ?3")
List<FixedDepositDetails> findByCustomQuery(int tenure, int fdAmount, String active);
```

在上面的例子中，@Query 注解指定要执行的 JPQL 查询（一种独立于平台的查询语言）。?1、?2 和?3 指的是传递给 findByCustomQuery 方法的参数。

@EnableJpaRepositories 的 queryLookupStrategy 特性指定 Spring Data JPA 是否从查询方法名称中导出查询，或者直接使用@Query 注解指定的查询。默认情况下，Spring Data JPA 仅在没有为方法指定@Query 注解时才从方法名称创建查询。

Spring Data 支持 Querydsl——一个简化创建查询的开源项目。

9.4 使用 Querydsl 创建查询

作为使用 JPQL 查询的替代方案，你可以使用 JPA Criteria API 或使用 Querydsl 以编程方式创建查询。与 JPQL 查询不同，使用 Criteria API 和 Querydsl 创建的查询类型是安全的。在这两种情况下，都可以使用元模型生成器来创建描述域实体特性的元模型类，并用于创建查询。在本节中，我们仅介绍 Querydsl，因为与 JPA Criteria API 相比，它更紧凑直观。

注 意

为了使用 Querydsl，ch09-springdata-jpa 项目的 pom.xml 包含了对 querydsl-jpa 和 querydsl-apt JAR 的 4.1.1 版本的依赖。

querydsl-apt JAR 包含注解处理器 JPAAnnotationProcessor，它生成与应用程序中域实体对应的元模型类。在 ch09-springdata-jpa 项目中，JPAAnnotationProcessor 配置了 Maven 编译器插件。因此，使用 mvn clean compile 命令编译项目时，将生成元模型类。

代码清单 9-19 展示了如何在 ch09-springdata-jpa 项目的 pom.xml 文件中配置 Maven 编译器插件。

代码清单 9-19 pom.xml——Maven 编译器插件配置

```
Project-ch09-springdata-jpa
      <plugin>
        <groupId>org.apache.maven.plugins</groupId>
        <artifactId>maven-compiler-plugin</artifactId>
        <version>3.7.0</version>
        <configuration>
          .....
          <annotationProcessors>
            <annotationProcessor>
              com.querydsl.apt.jpa.JPAAnnotationProcessor
            </annotationProcessor>
          </annotationProcessors>
        </configuration>
      </plugin>
```

JPAAnnotationProcessor 是负责在编译时创建元模型类的类。当编译项目时，元模型类将会被创建在 target/generated-sources/annotations 目录中。生成的元模型类的命名约定是：**Q<domain-entity-name>**，其中 <domain-entity-name>是域实体类的简单名称。例如，对应于 FixedDepositDetails 实体的元模型类是 QFixedDepositDetails。

注 意

由于生成的元模型类使用了 JSR 250 的@Generated 注解，因此 ch09-springdata-jpa 项目的 pom.xml 文件定义了对 jsr250-api JAR 文件的依赖。另外，为了确保 ch09-springdata-jpa 项目在 Eclipse IDE 中不显示编译错误，请将 target / generated-sources / annotations 目录添加为 source 文件夹。

现在来介绍一下如何使用 Querydsl 与 Spring Data。

9.4.1 将 Spring Data 与 Querydsl 集成

Spring Data 通过 QueryDslPredicateExecutor<T>接口提供与 Querydsl 的集成。可以通过使你的自定义存储库接口继承 QueryDslPredicateExecutor<T>接口的方式来使用 Querydsl。

代码清单 9-20 展示了 QueryDslPredicateExecutor<T>接口声明的一些方法。

代码清单 9-20 QueryDslPredicateExecutor<T> 接口

```
public interface QueryDslPredicateExecutor<T> {
  T findById(Predicate predicate);
  Iterable<T> findAll(Predicate predicate);
  Iterable<T> findAll(Predicate predicate, Sort sort);
  Page<T> findAll(Predicate predicate, Pageable pageable);
  long count(Predicate predicate);
  .....
}
```

在代码清单 9-20 中，T 类型参数是域实体类型。Predicate 包含实体必须满足的条件，这意味着它表示 SQL 查询的 WHERE 子句。findById 方法返回与 Predicate 参数指定的条件匹配的实体。findAll 方法返回满足给定 Predicate 的所有实体。由于 findAll 方法可以接受 Pageable 和 Sort 参数，因此可以对实体进行分页访问，并对其进行排序。count 方法返回满足给定 Predicate 的实体计数。

代码清单 9-21 展示了继承 QueryDslPredicateExecutor<T>的 FixedDepositRepository 接口。

代码清单 9-21 FixedDepositRepository 接口

```
Project-ch09-springdata-jpa
Source location - src/main/java/sample/spring/chapter09/bankapp/repository

package sample.spring.chapter09.bankapp.repository;

import org.springframework.data.querydsl.QueryDslPredicateExecutor;
.....
public interface FixedDepositRepository
     extends Repository<FixedDepositDetails, Integer>,
       QueryDslPredicateExecutor<FixedDepositDetails> {
  .....
}
```

现在可以在 FixedDepositRepository 接口调用 findOne（Predicate predicate）、findAll（Predicate predicate）等方法。

注 意

如果自定义存储库接口继承了 QueryDslPredicateExecutor<T>接口，则由 Spring Data JPA 创建的默认存储库实现是实现了 QueryDslPredicateExecutor<T>接口的 QueryDslJpaRepository（一个 SimpleJpaRepository 的扩展）。

9.4.2 构造 Predicate

要构建一个 Predicate，需要了解由 Querydsl 生成的元模型类的结构。

代码清单 9-22 展示了对应于 FixedDepositDetails 实体生成的 QFixedDepositDetails 元模型类。

代码清单 9-22 QFixedDepositDetails 类

```
Project-ch09-springdata-jpa
Source location-target/generated-sources/annotations/
sample/spring/chapter09/bankapp/domain
```

```
package sample.spring.chapter09.bankapp.domain;
.....
public class QFixedDepositDetails extends EntityPathBase<FixedDepositDetails> {
  .....
  public static final QFixedDepositDetails fixedDepositDetails =
        new QFixedDepositDetails("fixedDepositDetails");
  public final NumberPath<Integer> fixedDepositId =
         createNumber("fixedDepositId", Integer.class);
  public final StringPath active = createString("active");
  public final NumberPath<Integer> fdAmount = createNumber("fdAmount", Integer.class);
  .....
}
```

注意，QFixedDepositDetails 类定义了与 FixedDepositDetails 实体中定义的特性名称相同的特性（如 fixedDepositId、active、fdAmount 等）。它还定义了一个静态的 fixedDepositDetails 字段，它提供对 QFixedDepositDetails 实例本身的实例的访问。

要构建用于查询 FixedDepositDetails 实体的谓词，请获取 QFixedDepositDetails 的实例，并使用其特性来指定 FixedDepositDetails 实体必须满足的条件。代码清单 9-23 展示了 FixedDepositServiceImpl 的 getHighValueFds 方法如何构造一个谓词来获取当前处于活动状态的定期存款（active 字段的值为“Y”）、定期存款金额大于 1000，并且定存周期为 6～12 个月。

代码清单 9-23 FixedDepositServiceImpl 类——构建谓词

```
Project-ch09-springdata-jpa
Source location - src/main/java/sample/spring/chapter09/bankapp/service

package sample.spring.chapter09.bankapp.service;

import com.querydsl.core.types.Predicate;
import sample.spring.chapter09.bankapp.domain.QFixedDepositDetails;
import sample.spring.chapter09.bankapp.repository.FixedDepositRepository;
.....
@Service
public class FixedDepositServiceImpl implements FixedDepositService {
  @Autowired
  private FixedDepositRepository fixedDepositRepository;
  .....
  @Override
  public Iterable<FixedDepositDetails> getHighValueFds() {
    Predicate whereClause = QFixedDepositDetails.fixedDepositDetails.active.eq("y")
         .and(QFixedDepositDetails.fixedDepositDetails.fdAmount.gt(1000))
         .and(QFixedDepositDetails.fixedDepositDetails.tenure.between(6, 12));
    return fixedDepositRepository.findAll(whereClause);
  }
}
```

在代码清单 9-23 中，getHighValueFds 方法通过访问 QFixedDepositDetails 的 fixedDepositDetails 字段获取 QFixedDepositDetails 的实例，然后为 active、fdAmount 和 tenure 字段设置条件。例如，条件 QFixedDepositDetails.fixedDepositDetails.fdAmount.gt(1000)指定 fdAmount 字段必须大于 1000。每个条件都由 BooleanExpression 类型表示。可以使用 BooleanExpression 的 and 和 or 方法组合多个条件。由 JPA 构造的 WHERE 子句对应于 getHighValueFds 方法中定义的谓词。

```
select ..... from fixed_deposit_details fixeddepos0_ where fixeddepos0_.active='y' and
fixeddepos0_.amount> 1000 and (fixeddepos0_.tenure between 6 and 12)
```

这展示了在谓词中指定的条件将转换为 SQL 查询的 WHERE 子句。

下面来看如何使用 Query by Example 技术来查询实体。

9.5 按示例查询

在按示例查询（QBE）中，Spring Data 使用一个填充的实体实例来创建用于获取实体的查询的 WHERE 子句。可以通过使 Spring 数据存储库继承 QueryByExampleExecutor <T>接口来添加对按示例查询的支持。

代码清单 9-24 展示了 QueryByExampleExecutor <T>接口声明的一些方法。

代码清单 9-24 QueryByExampleExecutor<T> 接口

```
import org.springframework.data.domain.Example;
.....
public interface QueryByExampleExecutor<T> {
  <S extends T> S findById(Example<S> example);
  <S extends T> Iterable<S> findAll(Example<S> example);
  <S extends T> Iterable<S> findAll(Example<S> example, Sort sort);
  <S extends T> Page<S> findAll(Example<S> example, Pageable pageable);
  .....
}
```

在代码清单 9-24 中，T 类型参数是域实体类型，Example <S>由一个填充实体实例和一个 ExampleMatcher 对象组成。填充实体实例用于创建查询的 WHERE 子句，并使用 ExampleMatcher 来微调该 WHERE 子句。

代码清单 9-25 展示了如何使用 Query by Example 方法查询满足目前是活跃状态、定期存款金额为 500 元且存期为 6 个月的 FixedDepositDetails 实体。

代码清单 9-25 FixedDepositServiceImpl 类——按示例查询

```
Project-ch09-springdata-jpa
Source location - src/main/java/sample/spring/chapter09/bankapp/service

package sample.spring.chapter09.bankapp.service;
.....
import org.springframework.data.domain.Example;
import org.springframework.data.domain.ExampleMatcher;
.....
@Service
public class FixedDepositServiceImpl implements FixedDepositService {
  @Autowired
  private FixedDepositRepository fixedDepositRepository;
  .....
  //-- Query by Example
  @Override
  public Iterable<FixedDepositDetails> getAllFds() {
    FixedDepositDetails fd = new FixedDepositDetails();
    fd.setActive("Y");
    fd.setFdAmount(500);
    fd.setTenure(6);
    ExampleMatcher matcher = ExampleMatcher.matching().withIgnorePaths("fixedDepositId");
    Example<FixedDepositDetails> fdExample = Example.of(fd, matcher);
    return fixedDepositRepository.findAll(fdExample);
  }
}
```

在代码清单 9-25 中，FixedDepositServiceImpl 的 getAllFds 方法调用 FixedDepositRepository 的 findAll（Example<FixedDepositDetails> example）方法来查询 FixedDepositDetails 实体。

首先，创建一个 FixedDepositDetails 的实例，并使用所要过滤实体的值填充其字段。因为要基于 active、 fdAmount 和 tenure 字段过滤 FixedDepositDetails 实体，所以设置了这些字段的值。未设置其值的字段设置为其默认值或为空。这意味着，fixedDepositId 字段（int 类型）设置为 0，fdCreationDate 字段（类型为 java.util.Date）设置为 null，并且 bankAccountId 字段（类型为 BankAccountDetails）设置为 null。

由于在创建查询时忽略具有空值的字段，因此不需要担心 fdCreationDate 和 bankAccountId 字段。fixedDepositId 字段的值为 0，因此，它将自动成为查询的 WHERE 子句的一部分。由于我们不希望将 fixedDepositId 字段作为 WHERE 子句的一部分，因此使用 ExampleMatcher 实例来指定在查询创建过程中，fixedDepositId 字段被忽略。使用 Example 的 of 方法以通过填充的 FixedDepositDetails 实例和 ExampleMatcher 实例创建 Example 的实例。Spring 数据使用 Example 实例来创建以下 SQL 查询。

```
select ..... from fixed_deposit_details fixeddepos0_ where fixeddepos0_.active=? and
fixeddepos0_.amount=500 and fixeddepos0_.tenure=6
```

使用 Query By Example 方法查询实体很容易，但也有其局限性，例如，生成的查询总是在过滤实体的字段值之间使用 AND 条件。这意味着无法生成如下所示的查询。

```
select ..... from fixed_deposit_details fixeddepos0_ where fixeddepos0_.active=? or
fixeddepos0_.amount=500 or fixeddepos0_.tenure=6
```

在本章中，我们已经介绍了 Spring Data 中的核心概念，以及如何使用 Spring Data JPA 开发与关系数据库交互的应用程序。现在来介绍一下如何用 Spring Data MongoDB 项目简化开发与 MongoDB 交互的应用程序。

9.6 Spring Data MongoDB

MongoDB 是一种 NoSQL 数据库，其中数据存储为文档。文档看起来类似于 JSON（JavaScript Object Notation）字符串，如代码清单 9-26 所示。

代码清单 9-26 一个示例 MongoDB 文档

```
{
  _id : 5747d49f16e329249803bf47,
  balance : 1000,
  lastTransactionTimestamp : 2016-05-27 10:31:19
}
```

一个 MongoDB 文档由“字段-值”对组成。文档类似于存储在关系数据库表中的记录。每个文档与表示文档主键的_id 字段相关联。_id 字段的值由 MongoDB 自动生成。创建一个集合（类似于关系数据库表）并将类似的文档存储在其中。

含 义

chapter 9/ch09-springdata-mongo（ch09-springdata-mongo 项目使用 Spring Data MongoDB 进行数据库交互。要运行该项目，请执行 BankApp 类的 main 方法。有关如何下载和安装 MongoDB 数据库的说明，请参阅附录 A）。

注 意

为了使用 Spring 数据 MongoDB，ch09-spring data-mongo 项目的 pom.xml 包含了对 spring-data-mongodb 和 spring-data-commons 的 2.0.1.RELEASE 版本，以及 mongo-java-driver 的 3.5.0 版本的依赖。

下面来看在 ch09-springdata-mongo 项目中如何建模域实体。

9.6.1 建模域实体

ch09-springdata-mongo 项目定义了存储在 MongoDB 中的 BankAccountDetails 和 FixedDepositDetails 域实体。代码清单 9-27 展示了 BankAccountDetails 实体。

代码清单 9-27 BankAccountDetails 类

```
Project-ch09-springdata-mongo
Source location - src/main/java/sample/spring/chapter09/bankapp/domain

package sample.spring.chapter09.bankapp.domain;

import org.springframework.data.annotation.Id;
import org.springframework.data.mongodb.core.mapping.Document;
.....
@Document(collection = "bankaccounts")
public class BankAccountDetails {
  @Id
  private String accountId;
  private int balance;
  private Date lastTransactionTimestamp;
  private List<FixedDepositDetails> fixedDeposits;
  .....
}
```

@Document 注解指定把 BankAccountDetails 对象持久化到 MongoDB 中。Spring Data MongoDB 负责将域对象转换为 MongoDB 文档，反之亦然。collection 特性指定存储文档的 MongoDB 集合的名称。这意味着，BankAccountDetails 对象将被存储到名为 bankaccounts 的集合中。@Id 注解标识充当主键的字段。@Id 注解字段的值由 MongoDB 自动生成，并作为文档中名为_id 的字段存储。由于 BankAccountDetails 对象与一个或多个 FixedDepositDetails 对象相关联，因此在 BankAccountDetails 对象中定义了一个 List <FixedDepositDetails>类型特性。

由于 BankAccountDetails 和 FixedDepositDetails 实体之间存在父子关系，因此将 FixedDepositDetails 对象作为嵌入文档存储在 BankAccountDetails 文档中。代码清单 9-28 展示了 FixedDepositDetails 实体。

代码清单 9-28 FixedDepositDetails 类

```
Project-ch09-springdata-mongo
Source location - src/main/java/sample/spring/chapter09/bankapp/domain

package sample.spring.chapter09.bankapp.domain;

import org.bson.types.ObjectId;
import org.springframework.data.annotation.Id;
.....
public class FixedDepositDetails {
  @Id
  private ObjectId fixedDepositId;
  private int fdAmount;
  .....
  public FixedDepositDetails() {
    this.fixedDepositId = ObjectId.get();
  }
  .....
}
```

FixedDepositDetails 没有使用@Document 注解，因为它在 BankAccountDetails 文档中作为嵌入文档存储。即使 fixedDepositId 使用了@Id 注解，它的_id 字段也不会被设置，因为它是一个嵌入的文档。由于要通过其_id 值唯一地识别定期存款，我们通过调用 ObjectId 的 get 方法来显式地设置 fixedDepositId 字段。

ObjectId 为文档提供了全局唯一的标识符。

代码清单 9-29 展示了一个包含嵌入式 FixedDepositDetails 的 BankAccountDetails 文档。

代码清单 9-29 包含嵌入式 FixedDepositDetails 的 BankAccountDetails 文档

```
{
  _id : 5747d5a316e32925ec26372c,
  _class : sample.spring.chapter09.bankapp.domain.BankAccountDetails,
  balance : 1000,
  lastTransactionTimestamp : 2016-05-27 05:05:39,
  fixedDeposits : [
     {
       _id : 5747d5a316e32925ec26372b,
       fdCreationDate : 2016-05-27 05:05:39,
       fdAmount : 500,
       tenure : 6,
       active : y
     },
     {
       _id : 5747d5a316e32925ec26372d,
       fdCreationDate : 2016-05-27 05:05:39,
       fdAmount : 210000,
       tenure : 7,
       active : y
     }
  ]
}
```

在代码清单 9-29 中，顶级文档对应于 BankAccountDetails 实体。_class 字段也揭示了这一点，该字段包含域实体的完全限定名称。fixedDeposits 字段包含两个嵌入的 FixedDepositDetails 文档。

下面介绍如何配置 Spring DataMongoDB 与 MongoDB 数据库进行交互。

9.6.2 配置 Spring Data MongoDB——基于 Java 的配置

代码清单 9-30 展示了 ch09-springdata-mongo 项目中的 DatabaseConfig 类。该类使用了@Configuration 注解以启用对 Spring Data MongoDB 的支持。

代码清单 9-30 DatabaseConfig 类

```
Project-ch09-springdata-mongo
Source location - src/main/java/sample/spring/chapter09/bankapp

package sample.spring.chapter09.bankapp;

import org.springframework.data.mongodb.MongoDbFactory;
import org.springframework.data.mongodb.core.MongoTemplate;
import org.springframework.data.mongodb.core.SimpleMongoDbFactory;
import org.springframework.data.mongodb.repository.config.EnableMongoRepositories;
import org.springframework.scheduling.annotation.EnableAsync;
import com.mongodb.MongoClient;

@Configuration
@EnableMongoRepositories(basePackages = "sample.spring")
@EnableAsync
public class DatabaseConfig {
  @Bean
  public MongoClient mongoClient() {
    return new MongoClient("localhost");
  }
```

```
    public MongoDbFactory mongoDbFactory() {
      return new SimpleMongoDbFactory(mongoClient(), "test");
    }

    @Bean
    public MongoTemplate mongoTemplate() {
      return new MongoTemplate(mongoDbFactory());
    }
}
```

@EnableMongoRepositories 注解为应用程序启用 Spring Data MongoDB。basePackages 特性指定用于扫描 Spring Data 存储库的包。Spring Data 创建与这些包中找到的存储库相对应的代理。@EnableAsync 注解启用对 Spring 的@Async 注解的支持。

@Bean 注解的 mongoClient 方法创建一个由应用程序用于连接到 MongoDB 数据库的 MongoClient 实例。MongoClient 的构造函数接受运行 MongoDB 实例的服务器的名称。当 MongoDB 实例在本地运行时，我们已经将 localhost 作为参数传递给 MongoClient 的构造函数。默认情况下，MongoDB 实例监听端口号为 27017 的连接。如果 MongoDB 实例运行在不同的端口号，那么将端口号也传递给 MongoClient 的构造函数，如下所示。

```
new MongoClient("localhost", 27018);
```

@Bean 注解的 mongoDbFactory 方法创建了一个 SimpleMongoDbFactory 的实例，SimpleMongoDbFactory 是用于在 MongoDB 中创建数据库的客户端代表的工厂。SimpleMongoDbFactory 的构造函数接受 MongoClient 实例和所要创建客户端代表的 MongoDB 数据库（在示例中是 test）的名称。SimpleMongoDbFactory 实现 MongoDbFactory 接口。

@Bean 注解的 mongoTemplate 方法创建一个 MongoTemplate 的实例，该实例提供了与 MongoDB 中的数据库进行交互的操作。例如，可以使用 MongoTemplate 对存储在集合中的文档执行 CRUD 操作。MongoTemplate 的构造函数接受一个 MongoDbFactory 的实例，用于标识与 MongoTemplate 进行交互的数据库。MongoTemplate 类实现 MongoOperations 接口，并使用注册的 MongoConverter 对象将域对象转换为 MongoDB 文档，反之亦然。

9.6.3 配置 Spring Data MongoDB——基于 XML 的配置

ch09-springdata-mongo 项目附带了一个应用程序上下文 XML 文件，用于取代 DatabaseConfig 类来配置应用程序。代码清单 9-31 展示了应用程序上下文 XML 文件。

代码清单 9-31　Spring Data MongoDB 配置

```
Project-ch09-springdata-mongo
Source location - META-INF/spring/applicationContext.xml

<beans .....
  xmlns:mongo="http://www.springframework.org/schema/data/mongo"
  xsi:schemaLocation=".....http://www.springframework.org/schema/data/mongo
      http://www.springframework.org/schema/data/mongo/spring-mongo.xsd">

  <mongo:repositories base-package="sample.spring" />
  <mongo:mongo-client host="localhost" port="27017" />
  <mongo:db-factory dbname="test" mongo-ref="mongoClient" />
  <mongo:template db-factory-ref="mongoDbFactory"/>
  .....
</beans>
```

在代码清单 9-31 中，Spring Data MongoDB 的 spring-mongo.xsd 模式的<repositories>元素启用了对 Spring Data MongoDB 存储库的支持。<mongo-client>元素创建一个 MongoClient 的实例，并将其注册为名为 mongoClient 的 bean。<db-factory>元素创建一个 MongoDbFactory 实例，并将其注册为名为 mongoDbFactory 的 bean。<template>

元素为给定的 MongoDbFactory 实例创建一个 MongoTemplate 实例。

下面介绍如何通过创建自定义 Spring Data 存储库来与 MongoDB 数据库进行交互。

9.6.4 创建自定义存储库

要创建自定义存储库，可以使用数据库无关的存储库接口（如 Repository、CrudRepository 和 PagingAndSortingRepository），也可以使用特定于 MongoDB 的 MongoRepository 接口（由 Spring Data MongoDB 提供）。像 JpaRepository 接口一样，MongoRepository 接口继承了 PagingAndSortingRepository 和 QueryByExampleExecutor 接口。

代码清单 9-32 展示了继承 Spring Data 的 MongoRepository 和 QueryDslPredicateExecutor 接口的 BankAccountRepository 接口以及一个自定义的 BankAccountRepositoryCustom 接口。

代码清单 9-32 BankAccountRepository 类

```
Project-ch09-springdata-mongo
Source location - src/main/java/sample/spring/chapter09/bankapp/repository

package sample.spring.chapter09.bankapp.repository;

import org.springframework.data.mongodb.repository.MongoRepository;
import org.springframework.data.mongodb.repository.Query;
import org.springframework.data.querydsl.QueryDslPredicateExecutor;
import org.springframework.scheduling.annotation.Async;
.....
public interface BankAccountRepository
     extends MongoRepository<BankAccountDetails, String>,
      QueryDslPredicateExecutor<BankAccountDetails>, BankAccountRepositoryCustom {
  .....
  List<BankAccountDetails> findByFixedDepositsTenureAndFixedDepositsFdAmount(int tenure,
       int fdAmount);
  @Async
  CompletableFuture<List<BankAccountDetails>> findAllByBalanceGreaterThan(int balance);

  @Query("{ 'balance' : {'$lte' : ?0}}")
  List<BankAccountDetails> findByCustomQuery(int balance);
}
```

BankAccountRepository 声明了返回 BankAccountDetails 实体的 finder 方法。使用 Spring Data JPA 和 Spring Data MongoDB 开发的存储库之间存在很多相似之处：

- 可以使用@Async 来将一个查询方法注解为异步执行，在代码清单 9-32 中，findAllByBalanceGreatherThan 方法将被异步执行；
- 可以使用@Query 对查询方法进行注解，以指定一个自定义查询，在代码清单 9-32 中，当调用 findByCustomQuery 方法时，执行@Query 指定的查询；
- 可以为流式查询声明返回结果为 Stream<T>类型的查询方法；
- 可以将 Pageable 参数传递给查询方法以获取对文档的分页访问；
- 可以将 Sort 参数传递给查询方法以向查询添加排序。

由于 BankAccountDetails 定义了一个包含 FixedDepositDetails 列表的 fixedDeposits 字段，方法 findByFixedDepositsTenureAndFixedDepositsFdAmount 用于根据包含的 FixedDepositDetails 中的 tenure 和 fdAmount 字段查找 BankAccountDetails。这是一个声明使用嵌套属性查找实体的 finder 方法的示例。

现在来介绍一下我们如何将 subtractFromAccount 自定义方法添加到 BankAccountRepository。

9.6.5 将自定义方法添加到存储库

可以按照与 JPA 存储库中添加自定义方法所遵循的相同过程，将自定义方法添加到 MongoDB 存储库

（见 9.3 节）。将 subtractFromAccount 方法添加到 BankAccountRepository 中的步骤是：

- 创建声明了 subtractFromAccount 自定义方法的 BankAccountRepositoryCustom 接口；
- 提供了 BankAccountRepositoryCustom 接口的实现；
- 使 BankAccountRepository 继承了 BankAccountRepositoryCustom 接口。

代码清单 9-33 展示了实现 BankAccountRepositoryCustom 接口的 BankAccountRepositoryImpl 类。

代码清单 9-33 BankAccountRepositoryImpl 类

```
Project-ch09-springdata-mongo
Source location - src/main/java/sample/spring/chapter09/bankapp/repository

package sample.spring.chapter09.bankapp.repository;

import org.springframework.data.mongodb.core.MongoOperations;
.....
public class BankAccountRepositoryImpl implements BankAccountRepositoryCustom {
  @Autowired
  private MongoOperations mongoOperations;

  @Override
  public void subtractFromAccount(String bankAccountId, int amount) {
    BankAccountDetails bankAccountDetails =
          mongoOperations.findById(bankAccountId, BankAccountDetails.class);
    if (bankAccountDetails.getBalance() < amount) {
      throw new RuntimeException("Insufficient balance amount in bank account");
    }
    bankAccountDetails.setBalance(bankAccountDetails.getBalance() - amount);
    mongoOperations.save(bankAccountDetails);
  }
}
```

BankAccountRepositoryImpl 由 Spring Data 自动获取并像其他任何 Spring bean 一样处理。我们先前配置的自动装配 MongoOperations（见代码清单 9-30 和代码清单 9-31）用于从 BankAccountDetails 的余额字段中减去定期存款金额。代码清单 9-33 展示了 Spring Data MongoDB 使你可以灵活地直接使用 MongoOperations 与 MongoDB 进行交互。

下面介绍如何使用 Querydsl 来创建查询。

9.6.6 使用 Querydsl 创建查询

如在 Spring Data JPA 的情况下，可以使用 Querydsl 创建从 MongoDB 中提取文档的查询。

注 意

为了使用 Querydsl，ch09-springdata-mongo 项目的 pom.xml 包含了对 querydsl-mongodb 和 querydsl-apt JAR 的 4.1.3 版本的依赖。

spring-data-mongodb JAR 包含一个 MongoAnnotationProcessor 类（一个注解处理器），它生成与应用程序中的@Document 注解实体对应的元模型类。Maven 编译器插件负责在编译时执行 MongoAnnotationProcessor 以生成元模型类。可以参考 ch09-springdata-mongo 项目的 pom.xml 文件来查看 Maven 编译器插件的配置。

注 意

由于生成的元模型类使用了 JSR 250 的@Generated 注解，因此 ch09-springdata-mongo 项目的 pom.xml 文件定义了对 jsr250-api JAR 文件的依赖。另外，为了确保 ch09-springdata-mongo 项目在 Eclipse IDE 中不显示编译错误，请将 target / generated-sources / annotations 目录添加为 source 文件夹。

代码清单 9-34 展示了 BankAccountServiceImpl 的 getHighValueFds 方法，该方法使用 Querydsl 获取当前活跃的，且满足金额大于 1000 和期限为 6～12 个月的定期存款。

代码清单 9-34 BankAccountServiceImpl 的 getHighValueFds 方法

```
Project-ch09-springdata-mongo
Source location - src/main/java/sample/spring/chapter09/bankapp/repository

  public Iterable<BankAccountDetails> getHighValueFds() {
    Predicate whereClause =
       QBankAccountDetails.bankAccountDetails.fixedDeposits.any().active.eq("Y")
       .and(QBankAccountDetails.bankAccountDetails.fixedDeposits.any().fdAmount.gt(1000))
       .and(QBankAccountDetails.bankAccountDetails.fixedDeposits.any().tenure.between(6, 12));
    return bankAccountRepository.findAll(whereClause);
  }
```

QBankAccountDetails 类是对应于 BankAccountDetails 实体的元模型类。BankAccountDetails 的 fixedDeposits 字段指的是 FixedDepositDetails 对象的列表。要根据 FixedDepositDetails 对象的嵌套集合的 active、fdAmount 和 tenure 字段查询 BankAccountDetails 时，我们用 any()方法来指定在嵌套集合中一个或多个 FixedDepositDetails 对象必须满足的条件。

9.6.7 使用 Query by Example 创建查询

由于 MongoRepository 继承了 QueryByExampleExecutor 接口，我们可以使用 Query by Example 来查询 MongoDB 文档。下面来看如何使用 Query by Example 来获取与任何 FixedDepositDetails 都没有关联的 BankAccountDetails 类（见代码清单 9-35）。

代码清单 9-35 BankAccountDetails 类

```
Project-ch09-springdata-mongo
Source location - src/main/java/sample/spring/chapter09/bankapp/domain

package sample.spring.chapter09.bankapp.domain;
.....
@Document(collection = "bankaccounts")
public class BankAccountDetails {
  .....
  private List<FixedDepositDetails> fixedDeposits;

  public BankAccountDetails() {
    fixedDeposits = new ArrayList<>();
  }
  .....
}
```

BankAccountDetails 定义了一个 fixedDeposits 字段，其中包含一个 FixedDepositDetails 对象的列表。应该注意的是，BankAccountDetails 的构造函数使用一个空的 ArrayList 初始化 fixedDeposits 字段。

代码清单 9-36 展示了 BankAccountServiceImpl 的 getAllBankAccountsWithoutFds 方法，以无定期存款的方式获取 BankAccountDetails。

代码清单 9-36 BankAccountServiceImpl 的 getAllBankAccountsWithoutFds 方法

```
Project-ch09-springdata-mongo
Source location - src/main/java/sample/spring/chapter09/bankapp/service

  public Iterable<BankAccountDetails> getAllBankAccountsWithoutFds() {
    BankAccountDetails bankAccountDetails = new BankAccountDetails();
    ExampleMatcher matcher = ExampleMatcher.matching().withIgnorePaths("accountId",
          "balance", "lastTransactionTimestamp");
    Example<BankAccountDetails> example = Example.of(bankAccountDetails, matcher);
```

```
    return bankAccountRepository.findAll(example);
}
```

要获取没有定期存款的 BankAccountDetails，可以用一个空的 fixedDeposits 列表创建一个 BankAccountDetails 实例，并使用它创建一个示例。由于不想在查询 BankAccountDetails 时考虑 BankAccountDetails 实例的 accountId、balance 和 lastTransctionTimestamp 字段，我们告诉 ExampleMatcher 忽略这些字段。

9.7 小结

本章讨论了如何使用 Spring Data JPA 和 Spring Data MongoDB 项目构建应用程序的存储库层。在大多数（如果不是全部）Spring Data 项目中都是遵循本章所涉及的核心概念的。例如，如果你使用 Neo4j 图形数据库，则可以使用 Spring Data Neo4j 的 GraphRepository 接口来创建自定义存储库。如果你正在寻找对 Spring Data JPA 和 Spring Data MongoDB 项目更深入的介绍，那么请参阅这些项目的参考文档和 API。

第 10 章 使用 Spring 进行消息传递、电子邮件发送、异步方法执行和缓存

10.1 简介

在真实世界中，应用程序的需求远不止与一个或多个数据库进行交互以获取或存储数据。本章将介绍大多数真实企业应用程序所需的功能。

本章展示了 Spring 如何简化：

- 发送和接收 JMS 提供者（如 ActiveMQ）的消息；
- 发送电子邮件；
- 异步执行方法；
- 从缓存中存储和检索数据。

首先介绍 MyBank 应用程序在本章中要实现的需求。

10.2 MyBank 应用程序的需求

MyBank 应用程序允许其客户开立定期存款并获取其现有定期存款的明细信息。图 10-1 展示了客户要求开立新的定期存款时发生的事件顺序。

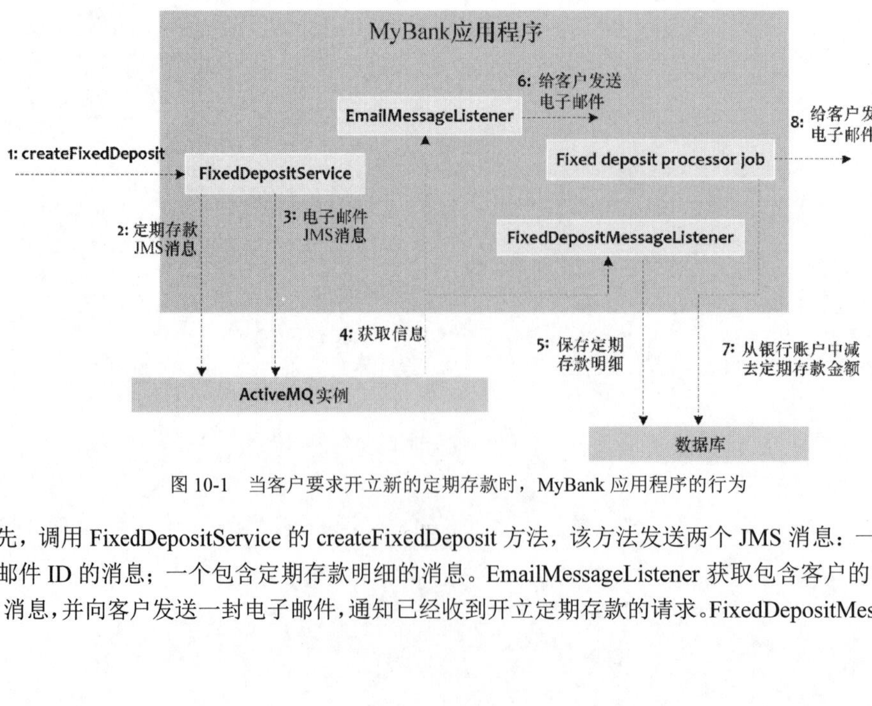

图 10-1 当客户要求开立新的定期存款时，MyBank 应用程序的行为

首先，调用 FixedDepositService 的 createFixedDeposit 方法，该方法发送两个 JMS 消息：一个包含客户的电子邮件 ID 的消息；一个包含定期存款明细的消息。EmailMessageListener 获取包含客户的电子邮件 ID 的 JMS 消息，并向客户发送一封电子邮件，通知已经收到开立定期存款的请求。FixedDepositMessageListener

获取包含定期存款明细的 JMS 消息，并将定期存款明细保存在数据库中。

计划任务每 5s 运行一次，以检查是否在数据库中创建了新的定期存款。如果任务找到新的定期存款，则从客户的银行账户中扣除定期存款金额，并向客户发送一封电子邮件，通知定期存款请求已经成功处理。

图 10-2 展示了当 FixedDepositService 的 findFixedDepositsByBankAccount 方法被调用以获取对应于银行账户的所有定期存款时 MyBank 应用程序的行为。

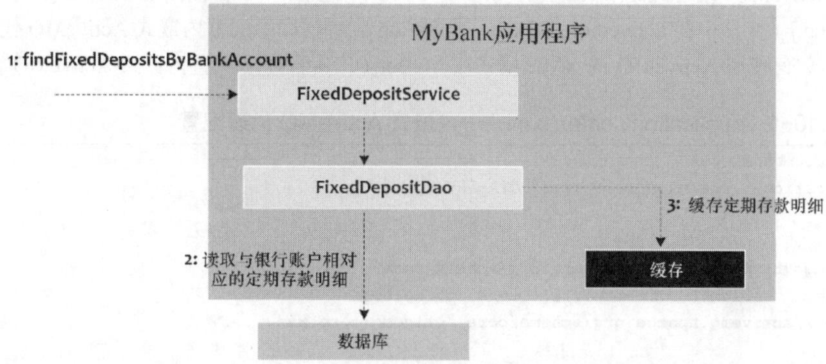

图 10-2 当客户要求其所有定期存款的明细信息时，MyBank 应用程序的行为

图 10-2 展示了当 FixedDepositService 的 findFixedDepositsByBankAccount 方法被调用时，将从数据库中获取定期存款信息并缓存到内存中。如果再次调用 FixedDepositService 的 findFixedDepositsByBankAccount，则会从缓存中提取定期存款信息，而不是从数据库中获取。

下面介绍在 MyBank 应用程序中，如何使用 Spring 来将 JMS 消息发送到在 ActiveMQ 中配置的 JMS 目的地。

含 义

chapter 10/ch10-bankapp 和 chapter 10/ch10-bankapp-javaconfig（ch10-bankapp 项目实现了本章中讨论的 MyBank 应用程序的需求，ch10-bankapp-javaconfig 项目是 ch10-bankapp 项目的修改版本，它使用基于 Java 的配置方法来配置应用程序）。

设置 ch10-bankapp 和 ch10-bankapp-javaconfig 项目的说明：为了充分利用本章，安装 MySQL 数据库并执行 ch10-bankapp 项目的 sql 文件夹中包含的 spring_bank_app_db.sql SQL 脚本。spring_bank_app_db.sql 脚本创建了 SPRING_BANK_APP_DB 数据库，并添加 BANK_ACCOUNT_DETAILS 和 FIXED_DEPOSIT_DETAILS 表。

你需要修改 src/main/resources/META-INF/spring/database.properties 文件以指向你的 MySQL 安装。要使电子邮件功能正常工作，请修改 src/main/resources/META-INF/spring/email.properties 文件以指定要用于发送电子邮件的电子邮件服务器和电子邮件账户。另外，修改 BankApp 类以指定发送电子邮件的客户的电子邮件 ID。

注 意

如果你想使用 Gmail 账户发送电子邮件，请打开“允许安全性较低的应用”选项。

10.3 发送 JMS 消息

Spring 通过在 JMS API 之上提供一个抽象层来简化与 JMS 提供者的交互。在 MyBank 应用程序的上下文中，本节介绍如何使用 Spring 同步和异步地从 ActiveMQ 代理发送和接收消息。为了简单起见，ActiveMQ 代理被配置为在 ch10-bankapp 项目中以内嵌模式运行。要在内嵌模式下运行 ActiveMQ 代理，ch10-bankapp

项目的 pom.xml 文件定义了对 activemq-broker.jar 和 activemq-kahadb-store.jar 文件的依赖。在 Spring 中，JMS 支持类在 spring-jms 模块中定义，因此，pom.xml 文件还定义了对 spring-jms.jar 文件的依赖，以使用 Spring 对 JMS 的支持。

10.3.1　配置 ActiveMQ 代理以在内嵌模式下运行

内嵌的 ActiveMQ 代理与应用程序在同一个 JVM 中运行。可以使用 ActiveMQ 的 XML 模式（activemq-spring.jar 文件中的 activemq-core.xsd）在 Spring 应用程序中配置内嵌式 ActiveMQ 代理。代码清单 10-1 展示了如何使用 ActiveMQ 的 XML 模式在 MyBank 应用程序中配置内嵌式 ActiveMQ 代理。

代码清单 10-1　applicationContext.xml——内嵌式 ActiveMQ 代理配置

```
Project-ch10-bankapp
Source location - src/main/resources/META-INF/spring

<beans .....
  xmlns:amq="http://activemq.apache.org/schema/core"
  xsi:schemaLocation=".....http://activemq.apache.org/schema/core
     http://activemq.apache.org/schema/core/activemq-core.xsd.....">

  <amq:broker>
    <amq:transportConnectors>
      <amq:transportConnector uri="tcp://localhost:61616" />
    </amq:transportConnectors>
  </amq:broker>
  .....
</beans>
```

在代码清单 10-1 中，amq 命名空间是指允许配置内嵌式 ActiveMQ 代理的 ActiveMQ 的 XML 模式。<broker>元素配置一个名为 localhost 的内嵌式 ActiveMQ 代理。<transportConnectors>元素指定内嵌式 ActiveMQ 代理允许客户端连接的传输连接器。在代码清单 10-1 中，<transportConnector>的<transportConnector>子元素指定客户端可以使用 TCP 套接字连接到端口号 61616 上的内嵌式 ActiveMQ 代理。

注　意

在基于 Java 的配置方法中，可以使用 ActiveMQ 的 BrokerService 配置一个内嵌式 ActiveMQ 代理。例如，ch10-bankapp-javaconfig 项目的 JmsConfig 类定义了一个 brokerService 方法，该方法使用 ActiveMQ 的 BrokerService 类来配置内嵌式 ActiveMQ 代理。

现在来介绍一下如何配置 JMS ConnectionFactory 来创建与内嵌式 ActiveMQ 实例的连接。

10.3.2　配置一个 JMS ConnectionFactory

代码清单 10-2 展示了如何在应用程序上下文 XML 文件中配置 JMS ConnectionFactory。

代码清单 10-2　applicationContext.xml——JMS ConnectionFactory 配置

```
Project-ch10-bankapp
Source location - src/main/resources/META-INF/spring

<beans .....
  xmlns:amq="http://activemq.apache.org/schema/core"
  xsi:schemaLocation=".....http://activemq.apache.org/schema/core
     http://activemq.apache.org/schema/core/activemq-core.xsd.....">
  .....
  <amq:connectionFactory brokerURL="vm://localhost" id="jmsFactory">
    <amq:trustedPackages>
       <value>sample.spring.chapter10.bankapp.domain</value>
```

```
        <value>java.util</value>
      </amq:trustedPackages>
    </amq:connectionFactory>

    <bean class="org.springframework.jms.connection.CachingConnectionFactory"
      id="cachingConnectionFactory">
      <property name="targetConnectionFactory" ref="jmsFactory" />
    </bean>
    .....
</beans>
```

在代码清单 10-2 中，amq 模式的<connectionFactory>元素创建了一个 JMS ConnectionFactory 实例，用于创建与内嵌式 ActiveMQ 实例的连接（见代码清单 10-1）。brokerURL 特性指定连接到 ActiveMQ 代理的 URL。当我们使用内嵌式 ActiveMQ 代理时，brokerURL 指定 VM 协议（由 vm://指定）用于连接到 ActiveMQ 代理实例。

注 意

在基于 Java 的配置方法中，可以使用 ActiveMQConnectionFactory 为内嵌式 ActiveMQ 配置 ConnectionFactory。在 ch10-bankapp-javaconfig 项目中，JmsConfig 的 connectionFactory 方法配置了一个 ActiveMQConnectionFactory。

在 JMS 中，可以使用 ObjectMessage 发送和接收可序列化的对象。出于安全考虑，必须明确指定包含通过 JMS ObjectMessage 进行交换的可信任的对象的包（从 ActiveMQ 5.12.2 和 5.13.0 开始）。在 ch10-bankapp 项目中，sample.spring.chapter10.bankapp.domain 包中包含的 FixedDepositDetails 对象通过 ObjectMessage 进行交换。另外，FixedDepositDetails 类定义了一个 java.util.Date 类型字段。由于 ActiveMQ 不信任 sample.spring.chapter10.bankapp.domain 和 java.util 这两个包，因此使用<trustedPackages>元素来将这两个包指定为可以通过 ObjectMessage 进行交换的对象。

Spring 的 CachingConnectionFactory 是 JMS ConnectionFactory（由 targetConnectionFactory 属性指定）的适配器，它提供了缓存 JMS Session、MessageProducer 和 MessageConsumer 实例的附加功能。

下面介绍如何使用 Spring 的 JmsTemplate 类来发送 JMS 消息。

10.3.3 使用 JmsTemplate 发送 JMS 消息

Spring 的 JmsTemplate 类简化了同步发送和接收 JMS 消息。像 TransactionTemplate（见 8.5 节）和 JdbcTemplate（见 8.3 节）类，JmsTemplate 类提供了一个抽象层，以便你不必处理底层的 JMS API。

代码清单 10-3 展示了如何在 ch10-bankapp 项目的应用程序上下文 XML 中配置 JmsTemplate 类，并将消息发送到内嵌式 ActiveMQ 实例。

代码清单 10-3 applicationContext.xml——JmsTemplate 配置

```
Project-ch10-bankapp
Source location - src/main/resources/META-INF/spring

<beans .....
   xmlns:amq="http://activemq.apache.org/schema/core"
  xsi:schemaLocation=".....http://activemq.apache.org/schema/core
      http://activemq.apache.org/schema/core/activemq-core.xsd.....">
  .....
  <bean class="org.springframework.jms.core.JmsTemplate" id="jmsTemplate">
    <property name="connectionFactory" ref="cachingConnectionFactory" />
    <property name="defaultDestination" ref="fixedDepositDestination" />
  </bean>

  <amq:queue id="fixedDepositDestination" physicalName="aQueueDestination" />
  <amq:queue id="emailQueueDestination" physicalName="emailQueueDestination" />
```

```
.....
</beans>
```

JmsTemplate 的 connectionFactory 属性指定用于创建与 JMS 提供者连接的 JMS ConnectionFactory。JmsTemplate 的 defaultDestination 属性指向了 JmsTemplate 发送 JMS 消息的默认 JMS 目标。在代码清单 10-3 中，connectionFactory 属性指向了 CachingConnectionFactory 实例（见代码清单 10-2），defaultDestination 属性指向由 amq 模式的<queue>元素创建的 JMS 队列目标。

amq 模式的<queue>元素在 ActiveMQ 中创建一个 JMS 队列。在代码清单 10-3 中，第一个<queue>元素创建一个名为 aQueueDestination 的 JMS 队列，第二个<queue>元素创建一个名为 emailQueueDestination 的 JMS 队列。physicalName 特性指向在 ActiveMQ 中创建的 JMS 队列的名称，id 特性指向 Spring 容器中其他 bean 访问的 JMS 队列的名称。在代码清单 10-3 中，JmsTemplate 的 defaultDestination 属性指向创建 aQueueDestination JMS 目标的<queue>元素的 id 特性，因此，aQueueDestination 是 JmsTemplate 实例发送 JMS 消息的默认 JMS 目标。

JMSTemplate 使用的 JMS 会话将确认模式设置为自动确认，该模式在本质上不是事务性的。如果要在事务中发送和/或接收一组消息，则应考虑使用事务性 JMS 会话。提交事务时，发送所有生成的消息，并确认所有消费的消息。事务回滚导致已生成消息的销毁和已消耗消息的重新传递。如果希望 JmsTemplate 使用事务性会话，请将 JmsTemplate 的 transacted 属性设置为 true。

也可以将 JmsTemplate 与 Spring 的 JmsTransactionManager 结合起来，用于取代将 JmsTemplate 的 transacted 属性设置为 true 以获取事务性会话。JmsTransactionManager 确保总是可以获取一个事务性 JMS 会话。使用 JmsTransactionManager 的主要好处是通过使用它可以利用 Spring 的事务管理抽象。

现在来介绍一下 JmsTransactionManager 如何配置，JMS 消息如何在一个事务中发送 JMSTemplate。

10.3.4　在事务中发送 JMS 消息

在第 8 章中，我们看到 Spring 提供了一组 PlatformTransactionManager 的实现，它们提供了特定于资源的事务管理功能。在 JMS 应用程序中，可以使用 Spring 的 JmsTransactionManager（一个 PlatformTransactionManager 的实现）类来管理单个 JMS ConnectionFactory 的事务。由于 JmsTransactionManager 实现了 PlatformTransactionManager，可以使用 TransactionTemplate 来以编程方式管理 JMS 事务，也可以使用@Transactional 注解来声明式地管理 JMS 事务。

代码清单 10-4 展示了应用程序上下文 XML 文件中 Spring 的 JmsTransactionManager 的配置。

代码清单 10-4　applicationContext.xml——JmsTransactionManager 配置

```
Project-ch10-bankapp
Source location - src/main/resources/META-INF/spring

  <tx:annotation-driven />

  <bean id="jmsTxManager" class="org.springframework.jms.connection.JmsTransactionManager">
    <property name="connectionFactory" ref="cachingConnectionFactory" />
  </bean>
```

JmsTransactionManager 的 connectionFactory 属性指定了对 JMSTransactionManager 管理事务的 JMS ConnectionFactory 的引用。在代码清单 10-4 中，connectionFactory 属性指向了 CachingConnectionFactory bean（见代码清单 10-2）。由于 CachingConnectionFactory 缓存了 JMS Sessions，因此与 JmsTransactionManager 一起使用 CachingConnectionFactory 会降低资源利用率。Spring 的 tx 模式的<annotation-driven>元素指定应用程序使用声明式事务管理。<annotation-driven>元素没有引用 JmsTransactionManager bean，因为应用程序还使用 DataSourceTransactionManager 来管理数据库事务。

代码清单 10-5 展示了使用 JmsTemplate 向内嵌式 ActiveMQ 代理发送消息的 FixedDepositServiceImpl 类。

代码清单 10-5 FixedDepositServiceImpl 类——使用 JmsTemplate 发送 JMS 消息

```
Project-ch10-bankapp
Source location - src/main/java/sample/spring/chapter10/bankapp/service

package sample.spring.chapter10.bankapp.service;

import javax.jms.*;
import org.springframework.jms.core.JmsTemplate;
import org.springframework.jms.core.MessageCreator;

@Service(value = "fixedDepositService")
public class FixedDepositServiceImpl implements FixedDepositService {
  @Autowired
  private JmsTemplate jmsTemplate;
  .....
  @Override
  @Transactional("jmsTxManager")
  public void createFixedDeposit(final FixedDepositDetails fixedDepositDetails) throws Exception
{

    jmsTemplate.send("emailQueueDestination", new MessageCreator() {
      public Message createMessage(Session session) throws JMSException {
        TextMessage textMessage = session.createTextMessage();
        textMessage.setText(fixedDepositDetails.getEmail());
        return textMessage;
      }
    });

    // --this JMS message goes to the default destination configured for the JmsTemplate
    jmsTemplate.send(new MessageCreator() {
      public Message createMessage(Session session) throws JMSException {
        ObjectMessage objectMessage = session.createObjectMessage();
        objectMessage.setObject(fixedDepositDetails);
        return objectMessage;
      }
    });
  }
  .....
}
```

代码清单 10-5 展示了 JmsTemplate 的 send 方法用于向 JMS 目标 emailQueueDestination 和 aQueueDestination 发送消息。请参考代码清单 10-3，以了解如何在应用程序上下文 XML 文件中配置这些 JMS 目标。传递给 JmsTemplate 的 send 方法的 JMS 目标的名称由 Spring 的 DynamicDestinationResolver 实例（Spring 的 DestinationResolver 接口的一个实现）解析为实际的 JMS Destination 对象。如果已经使用 amq 模式的<queue>（或<topic>）元素在应用程序上下文 XML 文件中配置了 JMS 目标，则传递给 JmsTemplate 发送消息的 JMS 目标名称是<queue>（或<topic>）元素的 id 特性的值。例如，如果要发送消息到一个 QueueDestination 目标（见代码清单 10-3），那么传递给 send 方法的目标名称是 fixedDepositDestination。

在代码清单 10-5 中，FixedDepositServiceImpl 的 createFixedDeposit 方法用@Transactional（"jmsTxManager"）注解，这意味着 createFixedDeposit 方法在事务中执行，并且事务由 jmsTxManager 事务管理器管理（见代码清单 10-4 中 jmsTxManager 的配置方式）。JmsTemplate 的 send 方法接受 JMS 目标的名称和一个 MessageCreator 实例。如果不指定 JMS 目标，send 方法会将消息发送到使用 defaultDestination 属性为 JmsTemplate 配置的默认目标（见代码清单 10-3）。

在 MessageCreator 的 createMessage 方法中，可以创建要发送的 JMS 消息。不需要显式处理 JMS API 抛出的检查异常，因为它们会被 JmsTemplate 本身所处理。如代码清单 10-5 所示，如果使用 JmsTemplate，在发送信息时，不需要显式地从 ConnectionFactory 获取 Connection、从 Connection 创建 Session 等。这展示了通过使用 JmsTemplate，你不必处理底层的 JMS API 细节。

在代码清单 10-5 中，TextMessage 和 ObjectMessage 实例表示 JMS 消息。TextMessage 和 ObjectMessage 都实现了 javax.jms.Message 接口。在 ch10-bankapp 项目中，TextMessage 实例用于发送请求开立定期存款的客户的电子邮件 id（一个简单的字符串值），而 ObjectMessage 实例用于发送包含定期存款信息的 FixedDepositDetails 对象（一个 Serializable 对象）。由于 FixedDepositServiceImpl 的 createFixedDeposit 方法在 JMS 事务中执行，因此两个消息都发送到 ActiveMQ 实例或者都不发送。

作为替代@Transactional 注解的方案，可以使用 TransactionTemplate 类以编程方式管理 JMS 事务（见 8.5 节）。代码清单 10-6 展示了如何配置 TransactionTemplate 类以使用 JmsTransactionManager 进行事务管理。

代码清单 10-6　TransactionTemplate 配置

```
<bean id="jmsTxManager"
     class="org.springframework.jms.connection.JmsTransactionManager">
  <property name="connectionFactory" ref="cachingConnectionFactory" />
</bean>

<bean id="transactionTemplate"
     class="org.springframework.transaction.support.TransactionTemplate">
  <property name="transactionManager" ref="jmsTxManager" />
</bean>
```

在代码清单 10-6 中，TransactionTemplate 的 transactionManager 属性引用了 JmsTransactionManager bean。

配置 TransactionTemplate 类后，可以使用它来管理 JMS 事务。代码清单 10-7 展示了 FixedDepositServiceImpl 的 createFixedDeposit 方法的变体。该方法使用 TransactionTemplate 来管理 JMS 事务。

代码清单 10-7　使用 TransactionTemplate 以编程方式管理 JMS 事务

```
package sample.spring.chapter10.bankapp.service;

import javax.jms.*;
import org.springframework.jms.core.JmsTemplate;
import org.springframework.jms.core.MessageCreator;

@Service(value = "fixedDepositService")
public class FixedDepositServiceImpl implements FixedDepositService {
  @Autowired
  private JmsTemplate jmsTemplate;

  @Autowired
  private TransactionTemplate transactionTemplate;
  .....
  public void createFixedDeposit(final FixedDepositDetails fixedDepositDetails)throws Exception {

    transactionTemplate.execute(new TransactionCallbackWithoutResult() {
      protected void doInTransactionWithoutResult(TransactionStatus status) {
        jmsTemplate.send("emailQueueDestination", new MessageCreator() { ..... });
        jmsTemplate.send(new MessageCreator() { ..... });
      }
    });
  }
  .....
}
```

代码清单 10-7 展示了 JMS 消息是从 TransactionCallbackWithoutResult 类的 doInTransaction 方法中发送的，以使它们在同一个 JMS 事务中。这与使用 TransactionTemplate 以编程方式管理 JDBC 事务（见 8.5 节）类似。

到目前为止，我们已经介绍了使用 JmsTemplate 将消息发送到预配置的 JMS 目标的示例。下面来看如果一个应用程序使用动态 JMS 目标，该如何配置 JmsTemplate 类。

10.3.5 动态 JMS 目标和 JmsTemplate 配置

如果应用程序使用动态 JMS 目标（即 JMS 目标是在运行时由应用程序创建的），则必须使用 JmsTemplate 的 pubSubDomain 属性指定 JMS 目标类型（队列或主题）。pubSubDomain 属性用于决定 JmsTemplate 发送 JMS 消息的 JMS 目标类型。如果不指定 pubSubDomain 属性，则假定目标类型是 JMS 队列。

代码清单 10-8 展示了向动态创建的 JMS 主题发送消息的 JmsTemplate。

代码清单 10-8 使用 JmsTemplate 将消息发送到动态 JMS 主题目标

```
------------- applicationContext.xml --------------

  <bean class="org.springframework.jms.core.JmsTemplate" id="jmsTemplate">
    <property name="connectionFactory" ref="cachingConnectionFactory" />
    <property name="defaultDestination" ref="fixedDepositDestination" />
    <property name="pubSubDomain" value="true" />
  </bean>

------------------ Dynamic topic creation ------------------

    jmsTemplate.send("dynamicTopic", new MessageCreator() {
      public Message createMessage(Session session) throws JMSException {
        session.createTopic("dynamicTopic");
        ObjectMessage objectMessage = session.createObjectMessage();
        objectMessage.setObject(someObject);
        return objectMessage;
      }
    });
```

在代码清单 10-8 中，JmsTemplate 的 pubSubDomain 属性设置为 true，这意味着当使用动态目标时，Spring 将动态目标的名称解析为 JMS 主题。注意，传递给 JmsTemplate 的 send 方法的 JMS 目标的名称是 dynamicTopic，并且 MessageCreator 的 createMessage 方法创建了具有相同名称的 JMS 主题。由于在应用程序上下文 XML 文件中没有配置 dynamicTopic 目标，因此 Spring 不知道 dynamicTopic 目标是队列还是主题。由于 JmsTemplate 的 pubSubDomain 属性设置为 true，Spring 的 DynamicDestinationResolver 将 dynamicTopic 的目标名称解析为在运行时由 MessageCreator 的 createMessage 方法创建的 dynamicTopic JMS 主题。如果没有设置 JmsTemplate 的 pubSubDomain 属性，Spring 的 DynamicDestinationResolver 将尝试将 dynamicTopic 目标名称解析为名为 dynamicTopic 的 JMS 队列。

下面介绍 JmsTemplate 如何简化将 Java 对象作为 JMS 消息发送的。

10.3.6 JmsTemplate 和消息转换

JmsTemplate 定义了多个 convertAndSend 方法，它们将 Java 对象作为 JMS 消息进行转换和发送。默认情况下，JmsTemplate 配置了一个 SimpleMessageConverter 实例（Spring 的 MessageConverter 接口的一个实现），该实例将 Java 对象转换为 JMS 消息，反之亦然。

MessageConverter 接口定义了以下方法：

- Object toMessage(Object object, Session session)——使用提供的 JMS 会话（由 session 参数表示）将 Java 对象（由 object 参数表示）转换为 JMS 消息；
- Object fromMessage(Message message)——将 Message 参数转换为 Java 对象。

Spring 的 SimpleMessageConverter 类提供了 String 和 JMS TextMessage、byte []和 JMS BytesMessage、Map 和 JMS MapMessage 之间以及 Serializable 对象与 JMS ObjectMessage 之间的转换。如果要修改由 JmsTemplate 的 convertAndSend 方法创建的 JMS 消息，可以使用一个 MessagePostProcessor 的实现进行修改。

代码清单 10-9 展示了一个使用 MessagePostProcessor 的实现来修改 JmsTemplate 的 convertAndSend 方法创建的 JMS 消息的场景。

代码清单 10-9　使用 JmsTemplate 的 convertAndSend 方法

```
jmsTemplate.convertAndSend("aDestination", "Hello, World !!",
    new MessagePostProcessor() {
      public Message postProcessMessage(Message message) throws JMSException {
        message.setBooleanProperty("printOnConsole", true);
        return message;
      }
    });
```

在代码清单 10-9 中，"Hello，World !!"字符串被传递给 convertAndSend 方法。convertAndSend 方法创建了一个 JMS TextMessage 实例并使其可用于 MessagePostProcessor 实现，以便在发送消息之前对其进行后处理。在代码清单 10-9 中，MessagePostProcessor 的 postProcessMessage 方法在发送到 aDestination 之前，在 JMS 消息上设置了一个 boolean 类型属性 printOnConsole。

到目前为止，我们已经介绍了如何使用 JmsTemplate 将 JMS 消息发送到 JMS 目标。下面介绍如何使用 JmsTemplate 和 Spring 的消息侦听器容器从 JMS 目标接收 JMS 消息。

10.4　接收 JMS 消息

可以使用 JmsTemplate 同步接收 JMS 消息，并使用 Spring 的消息侦听器容器进行异步接收。

10.4.1　使用 JmsTemplate 同步接收 JMS 消息

JmsTemplate 定义了可以用来同步接收 JMS 消息的多个 receive 方法。注意，调用 JmsTemplate 的 receive 方法会导致调用线程阻塞，直到从 JMS 目标获取到 JMS 消息。为了确保调用线程不被无限期阻塞，必须为 JmsTemplate 的 receiveTimeout 属性指定一个适当的值。receiveTimeout 属性指定调用线程在放弃之前等待的时间量（以 ms 为单位）。

JmsTemplate 还定义了多个 receiveAndConvert 方法，可以将接收的 JMS 消息自动转换为 Java 对象。默认情况下，JmsTemplate 使用 SimpleMessageConverter 来执行转换。

10.4.2　使用消息侦听器容器异步接收 JMS 消息

可以使用 Spring 的消息侦听器容器异步接收 JMS 消息。由于事务和资源管理方面由消息侦听器容器负责处理，因此可以专注于编写消息处理逻辑。

消息侦听器容器从 JMS 目标接收消息，并将它们分派给 JMS MessageListener 的实现进行处理。在代码清单 10-10 中，Spring 的 jms 模式的<listener-container>元素创建一个 JmsListenerContainerFactory 实例，该实例保存为每个<listener>子元素创建的消息侦听器容器的配置。

代码清单 10-10　applicationContext.xml——消息侦听器容器配置

```
Project-ch10-bankapp
Source location - src/main/resources/META-INF/spring

<beans ..... xmlns:jms="http://www.springframework.org/schema/jms"
  xsi:schemaLocation=".....
      http://www.springframework.org/schema/jms
      http://www.springframework.org/schema/jms/spring-jms.xsd">
  .....
  <jms:listener-container connection-factory="cachingConnectionFactory"
     destination-type="queue"  transaction-manager="jmsTxManager">
```

```
    <jms:listener destination="aQueueDestination" ref="fixedDepositMessageListener" />
    <jms:listener destination="emailQueueDestination" ref="emailMessageListener" />
  </jms:listener-container>

  <bean class="sample.spring.chapter10.bankapp.jms.EmailMessageListener"
    id="emailMessageListener" />

  <bean class="sample.spring.chapter10.bankapp.jms.FixedDepositMessageListener"
    id="fixedDepositMessageListener" />
  .....
</beans>
```

代码清单 10-10 包含了 Spring 的 JMS 模式，以便其元素在应用程序上下文 XML 文件中可用。<listener-container>元素为每个由<listener>子元素定义的 MessageListener 配置消息侦听器容器。

connection-factory 特性指向消息侦听器容器用来获取到 JMS 提供者连接的 JMS ConnectionFactory bean。正如我们在 MyBank 应用程序中使用 Spring 的 CachingConnectionFactory 一样，connection-factory 特性指向 cachingConnectionFactory bean（见代码清单 10-2）。

destination-type 特性指定了消息侦听器容器关联的 JMS 目标类型。destination-type 特性可以接受的可能值是：queue、topic 和 durableTopic。

transaction-manager 特性指定一个 PlatformTransactionManager 实现，它确保 JMS 消息由 MessageListener 在一个事务中接收和处理。在代码清单 10-10 中，transaction-manager 特性指向 JmsTransactionManager bean（见代码清单 10-4）。如果一个 MessageListener 实现还会与其他事务资源交互，请考虑使用 Spring 的 JtaTransactionManager 来取代 JmsTransactionManager。在独立应用程序中，你可以使用内嵌式事务管理器，如 Atomikos，以在应用程序中执行 JTA 事务。

注 意

<listener-container>元素创建了一个 Spring 的 DefaultJmsListenerContainerFactory（JmsListenerContainerFactory 接口的实现）的实例，它为每个由<listener>子元素指定的 JMS MessageListeners 都创建一个 DefaultMessageListenerContainer 的实例。

一个<listener>元素指定由消息侦听器容器异步调用的 JMS MessageListener。<listener>元素的 destination 特性指定 MessageListener 接收消息的 JMS 目标名称。<listener>元素的 ref 特性指向负责处理从目的地接收的 JMS 消息的 MessageListener。代码清单 10-10 展示了 FixedDepositMessageListener（一个 MessageListener 实现）负责处理从 aQueueDestination 目标接收的消息，而 EmailMessageListener（一个 MessageListener 实现）负责处理从 emailQueueDestination 目标接收的消息。

MessageListener 接口定义了一个由消息侦听器容器异步调用的 onMessage 方法。消息侦听器容器将从 JMS 目标接收的 JMS 消息传递给 onMessage 方法。onMessage 方法负责处理收到的 JMS 消息。

代码清单 10-11 展示了 FixedDepositMessageListener 类的实现，其 onMessage 方法从 JMS 消息中获取 FixedDepositDetails 对象，然后将定期存款信息保存到数据库中。

代码清单 10-11 FixedDepositMessageListener 类——处理 JMS 消息

```
Project-ch10-bankapp
Source location - src/main/java/sample/spring/chapter10/bankapp/jms

package sample.spring.chapter10.bankapp.jms;

import javax.jms.MessageListener;
import javax.jms.ObjectMessage;
import sample.spring.chapter10.bankapp.domain.FixedDepositDetails;
.....
public class FixedDepositMessageListener implements MessageListener {
```

```
  @Autowired
  @Qualifier(value = "fixedDepositDao")
  private FixedDepositDao myFixedDepositDao;

  @Autowired
  private BankAccountDao bankAccountDao;

  @Transactional("dbTxManager")
  public int createFixedDeposit(FixedDepositDetails fixedDepositDetails) {
    bankAccountDao.subtractFromAccount(fixedDepositDetails.getBankAccountId(),
      fixedDepositDetails.getFixedDepositAmount());
    return myFixedDepositDao.createFixedDeposit(fixedDepositDetails);
  }

  @Override
  public void onMessage(Message message) {
    ObjectMessage objectMessage = (ObjectMessage) message;
    FixedDepositDetails fixedDepositDetails = null;
    try {
       fixedDepositDetails = (FixedDepositDetails) objectMessage.getObject();
    } catch (JMSException e) {
       e.printStackTrace();
    }
    if (fixedDepositDetails != null) {
       createFixedDeposit(fixedDepositDetails);
    }
  }
}
```

代码清单 10-11 展示了 FixedDepositMessageListener 的 createFixedDeposit 方法负责将定期存款信息保存到数据库中。由于 createFixedDeposit 方法使用@Transactional（"dbTxManager"）进行注解，因此该方法将在由 dbTxManager（一个 DataSourceTransactionManager）管理的事务下执行。消息侦听器容器接收 JMS 消息，并在 JmsTransactionManager（见代码清单 10-10）管理的事务下执行 FixedDepositMessageListener 的 onMessage 方法。

onMessage 和 createFixedDeposit 方法在不同的事务管理器下执行，如果由于某种原因 JMS 事务失败，则数据库的更新不会回滚，并且由于某种原因数据库更新失败，JMS 消息不会重新传递到 MessageListener。如果你希望 JMS 消息接收（和处理）和数据库更新成为同一事务的一部分，则应使用 JTA 事务。

下面介绍如何使用@JmsListener 注解来简化 JMS MessageListeners 的配置。

10.4.3 使用@JmsListener 注册 JMS 侦听器端点

可以使用@JmsListener 注解来将 Spring bean 方法指定为消息侦听器，以此取代创建 javax.jms.MessageListener 的实现（例如 ch10-bankapp 项目的 EmailMessageListener 和 FixedDepositMessageListener 类）。

可以通过使用 Spring 的 jms 模式的<annotation-driven>元素来启用@JmsListener 注解，如下所示。

```
<jms:annotation-driven />
```

注 意

如果你正在使用基于 Java 的配置，则可以使用@EnableJms 注解（参见 ch10-bankapp-javaconfig 项目中使用了@Configuration 注解的 jmsConfig 类）来启用对@JmsListener 注解的支持。

ch10-bankapp 项目包含一个 MyAnnotatedJmsListener 类，它定义了@JmsListener 注解的 processEmailMessage 和 processFixedDeposit 方法。processEmailMessage 与 EmailMessageListener 的 onMessage 方法的目的相同，processFixedDeposit 方法与 FixedDepositMessageListener 的 onMessage 方法的目的相同。代码清单 10-12 展示了 MyAnnotatedJmsListener 类。

代码清单 10-12 MyAnnotatedJmsListener 类——@JmsListener 注解的使用

```
Project-ch10-bankapp
Source location - src/main/java/sample/spring/chapter10/bankapp/jms

package sample.spring.chapter10.bankapp.jms;

import org.springframework.jms.annotation.JmsListener;
import javax.jms.Message;
.....
@Component
public class MyAnnotatedJmsListener {
  @Autowired
  private transient MailSender mailSender;
  .....
  @JmsListener(destination = "emailQueueDestination")
  public void processEmailMessage(Message message) { ..... }

  @JmsListener(destination = "aQueueDestination")
  public void processFixedDeposit(Message message) { ..... }
  .....
}
```

在代码清单 10-12 中，@ JmsListener 的 destination 特性指定了接收 JMS 消息的方法的 JMS 目标。例如，发送到 emailQueueDestination 的消息被 processEmailMessage 方法接收和处理。

由于在使用@JmsListener 注解时不会创建 javax.jms.MessageListener 实现，因此需要相应地修改 JMS 消息侦听器容器配置，如代码清单 10-13 所示。

代码清单 10-13 使用@JmsListener 的消息侦听器容器配置

```
<jms:listener-container connection-factory="cachingConnectionFactory"
  destination-type="queue" transaction-manager="jmsTxManager"
    factory-id="jmsListenerContainerFactory" />
```

我们指定了<listener-container>元素的 factory-id 特性，将消息容器侦听器配置暴露为一个名为 jmsListenerContainerFactory 的 bean。默认情况下，Spring 会查找一个名为 jmsListenerContainerFactory 的 bean，为@JmsListener 注解方法创建消息侦听器容器。

下面介绍如何使用 spring-messaging 模块构建基于 JMS 的应用程序。

10.4.4 使用 spring-messaging 模块的消息传递

Spring 提供了一个 spring-messaging 模块，用于抽象开发消息传递应用程序所需的关键概念。可以使用 spring-messaging 模块中定义的抽象来构建 JMS 应用程序，以此取代特定于 JMS 的对象。要使用 spring-messaging 模块的抽象来构建 JMS 应用程序，需要在代码中进行以下更改。

- 使用 JmsMessagingTemplate 取代 JmsTemplate 来发送和接收 JMS 消息。JmsMessagingTemplate 是使用 spring-messaging 模块提供的消息传递抽象的 JmsTemplate 实例的包装器。
- 使用 org.springframework.messaging.Message 取代 javax.jms.Message 来表示一个 JMS 消息。org.springframework.messaging.Message 是 spring-messaging 模块对 javax.jms.Message 的抽象。
- 使用 MessageBuilder 取代 MessageCreator。MessageBuilder 是 spring-messaging 模块对 MessageCreator 的抽象。
- 使用@JmsListener 取代实现 MessageListener 接口。@JmsListener 方法可以有灵活的签名。例如，可以将 JMS 会话、消息头等传递给@JmsListener 注解方法。

ch10-bankapp-javaconfig 项目使用了 spring-messaging 模块的抽象来发送和接收 JMS 消息。代码清单 10-14 展示了配置 JmsMessagingTemplate 实例以发送消息的@Configuration 注解类。

代码清单 10-14 JmsConfig 类——配置 JmsMessagingTemplate

```
Project-ch10-bankapp-javaconfig
Source location - src/main/java/sample/spring/chapter10/bankapp

package sample.spring.chapter10.bankapp;

import org.springframework.jms.annotation.EnableJms;
import org.springframework.jms.core.JmsMessagingTemplate;
.....
@ImportResource(locations = "classpath:META-INF/spring/applicationContext.xml")
@Configuration
@EnableJms
public class JmsConfig {
  .....
  @Bean
  public CachingConnectionFactory cachingConnectionFactory(
       ActiveMQConnectionFactory activeMQConnectionFactory) { ..... }
  .....
  @Bean

  public JmsMessagingTemplate jmsMessagingTemplate(
        CachingConnectionFactory cachingConnectionFactory) {
     JmsMessagingTemplate jmsMessagingTemplate
           = new JmsMessagingTemplate(cachingConnectionFactory);
     jmsMessagingTemplate.setDefaultDestinationName("fixedDepositDestination");
     return jmsMessagingTemplate;
  }
}
```

在代码清单 10-14 中，@EnableJms 注解允许使用@JmsListener 注解来指定 JMS 侦听器端点。jmsMessagingTemplate 方法使用提供的 CachingConnectionFactory 创建 JmsMessagingTemplate 的实例。JmsMessagingTemplate 从给定的 CachingConnectionFactory 实例中创建一个 JmsTemplate 的实例。如果要使用 JmsTemplate 配置（如默认目标），请将 JmsTemplate 的实例传递给 JmsMessagingTemplate 的构造函数。

代码清单 10-15 展示了使用 JmsMessagingTemplate 将消息发送到内嵌式 ActiveMQ 的 FixedDepositServiceImpl 类。

代码清单 10-15 FixedDepositServiceImpl 类——JmsMessagingTemplate 的使用

```
Project-ch10-bankapp-javaconfig
Source location - src/main/java/sample/spring/chapter10/bankapp/service

package sample.spring.chapter10.bankapp.service;

import org.springframework.jms.core.JmsMessagingTemplate;
import org.springframework.messaging.support.MessageBuilder;
.....
@Service(value = "fixedDepositService")
public class FixedDepositServiceImpl implements FixedDepositService {
  @Autowired
  private JmsMessagingTemplate jmsMessagingTemplate;
  .....
  @Transactional(transactionManager = "jmsTxManager")
  public void createFixedDeposit(final FixedDepositDetails fdd) throws Exception {
    jmsMessagingTemplate.send("emailQueueDestination",
       MessageBuilder.withPayload(fdd.getEmail()).build());
    jmsMessagingTemplate.send(MessageBuilder.withPayload(fdd).build());
  }
  .....
}
```

在代码清单 10-15 中，FixedDepositServiceImpl 的 createFixedDeposit 方法使用 JmsMessagingTemplate 的 send 方法将消息发送到内嵌式 ActiveMQ。send 方法接收要发送的 JMS 目标名称和消息（一个 org.springframework.messaging.Message 的实例）。MessageBuilder 类定义了简化创建消息的静态方法。withPayload 方法指定了消息的有效载荷。

代码清单 10-16 展示了 MyAnnotatedJmsListener 类，它定义了从内嵌式 ActiveMQ 异步接收消息的 @JmsListener 注解方法。

代码清单 10-16 MyAnnotatedJmsListener——处理 JMS 消息

```
Project-ch10-bankapp-javaconfig
Source location - src/main/java/sample/spring/chapter10/bankapp/jms

package sample.spring.chapter10.bankapp.jms;

import org.springframework.mail.MailSender;
import org.springframework.messaging.Message;
.....
@Component
public class MyAnnotatedJmsListener {
  .....
  private transient SimpleMailMessage simpleMailMessage;

  @JmsListener(destination = "emailQueueDestination")
  public void processEmailMessage(Message<String> message) {
    simpleMailMessage.setTo(message.getPayload());
    .....
  }

  @JmsListener(destination = "fixedDepositDestination")
  public void processFixedDeposit(Message<FixedDepositDetails> message) {
    FixedDepositDetails fdd = message.getPayload();
    .....
  }
  .....
}
```

在代码清单 10-16 中，processEmailMessage 和 processFixedDeposit 方法接收表示从 ActiveMQ 接收的 JMS 消息的 org.springframework.messaging.Message 类型的参数。Message 的 getPayload 方法返回消息有效载荷。

在本节中，我们介绍了如何使用 Spring 发送和接收 JMS 消息。现在来介绍一下 Spring 如何简化电子邮件的发送。

10.5 发送电子邮件

Spring 通过在 JavaMail API 之上提供一层抽象，简化了应用程序电子邮件的发送。Spring 负责资源管理和异常处理方面的工作，因此你可以专注于撰写准备电子邮件所需的必要逻辑。

要使用 Spring 发送电子邮件，首先需要在应用程序上下文 XML 文件中配置 Spring 的 JavaMailSenderImpl 类。JavaMailSenderImpl 类扮演着 JavaMail API 包装器的角色。代码清单 10-17 展示了如何在 MyBank 应用程序中配置 JavaMailSenderImpl 类。

代码清单 10-17 applicationContext.xml——JavaMailSenderImpl 类配置

```
Project-ch10-bankapp
Source location - src/main/resources/META-INF/spring
```

```
<bean id="mailSender" class="org.springframework.mail.javamail.JavaMailSenderImpl">
  <property name="host" value="${email.host}" />
  <property name="protocol" value="${email.protocol}" />
  .....
  <property name="javaMailProperties">
     <props>
        <prop key="mail.smtp.auth">true</prop>
        <prop key="mail.smtp.starttls.enable">true</prop>
     </props>
  </property>
</bean>
```

JavaMailSenderImpl 类定义了 host、port、protocol 等提供有关邮件服务器信息的属性。javaMailProperties 属性指定 JavaMailSenderImpl 实例用于创建 JavaMail Session 对象的配置信息。mail.smtp.auth 属性值设置为 true，这意味着使用 SMTP（简单邮件传输协议）与邮件服务器进行身份验证。mail.smtp.starttls.enable 属性值设置为 true，这意味着向邮件服务器进行身份验证时使用了 TLS 保护的连接。

代码清单 10-17 展示了 JavaMailSenderImpl 类的某些属性的值是使用属性占位符来指定的。例如，host 属性值被指定为${email.host}而 protocol 属性值为${email.protocol}。这些属性占位符的值在 email.properties 文件中指定（位于 src / main / resources / META-INF / spring 目录中）。代码清单 10-18 展示了 email.properties 文件的内容。

代码清单 10-18 email.properties

```
Project-ch10-bankapp
Source location - src/main/resources/META-INF/spring

email.host=smtp.gmail.com
email.port=587
email.protocol=smtp
email.username=<enter-email-id>
email.password=<enter-email-password>
```

代码清单 10-18 展示了 email.properties 文件包含邮件服务器信息、通信协议信息和用于连接到邮件服务器的邮件账户。在 email.properties 文件中指定的属性用于配置 JavaMailSenderImpl 实例（见代码清单 10-17）。

注 意

在 JavaMail API 之上提供抽象的类是在 spring-context-support JAR 文件中定义的，因此，要使用 Spring 对发送电子邮件的支持，必须在应用程序中定义对 spring-context-support JAR 文件的依赖。

Spring 的 SimpleMailMessage 类代表一个简单的电子邮件消息。SimpleMailMessage 定义了 to、cc、subject 和 text 等属性，你可以设置它们以构造从应用程序发送的电子邮件。

代码清单 10-19 展示了 MyBank 的应用程序上下文 XML 文件，它配置了与 MyBank 应用程序发送的两封电子邮件相对应的两个 SimpleMailMessage 实例。

代码清单 10-19 applicationContext.xml——SimpleMailMessage 配置

```
Project-ch10-bankapp
Source location - src/main/resources/META-INF/spring

 <bean class="org.springframework.mail.SimpleMailMessage" id="requestReceivedTemplate">
   <property name="subject" value="${email.subject.request.received}" />
   <property name="text" value="${email.text.request.received}" />
 </bean>

 <bean class="org.springframework.mail.SimpleMailMessage" id="requestProcessedTemplate">
```

```
    <property name="subject" value="${email.subject.request.processed}" />
    <property name="text" value="${email.text.request.processed}" />
  </bean>
```

在代码清单 10-19 中，requestReceivedTemplate bean 表示发送给客户通知已经收到开立定期存款请求的电子邮件消息，requestProcessedTemplate bean 表示发送给客户通知开立定期存款的请求已经成功处理的电子邮件。SimpleMailMessage 的 subject 属性指定电子邮件的主题行，text 属性指定电子邮件的正文。这些属性的值在 emailtemplate.properties 文件中定义，如代码清单 10-20 所示。

代码清单 10-20 emailtemplate.properties

```
Project-ch10-bankapp
Source location - src/main/resources/META-INF/spring

email.subject.request.received=Fixed deposit request received
email.text.request.received=Your request for creating the fixed deposit has been received

email.subject.request.processed=Fixed deposit request processed
email.text.request.processed=Your request for creating the fixed deposit has been processed
```

我们目前已经学习了如何在应用程序上下文XML文件中配置JavaMailSenderImpl和SimpleMailMessage类。现在来介绍一下如何发送电子邮件。

代码清单 10-21 展示了 MyBank 应用程序的 EmailMessageListener 类（一个 JMS MessageListener 实现），它从 JMS 消息中获取客户的电子邮件地址，并向客户发送一封电子邮件，通知已经收到了开立定期存款的请求。

代码清单 10-21 EmailMessageListener 类——使用 MailSender 发送电子邮件

```
Project-ch10-bankapp
Source location - src/main/java/sample/spring/chapter10/bankapp/jms

package sample.spring.chapter10.bankapp.jms;

import org.springframework.mail.MailSender;
import org.springframework.mail.SimpleMailMessage;
.....
public class EmailMessageListener implements MessageListener {
  @Autowired
  private transient MailSender mailSender;

  @Autowired
  @Qualifier("requestReceivedTemplate")
  private transient SimpleMailMessage simpleMailMessage;

  public void sendEmail() {
    mailSender.send(simpleMailMessage);
  }

  public void onMessage(Message message) {
    TextMessage textMessage = (TextMessage) message;
    try {
       simpleMailMessage.setTo(textMessage.getText());
    } catch (Exception e) {
       e.printStackTrace();
    }
    sendEmail();
  }
}
```

由于 JavaMailSenderImpl 类实现了 Spring 的 MailSender 接口，JavaMailSenderImpl 实例（见代码清单 10-17）

是自动装配的。名为 requestReceivedTemplate 的 SimpleMailMessage 实例（见代码清单 10-19）也是自动装配的。由于 SimpleMailMessage 的 to 属性标识了电子邮件收件人，onMessage 方法将从 JMS 消息中获取客户的电子邮件 ID，并将其设置为属性的值。onMessage 方法调用了 sendEmail 方法，该方法使用 MailSender 的 send 方法发送由 SimpleMailMessage 实例表示的电子邮件消息。

Spring 的 MailSender 接口代表一个独立于 JavaMail API 的通用接口，适用于发送简单的电子邮件。Spring 的 JavaMailSender 接口（一个 MailSender 的子接口）依赖于 JavaMail API，并定义了发送 MIME 消息的功能。如果要发送包含内联图像、附件等的电子邮件，则使用 MIME 消息。一个 MIME 消息由 JavaMail API 中的 MimeMessage 类表示。Spring 提供了一个 MimeMessageHelper 类和一个 MimeMessagePreparator 回调接口，你可以使用它们来创建和填充 MimeMessage 实例。

10.5.1　使用 MimeMessageHelper 准备 MIME 消息

代码清单 10-22 展示了 MyBank 应用程序的 FixedDepositProcessorJob 类。该类从客户的银行账户中扣除定期存款金额，并向客户发送一封电子邮件通知其开立定期存款的请求已被处理。

代码清单 10-22　FixedDepositProcessorJob 类——JavaMailSender 的使用

```
Project-ch10-bankapp
Source location - src/main/java/sample/spring/chapter10/bankapp/job

package sample.spring.chapter10.bankapp.job;

import javax.mail.internet.MimeMessage;
import org.springframework.mail.javamail.JavaMailSender;

public class FixedDepositProcessorJob {
  .....
  @Autowired
  private transient JavaMailSender mailSender;

  @Autowired
  @Qualifier("requestProcessedTemplate")
  private transient SimpleMailMessage simpleMailMessage;

  private List<FixedDepositDetails> getInactiveFixedDeposits() {
    return myFixedDepositDao.getInactiveFixedDeposits();
  }

  public void sendEmail() throws AddressException, MessagingException {
    List<FixedDepositDetails> inactiveFixedDeposits = getInactiveFixedDeposits();

    for (FixedDepositDetails fixedDeposit : inactiveFixedDeposits) {
        MimeMessage mimeMessage = mailSender.createMimeMessage();
        MimeMessageHelper mimeMessageHelper = new MimeMessageHelper(mimeMessage);
        mimeMessageHelper.setTo(fixedDeposit.getEmail());
        mimeMessageHelper.setSubject(simpleMailMessage.getSubject());
        mimeMessageHelper.setText(simpleMailMessage.getText());
        mailSender.send(mimeMessage);
    }
    myFixedDepositDao.setFixedDepositsAsActive(inactiveFixedDeposits);
  }
}
```

在代码清单 10-22 中，JavaMailSender 的 send 方法用于发送 MIME 消息。JavaMailSenderImpl 和名为 requestProcessedTemplate（见代码清单 10-19）的 SimpleMailMessage 自动装配到 FixedDepositProcessorJob。由于 FixedDepositProcessorJob 创建并发送 MIME 消息，因此 mailSender 实例变量定义为 JavaMailSender（而不是 MailSender）。FixedDepositProcessorJob 的 sendEmail 方法使用 JavaMailSender 的 createMimeMessage

方法创建一个 MimeMessage 的实例。然后，使用 Spring 的 MimeMessageHelper 填充 MimeMessage 实例的 to、subject 和 text 属性。

10.5.2 使用 MimeMessagePreparator 准备 MIME 消息

代码清单 10-23 展示了如何使用 Spring 的 MimeMessagePreparator 回调接口代替 MimeMessageHelper 重写 FixedDepositProcessorJob 的 sendEmail 方法。

代码清单 10-23 MimeMessagePreparator 的使用

```
import javax.mail.Message;
import javax.mail.internet.InternetAddress;
import org.springframework.mail.javamail.MimeMessagePreparator;

public class FixedDepositProcessorJob {
  .....
  public void sendEmail_() throws AddressException, MessagingException {
    List<FixedDepositDetails> inactiveFixedDeposits = getInactiveFixedDeposits();
    for (final FixedDepositDetails fixedDeposit : inactiveFixedDeposits) {
      mailSender.send(new MimeMessagePreparator() {
        @Override
        public void prepare(MimeMessage mimeMessage) throws Exception {
          mimeMessage.setRecipient(Message.RecipientType.TO,
              new InternetAddress(fixedDeposit.getEmail()));
          mimeMessage.setSubject(simpleMailMessage.getText());
          mimeMessage.setText(simpleMailMessage.getText());
        }
      });
    }
    myFixedDepositDao.setFixedDepositsAsActive(inactiveFixedDeposits);
  }
}
```

在代码清单 10-23 中，将 MimeMessagePreparator 的一个实例传递给 JavaMailSender 的 send 方法，并准备一个 MimeMessage 实例进行发送。MimeMessagePreparator 的 prepare 方法提供了一个你需要填充的 MimeMessage 的新实例。在代码清单 10-23 中，注意，设置 MimeMessage 的 recipient 属性需要你处理底层的 JavaMail API。此外，在代码清单 10-22 中，MimeMessageHelper 的 setTo 方法只是接受一个 email id 字符串来设置 MimeMessage 的 recipient 属性。因此，应该考虑使用 MimeMessageHelper 来填充传递给 MimeMessagePreparator 的 prepare 方法的 MimeMessage 实例。

下面介绍如何使用 Spring 来异步执行任务，以及调度执行未来的任务。

10.6 任务调度和异步执行

我们可以使用 Spring 的 TaskExecutor 异步执行 java.lang.Runnable 任务；使用 Spring 的 TaskScheduler 调度 java.lang.Runnable 任务的执行；使用 Spring 的@Async 和@Scheduled 注解分别来异步执行并调度方法的执行，以此取代直接使用 TaskExecutor 和 TaskScheduler。

首先介绍 TaskExecutor 和 TaskScheduler 接口。

10.6.1 TaskExecutor 接口

Java 5 引入了执行 java.lang.Runnable 任务的执行器的概念。执行器实现 java.util.concurrent.Executor 接口，该接口定义了单一的方法 execute（Runnable runnable）。Spring 的 TaskExecutor 继承了 java.util.concurrent.Executor 接口。Spring 提供了一组 TaskExecutor 实现，可以根据应用程序的需求进行选择。例如，

ThreadPoolTaskExecutor 使用来自线程池的线程异步执行任务、SyncTaskExecutor 同步执行任务、SimpleAsyncTaskExecutor 以异步方式执行新线程中的每个任务、WorkManagerTaskExecutor 使用 CommonJ-WorkManager 执行任务等。

ThreadPoolTaskExecutor 是使用 Java 5 的 ThreadPoolExecutor 来执行任务的最常用的 TaskExecutor 实现。代码清单 10-24 展示了如何在应用程序上下文 XML 文件中配置一个 ThreadPoolTaskExecutor 实例。

代码清单 10-24 ThreadPoolTaskExecutor 配置

```
<bean id="myTaskExecutor"
     class="org.springframework.scheduling.concurrent.ThreadPoolTaskExecutor">
  <property name="corePoolSize" value="5" />
  <property name="maxPoolSize" value="10" />
  <property name="queueCapacity" value="15" />
  <property name="rejectedExecutionHandler" ref="abortPolicy"/>
</bean>

<bean id="abortPolicy" class="java.util.concurrent.ThreadPoolExecutor.AbortPolicy"/>
```

corePoolSize 属性指定线程池中最小线程数。maxPoolSize 属性指定线程池中可容纳的最大线程数。queueCapacity 属性指定线程池中的所有线程正忙于执行任务时可以在队列中等待的最大任务数。rejectedExecutionHandler 属性指定了 ThreadPoolTaskExecutor 拒绝的任务的处理程序。如果队列已满，并且线程池中没有线程可用于执行提交的任务，则 ThreadPoolTaskExecutor 将拒绝任务。rejectedExecutionHandler 属性指向 java.util.concurrent.RejectedExecutionHandler 对象的一个实例。

在代码清单 10-24 中，rejectedExecutionHandler 属性引用了总是抛出 RejectedExecutionException 的 java.util.concurrent.ThreadPoolExecutor.AbortPolicy 处理程序。被拒绝的任务的其他可能的处理程序是：java.util.concurrent.ThreadPoolExecutor.CallerRunsPolicy（被拒绝的任务在调用者的线程中执行）、java.util.concurrent.ThreadPoolExecutor.DiscardOldestPolicy（处理程序从队列中丢弃最旧的任务并重试执行被拒绝的任务）以及 java.util.concurrent.ThreadPoolExecutor.DiscardPolicy（处理程序简单地丢弃被拒绝的任务）。

Spring 的任务模式的<executor>元素简化了 ThreadPoolTaskExecutor 实例的配置，如代码清单 10-25 所示。

代码清单 10-25 使用 Spring 的 task 模式的 ThreadPoolTaskExecutor 配置

```
<beans ..... xmlns:task="http://www.springframework.org/schema/task"
  xsi:schemaLocation=".....http://www.springframework.org/schema/task
      http://www.springframework.org/schema/task/spring-task.xsd">

  <task:executor id=" myTaskExecutor" pool-size="5-10"
      queue-capacity="15" rejection-policy="ABORT" />
</beans>
```

在代码清单 10-25 中，<executor>元素配置了一个 ThreadPoolTaskExecutor 实例。pool-size 特性指定了核心池的大小和最大池的大小。在代码清单 10-25 中，5 是核心池大小，10 是最大池大小。queue-capacity 特性设置 queueCapacity 属性，而 reject-policy 特性指定被拒绝任务的处理程序。rejection-policy 特性的可能值为 ABORT、CALLER_RUNS、DISCARD_OLDEST 和 DISCARD。

当显式地（见代码清单 10-24）或使用 Spring 的 task 模式（见代码清单 10-25）将 ThreadPoolTaskExecutor 实例定义为 Spring bean，你可以将 ThreadPoolTaskExecutor 实例注入要异步执行的 bean 中执行 java.lang.Runnable 任务，如代码清单 10-26 所示。

代码清单 10-26 使用 ThreadPoolTaskExecutor 执行任务

```
import org.springframework.core.task.TaskExecutor;

@Component
public class Sample {
  @Autowired
```

```
  private TaskExecutor taskExecutor;

  public void executeTask(Runnable task) {
    taskExecutor.execute(task);
  }
}
```

在代码清单 10-26 中，ThreadPoolTaskExecutor 的一个实例自动装配到 Sample 类中，随后被 Sample 的 executeTask 方法用于执行 java.lang.Runnable 任务。

TaskExecutor 在被提交之后立即执行一个 java.lang.Runnable 任务，该任务只执行一次。如果要调度 java.lang.Runnable 任务的执行，并且希望定期执行该任务，则应使用 TaskScheduler 实现。

10.6.2 TaskScheduler 接口

Spring 的 TaskScheduler 接口提供了调度 java.lang.Runnable 任务执行的抽象。Spring 的 Trigger 接口提取执行 java.lang.Runnable 任务的时间。将 TaskScheduler 实例与 Trigger 实例相关联，以调度 java.lang.Runnable 任务的执行。如果要定期执行任务，则需使用 PeriodicTrigger（一个 Trigger 接口的实现）。CronTrigger（另一个 Trigger 接口的实现）接受一个指示执行任务的日期/时间的 cron 表达式。

ThreadPoolTaskScheduler 是 TaskScheduler 最常用的实现之一，它内部使用 Java 5 的 ScheduledThreadPoolExecutor 来调度任务执行。可以配置一个 ThreadPoolTaskScheduler 实现并将其与一个 Trigger 实现相关联，以调度任务执行。代码清单 10-27 展示了如何配置和使用 ThreadPoolTaskScheduler。

代码清单 10-27 ThreadPoolTaskExecutor 的配置与使用

```
------------ ThreadPoolTaskScheduler configuration ---------------------

  <bean id="myScheduler"
       class="org.springframework.scheduling.concurrent.ThreadPoolTaskScheduler">
    <property name="poolSize" value="5"/>
  </bean>

--------------- ThreadPoolTaskScheduler usage ---------------------

import org.springframework.scheduling.TaskScheduler;
import org.springframework.scheduling.support.PeriodicTrigger;

@Component
public class Sample {
  @Autowired
  @Qualifier("myScheduler")
  private TaskScheduler taskScheduler;

  public void executeTask(Runnable task) {
    taskScheduler.schedule(task, new PeriodicTrigger(5000));
  }
}
```

在代码清单 10-27 中，ThreadPoolTaskScheduler 的 poolSize 属性指定了线程池中的线程数。当要计划执行一个任务时，传递 java.lang.Runnable 任务和一个 Trigger 实例来调用 ThreadPoolTaskScheduler 的 schedule 方法。在代码清单 10-27 中，PeriodicTrigger 实例被传递给 ThreadPoolTaskScheduler 的 schedule 方法。PeriodicTrigger 构造函数的参数指定了任务之间的执行时间间隔（以 ms 为单位）。

我们可以使用 Spring 的任务 task 的<scheduler>元素来配置 ThreadPoolTaskScheduler 实例，以取代在应用程序上下文 XML 文件中显式定义 ThreadPoolTaskScheduler bean，如下所示。

```
<task:scheduler id="myScheduler" pool-size="5" />
```

下面介绍如何使用 Spring 的 task 模式的<schedule-tasks>元素调度 bean 方法的执行。

10.6.3　调度 bean 方法的执行

Spring 的 task 模式的<scheduled-tasks>元素可以使用<scheduler>元素创建的 ThreadPoolTaskScheduler 实例调度 bean 方法的执行。代码清单 10-28 展示了 MyBank 应用程序如何使用<scheduler>和<scheduled-tasks>元素以每 5s 一次的频率执行 FixedDepositProcessorJob 的 sendEmail 方法。

代码清单 10-28　<scheduler> 和<scheduled-tasks> 元素

```
Project-ch10-bankapp
Source location - src/main/java/sample/spring/chapter10/bankapp/job

   <task:scheduler id="emailScheduler" pool-size="10" />

   <task:scheduled-tasks scheduler="emailScheduler">
     <task:scheduled ref="fixedDepositProcessorJob" method="sendEmail" fixed-rate="5000" />
   </task:scheduled-tasks>

   <bean id="fixedDepositProcessorJob"
     class="sample.spring.chapter10.bankapp.job.FixedDepositProcessorJob" />
```

在代码清单 10-28 中，<scheduler>元素配置了一个 ThreadPoolTaskScheduler 实例。<scheduler>元素的 id 特性指定了 Spring 容器中其他 bean 访问 ThreadPoolTaskScheduler 实例的名称。<scheduled-tasks>元素的 scheduler 特性指向用于调度 bean 方法执行的 ThreadPoolTaskScheduler 实例。在代码清单 10-28 中，由<scheduler>元素创建的 ThreadPoolTaskScheduler 实例被<scheduled-tasks>元素的 scheduled 特性所引用。

<scheduled-tasks>元素包含一个或多个<scheduled>元素。<scheduled>元素包含有关要执行的 bean 方法以及执行该 bean 方法的触发器的信息。ref 特性指定了对 Spring bean 的引用，method 特性指定了 bean 的方法，fixed-rate 特性（一个基于间隔的触发器）指定了连续两次执行之间的时间间隔。在代码清单 10-28 中，<scheduled>元素指定了 FixedDepositProcessorJob 的 sendEmail 方法每 5s 执行一次。

若要代替<scheduled>元素的 fixed-rate 特性，可以使用 fixed-delay（一个基于间隔的触发器）、cron（一个基于 cron 的触发器）或 trigger（引用一个触发器实现）特性来指定一个触发器来执行 bean 方法。

现在来介绍一下 Spring 执行 bean 方法的@Async 和@Scheduled 注解。

10.6.4　@Async 和@Scheduled 注解

如果使用 Spring 的@Async 注解来注解一个 bean 方法，则该方法将被 Spring 以异步的方式执行。如果使用 Spring 的@Scheduled 注解来注解一个 bean 方法，则该方法将被 Spring 以调度计划的方式执行。

Spring 的 task 模式的<annotation-driven>元素可以启用@Async 和@Scheduled 注解，如代码清单 10-29 所示。

代码清单 10-29　启用@Async 和@Scheduled 注解

```
<task:annotation-driven executor="anExecutor" scheduler="aScheduler"/>

<task:executor id="anExecutor"/>

<task:scheduled-tasks scheduler="aScheduler">
  <task:scheduled ref="sampleJob" method="doSomething" fixed-rate="5000" />
</task:scheduled-tasks>
```

<annotation-driven>元素的 executor 特性指定了用于执行@Async 注解方法的 Spring 的 TaskExecutor（或 Java 5 的 Executor）实例的引用。scheduler 特性指定了用于执行@Scheduled 注解方法的 Spring 的 TaskScheduler 实例的引用。

注 意

在基于Java的配置方法中，可以使用@EnableAsync启用@Async注解，使用@EnableScheduling注解启用@Scheduled注解。请参见ch10-bankapp-javaconfig项目的TaskConfig类以查看@EnableScheduling注解的用法。

下面详细介绍一下@Async注解。

1. @Async注解

代码清单10-30强调了使用@Async注解时需要了解的一些重点。

代码清单10-30 @Async注解的用法

```
import java.util.concurrent.Future;
import org.springframework.scheduling.annotation.Async;
import org.springframework.scheduling.annotation.AsyncResult;
import org.springframework.stereotype.Component;

@Component
public class Sample {
  @Async
  public void doA() { ..... }

  @Async(value="someExecutor")
  public void doB(String str) { ..... }

  @Async
  public Future<String> doC() {
    return new AsyncResult<String>("Hello");
  }
}
```

@Async注解的value特性指定了用于异步执行该方法的Spring的TaskExecutor（或Java 5的Executor）实例。由于doA方法上的@Async注解没有指定使用的执行器，将使用Spring的SimpleAsyncTaskExecutor异步执行doA方法。在doB方法上的@Async注解指定了value特性的值为someExecutor，这意味着将使用名为someExecutor（类型为TaskExecutor或Java 5的Executor）的bean异步执行doB方法。

@Async注解方法可以接受参数，如代码清单10-30中的doB方法。@Async注解的方法可以返回void（如doA和doB方法）或Future实例（如doC方法）。要返回Future实例，你需要将要返回的值包装到AsyncResult对象中，并返回AsyncResult对象。

下面详细介绍一下@Scheduled注解。

2. @Scheduled注解

代码清单10-31强调了使用@Scheduled注解时需要了解的一些重点。

代码清单10-31 @Scheduled注解的用法

```
import org.springframework.scheduling.annotation.Scheduled;

@Component
public class Sample {
  @Scheduled(cron="0 0 9-17 * * MON-FRI")
  public void doA() { ..... }

  @Scheduled(fixedRate = 5000)
  public void doB() { ..... }
}
```

用@Scheduled 注解的方法必须返回 void 并且在定义中不能接受任何参数，必须指定@Scheduled 注解的 cron、fixedRate 或 fixedDelay 特性。

注 意

如果要在 Spring 应用程序中使用 Quartz Scheduler，可以使用 Spring 提供的集成类来简化 Quartz Scheduler 的使用。

Spring 通过在现有的缓存解决方案之上提供抽象来简化在应用程序中对缓存的使用。

10.7 缓存

如果要在应用程序中使用缓存，可以考虑使用 Spring 的缓存抽象。Spring 的缓存抽象屏蔽了开发人员和直接处理底层缓存实现的 API。从 Spring 5 开始，对 java.util.concurrent.ConcurrentMap、Ehcache、Caffeine、Guava、GemFire 以及实现 JSR 107-Java 临时缓存 API（简称 JCACHE）的缓存解决方案的缓存抽象都是开箱即用的。

注 意

如果 Spring 的缓存抽象目前还不支持你所使用的缓存解决方案，你可以选择直接使用缓存解决方案的 API 或创建将 Spring 缓存抽象映射到缓存解决方案的适配器。

CacheManager 和 Cache 接口是 Spring 缓存抽象的核心。CacheManager 实例作为底层缓存解决方案提供的缓存管理器的包装器，负责管理 Cache 实例的集合。例如，EhCacheCacheManager 是 Ehcache 的 net.sf.ehcache.CacheManager 的包装器，JCacheCacheManager 是 JSR 107 提供程序的 javax.cache.CacheManager 实现的包装器等。缓存实例是底层缓存的包装器，它提供了与底层缓存交互的方法。例如，EhCacheCache（一个缓存实现）是 net.sf.ehcache.Ehcache 的包装器，JCacheCache（一个 Cache 实现）是 JSR 107 提供者的 javax.cache.Cache 实例的包装器。

Spring 还提供了一个 ConcurrentMapCacheManager，如果要使用 java.util.concurrent.ConcurrentMap 作为底层缓存，则可以使用它们。ConcurrentMapCacheManager 管理的 Cache 实例是一个 ConcurrentMapCache。图 10-3 总结了 Spring 缓存抽象提供的 CacheManager 和 Cache 接口之间的关系。

注 意

如果要将 Spring 的缓存抽象用于缓存解决方案，而 Spring 的缓存抽象目前不支持这个缓存解决方案，那么只需要为缓存解决方案提供 CacheManager 和 Cache 实现。

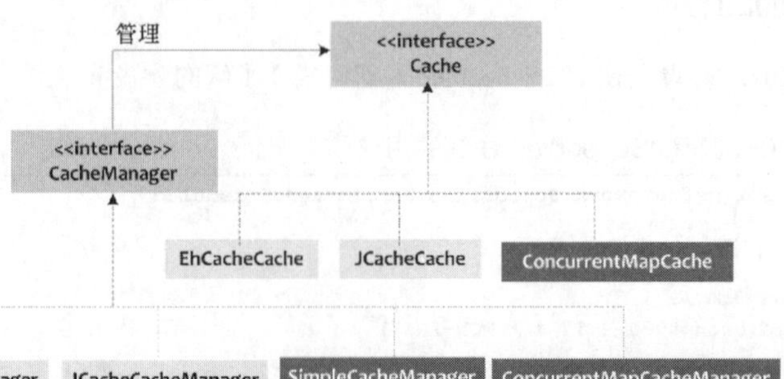

图 10-3 一个 CacheManager 实现作为底层缓存解决方案的缓存管理器的包装器，并且一个 Cache 实现提供了与底层缓存交互的操作

图 10-3 展示了一个管理缓存实例的 CacheManager。EhCacheCacheManager 管理 EhCacheCache 实例(底层缓存存储是 Ehcache)，JCacheCacheManager 管理 JCacheCache 实例（底层缓存存储是一个实现 JSR 107 的缓存解决方案），ConcurrentMapCacheManager 管理 ConcurrentMapCache 实例（底层缓存存储是 java.util.concurrent.ConcurrentMap），以此类推。

图 10-3 展示了一个实现 CacheManager 接口的 SimpleCacheManager 类。SimpleCacheManager 对于简单的缓存场景和测试目的很有用。例如，如果要使用 java.util.concurrent.ConcurrentMap 作为底层缓存存储，则可以使用 SimpleCacheManager 来代替 ConcurrentMapCacheManager 来管理缓存。

现在来介绍一下如何在应用程序上下文 XML 文件中配置 CacheManager。

10.7.1 配置一个 CacheManager

在 MyBank 应用程序中，使用 java.util.concurrent.ConcurrentMap 实例的集合作为底层缓存存储，因此，SimpleCacheManager 用于管理缓存。

代码清单 10-32 展示了如何在 MyBank 应用程序中配置 SimpleCacheManager 实例。

代码清单 10-32 SimpleCacheManager 配置

```
Project-ch10-bankapp
Source location - src/main/resources/META-INF/spring/

  <bean id="myCacheManager"
    class="org.springframework.cache.support.SimpleCacheManager">
    <property name="caches">
      <set>
        <bean
          class="org.springframework.cache.concurrent.ConcurrentMapCacheFactoryBean">
          <property name="name" value="fixedDepositList" />
        </bean>
        <bean
          class="org.springframework.cache.concurrent.ConcurrentMapCacheFactoryBean">
          <property name="name" value="fixedDeposit" />
        </bean>
      </set>
    </property>
  </bean>
```

SimpleCacheManager 的 caches 属性指定由 SimpleCacheManager 实例管理的缓存集合。ConcurrentMap-CacheFactoryBean（一个 FactoryBean）简化了 ConcurrentMapCache 实例的配置，ConcurrentMapCache 实例是一个使用 java.util.concurrent.ConcurrentHashMap 实例（一个 java.util.concurrent.ConcurrentMap 接口的实现）作为底层缓存存储的 Cache 实例。ConcurrentMapCacheFactoryBean 的 name 属性指定了缓存的名称。在代码清单 10-32 中，fixedDepositList 和 fixedDeposit 缓存由 SimpleCacheManager 实例进行管理。

为应用程序配置了适当的 CacheManager 后，需要选择如何使用 Spring 的缓存抽象。可以通过使用 Spring 的缓存注解(如@Cacheable、@CacheEvict 和@CachePut)或使用 Spring 的 cache 模式来使用 Spring 的缓存抽象。

下面介绍如何在应用程序中使用 Spring 的缓存注解。

10.7.2 缓存注解——@Cacheable、@CacheEvict 和@CachePut

要使用缓存注解，需要配置 Spring 的 cache 模式的<annotation-driven>元素，如 MyBank 应用程序所示。

代码清单 10-33 包含了 Spring 的 cache 模式，以便可以在应用程序上下文 XML 文件中访问其元素。<annotation-driven>元素的 cache-manager 特性指向用于管理缓存的 CacheManager bean。如果 CacheManager bean 被命名为 cacheManager，则不需要指定 cache-manager 特性。

代码清单 10-33　使用<annotation-driven>启用缓存注解

```
Project-ch10-bankapp
Source location - src/main/resources/META-INF/spring/

<beans .....xmlns:cache="http://www.springframework.org/schema/cache"
    xsi:schemaLocation=".....
    http://www.springframework.org/schema/cache
    http://www.springframework.org/schema/cache/spring-cache.xsd">

    <cache:annotation-driven cache-manager="myCacheManager"/>
    .....
</beans>
```

注　意

如果使用基于 Java 的配置方法，可以使用@EnableCaching 注解来启用缓存注解。请参见 ch10-bankapp-javaconfig 项目的 CacheConfig 类以查看@EnableScheduling 注解的用法。

现在我们启用了缓存注解，接下来介绍一下不同的缓存注解。

1. @Cacheable

一个方法上的@Cacheable 注解表示方法返回的值将被缓存。@ Cacheable 的 key 特性指定返回值存储在缓存中的 key。

如果不指定 key 特性，则默认使用 Spring 的 SimpleKeyGenerator 类（一个 KeyGenerator 接口的实现）来生成方法的返回值存储在缓存中的 key。SimpleKeyGenerator 使用方法签名及其参数来计算 key。可以通过将自定义的 KeyGenerator 实现指定为<annotation-driven>元素的 key-generator 特性的值来更改默认的 key 生成器。

代码清单 10-34 展示了@Cacheable 注解的用法，以缓存 MyBank 应用程序中 FixedDepositService 的 findFixedDepositsByBankAccount 方法返回的值。

代码清单 10-34　@Cacheable 注解

```
Project-ch10-bankapp
Source location - src/main/java/sample/spring/chapter10/bankapp/service

package sample.spring.chapter10.bankapp.service;

import org.springframework.cache.annotation.Cacheable;
.....
@Service(value = "fixedDepositService")
public class FixedDepositServiceImpl implements FixedDepositService {
  .....
  @Cacheable(cacheNames = { "fixedDepositList" } )
  public List<FixedDepositDetails> findFixedDepositsByBankAccount(int bankAccountId) {
    logger.info("findFixedDepositsByBankAccount method invoked");
    return myFixedDepositDao.findFixedDepositsByBankAccount(bankAccountId);
  }
}
```

@Cacheable 注解的 cacheNames 特性指定了缓存返回值缓存的缓存区域。在代码清单 10-32 中，我们为 MyBank 应用程序创建了一个名为 fixedDepositList 的缓存区域。在代码清单 10-34 中，@Cacheable 注解指定了 findFixedDepositsByBankAccount 方法返回的值将被存储在 fixedDepositList 缓存中。由于没有指定 key 特性，默认的 SimpleKeyGenerator 将使用 bankAccountId 方法参数的值作为 key。

当调用@Cacheable 方法时，配置的 KeyGenerator 用于计算 key。如果缓存中存在该 key，则不会调用@Cacheable 方法。如果缓存中不存在该 key，则会调用@Cacheable 方法，并使用计算的 key 缓存返回的值。

在 SimpleKeyGenerator 的情况下，如果将相同参数值集合传递给该方法，则不会调用@Cacheable 注解方法。但是，如果传递至少一个与之前不同的参数值，则会调用@Cacheable 注解方法。

2. @CacheEvict

如果要在调用方法时从缓存中取出数据，则使用@CacheEvict 注解来注解该方法。在 MyBank 应用程序中，当创建新的定期存款时，必须从缓存中取出由 FixedDepositServiceImpl 缓存的定期存款的详细信息。这样可以确保在下次调用 findFixedDepositsByBankAccount 方法时，也会从数据库中获取新创建的定期存款。代码清单 10-35 展示了@CacheEvict 注解的用法。

代码清单 10-35　@CacheEvict 注解

```
Project-ch10-bankapp
Source location - src/main/java/sample/spring/chapter10/bankapp/service

package sample.spring.chapter10.bankapp.service;

import org.springframework.cache.annotation.CacheEvict;
.....
@Service(value = "fixedDepositService")
public class FixedDepositServiceImpl implements FixedDepositService {
  .....
  @Transactional("jmsTxManager")
  @CacheEvict(cacheNames = { "fixedDepositList" }, allEntries=true, beforeInvocation = true))
  public void createFixedDeposit(final FixedDepositDetails fixedDepositDetails) throws Exception {
    .....
  }
  .....
}
```

在代码清单 10-35 中，createFixedDeposit 方法上的@CacheEvict 注解指示 Spring 从名为 fixedDepositList 的缓存区域中删除所有缓存的条目。cacheNames 特性指定了从中取出缓存项目的缓存区域，allEntries 特性指定了是否取出所有来自指定缓存区域的条目。

如果要取出特定的缓存项目，则使用 key 特性来指定项目被缓存的 key。你也可以通过使用 condition 特性指定项目的取出条件。condition 和 key 特性支持使用 SpEL 指定值（见 6.8 节），从而可以执行复杂的缓存取出操作。

beforeInvocation 特性指定了在执行方法之前还是之后执行缓存取出。当 beforeInvocation 特性的值设置为 true 时，缓存在被调用 createFixedDeposit 方法之前被取出。

3. @CachePut

Spring 还提供了一个@CachePut 注解，指示方法总是被调用，并且方法返回的值被放入缓存中。如果计算的 key 已经存在于缓存中，则@Cacheable 注解将指示 Spring 跳过方法调用。从这个意义上说，@CachePut 注解与@Cacheable 注解是不同的。

代码清单 10-36 展示了 MyBank 应用程序的 FixedDepositServiceImpl 类中@CachePut 注解的用法。

代码清单 10-36　@CachePut 注解

```
Project-ch10-bankapp
Source location - src/main/java/sample/spring/chapter10/bankapp/service

package sample.spring.chapter10.bankapp.service;

import org.springframework.cache.annotation.CachePut;
import org.springframework.cache.annotation.Cacheable;
.....
@Service(value = "fixedDepositService")
```

```
public class FixedDepositServiceImpl implements FixedDepositService {
  .....
  @CachePut(cacheNames = {"fixedDeposit"}, key="#fixedDepositId")
  public FixedDepositDetails getFixedDeposit(int fixedDepositId) {
    logger.info("getFixedDeposit method invoked with fixedDepositId " + fixedDepositId);
    return myFixedDepositDao.getFixedDeposit(fixedDepositId);
  }

  @Cacheable(cacheNames = { "fixedDeposit" }, key="#fixedDepositId")
  public FixedDepositDetails getFixedDepositFromCache(int fixedDepositId) {
     logger.info("getFixedDepositFromCache method invoked with fixedDepositId "
      + fixedDepositId);
     throw new RuntimeException("This method throws exception because "
      + "FixedDepositDetails object must come from the cache");
  }
  .....
}
```

在代码清单 10-36 中，getFixedDeposit 方法使用了@CachePut 注解，这意味着总是会调用 getFixedDeposit 方法，并将返回的 FixedDepositDetails 对象存储到名为 fixedDeposit 的缓存中。cacheNames 特性指定了存储返回的 FixedDepositDetails 对象的缓存的名称。key 特性指定用于存储返回的 FixedDepositDetails 对象的 key。key 特性使用 SpEL 来指定 key。key 特性的#fixedDepositId 值是指传递给 getFixedDeposit 方法的 fixedDepositId 参数。这意味着 getFixedDeposit 方法返回的 FixedDepositDetails 对象存储在名为 fixedDeposit 的缓存中，而 fixedDepositId 方法参数的值被用作 key。

在代码清单 10-36 中，FixedDepositServiceImpl 的 getFixedDepositFromCache 方法基于由@Cacheable 注解指定的 key 特性值从缓存中获取 FixedDepositDetails 对象。请注意，getFixedDepositFromCache 方法的主体除了抛出一个 RuntimeException 异常没有做任何事情。key 特性值指向传递给 getFixedDepositFromCache 方法的 fixedDepositId 参数。如果在缓存中找不到 FixedDepositDetails 对象，则会调用 getFixedDepositFromCache 方法，这将导致 RuntimeException。

10.7.3 使用 Spring cache 模式进行缓存配置

可以使用 Spring 的 cache 模式代替注解来为应用程序配置缓存。代码清单 10-37 展示了 cache 模式的 <advice>元素如何指定 FixedDepositServiceImpl 类中定义的方法的缓存行为。

代码清单 10-37 applicationContext.xml——使用 cache 模式的缓存配置

```
Project-ch10-bankapp
Source location - src/main/resources/spring/applicationContext.xml

<beans .....
  xmlns:cache="http://www.springframework.org/schema/cache"
  xsi:schemaLocation=".....
    http://www.springframework.org/schema/cache/spring-cache.xsd">

  <cache:advice id="cacheAdvice" cache-manager="myCacheManager">
    <cache:caching cache="fixedDepositList">
      <cache:cache-evict method="createFixedDeposit" all-entries="true"
        before-invocation="true" />
      <cache:cacheable method="findFixedDepositsByBankAccount" />
    </cache:caching>
    <cache:caching cache="fixedDeposit">
      <cache:cache-put method="getFixedDeposit" key="#fixedDepositId" />
      <cache:cacheable method="getFixedDepositFromCache" key="#fixedDepositId" />
    </cache:caching>
  </cache:advice>
```

```
  <bean id="myCacheManager" class="org.springframework.cache.support.SimpleCacheManager">
  .....
</beans>
```

<advice>元素的 cache-manager 特性指定了用于管理缓存的 CacheManager bean。<caching>元素描述了由 cache 特性指定的缓存区域的缓存行为。<cache-evict>、<cache-put>和<cacheable>元素分别等同于@CacheEvict、@CachePut 和@Cacheable 注解。<cache-evict>、<cache-put>和<cacheable>元素的 method 特性指定了元素应用的 bean 方法。而且，key 特性指定了方法的返回值存储在缓存中的 key。

代码清单 10-38 展示了如何使用 Spring 的 aop 模式的<config>元素将代码清单 10-37 中定义的缓存行为应用于 FixedDepositService 接口定义的方法。

代码清单 10-38　applicationContext.xml——应用缓存行为

```
Project-ch10-bankapp
Source location - src/main/resources/spring/applicationContext.xml

<beans .....
  xmlns:aop="http://www.springframework.org/schema/aop"
  xsi:schemaLocation=".....http://www.springframework.org/schema/aop
    http://www.springframework.org/schema/aop/spring-aop.xsd">

  <aop:config>
     <aop:advisor advice-ref="cacheAdvice"
        pointcut="execution(* sample.spring.chapter10.bankapp.service.FixedDepositService.* (..))" />
  </aop:config>
```

在代码清单 10-38 中，<advisor> 元素的 advice-ref 特性指向定义缓存行为（横切关注点）的<advice>元素，而 pointcut 特性指定了缓存行为适用的方法。你将在第 11 章中详细了解<config>元素和 AOP（面向切面的编程）。

下面来看运行 ch10-bankapp 项目的 MyBank 应用程序时会发生什么。

10.8　运行 MyBank 应用程序

MyBank 应用程序的 BankApp 类定义了应用程序的 main 方法。main 方法访问 FixedDepositService 和 BankAccountService 实例的方法，以演示本章讨论的不同功能。

代码清单 10-39 展示了 MyBank 应用程序的 BankApp 类。

代码清单 10-39　BankApp 类

```
Project-ch10-bankapp
Source location - src/main/java/sample/spring/chapter10/bankapp

package sample.spring.chapter10.bankapp;
.....
public class BankApp {
  public static void main(String args[]) throws Exception {
    ConfigurableApplicationContext context = new ClassPathXmlApplicationContext(
         "classpath:META-INF/spring/applicationContext.xml");

    BankAccountService bankAccountService = context.getBean(BankAccountService.class);
    BankAccountDetails bankAccountDetails = new BankAccountDetails();
    .....
    int bankAccountId = bankAccountService.createBankAccount(bankAccountDetails);

    FixedDepositService fixedDepositService = context.getBean(FixedDepositService.class);
    FixedDepositDetails fixedDepositDetails = new FixedDepositDetails();
```

```
    .....
    fixedDepositDetails.setEmail("someUser@someDomain.com");
    fixedDepositService.createFixedDeposit(fixedDepositDetails);
    .....
    fixedDepositService.findFixedDepositsByBankAccount(bankAccountId);
    logger.info("Invoking FixedDepositService's findFixedDepositsByBankAccount again");
    fixedDepositService.findFixedDepositsByBankAccount(bankAccountId);

    fixedDepositService.createFixedDeposit(fixedDepositDetails);
    .....
    logger.info("Invoking FixedDepositService's findFixedDepositsByBankAccount after
          creating a new fixed deposit");
    List<FixedDepositDetails> fixedDepositDetailsList = fixedDepositService
        .findFixedDepositsByBankAccount(bankAccountId);

    for (FixedDepositDetails detail : fixedDepositDetailsList) {
      fixedDepositService.getFixedDeposit(detail.getFixedDepositId());
    }

    for (FixedDepositDetails detail : fixedDepositDetailsList) {
      fixedDepositService.getFixedDepositFromCache(detail.getFixedDepositId());
    }
    .....
  }
}
```

在代码清单 10-39 中，main 方法执行以下操作程序。

（1）通过调用 BankAccountService 的 createBankAccount 方法，在 BANK_ACCOUNT_DETAILS 表中创建一个银行账户。

（2）对应于新创建的银行账户，通过调用 FixedDepositService 的 createFixedDeposit 方法在 FIXED_DEPOSIT_DETAILS 表中创建一笔定期存款。

应该确保将 FixedDepositDetails 对象的 email 属性设置为可以检查电子邮件的电子邮件 id。FixedDepositService 的 createFixedDeposit 方法发送两个 JMS 消息（见代码清单 10-5）。一个 JMS 消息包含由 FixedDepositDetails 对象的 email 特性指定的电子邮件 id，并由向客户发送电子邮件的 EmailMessageListener（见代码清单 10-21）处理。另一个 JMS 消息由 FixedDepositMessageListener（见代码清单 10-11）处理，将定期存款明细保存在 FIXED_DEPOSIT_DETAILS 表中。

应该注意的是，FixedDepositServiceImpl 的 createFixedDeposit 方法使用了@CacheEvict 注解（见代码清单 10-35），这将导致在 fixedDepositList 缓存中缓存的所有项目被删除。

（3）调用 FixedDepositService 的 findFixedDepositsByBankAccount 方法来获取对应于我们在步骤 1 中创建的银行账户的定期存款。由于 findFixedDepositsByBankAccount 方法使用了@Cacheable 注解（见代码清单 10-34），所以由 findFixedDepositsByBankAccount 方法返回的定期存款存储在名为 fixedDepositList 的缓存中。

代码清单 10-34 展示了 findFixedDepositsByBankAccount 方法将以下消息写入控制台“findFixedDepositsByBankAccount method invoked”。在代码清单 10-39 中，findFixedDepositsByBankAccount 对于同一个 bankAccountId 参数被调用了两次，但是你会注意到，“findFixedDepositsByBankAccount method invoked”只在控制台写入了一次。这是因为对 findFixedDepositsByBankAccount 的第二次调用没有执行 findFixedDepositsByBankAccount 方法而是从名为 fixedDepositList 的缓存中获取定期存款明细。

（4）对应于步骤 1 中创建的银行账户，通过调用 FixedDepositService 的 createFixedDeposit 方法在 FIXED_DEPOSIT_DETAILS 表中创建了另一笔定期存款。现在，FixedDepositServiceImpl 的 createFixedDeposit 方法使用了@CacheEvict 注解（见代码清单 10-35），这将导致在 fixedDepositList 缓存中缓存的所有项目都被删除。

（5）再次调用 FixedDepositService 的 findFixedDepositsByBankAccount 方法。因为先前对 createFixedDeposit

方法的调用（见步骤 4）导致了所有项目都被从 fixedDepositList 缓存中清除，这次 findFixedDepositsByBankAccount 将被执行。此时，你将再次看到在控制台上写入的“findFixedDepositsByBankAccount method invoked”消息。由于 findFixedDepositsByBankAccount 方法使用了@Cacheable 注解，该方法返回的定期存款将被缓存在 fixedDepositList 缓存中。

（6）对于在步骤 5 中获取的每笔定期存款，都会调用 FixedDepositService 的 getFixedDeposit 方法（见代码清单 10-36）。getFixedDeposit 方法接受定期存款标识符，并从数据库中获取定期存款明细。getFixedDeposit 方法使用了@CachePut 注解，这意味着它总是会被调用。getFixedDeposit 方法返回的定期存款被缓存在 fixedDeposit 缓存中。

（7）对于在步骤 5 中获取的每笔定期存款，都会调用 FixedDepositService 的 getFixedDepositFromCache 方法（见代码清单 10-36）。getFixedDepositFromCache 方法接受定期存款标识符并在执行时引发 RuntimeException。getFixedDepositFromCache 方法使用了@Cacheable 注解，只有在 fixedDeposit 缓存中找不到定期存款时才执行该方法。由于所有定期存款都在步骤 6 中被 getFixedDeposit 方法缓存，因此 getFixedDepositFromCache 方法永远不会执行。

（8）FixedDepositProcessorJob（见代码清单 10-22）每 5s 检查一次是否在数据库中创建了新的定期存款。如果在数据库中找到新的定期存款，则 FixedDepositProcessorJob 激活定期存款并发送电子邮件给客户，确认已经成功处理了定期存款请求。

10.9 小结

在本章中，我们介绍了 Spring 的一些常用功能。我们看到 Spring 简化了发送和接收 JMS 消息、发送电子邮件、异步调用 bean 方法、调度 bean 方法以及缓存数据。在第 11 章中，我们将介绍 Spring 对 AOP（面向切面的编程）的支持。

第 11 章　面向切面编程

11.1　简介

面向切面编程（AOP）是一种编程方法，其中分布在多个类中的职责被封装到单独的类中，称为“切面”。跨多个类分配的职责被称为“横切关注点”。日志记录、事务管理、缓存、安全性等都是横切关注点的例子。

Spring 提供了一个在 Spring 内部用于实现声明性服务的 AOP 框架，如事务管理（见第 8 章）、缓存（见第 10 章）、安全性（见第 16 章）等。若要取代 Spring AOP 框架，你可以考虑使用 AspectJ 作为应用程序的 AOP 框架。Spring AOP 框架能够胜任大多数 AOP 场景，并且提供了与 Spring 容器的集成。本章重点介绍 Spring AOP 框架。

首先来看一个简单的 AOP 示例。

11.2　一个简单的 AOP 示例

假设为了审计的需求，我们需要捕获传递给 MyBank 应用程序服务层定义的类的方法的参数。记录方法参数的一个简单方法是在每个方法中写入记录逻辑。但是，这意味着每个方法还负责记录方法参数的详细信息。记录方法参数的详细信息的责任分布在多个类和方法中，它代表了一个横切关注点。

使用 AOP 来解决横切关注点，你需要遵循以下步骤。

- 创建一个 Java 类（称为一个切面），并将这个 Java 类的横切关注点的实现添加进来。
- 使用正则表达式来指定横切关注点的方法。

在 AOP 术语中，实现横切关注点的一个切面的方法称为**通知**。而且，每个通知与标识通知适用方法的切入点相关联。通知适用的方法称为连接点。

在 Spring AOP 中，可以选择使用 AspectJ 注解样式或 XML 模式样式开发一个切面。在 AspectJ 注解样式中，AspectJ 注解（如@Aspect、@Pointcut、@Before 等）用于开发一个切面。在 XML 模式样式中，Spring 的 AOP 模式的元素用于将 Spring bean 配置为一个切面。

含　义

chapter 11/ch11-simple-aop（ch11-simple-aop 项目显示了使用 Spring AOP 来记录传递给服务层中类定义的方法参数细节的 MyBank 应用程序。要运行应用程序，请执行该项目的 BankApp 类的 main 方法）。

代码清单 11-1 展示了将参数传递给 MyBank 应用程序服务层中的类定义的方法的日志记录切面。

代码清单 11-1　LoggingAspect 类

```
Project-ch11-simple-aop
Source location - src/main/java/sample/spring/chapter11/bankapp/aspects

package sample.spring.chapter11.bankapp.aspects;
```

```
import org.aspectj.lang.JoinPoint;
import org.aspectj.lang.annotation.Aspect;
import org.aspectj.lang.annotation.Before;
import org.springframework.stereotype.Component;

@Aspect
@Component
public class LoggingAspect {
  private Logger logger = LogManager.getLogger(LoggingAspect.class);

  @Before(value = "execution(* sample.spring.chapter11.bankapp.service.*Service.*(..))")
  public void log(JoinPoint joinPoint) {
    logger.info("Entering "
        + joinPoint.getTarget().getClass().getSimpleName() + "'s "
        + joinPoint.getSignature().getName());

    Object[] args = joinPoint.getArgs();
    for (int i = 0; i < args.length; i++) {
      logger.info("args[" + i + "] -->" + args[i]);
    }
  }
}
```

对代码清单 11-1 的说明如下。

- AspectJ 的@Aspect 类型级注解指定了 LoggingAspect 类是一个 AOP 切面。
- AspectJ 的方法级注解@Before 指定了 log 方法表示在执行与 value 特性匹配的方法之前应用的**通知**。请参见 11.5 节了解可以创建的不同的**通知**类型。
- @Before 注解的 value 特性指定了 Spring AOP 框架使用的切入点表达式，用于识别**通知**适用的方法（称为目标方法）。在 11.4 节，我们将深入介绍切入点表达式。现在，可以假设切入点表达式 execution（* sample.spring.chapter11.bankapp.service.*Service.*（..））指定了 LoggingAspect 的 log 方法应用于在 sample.spring.chapter11.bankapp.service 包中所有由类（或接口）定义的名称以 Service 结尾的公有方法。
- log 方法的 JoinPoint 参数表示适用通知的目标方法。log 方法使用 JoinPoint 示例获取关于传递给目标方法的参数的信息。在代码清单 11-1 中，调用了 JoinPoint 的 getArgs 方法来获取传递给目标方法的方法参数。

你需要向 Spring 容器注册一个切面，以便使 Spring AOP 框架察觉到该切面。在代码清单 11-1 中，LoggingAspect 类使用了 Spring 的@Component 注解，以便它可以自动注册到 Spring 容器。

代码清单 11-2 展示了调用 MyBank 应用程序中 BankAccountServiceImpl（实现了 BankAccountService 接口）和 FixedDepositServiceImpl（实现了 FixedDepositService 接口）类方法的 BankApp 类。

代码清单 11-2　BankApp 类

```
Project-ch11-simple-aop
Source location - src/main/java/sample/spring/chapter11/bankapp

package sample.spring.chapter11.bankapp;
.....
public class BankApp {
  public static void main(String args[]) throws Exception {
    ConfigurableApplicationContext context = new ClassPathXmlApplicationContext(
        "classpath:META-INF/spring/applicationContext.xml");

    BankAccountService bankAccountService = context.getBean(BankAccountService.class);
    BankAccountDetails bankAccountDetails = new BankAccountDetails();
    bankAccountDetails.setBalanceAmount(1000);
    bankAccountDetails.setLastTransactionTimestamp(new Date());
```

```
        bankAccountService.createBankAccount(bankAccountDetails);

        FixedDepositService fixedDepositService = context.getBean(FixedDepositService.class);
        fixedDepositService.createFixedDeposit(new FixedDepositDetails(1, 1000,
            12, "someemail@somedomain.com"));
    }
}
```

在代码清单 11-2 中，BankApp 的 main 方法调用了 BankAccountService 的 createBankAccount 方法和 FixedDepositService 的 createFixedDeposit 方法。如果执行 BankApp 的 main 方法，则会在控制台上看到以下输出。

```
INFO  LoggingAspect - Entering BankAccountServiceImpl's createBankAccount
INFO  LoggingAspect - args[0] -->BankAccountDetails [accountId=0, balanceAmount=1000,
lastTransactionTimestamp=Sat Oct 27 16:48:11 IST 2012]
INFO  BankAccountServiceImpl - createBankAccount method invoked
INFO  LoggingAspect - Entering FixedDepositServiceImpl's createFixedDeposit
INFO  LoggingAspect - args[0] -->id :1, deposit amount : 1000.0, tenure : 12, email : someemail@s
omedomain.com
INFO  FixedDepositServiceImpl - createFixedDeposit method invoked
```

上述输出展示了 LoggingAspect 的 log 方法在执行 BankAccountService 的 createBankAccount 方法和 FixedDepositService 的 createFixedDeposit 方法之前执行。

结合 LoggingAspect 的上下文，下面介绍 Spring AOP 框架是如何工作的。

注　意

为了使用 AspectJ 注解式切面，ch11-simple-aop 项目定义了对 spring-aop、aopalliance、aspectjrt 和 aspectjweaver JAR 文件的依赖。请参阅 ch11-simple-aop 项目的 pom.xml 文件了解详情。

11.3　Spring AOP 框架

Spring AOP 框架是基于代理的；将为作为通知的目标对象创建一个代理对象。代理是由 AOP 框架引入的、在调用对象和目标对象之间的中间对象。在运行时，对目标对象的调用被代理拦截，并且由代理执行适用于目标方法的通知。在 Spring AOP 中，目标对象是注册到 Spring 容器的 bean 实例。

图 11-1 显示了 LoggingAspect 的 log 方法（见代码清单 11-1）如何应用于 BankAccountService 和 FixedDepositService 对象的方法（见代码清单 11-2）。

图 11-1　代理对象负责拦截对目标对象的方法调用，并执行适用于目标方法的通知

图 11-1 展示了为 BankAccountService 和 FixedDepositService 对象创建的代理。BankAccountService 的代理拦截了对 BankAccountService 的 createBankAccount 方法的调用，而 FixedDepositService 的代理拦截了对 FixedDepositService 的 createFixedDeposit 方法的调用。BankAccountService 的代理首先执行 LoggingAspect 的 log

方法，然后调用 BankAccountService 的 createBankAccount 方法。类似地，FixedDepositService 的代理首先执行 LoggingAspect 的 log 方法，然后调用 FixedDepositService 的 createFixedDeposit 方法。

执行通知的时间（如 LoggingAspect 切面的 log 方法）取决于通知的类型。在 AspectJ 注解样式中，通知的类型由 AspectJ 注解指定。例如，AspectJ 的@Before 注解指定在调用目标方法之前执行该通知，@After 注解指定在调用目标方法后执行该通知，@Around 注解指定在执行目标方法之前和之后都要执行该通知，依此类推。由于 LoggingAspect 的 log 方法使用了@Before 注解，所以 log 方法将在目标对象的方法执行之前执行。

下面介绍 Spring AOP 框架是如何创建一个代理对象的。

11.3.1 代理的创建

在使用 Spring AOP 时，可以选择通过 Spring 的 ProxyFactoryBean（参见 org.springframework.aop.framework 包）显式创建 AOP 代理，也可以让 Spring 自动创建 AOP 代理。Spring AOP 自动生成 AOP 代理称为自动代理。

如果要使用 AspectJ 注解样式创建切面，则需要通过指定 Spring aop 模式的<aspectj-autoproxy>元素来启用对使用 AspectJ 注解样式的支持。<aspectj-autoproxy>元素还指示 Spring AOP 框架自动为目标对象创建 AOP 代理。代码清单 11-3 展示了 ch11-simple-aop 项目中的<aspectj-autoproxy>元素的用法。

代码清单 11-3 applicationContext.xml——<aspectj-autoproxy> 元素

```
Project-ch11-simple-aop
Source location - src/main/resources/META-INF/spring

<beans .....
  xmlns:context="http://www.springframework.org/schema/context"
  xmlns:aop="http://www.springframework.org/schema/aop"
  xsi:schemaLocation=".....http://www.springframework.org/schema/aop
     http://www.springframework.org/schema/aop/spring-aop.xsd">

  <context:component-scan base-package="sample.spring" />
  <aop:aspectj-autoproxy proxy-target-class="false" expose-proxy="true"/>

</beans>
```

<aspectj-autoproxy>元素的 proxy-target-class 特性指定了是否为目标对象创建了基于 JavaSE 或 CGLIB 的代理，并且 exposed-proxy 特性指定了 AOP 代理本身是否可用于目标对象。如果将 expose-proxy 的值设置为 true，则目标对象的方法可以通过调用 AopContext 的 currentProxy 静态方法来访问 AOP 代理。

注 意

> 在基于 Java 的配置方法中，@EnableAspectJAutoProxy 注解与<aspectj-autoproxy>元素具有相同的作用。

Spring AOP 框架创建了一个基于 CGLIB 或 JavaSE 的代理。如果目标对象没有实现任何接口，Spring AOP 将创建一个基于 CGLIB 的代理。如果目标对象实现一个或多个接口，Spring AOP 将创建一个基于 JavaSE 的代理。如果<aspectj-autoproxy>元素的 proxy-target-class 特性的值设置为 false，则指示 Spring AOP 在目标对象实现一个或多个接口时创建基于 JavaSE 的代理。如果将 proxy-target-class 特性的值设置为 true，则它将指示 Spring AOP 创建基于 CGLIB 的代理，即使目标对象实现了一个或多个接口。

现在我们来介绍一下将<aspectj-autoproxy>元素的 exposure-proxy 特性设置为 true 的场景。

含 义

> chapter 11/ch11-aop-proxy（ch11-aop-proxy 项目展示了 MyBank 应用程序，其中目标方法使用 AopContext 的 currentProxy 方法获取由 Spring AOP 框架创建的 AOP 代理对象。要运行应用程序，请执行此项目中 BankApp 类的 main 方法）。

11.3.2 expose-proxy 特性

代码清单 11-4 展示了一个修改后的 BankAccountServiceImpl 类，其中 createBankAccount 方法调用 isDuplicateAccount 方法来检查系统中是否存在具有相同详细信息的银行账户。

代码清单 11-4 BankAccountServiceImpl 类

```
@Service(value = "bankAccountService")
public class BankAccountServiceImpl implements BankAccountService {
  @Autowired
  private BankAccountDao bankAccountDao;

  @Override
  public int createBankAccount(BankAccountDetails bankAccountDetails) {
    if(!isDuplicateAccount(bankAccountDetails)) {
       return bankAccountDao.createBankAccount(bankAccountDetails);
    } else {
       throw new BankAccountAlreadyExistsException("Bank account already exists");
    }
  }

  @Override
  public boolean isDuplicateAccount(BankAccountDetails bankAccountDetails) { ..... }
}
```

代码清单 11-4 展示了 createBankAccount 方法调用 isDuplicateAccount 方法来检查一个银行账户是否已经在系统中存在。

现在，问题出现在 createBankAccount 方法调用 isDuplicateAccount 方法时是否执行 LoggingAspect 的 log 方法（见代码清单 11-1）？即使 isDuplicateAccount 方法与 LoggingAspect 的 log 方法（见代码清单 11-1）上的@Before 注解指定的切入点表达式匹配，也不会调用 LoggingAspect 的 log 方法。这是因为 AOP 代理不会代理目标对象本身调用的方法。由于方法调用不会通过 AOP 代理对象，所以与目标方法相关联的任何通知都不会执行。

为确保通过 AOP 代理对 isDuplicateAccount 方法的调用能够转到目标对象，请获取 createBankAccount 方法中的 AOP 代理对象，并在 AOP 代理对象上调用 isDuplicateAccount 方法。代码清单 11-5 展示了如何在 createBankAccount 方法中获取 AOP 代理对象。

代码清单 11-5 BankAccountServiceImpl 类

```
Project-ch11-aop-proxy
Source location - src/main/java/sample/spring/chapter11/bankapp/service

package sample.spring.chapter11.bankapp.service;

import org.springframework.aop.framework.AopContext;
.....
@Service(value = "bankAccountService")
public class BankAccountServiceImpl implements BankAccountService {
  .....
  @Override
  public int createBankAccount(BankAccountDetails bankAccountDetails) {
    //-- obtain the proxy and invoke the isDuplicateAccount method via proxy
    boolean isDuplicateAccount =
       ((BankAccountService)AopContext.currentProxy()).isDuplicateAccount(bankAccountDetails);

    if(!isDuplicateAccount) { ..... }
    .....
  }
```

```
  @Override
  public boolean isDuplicateAccount(BankAccountDetails bankAccountDetails) { ..... }
}
```

在代码清单 11-5 中，调用 AopContext 的 currentProxy 方法将返回接收对 createBankAccount 方法调用的 AOP 代理。如果没有通过 Spring AOP 框架调用 createBankAccount 方法，或者如果<aspectj-autoproxy>元素的 expose-proxy 特性的值为 false，那么调用 currentProxy 方法会导致抛出 java.lang.IllegalStateException。由于 AOP 代理实现与目标对象相同的接口，代码清单 11-5 展示了 currentProxy 方法返回的 AOP 代理首先被转换为 BankAccountService 类型，然后调用了 BankAccountService 的 isDuplicateAccount 方法。

如果现在转到 ch11-aop-proxy 项目并执行 BankApp 的 main 方法，那么你会发现在 createBankAccount 方法调用 isDuplicateAccount 方法时，会执行 LoggingAspect 的 log 方法。

下面我们来深入介绍一下切入点表达式。

11.4 切入点表达式

当使用 Spring AOP 时，切入点表达式标识一个应用通知的连接点。在 Spring AOP 中，连接点总是 bean 方法。如果要对字段、构造函数、非公有方法以及不是 Spring bean 的对象应用一个通知，则需要使用 AspectJ 取代 Spring AOP 框架。如果使用 AspectJ 注解样式开发切面，则可以使用 AspectJ 的@Pointcut 注解或使用 AspectJ 的@Before、@After 等指定通知类型的注解来指定切入点表达式。

切入点表达式使用切入点指示符，如 execution、args、within 和 this 等，以查找应用通知的方法。例如，在代码清单 11-1 中，@Before 注解使用 execution 切入点指示符来查找应用了 LoggingAspect 的 log 方法的方法。

现在来介绍一下如何使用@Pointcut 注解来指定切入点表达式。

含 义

chapter 11/ch11-aop-pointcuts（ch11-aop-pointcuts 项目展示了使用 AspectJ 的@Pointcut 注解指定切入点表达式的 MyBank 应用程序。要运行应用程序，请执行此项目中 BankApp 类的 main 方法）。

11.4.1 @Pointcut 注解

@Pointcut 注解的 value 特性指定了切入点表达式。要使用@Pointcut 注解，创建一个空的方法并用@Pointcut 注解它。该空方法的返回类型必须定义为 void。指向@Pointcut 注解方法的通知应用于由@Pointcut 注解指定的切入点表达式匹配的方法。

注 意

如果要在相同或不同切面的多个通知中共享一个切入点表达式，@Pointcut 注解非常有用。

代码清单 11-6 展示了使用@Pointcut 注解的 LoggingAspect（见代码清单 11-1）类的修改版本。

代码清单 11-6 LoggingAspect 类

```
Project-ch11-aop-pointcuts
Source location - src/main/java/sample/spring/chapter11/bankapp/aspects

package sample.spring.chapter11.bankapp.aspects;

import org.aspectj.lang.annotation.Before;
import org.aspectj.lang.annotation.Pointcut;

@Aspect
```

```
@Component
public class LoggingAspect {
  @Pointcut(value = "execution(* sample.spring.chapter11.bankapp.service.*Service.*(..))")
  private void invokeServiceMethods() { }

  @Before(value = "invokeServiceMethods()")
  public void log(JoinPoint joinPoint) {
    logger.info("Entering " + joinPoint.getTarget().getClass().getSimpleName() + "'s "
         + joinPoint.getSignature().getName());
    .....
  }
}
```

在代码清单 11-6 中，invokeServiceMethods 方法使用了@Pointcut 注解，而 log 方法的@Before 注解引用了 invokeServiceMethods 方法。这意味着 log 方法应用于与 invokeServiceMethods 方法上的@Pointcut 注解指定的切入点表达式匹配的方法。

在指定切入点表达式时大多使用 execution 和 args 切入点指示符。下面我们来详细地介绍一下 execution 和 args 切入点指示符。

11.4.2 execution 和 args 切入点指示符

execution 切入点指示符具有以下格式。

```
execution(<access-modifier-pattern> <return-type-pattern> <declaring-type-pattern> <method-name-pattern>(<method-param-pattern>) <throws-pattern>)
```

如果将 execution 表达式与方法声明进行比较，则会注意到 execution 表达式与方法声明类似。图 11-2 展示了 execution 表达式与方法声明的组成部分的映射。

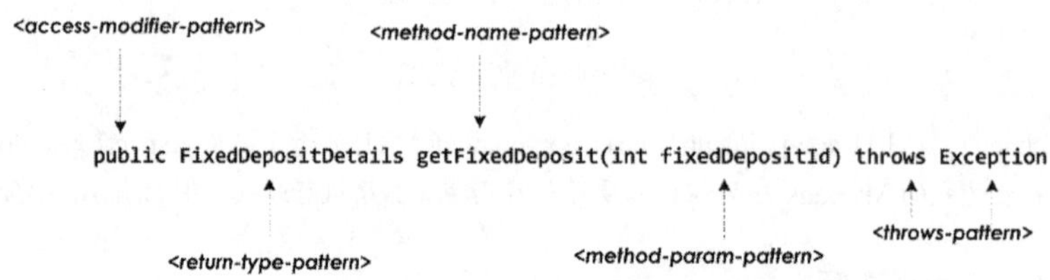

图 11-2 execution 表达式与方法声明的组成部分的映射

Spring AOP 框架将 execution 表达式的组成部分与方法声明的组成部分进行匹配，以查找应用通知的方法。图 11-2 未展示<declaring-type-pattern>，因为仅当你想要引用特定类型或包中包含的方法时才使用<declaring-type-pattern>。

表 11-1 描述了 execution 表达式的组成部分。

表 11-1 execution 表达式的组成部分

表达式组成	描述
access-modifier-pattern	指定目标方法的访问修饰符。在 Spring AOP 中，可以为此表达式组成部分指定的唯一值是 public。execution 表达式的这一部分是可选的
return-type-pattern	指定目标方法的返回类型的完全限定名称。*值表示方法的返回类型无关紧要
declaring-type-pattern	指定包含目标方法的类型的完全限定名称。execution 表达式的这一部分是可选的。*值表示切入点表达式覆盖了应用程序中的所有类型（类和接口）
method-name-pattern	指定方法名称模式。例如，值为 save*意味着名称以 save 开头的方法是通知的目标
method-param-pattern	指定方法参数模式。如果值为(..)，则表示目标方法可以包含任意数量的参数或没有任何参数
throws-pattern	指定目标方法抛出的异常。execution 表达式的这一部分是可选的

args 切入点指示符指定目标方法在运行时必须接受的参数。例如，如果希望切入点表达式在运行时定位接受 java.util.List 实例的方法，则 args 表达式如下所示：args（java.util.List）。在本节稍后，我们将看到

一个通知如何使用 args 切入点指示符来访问传递给目标方法的方法参数。

现在我们来介绍一些使用 execution 和 args 切入点指示符的切入点表达式。

【示例 1】

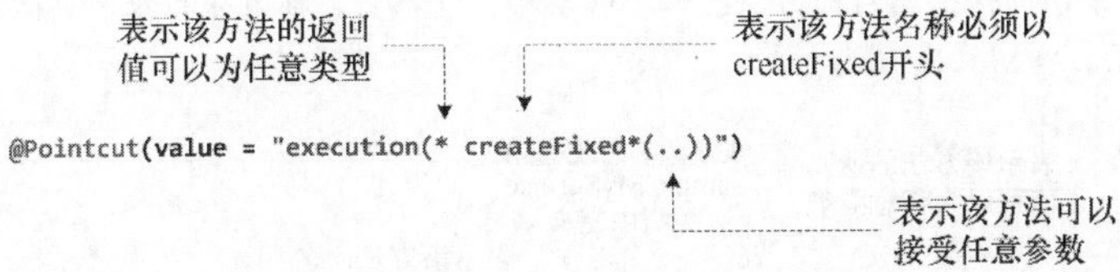

图 11-3 使用方法名称模式的 execution 表达式

与图 11-3 中切入点表达式匹配的方法是以 createFixed 开头的方法。返回类型指定为*，表示目标方法的返回值可以为任意类型。(..)指定目标方法可以接受零个或多个参数。

【示例 2】

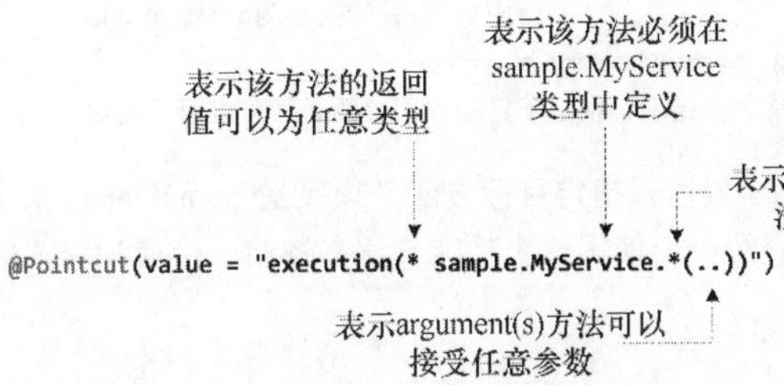

图 11-4 指定包含目标方法的类型（类或接口）的 execution 表达式

与图 11-4 中切入点表达式匹配的方法是由 sample 包中的 MyService 类型定义的方法。

【示例 3】

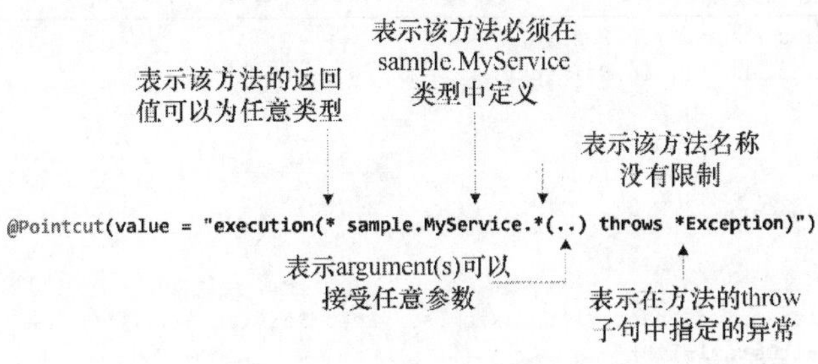

图 11-5 指定方法的异常模式的 execution 表达式

与图 11-5 中切入点表达式匹配的方法是指定了 throws 子句的 sample.MyService 类型的方法。

【示例 4】

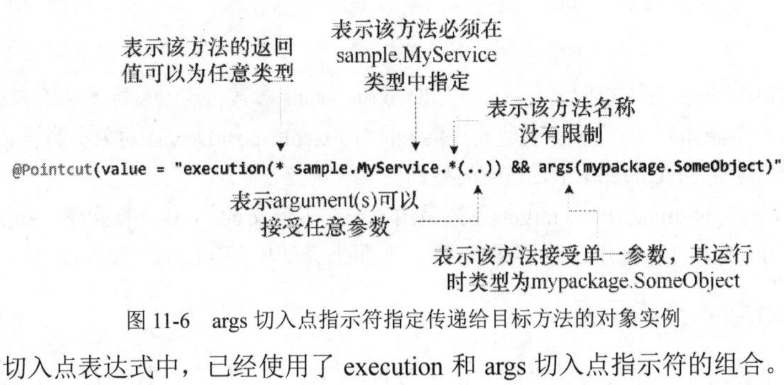

图 11-6 args 切入点指示符指定传递给目标方法的对象实例

在图 11-6 的切入点表达式中，已经使用了 execution 和 args 切入点指示符的组合。你可以使用&&和||

运算符组合切入点指示符以创建复杂的切入点表达式。与图 11-6 中切入点表达式匹配的方法是在运行时接受 SomeObject 实例的 sample.MyService 类型中定义的方法。图 11-6 中切入点表达式中的&&指定了目标方法必须与 execution 和 args 切入点指示符指定的表达式相匹配。

如果想要一个通知来访问传递给目标方法的一个或多个方法参数，则可在 args 表达式中指定方法参数的名称，如图 11-7 所示。

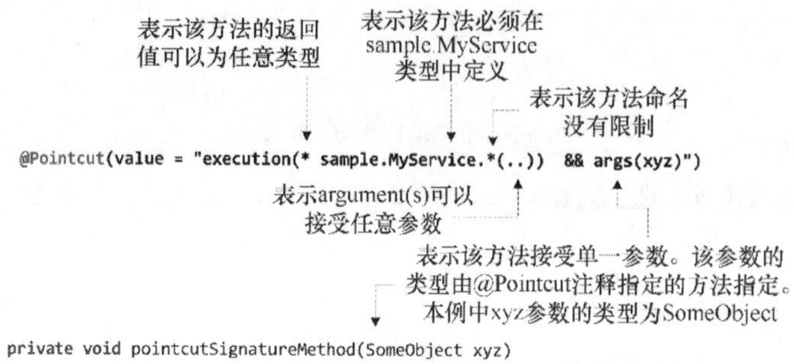

图 11-7 args 切入点指示符指定了目标方法参数必须可以用于通知

在图 11-7 的切入点表达式中，args 表达式指定目标方法必须接受 SomeObject 类型的参数，该参数可通过 *xyz* 参数用于提供通知。让我们介绍一个使用这个功能传递参数给一个通知的实例。

将目标方法的参数传递给一个通知

代码清单 11-7 展示了 LoggingAspect 的修改版本，其中只有当传递给目标方法的方法参数是 FixedDepositDetails 的实例，并且 FixedDepositDetails 实例也可用于 log 方法时，才会执行 log 方法。

代码清单 11-7 LoggingAspect 类——将目标方法的参数传递给一个通知

```
import org.aspectj.lang.annotation.Before;
import org.aspectj.lang.annotation.Pointcut;

@Aspect
@Component
public class LoggingAspect {
  .....
  @Pointcut(value =
   "execution(* sample.spring.chapter11.bankapp.service.*Service.*(..))
   && args(fixedDepositDetails) ")
  private void invokeServiceMethods(FixedDepositDetails fixedDepositDetails) {
  }

  @Before(value = "invokeServiceMethods(fixedDepositDetails)")
  public void log(JoinPoint joinPoint, FixedDepositDetails fixedDepositDetails) {
    .....
  }
}
```

在代码清单 11-7 中，args 表达式指定了通过 fixedDepositDetails 参数传递给目标方法的 FixedDepositDetails 实例可用于 log 方法（一个通知）。由于 args 表达式提供了具有 FixedDepositDetails 对象实例的 log 方法，因此 log 方法已被修改为可以接受 FixedDepositDetails 类型的附加参数。

如 execution、args、within、this、target 等都是由 AspectJ 定义的切入点指示符。Spring AOP 定义了一个特定于 Spring AOP 框架的 bean 切入点的指示符。下面来介绍一下 bean 切入点指示符。

11.4.3 bean 切入点指示器

bean 切入点指示符用于将目标方法限制为指定的 bean ID（或名称）。我们既可以指定确切的 bean ID

或名称，也可以指定一个模式。下面来看几个 bean 切点指示符的示例。

【示例 1】

其方法是通知目标的
bean的名称或ID

```
@Pointcut(value = "bean(someBean)")
```

图 11-8 bean 切入点指示符指定了作为通知目标的方法的 bean ID 或名称

由图 11-8 中切入点表达式匹配的方法是由名为 someBean 的 bean 定义的方法。

【示例 2】

该通知适用于其id或
名称是以someBean
开头的bean的方法

```
@Pointcut(value = "bean(someBean*)")
```

图 11-8 bean 切入点指示符指定了该通知适用于其 id 或名称是以 someBean 开头的 bean 的方法

在上述切入点表达式中，bean 切入点指示符指定了该通知应用于 id 或名称以 someBean 开头的 bean 的方法。

注 意

像任何其他切入点指示符一样，可以使用&&和||运算符将 bean 切入点指示符与其他切入点指示符相结合，形成复合的切入点表达式。

现在介绍一下基于注解执行匹配的切入点指示符。

11.4.4 基于注解的切入点指示符

AspectJ 也提供了切入点指示符，如@annotation、@target、@within 和@args，可以使用 Spring AOP 来查找目标方法。让我们通过几个示例来展示这些切入点指示符的用法。

与图 11-9 所示的切入点表达式匹配的方法是使用 Spring 的@Cacheable 注解的方法。

【示例 1】

该通知适用于使用
Spring的@Cacheable
注释的方法

```
@Pointcut(value = "@annotation(org.springframework.cache.annotation.Cacheable)")
```

图 11-9 @annotation 切入点指示符指定该通知适用于使用 Spring 的@Cacheable 注解的方法

与图 11-10 所示的切入点表达式匹配的方法是使用 Spring 的@Component 注解的对象中包含的方法。

【示例 2】

该通知适用于使用
Spring的@Component
注释的对象的方法

```
@Pointcut(value = "@target(org.springframework.stereotype.Component)")
```

图 11-10 @target 切入点指示符指定该通知适用于使用 Spring 的@Component 注解的对象的方法

在本节中，我们介绍了由 AspectJ 定义的一些切入点指示符。请注意，Spring AOP 框架不是对所有 AspectJ 定义的切入点指示符都支持。如果在切入点表达式中使用了不支持的切入点指示符，Spring AOP 框架将抛出一个 java.lang.IllegalArgumentException 异常。例如，如果在切入点表达式中使用 call、set 或 get 切入点指示符，Spring AOP 将抛出 java.lang.IllegalArgumentException。

我们来介绍一下不同的通知类型以及如何创建它们。

11.5 通知类型

到目前为止，在本章中，我们已经看到了 *before*（前置）通知类型的例子。可以通过使用@Before 注解切面的方法（见代码清单 11-1、代码清单 11-6 和代码清单 11-7）来创建前置的通知类型。可以创建的其他通知类型还有 **after returning**（返回后）、**after throwing**（抛出后）、**after**（后置）以及 **around**（围绕）。

含 义

chapter 11/ch11-aop-advices（ch11-aop-advices 项目包含一个定义了不同的通知类型的 SampleAspect 类。要运行该应用程序，请执行此项目中 BankApp 类的 main 方法）。

下面介绍各种通知类型的显著特征，以及创建它们的方法。

11.5.1 前置通知

前置通知在执行目标方法之前执行。如果前置的通知不会引发异常，则将始终调用目标方法。可以通过使用围绕通知来控制目标方法是否执行（在本节中稍后说明）。如前所述，AspectJ 的@Before 注解表示一个通知是一个前置通知。

@Before 注解方法可以将其第一个参数定义为 JoinPoint 类型。可以使用通知中的 JoinPoint 参数来获取有关目标方法的信息。例如，在代码清单 11-1 中，使用了 JoinPoint 参数来获取目标对象的类名以及传递给目标方法的参数。

11.5.2 返回后通知

返回后通知在目标方法返回后执行。你应该注意到，如果目标方法抛出异常，则不会执行返回后的通知。返回后通知使用 AspectJ 的@AfterReturning 注解。一个返回后通知可以访问目标方法返回的值，并在返回给调用者之前对其进行修改。

代码清单 11-8 展示了一个返回后通知，其打印了由 BankAccountService 的 createBankAccount 方法返回的值。

代码清单 11-8 SampleAspect 类——返回后通知

```
Project-ch11-aop-advices
Source location - src/main/java/sample/spring/chapter11/bankapp/aspects

package sample.spring.chapter11.bankapp.aspects;

import org.aspectj.lang.annotation.AfterReturning;
.....
@Aspect
public class SampleAspect {
  .....
  @Pointcut(value = "execution(* sample.spring..BankAccountService.createBankAccount(..))")
  private void createBankAccountMethod() {}

  @AfterReturning(value = "createBankAccountMethod()", returning = "aValue")
```

```
  public void afterReturningAdvice(JoinPoint joinPoint, int aValue) {
    logger.info("Value returned by " + joinPoint.getSignature().getName()
          + " method is " + aValue);
  }
  .....
}
```

在代码清单 11-8 中，afterReturningAdvice 方法代表一个返回后通知。由@Pointcut 注解指定的切入点表达式将连接点限制为 BankAccountService 的 createBankAccount 方法。execution 表达式中的“..”指定将搜索 sample.spring 包及其子包以查找 BankAccountService 类型。

在代码清单 11-8 中，在调用 BankAccountService 的 createBankAccount 方法后调用 SampleAspect 的 afterReturningAdvice 方法。@ AfterReturning 的 returning 特性指定目标方法的返回值可用于该通知的名称。在代码清单 11-8 中，createBankAccount 方法返回的值通过 aValue 参数使其可用于 afterReturningAdvice 方法。由于 createBankAccount 方法返回一个 int 值，所以将 aValue 参数的类型指定为 int。

你应该注意到，如果指定 returning 特性，则该通知仅应用于返回指定类型的方法。例如，在代码清单 11-8 中，如果我们将 aValue 参数的类型指定为 java.util.List，则 afterReturningAdvice 仅适用于返回类型为 java.util.List 的对象的方法。如果希望将 afterReturningAdvice 应用于不同的返回类型（包括 void）的方法，并且要访问这些方法的返回值，则需将 Object 指定为 aValue 参数的类型。

如代码清单 11-8 所示，@AfterReturning 注解方法可以通过定义 JoinPoint 作为其第一个参数来访问目标方法信息。

11.5.3 抛出后通知

抛出后通知在目标方法抛出异常时后执行。抛出后通知可以访问目标方法抛出的异常。一个抛出后通知使用 AspectJ 的@AfterThrowing 注解。

代码清单 11-9 展示了当目标方法抛出一个异常时执行的抛出后通知。

代码清单 11-9 SampleAspect 类——抛出后通知

```
Project-ch11-aop-advices
Source location - src/main/java/sample/spring/chapter11/bankapp/aspects

package sample.spring.chapter11.bankapp.aspects;

import org.aspectj.lang.annotation.AfterThrowing;
.....
@Aspect
public class SampleAspect {
  .....
  @Pointcut(value = " execution(* sample.spring..FixedDepositService.*(..)) ")
  private void exceptionMethods() {}
  .....
  @AfterThrowing(value = "exceptionMethods()", throwing = "exception")
  public void afterThrowingAdvice(JoinPoint joinPoint, Throwable exception) {
    logger.info("Exception thrown by " + joinPoint.getSignature().getName()
          + " Exception type is : " + exception);
  }
}
```

在代码清单 11-9 中，afterThrowingAdvice 方法代表一个抛出后通知。当任何 FixedDepositService 对象的方法抛出异常时，执行 afterThrowingAdvice 方法。在代码清单 11-9 中，@AfterThrowing 注解的 throwing 特性指定了使用 target 方法抛出的异常对 afterThrowingAdvice 方法可用的名称。由于 throws 特性的值为 exception，因此异常通过名为 exception 的参数传递给 afterThrowingAdvice 方法。请注意，exception 参数的类型是 java.lang.Throwable，这意味着对于目标方法抛出的所有异常都会执行 afterThrowingAdvice 方法。

如果希望 afterThrowingAdvice 方法仅在目标方法抛出特定异常类型时执行，请更改 exception 参数的类型。例如，如果要仅在目标方法抛出 java.lang.IllegalStateException 时执行 afterThrowingAdvice 方法，请指定 java.lang.IllegalStateException 作为 exception 参数的类型。

如代码清单 11-9 所示，@AfterThrowing 注解方法可以通过定义 JoinPoint 作为其第一个参数来访问目标方法信息。

11.5.4 后置通知

后置通知在执行目标方法之后执行，而且不管目标方法正常完成还是引发了异常。后置通知使用 AspectJ 的@After 注解。

代码清单 11-10 展示了一个后置通知，该通知将为 BankAccountService 的 createBankAccount 方法以及由 FixedDepositService 接口定义的方法执行。

代码清单 11-10 SampleAspect 类——后置通知

```
Project-ch11-aop-advices
Source location - src/main/java/sample/spring/chapter11/bankapp/aspects

package sample.spring.chapter11.bankapp.aspects;

import org.aspectj.lang.annotation.After;
.....
@Aspect
public class SampleAspect {
  .....
  @Pointcut(value = "execution(* sample.spring..BankAccountService.createBankAccount(..))")
  private void createBankAccountMethod() {}

  @Pointcut(value = "execution(* sample.spring..FixedDepositService.*(..))")
  private void exceptionMethods() {}
  .....
  @After(value = "exceptionMethods() || createBankAccountMethod()")
  public void afterAdvice(JoinPoint joinPoint) {
    logger.info("After advice executed for " + joinPoint.getSignature().getName());
  }
}
```

在代码清单 11-10 中，afterAdvice 方法代表一个后置通知。afterAdvice 方法在执行目标方法之后执行。请注意，@After 注解的 value 特性使用“||”运算符组合由 createBankAccountMethod 和 exceptionMethods 方法表示的切入点表达式，以形成一个新的切入点表达式。

代码清单 11-10 展示了@After 注解方法可以通过定义 JoinPoint 作为其第一个参数来访问目标方法信息。

11.5.5 围绕通知

围绕通知在执行目标方法之前和之后都会执行。与其他通知不同，围绕通知可以控制目标方法是否被执行。围绕通知使用 AspectJ 的@Around 注解。代码清单 11-11 展示了一个围绕通知。

代码清单 11-11 SampleAspect 类——围绕通知

```
Project-ch11-aop-advices
Source location - src/main/java/sample/spring/chapter11/bankapp/aspects

package sample.spring.chapter11.bankapp.aspects;

import org.aspectj.lang.ProceedingJoinPoint;
import org.aspectj.lang.annotation.Around;
import org.springframework.util.StopWatch;
.....
@Aspect
```

```
public class SampleAspect {
  .....
  @Around(value = "execution(* sample.spring..*Service.*(..))")
  public Object aroundAdvice(ProceedingJoinPoint pjp) {
    Object obj = null;
    StopWatch watch = new StopWatch();
    watch.start();
    try {
      obj = pjp.proceed();
    } catch (Throwable throwable) {
      // -- perform any action that you want
    }
    watch.stop();
    logger.info(watch.prettyPrint());
    return obj;
  }
}
```

在代码清单 11-11 中，aroundAdvice 方法代表一个围绕通知。aroundAdvice 方法的 ProceedingJoinPoint 参数用于控制目标方法的调用。注意，ProceedingJoinPoint 参数必须是传递给围绕通知的第一个参数。调用 ProceedingJoinPoint 的 proceed 方法时，将调用目标方法。这意味着如果不调用 ProceedingJoinPoint 的 proceed 方法，则不会调用目标方法。如果将 Object []传递给 proceed 方法，则 Object []中包含的值将作为参数传递给目标方法。如果围绕通知选择不调用目标方法，则围绕通知本身可以返回一个值。

由于仅在调用 ProceedingJoinPoint 的 proceed 方法时才会调用目标方法，因此围绕通知可让在调用目标方法之前和之后执行操作，并在这些操作之间共享信息。在代码清单 11-11 中，aroundAdvice 方法记录了执行目标方法所需的时间。在调用 ProceedingJoinPoint 的 proceed 方法之前，aroundAdvice 方法启动了一个停止监视（由 Spring 的 StopWatch 对象表示），并在调用 ProceedingJoinPoint 的 proceed 方法后停止了该停止监视。然后使用 StopWatch 的 prettyPrint 方法打印目标方法执行的时间。

如果要修改目标方法返回的值，请将 ProceedingJoinPoint 的 proceed 方法的返回值转换为目标方法的返回类型并对其进行修改。一个调用的方法可以看到围绕通知返回的值，因此，必须将通知方法的返回类型定义为 Object 或目标方法返回的类型。一个通知方法可以选择返回由目标方法返回的值，或返回一个不同的值。例如，作为替代调用目标方法的方案，可以在围绕通知中检查传递给目标方法的参数，如果存在相同参数集的缓存条目，则从缓存返回值。

11.5.6 通过实现特殊接口创建通知

可以使用 Spring 提供的特殊接口来创建各种通知类型以取代使用注解。例如，可以通过实现 Spring 的 MethodBeforeAdvice 接口创建一个前置通知，也可以通过实现 Spring 的 AfterReturningAdvice 接口创建一个返回后通知，等等。代码清单 11-12 展示了通过实现 MethodBeforeAdvice 创建的前置通知。

代码清单 11-12 MethodBeforeAdvice 接口

```
import java.lang.reflect.Method;
import org.springframework.aop.MethodBeforeAdvice;

public class MyBeforeAdvice implements MethodBeforeAdvice {
  @Override
  public void before(Method method, Object[] args, Object target) throws Throwable {
    ......
  }
}
```

在代码清单 11-12 中，MyBeforeAdvice 类实现了 MethodBeforeAdvice 接口。MethodBeforeAdvice 接口定义了一个 before 方法，它包含在调用目标方法之前要执行的逻辑。

通过实现特殊接口创建的通知是使用 Spring aop 模式的<config>元素（在 11.6 节中进行了介绍）来配

置的。

到目前为止，我们已经看到了一些展示了如何使用 AspectJ 注解样式创建切面的示例。现在来介绍一下如何使用常规的 Spring bean 作为 AOP 切面。

11.6 Spring AOP - XML 模式样式

在 XML 模式样式中，常规的 Spring bean 作为一个切面。在切面中定义的方法与一个通知类型以及使用 Spring AOP 模式的切入点表达式相关联。

含 义

chapter 11/ch11-aop-xml-schema（ch11-aop-xml-schema 项目与 ch11-aop-advices 项目相同，只是 ch11-aop-xml-schema 的 SampleAspect 类是不使用 AspectJ 注解的简单 Java 类）。

代码清单 11-13 展示了 ch11-aop-xml-schema 项目中定义通知的 SampleAspect 类。

代码清单 11-13 SampleAspect 类

```
Project-ch11-aop-xml-schema
Source location - src/main/java/sample/spring/chapter11/bankapp/aspects

package sample.spring.chapter11.bankapp.aspects;
.....
public class SampleAspect {
  .....
  public void afterReturningAdvice(JoinPoint joinPoint, int aValue) {
    logger.info("Value returned by " + joinPoint.getSignature().getName()+ " method is " + aValue);
  }
  public void afterThrowingAdvice(JoinPoint joinPoint, Throwable exception) {
    logger.info("Exception thrown by " + joinPoint.getSignature().getName()
        + " Exception type is : " + exception);
  }
  ......
}
```

代码清单 11-13 展示了 SampleAspect 类定义了代表 AOP 通知的方法。注意，SampleAspect 类没有使用@Aspect 注解，并且方法也没有使用@After、@AfterReturning 等注解。

下面介绍 Spring AOP 模式的<config>元素如何将常规的 Spring bean 配置为 AOP 切面。

11.6.1 配置一个 AOP 切面

在 XML 模式样式中，<config>元素指定了特定于 AOP 的配置，并且其包含的<aspect>子元素配置了 AOP 切面。代码清单 11-14 展示了如何使用<config>元素的<aspect>子元素将 SampleAspect 类配置为一个切面。

代码清单 11-14 applicationContext.xml——Spring aop 模式的使用

```
Project-ch11-aop-xml-schema
Source location - src/main/resources/META-INF/spring

<beans ..... xmlns:aop="http://www.springframework.org/schema/aop" ..... >
  .....
  <bean id="sampleAspect"
    class="sample.spring.chapter11.bankapp.aspects.SampleAspect" />

  <aop:config proxy-target-class="false" expose-proxy="true">
```

```
    <aop:aspect id="sampleAspect" ref="sampleAspect">
      .....
    </aop:aspect>
  </aop:config>
</beans>
```

由于<config>元素依赖于自动代理，<config>元素定义了 proxy-target-class 和 expose-proxy 特性。如果你还记得，在 Spring AOP 模式的<aspectj-autoproxy>元素中也定义了相同的特性。proxy-target-class 和 expose-proxy 特性的更多信息参见 11.3 节。

在代码清单 11-14 中，sampleAspect bean 定义将 SampleAspect 类定义为一个 bean。<aspect>元素将 sampleAspect bean 配置为一个 AOP 切面。<aspect>元素的 id 特性指定了一个切面的唯一标识符，ref 特性指定了要配置为 AOP 切面的 Spring bean。

注 意

<config>元素可以包含将通知（由 advice-ref 特性指定）与切入点表达式（由 pointcut 特性指定）相关联的<advisor>子元素。由 advice-ref 特性引用的通知是一个 Spring bean，它实现了 Spring 提供的创建一个通知的特殊接口（如 MethodBeforeAdvice、AfterReturningAdvice 等）。请参见第 10 章中的代码清单 10-38 学习<advisor>元素的用法。

现在我们已经配置了一个 AOP 切面，接下来介绍如何将在 AOP 切面定义的方法映射到不同的通知类型和切入点表达式。

11.6.2 配置一个通知

可以使用<aspect>元素的子元素之一来配置一个通知：<before>（用于配置前置通知类型）、<after-returns>（用于配置返回后通知类型）、<after-throwing>（用于配置抛出后通知类型）、<after>（用于配置后置通知类型）和<around>（用于配置围绕通知类型）。

现在来介绍一下在应用程序上下文 XML 文件中如何配置 ch11-aop-xml-schema 项目的 SampleAspect 类中定义的通知。

1. 配置一个返回后通知

图 11-11 展示了如何将 SampleAspect 的 afterReturningAdvice 方法配置为使用<after-returns>元素的返回后通知。

```
public void afterReturningAdvice(JoinPoint joinPoint, int aValue) {
    logger.info("Value returned by " + joinPoint.getSignature().getName()
              + " method is " + aValue);
}
```

```
<aop:after-returning method="afterReturningAdvice" returning="aValue"
pointcut="execution(*sample.spring..BankAccountService.createBankAccount(..))" />
```

图 11-11 SampleAspect 类的 afterReturningAdvice 方法被配置为使用 Spring aop 模式中<after-returning>元素的返回后通知

<after-returns>元素的 method 特性指定了要配置为返回后通知的 bean 方法的名称。returning 特性与 @AfterReturning 注解的 returning 特性具有相同的目的，它使得从目标方法返回的值对该通知可用。pointcut 特性指定用于查找应用通知的方法的切入点表达式。

2. 配置一个抛出后通知

图 11-12 展示了如何将 SampleAspect 的 afterThrowingAdvice 方法配置为使用< after-throwing >元素的抛出后通知。

```
public void afterThrowingAdvice(JoinPoint joinPoint, Throwable exception) {
        logger.info("Exception thrown by " + joinPoint.getSignature().getName()
                        + " Exception type is : " + exception);
}

<aop:after-throwing method="afterThrowingAdvice" throwing="exception"
pointcut="execution(* sample.spring..FixedDepositService.*(..))" />
```

图 11-12 SampleAspect 类的 afterThrowingAdvice 方法被配置为使用 Spring aop 模式中< after-throwing >元素的抛出后通知

<after-throwing>元素的 method 特性指定了要配置为抛出后通知的 bean 方法的名称。throwing 特性与@AfterThrowing 注解的 throwing 特性具有相同的目的，它使得目标方法抛出的异常对该通知可用。pointcut 特性指定用于查找应用通知的方法的切入点表达式。

其他通知类型（前置、后置和围绕）的配置方式与我们刚刚看到的返回后以及抛出后通知相同。请参阅 ch11-aop-xml-schema 项目的 applicationContext.xml 文件，了解 SampleAspect 类的 afterAdvice 和 aroundAdvice 方法如何分别配置为后置和围绕通知。

下面介绍将切入点表达式与通知相关联的不同方式。

11.6.3 将切入点表达式与通知相关联

Spring AOP 模式的<after>、<after-returns>、<after-throwing>、<before>和<around>元素定义了一个 pointcut 特性，可以用来指定与该通知相关联的切入点表达式。如果要在不同的通知之间共享切入点表达式，可以使用<config>元素的<pointcut>子元素来定义切入点表达式。

代码清单 11-15 使用了<pointcut>元素来定义切入点表达式。

代码清单 11-15 application 上下文 XML——<pointcut> 元素

```
<beans ..... xmlns:aop="http://www.springframework.org/schema/aop" ..... >
  .....
  <bean id="sampleAspect"
    class="sample.spring.chapter11.bankapp.aspects.SampleAspect" />

  <aop:config proxy-target-class="false" expose-proxy="true">
    <aop:pointcut expression="execution(* sample.spring..*Service.*(..))" id="services" />

    <aop:aspect id="sampleAspect" ref="sampleAspect">
       <aop:after method="afterAdvice" pointcut-ref="services" />
       <aop:around method="aroundAdvice" pointcut-ref="services"/>
    </aop:aspect>
  </aop:config>
</beans>
```

在代码清单 11-15 中，<pointcut>元素指定了切入点表达式。expression 特性指定了切入点表达式，id 特性指定了切入点表达式的唯一标识符。由<pointcut>元素定义的切入点表达式可以由<after>、<after-returning>等使用 pointcut-ref 特性的通知类型元素引用。例如，在代码清单 11-15 中，<after>和<around>元素使用 pointcut-ref 特性来引用 services 切入点表达式。

11.7 小结

在本章中，我们研究了 AOP 概念，还研究了 Spring AOP 如何用于解决 Spring 应用程序中的横切关注。我们学习了如何使用 AspectJ 注解样式和 XML 模式样式创建切面。我们还讨论了如何创建和配置不同的通知类型。我们涉及了你可以创建在应用程序中查找匹配的方法的切入点表达式。有关 Spring AOP 更全面的信息，请参考 Spring 参考文档。在第 12 章中，我们将介绍如何使用 Spring Framework 的 Spring Web MVC 模块开发 Web 应用程序。

第 12 章　Spring Web MVC 基础知识

12.1　简介

Spring Framework 的 Spring Web MVC 模块提供了一个可用于开发基于 servlet 的 Web 应用程序的 MVC（Model-View-Controller）框架。Spring Web MVC 是一种非侵入式框架，可以清晰地分离构成 Web 层的应用程序对象之间的关系。例如，使用控制器对象来处理请求，使用验证器对象来执行验证，并且使用模型特性对象来存储表单数据，等等。注意，所有这些应用程序对象都没有实现或继承任何特定于 Spring 的接口或类。

在本章中，我们将首先介绍一下本章讨论的所有示例 Web 项目将遵循的目录结构。然后我们来介绍一下使用 Spring Web MVC 开发的一个简单的“Hello World”Web 应用程序。在本章其余的部分，我们将在 MyBank Web 应用程序的上下文中学习一些 Spring Web MVC 注解。本章为第 13 章讨论更高级的 Spring Web MVC 功能提供了基础。

含 义

chapter 12/ch12-helloworld（这个项目展示了一个使用 Spring Web MVC 开发的简单的“Hello World”Web 应用程序，请参考附录 B 了解如何在 Tomcat 服务器上部署示例 Web 项目。如果应用程序成功部署，将展示“Hello World !!”消息）。

12.2　示例 Web 项目的目录结构

图 12-1 描述了 ch12-helloworld web 项目的重要目录，需要记住以下要点。

- 文件夹 src/main/resources/META-INF/spring 包含了根 Web 应用程序上下文 XML 文件，用于定义所有 servlet 和 Web 应用程序过滤器共享的 bean。根 Web 应用程序上下文 XML 文件通常定义了数据源、服务、DAO、事务管理器等，由 Spring 的 ContextLoaderListener（一个 javax.servlet.ServletContextListener 实现） 进行加载。请参阅 12.10 节了解如何在 web.xml 文件中配置 ContextLoaderListener。
- 文件夹 src/main/webapp/WEB-INF/spring 包含了 Web 应用程序上下文 XML 文件（也称作子 Web 应用程序上下文 XML 文件），该文件用于定义构成应用程序 Web 层的 bean。Web 应用程序上下文 XML 文件通常定义了控制器（也称为处理器）、处理程序映射、视图解析器和异常解析器等。本章稍后将介绍这些内容。
- 在根 Web 应用程序上下文 XML 文件中定义的 bean 可用于在子 Web 应用程序上下文 XML 文件中定义的 bean。这意味着，在子 Web 应用程序上下文 XML 文件中定义的 bean 可以依赖于在根 Web 应用程序内容 XML 文件中定义的 bean，反过来则不可行。

现在我们来介绍一下构成 ch12-helloworld 项目的配置文件和类。

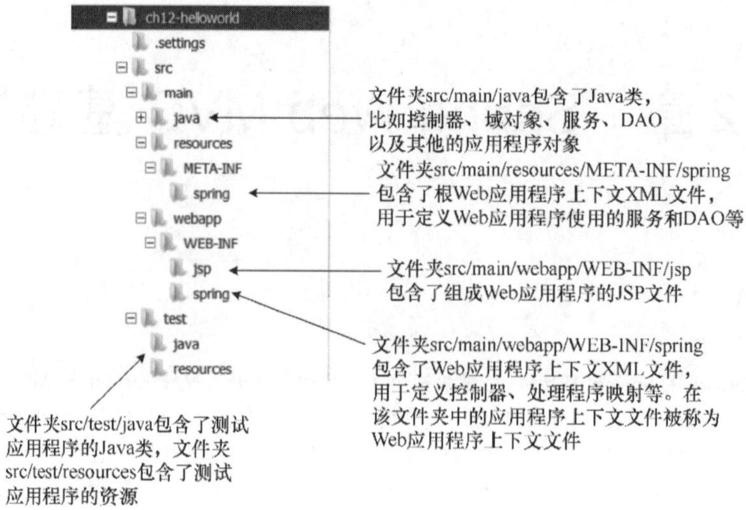

图 12-1　ch12-helloworld 项目的目录结构

12.3　了解“Hello World”网络应用程序

如果右键单击 Eclipse IDE 中的 ch12-helloworld 项目，然后选择 Build Path→Configure Build Path 选项，则会注意到该项目依赖于 spring-beans、spring-context、spring-core、spring-expression、spring-web 和 spring-webmvc JAR 文件。这些 JAR 文件是构建基本的 Spring Web MVC 应用程序所必需的。

表 12-1 描述了构成 ch12-helloworld 项目的配置文件和 Java 源文件。在本节后面，我们将详细介绍这些文件和类。

表 12-1　构成 ch12-helloworld 项目的配置文件和 Java 源文件

配置文件或 Java 源文件	描述
HelloWorldController.java	负责请求处理的 Spring Web MVC 控制器 位于 src/main/java 目录的 sample.spring.chapter12.web 包中
helloworld.jsp	显示“Hello World !!”信息的 JSP 文件 位于 src/main/webapp/WEB-INF/jsp 目录中
myapp-config.xml	Web 应用程序上下文 XML 文件，其中包含控制器的 bean 定义，处理程序映射等 位于 src/main/webapp/WEB-INF/spring 目录中
web.xml	Web 应用程序部署描述符 位于 src/main/webapp/WEB-INF 目录中

除了表 12.1 所示的文件，ch12-helloworld 项目还包含了 log4j2.properties 文件，它包含了 Log4j2 的配置信息，还有作为 maven 构建工具输入的 pom.xml 文件。要了解这些文件的更多内容，请参考 Log4j2 和 Maven 的文档。

12.3.1　HelloWorldController.java——Hello World Web 应用程序的控制器类

在 Spring Web MVC 应用程序中，请求处理逻辑包含在控制器类中。代码清单 12-1 展示了 ch12-helloworld 项目的 HelloWorldController 控制器类。

代码清单 12-1　HelloWorldController 类

```
Project-ch12-helloworld
Source location - src/main/java/sample/spring/chapter12/web
```

```
package sample.spring.chapter12.web;
import org.springframework.web.servlet.ModelAndView;
import org.springframework.web.servlet.mvc.Controller;
.....
public class HelloWorldController implements Controller {

  @Override
  public ModelAndView handleRequest(HttpServletRequest request,
       HttpServletResponse response) throws Exception {

    Map<String, String> modelData = new HashMap<String, String>();

    modelData.put("msg", "Hello World !!");
    return new ModelAndView("helloworld", modelData);
  }
}
```

代码清单 12-1 展示了 HelloWorldController 类实现 Spring 的控制器接口。控制器接口定义了一个 handleRequest 方法，你需要实现该方法来提供请求处理逻辑。handleRequest 方法返回一个包含以下信息的 ModelAndView 对象。

- 要向用户显示的数据（称为模型数据）。
- 展示模型数据的 JSP 页面（称为视图的逻辑名称）。

模型数据通常表示为一个 java.util.Map 类型的对象，而 java.util.Map 对象中的每个条目都表示一个 model 特性。要向用户显示的视图（JSP 页面）的名称被指定为一个字符串值。

代码清单 12-1 展示了 HelloWorldController 的 handleRequest 方法返回一个 ModelAndView 对象，该对象的视图名称为 helloworld（一个 String 值），模型数据为 modelData（一个 java.util.Map 类型对象）。modelData 包含一个 msg 模型特性，其值为“Hello World !!”消息。我们很快就会看到，helloworld 视图（JSP 页面）使用 msg 模型特性来向用户显示“Hello World !!”消息。

图 12-2 总结了 HelloWorldController 的 handleRequest 方法如何呈现 JSP 页面。该图展示了 Spring Web MVC 框架拦截了一个传入的 HTTP 请求，并调用了 HelloWorldController 的 handleRequest 方法。handleRequest 方法返回了一个包含模型数据和视图信息的 ModelAndView 对象。从 handleRequest 方法接收到的 ModelAndView 对象之后，Spring Web MVC 框架将 HTTP 请求发送到 helloworld.jsp 页面，并使模型特性可作为请求特性用于 helloworld.jsp 页面。

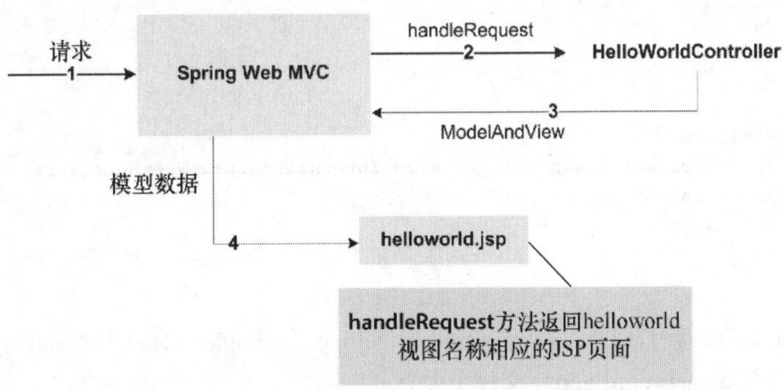

图 12-2 Spring Web MVC 框架调用 HelloWorldController 的 handleRequest 方法，并使用返回的 ModelAndView 对象来呈现 helloworld.jsp 页面

注 意

Spring Web MVC 使模型特性以一种适合视图技术的形式用于视图技术（例如 JSP 和 Velocity）。举个例子，如果用 JSP 作为视图技术，则将模型特性作为请求特性提供给 JSP 页面。

12.3.2 helloworld.jsp——展示“Hello World !!”消息的 JSP 页面

代码清单 12-2 展示了 ch12-helloworld 项目的 helloworld.jsp 页面。

代码清单 12-2 helloworld.jsp JSP page

```
Project-ch12-helloworld
Source location - src/main/webapp/WEB-INF/jsp

<%@taglib uri="http://java.sun.com/jsp/jstl/core" prefix="c" %>

<c:out value="${msg}"/>
```

在代码清单 12-2 中，<c:out>打印了 msg 请求特性的值。msg 请求特性是指由 HelloWorldController 的 handleRequest 方法返回的 msg 模型特性（见代码清单 12-1）。由于 msg 模型特性的值为“Hello World !!”，helloworld.jsp JSP 页面显示“Hello World !!”消息。

12.3.3 myapp-config.xml——Web 应用程序上下文 XML 文件

代码清单 12-3 展示了在 ch12-helloworld 项目的 myapp-config.xml 文件中配置的 bean。

代码清单 12-3 myapp-config.xml

```
Project-ch12-helloworld
Source location - src/main/webapp/WEB-INF/spring

<beans xmlns="http://www.springframework.org/schema/beans"
  xmlns:xsi="http://www.w3.org/2001/XMLSchema-instance"
  xsi:schemaLocation="http://www.springframework.org/schema/beans
  http://www.springframework.org/schema/beans/spring-beans.xsd">

  <bean name="helloWorldController"
      class="sample.spring.chapter12.web.HelloWorldController" />

  <bean id="handlerMapping"
    class="org.springframework.web.servlet.handler.SimpleUrlHandlerMapping">
    <property name="urlMap">
      <map>
         <entry key="/sayhello" value-ref="helloWorldController" />
      </map>
    </property>
  </bean>

  <bean id="viewResolver"
    class="org.springframework.web.servlet.view.InternalResourceViewResolver">
    <property name="prefix" value="/WEB-INF/jsp/" />
    <property name="suffix" value=".jsp" />
  </bean>
</beans>
```

如代码清单 12-3 所示，除了 HelloWorldController，Spring 的 SimpleUrlHandlerMapping 和 InternalResourceViewResolver bean 也在 myapp-config.xml 文件中配置。

SimpleUrlHandlerMapping bean（一个 Spring 的 HandlerMapping 接口的实现）将传入的 HTTP 请求映射到负责处理请求的控制器。SimpleUrlHandlerMapping bean 使用 URL 路径将请求映射到控制器。urlMap 属性（java.util.Map 类型）指定控制器 bean 映射的 URL 路径。在代码清单 12-3 中，“/ sayhello” URL 路径（由 key 特性指定）映射到 HelloWorldController bean（由 value-ref 特性指定）。需要注意的是，由 key 特性指定的 URL 路径是相对于 Spring 的 DispatcherServlet（一个 servlet）在 Web 应用程序部署描述符中映射的 URL 路径。这章稍后会介绍 DispatcherServlet。

InternalResourceViewResolver bean（一个 Spring 的 ViewResolver 接口的实现）基于 ModelAndView 对象中包含的视图名称来定位实际视图（如 JSP 或 servlet）。在视图名称前加上前缀属性，后面加上后缀属性即可定位实际视图。代码清单 12-3 展示了前缀属性为/WEB-INF/jsp，后缀属性为.jsp。由于 HelloWorldController 的 handleRequest 方法返回了一个视图名称为 helloworld 的 ModelAndView 对象，因此实际的视图名称是/WEB-INF/jsp/helloworld.jsp（一个在 helloworld 前面加上/WEB-INF/jsp，后面加上.jsp 形成的字符串）。

图 12-3 展示了“Hello World”Web 应用程序中 SimpleUrlHandlerMapping 和 InternalResourceViewResolver bean 所起的作用。

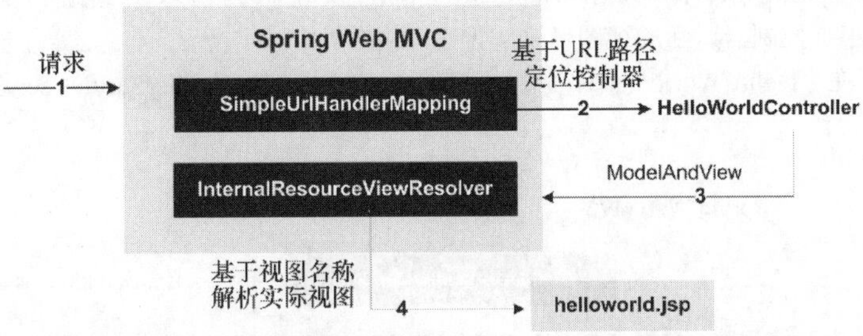

图 12-3 SimpleUrlHandlerMapping 定位要调用的控制器，InternalResourceViewResolver 根据视图名称解析实际视图

SimpleUrlHandlerMapping 和 InternalResourceViewResolver bean 由 Spring Web MVC 自动检测，并分别用于查找处理请求的控制器和解析视图。

12.3.4 web.xml——Web 应用程序部署描述符

在基于 Spring Web MVC 的应用程序中，请求由 DispatcherServlet（一个由 Spring Web MVC 提供的 servlet）截取，并负责将请求发送到相应的控制器。

代码清单 12-4 展示了 ch12-helloworld 项目的 web.xml 文件中 DispatcherServlet 的配置。

代码清单 12-4 web.xml–DispatcherServlet 配置

```
Project-ch12-helloworld
Source location - src/main/webapp/WEB-INF/spring

<web-app xmlns="java.sun.com/xml/ns/javaee"
  xmlns:xsi="w3.org/2001/XMLSchema-instance"
  xsi:schemaLocation="java.sun.com/xml/ns/javaee java.sun.com/xml/ns/javaee/web-app_3_0.xsd"
  version="3.0">

  <servlet>
    <servlet-name>hello</servlet-name>
    <servlet-class>org.springframework.web.servlet.DispatcherServlet</servlet-class>
    <init-param>
        <param-name>contextConfigLocation</param-name>
        <param-value>/WEB-INF/spring/myapp-config.xml</param-value>
    </init-param>
    <load-on-startup>1</load-on-startup>
  </servlet>

  <servlet-mapping>
     <servlet-name>hello</servlet-name>
     <url-pattern>/helloworld/*</url-pattern>
  </servlet-mapping>
</web-app>
```

DispatcherServlet 与由 contextConfigLocation servlet 初始化参数标识的 Web 应用程序上下文 XML 文件相关联。在代码清单 12-4 中，contextConfigLocation 初始化参数引用了 myapp-config.xml 文件（见代码清

单 12-3)。

如果未指定 contextConfigLocation 参数，则 DispatcherServlet 将在 WEB-INF 目录中查找名为<name-of-DispatcherServlet>-servlet.xml 的 Web 应用程序上下文 XML 文件。这里，<name-of-DispatcherServlet>的值是由<servlet> 的<servlet-name>子元素指定的 servlet 名称，用于配置 DispatcherServlet。举个例子，如果我们没有在代码清单 12-3 中指定 contextConfigLocation 参数，那么 DispatcherServlet 将在 WEB-INF 目录中查找名为 hello-servlet.xml 的文件。

DispatcherServlet 使用在 Web 应用程序上下文 XML 文件中定义的 HandlerMapping 和 ViewResolver bean 进行请求处理。DispatcherServlet 使用 HandlerMapping 实现来为请求找到适当的控制器，并使用 ViewResolver 实现根据控制器返回的视图名来解析实际视图。

图 12-4 总结了在“Hello World” Web 应用程序的上下文中，DispatcherServlet servlet 在请求处理中的作用。

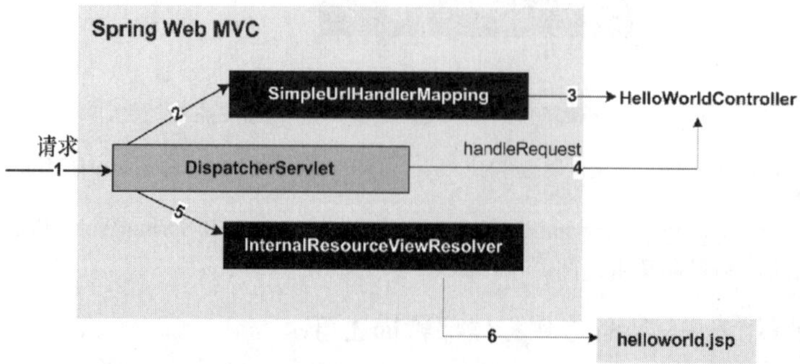

图 12-4 DispatcherServlet 使用 HandlerMapping 和 ViewResolver bean 处理请求

图 12-4 展示了 Spring Web MVC 在请求处理期间执行以下活动：

- 请求首先被 DispatcherServlet servlet 拦截；
- DispatcherServlet 使用 HandlerMapping bean(在“Hello World”Web 应用程序中为 SimpleUrlHandler Mapping bean）以找到适当的控制器来处理请求；
- DispatcherServlet 调用控制器的请求处理方法（在“Hello World” Web 应用程序中是 HelloWorld Controller 的 handleRequest 方法）；
- DispatcherServlet 将控制器返回的视图名称发送给 ViewResolver bean（在“Hello World” Web 应用程序中为 InternalResourceViewResolver bean），以查找要渲染的实际视图（JSP 或 servlet）；
- DispatcherServlet 将请求发送到实际视图（JSP 或 servlet）。由控制器返回的模型数据作为请求特性对视图可用。

“Hello World” Web 应用程序的 DispatcherServlet 映射到/helloworld/*模式（见代码清单 12-4），SimpleUrlHandlerMapping 将/sayhello URL 路径映射到 HelloWorldController bean（见代码清单 12-3）。如果访问 URL http://localhost:8080/ch12-helloworld/helloworld/sayhello，则会调用 HelloWorldController 控制器的 handleRequest 方法。图 12-5 展示了 Spring Web MVC 如何将 URL http://localhost:8080/ch12-helloworld/helloworld/sayhello 映射到 HelloWorldController 控制器。

在图 12-5 中，URL 的/ch12-helloworld 部分表示“Hello World”Web 应用程序的上下文路径，URL 的/helloworld 部分映射到 DispatcherServlet servlet（见代码清单 12-4），URL 的/ sayhello 部分映射到 HelloWorldController 控制器（见代码清单 12-3）。

在本节中，我们学习了如何使用 Spring Web MVC 开发一个简单的“Hello World” Web 应用程序。接下来介绍在 Spring Web MVC 应用程序中作为前端控制器的 DispatcherServlet servlet。

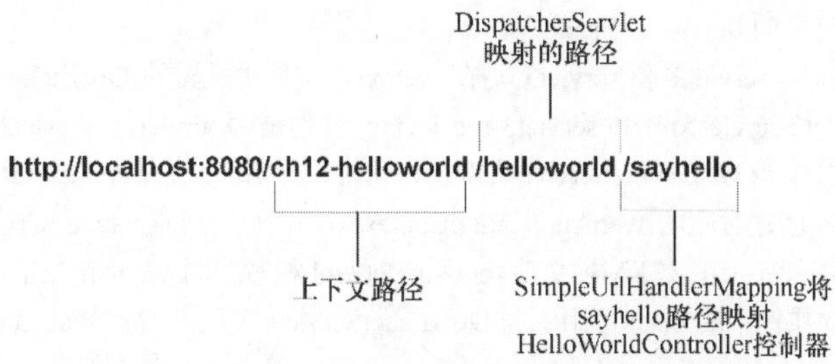

图 12-5 Spring Web MVC 如何将 URL 路径 http://localhost:8080/ch12-helloworld/helloworld/sayhello 映射到 HelloWorldController

12.4 DispatcherServlet——前端控制器

在 12.3 节中，我们看到 DispatcherServlet 作为前端控制器，与 Web 应用程序上下文 XML 文件中定义的 HandlerMapping 和 ViewResolver bean 进行交互以处理请求。在本节中，我们将介绍 DispatcherServlet 在后台的工作原理。

在初始化时，DispatcherServlet 加载相应的 Web 应用程序上下文 XML 文件（可以通过 contextConfigLocation 初始化参数指定，或者将其命名为<name-of-DispatcherServlet>-servlet.xml 文件并放在 WEB-INF 目录中），并创建一个 Spring 的 WebApplicationContext 对象的实例。WebApplicationContext 是 ApplicationContext 接口的子接口，提供了 Web 应用程序特有的功能。例如，WebApplicationContext 中的 bean 可以具有其他范围，如 request 和 session。你可以将 WebApplicationContext 对象视为在 Spring Web MVC 应用程序中表示 Spring 容器实例的对象。

表 12-2 描述了可以为 Web 应用程序上下文 XML 文件中配置的 bean 指定的其他作用域。

表 12-2 可以为 Web 应用程序上下文 XML 文件中配置的 bean 指定的其他作用域

bean 范围	描述
request	Spring 容器为每个 HTTP 请求创建一个新的 bean 实例。当 HTTP 请求完成时，bean 实例被 Spring 容器销毁。此范围仅适用于 Web 应用程序场景的 ApplicationContext 实现。例如，如果使用 XmlWebApplicationContext 或 AnnotationConfigWebApplicationContext，这个时候你才可以指定 bean 的 request 范围
session	创建 HTTP 会话时，Spring 容器会创建一个新的 bean 实例。当 HTTP 会话被销毁时，bean 实例被 Spring 容器销毁 此范围仅适用于 Web 应用程序场景的 ApplicationContext 实现
globalSession	此范围仅适用于 Portlet 应用程序的情况
application	创建 ServletContext 时，Spring 容器创建一个新的 bean 实例，当 ServletContext 被销毁时，bean 实例被 Spring 容器销毁 此范围仅适用于 Web 应用程序场景的 ApplicationContext 实现
websocket	创建 WebSocket 会话时，Spring 容器会创建一个新的 bean 实例，当 WebSocket 会话被销毁时，bean 实例被 Spring 容器销毁 此范围仅适用于 Web 应用程序场景的 ApplicationContext 实现

如果 Web 应用程序包含多个模块，则可以为 web.xml 文件中的每个模块定义一个 DispatcherServlet。在这种情况下，每个 DispatcherServlet 都有自己的 Web 应用程序上下文 XML 文件，其中包含该模块特定的 bean（如控制器、视图解析器等）。需要注意的是，DispatcherServlet 实例之间不共享这些 bean。DispatcherServlet 实例之间共享的 bean 在根 Web 应用程序上下文 XML 文件中定义。如前所述，根 Web 应用程序上下文 XML 文件定义数据源、服务和 DAO 等，这些通常是可以被 Web 应用程序的不同模块共享的。请参阅 12.10 节了解如何加载根 Web 应用程序上下文 XML 文件。

图 12-6 展示了与 DispatcherServlet 关联的 Web 应用程序上下文 XML 文件定义的 bean 和根 Web 应用

程序上下文 XML 文件定义的 bean 之间的关系。

在图 12-6 中，servlet1、servlet2 和 servlet3 是在 web.xml 文件中配置的 DispatcherServlet 实例的名称。而 servlet1-servlet.xml、servlet2-servlet.xml 和 servlet3-servlet.xml 分别是由 servlet1、servlet2 和 servlet3 加载的 Web 应用程序上下文 XML 文件。当 DispatcherServlet 实例初始化时，会为每个 servlet1-servlet.xml、servlet2-servlet.xml 和 servlet3-servlet.xml 文件创建对应的 WebApplicationContext 实例，并与 DispatcherServlet 实例相关联。另外还创建了一个与根 Web 应用程序上下文 XML 文件 root-servlet.xml 相对应的 WebApplicationContext 实例。包含在根 WebApplicationContext 实例中的 bean 可用于与 DispatcherServlets 关联的所有 WebApplicationContext 实例。

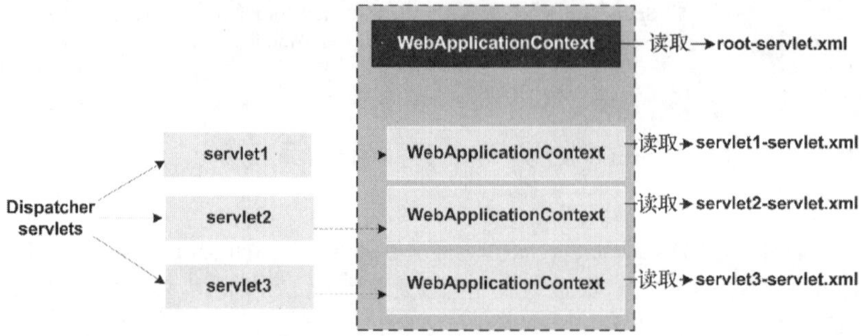

图 12-6 与 DispatcherServlet 关联的 WebApplicationContext 实例继承了根 WebApplicationContext 中的 Bean

下面介绍一个控制器或者在 Web 应用程序上下文 XML 文件中定义的任何其他 Spring bean 是如何访问 ServletContext 和 ServletConfig 对象的。

访问 ServletContext 和 ServletConfig 对象

在某些情况下，在 Web 应用程序上下文 XML 文件中定义的 bean 可能需要访问与 Web 应用程序关联的 ServletContext 或 ServletConfig 对象。

ServletContext 是一个 Servlet API 对象，Bean 可以用它来与 servlet 容器进行通信。举个例子，你可以使用它来获取和设置上下文特性，获取上下文初始化参数等。如果一个 bean 类实现了 Spring 的 ServletContextAware 接口（一个回调接口），那么 Spring 容器向 bean 实例提供一个 ServletContext 对象的实例。

ServletConfig 是一个 Servlet API 对象，Bean 可以使用它来获取有关截取请求的 DispatcherServlet 的配置信息。举个例子，你可以使用它来获取传递给 DispatcherServlet 的初始化参数和在 web.xml 中配置 DispatcherServlet 的名称。如果一个 bean 类实现了 Spring 的 ServletConfigAware 接口（一个回调接口），那么 Spring 容器向 bean 实例提供一个 ServletConfig 对象的实例。

代码清单 12-5 展示了一个实现 ServletContextAware 和 ServletConfigAware 接口的 bean 类。

代码清单 12-5 ServletContextAware 和 ServletConfigAware 的使用

```
import javax.servlet.ServletConfig;
import javax.servlet.ServletContext;
import org.springframework.web.context.ServletConfigAware;
import org.springframework.web.context.ServletContextAware;

public class ABean implements ServletContextAware, ServletConfigAware {
  private ServletContext servletContext;
  private ServletConfig servletConfig;

  @Override
  public void setServletContext(ServletContext servletContext) {
    this.servletContext = servletContext;
  }

  @Override
```

```
  public void setServletConfig(ServletConfig servletConfig) {
    this.servletConfig = servletConfig;
  }

  public void doSomething() {
    //--use ServletContext and ServletConfig objects
  }
}
```

代码清单 12-5 展示了 ABean 类实现了 ServletContextAware 和 ServletConfigAware 接口。ServletContextAware 接口定义了一个 setServletContext 方法，该方法由 Spring 容器调用，为 ABean 实例提供一个 ServletContext 对象的实例。ServletConfigAware 接口定义了一个 setServletConfig 方法，该方法由 Spring 容器调用，为 ABean 实例提供一个 ServletConfig 对象的实例。

我们之前看到，可以通过实现 Controller 接口创建一个控制器。现在来看看简化开发控制器的@Controller 和@RequestMapping 注解。

12.5 使用@Controller 和@RequestMapping 注解开发控制器

Spring Web MVC 提供了诸如 MultiActionController、UrlFilenameViewController、AbstractController 等类，你可以继承它们来创建控制器。如果继承了 Spring 特定的类或实现 Spring 特定的接口来创建控制器，那么控制器类将会与 Spring 紧密耦合。Spring 定义了诸如@Controller、@RequestMapping、@ModelAttribute 等注解，允许你创建具有灵活方法签名的控制器。在本节中，我们将介绍用于开发注解控制器的不同 Spring Web MVC 注解。

我们先来介绍一个“Hello World” Web 应用程序，它使用带注解的控制器来显示“Hello World!!”信息。

含 义

chapter 12/ch12-annotation-helloworld（该项目显示了一个简单的“Hello World” Web 应用程序，它使用注解控制器显示“Hello World !!”信息。如果在 Tomcat 服务器上部署项目并访问 URL http://localhost:8080/ch12-annotation-helloworld/helloworld/saySomething/sayhello，你会看到“Hello World !!”信息）。

使用注解控制器开发“Hello World” Web 应用程序

ch12-annotation-helloworld 项目类似于 ch12-helloworld，除了 ch12-annotation-helloworld 项目使用的是注解控制器显示“Hello World !!”信息。两个项目中的 web.xml 和 helloworld.jsp 文件完全相同，但 HelloWorldController.java 和 myapp-config.xml 文件不同。因此，我们在本节中只讨论 HelloWorldController.java 和 myapp-config.xml 文件。

首先来介绍一下如何使用@Controller 和@RequestMapping 注解创建一个控制器。

（1）@Controller 和@RequestMapping 注解

可以通过对一个特定的类使用@Controller 注解来将其指派为 Spring Web MVC 控制器，还可以通过使用@RequestMapping 注解将传入的请求映射到控制器的适当方法。

代码清单 12-6 展示了使用@Controller 和@RequestMapping 注解的 HelloWorldController 类。

代码清单 12-6 HelloWorldController 类——@Controller 和@RequestMapping 的使用

```
Project-ch12-annotation-helloworld
Source location - src/main/java/sample/spring/chapter12/web

package sample.spring.chapter12.web;

import org.springframework.stereotype.Controller;
import org.springframework.web.bind.annotation.RequestMapping;
```

```
import org.springframework.web.servlet.ModelAndView;
.....
@Controller(value="sayHelloController")
@RequestMapping("/saySomething")
public class HelloWorldController {

  @RequestMapping("/sayhello")
  public ModelAndView sayHello() {
    Map<String, String> modelData = new HashMap<String, String>();
    modelData.put("msg", "Hello World !!");
    return new ModelAndView("helloworld", modelData);
  }
}
```

在代码清单 12-6 中，HelloWorldController 类使用了@Controller 和@RequestMapping 注解，而 sayHello 方法使用了@RequestMapping 注解。@Controller 注解是一种特定形式的@Component 注解（见第 6 章），表明 HelloWorldController 是一个控制器组件。

像@Service（见第 6 章）和@Repository（见第 8 章）注解类一样，@Controller 注解类会自动装配到 Spring 容器，不需要在 Web 应用程序上下文 XML 文件中显式地定义一个@Controller 注解类。@Controller 注解的 value 特性指定了类注册到 Spring 容器的名称。value 特性与<bean>元素的 id 特性功能相同。如果未指定 value 特性，则使用该类的名称（以小写的首字母开头）注册到 Spring 容器。

@RequestMapping 注解将传入的 Web 请求映射到适当的控制器和/或控制器方法。类型级的@RequestMapping 注解将请求映射到适当的控制器。举个例子，HelloWorldController 类的@RequestMapping（“/saySomething”）表示对/saySomething 请求路径上的所有请求都由 HelloWorldController 控制器处理。

方法级的@RequestMapping 将类型级的@RequestMapping 缩小到控制器类中的特定方法。举个例子，代码清单 12-6 中的 sayHello 方法的@RequestMapping(“/sayhello”)注解指定了当请求路径为/ /saySomething/sayhello 时调用 sayHello 方法。请注意，HelloWorldController 的 sayHello 方法不接受任何参数并返回一个 ModelAndView 对象。这是因为注解控制器具有灵活的方法签名。在 12.7 节中，我们会介绍@RequestMapping 注解方法可以定义的参数和返回类型。

类型级的@RequestMapping 注解通常会指定请求路径或路径模式。而方法级的@RequestMapping 注解通常会指定一个 HTTP 方法或一个请求参数，以进一步缩小类型级的@RequestMapping 注解指定的映射。图 12-7 展示了 http://localhost:8080/ch12-annotation-helloworld/helloworld/saySomething/sayhello URL 如何使 Spring Web MVC 调用 HelloWorldController 的 sayHello 方法。

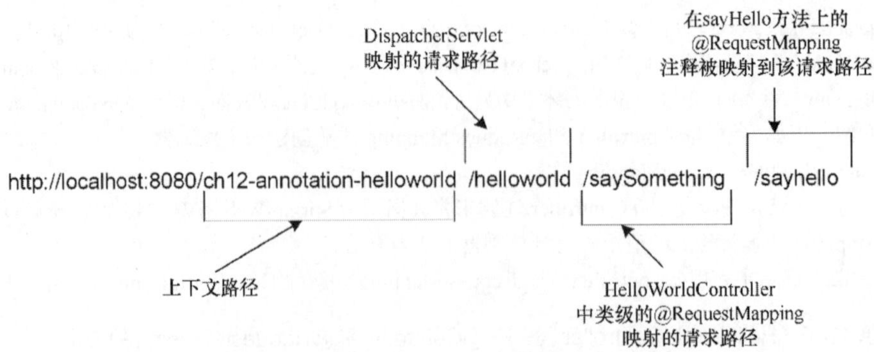

图 12-7　一个请求 URL 如何映射到一个控制器的适当的@RequestMapping 注解方法

图 12-7 展示了特定的请求 URL 如何调用 HelloWorldController 的 sayHello 方法。

下面介绍如何在应用程序中启用 Spring Web MVC 控制器的注解驱动开发。

（2）启用 Spring Web MVC 注解

要在 Spring Web MVC 应用程序中使用注解控制器，需要使用 Spring MVC 模式的<annotation-driven>

元素来启用 Spring Web MVC 注解，如代码清单 12-7 所示。

代码清单 12-7　myapp-config.xml

```
Project-ch12-annotation-helloworld
Source location - src/main/webapp/WEB-INF/spring

<beans .....
   xmlns:mvc="http://www.springframework.org/schema/mvc"
   xsi:schemaLocation=".....http://www.springframework.org/schema/mvc
      http://www.springframework.org/schema/mvc/spring-mvc.xsd.....">

   <mvc:annotation-driven />
   <context:component-scan base-package="sample.spring.chapter12.web" />

   <bean id="viewResolver"
      class="org.springframework.web.servlet.view.InternalResourceViewResolver">
      <property name="prefix" value="/WEB-INF/jsp/" />
      <property name="suffix" value=".jsp" />
   </bean>
</beans>
```

在代码清单 12-7 中，Spring MVC 模式的<mvc：annotation-driven>元素启用了 Spring Web MVC 注解来实现控制器。另外，使用 context 模式的<component-scan>元素（见 6.2 节）来自动装配@Controller 注解类到 Spring 容器中。

注　意

在基于 Java 的配置方法中，@EnableWebMvc 注解与 Spring 的 mvc 模式的<annotation-driven>元素具有相同的作用。

在本节中，我们介绍了如何使用@Controller 和@RequestMapping 注解开发一个简单的“Hello World”Web 应用程序。现在来介绍一下将在本章中使用 Spring Web MVC 注解开发的 MyBank Web 应用程序的需求。

12.6　MyBank Web 应用程序的需求

图 12-8 展示了 MyBank Web 应用程序的主页，主页显示了系统中当前活跃的定期存款列表。在图 12-8 中，ID 列展示了定期存款的唯一标识符。在用户创建了定期存款时会自动分配 ID 值。Close 和 Edit 超级链接分别允许用户删除和编辑定期存款的详细信息。

ID	Deposit amount	Tenure	Email	Action
1	10000	24	a1email@somedomain.com	Close Edit
2	20000	36	a2email@somedomain.com	Close Edit
3	30000	36	a3email@somedomain.com	Close Edit
4	50000	36	a4email@somedomain.com	Close Edit
5	15000	36	a5email@somedomain.com	Close Edit

Create new Fixed Deposit

图 12-8　MyBank Web 应用程序主页显示了定期存款明细，该网页提供关闭、编辑和创建定期存款的选项

Create new Fixed Deposit 按钮展示了 Open fixed deposit 表格，用于输入要开立的定期存款的详细信息，如图 12-9 所示。

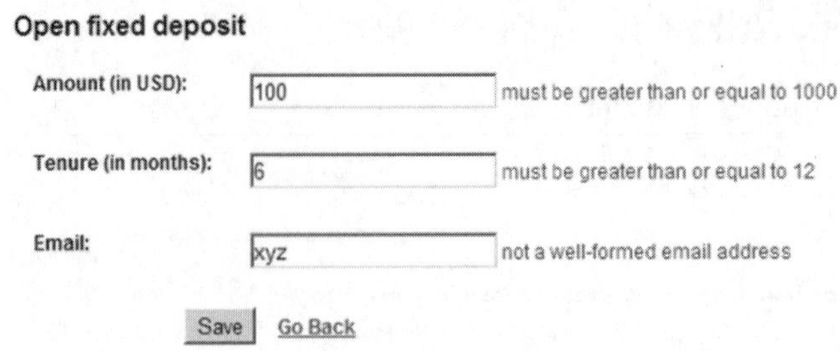

图 12-9　“Open fixed deposit（开立定期存款）”表格，Amount、Tenure 和 Email 字段是必填项

在图 12-9 中，单击 Save 按钮将定期存款明细保存在数据存储中，Go Back 超链接将返回到显示定期存款列表的页面（见图 12-8）。图 12-9 展示了如果输入的数据不符合 Amount、Tenure 和 Email 字段上设置的约束条件，则会显示相应的错误消息。

单击图 12-8 中的 Edit 超链接，系统将显示一个类似于图 12-9 所示的表格，用于修改选中的定期存款的详细信息。单击图 12-8 中的 Close 超链接，系统将从定期存款列表中移除所选的定期存款。

现在我们知道了 MyBank Web 应用程序的需求，接下来介绍一下如何使用 Spring Web MVC 注解来实现它。

12.7　Spring Web MVC 注解——@RequestMapping 和 @RequestParam

在 12.5 节中，我们学习到可以使用@Controller 和@RequestMapping 注解来开发一个简单的控制器。在本节中，我们将进一步了解能简化开发注解控制器的@RequestMapping 和其他 Spring Web MVC 注解。

含　义

chapter 12/ch12-bankapp（此项目表明 MyBank Web 应用程序允许用户管理定期存款。如果在 Tomcat 服务器上部署该项目并访问 URL http://localhost:8080/ch12-bankapp，你将看到系统中的定期存款列表（见图 12-8）。

首先介绍一下@RequestMapping 注解。

12.7.1　使用 @RequestMapping 将请求映射到控制器或者控制器方法

在 12.5 节中，我们学习到用于类型级和方法级的@RequestMapping 注解将请求映射到控制器及其方法。在本节中，我们将首先介绍一下 Spring Web MVC 如何将 Web 请求映射到特定的使用@RequestMapping 注解的控制器方法。然后我们介绍一下@RequestMapping 注解的特性以及@RequestMapping 注解方法可以具有的参数和返回类型。

1.　@RequestMapping 注解和 RequestMappingHandlerMapping

代码清单 12-8 展示了在 SomeController（一个 Spring Web MVC 控制器）类中@RequestMapping 注解的使用。

代码清单 12-8　SomeController 类——@RequestMapping 的使用

```
@Controller
@RequestMapping("/type_Level_Url")
public class SomeController {

  @RequestMapping("/methodA_Url")
  public ModelAndView methodA() { ..... }
```

```
  @RequestMapping("/methodB_Url")
  public ModelAndView methodB() { ..... }
}
```

Spring MVC 模式的<annotation-driven>元素创建了一个 RequestMappingHandlerMapping（一个 HandlerMapping 的实现）的实例，该实例负责将 Web 请求映射到适当的@RequestMapping 注解方法。RequestMappingHandlerMapping 将控制器方法视为端点，并负责根据类型级和方法级的@RequestMapping 注解将请求唯一地映射到控制器方法。在 SomeController 的情况下，如果请求路径为/type_Level_Url/methodA_Url，则调用 methodA，如果请求路径为/type_Level_Url/methodB_Url，则调用 methodB。需要注意的是，如果请求无法唯一映射到控制器方法，则返回 HTTP 404（意味着资源未找到）状态代码。

@RequestMapping 注解的特性用于缩小请求到特定控制器或控制器方法的映射。你可以在类型级和方法级的@RequestMapping 注解中指定这些特性。现在来介绍一下@RequestMapping 注解的特性。

2. 基于请求路径映射请求

@ RequestMapping 的 path 特性（value 特性的别名）指定了映射到的控制器或控制器方法的请求路径。你可以指定请求路径，而不必在@RequestMapping 注解中显式指定 path 特性。例如，你可以将@RequestMapping（path ="/type_Level_Url"）指定为@RequestMapping（"/type_Level_Url"）。

你还可以将 Ant 样式路径模式指定为 path 特性的值。例如，你可以指定模式如/ myUrl / *、/ myUrl / **和/myUrl/*.do 作为 path 特性的值。代码清单 12-9 展示一个@RequestMapping 注解将/myUrl/**指定为路径模式。

代码清单 12-9 SomeController 类——Ant 样式请求路径模式的使用

```
@Controller
@RequestMapping("/myUrl/**")
public class SomeController { ..... }
```

在代码清单 12-9 中，类型级的@RequestMapping（"/myUrl/**"）注解指定了 SomeController 控制器处理以/myUrl 路径开头的所有请求。例如，对/myUrl/abc、/myUrl/xyz 和/myUrl/123/something 路径的请求都由 SomeController 控制器处理。

3. 基于 HTTP 方法映射请求

@ RequestMapping 的 method 特性指定了由控制器或控制器方法处理的 HTTP 方法。因此，如果 method 特性指定了 HTTP GET 方法，则控制器或控制器方法仅处理 HTTP GET 请求。

代码清单 12-10 展示了 FixedDepositController 的 listFixedDeposits 方法。该方法负责在系统中呈现定期存款列表。

代码清单 12-10 @RequestMapping 的 method 特性的使用

```
Project-ch12-bankapp
Source location - src/main/java/sample/spring/chapter12/web

package sample.spring.chapter12.web;

import org.springframework.web.bind.annotation.RequestMethod;
.....
@Controller
@RequestMapping(path="/fixedDeposit")
public class FixedDepositController {
.....
  @RequestMapping(path = "/list", method = RequestMethod.GET)
  public ModelAndView listFixedDeposits() { ..... }
  .....
}
```

在代码清单 12-10 中，listFixedDeposits 方法的@RequestMapping 注解将 method 特性的值指定为 RequestMethod.GET。RequestMethod 是定义 HTTP 请求方法的枚举值，例如 GET、POST、PUT、DELETE 等。由于 method 特性的值为 RequestMethod.GET，所以只有当向/fixedDeposit/list 路径发送 HTTP GET 请求时才会调用 listFixedDeposits 方法。例如，如果你向/fixedDeposit/list 路径发送 HTTP POST 请求，则应用程序将返回 HTTP 405（这意味着不支持该 HTTP 方法）状态码。

你还可以将一个 HTTP 方法数组指定为 method 特性的值，如代码清单 12-11 所示。

代码清单 12-11 将多个 HTTP 方法指定为 method 特性的值

```
@Controller
@RequestMapping(path="/sample")
public class MyController {

  @RequestMapping(path = "/action" method={ RequestMethod.GET, RequestMethod.POST })
  public ModelAndView action() { ..... }
}
```

在代码清单 12-11 中，action 方法使用了@RequestMapping 注解，其 method 特性的值为{ RequestMethod.GET, RequestMethod.POST }。这意味着不管发送 HTTP GET 还是 POST 请求到/sample/action 路径，都会调用 action 方法。

如果不使用通用的@RequestMapping 注解，你可以使用 HTTP 方法特定的注解，如@GetMapping、@PostMapping、@PutMapping 等。在第 6 章中，我们看到了如何使用@Qualifier 作为元注解来创建自定义限定符注解。类似地，这些 HTTP 方法特定的注解是通过使用@RequestMapping 作为元注解来创建的。

注 意

通过使用现有注解作为元注解创建的自定义注解称为组合注解。HTTP 方法特定的注解，如@GetMapping、@PostMapping 等，都是组合注解的例子。

代码清单 12-12 展示了如何定义@GetMapping 注解。

代码清单 12-12 @GetMapping 注解

```
@Target(ElementType.METHOD)
@Retention(RetentionPolicy.RUNTIME)
@Documented
@RequestMapping(method = RequestMethod.GET)
public @interface GetMapping {
.....
}
```

注 意

@GetMapping 注解使用了@RequestMapping 注解进行元注解，并将 method 特性显式地设置为 RequestMethod.GET。

4. 基于请求的参数映射请求

@RequestMapping 的 params 特性通常指定请求中必须存在的请求参数的名称和值。代码清单 12-13 展示了 FixedDepositController 的 showOpenFixedDepositForm 方法，该方法负责显示创建定期存款的表单。

代码清单 12-13 @RequestMapping 的 params 特性的使用

```
Project-ch12-bankapp
Source location - src/main/java/sample/spring/chapter12/web

package sample.spring.chapter12.web;
```

```
import org.springframework.web.bind.annotation.RequestMethod;
.....
@Controller
@RequestMapping(path="/fixedDeposit")
public class FixedDepositController {
  .....
  @RequestMapping(params = "fdAction=createFDForm", method = RequestMethod.POST)
  public ModelAndView showOpenFixedDepositForm() { ..... }
  .....
}
```

在代码清单 12-13 中，showOpenFixedDepositForm 方法的@RequestMapping 注解将 params 特性的值指定为 fdAction=createFDForm。由于 FixedDepositController 映射到/fixedDeposit 路径，如果一个包含名为 fdAction、值为 createFDForm 的请求参数的 HTTP POST 请求发送到/fixedDeposit 路径，将调用 showOpenFixedDepositForm 方法。

如果想要根据多个请求参数的值将请求映射到控制器或控制器方法，则可以将请求参数以 name-value 对的数组形式指定为 params 特性的值，如代码清单 12-14 所示。

代码清单 12-14　将多个请求参数以 name-value 对的数组形式指定为 params 特性的值

```
@RequestMapping(params = { "x=a", "y=b" })
public void perform() { ..... }
```

在代码清单 12-15 中，只有当请求包含名为 x 和 y，值分别为 a 和 b 的参数时，才会调用 perform 方法。

你还可以根据请求中存在的请求参数将请求映射到控制器或控制器方法：只需简单地将请求参数的名称指定为 params 特性的值即可。例如，无论请求参数 x 的值如何，都会调用此处所示的 perform 方法。

代码清单 12-15　只要在请求参数中找到 x 就会调用 perform 方法

```
@RequestMapping(params = "x")
public void perform() { ..... }
```

如果在请求参数不存在时，要将请求映射到控制器或控制器方法，请使用“!”操作符。例如，如果在请求中没有找到名为 x 的请求参数，则调用以下的 perform 方法。

代码清单 12-16　如果在请求中没有找到名为 x 的请求参数，则调用 perform 方法

```
@RequestMapping(params = "!x")
public void perform() { ..... }
```

如果在请求参数的值不等于指定的值时，将请求映射到控制器或控制器方法，则可以使用！=操作符，如下所示。

代码清单 12-17　如果请求参数 x 的值不等于 a,则调用 perform 方法

```
@RequestMapping(params = "x != a")
public void perform() { ..... }
```

在代码清单 12-17 中，只有当请求包含一个名为 x 的请求参数且 x 的值不等于 a 时，才会调用 perform 方法。

5. 基于请求的 MIME 类型映射请求

Content-Type 请求头指定了请求的 MIME 类型。@ RequestMapping 的 consumes 特性指定了控制器或控制器方法处理的请求的 MIME 类型。因此，如果 consumes 特性的值与 Content-Type 请求头的值匹配，则该请求将映射到这个特定的控制器或控制器方法。

如代码清单 12-18 所示，如果 Content-Type 请求头的值为 application/json，则调用 perform 方法。

代码清单 12-18　如果 Content-Type 请求头的值为 application/json，则调用 perform 方法

```
@RequestMapping(consumes = "application/json")
public void perform() { ..... }
```

与 params 特性一样，可以使用“!”操作符来指定 Content-Type 头的值不存在的条件。例如，如果 Content-Type 头的值不是 application/json，则调用代码清单 12-19 所示的 perform 方法。

代码清单 12-19　如果 Content-Type 头的值不是 application/json，则调用以下 perform 方法

```
@RequestMapping(consumes = "!application/json")
public void perform() { ..... }
```

你可以在 consumes 特性中指定一个数组，在这种情况下，如果 Content-Type 值与 consumes 特性指定的某一个值匹配的话，则请求将映射到控制器或控制器方法。在代码清单 12-20 中，如果 Content-Type 是 application/json 或 text/plain，将调用 perform 方法。

代码清单 12-20　如果 Content-Type 是 application/json 或 text/plain，将调用 perform 方法

```
@RequestMapping(consumes = { "application/json", "text/plain")
public void perform() { ..... }
```

6. 根据响应可接受的 MIME 类型映射请求

Accept 请求头指定了响应可接受的 MIME 类型。@RequestMapping 的 produces 特性指定了响应可接受的 MIME 类型。因此，如果 produces 特性的值与 Accept 请求头匹配，则请求将映射到这个特定的控制器或控制器方法。

代码清单 12-21 展示了如果 Accept 请求头的值为 application/json，则调用 perform 方法。

代码清单 12-21　如果 Accept 头的值为 application/json，则调用 perform 方法

```
@RequestMapping(produces = "application/json")
public void perform() { ..... }
```

与 consumes 特性一样，你可以使用“!”操作符来指定请求中不存在 Accept 头的值的条件。由于为 produces 特性指定了一个数组的值，如果 Accept 头的值与 produces 特性指定的数组中的值匹配，则 request 将映射到这个控制器或控制器方法。

7. 基于请求头的值映射请求

要根据请求头映射请求，可以使用@RequestMapping 的 headers 特性。如代码清单 12-22 所示，如果 Content-Type 头的值为 text/plain，则请求将映射到 perform 方法。

代码清单 12-22　如果 Content-Type 头的值为 text/plain，则调用 perform 方法

```
@RequestMapping(headers = "Content-Type=text/plain")
public void perform() { ..... }
```

与 params 特性一样，可以使用“!”和“! =”操作符指定 headers 特性的值。例如，如果 Content-Type 头的值不等于 application/json，请求中不存在 Cache-Control 头，并且在请求中存在 From 头，则请求将映射到 perform 方法，如代码清单 12-23 所示。

代码清单 12-23　使用“!”和“! =”操作符指定 headers 特性的值

```
@RequestMapping(headers = { "Content-Type != application/json", "!Cache-Control", "From"} )
public void perform() { ..... }
```

现在我们已经学习了@RequestMapping 注解的特性，接下来介绍一下可以传递给@RequestMapping 注解方法的参数。

12.7.2 @RequestMapping 注解方法的参数

@RequestMapping 注解方法具有灵活的方法签名。可以传递给@RequestMapping 注解方法的参数类型包括 HttpServletRequest、HttpSession、java.security.Principal、org.springframework.validation.BindingResult、org.springframework.web.bind.support.SessionStatus 和 org.springframework.ui.Model 等。如要查看可以传递给@RequestMapping 注解方法的完整参数列表，请参阅@RequestMapping Javadoc。

在本书中讨论 Spring Web MVC 中的不同功能时，我们将会遇到需要将不同参数类型传递给@RequestMapping 注解方法的情况。现在我们来观察一个需要发送 HttpServletRequest 对象作为参数的场景。

代码清单 12-24 展示了 FixedDepositController 的 viewFixedDepositDetails 方法。该方法接受了一个 HttpServletRequest 类型的参数。

代码清单 12-24 FixedDepositController 类——传递 HttpServletRequest 参数

```
Project-ch12-bankapp
Source location - src/main/java/sample/spring/chapter12/web

package sample.spring.chapter12.web;

import javax.servlet.http.HttpServletRequest;
.....
public class FixedDepositController {
  ....
  @RequestMapping(params = "fdAction=view", method = RequestMethod.GET)
  public ModelAndView viewFixedDepositDetails(HttpServletRequest request) {
    FixedDepositDetails fixedDepositDetails = fixedDepositService
        .getFixedDeposit(Integer.parseInt(request.getParameter("fixedDepositId")));
    .....
  }
  .....
}
```

单击对应于定期存款（见图 12-8）的 Edit 超链接时，将调用 viewFixedDepositDetails 方法。viewFixedDepositDetails 方法使用 HttpServletRequest 来获取在系统中唯一标识一笔定期存款的 fixedDepositId 请求参数。

下面介绍@RequestMapping 注解方法支持的返回类型。

12.7.3 @RequestMapping 注解方法的返回类型

@RequestMapping 注解方法支持的返回类型包括 ModelAndView、org.springframework.web.servlet.View、String、java.util.concurrent.Callable、void 和 ListenableFuture 等。要查看@RequestMapping 注解方法支持的返回类型的完整列表，请参阅@RequestMapping Javadoc。

在本书中讨论 Spring Web MVC 中的不同功能时，我们将会遇到需要@RequestMapping 注解方法具有不同的返回类型的情况。在本节中，我们只关注使用 String 或 ModelAndView 作为方法的返回类型的示例。

代码清单 12-25 展示了 FixedDepositController 的 showOpenFixedDepositForm 方法。该方法呈现了开立一笔新的定期存款的 HTML 表单（见图 12-9）。

代码清单 12-25 FixedDepositController 类——ModelAndView 返回类型示例

```
Project-ch12-bankapp
Source location - src/main/java/sample/spring/chapter12/web

package sample.spring.chapter12.web;

import org.springframework.ui.ModelMap;
.....
```

```
public class FixedDepositController {
  .....
  @RequestMapping(params = "fdAction=createFDForm", method = RequestMethod.POST)
  public ModelAndView showOpenFixedDepositForm() {
    FixedDepositDetails fixedDepositDetails = new FixedDepositDetails();
    fixedDepositDetails.setEmail("You must enter a valid email");

    ModelMap modelData = new ModelMap();
    modelData.addAttribute(fixedDepositDetails);
    return new ModelAndView("createFixedDepositForm", modelData);
  }
  .....
}
```

showOpenFixedDepositForm 方法返回一个 ModelAndView 对象，该对象包含一个作为模型特性的 FixedDepositDetails 实例和一个作为视图名称的 createFixedDepositForm 字符串值。

如果将代码清单 12-25 与代码清单 12-1 和代码清单 12-6 进行比较，你会注意到 showOpenFixedDepositForm 方法使用 Spring 的 ModelMap 对象代替 java.util.Map 来存储模型特性。ModelMap 是 java.util.Map 接口的一个实现，它允许你存储模型特性而不需要显式指定其名称。ModelMap 会基于预定义的策略自动生成模型特性的名称。例如，如果将自定义 Java 对象添加为模型特性，则将该对象类的名称（首字母以小写开头）作为模型特性的名称。在代码清单 12-25 中，当将 FixedDepositDetails 的实例添加到 ModelMap 时，其会以 fixedDepositDetails 的名称存储在 ModelMap 中。

当一个@RequestMapping 注解方法返回一个字符串时，它被视为视图的名称，该视图被 Web 应用程序配置的 ViewResolver 解析为实际视图（如 JSP 页面或 servlet）。代码清单 12-26 展示了 ch12-bankapp 项目中 InternalResourceViewResolver 的配置。

代码清单 12-26 bankapp-config.xml——ViewResolver 配置

```
Project-ch12-bankapp
Source location - src/main/webapp/WEB-INF/spring

  <bean id="viewResolver"
    class="org.springframework.web.servlet.view.InternalResourceViewResolver">
    <property name="prefix" value="/WEB-INF/jsp/" />
    <property name="suffix" value=".jsp" />
  </bean>
```

代码清单 12-26 中的配置表明，当返回字符串值 xyz 时，它将被解析为/WEB-INF/jsp/xyz.jsp。请参阅 12.3 节了解更多有关上述 InternalResourceViewResolver 的配置信息。

如果@RequestMapping 注解方法返回的字符串值具有前缀 redirect:，则将其视为重定向 URL，而不是视图名称。代码清单 12-27 展示了 FixedDepositController 的 closeFixedDeposit 方法，该方法负责在用户单击 Close 按钮时关闭定期存款（见图 12-9）。

代码清单 12-27 FixedDepositController 类——String 返回类型示例

```
Project-ch12-bankapp
Source location - src/main/java/sample/spring/chapter12/web

  @RequestMapping(params = "fdAction=close", method = RequestMethod.GET)
  public String closeFixedDeposit(..... int fdId) {
    fixedDepositService.closeFixedDeposit(fdId);
    return "redirect:/fixedDeposit/list";
  }
```

FixedDepositController 的 closeFixedDeposit 方法关闭由 fdId 参数标识的定期存款，并返回 redirect: / fixedDeposit / list 字符串。由于返回的字符串值有 redirect:前缀，用户将被重定向到/ fixedDeposit / list URL，展示定期存款列表（见图 12-8）。

12.7.4 使用@RequestParam 将请求参数传递给控制器方法

我们在代码清单 12-24 中看到，可以将 HttpServletRequest 对象传递给控制器方法，并使用它来获取请求参数。可以使用@RequestParam 注解对方法参数进行注解，以此取代将 HttpServletRequest 对象传递给控制器方法来将请求参数的值分配给方法参数。

注 意

@RequestParam 注解只能在方法使用了@RequestMapping 或@ModelAttribute（将在第 13 章中介绍）注解的情况下使用。

代码清单 12-28 展示了 FixedDepositController 的 closeFixedDeposit 方法，在用户单击 Close 按钮（见图 12-8）以关闭定期存款时调用该方法。

代码清单 12-28 FixedDepositController 类——@RequestParam 的使用

```
Project-ch12-bankapp
Source location - src/main/java/sample/spring/chapter12/web

package sample.spring.chapter12.web;

import org.springframework.web.bind.annotation.RequestParam;
.....
public class FixedDepositController {
  .....
  @RequestMapping(params = "fdAction=close", method = RequestMethod.GET)
  public String closeFixedDeposit(@RequestParam(value = "fixedDepositId") int fdId) {
    fixedDepositService.closeFixedDeposit(fdId);
    return "redirect:/fixedDeposit/list";
  }
  .....
}
```

@RequestParam 的 name（value 特性的别名）特性指定了——请求参数的名称——将其值分配给方法参数。在代码清单 12-28 中，@RequestParam 注解用于将 fixedDepositId 请求参数的值分配给 fdId 方法参数。由于 fdId 参数的类型为 int，Spring 负责将 fixedDepositId 请求参数转换为 int 类型。默认情况下，Spring 自动为简单的 Java 类型提供类型转换，如 int、long、java.util.Date 等。如果要将请求参数转换为自定义 Java 类型（如 Address），需要将自定义 PropertyEditors 注册到 Spring 的 WebDataBinder 实例或将 org.springframework.format.Formatter 注册到 Spring 的 FormattingConversionService 实例。

我们将在第 13 章中学习更多有关 WebDataBinder 的信息，在第 15 章中学习 Formatter 和 FormattingConversionService。

下面介绍如何在控制器方法中访问所有的请求参数。

1. 将所有的请求参数传递给控制器方法

要将所有请求参数传递给控制器方法，需要定义 Map<String, String>或 MultiValueMap<String, String>（一个 Spring 提供的实现 java.util.Map 接口的对象）类型的参数，并使用@RequestParam 进行注解。

代码清单 12-29 展示了 FixedDepositController 的 openFixedDeposit 方法，当用户输入定期存款明细并点击“Open fixed deposit”表单上的 Save 按钮时（见图 12-9），会通过该方法开立一笔定期存款。

代码清单 12-29 FixedDepositController 类——访问所有的请求参数

```
Project-ch12-bankapp
Source location - src/main/java/sample/spring/chapter12/web

package sample.spring.chapter12.web;
```

```
import java.util.Map;
.....
@RequestMapping(path = "/fixedDeposit")
public class FixedDepositController {
  .....
  @RequestMapping(params = "fdAction=create", method = RequestMethod.POST)
  public ModelAndView openFixedDeposit(@RequestParam Map<String, String> params) {
    String depositAmount = params.get("depositAmount");
    String tenure = params.get("tenure");
    .....
  }
}
```

在代码清单 12-29 中，Map<String, String>类型的 params 参数使用了@RequestParam 进行注解。请注意，@RequestParam 注解没有指定 name 特性。如果没有指定@RequestParam 的 name 特性，并且方法参数的类型是 Map <String，String>或 MultiValueMap <String，String>，则 Spring 将所有请求参数复制到方法参数中。每个请求参数的值存储在 Map（或 MultiValueMap）中，并以请求参数的名称作为 key。

代码清单 12-30 展示了 FixedDepositController 的 editFixedDeposit 方法，该方法负责更改现有的定期存款。

代码清单 12-30　FixedDepositController 类——访问所有的请求参数

```
Project-ch12-bankapp
Source location - src/main/java/sample/spring/chapter12/web

package sample.spring.chapter12.web;

import org.springframework.util.MultiValueMap;
.....
public class FixedDepositController {
  .....
  @RequestMapping(params = "fdAction=edit", method = RequestMethod.POST)
  public ModelAndView editFixedDeposit(@RequestParam MultiValueMap<String, String> params) {
    String depositAmount = params.get("depositAmount").get(0);
    String tenure = params.get("tenure").get(0);
    .....
  }
}
```

在代码清单 12-30 中，editFixedDeposit 的 params 参数类型为 MultiValueMap<String,String>，并使用了@RequestParam 进行注解。如果一个对象类型为 MultiValueMap<K, V>，则表示 K 是键的类型，List<V>是值的类型。由于 params 参数的类型为 MultiValueMap<String,String>，因此键的类型为 String，值的类型为 List<String>。以 MultiValueMap<String,String>类型存储请求参数时，Spring 会使用请求参数的名称作为 key，并将请求参数的值添加到 List<String>中。如果有多个具有相同名称的请求参数，则 MultiValueMap 尤其有用。

由于对应于请求参数的值为 List<String>类型，调用 params.get(String key)返回一个 List<String>类型，因此可以在返回的 List<String>上调用 get(0)来获取 depositAmount、tenure 等请求参数的值。或者也可以使用 MultiValueMap 的 getFirst(String key)方法从 List<String>中获取第一个元素。

下面介绍@RequestParam 注解的各种特性。

2. 使用 name 属性指定请求参数的名称

我们之前看到@RequestParam 的 name 属性指定了将其值分配给方法参数的请求参数的名称。如果不指定请求参数的名称，则将方法参数名称视为请求参数的名称。例如，在以下示例中，名为 param 的请求参数的值分配给 param 参数。

3. 使用 name 特性指定请求参数的名称

我们之前看到@RequestParam 的 name 特性指定了将其值分配给方法参数的请求参数的名称。如果不指定请求参数的名称，则将方法参数名称视为请求参数的名称。例如，在代码清单 12-31 中，名为 param 的请求参数的值分配给了 param 参数。

代码清单 12-31 @RequestParam 的使用-未指定请求参数名称

```
@RequestMapping(.....)
public String doSomething(@RequestParam String param) { ..... }
```

在代码清单 12-31 中，@RequestParam 没有指定其值分配给 param 参数的请求参数的名称，因此，param 被认为是请求参数的名称。

4. 通过使用 required 特性来指定请求参数是可选的还是必需的

默认情况下，@RequestParam 注解指定的请求参数是必需的。如果在请求中找不到指定的请求参数，则抛出异常。你可以通过将 required 特性的值设置为 false 来指定请求参数是可选的，如代码清单 12-32 所示。

代码清单 12-32 @RequestParam 的 required 特性

```
@RequestMapping(.....)
public String perform(@RequestParam(name = "myparam", required = false) String param) { ..... }
```

在代码清单 12-32 中，@RequestParam 的 required 特性值设置为 false，这意味着请求参数 myparam 是可选的。现在，如果在请求中找不到 myparam 请求参数，它不会导致异常。而是将一个 null 值分配给 param 方法参数。

除了使用 required 特性来指定一个请求参数是否是可选的，你也可以使用 Java 8 的 Optional 类型（参见 6.5 节）来指定请求参数是否是可选的。在代码清单 12-33 展示了使用 Java 8 的 Optional 类型的 perform 方法。

代码清单 12-33 @RequestParam——使用 Java 8 的 Optional 类型

```
@RequestMapping(.....)
public String perform(@RequestParam(name = "myparam") Optional<String> param) { ..... }
```

由于 param 参数的类型是 Optional<String>，如果在请求中找不到名为 myparam 的请求参数，也不会抛出异常。

5. 使用 defaultValue 特性指定请求参数的默认值

@RequestParam 的 defaultValue 特性指定了请求参数的默认值。如果请求中没有找到由@RequestParam 的 name 特性指定的请求参数，则将 defaultValue 特性指定的值分配给方法参数。代码清单 12-34 展示了 defaultValue 特性的用法。

代码清单 12-34 @RequestParam 的 defaultValue 特性

```
@RequestMapping(.....)
public String perform(@RequestParam(value = "location", defaultValue = "earth") String param) {
 .....
}
```

在代码清单 12-34 中，如果请求中没有找到名为 location 的请求参数，那么值 earth 将被分配给 param 方法参数。

在本节中，我们学习了使用@RequestMapping 和@RequestParam 注解以创建 MyBank 应用程序的 FixedDepositController。现在来介绍一下如何在 FixedDepositController 类中验证表单数据。

12.8 验证

我们之前看到，FixedDepositController 的 showOpenFixedDepositForm 方法（见代码清单 12-25）呈现了 createFixedDepositForm.jsp JSP 页面，该页面显示开立新的定期存款的表单。提交表单时，表单中输入的数据由 FixedDepositController 的 openFixedDeposit 方法进行验证（见代码清单 12-29）。如果在验证期间报告了错误，那么 createFixedDepositForm.jsp JSP 页面将再次渲染，其中包含验证的错误消息和用户输入的原始表单数据（见图 12-9）。

代码清单 12-35 展示了 createFixedDepositForm.jsp JSP 页面的<form>元素。

代码清单 12-35 createFixedDepositForm.jsp—— <form> 元素

```
Project-ch12-bankapp
Source location - src/main/webapp/WEB-INF/jsp

<form name="createFixedDepositForm" method="POST"
     action="${pageContext.request.contextPath}/fixedDeposit?fdAction=create">
       .....
     <input type="submit" value="Save" />
</form>
```

在代码清单 12-35 中，<form>元素的 method 特性将 POST 指定为 HTTP 方法，并且 action 特性指定了 /fixedDeposit?fdAction=create 作为用户单击 Save 按钮时提交表单的 URL。提交表单会调用 FixedDeposit Controller 的 openFixedDeposit 方法。

代码清单 12-36 展示了如何通过 openFixedDeposit 方法进行验证，以及如何在验证错误的情况下再次显示用户输入的原始表单数据。

代码清单 12-36 FixedDepositController 的 openFixedDeposit 方法

```
Project-ch12-bankapp
Source location - src/main/java/sample/spring/chapter12/web

package sample.spring.chapter12.web;
.....
import org.apache.commons.lang3.math.NumberUtils;
@RequestMapping(path = "/fixedDeposit")
public class FixedDepositController {
  .....
  @RequestMapping(params = "fdAction=create", method = RequestMethod.POST)
  public ModelAndView openFixedDeposit(@RequestParam Map<String, String> params) {
    String depositAmount = params.get("depositAmount");
    .....
    Map<String, Object> modelData = new HashMap<String, Object>();

    if (!NumberUtils.isNumber(depositAmount)) {
       modelData.put("error.depositAmount", "enter a valid number");
    } else if (NumberUtils.toInt(depositAmount) < 1000) {
       modelData.put("error.depositAmount", "must be greater than or equal to 1000");
    }
    .....
    FixedDepositDetails fixedDepositDetails = new FixedDepositDetails();
    fixedDepositDetails.setDepositAmount(depositAmount);
    .....
    if (modelData.size() > 0) { // --this means there are validation errors
       modelData.put("fixedDepositDetails", fixedDepositDetails);
       return new ModelAndView("createFixedDepositForm", modelData);
```

```
      } else {
        fixedDepositService.saveFixedDeposit(fixedDepositDetails);
        return new ModelAndView("redirect:/fixedDeposit/list");
      }
    }
    .....
  }
```

openFixedDeposit 方法验证用户输入的存款金额、期限和电子邮件信息。请注意，为了简化数据验证，使用了 Apache Commons Lang 库的 NumberUtils 类。modelData 变量是一个 java.util.Map 对象，用于存储在验证错误的情况下要传递给 createFixedDepositForm.jsp JSP 页面的 model 特性。

在验证失败的情况下，由于要显示验证的错误信息和原始表单数据，所以将它们存储在 modelData 中。例如，如果用户输入的存款金额验证失败，则相应的验证错误信息存储在名为 error.depositAmount 的 modelData 中。用户输入的值设置在一个 FixedDepositDetails 对象的新实例上。如果报告验证错误，则新创建的 FixedDepositDetails 实例将添加到名为 fixedDepositDetails 的 modelData 中，并且 createFixedDepositForm.jsp JSP 页面将被渲染。相反如果未报告验证错误，则新创建的 FixedDepositDetails 对象将保存在数据源中，并呈现完整的定期存款列表的页面。

由于我们使用 FixedDepositDetails 对象来存储用户输入的原始表单数据，因此将 FixedDepositDetails 的所有特性均定义为 String 类型，如代码清单 12-37 所示。

代码清单 12-37 FixedDepositDetails 类

```
Project-ch12-bankapp
Source location - src/main/java/sample/spring/chapter12/domain

package sample.spring.chapter12.domain;

public class FixedDepositDetails {
  private long id; //-- id value is set by the system
  private String depositAmount;
  private String tenure;
  private String email;

  //--getters and setters for fields
  .....
}
```

由于 depositAmount 和 tenure 字段定义为 String 类型，因此我们必须编写额外的逻辑将其转换为数值进行数值比较。在第 13 章中，我们将介绍 Spring Web MVC 如何简化绑定表单数据以形成后台对象（像 FixedDepositDetails 一样），并在验证错误的情况下重新显示原始表单数据。

来自 createFixedDepositForm.jsp JSP 页面的以下片段演示了如何在 MyBank 应用程序中显示验证的错误消息和原始表单数据。

代码清单 12-38 createFixedDepositForm.jsp

```
Project-ch12-bankapp
Source location - src/main/webapp/WEB-INF/jsp

<%@taglib uri="http://java.sun.com/jsp/jstl/core" prefix="c"%>

<form name="createFixedDepositForm" method="POST"
     action="${pageContext.request.contextPath}/fixedDeposit?fdAction=create">
      .....
      <td class="td"><b>Amount (in USD):</b></td>
      <td class="td">
          <input type="text" name="depositAmount"
               value="${requestScope.fixedDepositDetails.depositAmount}"/>
```

```
            <font style="color: #C11B17;">
              <c:out value="${requestScope['error.depositAmount']}"/></font>
      </td>
      .....
    <input type="submit" value="Save" />
</form>
```

在代码清单 12-38 中，表单字段 depositAmount 的值被指定为${requestScope.fixedDepositDetails.depositAmount}。在 openFixedDeposit 方法（见代码清单 12-36）中，我们添加了一个名为 fixedDepositDetails 的 FixedDepositDetails 实例作为 model 特性，因此，${requestScope.fixedDepositDetails.depositAmount}表达式将显示用户在 depositAmount 字段输入的原始值。

${requestScope['error.depositAmount']}表达式指向 error.depositAmount 的 request 特性。在 openFixedDeposit 方法（见代码清单 12-36）中，我们看到 error.depositAmount 包含了与用户输入的定期存款金额对应的验证错误消息，因此，<c:out value= "${requestScope['error.depositAmount']}"/>元素显示与用户输入的定期存款金额相对应的验证错误消息。

接下来介绍一下如何处理 Spring Web MVC 应用程序中的异常。

12.9　使用@ExceptionHandler 注解处理异常

@ExceptionHandler 注解用于一个已经使用了注解的控制器，以标识负责处理控制器抛出的异常的方法。Spring 的 HandlerExceptionResolver 负责将异常映射到一个适当的处理异常的控制器方法。你应该注意到，Spring 的 mvc 模式的<annotation-driven>元素配置了一个 ExceptionHandlerExceptionResolver（一个 HandlerExceptionResolver 实现）实例，将异常映射到适当的@ExceptionHandler 注解方法。

代码清单 12-39 展示了在 ch12-bankapp 项目中对@ExceptionHandler 注解的使用。

代码清单 12-39　@ExceptionHandler 注解的使用

```
Project-ch12-bankapp
Source location - src/main/java/sample/spring/chapter12/web

package sample.spring.chapter12.web;

import org.springframework.web.bind.annotation.ExceptionHandler;
.....
@Controller
@RequestMapping(path = "/fixedDeposit")
public class FixedDepositController {
  .....
  @ExceptionHandler
  public String handleException(Exception  ex) {
    return "error";
  }
}
```

如代码清单 12-39 所示，FixedDepositController 的 handleException 方法使用了@ExceptionHandler 注解。这意味着由 Spring Web MVC 调用 handleException 方法来处理 FixedDepositController 控制器执行期间抛出的异常。@ExceptionHandler 方法通常会呈现一个包含详细错误信息的错误页面。@ExceptionHandler 注解的 value 特性指定了@ExceptionHandler 注解的方法处理的异常列表。如果未指定 value 特性，则@ExceptionHandler 注解的方法处理指定为方法参数的异常类型。在代码清单 12-39 中，handleException 方法处理 java.lang.Exception 类型的异常。

像@RequestMapping 方法一样，@ExceptionHandler 方法也具有灵活的方法签名。@ExceptionHandler 方法支持的返回类型包括 ModelAndView、View、String、void、Model 等。@ExceptionHandler 方法支持的

参数类型包括 HttpServletRequest、HttpServletResponse、HttpSession 等。有关支持的参数和返回类型的完整列表，请参阅@ExceptionHandler Javadoc。

DispatcherServlet 使用@ExceptionHandler 注解的方法返回的视图信息来呈现相应的错误页面。例如，在代码清单 12-39 中，DispatcherServlet 使用 handleException 方法返回的 error 字符串值呈现/WEB-INF/jsp/error.jsp 页面。如果@ExceptionHandler 方法不返回任何视图信息（即返回类型为 void 或 Model），则使用 Spring 的 RequestToViewNameTranslator 类（详细信息参见 13.2 节）来确定要呈现的视图。

可以在控制器类中定义多个@ExceptionHandler 注解方法来处理不同的异常类型。@ExceptionHandler 注解的 value 特性允许指定该方法处理的异常类型。代码清单 12-40 展示了 myExceptionHandler 方法处理 IOException 和 FileNotFoundException 类型的异常，myOtherExceptionHandler 方法处理 TimeoutException 类型的异常。

代码清单 12-40 使用@ExceptionHandler 方法指定处理异常的类型

```
@Controller
.....
public class MyController {
  .....
  @ExceptionHandler(value = {IOException.class, FileNotFoundException.class})
  public String myExceptionHandler() {
    return "someError";
  }

  @ExceptionHandler(value = TimeoutException.class)
  public String myOtherExceptionHandler() {
    return "otherError";
  }
}
```

如果 MyController 抛出一个 IOException 或 FileNotFoundException 类型的异常（或 IOException 或 FileNotFoundException 异常的子类型），则会调用 myExceptionHandler 方法来处理该异常。如果 MyController 抛出一个 TimeoutException 类型的异常（或 TimeoutException 异常的子类型），则调用 myOtherExceptionHandler 方法来处理该异常。

下面介绍如何使用 Spring 的 ContextLoaderListener 加载根 Web 应用程序上下文 XML 文件。

12.10 加载根 Web 应用程序上下文 XML 文件

如本章开头所述，根 Web 应用程序上下文文件定义了所有 servlet 和 Web 应用程序过滤器共享的 bean。代码清单 12-41 展示了 ContextLoaderListener 的配置。

代码清单 12-41 ContextLoaderListener 配置

```
Project-ch12-bankapp
Source location - src/main/webapp/WEB-INF/web.xml

  <context-param>
     <param-name>contextConfigLocation</param-name>
     <param-value>classpath*:/META-INF/spring/applicationContext.xml</param-value>
  </context-param>

  <listener>
     <listener-class>org.springframework.web.context.ContextLoaderListener</listener-class>
  </listener>
```

在代码清单 12-41 中，<listener>元素配置了 ContextLoaderListener（一个 ServletContextListener），

ContextLoaderListener 负责加载由 contextConfigLocation servlet 上下文初始化参数指定的根 Web 应用程序上下文 XML 文件。<context-param>元素指定了 contextConfigLocation servlet 上下文初始化参数。ContextLoaderListener 创建一个从根 Web 应用程序上下文 XML 文件中加载 bean 的根 WebApplicationContext 实例。

在代码清单 12-41 中，contextConfigLocation 参数指定/META-INF/spring/applicationContext.xml 文件作为根 Web 应用程序上下文 XML 文件。可以指定多个应用程序上下文 XML 文件，以逗号、换行符、空格或分号分开。如果不指定 contextConfigLocation 参数，则 ContextLoaderListener 将/WEB-INF/applicationContext.xml 文件作为根 Web 应用程序上下文 XML 文件。

12.11 小结

在本章中，我们学习了一个简单的 Spring Web MVC 应用程序中的一些重要对象。我们还学习了如何使用@Controller、@RequestMapping、@RequestParam 和@ExceptionHandler 注解来创建注解控制器。在第 13 章中，我们将介绍 Spring 如何透明地绑定请求参数以形成后台对象并执行验证。

第 13 章　Spring Web MVC 中的验证和数据绑定

13.1　简介

在第 12 章中，我们介绍了使用@Controller、@RequestMapping 和@RequestParam 注解开发的 MyBank Web 应用程序。我们看到表单数据是从请求（见代码清单 12-24、代码清单 12-29 和代码清单 12-30）和表单后台对象上的显式设置（这是 FixedDepositDetails 对象）中获取的。此外，验证逻辑是控制器方法本身编写的（见代码清单 12-36）。

在本章中，我们将讨论以下内容:

- @ModelAttribute 和@SessionAttributes 注解在处理模型特性时的用途；
- Spring 的 WebDataBinder 如何简化绑定表单数据以形成后台对象；
- 使用 Spring Validation API 和 JSR 380 的约束注解验证表单后台对象；
- 简化 JSP 页面编写的 Spring 的 form 标签库。

下面介绍@ModelAttribute 注解。该注解用于向 Spring 的 Model 对象添加和获取模型特性。

13.2　使用@ModelAttribute 注解添加和获取模型特性

在第 12 章中，我们看到@RequestMapping 方法将模型特性存储在 HashMap（或 ModelMap）实例中，并通过 ModelAndView 对象返回这些模型特性。由@RequestMapping 方法返回的模型特性存储在 Spring 的 Model 对象中。

模型特性可以表示一个表单后台对象或一个参考数据。MyBank Web 应用程序中的 FixedDepositDetails 对象是一个表单后台对象的示例，当提交开立新的定期存款的表单时，表单中包含的信息存储在 FixedDepositDetails 对象中。通常，应用程序中的域对象或实体作为表单后台对象使用。参考数据是指视图所需的附加信息（除了表单后台对象）。例如，如果将用户类别（如军事人员、老年人等）添加到每笔定期存款中，则开立新定期存款的表单就需要一个显示类别列表的组合框。类别列表将显示开立新定期存款表单所需的参考数据。@ModelAttribute 注解分别用于方法和方法参数从 Spring 的 Model 对象存储和获取模型特性。方法上的@ModelAttribute 注解表示该方法向 Model 对象添加一个或多个模型特性。而方法参数的@ModelAttribute 注解用于从 Model 对象获取模型特性并将其分配给方法参数。

含　义

chapter 13/ch13-bankapp（该项目展示了使用@ModelAttribute 注解和 Spring 的 form 标签库的 MyBank Web 应用程序。ch13-bankapp 与 ch12-bankapp 项目提供的 MyBank Web 应用程序功能是相同的。如果在 Tomcat 服务器上部署项目并访问 URL http：//localhost：8080/ch13-bankapp，则将看到系统中的定期存款列表）。

下面介绍@ModelAttribute 注解的用法。

13.2.1 使用方法级的@ModelAttribute 注解添加模型特性

代码清单 13-1 展示了 FixedDepositController 中使用@ModelAttribute 注解的 getNewFixedDepositDetails 方法。

代码清单 13-1 方法级的@ModelAttribute 注解的使用

```
Project-ch13-bankapp
Source location - src/main/java/sample/spring/chapter13/web

package sample.spring.chapter13.web;

import org.springframework.web.bind.annotation.ModelAttribute;
import sample.spring.chapter13.domain.FixedDepositDetails;
.....
@Controller
@RequestMapping(path = "/fixedDeposit")
.....
public class FixedDepositController {
  private static Logger logger = LogManager.getLogger(FixedDepositController.class);
  .....
  @ModelAttribute(name = "newFixedDepositDetails")
  public FixedDepositDetails getNewFixedDepositDetails() {
    FixedDepositDetails fixedDepositDetails = new FixedDepositDetails();
    fixedDepositDetails.setEmail("You must enter a valid email");
    logger.info("getNewFixedDepositDetails() method: Returning a new instance of
         FixedDepositDetails");
    return fixedDepositDetails;
  }
  .....
}
```

getNewFixedDepositDetails 方法创建并返回一个新的 FixedDepositDetails 对象的实例。当 getNewFixedDepositDetails 方法使用@ModelAttribute 注解时，返回的 FixedDepositDetails 实例将添加到 Model 对象中。@ModelAttribute 的 name 特性（value 特性的别名）将返回的 FixedDepositDetails 对象名称指定为 newFixedDepositDetails 并存储在 Model 对象中。注意，getNewFixedDepositDetails 方法记录以下消息，"getNewFixedDepositDetails() method: Returning a new instance of FixedDepositDetails"。

注 意

你应该注意到，模型特性的范围是 **request**。这意味着在请求完成或者重定向时，模型特性将丢失。

我们稍后将看到 ch13-bankapp 项目的 createFixedDepositForm.jsp JSP 页面（参见 src/main/webapp/WEB-INF/jsp/createFixedDepositForm.jsp 文件），如何使用 Spring 的 form 标签库从 Model 对象中访问名为 newFixedDepositDetails 的 FixedDepositDetails 对象。

如果不指定@ModelAttribute 的 name 特性，返回的对象将使用返回的对象类型的简单名称存储在 Model 对象中。在代码清单 13-2 中，getSample 方法返回的 Sample 对象以名称 sample 存储在 Model 对象中。

代码清单 13-2 @ModelAttribute 的使用——未指定 name 特性

```
import org.springframework.ui.Model;
.....
public class SampleController {

  @ModelAttribute
  public Sample getSample() {
```

```
        return new Sample();
    }
}
```

@ModelAttribute 注解的方法接受与@RequestMapping 方法相同的参数类型。代码清单 13-3 展示了一个使用@ModelAttribute 注解的方法。该方法接受 HttpServletRequest 类型的参数。

代码清单 13-3 @ModelAttribute 注解的方法接受 HttpServletRequest 类型的参数

```
@ModelAttribute(name = "myObject")
public SomeObject doSomething(HttpServletRequest request) { ..... }
```

在第 12 章中，我们看到@RequestParam 注解用于将请求参数传递给@RequestMapping 注解的方法。@RequestParam 注解也可用于将请求参数传递给@ModelAttribute 注解的方法，如代码清单 13-4 所示。

代码清单 13-4 将请求参数传递给@ModelAttribute 注解的方法

```
@ModelAttribute(name = "myObject")
public SomeObject doSomething(@RequestParam("someArg") String myarg) { ..... }
```

由于@RequestMapping 和@ModelAttribute 注解的方法可以接受 Model 对象作为参数，可以直接在@ModelAttribute 或@RequestMapping 注解的方法中向 Model 对象添加模型特性。代码清单 13-5 展示了一个@ModelAttribute 方法，它直接向 Model 对象添加模型特性。

程序示 13-5 直接向 Model 对象添加模型特性

```
import org.springframework.ui.Model;
.....
public class SampleWebController {

  @ModelAttribute
  public void doSomething(Model model) {
      model.addAttribute("myobject", new MyObject());
      model.addAttribute("otherobject", new OtherObject());
  }
}
```

在代码清单 13-5 中，将 Model 对象作为参数传递给 doSomething 方法。该方法直接向 Model 对象添加模型特性。由于 doSomething 方法将模型特性直接添加到 Model 对象中，因此 doSomething 方法的返回类型被指定为 void，并且未指定@ModelAttribute 的 name 特性。

一个方法可以同时使用@RequestMapping 和@ModelAttribute 进行注解。代码清单 13-6 展示了在 FixedDepositController 中使用@RequestMapping 和@ModelAttribute 注解的 listFixedDeposits 方法。

代码清单 13-6 在同一方法中使用@ModelAttribute 和 @RequestMapping 注解

```
Project-ch13-bankapp
Source location -src/main/java/sample/spring/chapter13/web

package sample.spring.chapter13.web;
.....
@Controller
@RequestMapping(path = "/fixedDeposit")
.....
public class FixedDepositController {
  private static Logger logger = LogManager.getLogger(FixedDepositController.class);

  @RequestMapping(path = "/list", method = RequestMethod.GET)
  @ModelAttribute(name = "fdList")
  public List<FixedDepositDetails> listFixedDeposits() {
    logger.info("listFixedDeposits() method: Getting list of fixed deposits");
    return fixedDepositService.getFixedDeposits();
```

```
    }
    .....
}
```

listFixedDeposits 方法呈现了显示系统中定期存款列表的 list.jsp JSP 页面（见 ch13-bankapp 项目的 src/main/webapp/WEB-INF/jsp/fixedDeposit/list.jsp 文件）。当使用@RequestMapping 和@ModelAttribute 注解方法时，该方法返回的值将被视为模型特性，而不是视图名称。在这种情况下，视图名称由 Spring 的 RequestToViewNameTranslator 类确定，该类根据传入请求的请求 URI 决定要呈现的视图。本章稍后将详细讨论 RequestToViewNameTranslator。在代码清单 13-6 中，请注意 listFixedDeposits 方法记录了以下消息：'listFixedDeposits() method: Getting list of fixed deposits'。

请注意，可以在控制器中定义多个使用@ModelAttribute 注解的方法。当请求被派发到一个控制器的@RequestMapping 注解的方法时，在该方法调用之前会先调用该控制器的所有@ModelAttribute 注解的方法。代码清单 13-7 展示了一个定义了@RequestMapping 和@ModelAttribute 注解的方法的控制器。

代码清单 13-7　在所有的@ModelAttribute 方法调用之后再调用@RequestMapping 方法

```
@RequestMapping("/mycontroller")
public class MyController {

  @RequestMapping("/perform")
  public String perform() { ..... }

  @ModelAttribute(name = "a")
  public A getA() { ..... }

  @ModelAttribute(name = "b")
  public B getB() { ..... }
}
```

在代码清单 13-7 中，如果请求映射到 MyController 的 perform 方法，Spring Web MVC 将首先调用 getA 和 getB 方法，然后调用 perform 方法。

如果一个方法同时使用了@RequestMapping 和@ModelAttribute 注解，则只会调用一次该方法来处理请求。代码清单 13-8 展示了一个控制器。该控制器定义了一个使用@RequestMapping 和@ModelAttribute 注解的方法。

代码清单 13-8　使用@RequestMapping 和@ModelAttribute 注解的方法在处理请求时只被调用一次

```
@RequestMapping("/mycontroller")
public class MyController {

  @RequestMapping("/perform")
  @ModelAttribute
  public String perform() { ..... }

  @ModelAttribute(name = "a")
  public A getA() { ..... }

  @ModelAttribute(name = "b")
  public B getB() { ..... }
}
```

在代码清单 13-8 中，如果请求映射到 MyController 的 perform 方法，Spring Web MVC 将首先调用 getA 和 getB 方法，然后调用 perform 方法。由于 perform 方法使用了@RequestMapping 和@ModelAttribute 进行注解，Spring 的 RequestToViewNameTranslator 类用于决定 perform 方法执行后要呈现的视图的名称。

如果现在在 Tomcat 上部署了 ch13-bankapp 项目，那么访问 URL http://localhost:8080/ch13-bankapp/fixedDeposit/list，则将看到一个显示定期存款列表的网页。此外，还将在控制台上看到以下消息序列。

```
INFO  sample.spring.chapter13.web.FixedDepositController-getNewFixedDepositDetails() method:
Returning a new instance of FixedDepositDetails
```

```
INFO  sample.spring.chapter13.web.FixedDepositController-listFixedDeposits() method: Getting list
of fixed deposits
```

上面的输出显示了 getNewFixedDepositDetails 方法（用@ModelAttribute 进行注解）首先被调用，然后调用 listFixedDeposits（用@ModelAttribute 和@RequestMapping 进行注解）。

下面介绍如何使用@ModelAttribute 注解方法参数从 Model 对象中获取模型特性。

13.2.2 使用@ModelAttribute 注解获取模型特性

我们可以在@RequestMapping 注解的方法的参数上使用@ModelAttribute 注解，以从 Model 对象获取模型特性。

代码清单 13-9 展示了 FixedDepositController 的 openFixedDeposit 方法。该方法使用了@ModelAttribute 注解从 Model 对象中获取 newFixedDepositDetails 对象。

代码清单 13-9 在方法参数上的@ModelAttribute 注解

```
Project-ch13-bankapp
Source location -src/main/java/sample/spring/chapter13/web

package sample.spring.chapter13.web;
.....
@Controller
@RequestMapping(path = "/fixedDeposit")
.....
public class FixedDepositController {
  .....
  @ModelAttribute(name = "newFixedDepositDetails")
  public FixedDepositDetails getNewFixedDepositDetails() {
    .....
    logger.info("getNewFixedDepositDetails() method: Returning a new instance of
         FixedDepositDetails");
    .....
  }
  .....
  @RequestMapping(params = "fdAction=create", method = RequestMethod.POST)
  public String openFixedDeposit(
     @ModelAttribute(name = "newFixedDepositDetails")
        FixedDepositDetails fixedDepositDetails,.....) {
      .....
      fixedDepositService.saveFixedDeposit(fixedDepositDetails);
      logger.info("openFixedDeposit() method: Fixed deposit details successfully saved.
         Redirecting to show the list of fixed deposits.");
      .....
    }
  }
  .....
}
```

在代码清单 13-9 中，@ModelAttribute 注解的 getNewFixedDepositDetails 方法在@RequestMapping 注解的 openFixedDeposit 方法之前被调用。在调用 getNewFixedDepositDetails 方法时，返回的 FixedDepositDetails 实例以名称 newFixedDepositDetails 存储在 Model 对象中。现在，openFixedDeposit 方法的 fixedDepositDetails 参数使用了@ModelAttribute（name="newFixedDepositDetails"）进行注解，因此，将从 Model 对象中获取 newFixedDepositDetails 对象并分配给 fixedDepositDetails 参数。

如果观察 FixedDepositController 的 openFixedDeposit 方法，你会注意到，我们没有写任何逻辑来从请求中获取期限、金额和电子邮件字段的值来填充 newFixedDepositDetails 实例。这是因为 Spring 的 WebDataBinder 对象（本章稍后介绍）负责透明地从请求中获取请求参数，并填充 newFixedDepositDetails 实例的字段（通过名称匹配）。例如，如果在请求中找到名为 tenure 的请求参数，WebDataBinder 会将

newFixedDepositDetails 实例的 tenure 字段的值设置为 tenure 请求参数的值。

图 13-1 总结了将请求派发到 FixedDepositController 的 openFixedDeposit 方法时 Spring 执行的操作顺序。在图 13-1 中，Spring Web MVC 的 RequestMappingHandlerAdapter 对象负责调用控制器中使用了@ModelAttribute 和@RequestMapping 注解的方法。首先，调用 getNewFixedDepositDetails 方法，并将返回的 FixedDepositDetails 实例以名称 newFixedDepositDetails 存储在 Model 对象中。然后从 Model 中获取 newFixedDepositDetails 实例，并将其作为参数传递给 openFixedDeposit 方法。

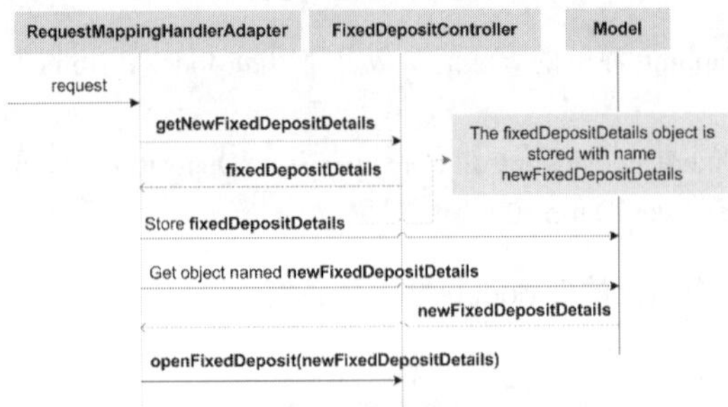

图 13-1 FixedDepositController 中@ModelAttribute 和@RequestMapping 注解的方法的调用顺序

现在我们来了解一下处理请求期间调用@ModelAttribute 注解方法的次数。

13.2.3 请求处理及@ModelAttribute 注解的方法

在代码清单 13-6 中，我们看到了执行 listFixedDeposits 方法记录了以下消息。

```
listFixedDeposits() method: Getting list of fixed deposits
```

在代码清单 13-9 中，我们看到了执行 getNewFixedDepositDetails 方法记录了以下消息。

```
getNewFixedDepositDetails() method: Returning a new instance of FixedDepositDetails
```

而 openFixedDeposit 方法记录了以下消息。

```
openFixedDeposit() method: Fixed deposit details successfully saved. Redirecting to show the list
of fixed deposits
```

要查看 listFixedDeposits、getNewFixedDepositDetails 和 openFixedDeposit 方法的调用顺序，请部署 ch13-bankapp 项目，并按照下列步骤操作。

转到 URL http://localhost:8080/ch13-bankapp/fixedDeposit/list，将看到系统中的定期存款列表和 Create new Fixed Deposit 按钮（见图 12-8）。

单击 Create new Fixed Deposit 按钮，显示开立新的定期存款的 HTML 表单（见图 12-9）。

输入定期存款的详细信息，然后单击 Save 按钮。如果在输入的数据中没有验证错误，则定期存款明细被成功保存，系统中的定期存款列表（包括新创建的定期存款）将再次显示。

表 13-1 描述了执行的操作以及 MyBank 应用程序在控制台上打印的相应消息。

表 13-1 所执行的操作以及 MyBank 应用程序在控制台上打印的相应消息

操作	在控制台上显示的消息
转到 URL http://localhost:8080/ch13-bankapp/fixedDeposit/list	getNewFixedDepositDetails() method: Returning a new instance of FixedDepositDetails listFixedDeposits() method: Getting list of fixed deposits
单击 Create new Fixed Deposit 按钮	getNewFixedDepositDetails() method: Returning a new instance of FixedDepositDetails showOpenFixedDepositForm() method: Showing form for opening a new fixed deposit
输入定期存款明细并单击 Save 按钮	getNewFixedDepositDetails() method: Returning a new instance of FixedDepositDetails openFixedDeposit() method: Fixed deposit details successfully saved. Redirecting to show the list of fixed deposits. getNewFixedDepositDetails() method: Returning a new instance of FixedDepositDetails listFixedDeposits() method: Getting list of fixed deposits

表 13.1 显示了在每次调用 FixedRepositController 类的@RequestMapping 注解的方法之前会先调用@ModelAttribute 注解的 getNewFixedDepositDetails 方法。由于 getNewFixedDepositDetails 方法创建了一个新的 FixedDepositDetails 对象实例，因此每当 FixedDepositController 处理一个请求时，都会创建一个新的 FixedDepositDetails 对象实例。

如果@ModelAttribute 注解的方法触发 SQL 查询或调用外部 Web 服务来填充方法返回的模型特性，则对@ModelAttribute 注解的方法的多次调用将影响应用程序的性能。本章稍后将看到可以使用@SessionAttributes 注解来避免对@ModelAttribute 注解的方法的多次调用。@SessionAttributes 注解指示 Spring 缓存由@ModelAttribute 注解的方法返回的对象。

下面介绍一个场景，该场景中在 Model 对象中没有找到由@ModelAttribute 注解的方法参数引用的模型特性。

13.2.4 使用@ModelAttribute 注解的方法参数的行为

我们之前看到，可以在方法参数上使用@ModelAttribute 注解，以从 Model 对象获取模型特性。如果在 Model 中没有找到由@ModelAttribute 注解指定的模型特性，则 Spring 会自动创建一个方法参数类型的新实例，将其分配给方法参数并放入 Model 对象中。如果要允许 Spring 创建一个方法参数类型的实例，该方法参数类型的 Java 类必须提供一个无参数的构造函数。

让我们考虑以下 SomeController 控制器，其中定义了一个名为 doSomething 的@RequestMapping 注解方法。

代码清单 13-10 Model 对象中没有@ModelAttribute 参数

```
@Controller
@RequestMapping(path = "/some")
public class SomeController {
  .....
  @RequestMapping("/do")
  public void doSomething(@ModelAttribute("myObj") MyObject myObject) {
    logger.info(myObject);
    .....
  }
}
```

代码清单 13-10 展示了 SomeController 类没有定义任何@ModelAttribute 注解的方法。该方法在 Model 中添加了一个名为 myObj 的 MyObject 类型的对象。因此，当接收到 doSomething 方法的请求时，Spring 会创建一个 MyObject 的实例，将其分配给 myObject 参数，并将新创建的 MyObject 实例放入 Model 对象中。

现在我们来观察一下 Spring 的 RequestToViewNameTranslator 对象。

13.2.5 RequestToViewNameTranslator 对象

当@RequestMapping 注解的方法未明确指定要呈现的视图时，由 RequestToViewNameTranslator 决定要呈现的视图。

我们之前看到当一个@RequestMapping 方法也使用@ModelAttribute 注解时，该方法返回的值被认为是模型特性。在这种场景下，RequestToViewNameTranslator 对象负责根据传入的 Web 请求决定要呈现的视图。类似地，如果@RequestMapping 注解的方法返回 void、org.springframework.ui.Model 或 java.util.Map，则 RequestToViewNameTranslator 对象决定要呈现的视图。

DefaultRequestToViewNameTranslator 是一个 RequestToViewNameTranslator 的实现，默认情况下，DispatcherServlet 用其来决定当@RequestMapping 方法没有显式返回任何视图时要呈现的视图。DefaultRequestToViewNameTranslator 使用请求 URI 来决定要呈现的逻辑视图的名称。DefaultRequestToViewNameTranslator 从 URI 中删除前导、尾部斜杠和文件扩展名来得到视图名称。例如，如果 URL 是 http://localhost:8080/-

doSomething.htm，则视图名称为 doSomething。

在 MyBank Web 应用程序中，FixedDepositController 的 listFixedDeposits 方法（见代码清单 13-6 或 ch13-bankapp 项目的 FixedDepositController.java 文件）同时使用@RequestMapping 和@ModelAttribute 注解，因此，DispatcherServlet 使用 RequestToViewNameTranslator 来决定要呈现的视图。由于 listFixedDeposits 方法映射到请求 URI /fixedDeposit/list，RequestToViewNameTranslator 返回/fixedDeposit/list 作为视图名称。在 MyBank Web 应用程序的 Web 应用程序上下文 XML 文件中配置的 ViewResolver（见 ch13-bankapp 项目的 bankapp-config.xml 文件）将/fixedDeposit/list 视图名称映射到 JSP 视图/WEB-INF/jsp/fixedDeposit/list.jsp 上。

下面来看@SessionAttributes 注解。

13.3　使用@SessionAttributes 注解缓存模型特性

在 13.2 节中，我们看到控制器的所有@ModelAttribute 注解的方法总是在@RequestMapping 注解的方法之前调用。在@ModelAttribute 方法从数据库或外部 Web 服务获取数据以填充模型特性的情况下，此行为可能是不可接受的。在这种情况下，可以使用@SessionAttributes 注解控制器类，该注解指定了存储在请求之间的 HttpSession 中的模型特性。

如果使用@SessionAttributes 注解，则只有在 HttpSession 中找不到由@ModelAttribute 注解指定的模型特性时才调用@ModelAttribute 注解的方法。此外，除非在 HttpSession 中找不到模型特性时，方法参数上的@ModelAttribute 注解才会创建一个模型特性的新实例。

含　义

chapter 13/ch13-session-attributes（此项目为 ch13-bankapp 项目的修改版本，它使用了@SessionAttributes 注解将模型特性临时存储在 HttpSession 中。ch13-session-attributes 和 ch12-bankapp 项目提供的 MyBank Web 应用程序功能是相同的。如果在 Tomcat 服务器上部署项目并访问 URL http://localhost:8080/ch13-session-attributes，将看到系统中的定期存款列表）。

如代码清单 13-11 所示，在 ch13-session-attributes 项目中使用了@SessionAttributes 注解，将 newFixedDepositDetails 和 editableFixedDepositDetails 模型特性临时存储在 HttpSession 中。

代码清单 13-11　@SessionAttributes 注解的用法

```
Project-ch13-session-attributes
Source location -src/main/java/sample/spring/chapter13/web

package sample.spring.chapter13.web;

import org.springframework.web.bind.annotation.SessionAttributes;
.....
@SessionAttributes(names = { "newFixedDepositDetails", "editableFixedDepositDetails" })
public class FixedDepositController {
  .....
  @ModelAttribute(name = "newFixedDepositDetails")
  public FixedDepositDetails getNewFixedDepositDetails() {
    FixedDepositDetails fixedDepositDetails = new FixedDepositDetails();
    fixedDepositDetails.setEmail("You must enter a valid email");
    return fixedDepositDetails;
  }
  .....
  @RequestMapping(params = "fdAction=create", method = RequestMethod.POST)
  public String openFixedDeposit(
      @ModelAttribute(name = "newFixedDepositDetails") FixedDepositDetails fixedDepositDetails,
       .....) { ..... }
```

```
.....
@RequestMapping(params = "fdAction=view", method = RequestMethod.GET)
public ModelAndView viewFixedDepositDetails(
    @RequestParam(name = "fixedDepositId") int fixedDepositId) {
  FixedDepositDetails fixedDepositDetails = fixedDepositService
    .getFixedDeposit(fixedDepositId);
  Map<String, Object> modelMap = new HashMap<String, Object>();
  modelMap.put("editableFixedDepositDetails", fixedDepositDetails);
  .....
  return new ModelAndView("editFixedDepositForm", modelMap);
 }
}
```

@SessionAttributes 注解的 names 特性（value 特性的别名）指定了临时存储在 HttpSession 中的模型特性的名称。在代码清单 13-11 中，名为 newFixedDepositDetails 和 editableFixedDepositDetails 的模型特性存储在请求之间的 HttpSession 中。@ModelAttribute 注解的 getNewFixedDepositDetails 方法返回 newFixedDepositDetails 模型特性，@RequestMapping 注解的 viewFixedDepositDetails 方法返回 editableFixedDepositDetails 模型特性。

控制器通过@ModelAttribute 注解的方法、@RequestMapping 方法（返回 ModelAndView、Model 或 Map）以及通过直接向 Model 对象添加等方式来提供模型特性。控制器通过任何方法提供的模型特性都可以通过@SessionAttributes 注解存储在 HttpSession 中。

当使用@SessionAttributes 注解时，应该确保存储在 HttpSession 中的模型特性在不再需要时被删除掉。例如，newFixedDepositDetails 模型特性表示“Open fixed deposit”表单使用的 FixedDepositDetails 实例，用于显示 E-mail 表单字段的默认值为“You must enter a valid email”（见代码清单 13-11 中的 getNewFixedDepositDetails 方法）。此外，当用户单击 Open fixed deposit 表单上的 Save 按钮时，用户输入的定期存款明细将设置在 newFixedDepositDetails 实例上（见代码清单 13-11 中的 openFixedDeposit 方法）。定期存款成功创建后，不再需要 newFixedDepositDetails 实例，因此必须从 HttpSession 中删除。类似地，在成功修改定期存款的明细后，也不再需要 editableFixedDepositDetails 模型特性。

可以通过调用 Spring 的 SessionStatus 对象的 setComplete 方法来指示 Spring 删除 HttpSession 中存储的所有模型特性。代码清单 13-12 展示了 FixedDepositController 的 openFixedDeposit 和 editFixedDeposit 方法，它们在成功创建或修改了定期存款之后调用 SessionStatus 的 setComplete 方法。

代码清单 13-12 使用 SessionStatus 对象删除 HttpSession 中的模型特性

```
Project-ch13-session-attributes
Source location -src/main/java/sample/spring/chapter13/web

package sample.spring.chapter13.web;

import org.springframework.web.bind.support.SessionStatus;
.....
@SessionAttributes(names = { "newFixedDepositDetails", "editableFixedDepositDetails" })
public class FixedDepositController {
  .....
  @RequestMapping(params = "fdAction=create", method = RequestMethod.POST)
  public String openFixedDeposit(
       @ModelAttribute(name = "newFixedDepositDetails") FixedDepositDetails fixedDepositDetails,
       ....., SessionStatus sessionStatus) {
       fixedDepositService.saveFixedDeposit(fixedDepositDetails);
       sessionStatus.setComplete();
    }
  }

  @RequestMapping(params = "fdAction=edit", method = RequestMethod.POST)
  public String editFixedDeposit(
       @ModelAttribute("editableFixedDepositDetails") FixedDepositDetails fixedDepositDetails,
       ....., SessionStatus sessionStatus) {
```

```
            fixedDepositService.editFixedDeposit(fixedDepositDetails);
            sessionStatus.setComplete();
            .....
        }
    }
    .....
}
```

代码清单 13-12 展示了 openFixedDeposit 和 editFixedDeposit 方法都被定义为接受 SessionStatus 类型的参数。当@RequestMapping 注解的方法指定了 SessionStatus 类型的参数时，Spring 会向该方法提供一个 SessionStatus 实例。对 setComplete 方法的调用指示 Spring 从 HttpSession 对象中删除当前控制器的模型特性。

在代码清单 13-11 和代码清单 13-12 中，我们看到@SessionAttributes 的 names 特性指定了临时存储在 HttpSession 中的模型特性的名称。如果希望在 HttpSession 中只存储某些类型的模型特性，可以使用@SessionAttributes 的 types 特性。例如，以下@SessionAttributes 注解指定名为 x 和 y 的特性以及 MyObject 类型的所有模型特性都临时存储在 HttpSession 中。

```
@SessionAttributes(value = { "x", "y" }, types = { MyObject.class })
```

可以通过部署 ch13-session-attributes 项目并执行表 13-2 中描述的操作来查看对 listFixedDeposits、getNewFixedDepositDetails 和 openFixedDeposit 方法调用的顺序。

表 13-2　　所做操作及控制台上打印的消息

操作	在控制台上打印的消息
转到 URL http://localhost:8080/ch13-session-attributes/fixedDeposit/list	**getNewFixedDepositDetails() method:** Returning a new instance of FixedDepositDetails **listFixedDeposits() method:** Getting list of fixed deposits
单击“Create new Fixed Deposit”按钮	**showOpenFixedDepositForm() method:** Showing form for opening a new fixed deposit
输入定期存款明细并单击“Save”按钮	**openFixedDeposit() method:** Fixed deposit details successfully saved. Redirecting to show the list of fixed deposits. **getNewFixedDepositDetails() method:** Returning a new instance of FixedDepositDetails **listFixedDeposits() method:** Getting list of fixed deposits

在 ch13-bankapp 项目中，每次向 FixedDepositController 派发请求时就会调用 FixedDepositController 中使用@ModelAttribute 注解的 getNewFixedDepositDetails 方法。表 13.2 显示了在第一次由 FixedDepositController 处理请求时调用了 getNewFixedDepositDetails 方法。当 openFixedDeposit 方法删除存储在 HttpSession 中的模型特性时，请求 listFixedDeposits 方法会再次调用 getNewFixedDepositDetails 方法。

现在我们已经看到了如何使用@ModelAttribute 和@SessionAttributes 注解，接下来介绍在 Spring Web MVC 应用程序中如何执行数据绑定。

13.4 Spring 中对数据绑定的支持

当在 Spring Web MVC 应用程序中提交表单时，请求中包含的请求参数将自动设置在作为表单后台对象的模型特性上。在表单后台对象上设置请求参数的过程称为数据绑定。在本节中，我们将介绍将请求参数绑定到表单后台对象的 Spring 的 WebDataBinder 实例。

含　义

chapter 13/ch13-data-binding（该项目为 ch13-session-attributes 项目的修改版本，其展示了如何将 PropertyEditor 实现注册到 Spring 容器。如果在 Tomcat 服务器上部署项目并访问 URL http://localhost:8080/ch13-data-binding，将看到系统中的定期存款列表）。

代码清单 13-13 展示了 ch13-data-binding 项目的 FixedDepositDetails 类。

代码清单 13-13 FixedDepositDetails 类

```
Project-ch13-data-binding
Source location -src/main/java/sample/spring/chapter13/web

package sample.spring.chapter13.domain;

import java.util.Date;

public class FixedDepositDetails {
  .....
  private long depositAmount;
  private Date maturityDate;
  .....
  public void setDepositAmount(long depositAmount) {
    this.depositAmount = depositAmount;
  }
  public void setMaturityDate(Date maturityDate) {
    this.maturityDate = maturityDate;
  }
  .....
}
```

代码清单 13-13 展示了 depositAmount 和 maturityDate 字段的类型分别为 long 和 java.util.Date。在提交 ch13-data-binding 项目的 Open fixed deposit 表单时，将设置 depositAmount 和 maturityDate 字段的值。图 13-2 展示了 ch13-data-binding 项目中用于开立新定期存款的 Open fixed deposit 表单。

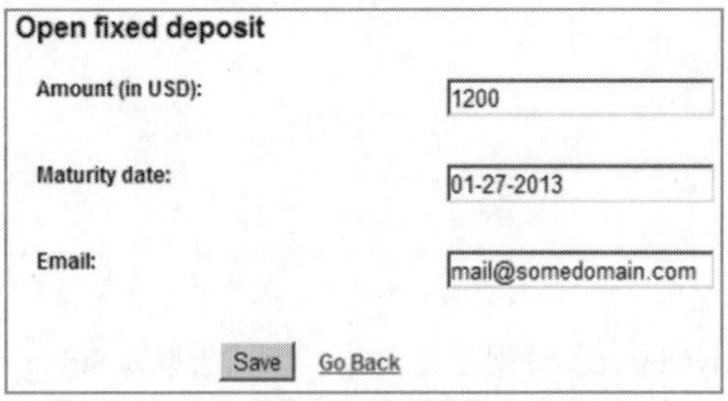

图 13-2 开立新定期存款的 Open fixed deposit 表单

在图 13-2 中，Amount(in USD)和 Maturity date 表单字段对应于 FixedDepositDetails 类的 depositAmount 和 maturityDate 字段（见代码清单 13-13）。请注意，Maturity date 字段接受格式为“MM-dd-yyyy”的日期，如 01-27-2013。由于 depositAmount 字段的类型为 long、maturityDate 的类型为 java.util.Date，Spring 的数据绑定机制负责将 String 转换为 FixedDepositDetails 实例定义的类型。

代码清单 13-14 展示了 FixedDepositController 的 openFixedDeposit 方法，该方法在用户填写 Open fixed deposit 表单并单击 Save 按钮时被调用（见图 13-2）。

代码清单 13-14 FixedDepositController——自动数据绑定

```
Project-ch13-data-binding
Source location -src/main/java/sample/spring/chapter13/web

package sample.spring.chapter13.web;

@Controller
.....
public class FixedDepositController {
  .....
  @RequestMapping(params = "fdAction=create", method = RequestMethod.POST)
  public String openFixedDeposit(
```

```
    @ModelAttribute(name = "newFixedDepositDetails") FixedDepositDetails fixedDepositDetails,
     BindingResult bindingResult, SessionStatus sessionStatus) {
    ....
  }
  .....
}
```

在代码清单 13-14 中，@ModelAttribute 注解的 FixedDepositDetails 参数表示在提交 Open fixed deposit 表单时设置请求参数的表单后台对象。Spring 的 WebDataBinder 实例将请求参数绑定到 FixedDepositDetails 实例。

下面介绍 WebDataBinder 是如何执行数据绑定的。

13.4.1 WebDataBinder——Web 请求参数的数据绑定器

WebDataBinder 使用请求参数名称在表单后台对象上查找相应的 JavaBean 风格的 setter 方法。如果找到 JavaBean 风格的 setter 方法，WebDataBinder 将调用该 setter 方法，并将请求参数值作为参数传递给 setter 方法。如果 setter 方法被定义为接受非 String 类型的参数，则 WebDataBinder 使用适当的 PropertyEditor 来执行类型转换。

代码清单 13-15 展示了作为应用程序中的表单后台对象的 MyObject 类。

代码清单 13-15 MyObject 类——表单后台对象

```
public class MyObject {
  private String x;
  private N y;
  .....
  public void setX(String x) {
    this.x = x;
  }
  public void setY(N y) {
    this.y = y;
  }
}
```

代码清单 13-15 展示了 MyObject 类分别定义了名称为 x、类型为 String 和名称为 y、类型为 N 的属性。图 13-3 展示了 WebDataBinder 如何将名为 x 和 y 的请求参数绑定到 MyObject 实例的 x 和 y 属性。

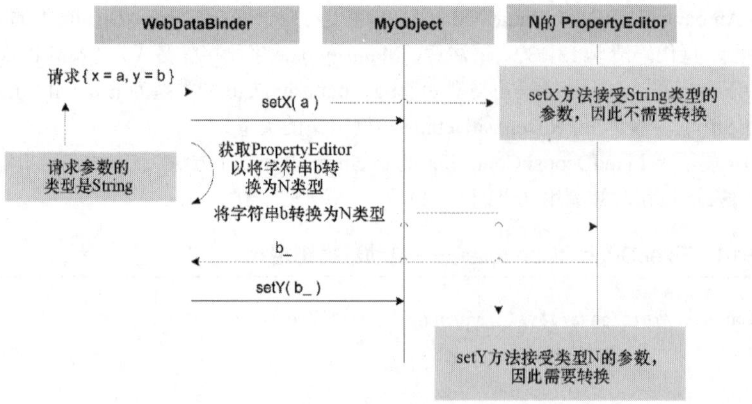

图 13-3 WebDataBinder 通过使用注册的 PropertyEditors 进行类型转换来实现数据绑定

图 13-3 展示了在调用 MyObject 实例的 setY 方法之前，WebDataBinder 使用 PropertyEditor 将 String 值 b 转换为 N 类型。

Spring 提供了几个内置的 PropertyEditor 实现，WebDataBinder 使用这些实现将 String 类型的请求参数值转换为表单后台对象定义的类型。例如，CustomNumberEditor、FileEditor 和 CustomDateEditor 是 Spring 提供的内置 PropertyEditor。有关内置 PropertyEditor 的完整列表，参见 org.springframework.beans.propertyeditors 包。

CustomNumberEditor 用于将 String 值转换为 java.lang.Number 类型，如 Integer、Long、Double 等。CustomDateEditor 用于将 String 值转换为 java.util.Date 类型。可以将 java.text.DateFormat 实例传递给 CustomDateEditor 以指定用于解析和呈现日期的格式。由于我们需要将请求参数值转换为 depositAmount（类型为 long）和 maturityDate（其类型为 java.util.Date），因此这两个 PropertyEditor 都是 ch13-data-binding 项目所需要的。CustomNumberEditor 已经预先注册到 WebDataBinder 实例中，但还需要显式地注册 CustomDateEditor。

下面介绍如何配置一个 WebDataBinder 实例并注册一个 Property Editor 实现。

13.4.2 配置 WebDataBinder 实例

可以通过以下方式来配置一个 WebDataBinder 实例：

- 在控制器类中定义一个@InitBinder 注解的方法；
- 在 Web 应用程序上下文 XML 文件中配置一个 WebBindingInitializer 的实现；
- 在@ControllerAdvice 注解的类中定义@InitBinder 注解的方法。

让我们来介绍一下上面提到的配置 WebDataBinder 实例的方法并在其实例上注册一个 PropertyEditor。

1. 在控制器类中定义一个@InitBinder 注解的方法

控制器类中的@InitBinder 注解方法指定了该方法初始化一个在数据绑定期间由控制器使用的 WebDataBinder 实例。@InitBinder 注解的 value 特性指定了经过初始化的 WebDataBinder 实例应用的模型特性的名称。

代码清单 13-16 展示了在 FixedDepositController 中使用@InitBinder 注解的 initBinder_New 方法。

代码清单 13-16 FixedDepositController——@InitBinder 注解的使用

```
Project-ch13-data-binding
Source location -src/main/java/sample/spring/chapter13/web

package sample.spring.chapter13.web;

import java.text.SimpleDateFormat;
import org.springframework.beans.propertyeditors.CustomDateEditor;
import org.springframework.web.bind.WebDataBinder;
import org.springframework.web.bind.annotation.InitBinder;

@Controller
.....
public class FixedDepositController {
  .....
  @ModelAttribute(name = "newFixedDepositDetails")
  public FixedDepositDetails getNewFixedDepositDetails() { ..... }

  @InitBinder(value = "newFixedDepositDetails")
  public void initBinder_New(WebDataBinder webDataBinder) {
    webDataBinder.registerCustomEditor(Date.class,
        new CustomDateEditor(new SimpleDateFormat("MM-dd-yyyy"), false));
  }
  .....
}
```

在代码清单 13-16 中，@InitBinder 注解的 value 特性被设置为 newFixedDepositDetails，这意味着由 initBinder_New 方法初始化的 WebDataBinder 仅应用于 newFixedDepositDetails 模型特性。@InitBinder 注解的方法可以接受的参数集（如 HttpServletRequest、SessionStatus 等）与@RequestMapping 注解方法相同。

但是，不能将模型特性和 BindingResult（或 Errors）对象作为@InitBinder 注解方法接受的参数来定义。通常，WebDataBinder 实例与 Spring 的 WebRequest 或 java.util.Locale 实例一起传递给@InitBinder 方法。请注意，@InitBinder 方法的返回类型必须为 void。

WebDataBinder 的 registerCustomEditor 方法用于向 WebDataBinder 实例注册 PropertyEditor。在代码清单 13-16 中，initBinder_New 方法将 CustomDateEditor（一个 PropertyEditor）注册到 WebDataBinder 实例。

可以为控制器的每个模型特性都定义一个@InitBinder 注解方法，也可以只定义一个应用于控制器所有模型特性的@InitBinder 注解方法。如果不指定@InitBinder 注解的 value 特性，则该方法初始化的 WebDataBinder 实例应用于控制器的所有模型特性。

2. 配置一个 WebBindingInitializer 实现

WebDataBinder 实例首先由 RequestMappingHandlerAdapter 初始化，然后通过 WebBindingInitializer 和@InitBinder 方法进一步初始化。

Spring MVC 模式的<annotation-driven>元素创建了一个初始化 WebDataBinder 的 Spring 的 Request MappingHandlerAdapter 实例。可以向 RequestMappingHandlerAdapter 提供一个 Spring 的 WebBindingInitializer 接口的实现以进一步初始化 WebDataBinder 实例。还可以在控制器类中使用@InitBinder 方法来进一步初始化 WebDataBinder 实例。

图 13-4 展示了 RequestMappingHandlerAdapter、WebBindingInitializer 和@InitBinder 方法初始化 WebDataBinder 实例的时序图。

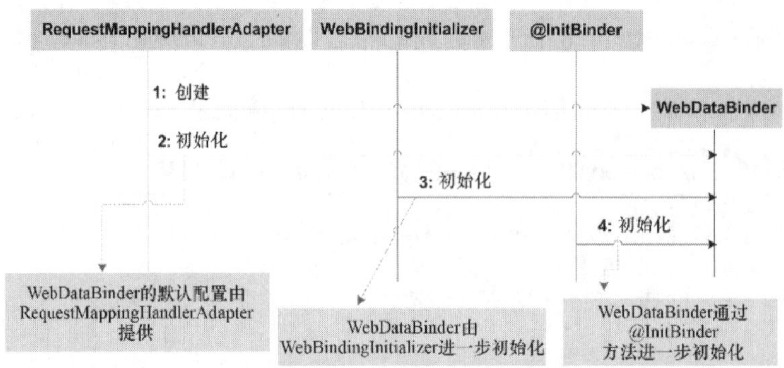

图 13-4 RequestMappingHandlerAdapter、WebBindingInitializer 和控制器类的@InitBinder 方法初始化 WebDataBinder 实例的时序图

由控制器类的@InitBinder 方法初始化的 WebDataBinder 仅应用于该控制器的模型特性。例如，如果在控制器 X 中使用@InitBinder 方法在 WebDataBinder 实例上设置 CustomDateEditor 属性编辑器，则该 CustomDateEditor 属性编辑器在数据绑定期间仅可用于控制器 X 的模型特性。在 MyBank 应用程序中，只有 FixedDepositController 的模型特性需要 CustomDateEditor，因此，用 FixedDepositController 类中的@InitBinder 注解方法向 WebDataBinder 实例注册 CustomDateEditor。

Spring 的 WebBindingInitializer 是一个回调接口，该接口的实现负责使用应用于应用程序中所有控制器（从而应用于所有模型特性）的配置来初始化 WebDataBinder。让我们介绍一下在使用 Spring MVC 模式的<annotation-driven>元素时如何配置一个自定义的 WebBindingInitializer。

Spring MVC 模式的<annotation-driven>元素创建 RequestMappingHandlerAdapter 和 RequestMappingHandlerMapping 对象并将它们注册到 Spring 容器。其他由<annotation-driven>元素配置的对象是 LocalValidatorFactoryBean（见 13.5 节）和 FormattingConversionServiceFactoryBean（见 13.5 节）。<annotation-driven>元素提供了一些可帮助你自定义 RequestMappingHandlerAdapter 和 RequestMappingHandlerMapping 对象的特性。如果<annotation-driven>元素没有提供你对 RequestMappingHandlerAdapter 或 RequestMappingHandlerMapping 对象自定义化的支持，那唯一的选择就是删除<annotation-driven>元素，并在 Web 应用程序上下文 XML 文件中显式配置

RequestMappingHandlerAdapter 和 RequestMappingHandlerMapping 对象。由于<annotation-driven>元素没有提供任何选项将自定义的 WebBindingInitializer 实例提供给 RequestMapping- HandlerAdapter 对象，因此必须在 Web 应用程序上下文 XML 文件中显式配置 RequestMappingHandlerAdapter 和 RequestMappingHandlerMapping 对象。

代码清单 13-17 展示了如何使用 Spring 的 ConfigurableWebBindingInitializer（一个 WebBindingInitializer 的实现）将 CustomDateEditor 属性编辑器配置为对 MyBank 应用程序中的所有控制器可用。

代码清单 13-17 WebBindingInitializer 配置

```
<bean id="handlerAdapter"
  class="org.springframework.web.servlet.mvc.method.annotation.RequestMappingHandlerAdapter">
  <property name="webBindingInitializer" ref="myInitializer" />
</bean>

<bean id="handlerMapping"
  class="org.springframework.web.servlet.mvc.method.annotation.RequestMappingHandlerMapping" />

<bean id="myInitializer"
  class="org.springframework.web.bind.support.ConfigurableWebBindingInitializer">
   <property name="propertyEditorRegistrars">
      <list>
          <bean class="mypackage.MyPropertyEditorRegistrar" />
      </list>
   </property>
</bean>
```

在代码清单 13-17 中，将 RequestMappingHandlerAdapter 和 RequestMappingHandlerMapping bean 在 Web 应用程序上下文 XML 文件中显式地定义。RequestMappingHandlerAdapter 的 webBindingInitializer 属性指向实现 WebBindingInitializer 接口的 ConfigurableWebBindingInitializer bean。ConfigurableWebBindingInitializer 的 propertyEditorRegistrars 属性指定了向 WebDataBinder 注册一个或多个 PropertyEditors 的类。代码清单 13-18 展示了 MyPropertyEditorRegistrar 类如何将 CustomDateEditor 属性编辑器注册到 WebDataBinder。

代码清单 13-18 MyPropertyEditorRegistrar 类

```
import org.springframework.beans.PropertyEditorRegistrar;
import org.springframework.beans.PropertyEditorRegistry;
import org.springframework.beans.propertyeditors.CustomDateEditor;

public class MyPropertyEditorRegistrar implements PropertyEditorRegistrar {

  @Override
  public void registerCustomEditors(PropertyEditorRegistry registry) {
    registry.registerCustomEditor(Date.class, new CustomDateEditor(
         new SimpleDateFormat("MM-dd-yyyy"), false));
  }
}
```

代码清单 13-18 展示了 MyPropertyEditorRegistrar 类实现了 Spring 的 PropertyEditorRegistrar 接口，并提供了 PropertyEditorRegistrar 接口中定义的 registerCustomEditors 方法的实现。传递给 registerCustomEditors 方法的 PropertyEditorRegistry 实例用于注册属性编辑器。PropertyEditorRegistry 的 registerCustomEditor 方法用于向 WebDataBinder 注册 PropertyEditor 实现。在代码清单 13-18 中，PropertyEditorRegistry 的 registerCustomEditor 用于向 WebDataBinder 注册 CustomDateEditor 属性编辑器。

正如我们所看到的，用 WebBindingInitializer 来初始化 WebDataBinder 是一项非常重要的任务。替代使用 WebBindingInitializer 的一种更简单的方法是在@ControllerAdvice 注解的类中定义@InitBinder 注解的方法。

3. 在@ControllerAdvice 注解的类中定义@InitBinder 方法

如同@Service、@Controller 和@Repository 注解一样，@ControllerAdvice 注解是一种特别的

@Component 注解形式。一个类的@ControllerAdvice 注解表示该类为控制器提供支持。可以在@ControllerAdvice 注解的类中定义@InitBinder、@ModelAttribute 和@ExceptionHandler 注解的方法，并且这些注解的方法应用于应用程序中所有注解的控制器。与@Service、@Controller 和@Repository 注解一样，Spring 的 context 模式的<component-scan>元素会自动检测并将@ControllerAdvice 注解的类注册到 Spring 容器。

如果你注意到在多个控制器中重复使用了@InitBinder、@ModelAttribute 和@ExceptionHandler 方法，那么请考虑在@ControllerAdvice 注解的类中定义这些方法。例如，如果要使用应用于应用程序中多个控制器的配置来初始化 WebDataBinder，请在@ControllerAdvice 注解的类中定义@InitBinder 方法，而不是在多个控制器类中定义@InitBinder 方法。

表 13-3 总结了我们讨论过的 3 种初始化 WebDataBinder 的方法。

表 13-3　　初始化 WebDataBinder 的 3 种方法

在控制器类中的@InitBinder 方法	WebBindingInitializer	在@ControllerAdvice 类中的@InitBinder 方法
需要在控制器中定义 @InitBinder 方法	需要在 Web 应用程序上下文 XML 文件中显式配置 RequestMappingHandlerAdapter	需要在@ControllerAdvice 注解的类中定义 @InitBinder 方法
WebDataBinder 初始化仅应用于包含@InitBinder 方法的控制器	WebDataBinder 初始化应用于应用程序中所有注解的控制器	WebDataBinder 初始化应用于应用程序中所有注解的控制器

下面介绍如何允许或禁止模型特性的字段参与数据绑定过程。

13.4.3　允许或禁止字段参与数据绑定过程

WebDataBinder 允许指定允许或禁止参与数据绑定过程的模型特性的字段。强烈建议指定允许或禁止参与数据绑定过程的模型特性的字段，否则可能会损害应用程序的安全性。我们来介绍一下想允许或禁止字段参与数据绑定的场景。

在 MyBank 应用程序中，当用户选择一笔定期存款进行编辑时，会从数据存储中加载所选定期存款的详细信息，并暂时缓存在 HttpSession 中。用户对定期存款进行修改并保存。代码清单 13-19 展示了负责加载所选定期存款并保存更新后的定期存款信息的@RequestMapping 方法。

代码清单 13-19　FixedDepositController

```
Project-ch13-data-binding
Source location -src/main/java/sample/spring/chapter13/web

package sample.spring.chapter13.web;
.....
@SessionAttributes(names = { "newFixedDepositDetails", "editableFixedDepositDetails" })
public class FixedDepositController {
  .....
  @RequestMapping(params = "fdAction=view", method = RequestMethod.GET)
  public ModelAndView viewFixedDepositDetails(
       @RequestParam(name = "fixedDepositId") int fixedDepositId) {
    FixedDepositDetails fixedDepositDetails = fixedDepositService
       .getFixedDeposit(fixedDepositId);
    Map<String, Object> modelMap = new HashMap<String, Object>();
    modelMap.put("editableFixedDepositDetails", fixedDepositDetails);
    .....
    return new ModelAndView("editFixedDepositForm", modelMap);
  }
  .....
  @RequestMapping(params = "fdAction=edit", method = RequestMethod.POST)
  public String editFixedDeposit(
    @ModelAttribute("editableFixedDepositDetails")
FixedDepositDetails fixedDepositDetails, BindingResult bindingResult,
SessionStatus status) {
    .....
```

```
    }
}
```

在 MyBank 应用程序中，定期存款由 FixedDepositDetails 对象的 id 字段唯一标识（参见 ch13-data-binding 项目的 FixedDepositDetails 类）。当用户选择一笔定期存款进行编辑时，id 字段值将通过 fixedDepositId 请求参数传递给 viewFixedDepositDetails 方法。viewFixedDepositDetails 方法使用 fixedDepositId 请求参数的值来加载定期存款明细，并显示在 Edit fixed deposit 表格上，如图 13-5 所示。

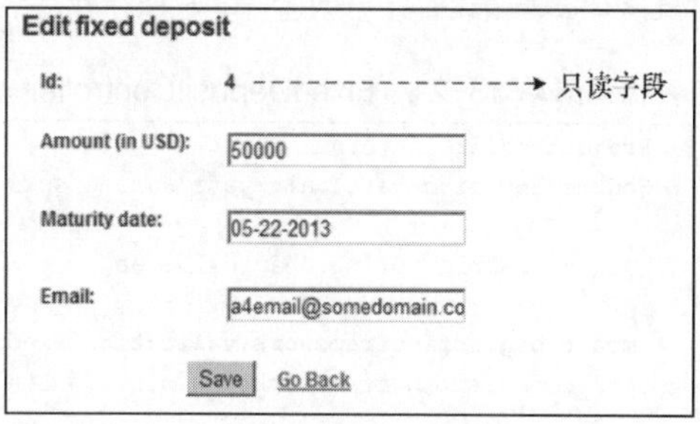

图 13-5 用于编辑定期存款明细的 Edit fixed deposit 表格

由于 id 值（对应于 FixedDepositDetails 对象的 id 特性）唯一标识系统中的一笔定期存款，Edit fixed deposit 表格不提供任何更改它的机制。当用户单击 Save 按钮时，将调用 FixedDepositController 的 editFixedDeposit 方法。editFixedDeposit 方法将更改保存到定期存款详情中。

当调用 FixedDepositController 的 editFixedDeposit 方法时，WebDataBinder 实例将请求参数值绑定到 editableFixedDepositDetails 模型特性的字段——由 viewFixedDepositDetails 方法加载并临时存储在 HttpSession（见代码清单 13-19 中的@SessionAttributes 注解）中的 FixedDepositDetails 对象。如果一个恶意用户发送名为 id 值为 10 的请求参数，则 WebDataBinder 将在数据绑定期间盲目地将 FixedDepositDetails 对象的 id 特性设置为 10。这是不可取的，因为更改 FixedDepositDetails 对象的 id 特性将危及应用程序的数据。

WebDataBinder 提供 setAllowedFields 和 setDisallowedFields 方法，可以使用它们来设置允许或禁止参与数据绑定过程的模型特性字段的名称。代码清单 13-20 展示了 FixedDepositController 的 initBinder_Edit 方法。该方法指定了 editableFixedDepositDetails 模型特性的 id 字段不允许参与数据绑定过程。

代码清单 13-20 FixedDepositController——WebDataBinder 的 setDisallowedFields 方法

```
Project-ch13-data-binding
Source location -src/main/java/sample/spring/chapter13/web

package sample.spring.chapter13.web;
.....
public class FixedDepositController {
  .....
  @RequestMapping(params = "fdAction=edit", method = RequestMethod.POST)
  public String editFixedDeposit(
    @ModelAttribute("editableFixedDepositDetails") FixedDepositDetails fixedDepositDetails, .....) {
    .....
  }
  .....
  @InitBinder(value = "editableFixedDepositDetails")
  public void initBinder_Edit(WebDataBinder webDataBinder) {
    webDataBinder.registerCustomEditor(Date.class, new CustomDateEditor(
        new SimpleDateFormat("MM-dd-yyyy"), false));
    webDataBinder.setDisallowedFields("id");
  }
}
```

在代码清单 13-20 中，initBinder_Edit 方法初始化了 WebDataBinder 实例的 editableFixedDepositDetails 模型特性。由于 setDisallowedFields 方法指定 editableFixedDepositDetails 模型特性的 id 字段不允许参与数据绑定过程，因此即使请求中包含名为 id 的请求参数，也不会设置 id 字段。

下面介绍 Spring 的 BindingResult 对象，它暴露了在数据绑定和验证过程中产生的错误。

13.4.4　使用 BindingResult 对象检查数据绑定和验证错误

Spring 的 BindingResult 对象将请求参数绑定到模型特性的字段的结果提供给控制器方法。例如，如果在数据绑定期间发生任何类型转换错误，将由 BindingResult 对象来报告。

代码清单 13-21 展示了 FixedDepositController 的 openFixedDeposit 方法。该方法只有当 BindingResult 对象没有报告错误时才会创建一笔定期存款。

代码清单 13-21　FixedDepositController——使用 BindingResult 检查绑定和验证错误

```
Project-ch13-data-binding
Source location -src/main/java/sample/spring/chapter13/web

package sample.spring.chapter13.web;

import org.springframework.validation.BindingResult;
import org.springframework.web.bind.annotation.ModelAttribute;
.....
public class FixedDepositController {
  .....
  @RequestMapping(params = "fdAction=create", method = RequestMethod.POST)
  public String openFixedDeposit(
    @ModelAttribute(name = "newFixedDepositDetails") FixedDepositDetails fixedDepositDetails,
     BindingResult bindingResult, SessionStatus sessionStatus) {
     .....
    if (bindingResult.hasErrors()) {
      return "createFixedDepositForm";
    } else {
      fixedDepositService.saveFixedDeposit(fixedDepositDetails);
      sessionStatus.setComplete();
      return "redirect:/fixedDeposit/list";
    }
  }
  .....
}
```

在代码清单 13-21 中，如果 BindingResult 对象持有一个或多个数据绑定或验证错误，BindingResult 的 hasErrors 方法将返回 true。在 13.5 节中，我们将看到验证错误如何存储在 BindingResult 对象中。如果 BindingResult 对象报告了错误，则 openFixedDeposit 方法呈现的 Create fixed deposit 表格将包含相应的错误消息。如果没有报告错误，定期存款明细将保存在数据存储中。

你应该注意到 BindingResult 参数必须紧跟在模型特性参数之后，该参数是你想要在控制器方法中访问其 BindingResult 对象的模型特性参数。例如，在代码清单 13-21 中，BindingResult 参数紧跟在 newFixedDepositDetails 模型特性之后。代码清单 13-22 展示了 openFixedDeposit 方法的模型特性和 BindingResult 对象的顺序不正确的情况。

代码清单 13-22　模型特性和 BindingResult 对象的顺序不正确

```
.....
public class FixedDepositController {
  .....
  @RequestMapping(params = "fdAction=create", method = RequestMethod.POST)
  public String openFixedDeposit(
    @ModelAttribute(name = "newFixedDepositDetails") FixedDepositDetails fixedDepositDetails,
     SessionStatus sessionStatus, BindingResult bindingResult) {
     .....
  }
  .....
}
```

在代码清单 13-22 中，newFixedDepositDetails 模型特性和 BindingResult 对象的顺序是不正确的，因为在它们之间定义了 SessionStatus 参数。

如果控制器方法接受多个模型特性，则在每个模型特性参数之后应立即指定与其对应的 BindingResult 对象，如代码清单 13-23 所示。

代码清单 13-23 多个模型特性和它们的 BindingResult 对象

```
@RequestMapping
public String doSomething(
  @ModelAttribute(name = "a") AObject aObj,BindingResult bindingResultA,
  @ModelAttribute(name = "b") BObject bObj,BindingResult bindingResultB,) {
  .....
}
```

代码清单 13-23 展示了紧随模型特性 a 和 b 其后的是相应的 BindingResult 对象。

现在我们已经学习了数据绑定过程，接下来介绍一下如何在 Spring Web MVC 应用程序中进行验证。

13.5 Spring 中的验证支持

在 13.4 节中，我们看到 WebDataBinder 将请求参数与模型特性绑定。请求处理的下一步是验证模型特性。在 Spring Web MVC 应用程序中，可以使用 Spring Validation API（见 6.9 节）或通过指定 JSR 380（Bean Validation API 1.1）约束模型特性的字段（见 6.10 节）来验证模型特性。

注 意

在本章中，Spring Validation API 和 JSR 380（Bean Validation 2.0）已被用于验证应用程序 Web 层中的表单后台对象（它们是模型特性）。你应该注意到，JSR 380（Bean Validation 2.0）和 Spring Validation API 都可以用来验证任何应用程序层中的对象。

下面介绍一下如何使用 Spring Validation API 的 Validator 接口验证模型特性。

13.5.1 使用 Spring 的 Validator 接口验证模型特性

代码清单 13-24 展示了在 MyBank 应用程序中用于验证 FixedDepositDetails 对象的 FixedDepositDetails Validator 类。

代码清单 13-24 FixedDepositDetailsValidator——Spring 的 Validator 接口的使用

```
Project-ch13-data-binding
Source location -src/main/java/sample/spring/chapter13/web

package sample.spring.chapter13.web;

import org.springframework.validation.*;
import sample.spring.chapter13.domain.FixedDepositDetails;

public class FixedDepositDetailsValidator implements Validator {

  public boolean supports(Class<?> clazz) {
    return FixedDepositDetails.class.isAssignableFrom(clazz);
  }

  public void validate(Object target, Errors errors) {
    FixedDepositDetails fixedDepositDetails = (FixedDepositDetails) target;
    long depositAmount = fixedDepositDetails.getDepositAmount();
    .....
```

```
        if (depositAmount < 1000) {
            errors.rejectValue("depositAmount", "error.depositAmount.less",
                      "must be greater than or equal to 1000");
        }
        if (email == null || "".equalsIgnoreCase(email)) {
            ValidationUtils.rejectIfEmptyOrWhitespace(errors, "email", "error.email.blank",
            "must not be blank");
        }
        .....
    }
}
```

Spring 的 Validator 接口定义了 supports 和 validate 方法。supports 方法检查提供的对象实例（由 clazz 特性表示）是否可以验证。如果 supports 方法返回 true，则使用 validate 方法验证对象。在代码清单 13-24 中，FixedDepositDetailsValidator 的 supports 方法检查提供的对象实例是否为 FixedDepositDetails 类型。如果 supports 方法返回 true，那么 FixedDepositDetailsValidator 的 validate 方法验证该对象。validate 方法接受要验证的对象实例和一个 Errors 实例。Errors 实例存储并暴露验证期间发生的错误。Errors 实例提供了多个 reject 和 rejectValue 方法来将错误注册到 Errors 实例。rejectValue 方法用于报告字段级错误，reject 方法用于报告应用于正在验证的对象的错误。Spring 的 ValidationUtils 类是一个工具类，它提供了便捷的方法来调用一个 Validator，以及拒绝为空的字段。

图 13-6 展示了在代码清单 13-24 中传递给 rejectValue 方法的参数。该参数用于报告对应于 FixedDepositDetails 的 depositAmount 字段的验证错误。在图 13-6 中，字段名称、错误代码（基本上是消息密钥）和默认错误消息被传递给 rejectValue 方法。在第 15 章中，我们将看到 JSP 页面如何使用消息密钥来显示来自资源束的消息。

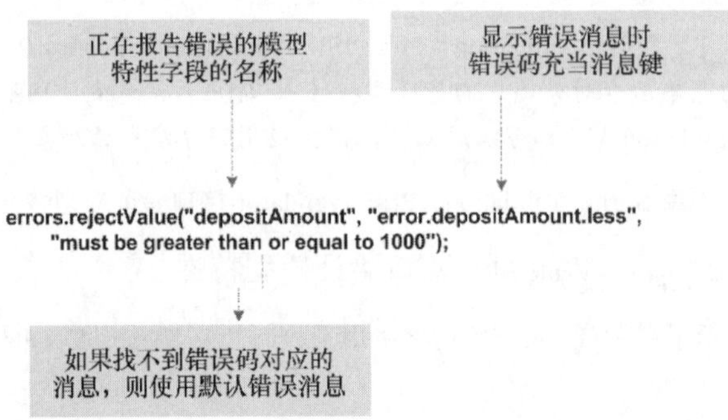

图 13-6　传递给 Errors 实例以报告对应于 FixedDepositDetails 的 depositAmount 字段的验证错误的 rejectValue 方法的参数

可以通过以下方式验证模型特性：

- 在 Validator 实现中显式调用 validate 方法；
- 在 WebDataBinder 上设置 Validator 实现，并使用 JSR 380 的@Valid 来注解@RequestMapping 方法的模型特性参数。

我们来详细介绍一下上面提到的两个方法。

1. 通过显式调用 validate 方法验证模型特性

代码清单 13-25 展示了 FixedDepositController 的 openFixedDeposit 方法。该方法使用 FixedDepositDetails Validator（见代码清单 13-24）来验证 FixedDepositDetails 模型特性。

代码清单 13-25　FixedDepositController——通过显式调用 FixedDepositDetailsValidator 的 validate 方法进行验证

```
Project-ch13-data-binding
Source location -src/main/java/sample/spring/chapter13/web
```

```
package sample.spring.chapter13.web;
.....
public class FixedDepositController {
  .....
  @RequestMapping(params = "fdAction=create", method = RequestMethod.POST)
  public String openFixedDeposit(
    @ModelAttribute(name = "newFixedDepositDetails") FixedDepositDetails fixedDepositDetails,
    BindingResult bindingResult, SessionStatus sessionStatus) {

    new FixedDepositDetailsValidator().validate(fixedDepositDetails,bindingResult);
    if (bindingResult.hasErrors()) {
       logger.info("openFixedDeposit() method: Validation errors
         - re-displaying form for opening a new fixed deposit");
       return "createFixedDepositForm";
    }
    .....
  }
}
```

在代码清单 13-25 中，openFixedDeposit 方法创建了一个 FixedDepositDetailsValidator 的实例并调用其 validate 方法。由于 BindingResult 是 Errors 的一个子接口，因此可以传递一个 BindingResult 对象到需要 Errors 对象的位置。openFixedDeposit 方法将 fixedDepositDetails 模型特性和 BindingResult 对象传递给 validate 方法。由于 BindingResult 已经包含数据绑定错误，因此将 BindingResult 对象传递给 validate 方法也会向 BindingResult 对象添加验证错误。

2. 使用 JSR 380 的@Valid 注解调用模型特性验证

可以指示 Spring 通过将 JSR 380 的@Valid 注解添加到模型特性参数来自动验证传递给@RequestMapping 方法的模型特性参数，并为 WebDataBinder 实例上的模型特性设置验证器。

代码清单 13-26 展示了 FixedDepositController 的 openFixedDeposit 方法如何使用@Valid 注解来验证 FixedDepositDetails 模型特性。

代码清单 13-26 FixedDepositController——使用@Valid 注解调用验证

```
import javax.validation.Valid;
.....
public class FixedDepositController {
  .....
  @RequestMapping(params = "fdAction=create", method = RequestMethod.POST)
  public String openFixedDeposit(
       @Valid @ModelAttribute(value = "newFixedDepositDetails") FixedDepositDetails
       fixedDepositDetails, BindingResult bindingResult, SessionStatus sessionStatus) {

     if (bindingResult.hasErrors()) {
        logger.info("openFixedDeposit() method:
          Validation errors - re-displaying form for opening a new fixed deposit");
        return "createFixedDepositForm";
     }
     .....
  }
  .....
  @InitBinder(value = "newFixedDepositDetails")
  public void initBinder_New(WebDataBinder webDataBinder) {
     webDataBinder.registerCustomEditor(Date.class, new CustomDateEditor(
         new SimpleDateFormat("MM-dd-yyyy"), false));
     webDataBinder.setValidator(new FixedDepositDetailsValidator());
  }
  .....
}
```

在代码清单 13-26 中，initBinder_New 方法调用 WebDataBinder 的 setValidator 方法将 FixedDepositDetailsValidator 设置为 newFixedDepositDetails 模型特性的验证器，在 openFixedDeposit 方法中，newFixedDepositDetails 模型特性使用 JSR 380 的@Valid 进行注解。当调用 openFixedDeposit 方法时，在 newFixedDepositDetails 模型特性上执行数据绑定和验证，并通过 BindingResult 参数提供数据绑定和验证的结果。

注 意

如果@InitBinder 注解指定了模型特性的名称，那么 WebDataBinder 上设置的验证器仅应用于这个特定的模型特性。例如，在代码清单 13-26 中，FixedDepositDetailsValidator 仅应用于 newFixedDepositDetails 模型特性。如果验证器应用于应用程序中的多个控制器，请考虑在@ControllerAdvice 注解的类（或使用 WebBindingInitializer）中定义一个@InitBinder 方法，以在 WebDataBinder 上设置验证器。

下面介绍如何使用 JSR 380 注解在 JavaBeans 组件的属性上指定约束。

13.5.2 使用 JSR 380 注解指定约束

JSR 380（Bean Validation 2.0）定义了可用于指定 JavaBean 组件属性约束的注解。

含 义

chapter 13/ch13-jsr380-validation（该项目展示了 ch13-data-binding 项目的修改版本，该项目使用 JSR 380 注解来指定 FixedDepositDetails 对象的约束。如果在 Tomcat 服务器上部署项目并访问 URL http://localhost:8080/ch13-jsr380-validation，将看到系统中的定期存款列表）。

代码清单 13-27 展示了使用 JSR 380 注解为其字段指定约束的 FixedDepositDetails 类。

代码清单 13-27 FixedDepositDetails——指定 JSR 380 约束

```
Project-ch13-jsr380-validation
Source location -src/main/java/sample/spring/chapter13/domain

package sample.spring.chapter13.domain;

import javax.validation.constraints.*;

public class FixedDepositDetails {
  private long id;

  @Min(1000)
  @Max(500000)
  private long depositAmount;

  @Email
  @Size(min=10, max=25)
  private String email;

  @NotNull
  private Date maturityDate;
  .....
}
```

@Min、@Max、@Email、@Size 和@NotNull 是 JSR 380 定义的一些注解。代码清单 13-27 展示了通过使用 JSR 380 注解，FixedDepositDetails 类清楚地指定了应用于其字段的约束。此外，如果用 Spring 的 Validator 实现来验证对象，则约束将包含在 Validator 实现中（见代码清单 13-24）。

表 13-4 展示了代码清单 13-27 中所示的 FixedDepositDetails 对象上的 JSR 380 注解实施的约束。

表 13-4　　FixedDepositDetails 对象上

JSR 380 注解	约束描述
@NotNull	注解字段不能为 null，例如，maturityDate 字段不能为 null
@Min	注解字段的值必须大于或等于指定的最小值，例如，在 FixedDepositDetails 对象的 depositAmount 字段上的@Min（1000）注解意味着 depositAmount 的值必须大于或等于 1000
@Max	注解字段的值必须小于或等于指定的值，例如，FixedDepositDetails 对象的 depositAmount 字段上的@Max（500000）注解意味着 depositAmount 的值必须小于或等于 500 000
@Size	注解字段的长度必须在指定的 min 和 max 特性之间，例如，FixedDepositDetails 对象的 email 字段上的@Size（min = 10，max = 25）注解意味着 email 字段的长度必须介于 10 和 25 之间
@Email	注解字段的值必须是格式正确的电子邮件地址，例如，FixedDepositDetails 对象的电子邮件字段上的@Email 注解意味着电子邮件字段的值必须是格式正确的电子邮件地址

为了使用 JSR 380 注解，ch13-jsr380-validation 项目指定了对 JSR 380 API JAR 文件（validation-api-2.0.0.FINAL）和 Hibernate Validator 框架（hibernate-validation-6.0.4.Final）的依赖。Hibernate Validator 框架提供了 JSR 380 的参考实现。Hibernate Validator 框架提供了可以与 JSR 380 注解一起使用的附加约束注解。例如，可以使用 Hibernate Validator 的@CreditCardNumber 注解来指定一个字段的值必须为一个有效的信用卡号。

注 意

JSR 380 还允许创建自定义约束并在应用程序中使用它们。例如，可以创建一个自定义约束@MyConstraint 和相应的验证器来强制对象的约束。

现在我们已经在 FixedDepositDetails 类中指定了 JSR 380 约束，接下来介绍如何验证 FixedDepositDetails 对象。

13.5.3 使用 JSR 380 注解验证对象

如果在应用程序的类路径中找到 JSR 380 提供者（如 Hibernate Validator），并且在 Web 应用程序上下文 XML 文件中指定了 Spring 的 mvc 模式的<annotation-driven>元素，那么 Spring 将自动启用对 JSR 380 的支持。在这个场景背后，<annotation-driven>元素配置了一个 Spring 的 LocalValidatorFactoryBean 类的实例，该类负责检测应用程序类路径中 JSR 380 提供者（如 Hibernate Validator）的存在并对其进行初始化。

LocalValidatorFactoryBean 实现了 JSR 380 的 Validator 和 ValidatorFactory 接口，以及 Spring 的 Validator 接口。因此，可以选择通过调用 Spring 的 Validator 接口的 validate 方法或调用 JSR 380 的 Validator 的 validate 方法来验证对象。如前所述，还可以通过在模型特性参数上添加@Valid 注解来指示 Spring 自动验证传递给@RequestMapping 方法的模型特性参数。

1. 通过显式地调用 validate 方法验证模型特性

代码清单 13-28 展示了 FixedDepositController 类。该类使用 Spring 的 Validator 验证使用 JSR 380 约束的 FixedDepositDetails 对象（见代码清单 13-27）。

代码清单 13-28　FixedDepositController——使用 Spring Validation API 验证 FixedDepositDetails

```
Project-ch13-jsr380-validation
Source location -src/main/java/sample/spring/chapter13/web

package sample.spring.chapter13.web;

import org.springframework.validation.Validator;
import javax.validation.Valid;
.....
public class FixedDepositController {
  .....
```

```
    @Autowired
    private Validator validator;
    .....
    @RequestMapping(params = "fdAction=create", method = RequestMethod.POST)
    public String openFixedDeposit(
         @ModelAttribute(name = "newFixedDepositDetails") FixedDepositDetails fixedDepositDetails,
         BindingResult bindingResult, SessionStatus sessionStatus) {
      validator.validate(fixedDepositDetails, bindingResult);

      if (bindingResult.hasErrors()) { ..... } .....
    }
    .....
}
```

在代码清单 13-28 中，LocalValidatorFactoryBean（实现了 Spring 的 Validator 接口）将自动装配到 FixedDepositController 的 validator 实例变量中。在 openFixedDeposit 方法中，调用 Validator 的 validate 方法会导致调用 LocalValidatorFactoryBean 的 validate(Object, Errors)方法来验证 FixedDepositDetails 实例。BindingResult 对象被传递给 validate 方法以保存验证错误。在代码清单 13-28 中，要注意的一个重要的点是，FixedDepositController 不直接使用 JSR 380 特定的 API 来验证 FixedDepositDetails 对象。而是使用 Spring Validation API 来验证 FixedDepositDetails 对象。

代码清单 13-29 展示了 FixedDepositController 的替代版本，它使用 JSR 380 特定的 API 来验证 FixedDepositDetails 对象。

代码清单 13-29　FixedDepositController——使用 JSR 380-specific API 验证 FixedDepositDetails

```
import javax.validation.ConstraintViolation;
import javax.validation.Validator;
import java.util.Set;
.....
public class FixedDepositController {
  .....
  @Autowired
  private Validator validator;
  .....
  @RequestMapping(params = "fdAction=create", method = RequestMethod.POST)
  public String openFixedDeposit(
        @ModelAttribute(name = "newFixedDepositDetails") FixedDepositDetails fixedDepositDetails,
        BindingResult bindingResult, SessionStatus sessionStatus) {

        Set<ConstraintViolation<FixedDepositDetails>> violations =
              validator.validate(fixedDepositDetails);
        Iterator<ConstraintViolation<FixedDepositDetails>> itr = violations.iterator();

        if(itr.hasNext()) { ..... } .....
  }
  .....
}
```

在代码清单 13-29 中，LocalValidatorFactoryBean（实现了 JSR 380 的 Validator 接口）自动装配到 FixedDepositController 的 validator 实例变量中。在 openFixedDeposit 方法中，调用 Validator 的 validate 方法会导致调用 LocalValidatorFactoryBean 的 validate（T）方法来验证 FixedDepositDetails 实例。validate 方法返回一个 java.util.Set 对象。该对象包含由 JSR 380 提供者对违反约束的报告。可以检查 validate 方法返回的 java.util.Set 对象以查找是否有违反约束的报告。

2. 使用 JSR 380 的@Valid 注解调用模型特性验证

可以指示 Spring 通过将 JSR 380 的@Valid 注解添加到模型特性参数中来自动验证传递给@RequestMapping

方法的模型特性参数。代码清单 13-30 展示了 FixedDepositController 的 editFixedDeposit 方法。该方法使用@Valid 注解来验证 editableFixedDepositDetails 模型特性。

代码清单 13-30 FixedDepositController——使用@Valid 注解调用验证

```
Project-ch13-jsr380-validation
Source location -src/main/java/sample/spring/chapter13/web

package sample.spring.chapter13.web;

import javax.validation.Valid;
.....
public class FixedDepositController {
  .....
  @RequestMapping(params = "fdAction=edit", method = RequestMethod.POST)
  public String editFixedDeposit(
  @Valid @ModelAttribute("editableFixedDepositDetails") FixedDepositDetails fixedDepositDetails,
      BindingResult bindingResult, SessionStatus sessionStatus) {

    if (bindingResult.hasErrors()) { ..... } .....
  }
  .....
}
```

在代码清单 13-30 中，@Valid 注解会让 Spring 对于 editableFixedDepositDetails 模型特性进行自动验证。在验证期间对违反约束的报告会与数据绑定错误一起添加到 BindingResult 对象中。

下面介绍 Spring 的 form 标签库如何对在 JSP 页面中写入表单进行简化。

13.6 Spring 的 form 标签库

Spring 的 form 标签库提供了简化 Spring Web MVC 应用程序创建 JSP 页面的标签。Spring 的 form 标签库提供标签来呈现各种输入表单元素，并绑定表单数据以形成表单后台对象。

代码清单 13-31 展示了 ch13-jsr380-validation 项目中使用 Spring 的 form 标签库标签的 JSP 页面 createFixedDepositForm.jsp。

代码清单 13-31 createFixedDepositForm.jsp——Spring 的 form 标签库的使用

```
Project-ch13-jsr380-validation
Source location -src/main/webapp/WEB-INF/jsp

<%@taglib uri="http://java.sun.com/jsp/jstl/core" prefix="c"%>
<%@taglib prefix="form" uri="http://www.springframework.org/tags/form"%>

<html>
.....
   <form:form modelAttribute="newFixedDepositDetails"
     name="createFixedDepositForm" method="POST"
     action="${pageContext.request.contextPath}/fixedDeposit?fdAction=create">
     .....
     <tr>
        <td class="td"><b>Amount (in USD):</b></td>
        <td class="td"><form:input path="depositAmount" />
           <font style="color: #C11B17;"><form:errors path="depositAmount"/></font>
        </td>
     </tr>
     <tr>
```

```
            <td class="td"><b>Maturity date:</b></td>
            <td class="td"><form:input path="maturityDate" />
            <font style="color: #C11B17;"><form:errors path="maturityDate"/></font></td>
        </tr>
        .....
            <td class="td"><input type="submit" value="Save" />
        .....
    </form:form>
</html>
```

在代码清单 13-31 中，以下 taglib 指令使 JSP 页面可以访问 Spring 的 form 标签库的标签。

```
<%@taglib prefix="form" uri="http://www.springframework.org/tags/form"%>
```

Spring 的 form 标签库的<form>标签呈现一个 HTML 表单，它将表单字段绑定到由 modelAttribute 特性标识的模型特性的属性。<form>标签包含由 modelAttribute 特性指定的模型特性的属性对应的<input>标签。当表单呈现时，将从模型特性读取属性并由<input>标签显示。并且当提交表单时，表单中的字段值将绑定到模型特性的相应属性中。

注　意

在 Spring 5 之前，<form>标签的 commandName 特性用于指定表单字段绑定到的模型特性名称。从 Spring 5 开始，commandName 特性被 modelAttribute 特性替换。如果在 Spring 5 中使用 commandName 特性，则会导致运行时异常。

在代码清单 13-31 中，<form>标签呈现了用于开立一笔定期存款的 HTML 表单。modelAttribute 特性的值为 newFixedDepositDetails，这意味着表单字段将被映射到 newFixedDepositDetails 模型特性的属性。name 特性指定了由<form>标签呈现的 HTML 表单的名称。method 特性指定了在提交表单时用于发送表单数据的 HTTP 方法。action 特性指定了在提交表单时发送表单数据的 URL。由 action 特性指定的 URL 必须映射到 Spring Web MVC 应用程序中一个唯一的@RequestMapping 注解的方法。在代码清单 13-31 中，URL ${pageContext.request.contextPath}/fixedDeposit?fdAction=create 映射到 FixedDepositController 的 openFixedDeposit 方法（见 ch13-jsr380-validation 项目的 FixedDepositController.java 文件）。你应该注意到，表达式${pageContext.request.contextPath}返回了 Web 应用程序的上下文路径。

Spring 的 form 标签库的<input>标签呈现一个 type 特性设置为 text 的 HTML <input>元素。path 特性指定了字段映射到的模型特性的属性。当呈现表单时，属性的值由输入字段显示。而且当提交表单时，属性的值被设置为用户在输入字段中输入的值。

Spring 的 form 标签库的<errors>标签显示了在数据绑定和验证期间添加到 BindingResult 的数据绑定和验证错误的消息。如果要显示与特定属性相对应的错误消息，请指定属性的名称作为 path 特性的值。如果要显示存储在 BindingResult 对象中的所有的错误消息，请将 path 特性的值指定为*。

createFixedDepositForm.jsp 页面仅使用 Spring 的 form 标签库标签的一个子集。表 13-5 显示了 Spring 的 form 标签库提供的其他标签。

表 13-5　Spring 的 form 标签库提供的其他标签

标签	描述
<checkbox>	呈现一个 HTML 复选框（即<input type ="checkbox"/>） 如果复选框未被选中，HTML 复选框的值不会发送到服务器，所以<checkbox>标签会额外呈现与每个复选框对应的隐藏字段，以允许将复选框的状态发送到服务器 示例：<form：checkbox path ="myProperty"/> path 特性指定复选框值绑定的属性的名称
<checkboxes>	呈现多个 HTML 复选框 示例：<form：checkboxes path ="myPropertyList"items ="$ {someList}"/> path 特性指定了所选的复选框值绑定的属性的名称。items 特性指定了包含要显示为复选框的选项列表的模型特性的名称

续表

标签	描述
<radiobutton>	呈现一个 HTML 单选按钮（即<input type ="radio"/>） 示例：<form：radiobutton path ="myProperty"value ="myValue"/> path 特性指定了单选按钮绑定的属性的名称，value 特性指定了分配给单选按钮的值
<radiobuttons>	呈现多个 HTML 单选按钮 示例：<form：radiobuttons path ="myProperty"items ="$ {myValues}"/> items 特性指定了要显示为单选按钮的选项列表，path 特性指定了所选单选按钮值绑定的属性
<password>	呈现一个 HTML 密码字段（即<input type ="password"/>）
<select>	呈现一个 HTML <select>元素 示例：<form：select path ="book"items ="$ {books}"/> items 特性指定了模型特性属性，其中包含要在 HTML <select>元素中显示的选项列表。path 特性指定了所选选项绑定的属性
<option>	呈现 HTML <option>元素 示例： <form:select path="book"> <form:option value="Getting started with Spring Framework"/> <form:option value="Getting started with Spring Web MVC"/> </form:select>
<options>	呈现多个 HTML <option>元素
<textarea>	呈现一个 HTML <textarea>元素
<hidden>	呈现 HTML 隐藏的输入字段（即<input type="hidden" />）

下面介绍 Spring 的 form 标签库对 HTML5 的支持。

Spring 的 form 标签库对 HTML5 的支持

form 标签库允许在标签中使用特定于 HTML5 的特性。例如，以下<textarea>标签使用了 HTML5 的 required 特性。

```
<form:textarea path="myProperty" required="required"/>
```

required ="required"特性指定用户必须在 textarea 中输入信息。使用 required 特性可以节省编写 JavaScript 代码以执行对必需字段的客户端验证。如果用户没有在 textarea 中输入任何信息并尝试提交表单，则 Web 浏览器会显示一条消息，指出 textarea 是必填项，不能留空。

在 HTML5 中，可以将 type 特性的值指定为 email、datetime、date、month、week、time、range、color 和 reset 等。例如，以下<input>标签将 type 特性的值指定为 email。

```
<form:input path="myProperty" type="email"/>
```

当用户尝试提交包含 email 类型的表单时，Web 浏览器会检查 email 类型字段是否包含有效的电子邮件地址。如果 email 类型字段没有包含有效的电子邮件地址，则 Web 浏览器会显示一条消息，指示该字段不包含有效的电子邮件地址。当 Web 浏览器执行验证时，就不需要编写 JavaScript 代码来验证电子邮件地址了。

下面介绍如何在不使用 XML 文件的情况下配置 Spring Web MVC 应用程序。

13.7 使用基于 Java 的配置方式来配置 Web 应用程序

到目前为止我们看到的 Web 应用代码清单中，会在根 Web 应用程序上下文 XML（由 ContextLoaderListener 加载）和子 Web 应用程序上下文 XML（由 DispatcherServlet 加载）中定义 Spring bean，并且通过 DispatcherServlet 和 ContextLoaderListener 配置 web.xml。在本节中，我们将了解如何使用基于 Java 的配置方法来配置 Spring Web MVC 应用程序。

含 义

chapter 13/ch13-jsr380-validation-javaconfig（该项目是使用基于 Java 的配置方法的 ch13-jsr380-validation 项目的修改版本。如果在 Tomcat 服务器上部署项目并访问 URL http://localhost：8080/ ch13-jsr380-validation-javaconfig，将看到系统中的定期存款列表）。

由于根和子 Web 应用程序上下文中对待 bean 的方式不同，需要为根和子 Web 应用程序上下文定义不同的@Configuration 注解类。代码清单 13-32 展示了使用@Configuration 注解的 RootContextConfig 类。该类配置属于根 Web 应用程序上下文的 bean。

代码清单 13-32 RootContextConfig

```
Project-ch13-jsr380-validation-javaconfig
Source location -src/main/java/sample/spring/chapter13

package sample.spring.chapter13;
.....
@Configuration
@ComponentScan(basePackages = { "sample.spring.chapter13.domain",
   "sample.spring.chapter13.dao", "sample.spring.chapter13.service" })
public class RootContextConfig { ..... }
```

如代码清单 13-32 所示，RootContextConfig 类使用@ComponentScan 来注册域实体、DAO 和服务。RootContextConfig 类与 ch13-jsr380-validation 项目的 applicationContext.xml 文件（位于 src/main/resources/META-INF/spring/）相同。

代码清单 13-33 展示了使用@Configuration 注解的 WebContextConfig 类。该类配置属于应用程序 Web 层的 bean。

代码清单 13-33 WebContextConfig

```
Project-ch13-jsr380-validation-javaconfig
Source location -src/main/java/sample/spring/chapter13

package sample.spring.chapter13;

import org.springframework.web.servlet.config.annotation.EnableWebMvc;
import org.springframework.web.servlet.config.annotation.ViewResolverRegistry;
import org.springframework.web.servlet.config.annotation.WebMvcConfigurer;
import org.springframework.web.servlet.view.InternalResourceViewResolver;

@EnableWebMvc
@Configuration
@ComponentScan("sample.spring.chapter13.web")
public class WebContextConfig implements WebMvcConfigurer {

  @Override
  public void configureViewResolvers(ViewResolverRegistry registry) {
    InternalResourceViewResolver viewResolver = new InternalResourceViewResolver();
    viewResolver.setPrefix("/WEB-INF/jsp/");
    viewResolver.setSuffix(".jsp");
    registry.viewResolver(viewResolver);
  }
}
```

@EnableWebMvc 注解与 Spring 的 mvc 模式的<annotation-driven>元素具有相同的作用，它配置了开发 Spring Web MVC 应用程序所需的对象。要覆盖默认配置，请实现 WebMvcConfigurer 接口。该类用于不同配置的默认方法的定义。在代码清单 13-33 中，WebContextConfig 实现了 WebMvcConfigurer 类，并覆盖了 configureViewResolvers 方法以注册一个 InternalResourceViewResolver，它将视图解析为位于/WEB-INF/jsp 文件夹中的 JSP 页面。

可以使用 Spring 的 AbstractAnnotationConfigDispatcherServletInitializer 类（一个 Spring 的 WebApplicationInitializer 的实现）来取代对 web.xml 的使用，以编程方式配置 ServletContext，并将 DispatcherServlet 和 ContextLoaderListener 注册到 ServletContext。代码清单 13-34 展示了继承 AbstractAnnotationConfigDispatcherServletInitializer 类的 BankAppInitializer 类。

代码清单 13-34 BankAppInitializer 类

```
Project-ch13-jsr380-validation-javaconfig
Source location -src/main/java/sample/spring/chapter13

package sample.spring.chapter13;

import org.springframework.web.servlet.support.*;

public class BankAppInitializer extends AbstractAnnotationConfigDispatcherServletInitializer {

  @Override
  protected Class<?>[] getRootConfigClasses() {
    return new Class[] { RootContextConfig.class };
  }

  @Override
  protected Class<?>[] getServletConfigClasses() {
    return new Class[] { WebContextConfig.class };
  }

  @Override
  protected String[] getServletMappings() {
    return new String[] { "/" };
  }
}
```

在代码清单 13-34 中，getRootConfigClasses 方法返回我们要注册到根 Web 应用程序上下文的@Configuration（或@Component）注解的类。由于 RootContextConfig 类配置构成根 Web 应用程序上下文一部分的 bean，所以 getRootConfigClasses 方法将返回 RootContextConfig 类。AbstractAnnotationConfigDispatcherServletInitializer 将根 Web 应用程序上下文提供给一个 ContextLoaderListener 的实例。

getServletConfigClasses 方法返回我们要注册到子 Web 应用程序上下文的@Configuration（或@Component）注解的类。由于 WebContextConfig 类配置构成 Web 层一部分的 bean，所以 getServletConfigClasses 方法返回 WebContextConfig 类。AbstractAnnotationConfigDispatcherServletInitializer 将子 Web 应用程序上下文提供给一个 DispatcherServlet 的实例。

getServletMappings 方法指定 DispatcherServlet 的 servlet 映射。

以上就是在不使用 web.xml 和应用程序上下文 XML 文件的情况下创建 Spring Web MVC 应用程序所需要做的事情。

13.8 小结

本章介绍了 Spring Web MVC 的许多核心功能。我们学习了@ModelAttribute 和@SessionAttributes 注解，这些注解通常用于开发带注解的控制器。我们还深入了解了 Spring 如何执行数据绑定和验证。在第 14 章中，我们将介绍如何使用 Spring Web MVC 开发 RESTful Web 服务。

第 14 章　使用 Spring Web MVC 开发 RESTful Web 服务

14.1　简介

表征状态传输（也称为 REST）是一种架构风格，其中应用程序定义由 URI（统一资源标识符）唯一标识的资源。REST 风格的应用程序客户端通过向资源映射的 URI 发送 HTTP GET、POST、PUT 和 DELETE 方法请求与资源进行交互。图 14-1 展示了被客户端访问的 REST 风格的应用程序。

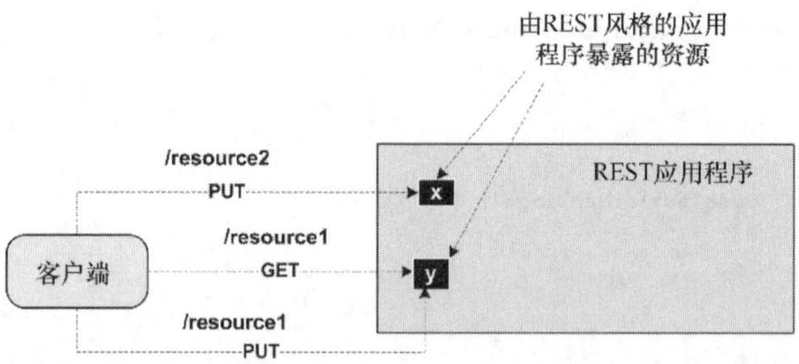

图 14-1　REST 风格的应用程序分别定义由/resource2 和/resource1 URI 唯一标识的 x 和 y 资源

图 14-1 展示了由两个资源（x 和 y）组成的 REST 风格的应用程序。资源 x 映射到/resource2 URI，资源 y 映射到/resource1 URI。客户端可以通过向/resource2 URI 发送 HTTP 请求与资源 x 进行交互，并且可以通过向/resource1 URI 发送 HTTP 请求与资源 y 进行交互。

如果 Web 服务遵循 REST 架构风格，则称为 RESTful Web 服务。在 RESTful Web 服务的上下文中，可以将资源视为 Web 服务暴露的数据。客户端可以通过向 RESTful Web 服务发送 HTTP 请求对暴露的数据执行 CRUD（CREATE、READ、UPDATE 和 DELETE）操作。客户端和 RESTful Web 服务交换数据可以使用 XML、JSON（JavaScript 对象表示法）格式或简单字符串，或 HTTP 支持的任何其他 MIME 类型来表示。

RESTful Web 服务与基于 SOAP 的 Web 服务相比，实现起来更简单、更具可扩展性。在基于 SOAP 的 Web 服务中，请求和响应始终为 XML 格式。在 RESTful Web 服务中，可以使用 JSON（JavaScript 对象表示法）、XML、纯文本等作为请求和响应。在本章中，我们将介绍 Spring Web MVC 如何简化开发和访问 RESTful Web 服务。

首先介绍使用 Spring Web MVC 实现的 RESTful Web 服务的需求。

14.2　定期存款 Web 服务

我们之前看到，MyBank Web 应用程序提供了显示定期存款列表，以及创建、编辑和关闭定期存款等功能。由于定期存款相关功能也可能被其他应用程序访问，因此定期存款相关功能需要从 MyBank Web 应用程序中提取出来并部署为 RESTful Web 服务。我们将这个新的 RESTful Web 服务称为 FixedDepositWS。

图 14-2 展示了被 MyBank 和 Settlement 应用程序访问的 FixedDepositWS Web 服务。

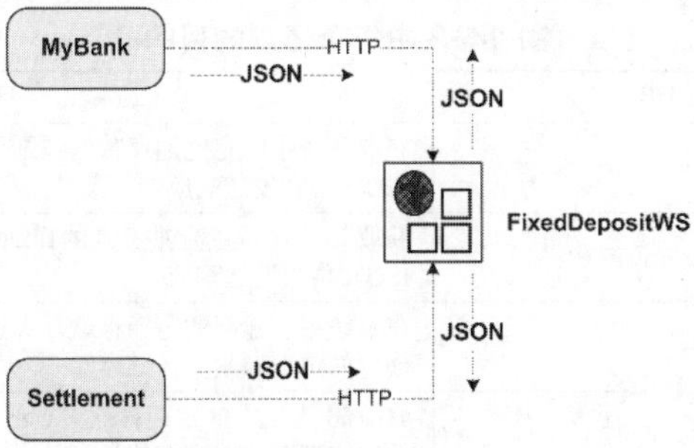

图 14-2 MyBank 和 Settlement 应用程序访问 FixedDepositWS Web 服务

图 14-2 展示了 MyBank 和 Settlement Web 应用程序通过以 JSON 格式交换数据来与 FixedDepositWS Web 服务进行交互。我们很快就会看到相较于 XML，JSON 是应用程序之间交换数据的更简单的替代方法。

下面介绍如何使用 Spring Web MVC 将 FixedDepositWS Web 服务实现为 RESTful Web 服务。

14.3 使用 Spring Web MVC 实现 RESTful Web 服务

要开发一个 RESTful Web 服务，需要执行以下操作：

- 标识 Web 服务暴露的资源；
- 指定与所标识资源相对应的 URI；
- 标识可以对资源执行的操作；
- 将 HTTP 方法映射到标识的操作。

在 FixedDepositWS Web 服务中，定期存款数据代表 Web 服务暴露的资源。如果 FixedDepositWS Web 服务将系统中的定期存款映射到/fixedDeposits URI，则 FixedDepositWS Web 服务客户端可以通过向/fixedDeposits URI 发送 HTTP 请求来对定期存款执行操作。

在 RESTful Web 服务中，客户端用于与资源交互的 HTTP 方法指示了要在资源上执行的操作。GET 获取资源状态，POST 创建一个新资源，PUT 修改资源状态，DELETE 删除资源。图 14-3 展示了当客户端向/fixedDeposits URI 发送 GET、POST、PUT 和 DELETE HTTP 请求时，FixedDepositWS Web 服务执行的操作。

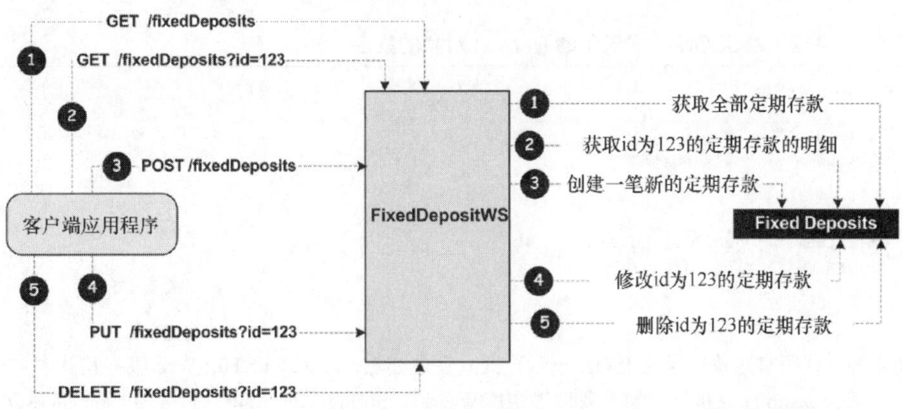

图 14-3 FixedDepositWS 的客户端发送 HTTP 请求到/fixedDeposits URI 以与定期存款数据进行交互

图 14-3 展示了 FixedDepositWS Web 服务的客户端向/fixedDeposits URI 发送 GET、POST、PUT 和 DELETE HTTP 请求以与定期存款数据进行交互。查询字符串参数 id 唯一标识了系统中的定期存款。表 14-1

定义了图 14-3 中每个请求的目的。

表 14-1 图 14-3 中每个请求的目的

HTTP 方法	URI	目的
GET	/fixedDeposits	获取系统中所有定期存款的详细信息。FixedDepositWS Web 服务以 JSON 格式发送响应
GET	/fixedDeposits?id=123	获取 id 为 123 的定期存款的详细信息。FixedDepositWS Web 服务以 JSON 格式发送响应
POST	/fixedDeposits	在系统中创建新的定期存款。Web 服务客户端以 JSON 格式发送要创建的定期存款的详细信息
PUT	/fixedDeposits?id=123	修改 id 为 123 的定期存款。Web 服务客户端以 JSON 格式发送修改后的定期存款的详细信息
DELETE	/fixedDeposits?id=123	删除 id 为 123 的定期存款

表 14-1 展示了 FixedDepositWS 及其客户端以 JSON 格式交换信息。在深入了解如何实现 FixedDepositWS 的细节之前，我们来介绍一下 JSON 的数据格式。

14.3.1 JSON (JavaScript 对象表示法)

JSON 是一种应用程序使用的基于文本的数据格式，用于交换结构化数据。JSON 表示的数据与 XML 相比更加紧凑，可以作为 XML 更简单的替代方法。可以使用 FlexJson 和 Jackson 等 JSON 库简化 Java 对象到 JSON 的转换，反之亦然。

假设一个 Person 类定义了 firstName 和 lastName 特性。如果创建一个 Person 对象的实例并将 firstName 和 lastName 分别设置为 Myfirstname 和 Mylastname，则以 JSON 格式表示的 Person 对象将如代码清单 14-1 所示。

代码清单 14-1 以 JSON 格式表示的 Person 对象

```
{
  "firstName" : "Myfirstname",
  "lastName" : "Mylastname"
}
```

代码清单 14-1 展示了 Person 对象的每个特性都以 JSON 格式表示为<attribute-name> : <attribute-value>。

还可以以 JSON 格式表示 Java 对象的集合。代码清单 14-2 展示了如何以 JSON 格式表示 Person 对象的集合。

代码清单 14-2 以 JSON 格式表示的 Person 对象的集合

```
[
  {
    "firstName" : "Myfirstname",
    "lastName" : "Mylastname"
  },
  {
    "firstName" : "Yourfirstname",
    "lastName" : "Yourlastname"
  }
]
```

不需要编写代码将对象转换为 JSON 表示形式，反之亦然。反而 RESTful Web 服务及其客户端可以使用 FlexJson 或 Jackson 库来执行转换。我们很快就会看到，Spring Web MVC 使用 Jackson 将 JSON 转换为 Java 对象，反之亦然。

现在来介绍一下使用 Spring Web MVC 的 FixedDepositWS Web 服务的实现。

含 义

chapter 14/ch14-webservice（本项目显示了使用 Spring Web MVC 的 FixedDepositWS RESTful Web 服务的实现，本章稍后将介绍如何通过其客户端访问 FixedDepositWS Web 服务）。

14.3.2 FixedDepositWS Web 服务的实现

Spring Web MVC 的注解都支持构建 RESTful Web 服务，如@Controller、@RequestMapping、@RequestParam、@PathVariable、@ResponseBody 和@RequestBody 等。在本节中，我们将介绍这些注解在开发 FixedDepositWS Web 服务时的一些用法。

在 FixedDepositWS Web 服务中，FixedDepositController（一个 Spring Web MVC 控制器）负责处理 Web 服务请求。FixedDepositController 除其@RequestMapping 方法不能呈现视图以外，和任何其他 Spring Web MVC 控制器一样。代码清单 14-3 展示了使用@Controller 和@RequestMapping 注解将 Web 请求映射到 FixedDepositController 类的适当方法。

代码清单 14-3 FixedDepositController——web 服务请求处理程序

```
Project-ch14-webservice
Source location - src/main/java/sample/spring/chapter14/web

package sample.spring.chapter14.web;

import org.springframework.http.ResponseEntity;
.....
@Controller
@RequestMapping(path = "/fixedDeposits")
public class FixedDepositController {
  .....
  @RequestMapping(method = RequestMethod.GET)
  public ResponseEntity<List<FixedDepositDetails>> getFixedDepositList() { ..... }

  @RequestMapping(method = RequestMethod.GET, params = "id")
  public ResponseEntity<FixedDepositDetails> getFixedDeposit(@RequestParam("id") int id) { ..... }
  .....
}
```

getFixedDepositList 方法返回系统中定期存款列表，getFixedDeposit 方法返回由 id 参数标识的定期存款的详细信息。代码清单 14-3 展示了在类和方法级别使用@RequestMapping 注解将请求映射到 getFixedDepositList 和 getFixedDeposit 方法。当客户端应用程序向/fixedDeposits 发送 HTTP GET 请求时调用 getFixedDepositList 方法，而当客户端应用程序向/fixedDeposits URI 发送包含 id 请求参数的 HTTP GET 请求时调用 getFixedDeposit 方法。因此，如果请求 URI 为/fixedDeposits?id=123，则调用 getFixedDeposit 方法。

表 14-2 总结了 Request URI 和 HTTP 方法到 FixedDepositController 类中定义的方法的映射。

表 14-2 Request URI 和 HTTP 方法到 FixedDepositController 类中定义的方法的映射

HTTP 方法	URI	FixedDepositController 方法
GET	/fixedDeposits	getFixedDepositList
GET	/fixedDeposits?id=123	getFixedDeposit
POST	/fixedDeposits	openFixedDeposit
PUT	/fixedDeposits?id=123	editFixedDeposit
DELETE	/fixedDeposits?id=123	closeFixedDeposit

我们在第 12 章和第 13 章中看到，@RequestMapping 注解方法返回由 DispatcherServlet 用于呈现视图

（如 JSP 或 servlet）的视图信息。在 RESTful Web 服务中，@RequestMapping 方法将数据（而不是视图信息）返回给客户端应用程序。因此，getFixedDepositList 和 getFixedDeposit 方法定义为返回 ResponseEntity 类型的对象。现在来介绍一下在 FixedDepositController 类中的 ResponseEntity 对象的用法。

1. 使用 ResponseEntity 指定 HTTP 响应

ResponseEntity 表示一个由响应头、响应体和状态码组成的 HTTP 响应。在 ResponseEntity 对象上设置为响应体的对象由 Spring Web MVC 写入 HTTP 响应体。

代码清单 14-4 展示了如何通过 FixedDepositController 的 getFixedDepositList 方法创建 ResponseEntity 对象。

代码清单 14-4 FixedDepositController——创建 ResponseEntity 实例

```
Project-ch14-webservice
Source location - src/main/java/sample/spring/chapter14/web

package sample.spring.chapter14.web;

import org.springframework.http.HttpStatus;
import org.springframework.http.ResponseEntity;
.....
public class FixedDepositController {
  .....
  @RequestMapping(method = RequestMethod.GET)
  public ResponseEntity<List<FixedDepositDetails>> getFixedDepositList() {
    .....
    return new ResponseEntity<List<FixedDepositDetails>>(
         fixedDepositService.getFixedDeposits(), HttpStatus.OK);
  }
  .....
}
```

在代码清单 14-4 中，传递给 ResponseEntity 构造函数的定期存款列表将被写入 HTTP 响应体。HttpStatus 是一个定义 HTTP 状态代码的枚举类型。常数 OK 表示 HTTP 状态代码 200。请注意，getFixedDepositList 方法的返回类型是 ResponseEntity <List <FixedDepositDetails >>，这意味着 List <FixedDepositDetails>类型的对象被写入 HTTP 响应体。Spring Web MVC 使用适当的 HttpMessageConverter（见 14.5 节）将 List <FixedDepositDetails>对象转换为客户端应用程序所期望的格式。

注 意

在本章后面的部分，我们将看到，客户端应用程序可以使用 Spring 的 RestTemplate 来调用 FixedDepositController 中定义的方法并获取写入 HTTP 响应体的对象。

FixedDepositController 类的所有@RequestMapping 注解方法的返回类型都被定义为 ResponseEntity。如果不需要在响应中发送 HTTP 状态代码，则可以使用 Spring 的 HttpEntity 类代替 ResponseEntity。HttpEntity 表示包含头和体的 HTTP 请求或响应。RequestEntity 和 ResponseEntity 子类分别表示 HTTP 请求和 HTTP 响应。ResponseEntity 添加了响应状态代码，RequestEntity 在 HttpEntity 中添加了 HTTP 方法和 URI。

代码清单 14-5 展示了一个 getFixedDepositList 方法的修改版本，该方法创建并返回一个 HttpEntity 实例。

代码清单 14-5 FixedDepositController——使用 HttpEntity 代替 ResponseEntity

```
import org.springframework.http.HttpStatus;
import org.springframework.http.HttpEntity;
.....
public class FixedDepositController {
```

```
  .....
  @RequestMapping(method = RequestMethod.GET)
  public HttpEntity<List<FixedDepositDetails>> getFixedDepositList() {
    .....
    return new HttpEntity<List<FixedDepositDetails>>(fixedDepositService.getFixedDeposits());
  }
  .....
}
```

代码清单 14-5 展示了在系统中找到的定期存款被传递给了 HttpEntity 的构造函数。和 ResponseEntity（见代码清单 14-4）一样，传递给 HttpEntity 的定期存款将写入 HTTP 响应体。

要发送响应头，可以使用 HttpHeaders 对象。代码清单 14-6 展示了在 HTTP 响应中设置了 some-header 响应头的场景。

代码清单 14-6　HttpHeaders 的使用

```
import org.springframework.http.HttpHeaders;
.....
  @RequestMapping(method = RequestMethod.GET)
  public HttpEntity<String> doSomething() {
    HttpHeaders responseHeaders = new HttpHeaders();
    responseHeaders.set("some-header", "some-value");

    return new HttpEntity<String>("Hello world !", responseHeaders);
  }
.....
```

Spring 的 HttpHeaders 对象用于设置 HTTP 请求和响应头。在代码清单 14-6 中，HttpHeaders 的 set 方法设置了 some-header 响应头（值为 some-value）。当调用 doSomething 方法时，将字符串“Hello world !”写入响应体，并将 some-header 头写入 HTTP 响应。

由于可以定义@RequestMapping 方法接受 HttpServletResponse 对象作为参数，我们来介绍一下如何直接在 HttpServletResponse 对象上设置响应体和响应头。

2. 使用 HttpServletResponse 指定 HTTP 响应

代码清单 14-7 展示了直接写入 HttpServletResponse 对象的@RequestMapping 方法。

代码清单 14-7　在 HttpServletResponse 上设置响应

```
import javax.servlet.http.HttpServletResponse;
.....
  @RequestMapping(method = RequestMethod.GET)
  public void doSomething(HttpServletResponse response) throws IOException {
    response.setHeader("some-header", "some-value");
    response.setStatus(200);
    response.getWriter().write("Hello world !");
  }
.....
```

应该使用 ResponseEntity（或 HttpEntity）对象来提高控制器的可测试性，而不是直接将响应写入 HttpServletResponse。

现在来介绍一下 Spring 的@ResponseBody 方法级注解，它可以将方法的返回值写入 HTTP 响应体。

注 意

从 Spring 4.0 开始，@ResponseBody 注解也可以在类级别指定。如果在类级别指定了@ResponseBody 注解，则它由控制器的@RequestMapping 方法继承。

3. 使用@ResponseBody 将方法的值返回给 HTTP 响应体

代码清单 14-8 展示了@ResponseBody 注解的用法。

代码清单 14-8　@ResponseBody 注解的用法

```
import org.springframework.web.bind.annotation.ResponseBody;
.....
  @RequestMapping(method = RequestMethod.GET)
  @ResponseBody
  public String doSomething() {
    return "Hello world !";
  }
.....
```

在代码清单 14-8 中，doSomething 方法返回的"Hello world!"字符串值将写入 HTTP 响应体。在 12.7 节中，我们讨论了如果@RequestMapping 注解方法的返回类型是 String，则返回的值被视为要呈现的视图的名称。在代码清单 14-8 中，doSomething 方法上的@ResponseBody 注解指示 Spring Web MVC 将字符串值写入 HTTP 响应体，而不是将字符串值视为视图名称。你应该注意到，Spring 使用适当的 HttpMessageConverter（在 14.5 节中解释）实现将@ResponseBody 注解方法返回的值写入了 HTTP 响应体。

注　意

可以使用@RestController 组合注解来融合@RequestMapping 和@ResponseBody 注解，以此代替同时使用@RequestMapping 和@ResponseBody 注解。

现在我们已经看到了@RequestMapping 方法可以以不同方式写入 HTTP 响应，下面再来介绍一下@RequestMapping 方法如何使用@RequestBody 注解从 HTTP 请求体读取信息。

4. 使用@RequestBody 将 HTTP 请求体绑定到方法参数

@RequestMapping 注解方法可以使用@RequestBody 方法参数级注解将 HTTP 请求体绑定到方法参数上。Spring Web MVC 使用适当的 HttpMessageConverter（见 14.5 节）实现将 HTTP 请求体转换为方法参数类型。代码清单 14-9 展示了 MyBank 应用程序的 FixedDepositController 中的@RequestBody 注解的用法。

代码清单 14-9　@RequestBody 注解的用法

```
Project-ch14-webservice
Source location - src/main/java/sample/spring/chapter14/web

package sample.spring.chapter14.web;
.....
import org.springframework.web.bind.annotation.RequestBody;
.....
@Controller
@RequestMapping(path = "/fixedDeposits")
public class FixedDepositController {
  .....
  @RequestMapping(method = RequestMethod.POST)
  public ResponseEntity<FixedDepositDetails> openFixedDeposit(
       @RequestBody FixedDepositDetails fixedDepositDetails,
       BindingResult bindingResult) {
    new FixedDepositDetailsValidator().validate(fixedDepositDetails, bindingResult);
    .....
  }
  .....
}
```

在代码清单 14-9 中，FixedDepositDetails 类型的方法参数使用了@RequestBody 注解。Spring Web MVC 负责将 HTTP 请求体转换为 FixedDepositDetails 类型对象。在代码清单 14-9 中，FixedDepositDetailsValidator 类是 Spring 的 Validator 接口的实现，它在创建定期存款之前验证 FixedDepositDetails 对象。

使用@RequestBody 注解的另一种方法是从 HttpServletRequest 对象中直接读取 HTTP 请求体，并将请求体内容转换为方法所需的 Java 类型。Spring 的@RequestBody 注解简化了转换，因为它使用了适当的 HttpMessageConverter 实现将 HTTP 请求体转换为@RequestMapping 方法预期的对象类型。

下面介绍允许设置 HTTP 响应状态的@ResponseStatus 注解。

5. 使用@ResponseStatus 设置 HTTP 响应状态

可以使用@ResponseStatus 注解来指定@RequestMapping 方法返回的 HTTP 响应状态。代码清单 14-10 展示了@ResponseStatus 注解的用法。

代码清单 14-10 @ResponseStatus 注解的使用

```
import org.springframework.web.bind.annotation.ResponseStatus;

public class SomeController {

  @RequestMapping(method = RequestMethod.GET)
  @ResponseStatus(code = HttpStatus.OK)
  @ResponseBody
  public SomeObject doSomething() {
    .....
  }
}
```

由于 doSomething 方法使用了@ResponseBody 注解，因此返回的 SomeObject 会被写入 HTTP 响应体。而且，@ResponseStatus 注解将 HTTP 响应状态代码设置为 200（由 HttpStatus.OK 常量表示）。

下面介绍在 FixedDepositWS Web 服务中如何使用@ExceptionHandler 注解来处理异常。

6. 使用@ExceptionHandler 处理异常

在 12.9 节中，我们看到@ExceptionHandler 注解标识了负责处理异常的控制器方法。像@RequestMapping 方法一样，RESTful Web 服务中的@ExceptionHandler 方法可以使用@ResponseBody 注解，或者将返回类型定义为 ResponseEntity（或 HttpEntity）。

代码清单 14-11 展示了在 ch14-webservice 项目的 FixedDepositController 类中对@ExceptionHandler 注解的用法。

代码清单 14-11 @ExceptionHandler 注解的用法

```
Project-ch14-webservice
Source location - src/main/java/sample/spring/chapter14/web

package sample.spring.chapter14.web;

import sample.spring.chapter14.exception.ValidationException;
.....
public class FixedDepositController {
  .....
  @ExceptionHandler(ValidationException.class)
  @ResponseBody
  @ResponseStatus(code = HttpStatus.BAD_REQUEST)
  public String handleException(Exception ex) {
    logger.info("handling ValidationException " + ex.getMessage());
    return ex.getMessage();
  }
}
```

handleException 方法上的@ExceptionHandler 注解表示，在请求处理期间 FixedDepositController 抛出 ValidationException 时将调用 handleException 方法。由于 handleException 方法也使用了@ResponseBody 注解，handleException 方法返回的异常消息将写入 HTTP 响应体。handleException 方法上的@ResponseStatus 会将 HTTP 响应状态代码设置为 400（由 HttpStatus.BAD_REQUEST 常量表示）。

在本节中，我们介绍了如何使用 Spring Web MVC 实现 FixedDepositWS Web 服务。下面介绍如何使用 Spring 的 RestTemplate 访问 FixedDepositWS Web 服务。

14.4 使用 RestTemplate 和 WebClient 访问 RESTful Web 服务

Spring 的 RestTemplate（用于同步访问）和 WebClient（用于异步访问）类通过管理 HTTP 连接和处理 HTTP 错误来简化对 RESTful Web 服务的访问。

含 义

chapter 14/ch14-webservice-client（该项目代表一个使用 Spring 的 RestTemplate（用于同步访问 Web 服务）和 WebClient（用于异步访问 Web 服务）类来访问 FixedDepositWS RESTful Web 服务的独立的 Java 应用程序。ch14-webservice-client 项目假设表示 FixedDepositWS RESTful Web 服务的 ch14-webservice 项目部署在 http://localhost:8080/ch14-webservice URL）。

14.4.1 RestTemplate 的配置

代码清单 14-12 展示了如何在 ch14-webservice-client 项目的应用程序上下文 XML 文件中配置 RestTemplate。

代码清单 14-12 applicationContext.xml——RestTemplate 的配置

```
Project-ch14-webservice-client
Source location - src/main/resources/META-INF/spring

<beans .....>
  <bean id="restTemplate" class="org.springframework.web.client.RestTemplate">
    <property name="errorHandler" ref="errorHandler" />
  </bean>

  <bean id="errorHandler" class="sample.spring.chapter14.MyErrorHandler" />
  .....
</beans>
```

RestTemplate 的 errorHandler 属性是指 Spring 的 ResponseErrorHandler 接口的实现，它检查 HTTP 响应的错误并处理错误时的响应。DefaultResponseErrorHandler 是 Spring 开箱即用的 ResponseErrorHandler 接口的默认实现。如果不指定 errorHandler 属性，Spring 将使用 DefaultResponseErrorHandler 实现。代码清单 14-12 展示了 RestTemplate 使用自定义响应错误处理程序 MyErrorHandler。

代码清单 14-13 展示了 MyErrorHandler 类的实现。

代码清单 14-13 MyErrorHandler 类——HTTP 响应错误处理程序

```
Project-ch14-webservice-client
Source location - src/main/java/sample/spring/chapter14

package sample.spring.chapter14;

import org.apache.commons.io.IOUtils;
import org.springframework.http.client.ClientHttpResponse;
import org.springframework.web.client.DefaultResponseErrorHandler;
```

```
public class MyErrorHandler extends DefaultResponseErrorHandler {
  private static Logger logger = LogManager.getLogger(MyErrorHandler.class);

  @Override
  public void handleError(ClientHttpResponse response) throws IOException {
    logger.info("Status code received from the web service : " + response.getStatusCode());
    String body = IOUtils.toString(response.getBody());
    logger.info("Response body: " + body);
    super.handleError(response);
  }
}
```

代码清单 14-13 展示了 MyErrorHandler 类继承了 DefaultResponseErrorHandler 类并覆盖了 handleError 方法。如果 HTTP 响应的状态代码指示了一个错误，则 handleError 方法负责处理响应。handleError 方法的 ClientHttpResponse 参数表示调用 RESTful Web 服务接收到的 HTTP 响应。对 ClientHttpResponse 的 getBody 方法的调用将 HTTP 响应体作为 InputStream 对象返回。MyErrorHandler 的 handleError 方法记录有关 HTTP 响应的状态代码和响应体的信息，并将错误处理委托给 DefaultResponseErrorHandler 的 handleError 方法。代码清单 14-13 展示了 MyErrorHandler 类使用 Apache Commons IO 的 IOUtils 类把 HTTP 响应体的内容作为一个 String 来获取。

现在我们已经看到了如何配置 RestTemplate 类，下面介绍客户端应用程序如何使用 RestTemplate 来访问 RESTful Web 服务。

14.4.2 使用 RestTemplate 访问 FixedDepositWS Web 服务

代码清单 14-14 展示了使用 RestTemplate 访问 FixedDepositWS Web 服务的 FixedDepositWSClient 类。

代码清单 14-14 FixedDepositWSClient 类——RestTemplate 的使用

```
Project-ch14-webservice-client
Source location - src/main/java/sample/spring/chapter14

package sample.spring.chapter14;
.....
import org.springframework.web.client.RestTemplate;

public class FixedDepositWSClient {
  private static ApplicationContext context;

  public static void main(String args[]) {
    context = new ClassPathXmlApplicationContext(
        "classpath:META-INF/spring/applicationContext.xml");
    getFixedDepositList(context.getBean(RestTemplate.class));
    getFixedDeposit(context.getBean(RestTemplate.class));
    .....
  }

  private static void getFixedDepositList(RestTemplate restTemplate) { ..... }
  .....
}
```

代码清单 14-14 展示 FixedDepositWSClient 的 main 方法执行了以下操作：

- 引导 Spring 容器（由 ApplicationContext 对象表示）；
- 调用 getFixedDepositList、getFixedDeposit 等方法，这些方法接受 RestTemplate 的一个实例，负责调用 FixedDepositWS Web 服务。

代码清单 14-15 展示了 FixedDepositWSClient 的 getFixedDepositList 方法的实现。该方法调用部署在 http://localhost:8080/ch14-webservice 上的 FixedDepositWS Web 服务以获取系统中的定期存款列表。

代码清单 14-15　FixedDepositWSClient 的 getFixedDepositList 方法

```
Project-ch14-webservice-client
Source location - src/main/java/sample/spring/chapter14

package sample.spring.chapter14;
.....
import org.springframework.core.ParameterizedTypeReference;
import org.springframework.http.*;
import org.springframework.web.client.RestTemplate;

public class FixedDepositWSClient {
  .....
  private static void getFixedDepositList(RestTemplate restTemplate) {
     HttpHeaders headers = new HttpHeaders();
     headers.add("Accept", "application/json");

     HttpEntity<String> requestEntity = new HttpEntity<String>(headers);

     ParameterizedTypeReference<List<FixedDepositDetails>> typeRef =
          new ParameterizedTypeReference<List<FixedDepositDetails>>() {
     };

     ResponseEntity<List<FixedDepositDetails>> responseEntity = restTemplate
          .exchange("http://localhost:8080/ch14-webservice/fixedDeposits",
               HttpMethod.GET, requestEntity, typeRef);

     List<FixedDepositDetails> fixedDepositDetails = responseEntity.getBody();
     logger.info("List of fixed deposit details: \n" + fixedDepositDetails);
  }
  .....
}
```

在代码清单 14-15 中，使用了 RestTemplate 的 exchange 方法向 http://localhost:8080/ch14-webservice/fixedDeposits URL 发送 HTTP GET 请求。由于 FixedDepositWS Web 服务部署在 http://localhost:8080/ch14-webservice，因此向 http://localhost:8080/ch14-webservice/fixedDeposits URL 发送 HTTP GET 请求会调用 FixedDepositController 的 getFixedDepositList 方法。这是因为 FixedDepositController 的 getFixedDepositList 方法映射到了/fixedDeposits URI（见代码清单 14-3 或 ch14-webservice 项目的 FixedDepositController 类）。

在代码清单 14-15 中，HttpEntity 对象表示发送到 Web 服务的请求，HttpHeaders 对象表示请求中的请求头，ParameterizedTypeReference 对象表示从 Web 服务接收的响应的通用类型。Accept 请求头的值已设置为 application/json，以此将来自 FixedDepositWS Web 服务的响应指定为 JSON 格式。

在 Web 服务端，Spring Web MVC 使用 Accept 头的值来选择适当的 HttpMessageConverter，将由 @ResponseBody 注解方法返回的值转换为 Accept 头指定的格式。例如，如果 Accept 头值为 application/json，Spring Web MVC 将使用 MappingJackson2HttpMessageConverter（HttpMessageConverter 的一个实现）将 @ResponseBody 注解方法返回的值转换为 JSON 格式。FixedDepositWSClient 的 getFixedDepositList 方法将 Accept 头的值指定为 application/json，因此，FixedDepositController 的 getFixedDepositList 方法返回的值将转换为 JSON 格式。

RestTemplate 的 exchange 方法返回一个 ResponseEntity 的实例，它表示 Web 服务返回的响应。由于调用 FixedDepositController 的 getFixedDepositList 得到的响应的通用类型是 List<FixedDepositDetails>，因此将会创建一个 ParameterizedTypeReference<List<FixedDepositDetails>>的实例传递给 exchange 方法。可以调用 ResponseEntity 的 getBody 方法来获取 Web 服务返回的响应。在代码清单 14-15 中，ResponseEntity 的 getBody 方法返回一个类型为 List<FixedDepositDetails>的对象，该对象表示 FixedDepositWS Web 服务返回的定期存款列表。

图 14-4 展示了当 FixedDepositWSClient 调用 FixedDepositController 的 getFixedDepositList 方法时，MappingJackson2HttpMessageConverter 发挥的作用。

图 14-4 展示了 MappingJackson2HttpMessageConverter 用于将 FixedDepositController 的 getFixedDepositList 方法的返回值转换为 JSON 格式。另外，RestTemplate 使用 MappingJackson2HttpMessageConverter 将从 FixedDepositController 收到的 JSON 响应转换为 List <FixedDepositDetails>类型的 Java 对象。

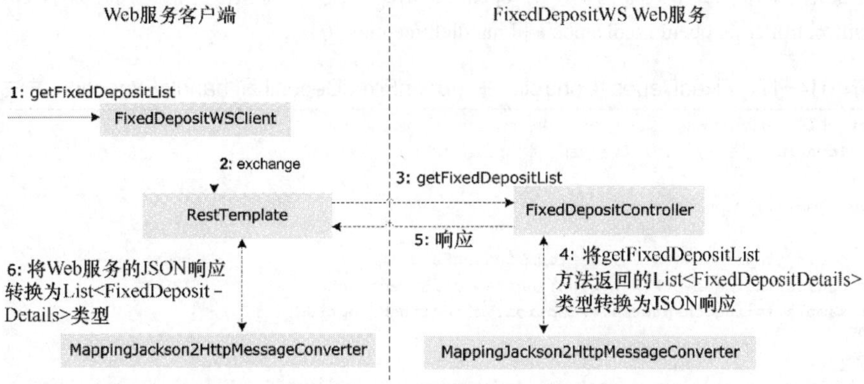

图 14-4 FixedDepositWSClient 的 getFixedDepositList 方法使用 RestTemplate 向 FixedDepositWS Web 服务发送 Web 请求

在代码清单 14-15 中，使用 RestTemplate 的 exchange 方法向 FixedDepositWS Web 服务发送 HTTP GET 请求。如果来自 Web 服务的 HTTP 响应需要转换为 Java 通用类型并发送 HTTP 请求头，则通常使用 exchange 方法。RestTemplate 还定义了简化编写 RESTful 客户端特定的 HTTP 方法。例如，可以使用 getForEntity 方法发送 HTTP GET 请求，postForEntity 发送 HTTP POST 请求，delete 发送 HTTP DELETE 请求等。

代码清单 14-16 展示了 FixedDepositWSClient 的 openFixedDeposit 方法。该方法向 FixedDepositWS Web 服务发送 HTTP POST 请求以创建一笔新的定期存款。

代码清单 14-16 FixedDepositWSClient 的 openFixedDeposit 方法

```
Project-ch14-webservice-client
Source location - src/main/java/sample/spring/chapter14

package sample.spring.chapter14;

import org.springframework.http.ResponseEntity;
import org.springframework.web.client.RestTemplate;
.....
public class FixedDepositWSClient {
  .....
  private static void openFixedDeposit(RestTemplate restTemplate) {
     FixedDepositDetails fdd = new FixedDepositDetails();
     fdd.setDepositAmount("9999");
     .....
     ResponseEntity<FixedDepositDetails> responseEntity = restTemplate
         .postForEntity("http://localhost:8080/ch14-webservice/fixedDeposits",
              fdd, FixedDepositDetails.class);

     FixedDepositDetails fixedDepositDetails = responseEntity.getBody();
     .....
  }
}
```

FixedDepositWSClient 的 openFixedDeposit 方法将要创建的定期存款的详细信息发送到 FixedDepositWS Web 服务。如果定期存款创建成功，FixedDepositWS 将返回新创建的 FixedDepositDetails 对象，该对象包含分配给它的唯一标识符。代码清单 14-16 展示了 RestTemplate 的 postForEntity 方法接受 Web 服务 URL、要发布的对象（即

FixedDepositDetails 对象）和 HTTP 响应类型（即 FixedDepositDetails.class）。发送 HTTP POST 请求到 http://localhost:8080/ch14-webservice/fixedDeposits URL 将调用 FixedDepositController 的 openFixedDeposit 方法（见代码清单 14-9 或 ch14-webservice 项目的 FixedDepositController 类）。

FixedDepositController 的 openFixedDeposit 方法在尝试创建定期存款之前先验证定期存款的详细信息。FixedDepositDetailsValidator 负责验证定期存款明细。如果定期存款金额小于 1000 或期限少于 12 个月，或者如果指定的电子邮件 id 格式不正确，则 openFixedDeposit 方法将抛出异常。代码清单 14-17 展示了 FixedDepositController 的 openFixedDeposit 和 handleException 方法。

代码清单 14-17 FixedDepositController——openFixedDeposit 和 handleException 方法

```
Project-ch14-webservice
Source location - src/main/java/sample/spring/chapter14/web

package sample.spring.chapter14.web;

import org.springframework.validation.BindingResult;
import org.springframework.web.bind.annotation.ExceptionHandler;
import sample.spring.chapter14.exception.ValidationException;
.....
@Controller
@RequestMapping(path = "/fixedDeposits")
public class FixedDepositController {
  .....
  @RequestMapping(method = RequestMethod.POST)
  public ResponseEntity<FixedDepositDetails> openFixedDeposit(
        @RequestBody FixedDepositDetails fixedDepositDetails, BindingResult bindingResult) {

    new FixedDepositDetailsValidator().validate(fixedDepositDetails, bindingResult);

    if (bindingResult.hasErrors()) {
       throw new ValidationException("Validation errors occurred");
    } else {
       fixedDepositService.saveFixedDeposit(fixedDepositDetails);
       .....
    }

    @ExceptionHandler(ValidationException.class)
    @ResponseBody
    @ResponseStatus(value = HttpStatus.BAD_REQUEST)
    public String handleException(Exception ex) {
      return ex.getMessage();
    }
  }
  .....
}
```

代码清单 14-17 展示了如果定期存款验证失败，则 openFixedDeposit 方法将抛出 ValidationException 异常。由于 handleException 方法使用了@ExceptionHandler(ValidationException.class)注解，因此 openFixedDeposit 方法抛出的 ValidationException 由 handleException 方法处理。@ResponseBody 和 @ResponseStatus（code=HttpStatus.BAD_REQUEST）注解指定将 handleException 方法返回的异常消息写入响应体，状态代码设置为 HttpStatus.BAD_REQUEST 常量（对应于 HTTP 状态代码 400）。

FixedDepositWSClient 的 openInvalidFixedDeposit 方法尝试创建一个存款金额为 100 的定期存款，如代码清单 14-18 所示。

代码清单 14-18 FixedDepositWSClient——openInvalidFixedDeposit 方法

```
Project-ch14-webservice-client
Source location - src/main/java/sample/spring/chapter14

  private static void openInvalidFixedDeposit(RestTemplate restTemplate) {
     FixedDepositDetails fdd = new FixedDepositDetails();
     fdd.setDepositAmount("100");
     fdd.setEmail("99@somedomain.com");
     fdd.setTenure("12");

     ResponseEntity<FixedDepositDetails> responseEntity = restTemplate
         .postForEntity( "http://localhost:8080/ch14-webservice/fixedDeposits",
              fdd, FixedDepositDetails.class);

     FixedDepositDetails fixedDepositDetails = responseEntity.getBody();
     logger.info("Details of the newly created fixed deposit: "
          + fixedDepositDetails);
  }
```

openInvalidFixedDeposit 方法使用 RestTemplate 向 FixedDepositController 的 openFixedDeposit 方法发送请求。由于定期存款金额指定为 100，FixedDepositController 的 openFixedDeposit 方法抛出 ValidationException（见代码清单 14-17）。FixedDepositController 的 handleException 方法（见代码清单 14-17）处理 ValidationException，并将 HTTP 响应状态设置为 400。由于 RestTemplate 收到的响应状态代码为 400，则响应的处理委托给我们为 RestTemplate 配置的 MyErrorHandler 实现（见代码清单 14-12 和代码清单 14-13）。

RestTemplate 允许客户端同步访问 RESTful Web 服务。现在来介绍一下如何使用 Spring 的 WebClient 异步访问 RESTful Web 服务。

14.4.3 使用 WebClient 异步访问 RESTful Web 服务

为了允许客户端异步访问 RESTful Web 服务，Spring 提供了 WebClient 类。WebClient 类是 spring-webflux 模块的一部分（见第 19 章），它提供了对 RESTful Web 服务的函数式访问（见第 17 章）和反应式访问（见第 18 章）。我们将会在第 19 章详细介绍 WebClient 类。

代码清单 14-19 展示了使用 WebClient 访问 FixedDepositWS Web 服务的 FixedDepositWSWebClient 类。

代码清单 14-19 FixedDepositWSWebClient——openFixedDeposit 方法

```
Project-ch14-webservice-client
Source location - src/main/java/sample/spring/chapter14

package sample.spring.chapter14;

package sample.spring.chapter14;

import org.springframework.http.HttpEntity;
import org.springframework.http.MediaType;
import org.springframework.web.reactive.function.BodyInserters;
import org.springframework.web.reactive.function.client.WebClient;
.....
public class FixedDepositWSWebClient {
    .....
    public static void main(String args[]) throws InterruptedException {
        .....
        WebClient webClient = WebClient.create("http://localhost:8080/ch14-webservice");
        try {
            .....
            openFixedDeposit(webClient);
        } catch (Exception e) {
```

```
            e.printStackTrace();
        }
        Thread.sleep(10000);
    }

    private static void openFixedDeposit(WebClient webClient) {
        FixedDepositDetails fdd = new FixedDepositDetails();
        fdd.setDepositAmount("9999");
        .....
        webClient.post().uri("/fixedDeposits")
                .accept(MediaType.APPLICATION_JSON)
                .body(BodyInserters.fromObject(fdd))
                .retrieve().bodyToMono(FixedDepositDetails.class)
                .subscribe(fixedDeposit -> logger
                        .info("createFixedDeposit method. returned id is -> "
                                + fixedDeposit.getId()));
    }
}
```

在代码清单 14-19 中，openFixedDeposit 方法使用了 WebClient 向 FixedDepositWS Web 服务发送请求。在 main 方法中，WebClient 的 create 方法使用了 BaseURL、主机和端口信息创建了一个 WebClient 实例。该 WebClient 实例被传递给 openFixedDeposit 方法，以便可以使用它向 FixedDepositWS Web 服务发送请求。post 方法创建 HTTP POST 请求，uri 方法指定请求的 URI，accept 方法指定 Accept 请求标头的值，body 方法指定请求主体（在我们的例子中是 FixedDepositDetails 对象），retrieve 方法发送请求并从 Web 服务接收响应，订阅方法处理响应主体。由于响应主体包含新持久化的 FixedDepositDetails 对象，因此 subscribe 方法会写入收到的 FixedDepositDetails 对象的 id。

现在来介绍一下 HttpMessageConverters 在 Spring Web MVC 中的作用。

14.5 使用 HttpMessageConverter 将 Java 对象与 HTTP 请求和响应相互转换

Spring 在以下场景中使用 HttpMessageConverter 来执行转换：

- 如果一个方法参数使用了@RequestBody 注解，Spring 将 HTTP 请求体转换为方法参数的 Java 类型；
- 如果一个方法使用了@ResponseBody 注解，Spring 将从方法返回的 Java 对象转换为 HTTP 响应体；
- 如果一个方法的返回类型是 HttpEntity 或 ResponseEntity，那么 Spring 将方法返回的对象转换为 HTTP 响应体；
- 传递给或返回自 RestTemplate 类的方法（如 getForEntity、postForEntity 和 exchange 等）的对象分别转换为 HTTP 请求体和 HTTP 响应体。

表 14-3 介绍了 Spring Web MVC 开箱即用的一些 HttpMessageConverter 实现。

表 14-3 一些 HttpMessageConverter 实现

HttpMessageConverter 实现	描述
StringHttpMessageConverter	与字符串相互转换
FormHttpMessageConverter	将表单数据与 MultiValueMap<String, String>类型相互转换。Spring 在处理表单数据和文件上传时使用该 HttpMessageConverter
MappingJackson2HttpMessageConverter	与 JSON 相互转换
MarshallingHttpMessageConverter	与 XML 相互转换

Spring MVC 模式的<annotation-driven>元素将 MappingJackson2HttpMessageConverter、StringHttpMessageConverter 和 FormHttpMessageConverter 自动注册到 Spring 容器。要使用 MarshallingHttpMessageConverter，需要向 Spring 容器

显式注册它。要查看默认情况下由<annotation-driven>元素注册的 HttpMessageConverters 的完整列表，请参阅 Spring Framework 参考文档。

下面介绍@PathVariable 和@MatrixVariable 注解，它们进一步简化了使用 Spring Web MVC 的 RESTful Web 服务开发。

14.6 @PathVariable 和@MatrixVariable 注解

@RequestMapping 注解可以指定一个 URI 模板来访问请求 URI 的特定部分，而不是指定实际的 URI。URI 模板包含变量名（大括号中指定），其值来自实际请求 URI。例如，URI 模板 http://www.somebank.com/fd/{fixeddeposit}包含变量名称 fixeddeposit。如果实际请求 URI 为 http://www.somebank.com/fd/123，则{fixeddeposit} URI 模板变量的值将变为 123。

@PathVariable 是一个方法参数级注解，@RequestMapping 方法使用该注解将 URI 模板变量的值分配给 method 参数。

含 义

chapter14/ch14-webservice-uritemplates 和 chapter14/ch14-webservice-client-uritemplates（ch14-webservice-uritemplates 项目是 ch14-webservice 项目的修改版本，其展示了使用@PathVariable 注解的 FixedDepositWS RESTful Web 服务的实现。ch14-webservice-client-uritemplates 是 ch14-webservice-client 项目的修改版本，它访问由 ch14-webservice-uritemplates 项目代表的 FixedDepositWS Web 服务）。

代码清单 14-20 展示了在 ch14-webservice-uritemplates 项目的 FixedDepositController 中对@PathVariable 注解的使用。

代码清单 14-20 FixedDepositController——@PathVariable 的使用

```
Project-ch14-webservice-uritemplates
Source location - src/main/java/sample/spring/chapter14/web

package sample.spring.chapter14.web;

import org.springframework.web.bind.annotation.PathVariable;
.....
@Controller
public class FixedDepositController {
  .....
  @RequestMapping(path="/fixedDeposits/{fixedDepositId}", method = RequestMethod.GET)
  public ResponseEntity<FixedDepositDetails> getFixedDeposit(
       @PathVariable("fixedDepositId") int id) {
    return new ResponseEntity<FixedDepositDetails>(
         fixedDepositService.getFixedDeposit(id), HttpStatus.OK);
  }
  .....
}
```

代码清单 14-20 中的@RequestMapping 注解指定了/fixedDeposits/{fixedDepositId} URI 模板以取代指定实际的 URI。现在，如果传入的请求 URI 是/fixedDeposits/1，那么 fixedDepositId URI 模板变量的值将被设置为 1。由于@PathVariable 注解将 fixedDepositId 指定为 URI 模板变量的名称，因此将值 1 分配给 getFixedDeposit 方法的 id 参数。

如果 URI 模板定义了多个变量，则@RequestMapping 方法可以定义复合@PathVariable 注解参数，如代码清单 14-21 所示。

代码清单 14-21　复合 URI 模板变量

```
@Controller
public class SomeController {
  .....
  @RequestMapping(path="/users/{userId}/bankstatements/{statementId}", .....)
  public void getBankStatementForUser(
        @PathVariable("userId") String user,
        @PathVariable("statementId") String statement) {
    .....
  }
}
```

在代码清单 14-21 中，URI 模板定义了 userId 和 statementId 变量。如果传入请求 URI 是/users/me/bankstatements/123，则将值 me 分配给 user 参数，并将值 123 分配给 statement 参数。

如果要将所有 URI 模板变量及其值分配给方法参数，可以在 Map <String，String>参数类型上使用@PathVariable 注解，如代码清单 14-22 所示。

代码清单 14-22　访问所有 URI 模板变量及其值

```
@Controller
public class SomeController {
  .....
  @RequestMapping(path="/users/{userId}/bankstatements/{statementId}", .....)
  public void getBankStatementForUser(
        @PathVariable Map<String, String> allVariables) {
    .....
  }
}
```

在代码清单 14-22 中，URI 模板变量（userId 和 statementId）及其值（me 和 123）被分配给 allVariables 方法参数。

你应该注意到，URI 模板也可以由类级@RequestMapping 注解指定，如代码清单 14-23 所示。

代码清单 14-23　在类和方法级@RequestMapping 注解中指定 URI 模板

```
@Controller
@RequestMapping(path="/service/{serviceId}", .....)
public class SomeController {
  .....
  @RequestMapping(path="/users/{userId}/bankstatements/{statementId}", .....)
  public void getBankStatementForUser(@PathVariable Map<String, String> allVariables) {
    .....
  }
}
```

在代码清单 14-23 中，类级@RequestMapping 注解指定了 URI 模板/service/{serviceId}，而方法级@RequestMapping 注解指定了/users/{userId}/bankstatements/{statementId}。如果请求 URI 是/service/bankingService/users/me/bankstatements/123，则 allVariables 参数包含 serviceId、userId 和 statementId URI 模板变量的详细信息。

在那些你可能想要对从请求 URI 中提取的内容进行细粒度控制的场景中，可以在 URI 模板中使用正则表达式。代码清单 14-24 展示了如何使用正则表达式从/bankstatements/123.json 请求 URI 中提取 123.json 值。

代码清单 14-24　URI templates——正则表达式的使用

```
@Controller
public class SomeController {
  .....
  @RequestMapping(path="/bankstatements/{statementId:[\\d\\d\\d]}.{responseType:[a-z]}", ..)
  public void getBankStatementForUser(@PathVariable ("statementId") String statement,
        @PathVariable("responseType") String responseTypeExtension) {
```

```
    .....
  }
}
```

URI 模板中的正则表达式以如下格式指定：{variable-name:regular-expression}。如果请求 URI 是/bankstatements/123.json，则会为 statementId 变量分配值 123，并且将 responseType 分配为值 json。

注 意

还可以在 URI 模板中使用 Ant 样式模式。例如，可以使用/myUrl/*/{myId}和/myUrl/**/{myId}作为 URI 模板来指定模式。

到目前为止，在本节中我们已经介绍了如何使用@PathVariable 选择性地从请求 URI 路径中提取信息的示例。现在来介绍一下用于从路径中提取“名称-值”对的@MatrixVariable 注解。

矩阵变量在请求 URI 中以“名称-值”对的形式出现，可以将这些变量的值分配给方法参数。例如，在请求 URI /bankstatement/123;responseType=json 中，responseType 变量表示一个值为 json 的矩阵变量。

注 意

你应该注意到在默认情况下，Spring 会从 URL 中删除矩阵变量。为了确保矩阵变量不被删除，请将 Spring mvc 模式的<annotation-driven>元素的 enable-matrix-variables 特性设置为 true。使用矩阵变量时，包含矩阵变量的路径段必须由 URI 模板变量表示。

代码清单 14-25 展示了@MatrixVariable 注解的用法。

代码清单 14-25 @MatrixVariable 注解的用法

```
@Controller
public class SomeController {
  .....
  @RequestMapping(path="/bankestatement/{statementId}", ..)
  public void getBankStatementForUser(@PathVariable("statementId") String statement,
        @MatrixVariable("responseType") String responseTypeExtension) {
    .....
  }
}
```

在代码清单 14-25 中，如果请求 URI 为/bankstatement/123;responseType=json，则将值 json 分配给 response TypeExtension 参数。代码清单 14-25 还展示了一种场景，其中使用@PathVariable 和@MatrixVariable 注解来从请求 URI 中获取信息。

由于矩阵变量可以出现在请求 URI 的任何路径段中，因此你应该指定获取矩阵变量的路径段。代码清单 14-26 展示了一个场景，其中具有相同名称的两个矩阵变量存在于不同的路径段中。

代码清单 14-26 @MatrixVariable 注解——具有相同名称的多个矩阵变量

```
@Controller
public class SomeController {
  .....
  @RequestMapping(path="/bankestatement/{statementId}/user/{userId}", ..)
  public void getBankStatementForUser(
    @MatrixVariable(name = "id", pathVar = "statementId") int someId,
    @MatrixVariable(name= "id", pathVar = "userId") int someOtherId) {
    .....
  }
}
```

@MatrixVariable 注解的 pathVar 特性指定了包含矩阵变量的 URI 模板变量的名称。因此，如果请求 URI 为/bankstatement/123;id=555/user/me;id=777，则将值 555 分配给 someId，并将值 777 分配给

someOtherId 参数。

如@PathVariable 注解的情况，可以使用@MatrixVariable 对 Map<String, String>的方法参数类型进行注解，以将所有矩阵变量分配给方法参数。与@PathVariable 注解不同，@MatrixVariable 注解允许使用 defaultValue 特性为矩阵变量指定默认值。此外，可以将@MatrixVariable 注解的 required 特性设置为 false，以指示矩阵变量是可选的。默认情况下，将 required 特性的值设置为 true。如果 required 特性设置为 true，并且在请求中找不到矩阵变量，则抛出异常。

14.7 小结

在本章中，我们介绍了如何开发并访问 RESTful Web 服务。我们研究了如何使用 URI 模板以及@PathVariable 和@MatrixVariable 注解来从请求 URI 获取信息。我们还研究了如何使用 RestTemplate 同步访问 RESTful Web 服务，以及使用 WebClient 进行异步访问。

第 15 章　Spring Web MVC 进阶——国际化、文件上传和异步请求处理

15.1　简介

在前面的章节中，Spring Web MVC 简化了 Web 应用程序和 RESTful Web 服务的创建。在本章中，我们将介绍 Spring Web MVC 框架提供的一些 Web 应用程序中可能需要的功能，具体如下：

- 使用处理程序拦截器对请求进行预处理和后处理；
- 将 Spring Web MVC 应用程序国际化；
- 异步处理请求；
- 执行类型转换和格式化；
- 文件上传。

含 义

chapter 15/ch15-bankapp（该项目是 ch12-bankapp 项目的一个变体，演示了如何在 MyBank Web 应用程序中引入国际化，以及如何使用处理程序拦截器）。

首先介绍如何使用处理程序拦截器来对请求进行预处理和后处理。

15.2　使用处理程序拦截器对请求进行预处理和后处理

处理程序拦截器允许你对请求进行预处理和后处理。处理程序拦截器的概念类似于 servlet 过滤器的概念。处理程序拦截器实现 Spring 的 HandlerInterceptor 接口。一个处理程序拦截器包含多个控制器所需的预处理和后处理逻辑。例如，可以使用处理程序拦截器进行日志记录、安全检查、更改语言环境等。

现在来介绍一下如何实现和配置处理程序拦截器。

实现和配置处理程序拦截器

可以通过实现 HandlerInterceptor 接口来创建处理程序拦截器。HandlerInterceptor 接口定义了以下方法。

- preHandle——该方法在控制器处理请求之前执行。如果 preHandle 方法返回 true，那么 Spring 会调用控制器来处理请求。如果 preHandle 方法返回 false，则不会调用控制器。
- postHandle——该方法在控制器处理请求之后，且在 DispatcherServlet 呈现视图之前执行。
- afterCompletion——在完成请求处理之后调用此方法（即在 DispatcherServlet 呈现视图后）执行各种清理工作（如果需要的话）。

代码清单 15-1 展示了项目 ch15-bankapp 中实现 HandlerInterceptor 接口的 MyRequestHandlerInterceptor 类。

代码清单 15-1　MyRequestHandlerInterceptor

```
Project-ch15-bankapp
Source location - src/main/java/sample/spring/chapter15/web

package sample.spring.chapter15.web;

import org.springframework.web.servlet.HandlerInterceptor;
.....
public class MyRequestHandlerInterceptor implements HandlerInterceptor {
  .....
  public boolean preHandle(HttpServletRequest request, HttpServletResponse response,
        Object handler) throws Exception {
    logger.info("HTTP method --> " + request.getMethod());
    Enumeration<String> requestNames = request.getParameterNames();
    .....
    return true;
  }

  public void postHandle(HttpServletRequest request, HttpServletResponse response,
        Object handler, ModelAndView modelAndView) throws Exception {
    logger.info("Status code --> " + response.getStatus());
  }

  public void afterCompletion(HttpServletRequest request, HttpServletResponse response,
        Object handler, Exception ex) throws Exception {
    logger.info("Request processing complete");
  }
}
```

在代码清单 15-1 中，preHandle 方法检查每个传入的请求，并记录与请求相关联的 HTTP 方法和请求中包含的请求参数。preHandle 方法返回 true，这意味着请求将由控制器处理。postHandle 方法记录 HTTP 响应状态代码。afterCompletion 方法记录请求被成功处理的消息。

注　意

可以通过继承提供了 postHandle 和 afterCompletion 方法空实现的 HandlerInterceptorAdapter 抽象类来代替直接实现 HandlerInterceptor 接口，并且将 preHandle 方法定义为简单地返回 true。

代码清单 15-2 展示了如何在 Web 应用程序上下文 XML 文件中配置处理程序拦截器。

代码清单 15-2　MyRequestHandlerInterceptor

```
Project-ch15-bankapp
Source location - src/main/webapp/WEB-INF/spring/bankapp-config.xml

<beans .....xmlns:mvc="http://www.springframework.org/schema/mvc".....>

  <mvc:annotation-driven />
  <mvc:interceptors>
    .....
    <bean class="sample.spring.chapter15.web.MyRequestHandlerInterceptor" />
  </mvc:interceptors>
</beans>
```

代码清单 15-2 展示了 Spring 的 mvc 模式中用于配置处理程序拦截器的<interceptors>元素。<interceptors>元素可以包含以下子元素。

- Spring 的 beans 模式的<bean>元素——指定一个实现 HandlerInterceptor 接口的 Spring bean。使用<bean>元素指定的处理程序拦截器适用于所有请求。
- Spring 的 beans 模式的<ref>元素——指向实现 HandlerInterceptor 接口的 Spring bean。使用<ref>

元素指定的处理程序拦截器适用于所有请求。

- Spring 的 mvc 模式的<interceptor>元素——指定了实现 HandlerInterceptor 接口的 Spring bean 以及应用该 HandlerInterceptor 的请求 URI。

代码清单 15-3 展示了将 MyRequestHandlerInterceptor 映射到/audit/**请求 URI 的场景。

代码清单 15-3 <mvc:interceptor> 的用法

```
<beans .....xmlns:mvc="http://www.springframework.org/schema/mvc".....>
  <mvc:annotation-driven />
  <mvc:interceptors>
    <mvc:interceptor>
      <mvc:mapping path="/audit/**"/>
      <bean class="sample.spring.chapter15.web.MyRequestHandlerInterceptor" />
    </mvc:interceptor>
  </mvc:interceptors>
</beans>
```

在代码清单 15-3 中，使用了 Spring MVC 模式的<interceptor>元素来将 MyRequestHandlerInterceptor 映射到/audit/** URI 模式。Spring MVC 模式的<mapping>元素指定了由<bean>元素指定的处理程序拦截器所应用的请求 URI 模式。

注 意

如果正在使用基于 Java 的配置方法，可以覆盖 WebMvcConfigurerAdapter 的 addInterceptors（InterceptorRegistry registry）方法来注册 Web 控制器的 HandlerInterceptors。

下面介绍如何将 Spring Web MVC 应用程序国际化。

15.3 使用资源束进行国际化

在深入了解如何使 Spring Web MVC 应用程序国际化的细节之前，我们来了解一下 MyBank Web 应用程序的国际化和本地化需求。

15.3.1 MyBank Web 应用程序的需求

需要 MyBank Web 应用程序支持英语（en_US 和 en_CA 语言环境）和德语（de_DE 语言环境）两种语言。图 15-1 展示了 de_DE 语言环境中 MyBank Web 应用程序的一个网页。图 15-1 展示了用户可以选择以下语言之一：English（US）、German 或 English（Canada）。如果用户选择 German 选项，则网页将以 de_DE 语言环境显示。如果用户选择 English（US）语言选项，网页将以 en_US 语言环境显示。如果用户选择 English（Canada）语言选项，则网页将以 en_CA 语言环境显示。

现在来介绍一下如何解决 MyBank Web 应用程序的国际化和本地化需求。

15.3.2 MyBank Web 应用程序的国际化和本地化

在 Spring Web MVC 中，DispatcherServlet 使用 LocaleResolver 根据用户的语言环境自动解析消息。要支持国际化，需要在 Web 应用程序上下文 XML 文件中配置以下 bean：

- LocaleResolver——解析用户的当前语言环境；
- MessageSource——根据用户的当前语言环境解析来自资源束的消息；
- LocaleChangeInterceptor——允许根据可配置的请求参数在每个请求上更改当前的语言环境。

代码清单 15-4 展示了 ch15-bankapp 项目的 Web 应用程序上下文 XML 文件中 LocaleResolver、LocaleChangeInterceptor 和 MessageSource bean 的配置。

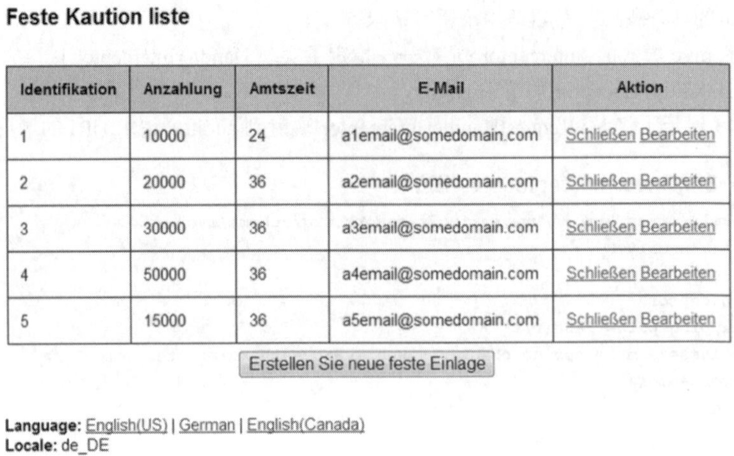

图 15-1　de_DE 语言环境中显示定期存款列表的网页，用户可以从给定的选项中选择一个语言环境

代码清单 15-4　bankapp-config.xml

```
Project-ch15-bankapp
Source location - src/main/webapp/WEB-INF/spring

<beans .....>
  <bean class="org.springframework.web.servlet.i18n.CookieLocaleResolver" id="localeResolver">
    <property name="cookieName" value="mylocale" />
  </bean>

  <bean
    class="org.springframework.context.support.ReloadableResourceBundleMessageSource"
    id="messageSource">
    <property name="basenames" value="WEB-INF/i18n/messages" />
  </bean>

  <mvc:interceptors>
    .....
    <bean class="org.springframework.web.servlet.i18n.LocaleChangeInterceptor">
      <property name="paramName" value="lang" />
    </bean>
  </mvc:interceptors>
  .....
</beans>
```

在代码清单 15-4 中，配置了 CookieLocaleResolver（一个 LocaleResolver 接口的实现）以进行语言环境解析。如果语言环境信息由 Web 应用程序存储在 cookie 中，则使用 CookieLocaleResolver 解析语言环境。CookieLocaleResolver 的 cookieName 属性指定了包含语言环境信息的 cookie 的名称。如果请求中找不到 cookie，CookieLocaleResolver 将通过查看默认语言环境（使用 CookieLocaleResolver 的 defaultLocale 属性配置）或通过检查 Accept-Language 请求头来确定语言环境。Spring 还提供了以下内置 LocaleResolver 实现供你使用：AcceptHeaderLocaleResolver（返回由 Accept-Language 请求头指定的语言环境）、SessionLocaleResolver（返回存储在用户的 HttpSession 中的语言环境信息）和 FixedLocaleResolver（总是返回一个固定默认语言环境）。

除了知道用户的语言环境之外，还可能需要知道用户的时区来转换用户时区中的日期和时间。LocaleContextResolver（在 Spring 4.0 中引入）不仅提供了语言环境信息，还提供了用户的时区信息。CookieLocaleResolver、SessionLocaleResolver 和 FixedLocaleResolver 实现了 LocaleContextResolver 接口。因此，如果使用了上述的任何一个解析器，都可以使用 LocaleContextHolder（或 RequestContextUtils）类的 getTimeZone 方法在控制器中获取用户的时区。如果只想获取控制器中的语言环境信息，可以使用

LocaleContextHolder（或 RequestContextUtils）类的 getLocale 方法。

Spring 提供了一个 LocaleChangeInterceptor（一个 HandlerInterceptor），它使用可配置的请求参数（由 paramName 属性指定）来更改每个请求上的当前语言环境。在代码清单 15-4 中，paramName 属性设置为 lang。LocaleResolver 定义了一个 setLocale 方法，LocaleChangeInterceptor 可以使用该方法更改当前语言环境。如果不想使用 LocaleChangeInterceptor，则可以通过调用 LocaleContextHolder（或 RequestContextUtils）类的 setLocale 方法来更改控制器中的用户语言环境。

一旦用户的语言环境得到解决，Spring 将使用配置的 MessageSource 实现来解决消息。Spring 提供了 MessageSource 接口的以下内置实现：

- ResourceBundleMessageSource——一个 MessageSource 实现，使用指定的 basenames 访问资源束；
- ReloadableResourceBundleMessageSource——类似于 ResourceBundleMessageSource 的实现。此实现支持重新加载资源束。

代码清单 15-4 展示了使用 ReloadableResourceBundleMessageSource 的 MyBank Web 应用程序。basenames 属性设置为 WEB-INF/i18n/messages，这意味着 ReloadableResourceBundleMessageSource 会在 WEB-INF/i18n 文件夹中查找名为 messages 的资源束。因此，如果用户的语言环境被解析为 en_US，则 ReloadableResourceBundleMessageSource 将从 messages_en_US.properties 文件中解析消息。

如果查看 ch15-bankapp 项目的/src/main/webapp/WEB-INF/i18n 文件夹，你将找到以下属性文件：messages.properties、messages_en_US.properties 和 messages_de_DE.properties。messages_de_DE.properties 文件包含 de_DE 语言环境的消息和标签，messages_en_US.properties 包含 en_US 语言环境的消息和标签，而 messages.properties 包含当找不到特定于语言环境的资源束时显示的消息和标签。由于没有与 en_CA 语言环境相对应的 messages_en_CA.properties 文件，因此选择 English（Canada）选项（见图 15-1）将显示 messages.properties 文件中的消息。

在图 15-1 中，我们学习到可以通过选择 English（US）、English（Canada）和 German 语言选项来更改 MyBank Web 应用程序的语言。我们之前看到，如果语言环境信息包含在名为 lang 的请求参数中，则 LocaleChangeInterceptor 可以更改 MyBank Web 应用程序的语言环境。为了简化语言环境的更改，lang 请求参数被附加到 English（US）、English（Canada）和 German 语言选项显示的超链接中，如代码清单 15-5 所示。

代码清单 15-5 fixedDepositList.jsp

```
Project-ch15-bankapp
Source location - src/main/webapp/WEB-INF/jsp

  <b>Language:</b>

  <a href="${pageContext.request.contextPath}/fixedDeposit/list?lang=en_US">English(US)</a> |
  <a href="${pageContext.request.contextPath}/fixedDeposit/list?lang=de_DE">German</a> |
  <a href="${pageContext.request.contextPath}/fixedDeposit/list?lang=en_CA">English(Canada)</a>
```

现在来介绍一下如何在 Spring Web MVC 应用程序中异步地处理请求。

15.4 异步地处理请求

异步 Web 请求可以使用一个返回 java.util.concurrent.Callable 或 Spring's DeferredResult 对象的@RequestMapping 注解方法处理。如果@RequestMapping 注解方法返回 Callable，则 Spring Web MVC 负责在一个应用程序线程（而不是 Servlet 容器线程）中处理 Callable 以产生结果。如果@RequestMapping 注解方法返回 DeferredResult，则应用程序负责在一个应用程序线程（而不是 Servlet 容器线程）中处理 DeferredResult 以产生结果。在深入了解 Callable 和 DeferredResult 返回值的详细信息之前，我们来介绍一下如何配置 Spring Web MVC 应用程序来支持异步请求处理。

含　义

chapter 15/ch15-async-bankapp（该项目是异步处理请求的 ch12-bankapp 项目的变体。在该项目的 FixedDepositController 中定义的@RequestMapping 方法返回 Callable，你应该部署并运行 ch15-async-bankapp 项目以查看异步请求处理的动作）。

15.4.1　异步请求处理配置

由于 Spring Web MVC 中的异步请求处理基于 Servlet 3，因此 web.xml 必须引用 Servlet 3 XML 模式。此外，必须将<async-supported>元素添加到 web.xml 文件的 DispatcherServlet 定义中以指示它支持异步请求处理。代码清单 15-6 展示了 ch15-async-bankapp 项目的 web.xml 文件。

代码清单 15-6　web.xml 异步请求处理的配置

```
Project-ch15-async-bankapp
Source location - src/main/webapp/WEB-INF

<web-app .....
  xsi:schemaLocation="java.sun.com/xml/ns/javaee java.sun.com/xml/ns/javaee/web-app_3_0.xsd"
  version="3.0">
  .....
  <servlet>
     <servlet-name>bankapp</servlet-name>
     <servlet-class>org.springframework.web.servlet.DispatcherServlet</servlet-class>
     .....
     <async-supported>true</async-supported>
  </servlet>
  .....
</web-app>
```

代码清单 15-6 展示了 bankapp servlet 被配置为支持异步请求处理。现在，bankapp servlet 可以异步处理 Web 请求了。

注　意

如果使用 Spring 的 AbstractAnnotationConfigDispatcherServletInitializer 以编程方式配置 ServletContext，可以覆盖 isAsyncSupported 方法以启用或禁用 DispatcherServlet 的异步请求处理。默认情况下，isAsyncSupported 方法返回 true，这意味着默认情况下 DispatcherServlet 支持异步请求处理。

15.4.2　从@RequestMapping 方法返回 Callable

代码清单 15-7 展示了 FixedRepositController，其@RequestMapping 方法返回 Callable。

代码清单 15-7　FixedDepositController——从@RequestMapping 方法返回 Callable

```
Project-ch15-async-bankapp
Source location - src/main/java/sample/spring/chapter15/web

package sample.spring.chapter15.web;

import java.util.concurrent.Callable;
.....
public class FixedDepositController {
  .....
  @RequestMapping(path = "/list", method = RequestMethod.GET)
```

```
  public Callable<ModelAndView> listFixedDeposits() {
    return new Callable<ModelAndView>() {

        @Override
        public ModelAndView call() throws Exception {
          Thread.sleep(5000);
          Map<String, List<FixedDepositDetails>> modelData =
             new HashMap<String, List<FixedDepositDetails>>();
          modelData.put("fdList", fixedDepositService.getFixedDeposits());
          return new ModelAndView("fixedDepositList", modelData);
        }
    };
  }
  .....
}
```

代码清单 15-7 展示了 listFixedDeposits 方法返回一个 Callable<T>对象，其中 T 是异步计算结果的类型。Callable 的 call 方法包含需要异步执行以产生结果的逻辑。代码清单 15-7 展示的 call 方法调用了 FixedDepositService 的 getFixedDeposits 方法，并返回一个包含模型和视图信息的 ModelAndView 对象。在 call 方法的开头调用了 Thread.sleep 方法来模拟请求处理需要时间的场景。

如果在执行从控制器返回的 Callable 时抛出异常，则控制器的@ExceptionHandler 方法（或配置的 HandlerExceptionResolver bean）负责处理异常。有关@ExceptionHandler 注解的更多信息参见 12.9 节。

代码清单 15-7 展示了从同步请求处理方式到异步请求处理方式的切换，将逻辑从@RequestMapping 方法移动到 Callable 的 call 方法，并将@RequestMapping 方法的返回类型更改为 Callable<T>。

现在我们来介绍一下当@RequestMapping 方法返回 DeferredResult 对象时如何异步处理请求。

含 义

chapter 15/ch15-async-webservice 和 ch15-async-webservice-client（ch15-async-webservice 项目是一个异步处理 Web 服务请求的 FixedDepositWS Web 服务（见第 14 章的 ch14-webservice 项目）的变体。在该项目的 FixedDepositController 中定义的@RequestMapping 方法返回一个 DeferredResult 对象的实例。ch15-async-webservice-client 项目与 FixedDepositWS Web 服务客户端（见第 14 章的 ch14-webservice-client 项目）相同，该项目假设 Web 服务部署在 http://localhost:8080/ch15-async-webservice）。

15.4.3 从@RequestMapping 方法中返回 DefferedResult

DeferredResult 实例表示异步计算的结果。可以通过调用其 setResult 方法在 DeferredResult 实例上设置结果。通常，@RequestMapping 方法将 DeferredResult 实例存储在 Queue 或 Map 或任何其他数据结构中，并由一个独立的线程负责计算结果并在 DeferredResult 实例上设置结果。

下面介绍返回类型为 DeferredResult 的@RequestMapping 方法。

1. @RequestMapping 方法实现

代码清单 15-8 展示了其@RequestMapping 方法返回了 DeferredResult 对象的 FixedRepositController。

代码清单 15-8 FixedDepositController——从@RequestMapping 返回 DeferredResult

```
Project-ch15-async-webservice
Source location - src/main/java/sample/spring/chapter15/web

package sample.spring.chapter15.web;

import java.util.Queue;
import java.util.concurrent.ConcurrentLinkedQueue;
```

```
import org.springframework.web.context.request.async.DeferredResult;
.....
@Controller
@RequestMapping(path = "/fixedDeposits")
public class FixedDepositController {
  private static final String LIST_METHOD = "getFixedDepositList";
  private static final String GET_FD_METHOD = "getFixedDeposit";
  .....
  private final Queue<ResultContext> deferredResultQueue =
      new ConcurrentLinkedQueue<ResultContext>();
  .....
  @RequestMapping(method = RequestMethod.GET)
  public DeferredResult<ResponseEntity<List<FixedDepositDetails>>> getFixedDepositList() {
    DeferredResult<ResponseEntity<List<FixedDepositDetails>>> dr =
           new DeferredResult<ResponseEntity<List<FixedDepositDetails>>>();

    ResultContext<ResponseEntity<List<FixedDepositDetails>>> resultContext =
        new ResultContext<ResponseEntity<List<FixedDepositDetails>>>();
    resultContext.setDeferredResult(dr);
    resultContext.setMethodToInvoke(LIST_METHOD);
    resultContext.setArgs(new HashMap<String, Object>());

    deferredResultQueue.add(resultContext);
    return dr;
  }
  .....
}
```

FixedDepositController 的每个@RequestMapping 方法都执行以下步骤。

（1）创建一个 DeferredResult<T>对象的实例，其中 T 表示异步计算结果的类型。由于为 getFixedDepositList 方法计算的结果类型为 ResponseEntity<List<FixedDepositDetails>>，DeferredResult <ResponseEntity<List <FixedDepositDetails>>>的实例。

（2）创建一个 ResultContext 对象的实例。ResultContext 对象持有我们在步骤 1 中创建的 DeferredResult 实例，以及异步计算 DeferredResult 对象的结果所需的其他详细信息。以 FixedDepositController 的 getFixedDepositList 方法的情况，结果由通过调用 FixedDepositService 的 getFixedDeposits 方法获得的定期存款列表表示。

代码清单 15-9 展示了 ResultContext 类。

代码清单 15-9　用于存储 DeferredResult 和其他信息的 ResultContext 类

```
Project-ch15-async-webservice
Source location - src/main/java/sample/spring/chapter15/web

package sample.spring.chapter15.web;

import java.util.Map;
import org.springframework.web.context.request.async.DeferredResult;

public class ResultContext<T> {
  private String methodToInvoke;
  private DeferredResult<T> deferredResult;
  private Map<String, Object> args;

  public void setDeferredResult(DeferredResult<T> deferredResult) {
    this. deferredResult = deferredResult;
  }
  .....
}
```

deferredResult 属性引用了一个 DeferredResult 的实例，methodToInvoke 属性指定了被调用以计算 DeferredResult 对象的结果的 FixedDepositService 方法的名称，args 属性（类型为 java.util.Map）指定要传递到 FixedDepositService 方法的参数。一个独立的线程（如本节后面所述）使用 methodToInvoke 和 args 属性来调用指定的 FixedDepositService 方法，并将返回的结果设置在 DeferredResult 实例上。

FixedDepositController 类中的常量指的是 FixedDepositService 方法的名称（见代码清单 15-8），如 LIST_METHOD、GET_FD_METHOD 等，methodToInvoke 属性的设置会从这些常量中取值。在代码清单 15-8 中，因为需要调用 FixedDepositService 的 getFixedDeposits 方法以获取 DeferredResult 对象的结果，FixedDepositController 的 getFixedDepositList 方法将 methodToInvoke 属性设置为 LIST_METHOD 常量（其值为 getFixedDeposits）。

（3）将步骤 2 中创建的 ResultContext 实例存储到队列中（见代码清单 15-8 中的 deferredResultQueue 实例变量）。

（4）返回在步骤 1 中创建的 DeferredResult 对象。

上述步骤顺序表明，在 deferredResultQueue 中会对于每个 Web 请求都存储一个 ResultContext 的实例。图 15-2 总结了 FixedDepositController 的 getFixedDepositList 方法执行的操作。

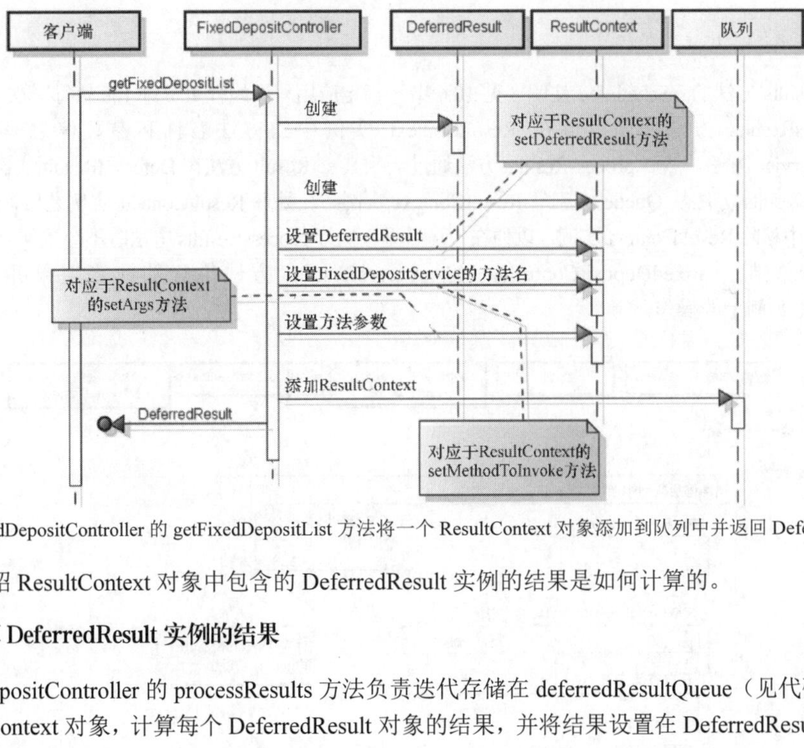

图 15-2　FixedDepositController 的 getFixedDepositList 方法将一个 ResultContext 对象添加到队列中并返回 DeferredResult 对象

下面介绍 ResultContext 对象中包含的 DeferredResult 实例的结果是如何计算的。

2. 计算 DeferredResult 实例的结果

FixedDepositController 的 processResults 方法负责迭代存储在 deferredResultQueue（见代码清单 15-8）中的 ResultContext 对象，计算每个 DeferredResult 对象的结果，并将结果设置在 DeferredResult 对象上。代码清单 15-10 展示了 processResults 方法。

代码清单 15-10　processResults 方法——计算和设置 DeferredResult 对象的结果

```
Project-ch15-async-webservice
Source location - src/main/java/sample/spring/chapter15/web

package sample.spring.chapter15.web;

import org.springframework.scheduling.annotation.Scheduled;
import org.springframework.web.context.request.async.DeferredResult;

@Controller
```

```
@RequestMapping(path = "/fixedDeposits")
public class FixedDepositController {
  private static final String LIST_METHOD = "getFixedDepositList";
  .....
  private final Queue<ResultContext> deferredResultQueue =
    new ConcurrentLinkedQueue<ResultContext>();
  @Autowired
  private FixedDepositService fixedDepositService;
  .....
  @Scheduled(fixedRate = 10000)
  public void processResults() {
    for (ResultContext resultContext : deferredResultQueue) {
      if (resultContext.getMethodToInvoke() == LIST_METHOD) {
        resultContext.getDeferredResult().setResult(
             new ResponseEntity<List<FixedDepositDetails>>(
                 fixedDepositService.getFixedDeposits(), HttpStatus.OK));
      }
      .....
      deferredResultQueue.remove(resultContext);
    }
  }
}
```

processResults 方法的@Scheduled 注解（见 10.6 节）指定应用程序线程负责每 10s 执行一次 processResults 方法。processResults 方法使用存储在 ResultContext 实例中的方法名称和参数信息来调用相应的 FixedDepositService 方法。然后 processResults 方法通过调用其 setResult 方法在 DeferredResult 实例上设置结果。最后，processResults 方法从 Queue 中删除 ResultContext 实例。在处理 ResultContext 实例之后，processResults 方法从 Queue 中移除 ResultContext 实例，以便在 10s 后再次执行 processResults 方法时不会重新处理它。

图 15-3 总结了 FixedDepositController 的 processResults 方法执行的计算结果并将其设置在 DeferredResult 实例上的操作。

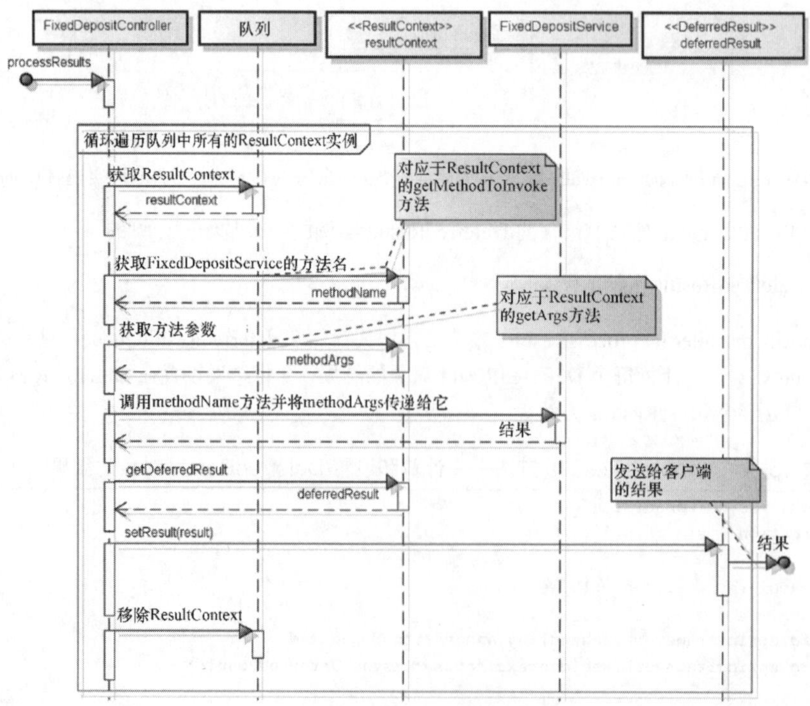

图 15-3 processResults 方法从 ResultContext 对象读取方法名称和参数信息，以计算 DeferredResult 实例的结果

下面介绍@RequestMapping 方法返回 DeferredResult 实例时如何处理异常。

3. 异常处理

如果使用 DeferredResult 的 setErrorResult 方法设置了一个类型为 java.lang.Exception 的对象，则该结果将由控制器的@ExceptionHandler 注解方法（或由配置的 HandlerExceptionResolver bean）处理。有关@ExceptionHandler 注解的更多信息参见 12.9 节。

代码清单 15-11 展示了 FixedDepositController 的 openFixedDeposit 方法，它开立一笔新的定期存款。

代码清单 15-11 FixedDepositController 的 openFixedDeposit 方法

```
Project-ch15-async-webservice
Source location - src/main/java/sample/spring/chapter15/web

package sample.spring.chapter15.web;

@Controller
@RequestMapping(path = "/fixedDeposits")
public class FixedDepositController {
  private static final String OPEN_FD_METHOD = "openFixedDeposit";
  .....
  private final Queue<ResultContext> deferredResultQueue =
     new ConcurrentLinkedQueue<ResultContext>();

  @RequestMapping(method = RequestMethod.POST)
  public DeferredResult<ResponseEntity<FixedDepositDetails>> openFixedDeposit(
       @RequestBody FixedDepositDetails fixedDepositDetails, BindingResult bindingResult) {

    DeferredResult<ResponseEntity<FixedDepositDetails>> dr =
       new DeferredResult<ResponseEntity<FixedDepositDetails>>();

    ResultContext<ResponseEntity<FixedDepositDetails>> resultContext =
       new ResultContext<ResponseEntity<FixedDepositDetails>>();
    resultContext.setDeferredResult(dr);
    resultContext.setMethodToInvoke(OPEN_FD_METHOD);

    Map<String, Object> args = new HashMap<String, Object>();
    args.put("fixedDepositDetails", fixedDepositDetails);
    args.put("bindingResult", bindingResult);
    resultContext.setArgs(args);

    deferredResultQueue.add(resultContext);
    return dr;
  }
  .....
}
```

在代码清单 15-11 中，在 ResultContext 实例上设置了传递给 openFixedDeposit 方法的参数（fixedDepositDetails 和 bindingResult），以便在 processResults 方法执行开立新的定期存款的逻辑时这些参数是可用的。fixedDepositDetails 参数包含要开立的定期存款的详细信息，bindingResult 参数包含数据绑定的结果。

代码清单 15-12 展示了 processResults 方法如何执行开立新的定期存款的逻辑。

代码清单 15-12 FixedDepositController 的 processResults 方法

```
Project-ch15-async-webservice
Source location - src/main/java/sample/spring/chapter15/web

package sample.spring.chapter15.web;
```

```
@Controller
@RequestMapping(path = "/fixedDeposits")
public class FixedDepositController {
  private static final String OPEN_FD_METHOD = "openFixedDeposit";
  .....
  private final Queue<ResultContext> deferredResultQueue =
       new ConcurrentLinkedQueue<ResultContext>();

  @Autowired
  private FixedDepositService fixedDepositService;
  .....
  @ExceptionHandler(ValidationException.class)
  @ResponseBody
  @ResponseStatus(code = HttpStatus.BAD_REQUEST)
  public String handleException(Exception ex) {
    logger.info("handling ValidationException " + ex.getMessage());
    return ex.getMessage();
  }

  @Scheduled(fixedRate = 10000)
  public void processResults() {
    for (ResultContext resultContext : deferredResultQueue) {
       .....
       if (resultContext.getMethodToInvoke() == OPEN_FD_METHOD) {
          FixedDepositDetails fixedDepositDetails = (FixedDepositDetails) resultContext
               .getArgs().get("fixedDepositDetails");
          BindingResult bindingResult = (BindingResult) resultContext.getArgs().get ("bindingResu
lt");

          new FixedDepositDetailsValidator().validate(fixedDepositDetails, bindingResult);

          if (bindingResult.hasErrors()) {
             logger.info("openFixedDeposit() method: Validation errors occurred");
             resultContext.getDeferredResult().setErrorResult(new ValidationException(
                     "Validation errors occurred"));
          } else {
             fixedDepositService.saveFixedDeposit(fixedDepositDetails);
             resultContext.getDeferredResult().setResult(new ResponseEntity<FixedDepositDetails>(
                     fixedDepositDetails, HttpStatus.CREATED));
          }
       }
       .....
    }
  }
}
```

代码清单 15-12 展示了@ExceptionHandler 注解的 handleException 方法，它处理类型为 ValidationException 的异常。handleException 方法记录了验证异常的产生并返回异常消息。

为了开立一笔新的固定存款，processResults 方法从 ResultContext 中获取 fixedDepositDetails（类型为 FixedDepositDetails）和 bindingResult（BindingResult 类型）参数，并通过调用 FixedDepositValidator 的 validate 方法来验证 fixedDepositDetails 对象。如果验证报告了错误，processResults 方法将调用 DeferredResult 的 setErrorResult 方法来设置 ValidationException（类型为 java.lang.Exception）作为结果。使用 DeferredResult 的 setErrorResult 方法设置 ValidationException 将导致由 FixedDepositController 的 handleException 方法处理结果。

建议你部署 ch15-async-webservice 项目（代表 FixedDepositWS RESTful Web 服务），并通过运行 ch15-async-webservice-client 项目的 FixedDepositWSClient 的 main 方法（代表 FixedDepositWS RESTful Web

的客户端）来访问它。FixedDepositWSClient 的 openInvalidFixedDeposit 方法调用了 FixedDepositController 的 openFixedDeposit Web 服务方法，从而导致 ValidationException。当 ProcessResults 方法通过调用 DeferredResult 的 setErrorResult 方法在 DeferredResult 对象上设置 ValidationException 时，可以检查日志以验证 FixedDepositController 的 handleException 方法是否处理了返回结果。

下面介绍如何设置异步请求的默认超时值。

15.4.4 设置默认超时时间

可以使用 Spring mvc schema 的<async-support>元素的 default-timeout 特性来设置异步请求的默认超时时间，如代码清单 15-13 所示。

代码清单 15-13 设置异步请求的默认超时时间

```
Project-ch15-async-webservice
Source location-src/main/webapp/WEB-INF/spring/webservice-config.xml

<mvc:annotation-driven>
  <mvc:async-support default-timeout="10000" >
  .....
  </mvc:async-support>
</mvc:annotation-driven>
```

在代码清单 15-13 中，异步请求的默认超时时间设置为 10s。如果不指定默认超时时间，异步请求的超时时间取决于部署 Web 应用程序的 Servlet 容器。

下面介绍如何使用 CallableProcessingInterceptor 和 DeferredResultProcessingInterceptor 拦截异步请求。

15.4.5 拦截异步请求

如果你正在使用 Callable 异步处理请求，可以使用 Spring 的 CallableProcessingInterceptor 回调接口拦截异步请求处理，例如，CallableProcessingInterceptor 的 postProcess 方法在 Callable 产生结果之后被调用，CallableProcessingInterceptor 的 preProcess 方法在 Callable 任务执行之前被调用。同样，如果使用 DeferredResult 异步处理请求，则可以使用 Spring 的 DeferredResultProcessingInterceptor 回调接口拦截异步请求处理。

可以使用 Spring 的 mvc 模式的<callable-interceptors>元素配置 CallableProcessingInterceptor，并且可以使用 Spring 的 mvc 模式的<deferred-result-interceptors>元素配置 DeferredResultProcessingInterceptor。代码清单 15-14 中展示了 MyDeferredResultInterceptor（一个 DeferredResultProcessingInterceptor 实现）的配置。

代码清单 15-14 配置一个 DeferredResultProcessingInterceptor 实现

```
Project-ch15-async-webservice
Source location-src/main/webapp/WEB-INF/spring/webservice-config.xml

  <mvc:annotation-driven>
    <mvc:async-support default-timeout="10000">
       <mvc:deferred-result-interceptors>
         <bean class="sample.spring.chapter15.web.MyDeferredResultInterceptor"/>
       </mvc:deferred-result-interceptors>
    </mvc:async-support>
  </mvc:annotation-driven>
```

如果使用基于 Java 的配置方法，可以覆盖 WebMvcConfigurer 的 configureAsyncSupport (Async SupportConfigurer configurer)方法，并使用 AsyncSupportConfigurer 的 setDefaultTimeout 方法为异步请求配置默认超时时间。还可以使用 AsyncSupportConfigurer 的 registerCallableInterceptors 和 registerDeferredResult-Interceptors 方法来分别注册 CallableProcessingInterceptors 和 DeferredResultProcessingInterceptors。

现在来介绍一下 Spring 对类型转换和格式化的支持。

15.5 Spring 中的类型转换和格式化支持

Spring 的 Converter 接口简化了一个对象类型到另一种对象类型的转换。而且，当将对象类型转换为本地化的 String 表示形式时，Spring 的 Formatter 接口非常有用，反之亦然。可以在 spring-core JAR 文件的 org.springframework.core.convert.support 包中找到一些内置的转换器实现。Spring 还提供了 java.lang.Number 和 java.util.Date 类型的内置格式化器，你可以分别在 org.springframework.format.number 和 org.springframework.format.datetime 包中找到它们。

含 义

chapter 15/ch15-converter-formatter-bankapp（该项目是 ch15-bankapp 项目的一个变体，展示了如何创建自定义转换器和格式化器）。

我们先来介绍一下如何创建一个自定义转换器。

15.5.1 创建自定义转换器

转换器实现了 Spring 的 Converter<S, T>接口，其中 S（称为源类型）是给予转换器的对象的类型，T（称为目标类型）是 S 由转换器转换出来的对象类型。Converter 接口定义了一个提供转换逻辑的 convert 方法。

代码清单 15-15 展示了 IdToFixedDepositDetailsConverter，它将类型为 String（表示定期存款 ID）的对象转换为 FixedDepositDetails 类型的对象（表示与定期存款 ID 相对应的定期存款）。

代码清单 15-15 Converter 实现

```
Project-ch15-converter-formatter-bankapp
Source location-src/main/java/sample/spring/chapter15/converter

package sample.spring.chapter15.converter;

import org.springframework.core.convert.converter.Converter;
.....
public class IdToFixedDepositDetailsConverter implements Converter<String, FixedDepositDetails> {

  @Autowired
  private FixedDepositService fixedDepositService;

  @Override
  public FixedDepositDetails convert(String source) {
    return fixedDepositService.getFixedDeposit(Integer.parseInt(source));
  }
}
```

IdToFixedDepositDetailsConverter 实现了 Converter <String,FixedDepositDetails>接口，其中 String 是源类型，FixedDepositDetails 是目标类型。IdToFixedDepositDetailsConverter 的 convert 方法使用 FixedDepositService 的 getFixedDeposit 方法来获取对应于定期存款 ID 的 FixedDepositDetails 对象。

现在来介绍一下如何配置和使用自定义转换器。

15.5.2 配置和使用自定义转换器

要使用自定义转换器，需要使用 Spring 的 ConversionService 注册自定义转换器。ConversionService 充当转换器和格式化器的注册表，Spring 将类型转换的责任委托给注册的 ConversionService。默认情况下，Spring 的 mvc 模式的<annotation-driven>元素会自动将 Spring 的 FormattingConversionService（一个 ConversionService 的实现）向 Spring

容器注册。Spring 配有几个内置的转换器和格式化器，它们会自动注册到 FormattingConversionService。如果要替换一个其他的 ConversionService 实现，可以使用<annotation-driven>元素的 conversion-service 特性来达成目的。

要使用 FormattingConversionService 实例注册自定义转换器，请配置 Spring 的 FormattingConversionServiceFactoryBean（一个用于创建和配置 FormattingConversionService 实例的 FactoryBean 实现），并在配置中指定自定义转换器，如代码清单 15-16 所示。

代码清单 15-16 使用 FormattingConversionService 注册一个自定义转换器

```
Project-ch15-converter-formatter-bankapp
Source location-src/main/webapp/WEB-INF/spring

<mvc:annotation-driven conversion-service="myConversionService" />

<bean id="myConversionService"
  class="org.springframework.format.support.FormattingConversionServiceFactoryBean">
  <property name="converters">
    <set>
      <bean class="sample.spring.chapter15.converter.IdToFixedDepositDetailsConverter" />
    </set>
  </property>
  .....
</bean>
```

默认情况下，FormattingConversionServiceFactoryBean 使用 FormattingConversionService 实例仅注册内置转换器和格式化器。可以使用 FormattingConversionServiceFactoryBean 的 converters 和 formatters 属性注册自定义转换器和格式化器。由于我们希望 Spring 应用程序使用 FormattingConversionServiceFactoryBean 创建的 FormattingConversionService 实例，<annotation-driven>元素的 conversion-service 特性指向 FormattingConversionServiceFactoryBean。

Spring 容器在数据绑定期间使用 FormattingConversionService 注册的转换器和格式化器执行类型转换。在代码清单 15-17 中，FixedDepositController 的 viewFixedDepositDetails 方法展示了一个场景，其中 Spring 容器使用 IdToFixedDepositDetailsConverter<String, FixedDepositDetails>将定期存款 ID（String 类型）转换为 FixedDepositDetails 实例。

代码清单 15-17 FixedDepositController 的 viewFixedDepositDetails 方法

```
Project-ch15-converter-formatter-bankapp
Source location-src/main/java/sample/spring/chapter15/web

package sample.spring.chapter15.web;
.....
public class FixedDepositController {
  .....
  @RequestMapping(params = "fdAction=view", method = RequestMethod.GET)
  public ModelAndView viewFixedDepositDetails(
        @RequestParam(name = "fixedDepositId") FixedDepositDetails fixedDepositDetails) {
    .....
  }
}
```

@RequestParam 注解指定将 fixedDepositId 请求参数的值分配为 fixedDepositDetails 方法的参数。fixedDepositId 请求参数唯一地标识一笔定期存款。由于 fixedDepositId 请求参数的类型为 String，方法参数类型为 FixedDepositDetails，Spring 使用 IdToFixedDepositDetailsConverter <String，FixedDepositDetails>执行类型转换。

对 ConversionService 的使用不限于 Web 层。可以使用 ConversionService 以编程方式在应用程序的任何层级中执行类型转换。代码清单 15-18 展示了 FixedDepositController 的 viewFixedDepositDetails 方法

的变体。该方法直接使用 ConversionService 执行类型转换。

代码清单 15-18　以编程方式执行类型转换

```
import org.springframework.core.convert.ConversionService;
.....
public class FixedDepositController {
  @Autowired
  private ConversionService conversionService;
  .....
  @RequestMapping(params = "fdAction=view", method = RequestMethod.GET)
  public ModelAndView viewFixedDepositDetails(HttpServletRequest request) {
    String fixedDepositId = request.getParameter("fixedDepositId");
    FixedDepositDetails fixedDepositDetails =
          conversionService.convert(fixedDepositId, FixedDepositDetails.class);
    .....
  }
}
```

在代码清单 15-18 中，注册到 Spring 容器的 ConversionService 实例将自动装配到 FixedDepositController 中。viewFixedDepositDetails 方法使用 ConversionService 的 convert 方法将 fixedDepositId（String 类型）转换为 FixedDepositDetails。在幕后，ConversionService 使用注册的 IdToFixedDepositDetailsConverter<String,-FixedDepositDetails>转换器来执行类型转换。

我们已经学习了如何创建和使用自定义转换器，现在我们来介绍一下如何创建和使用自定义格式化器。

15.5.3　创建一个自定义的格式化器

格式化器将类型 T 的对象转换为 String 值以进行显示，并将 String 值解析为对象类型 T。格式化器实现了 Spring 的 Formatter<T >接口，其中 T 是格式化器格式的对象的类型。这可能听起来类似于 PropertyEditor 在 Web 应用程序中所做的。我们将在本章中看到，格式化器提供了比 PropertyEditor 更强大的替代方案。

注 意

Spring 的标签库标签使用注册到 FormattingConversionService 的格式化器在数据绑定和渲染期间执行类型转换。

代码清单 15-19 展示了 MyBank 应用程序使用的 AmountFormatter，它以适用于用户语言环境所在地域的货币显示定期存款金额，并解析用户输入的定期存款金额。为简单起见，定期存款金额不进行货币转换，适用于用户语言环境所在地域的货币符号只是简单地附加到定期存款金额后面。

代码清单 15-19　AmountFormatter——一个格式化器实现

```
Project-ch15-converter-formatter-bankapp
Source location-src/main/java/sample/spring/chapter15/formatter

package sample.spring.chapter15.formatter;

import java.text.ParseException;
import java.util.Locale;
import org.springframework.format.Formatter;

public class AmountFormatter implements Formatter<Long>{

  @Override
  public String print(Long object, Locale locale) {
    String returnStr = object.toString() + " USD";
    if(locale.getLanguage().equals(new Locale("de").getLanguage())) {
       returnStr = object.toString() + " EURO";
```

```
    }
    return returnStr;
  }

  @Override
  public Long parse(String text, Locale locale) throws ParseException {
    String str[] = text.split(" ");
    return Long.parseLong(str[0]);
  }
}
```

AmountFormatter 实现了 Formatter <Long>接口，这意味着 AmountFormatter 应用于 Long 类型的对象。print 方法将 Long 类型对象（表示定期存款金额）转换为向用户显示的 String 值。根据从该语言环境设置获得的语言代码，print 方法只需将 USD（用于 en 语言代码）或 EURO（用于 de 语言代码）追加到定期存款金额后面。例如，如果定期存款金额为 1000 并且语言代码为 de，则打印方法返回“1000 EURO”。parse 方法采用用户输入的定期存款金额（如“1000 EURO”），只需从用户输入的值中提取定期存款金额即可将其转换为 Long 型对象。

现在来介绍一下如何配置一个自定义格式化器。

15.5.4　配置一个自定义格式化器

可以使用 FormattingConversionServiceFactoryBean 的 formatters 属性通过 FormattingConversionService 注册自定义格式化器，如代码清单 15-20 所示。

代码清单 15-20　使用 FormattingConversionService 注册自定义格式化器

```
<beans .....>
  .....
  <mvc:annotation-driven conversion-service="myConversionService" />
  .....
  <bean id="myConversionService"
    class="org.springframework.format.support.FormattingConversionServiceFactoryBean">
    <property name="formatters">
      <set>
         <bean class="sample.spring.chapter15.formatter.AmountFormatter" />
      </set>
    </property>
  </bean>
</beans>
```

向 FormattingConversionService 注册的 AmountFormatter 在数据绑定和渲染期间应用于所有 Long 类型字段。

注 意

如果使用基于 Java 的配置方法，可以覆盖 WebMvcConfigurerAdapter 的 addFormatters（FormatterRegistry registry）方法，以使用 Spring 容器注册自定义格式化器和转换器。例如，可以调用 FormatterRegistry 的 addFormatter 方法来注册一个格式化器，并调用 FormatterRegistry 的 addConverter 方法来注册一个转换器。

可以使用 Spring 的 AnnotationFormatterFactory 控制格式化应用的字段。一个 AnnotationFormatterFactory 的实现为使用特定注解的字段创建格式化器。我们来介绍一下如何使用 AnnotationFormatterFactory 来格式化仅使用@AmountFormat 注解的 Long 类型字段。

15.5.5　创建 AnnotationFormatterFactory 以格式化仅使用@AmountFormat 注解的字段

代码清单 15-21 展示了@AmountFormat 注解的定义。

代码清单 15-21 AmountFormat 注解

```
Project-ch15-converter-formatter-bankapp
Source location-src/main/java/sample/spring/chapter15/formatter

package sample.spring.chapter15.formatter;
.....
@Target(value={ElementType.FIELD})
@Retention(RetentionPolicy.RUNTIME)
@Documented
public @interface AmountFormat { }
```

在代码清单 15-21 中，@Target 注解指定了@AmountFormat 注解只能在字段上显示。

代码清单 15-22 展示了使用@AmountFormat 注解的字段创建格式化器的 AnnotationFormatterFactory 的实现。

代码清单 15-22 AmountFormatAnnotationFormatterFactory 类

```
Project-ch15-converter-formatter-bankapp
Source location-src/main/java/sample/spring/chapter15/formatter

package sample.spring.chapter15.formatter;

import org.springframework.format.AnnotationFormatterFactory;
import org.springframework.format.Parser;
import org.springframework.format.Printer;

public class AmountFormatAnnotationFormatterFactory implements
      AnnotationFormatterFactory<AmountFormat> {

  public Set<Class<?>> getFieldTypes() {
    Set<Class<?>> fieldTypes = new HashSet<Class<?>>(1, 1);
    fieldTypes.add(Long.class);
    return fieldTypes;
  }

  public Parser<?> getParser(AmountFormat annotation, Class<?> fieldType) {
    return new AmountFormatter();
  }

  public Printer<?> getPrinter(AmountFormat annotation, Class<?> fieldType) {
    return new AmountFormatter();
  }
}
```

在代码清单 15-22 中，AmountFormatAnnotationFormatterFactory 实现了 AnnotationFormatterFactory-<AmountFormat>接口，这意味着 AmountFormatAnnotationFormatterFactory 为使用@AmountFormat 注解的字段创建了格式化器。

getFieldTypes 方法返回可以使用@AmountFormat 注解的字段类型。代码清单 15-22 中的 getFieldTypes 方法返回单个类型，Long 类型。这意味着只有使用@AmountFormat 注解的 Long 类型字段才会被由 FormatFormatAnnotationFormatterFactory 创建的格式化器格式化。getParser 和 getPrinter 方法返回使用@AmountFormat 注解的字段的格式化器。你应该注意到，Formatter 接口是 Parser 和 Printer 接口的子接口。

15.5.6 配置 AnnotationFormatterFactory 的实现

与格式化器配置一样，一个 AnnotationFormatterFactory 实现通过 FormattingConversionServiceFactoryBean 的格式化器属性注册到 FormattingConversionService，如代码清单 15-23 所示。

代码清单 15-23 AmountFormatAnnotationFormatterFactory 配置

```
Project-ch15-converter-formatter-bankapp
Source location-src/main/webapp/WEB-INF/spring

<beans .....>
  .....
  <mvc:annotation-driven conversion-service="myConversionService" />
  .....
  <bean id="myConversionService"
    class="org.springframework.format.support.FormattingConversionServiceFactoryBean">
    <property name="formatters">
      <set>
        <bean
          class="sample.spring.chapter15.formatter.AmountFormatAnnotationFormatterFactory" />
      </set>
    </property>
  </bean>
</beans>
```

现在我们已经看到如何使用 AnnotationFormatterFactory 来启用使用特定注解的字段的格式化，我们来介绍一下在 ch15-converter-formatter-bankapp 项目中如何使用它。

图 15-4 展示了 ch15-converter-formatter-bankapp 项目中显示定期存款列表的网页。

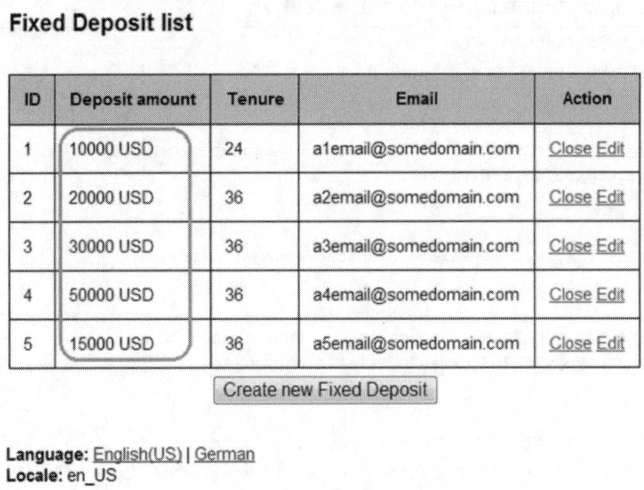

图 15-4 “Deposit amount（存款金额）”列显示 USD 还是 EURO 取决于从用户当前语言环境获取的语言代码

图 15-4 展示了如果用户选择的语言是英文，则 USD 将被附加到定期存款金额后面。如果将语言切换为德语，则 USD 将被 EURO 替换。在代码清单 15-19 中，我们看到在 AmountFormatter 中包含根据用户当前语言环境获取的语言代码以显示 USD 或 EURO 的逻辑。

为了确保在页面呈现和表单提交期间调用配置了 FormattingConversionService 的格式化器，在 ch15-converter-formatter-bankapp 项目的 JSP 页面中使用了 Spring 标签库标签（如<eval>和<input>）。

注 意

如果使用基于 Java 的配置方法，可以覆盖 WebMvcConfigurer 的 addFormatters(FormatterRegistry registry) 方法，并调用 FormatterRegistry 的 addFormatterForFieldAnnotation (AnnotationFormatter-Factory factory) 方法来配置一个 AnnotationFormatterFactory 实现。

现在来介绍一下 Spring Web MVC 如何对上传文件进行简化。

15.6 Spring Web MVC 中的文件上传支持

可以通过配置 MultipartResolver 来处理 Spring Web MVC 应用程序中的多部分请求。Spring 提供了可以在 Web 应用程序中使用的 MultipartResolver 接口的以下开箱即用的实现：

- CommonsMultipartResolver——基于 Apache Commons FileUpload 库；
- StandardServletMultipartResolver——基于 Servlet 3.0 Part API。

我们先了解一下使用 CommonsMultipartResolver 上传文件的示例 Web 应用程序。

含 义

chapter 15/ch15-commons-file-upload（此项目显示了如何使用 CommonsMultipartResolver 上传文件。CommonsMultipartResolver 使用了 Apache Commons FileUpload 库，该项目依赖于 commons-fileupload JAR 文件）。

15.6.1 使用 CommonsMultipartResolver 上传文件

代码清单 15-24 展示了 ch15-commons-file-upload 项目显示的文件上传表单。

代码清单 15-24 uploadForm.jsp——显示上传表单

```
Project-ch15-commons-file-upload
Source location-src/main/webapp/WEB-INF/jsp

.....
  <form method="post" action="/ch15-commons-file-upload/uploadFile"
       enctype="multipart/form-data">
    <table style="padding-left: 200px;">
       <tr>
          <td colspan="2"><c:out value="${uploadMessage}" /></td>
       </tr>
       <tr>
          <td><b>Select the file to be uploaded:  </b></td>
          <td><input type="file" name="myFileField" /></td>
       </tr>
       <tr>
          <td colspan="2" align="center"><input type="button"
             value="Upload file" onclick="document.forms[0].submit();" /></td>
       </tr>
     </table>
  </form>
.....
```

代码清单 15-24 展示了<form>元素的 enctype 特性设置为 multipart/form-data，这意味着表单提交将导致向服务器发送多部分请求。uploadMessage 请求特性显示用户选择文件并单击 Upload file 按钮后的成功或失败消息。

代码清单 15-25 展示了解决多部分请求的 CommonsMultipartResolver 的配置。

代码清单 15-25 fileupload-config.xml——CommonsMultipartResolver 配置

```
Project-ch15-commons-file-upload
Source location-src/main/webapp/WEB-INF/spring

  <bean id="multipartResolver"
    class="org.springframework.web.multipart.commons.CommonsMultipartResolver">
    <property name="maxUploadSize" value="100000" />
    <property name="resolveLazily" value="true" />
  </bean>
```

注 意

在 Web 应用程序上下文 XML 文件中，MultipartResolver 实现必须使用 id 作为 multipartResolver 进行配置。maxUploadSize 属性指定可以上传文件的最大大小（以字节为单位）。如果尝试上传大小超过 100KB 的文件，则代码清单 15-25 所示的 CommonsMultipartResolver 会抛出异常。如果 CommonsMultipartResolver 实例抛出异常，负责处理文件上传的控制器无法处理异常。因此，需要将 resolveLazily 属性设置为 true。如果 resolveLazily 属性设置为 true，则只有当上传的文件被控制器访问时，多部分请求才被解析。这样可以让控制器处理在多部分请求解析过程中发生的异常情况。

代码清单 15-26 展示了处理文件上传的 FileUploadController。

代码清单 15-26 FileUploadController

```
Project-ch15-commons-file-upload
Source location-src/main/java/sample/spring/chapter15/web

package sample.spring.chapter15.web;

import org.springframework.web.multipart.MultipartFile;
.....
public class FileUploadController {
  .....
  @RequestMapping(path = "/uploadFile", method = RequestMethod.POST)
  public ModelAndView handleFileUpload(
        @RequestParam("myFileField") MultipartFile file) throws IOException {
    ModelMap modelData = new ModelMap();

    if (!file.isEmpty()) {
       // -- save the uploaded file on the filesystem
       String successMessage = "File successfully uploaded";
       modelData.put("uploadMessage", successMessage);
       return new ModelAndView("uploadForm", modelData);
    }
    .....
  }

  @ExceptionHandler(value = Exception.class)
  public ModelAndView handleException() {
    .....
  }
}
```

FileUploadController 的 handleFileUpload 方法接受一个类型为 MultipartFile 的参数，该参数标识上传的文件。请注意，@RequestParam 注解指定 uploadForm.jsp 页面（见代码清单 15-24）中的<input type ="file".....> 字段的名称。如果文件成功上传，则 handleFileUpload 方法会设置一个向用户显示的成功消息。@ExceptionHandler 方法显示错误消息，以防在文件上传过程中发生异常。例如，如果文件大小大于 100 KB，则会向用户显示错误消息。

现在我们已经学习了如何使用 CommonsMultipartResolver 来上传文件。下面来介绍一下如何使用 StandardServletMultipartResolver 上传文件。

含 义

chapter 15/ch15-servlet3-file-upload（该项目展示了如何使用 StandardServletMultipartResolver 上传文件）。

15.6.2 使用 StandardServletMultipartResolver 上传文件

Servlet 3 中对处理 multipart 请求的支持是开箱即用的。如果要使用 Servlet 3 提供的 multipart 支持，请在 DispatcherServlet 配置中指定<multipart-config>元素来启用多部分请求处理，并在 Web 应用程序上下文 XML 文件中配置 StandardServletMultipartResolver。不同于 CommonsMultipartResolver，StandardMultipartResolver 不定义任何属性。

代码清单 15-27 展示了 web.xml 文件中的 DispatcherServlet 配置。

代码清单 15-27 web.xml

```
Project-ch15-servlet3-file-upload
Source location-src/main/webapp

  <servlet>
    <servlet-name>fileupload</servlet-name>
    <servlet-class>org.springframework.web.servlet.DispatcherServlet</servlet-class>
    .....
    <multipart-config>
       <max-file-size>100000</max-file-size>
    </multipart-config>
  </servlet>
```

当指定了<multipart-config>元素时，fileupload servlet 可以处理多部分的请求。<max-file-size>元素指定了可上传的最大文件的大小。请注意，最大文件的大小现在被指定为<multipart-config>元素的一部分。

15.7 小结

在本章中，我们学习了 Spring Web MVC 框架的一些重要特性，简化了开发 Web 应用程序。在第 16 章中，我们将介绍如何使用 Spring Security 框架来保护 Spring 应用程序。

第 16 章　使用 Spring Security 保护应用程序

16.1　简介

对任何应用程序来说安全都非常重要。Spring Security 构建在 Spring Framework 之上，为保护基于 Spring 的应用程序提供了一个全面的框架。在本章中，我们将介绍如何使用 Spring Security 框架完成以下目的：

- 认证用户；
- 实现 Web 请求安全；
- 实现方法级安全；
- 使用基于 Security 的 ACL（访问控制列表）保护域对象。

首先来看 MyBank Web 应用程序的安全性需求，我们将使用 Spring Security 来解决这些需求。

16.2　MyBank Web 应用程序的安全性需求

MyBank Web 应用程序的用户是管理系统中定期存款的客户和管理员。客户可以开立和编辑定期存款，但不能关闭它们。管理员无法创建或编辑定期存款，但可以关闭客户的定期存款。

由于只有经过身份验证的用户才能访问 MyBank Web 应用程序，因此对未经身份验证的用户将显示登录表单。

图 16-1 展示了未经身份验证的用户的登录表单。如果用户选择了 Remember me on this computer 复选框，MyBank Web 应用程序将会记住用户输入的认证信息，并在以后的访问中将其用于用户的自动身份验证。

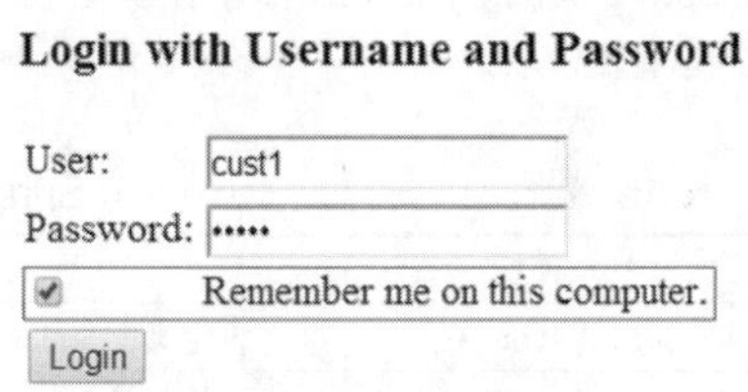

图 16-1　显示给未经身份验证的用户的登录表单

当客户登录时，将会显示与客户相关的定期存款的详细信息，如图 16-2 所示。

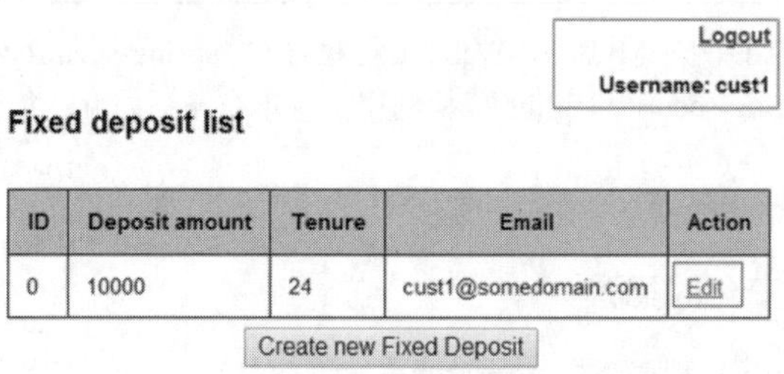

图 16-2　在身份认证后显示客户的定期存款信息

图 16-2 展示了客户可以单击 Logout 超链接从 MyBank Web 应用程序注销。客户也可以通过单击与定期存款相对应的 Edit 超链接来编辑定期存款的详细信息。通过单击 Create new Fixed Deposit 按钮来查看开立新的定期存款的表单。请注意，验证用户的用户名显示在 Logout 超链接的下方。

当管理员登录时，MyBank Web 应用程序将显示系统中所有定期存款的详细信息，如图 16-3 所示。

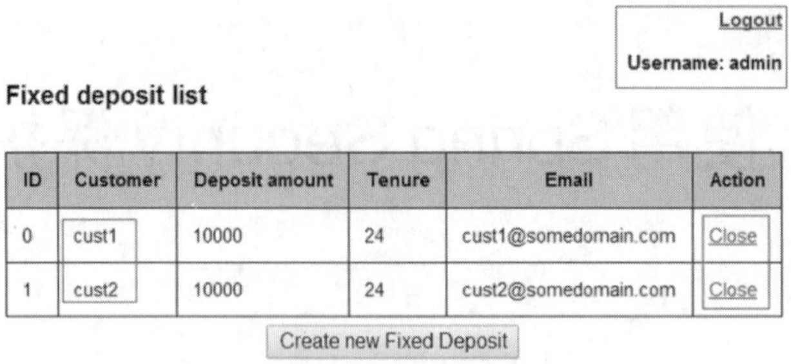

图 16-3 当管理员登录时将显示所有客户的定期存款信息

在图 16-3 中，管理员可以通过单击与定期存款相对应的 Close 超链接来关闭一笔定期存款。和客户一样，Create new Fixed Deposit 按钮也是管理员可见的，但是如果尝试保存新的定期存款的详细信息，将导致应用程序抛出一个安全异常。

现在来看一下如何使用 Spring Security 解决 MyBank Web 应用程序的安全性需求。

含 义

chapter 16/ch16-bankapp-simple-security（该项目代表了使用 Spring Security 框架来解决 16.2 节中描述的安全性需求的 MyBank Web 应用程序）。

16.3 使用 Spring Security 保护 MyBank Web 应用程序

Spring Security 框架由多个模块组成，可解决应用程序的各种安全问题。表 16-1 介绍了 Spring Security 的一些重要模块。

表 16-1 Spring Security 的一些重要模块

模块	描述
spring-security-core	定义了 Spring Security 框架的核心类和接口。任何使用 Spring Security 的应用程序都需要该模块
spring-security-web	为保护 Web 应用程序提供支持
spring-security-config	为使用 security 模式和基于 Java 的配置方法配置 Spring Security 提供支持
spring-security-taglibs	定义了可用于访问安全信息并保护 JSP 页面显示内容的标签
spring-security-acl	启用了使用 ACL（访问控制列表）来保护应用程序中域对象的实例

在本节中，我们将介绍保护 MyBank Web 应用程序的 spring-security-core、spring-security-web、spring-security-config 和 spring-security-taglibs 模块的用法。本章稍后将介绍如何使用 spring-security-acl 模块来保护域对象实例。

我们先介绍一下 Web 请求的安全是如何配置的。

16.3.1 Web 请求安全的配置

你可以通过以下方式向应用程序添加 Web 请求安全：

- 在 web.xml 文件中配置 Spring 的 DelegatingFilterProxy 过滤器；
- 启用 Spring Security 框架提供的 Web 请求安全。

我们先来看一下如何配置 DelegatingFilterProxy 过滤器。

1. DelegatingFilterProxy 过滤器的配置

Spring Framework 的 Web 模块（由 spring-web-5.0.1.RELEASE.jar 文件表示）定义了实现 Servlet API

Filter 接口的 DelegatingFilterProxy 类。代码清单 16-1 展示了 web.xml 文件中的 DelegatingFilterProxy 过滤器的配置。

代码清单 16-1 web.xml——DelegatingFilterProxy 过滤器的配置

```
Project - ch16-bankapp-simple-security
Source location - src/main/webapp/WEB-INF

  <filter>
     <filter-name>springSecurityFilterChain</filter-name>
     <filter-class>org.springframework.web.filter.DelegatingFilterProxy</filter-class>
  </filter>

  <filter-mapping>
     <filter-name>springSecurityFilterChain</filter-name>
     <url-pattern>/*</url-pattern>
  </filter-mapping>
```

<filter-mapping>元素指定了 DelegatingFilterProxy 过滤器映射到所有传入的 Web 请求。由<filter-name>元素指定的过滤器名称在 DelegatingFilterProxy 过滤器的上下文中具有特殊的意义。DelegatingFilterProxy 过滤器将请求处理委托给名称与<filter-name>元素值相匹配的 Spring bean。在代码清单 16-1 中，由 DelegatingFilterProxy 过滤器接收到的 Web 请求将委派给根应用程序上下文中名为 springSecurityFilterChain 的 Spring bean。我们很快就会看到 springSecurityFilterChain bean 是由 Spring Security 框架创建的。

现在我们已经配置了 DelegatingFilterProxy 过滤器，接下来看一下如何配置 Web 请求安全。

2. 配置 Web 请求安全

代码清单 16-2 展示了使用 security 模式的<http>元素配置 Web 请求安全的应用程序上下文文件。

代码清单 16-2 applicationContext-security.xml——Web 安全配置

```
Project -ch16-bankapp-simple-security
Source location - src/main/resources/META-INF/spring

<beans:beans xmlns="http://www.springframework.org/schema/security"
  xmlns:beans="http://www.springframework.org/schema/beans"
  xsi:schemaLocation=".....
     http://www.springframework.org/schema/security
     http://www.springframework.org/schema/security/spring-security.xsd">

  <http>
     <intercept-url  pattern="/**" access="hasAnyRole('ROLE_CUSTOMER', 'ROLE_ADMIN')" />
     <form-login />
     <logout />
     <remember-me />
     <headers>
       <cache-control/>
       <xss-protection/>
     </headers>
  </http>
  .....
</beans:beans>
```

代码清单 16-2 展示了应用程序上下文 XML 文件引用的 spring-security.xsd 模式。spring-security.xsd 模式包含在 spring-security-config-4.1.0.RELEASE.jar 文件的 org.springframework.security.config 包中。

<http>元素包含了应用程序的 Web 请求安全配置。Spring Security 框架解析了<http>元素，并向 Spring 容器注册一个名为 springSecurityFilterChain 的 bean。springSecurityFilterChain bean 负责处理 Web 请求的安全。我们之前配置的 DelegatingFilterProxy 过滤器（见代码清单 16-1）将 Web 请求处理委托给

springSecurityFilterChain bean。springSecurityFilterChain bean 表示 FilterChainProxy bean 的一个实例（请参阅 Spring Security 文档了解更多信息），其中包含由<http>元素的子元素添加到链中的 Servlet 过滤器链。

<intercept-url>元素的 access 特性指定了一个布尔值类型的 Spring EL 表达式。如果 Spring EL 表达式返回 true，则可以访问与 pattern 特性匹配的 URL。如果 Spring EL 表达式返回 false，则拒绝对 pattern 特性匹配的 URL 的访问。Spring Security 框架提供了一些内置的表达式，如 hasRole、hasAnyRole、isAnonymous 等。

在代码清单 16-2 中，如果已验证的用户具有 ROLE_CUSTOMER 或 ROLE_ADMIN 角色，则表达式 hasAnyRole（'ROLE_CUSTOMER'，'ROLE_ADMIN'）将返回 true。在 MyBank Web 应用程序中，将 ROLE_CUSTOMER 角色分配给客户，将 ROLE_ADMIN 角色分配给管理员。由于 pattern / *匹配所有 URL，因此代码清单 16-2 中的<intercept-url>元素指定只有角色为 ROLE_CUSTOMER 或 ROLE_ADMIN 的用户才能访问 MyBank Web 应用程序。

<form-login>元素配置用于验证用户的登录页面。你可以使用<form-login>元素的 login-page、default-target-url 等特性来自定义登录页面。login-page 特性指定了用于呈现登录页面的 URL。如果未指定 login-page 特性，则会在/login URL 上自动呈现登录页面。

<logout>元素配置了 Spring Security 框架的注销处理功能。你可以使用<logout>元素的各种特性，如 logout-url、delete-cookies、invalidate-session 等来配置注销功能。例如，你可以使用 delete-cookies 特性指定在用户注销时应删除的 Cookie 的名称（以逗号分隔）。logout-url 特性允许你配置执行注销处理的 URL。如果不指定 logout-url 特性，则 logout-url 特性值默认设置为/logout。

<remember-me>元素配置了“remember-me”身份验证，其中 Web 应用程序会记住会话之间的已验证用户的身份。当用户成功通过身份验证后，Spring Security 框架会生成唯一的令牌，可以将其存储在持久存储中，也可以发送到 cookie 中的用户。在代码清单 16-2 中，<remember-me>元素配置了基于 cookie 的 remember-me 认证服务。当用户重新访问 Web 应用程序时，会从 Cookie 中检索令牌，并自动进行身份验证。

<headers>元素指定了由 Spring Security 框架添加到 HTTP 响应的安全头。例如，在代码清单 16-2 中，<cache-control>元素添加了 Cache-Control、Pragma 和 Expires 响应头，而<xss-protection>元素添加了 X-XSS-Protection 头。

未认证的用户访问 MyBank Web 应用程序时，Spring Security 将向用户显示由<form-login>元素配置的登录页面（见图 16-1）。现在我们来介绍一下当用户输入认证信息并单击“Login”按钮时如何执行身份验证。

16.3.2　身份认证配置

Spring Security 的 AuthenticationManager 负责在用户输入认证信息并提交登录页面时处理身份验证请求。AuthenticationManager 可以配置一个或多个 AuthenticationProvider，与尝试对用户进行身份验证 AuthenticationManager 进行验证。例如，如果要针对 LDAP 服务器对用户进行身份验证，则可以配置对 LDAP 服务器进行身份验证的 LdapAuthenticationProvider（AuthenticationProvider 的实现）。

security 模式简化了 AuthenticationManager 和 AuthenticationProvider 对象的配置，如代码清单 16-3 所示。

代码清单 16-3　applicationContext——security.xml

```
Project - ch16-bankapp-simple-security
Source location - src/main/resources/META-INF/spring

  <authentication-manager>
    <authentication-provider>
  <password-encoder hash="bcrypt" />
      <user-service>
        <user name="admin" password="<bcrypt-encoded-pwd>" authorities="ROLE_ADMIN" />
        <user name="cust1" password="<bcrypt-encoded-pwd>" authorities="ROLE_CUSTOMER" />
        <user name="cust2" password="<bcrypt-encoded-pwd>"" authorities="ROLE_CUSTOMER" />
      </user-service>
    </authentication-provider>
  </authentication-manager>
```

<authentication-manager>元素配置了一个 AuthenticationManager 实例。<authentication-provider>元素配置了一个 AuthenticationProvider 实例。默认情况下，<authentication-provider>元素配置一个使用 Spring 的 UserDetailsService 作为 DAO 来加载用户详细信息的 DaoAuthenticationProvider（一个 AuthenticationProvider 的实现）。

DaoAuthenticationProvider 使用配置的 UserDetailsService，根据提供的用户名从用户存储库加载用户详细信息。DaoAuthenticationProvider 通过比对用户提供的登录凭据与配置的 UserDetailsService 加载的用户详细信息来执行身份验证。你应该注意，UserDetailsService 可能会从数据源、平面文件或任何其他用户存储库来加载用户详细信息。

<password-encoder>元素指定了 AuthenticationProvider 将提交的密码转换为其散列表单的密码编码器。<password-encoder>元素的 hash 特性指定了编码策略。hash 特性值为“bcrypt”，这意味着密码编码使用 BCrypt 散列函数。

<authentication-provider>的<user-service>子元素配置了一个加载由<user>元素定义的用户的内置 UserDetailsService。在代码清单 16-3 中，<user-service>元素定义了应用程序有 3 个用户：admin（ROLE_ADMIN 角色）、cust1（ROLE_CUSTOMER 角色）和 cust2（ROLE_CUSTOMER 角色）。name 特性指定了分配给用户的用户名，password 特性指定了分配给用户的编码密码，authority 特性指定分配给用户的角色。为简单起见，分配给用户的密码与用户的用户名相同。例如，如果用户名是 cust1，则相应的密码也是 cust1。

注 意

ch16-bankapp-simple-security 项目包含一个 PwdEncoder 工具类（在 password.encoder 包中），可用于将任何纯文本密码转换为其 Bcrypt 散列版本。我们使用 PwdEncoder 对 cust1、cust2 和 admin 用户的密码进行编码，并将它们粘贴为<user>元素的密码特性的值。

现在，如果你部署 ch16-bankapp-simple-security 项目并通过 URL http://localhost:8080/ch16-bankapp-simple-security 访问该项目，则会显示 Web 应用程序的登录页面（见图 16-1）。如果你输入用户名 cust1、密码 cust1 进行身份验证，则 Web 应用程序将显示与 cust1 用户相关联的定期存款（见图 16-2）。同样，如果你输入用户名 cust2、密码 cust2 来登录，则 Web 应用程序将显示与 cust2 用户相关联的定期存款。如果你的登录用户名为 admin、密码为 admin，则 Web 应用程序将显示 cust1 和 cust2 两个用户的定期存款。

现在来介绍一下如何使用 Spring Security JSP 标签库访问安全信息，并对 JSP 页面显示的内容应用安全约束。

16.3.3 使用 Spring Security 的 JSP 标签库保护 JSP 内容

MyBank Web 应用程序的需求之一是编辑定期存款（见图 16-2）的选项仅适用于角色为 ROLE_CUSTOMER 的用户。而关闭定期存款（见图 16-3）的选项仅适用于角色为 ROLE_ADMIN 的用户。由于我们需要根据经过身份验证的用户角色来保护 Edit 和 Close 超链接，MyBank Web 应用程序使用 Spring Security 的 JSP 标签库来保护 JSP 内容。

代码清单 16-4 展示了使用 Spring Security 的 JSP 标签库来访问经过身份验证的用户的用户名，并根据登录用户的角色保护 JSP 内容。

代码清单 16-4 fixedDepositList.jsp

```
Project - ch16-bankapp-simple-security
Source location - src/main/webapp/WEB-INF/jsp

<%@ taglib uri="http://www.springframework.org/security/tags" prefix="security"%>
.....
<body>
  <form id="logoutForm" method="POST" action="${pageContext.request.contextPath}/logout">
     <security:csrfInput/>
```

```
  </form>
  .....
  <td style="font-family: 'arial'; font-size: 12px; font-weight: bold" align="right">
     <input type="button" class="button" value="Logout"
           onclick="document.getElementById('logoutForm').submit();"/>
     <p>
       Username: <security:authentication property="principal.username" />
     </p>
  </td>
  .....
  <td class="td">
     <security:authorize access="hasRole('ROLE_CUSTOMER')">
       <a href="${pageContext.request.contextPath}/fixedDeposit?....." >Edit</a>
     </security:authorize>
     <security:authorize access="hasRole('ROLE_ADMIN')">
       <a href="${pageContext.request.contextPath}/fixedDeposit.....">Close</a>
     </security:authorize>
  </td>
</body>
</html>
```

代码清单 16-4 展示了单击 Logout 按钮（使用 button CSS 类显示为超链接）会将 logoutForm 表单提交到 ${pageContext.request.contextPath}/logout URL。如前所述，如果你没有指定<logout>元素的 logout-url 特性，则 logout-url 值设置为/logout。所以当用户单击 Logout 按钮时，用户将从 MyBank Web 应用程序中注销。

当你在单击 Logout 按钮时，我们正在提交 logoutForm，这可能看起来有点奇怪。如果启用了 CSRF（跨站点请求伪造）保护，Spring Security 要求仅使用 HTTP POST 请求进行注销。由于默认情况下 CSRF 保护是启用的，因此你需要向/logout URL 发送 HTTP POST 请求以注销用户。因此，当单击 Logout 按钮时，会将 logoutForm 提交到/logout URL。由于在发送 PATCH、POST、PUT 和 DELETE 请求时需要 CSRF 令牌，因此我们需要将 CSRF 令牌连同 POST 请求一起发送到/logout URL。这可以通过使用 Spring Security 的 JSP 标签库（通过 taglib 指令引入）的<csrfInput>标签来实现。<csrfInput>标签将一个 CSRF 令牌添加到 logoutForm 中，如下所示。

```
<input type="hidden" name="_csrf" value="1dfa0939-982f-4efb-9f13-9d19210bb078" />
```

Spring Security 的 Authentication 对象包含已验证用户的相关信息。例如，它包含用户用于身份验证的用户角色和用户名的信息。<authentication>标签打印 Authentication 对象的指定属性。在代码清单 16-4 中，principal.username 属性是指经过身份验证的用户的 username 属性。

<authorize>标签基于 access 特性指定的安全性表达式的结果来保护其包含的 JSP 内容。如果安全性表达式的计算结果为 true，则其包含的内容将被呈现，否则其包含的内容不会呈现。在代码清单 16-4 中，如果已验证的用户具有 ROLE_CUSTOMER 角色，则 hasRole（'ROLE_CUSTOMER'）表达式将返回 true，如果已验证的用户具有 ROLE_ADMIN 角色，则 hasRole（'ROLE_ADMIN'）表达式将返回 true。在代码清单 16-4 中使用了 hasRole 表达式，使得 Edit 选项仅显示给具有 ROLE_CUSTOMER 角色的用户，Close 选项仅显示给具有 ROLE_ADMIN 角色的用户。

现在我们来介绍一下如何使用 Spring Security 集成方法级安全。

16.3.4 保护方法

MyBank 应用程序的需求之一是具有 ROLE_ADMIN 角色的用户可以看到 Create new Fixed Deposit 按钮（见图 16-3），但是尝试保存新的定期存款的详细信息将导致安全性异常。这是我们保护 FixedDepositService 的 saveFixedDeposit 方法的示例，只有具有 ROLE_CUSTOMER 角色的用户可以调用它。

我们还想要保护 FixedDepositService 的其他方法，使其不被未经授权的用户调用。例如，使用 ROLE_CUSTOMER 登录的 cust1 用户可以通过在浏览器中输入以下 URL 调用 FixedDepositService 的 closeFixedDeposit 方法来关闭现有的定期存款。

```
http://localhost:8080/ch16-bankapp-simple-
security/fixedDeposit?fdAction=close&fixedDepo-sitId=<fixed-deposit-id>
```

上述 URL 中的<fixed-deposit-id>是要关闭的定期存款 ID，如图 16-4 所示。

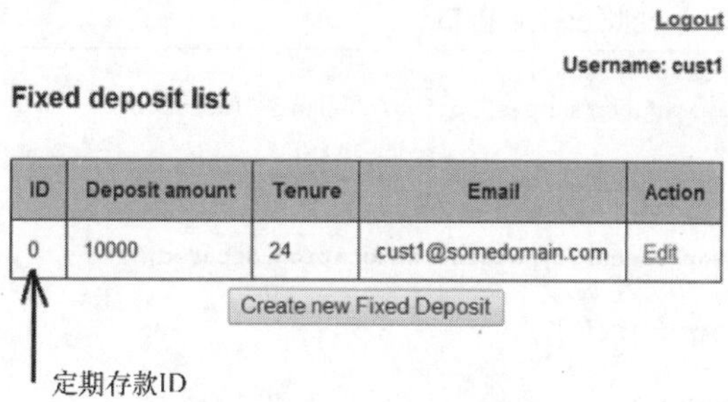

图 16-4 在 ID 列显示定期存款 ID

由于只有具有 ROLE_ADMIN 角色的用户可以关闭定期存款，因此如果角色为 ROLE_CUSTOMER 的用户在 Web 浏览器中输入上述 URL，则不允许调用 FixedDepositService 的 closeFixedDeposit 方法。

要为应用程序添加方法级安全，需要执行以下操作：

- 通过使用 security 模式的<global-method-security>元素为应用程序配置方法级安全；
- 将@Secured 注解添加到你希望防止未经授权访问的方法中。

首先来介绍一下<global-method-security>元素。

1. 使用<global-method-security>元素配置方法级安全

代码清单 16-5 展示了<global-method-security>元素的用法。

代码清单 16-5 applicationContext——security.xml

```
Project - ch16-bankapp-simple-security
Source location - src/main/resources/META-INF/spring

<beans:beans xmlns="http://www.springframework.org/schema/security" .....>
  .....
  <global-method-security secured-annotations="enabled" />
</beans:beans>
```

<global-method-security>元素配置方法级安全。<global-method-security>元素仅适用于定义它的应用程序上下文中。例如，如果在根 Web 应用程序上下文 XML 文件中定义了<global-method-security>元素，则它仅适用于在根 WebApplicationContext 实例中注册的 bean。在 ch16-bankapp-simple-security 项目中，applicationContext-security.xml（见代码清单 16-5）和 applicationContext.xml 文件（定义了服务和 DAO）构成根 Web 应用程序上下文 XML 文件（见 ch16-bankapp-simple-security 项目的 web.xml 文件），因此，<global-method-security>元素仅适用于在这些应用程序上下文 XML 文件中定义的 bean。

<global-method-security>元素的 secured-annotations 特性指定是否应该为 Spring 容器注册的 bean 启用或禁用 Spring 的@Secured 注解。当值设置为 enabled 时，则可以使用 Spring 的@Secured 注解来指定保护的 bean 方法。

> **注 意**
>
> 如果要保护控制器方法，请将<global-method-security>元素定义在 Web 应用程序上下文 XML 文件中，而不是根 Web 应用程序上下文 XML 文件中。

现在来介绍一下如何使用 Spring 的@Secured 注解来保护方法。

2. 使用@Secured 注解指定 bean 方法的安全性约束

代码清单 16-6 展示了使用 Spring 的@Secured 注解来定义方法的安全性约束。

代码清单 16-6　FixedDepositService 接口

```
Project - ch16-bankapp-simple-security
Source location - src/main/java/sample/spring/chapter16/service

package sample.spring.chapter16.service;

import org.springframework.security.access.annotation.Secured;
.....
public interface FixedDepositService {
  .....
  @Secured("ROLE_CUSTOMER")
  void saveFixedDeposit(FixedDepositDetails fixedDepositDetails);
  .....
  @Secured("ROLE_ADMIN")
  void closeFixedDeposit(int fixedDepositId);

  @Secured("ROLE_CUSTOMER")
  void editFixedDeposit(FixedDepositDetails fixedDepositDetails);
}
```

上面的示例显示了 FixedDepositService 接口，它定义了对定期存款进行操作的方法。saveFixedDeposit 和 editFixedDeposit 方法上的@Secured（"ROLE_CUSTOMER"）注解指定这些方法只能由角色为 ROLE_CUSTOMER 的用户调用。closeFixedDeposit 方法上的@Secured（"ROLE_ADMIN"）注解指定该方法只能由角色为 ROLE_ADMIN 的用户调用。

注　意

默认情况下，方法级安全性基于 Spring AOP。如果要使用 AspectJ 代替 Spring AOP，请将<global-method-security>元素的 mode 特性设置为 aspectj。另外，在你的项目中添加 spring-security-aspects Spring 模块，并在类上而不是接口上指定@Secured 注解。

除了使用@Secured 注解，你也可以使用 Spring 的@PreAuthorize 注解在方法上应用安全约束。与@Secured 注解不同，@PreAuthorize 注解接受 hasRole、hasAnyRole 等安全表达式。要启用@PreAuthorize 注解，请将<global-method-security>元素的 post-post-annotations 特性设置为 enabled。代码清单 16-7 展示了@PreAuthorize 注解的用法。

代码清单 16-7　@PreAuthorize 注解

```
import org.springframework.security.access.prepost.PreAuthorize;
.....
public interface SomeService {
  .....
  @PreAuthorize("hasRole('ROLE_XYZ')")
  void doSomething(.....);
  .....
}
```

在代码清单 16-6 中，@PreAuthorize 注解指定了只有角色为 ROLE_XYZ 的用户可以访问 doSomething 方法。

Spring Security 还支持由 JSR-250（通用注解）定义的诸如@RolesAllowed、@DenyAll、@PermitAll 等安全注解。要启用 JSR-250 安全注解，请将<global-method-security>的 jsr250-annotations 特性设置为 enabled。代码清单 16-8 展示了@RolesAllowed 注解的用法。

代码清单 16-8 @RolesAllowed 注解

```
import javax.annotation.security.RolesAllowed;
.....
public interface SomeService {
  .....
  @RolesAllowed("ROLE_XYZ")
  void doSomething(.....);
  .....
}
```

在代码清单 16-7 中，@RolesAllowed 注解指定了只有角色为 ROLE_XYZ 的用户可以访问 doSomething 方法。

注 意

要使用 JSR 250 定义的@RolesAllowed、@ PermitAll 等安全注释，你需要在项目中包含 jsr250-api JAR 文件。

在本节中，我们介绍了如何使用 Spring Security 对用户进行身份验证，保护 Web 请求并实现方法级安全。现在来介绍一下保护域对象实例的 Spring Security 的 ACL 模块。

含 义

chapter 16/ch16-bankapp-db-security（该项目展示了使用 Spring Security ACL 模块保护 FixedDepositDetails 实例的 MyBank Web 应用程序）。

16.4 MyBank Web 应用程序——使用 Spring Security 的 ACL 模块保护 FixedDepositDetails 实例

ch16-bankapp-db-security 项目展示了 MyBank Web 应用程序的一个变体，它使用 Spring Security 的 ACL 模块来保护 FixedDepositDetails 实例。

让我们来了解一下如何部署和使用 ch16-bankapp-db-security 项目。

16.4.1 部署和使用 ch16-bankapp-db-security 项目

ch16-bankapp-db-security 项目使用 MySQL 数据库来存储应用程序用户、定期存款明细和 ACL 信息。在部署 ch16-bankapp-db-security 项目之前，在 MySQL 中创建一个名为 securitydb 的数据库，并运行位于 ch16-bankapp-db-security 项目的 scripts 文件夹中的 bankapp.sql 脚本。此外，修改 src/main/resources/META-INF/database.properties 文件以指向你的 MySQL 安装。

执行 bankapp.sql 脚本将创建以下表：ACL_CLASS、ACL_ENTRY、ACL_OBJECT_IDENTITY、ACL_SID、FIXED_DEPOSIT_DETAILS、AUTHORITIES 和 USERS。名称以 ACL_开头的表存储 ACL 相关的信息（本章稍后将介绍这些表）。FIXED_DEPOSIT_DETAILS 表存储定期存款明细。USERS 和 AUTHORITIES 表分别存储用户和角色信息。bankapp.sql 脚本还会将安装数据插入 USERS、AUTHORITIES、ACL_CLASS 和 ACL_SID 表中。

现在你已经设置了 ch16-bankapp-db-security 项目的数据库，在 Tomcat 9 服务器上部署项目（有关如何在 Tomcat 9 服务器上部署 Web 项目的更多信息，请参阅附录 B）。项目成功部署后，请访问 http://localhost:8080/ ch16-bankapp-db-security URL。你就能看到登录页面，如图 16-5 所示。

默认情况下，为 MyBank Web 应用程序配置了以下 3 个用户：cust1（ROLE_CUSTOMER 角色）、cust2

（ROLE_CUSTOMER 角色）和 admin（ROLE_ADMIN 角色）。如果使用用户名 cust1 和密码 cust1 登录，你将看到与 cust1 客户相关的定期存款，如图 16-6 所示。

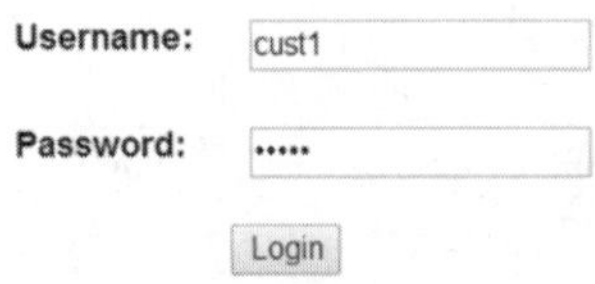

图 16-5 MyBank Web 应用程序的登录页面

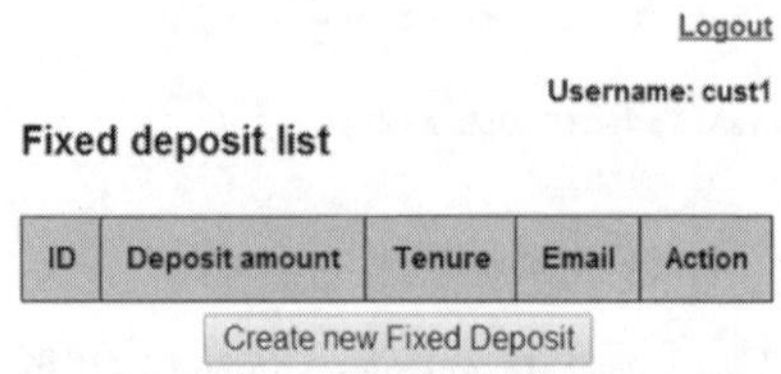

图 16-6 与客户 cust1 相关的定期存款列表

由于目前没有定期存款与 cust1 相关联，图 16-6 显示了一个空的定期存款列表。单击 Create new Fixed Deposit 按钮，打开用于创建新的定期存款的表单。如果你创建了一笔新的定期存款，它将显示在定期存款列表中，如图 16-7 所示。

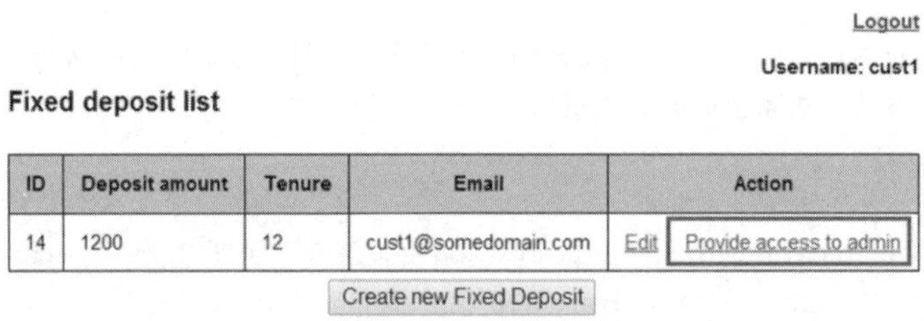

图 16-7 客户可以编辑一笔定期存款，或对管理员开放访问权限

在图 16-7 中，Edit 选项允许客户编辑定期存款明细，Provide access to admin 选项可使管理员用户访问定期存款。管理员用户只能查看客户授权其可以访问的定期存款。单击 Provide access to admin 超级链接，使管理员用户可以访问定期存款。

现在，从 MyBank Web 应用程序注销，再以用户名 admin 和密码 admin 登录。用户 admin 可以查看所有客户授权可访问的定期存款，如图 16-8 所示。

图 16-8 管理员用户可以通过选择“Close”选项来关闭定期存款

图 16-8 展示了用户 admin 可以选择 Close 选项来关闭定期存款。关闭定期存款将从 FIXED_DEPOSIT_DETAILS 表中删除定期存款。

总而言之，你可以使用 cust1/cust1、cust2/cust2 和 admin/admin 这几组用户凭据登录来查看 MyBank Web 应用程序的以下功能。

- 只有 cust1（ROLE_CUSTOMER 角色）和 cust2（ROLE_CUSTOMER 角色）用户可以创建定期存款。
- cust1 和 cust2 只能编辑他们自己的定期存款。例如，cust1 无法编辑由 cust2 创建的定期存款。
- cust1 和 cust2 只能授权 admin 访问自己的定期存款。例如，cust1 不能授权 admin 访问 cust2 创建的定期存款。

- admin 用户（ROLE_ADMIN 角色）只能查看由 cust1 和 cust2 用户授权其可访问的定期存款。
- 只有 admin 用户可以关闭定期存款。

在深入了解 MyBank Web 应用程序的实现细节之前，我们来了解一下 Spring Security 存储 ACL 和用户信息的标准数据库表。

16.4.2 存储 ACL 和用户信息的数据库表

Spring Security 的 ACL 模块提供域对象实例的安全性。MyBank Web 应用程序使用 Spring Security 的 ACL 模块来保护 FixedDepositDetails 的实例。Spring Security 表（ACL_CLASS、ACL_ENTRY、ACL_OBJECT_IDENTITY 和 ACL_SID）包含用于存储在 FIXED_DEPOSIT_DETAILS 表中的定期存款的权限。当访问 FixedDepositDetails 实例时，Spring Security 的 ACL 模块会验证经过身份验证的用户是否具有对 FixedDepositDetails 实例进行操作的权限。

我们来分别介绍一下用于存储 ACL 信息的 Spring Security 表。

1. ACL_CLASS 表

ACL_CLASS 表包含我们要在应用程序中保护的实例的域类的完全限定名称。在 MyBank Web 应用程序中，ACL_CLASS 表包含 FixedDepositDetails 类的完全限定名称，如图 16-9 所示。

id	class
1	sample.spring.chapter16.domain.FixedDepositDetails

图 16-9 ACL_CLASS 表

表列描述：

- id，包含主键；
- class，要保护的实例的域类的完全限定名称。

2. ACL_SID 表

ACL_SID 表（SID 表示“安全标识”）包含系统中的主体（用户名）或权限（角色）。在 MyBank Web 应用程序中，ACL_SID 表包含 admin、cust1 和 cust2 用户名，如图 16-10 所示。

表列描述：

- id，包含主键；
- principal，指定 sid 列存储的是角色还是用户名。值为 true 表示 sid 列存储的是用户名；值为 false 表示 sid 列存储的是角色；
- sid，包含用户名或角色。

id	principal	sid
1	true	cust1
2	true	cust2
3	true	admin

图 16-10 ACL_SID 表

3. ACL_OBJECT_IDENTITY 表

ACL_OBJECT_IDENTITY 表包含我们要保护的域对象的标识。在 MyBank Web 应用程序中，ACL_OBJECT_IDENTITY 表包含存储在 FIXED_DEPOSIT_DETAILS 表中的定期存款的标识，如图 16-11 所示。

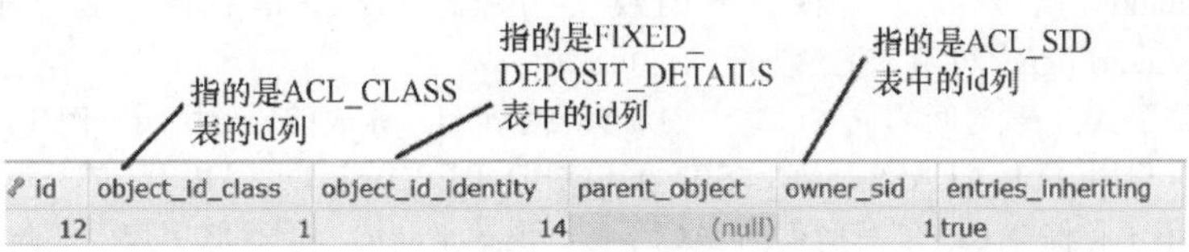

id	object_id_class	object_id_identity	parent_object	owner_sid	entries_inheriting
12	1	14	(null)	1	true

图 16-11 ACL_OBJECT_IDENTITY 表

在图 16-11 中，object_id_identity 列包含存储在 FIXED_DEPOSIT_DETAILS 表中的定期存款的标识。

表列描述：

- id，包含主键；
- object_id_class，指在 ACL_CLASS 表中定义的域类；
- object_id_identity，指存储在 FIXED_DEPOSIT_DETAILS 表中的域对象实例；
- parent_object，如果 object_id_identity 列引用的域对象存在父对象，则此列指的是父对象的标识；
- owner_sid，指拥有域对象实例的用户或角色；
- entries_inheriting，指示对象是否从任何父 ACL 条目继承 ACL 条目的标志。

4. ACL_ENTRY 表

ACL_ENTRY 表包含分配给域对象上用户的权限（读、写、创建等）。在 MyBank Web 应用程序中，ACL_ENTRY 表包含分配给存储在 FIXED_DEPOSIT_DETAILS 表中的定期存款上的用户权限，如图 16-12 所示。

指的是ACL_OBJECT_IDENTITY表的id列

指的是ACL_SID表中的id列

指定分配给用户的权限（读、写、创建等）

id	acl_object_identity	ace_order	sid	mask	granting	audit_success	audit_failure
768	12	0	1	1	true	false	false
769	12	1	1	2	true	false	false
770	12	2	3	1	true	false	false
771	12	3	3	16	true	false	false
772	12	4	3	8	true	false	false

图 16-12 ACL_ENTRY 表

在图 16-12 中，acl_object_identity、mask 和 sid 列决定了分配给域对象实例上的用户（或角色）的权限。请注意，ACL_ENTRY 表中的条目通常称为 ACE（访问控制条目）。

表列描述：

- id，包含主键；
- acl_object_identity，指 ACL_OBJECT_IDENTITY 表的 id 列，该列标识了域对象实例；
- ace_order，指定访问控制条目的顺序；
- sid，指的是 ACL_SID 表的 id 列，该列标识了用户（或角色）；
- mask，指定分配给用户（或角色）的权限（读、写、创建等），1 表示读、2 表示写、8 表示删除、16 表示管理许可；
- granting，mask 列中的条目是授予还是拒绝访问权限的标志，例如，如果 mask 列中的值为 1，并且 granting 列为 true，则表示相应的 SID 具有读取权限，但是如果 mask 列中的值为 1，而 granting 列为 false，则表示相应的 SID 没有读取权限；
- audit_success，表示是否审核成功的权限的标志，本章稍后将看到 Spring Security 的 ConsoleAuditLogger 可用于记录成功的许可；
- audit_failure，表示是否审核失败的权限的标志，本章稍后将看到 Spring Security 的 ConsoleAuditLogger 可用于记录失败的许可。

图 16-13 总结了 ACL 表之间的关系，其中的箭头表示来自一张表的外键引用，例如，ACL_OBJECT_IDENTITY 表包含引用 ACL_CLASS、ACL_SID 和 FIXED_DEPOSIT_DETAILS 表的外键。

我们已经介绍了存储 ACL 信息所需的 ACL 表，现在来介绍一下存储用户及其角色信息的 Spring Security 表。

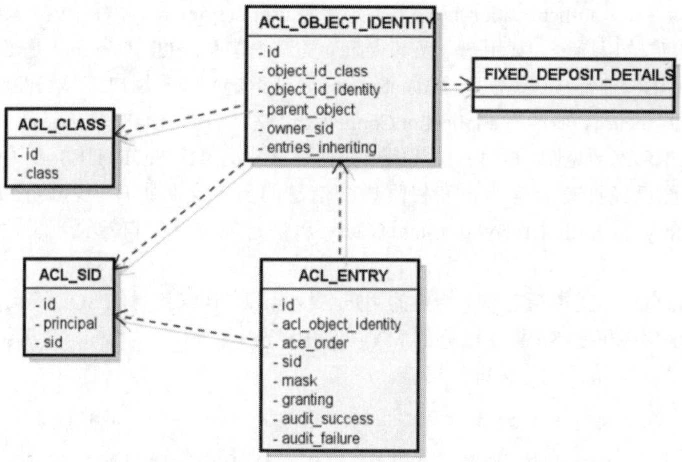

图 16-13 ACL 表及它们之间的关系，箭头表示一张表的外键引用

5. USERS 表

USERS 表存储用户的凭据，如图 16-14 所示。

表列描述：

- username——用户的用户名；
- password——用户的编码密码；
- enabled——指示用户启用还是禁用的标志。

username	password	enabled
admin	admin	true
cust1	cust1	true
cust2	cust2	true

图 16-14 USERS 表

6. AUTHORITIES 表

AUTHORITIES 表包含分配给 USERS 表中定义的每个用户的角色，如图 16-15 所示。

表列描述：

- username——用户的用户名；
- authority——分配给用户的角色。

username	authority
admin	ROLE_ADMIN
cust1	ROLE_CUSTOMER
cust2	ROLE_CUSTOMER

图 16-15 AUTHORITIES 表

现在来了解一下 MyBank Web 应用程序中的用户是如何进行身份验证的。

16.4.3 用户认证

MyBank Web 应用程序显式地配置了 UserDetailsService，从 USERS 和 AUTHORITIES 数据库表中加载用户详细信息，如代码清单 16-9 所示。

代码清单 16-9 applicationContext-security.xml

```
Project - ch16-bankapp-db-security
Source location - src/main/resources/META-INF/spring

<authentication-manager>
  <authentication-provider user-service-ref="userDetailsService">
       <password-encoder hash="bcrypt"/>
    </authentication-provider>
</authentication-manager>

<beans:bean id="userDetailsService"
  class="org.springframework.security.core.userdetails.jdbc.JdbcDaoImpl">
  <beans:property name="dataSource" ref="dataSource" />
</beans:bean>
```

在代码清单 16-9 中，<authentication-provider>元素的 user-service-ref 特性指向 UserDetailsService 的一个实现，负责根据提供的用户名加载用户（及其权限）的详细信息。JdbcDaoImpl 是 UserDetailsService 的一个实现，它使用 JDBC 查询从数据源（由 dataSource 属性指定）加载用户（及其权限）的详细信息。请参阅 ch16-bankapp-db-security 项目的 applicationContext.xml 文件查看 dataSource bean 的定义。默认情况下，JdbcDaoImpl 从 USERS 表（见图 16-14）加载用户详细信息，从 AUTHORITIES 表（见图 16-15）加载用户权限信息。如果你已经拥有包含用户和权限详细信息的自定义数据库表，请设置 JdbcDaoImpl 的 usersByUsernameQuery 和 authorityByUsernameQuery 属性，以从这些自定义表中检索用户详细信息及其权限。

usersByUsernameQuery 属性指定基于给定的用户名检索用户详细信息的 SQL 查询。如果用户详细信息存储在包含 USERNAME 和 PASSWORD 列的 MY_USERS 表中，则可以将 usersByUsernameQuery 属性的值设置为以下 SQL 查询来检索用户详细信息。

```
select USERNAME, PASSWORD, 'true'as ENABLED from MY_USERS where USERNAME = ?
```

你应该注意，SQL 查询返回的列必须是 USERNAME、PASSWORD 和 ENABLED。如果数据库表中不存在特定列（如 ENABLED），则返回该列的默认值（如“true”）。

authorityByUsernameQuery 属性指定基于给定的用户名检索权限的 SQL 查询。如果权限详细信息存储在包含 USER 和 ROLE 列的 MY_AUTHORITIES 表中，则可以将 authorityByUsernameQuery 属性的值设置为以下 SQL 查询来检索权限。

```
select USER AS USERNAME, ROLE AS AUTHORITY from MY_AUTHORITIES where USER = ?
```

你应该注意，SQL 查询返回的列必须是 USERNAME 和 AUTHORITY。

由于我们的应用程序将编码密码存储在数据库中，因此可以使用<authentication-provider>元素的<password-encoder>子元素（见代码清单 16-9）指定将提交的密码转换为其编码形式的密码编码器（Spring 的 PasswordEncoder 接口的一个实现）。BCryptPasswordEncoder 是 PasswordEncoder 的一种具体实现，它使用 Bcrypt 散列算法。AuthenticationProvider 使用配置的密码编码器对提交的密码进行编码，并将其与 UserDetailsService 加载的密码进行比较。

现在来介绍一下 MyBank Web 应用程序中的 Web 请求安全配置。

16.4.4 Web 请求安全

代码清单 16-10 展示了如何为 MyBank Web 应用程序配置 Web 请求安全。

代码清单 16-10 applicationContext-security.xml——Web 安全性配置

```
Project - ch16-bankapp-db-security
Source location - src/main/resources/META-INF/spring

<http>
   <access-denied-handler error-page="/access-denied" />
   <intercept-url pattern="/fixedDeposit/*"
      access="hasAnyRole('ROLE_CUSTOMER', 'ROLE_ADMIN')" />
   <form-login login-page="/login" authentication-failure-handler-ref="authFailureHandler" />
   <logout />
   ....
</http>

<beans:bean id="authFailureHandler"
     class="sample.spring.chapter16.security.MyAuthFailureHandler" />
```

如果将代码清单 16-9 所示的 Web 请求安全配置与 ch16-bankapp-simple-security 项目（见代码清单 16-2）中所看到的安全配置进行比较，你会注意到我们添加了一些其他配置信息。

<access-denied-handler>元素的 error-page 特性指定了已认证的用户尝试访问未经授权的网页时重定向

到的错误页面（参见 scr/main/webapp/WEB-INF/jsp/access-denied.jsp 页面）。<form-login>元素的 login-page 特性指定呈现登录页面的 URL。/login URL 的值被映射到呈现登录页面（参见 scr/main/webapp/WEB-INF/jsp/login.jsp 页面）的 LoginController（参见 ch16-bankapp-db-security 项目的 LoginController 类）。authentication-failure-handler-ref 特性指向处理身份验证失败的 AuthenticationFailureHandler bean。如代码清单 16-9 所示，MyBank Web 应用程序中的身份验证失败由 MyAuthFailureHandler（AuthenticationFailureHandler 的一个实现）负责处理。代码清单 16-11 展示了 MyAuthFailureHandler 类的实现。

代码清单 16-11　MyAuthFailureHandler 类

```
Project - ch16-bankapp-db-security
Source location - src/main/java/sample/spring/chatper16/security

package sample.spring.chapter16.security;
.....
import org.springframework.security.core.AuthenticationException;
import org.springframework.security.web.authentication.AuthenticationFailureHandler;

public class MyAuthFailureHandler implements AuthenticationFailureHandler {

  @Override
  public void onAuthenticationFailure(HttpServletRequest request,
       HttpServletResponse response, AuthenticationException exception)
       throws IOException, ServletException {
    request.setAttribute("exceptionMsg", exception.getMessage());
    response.sendRedirect(request.getContextPath() + "/login?exceptionMsg=" +
      exception.getMessage());
  }
}
```

AuthenticationFailureHandler 接口定义了一个在身份验证失败时被调用的 onAuthenticationFailure 方法。该方法接受代理身份验证失败的 AuthenticationException 实例。在代码清单 16-10 中，onAuthenticationFailure 方法将用户重定向到登录页面，并将异常消息作为查询字符串参数进行传递。如果在 MyBank Web 应用程序的登录页面上输入错误的凭据（或输入系统中禁用的用户凭据），则会调用 MyAuthFailureHandler 的 onAuthenticationFailure 方法。例如，如果输入错误的凭据，你将看到“Bad credentials”信息。

接下来我们介绍一下 MyBank web 应用程序的 ACL-specific 配置。

16.4.5　JdbcMutableAclService 配置

由于 ACL 权限存储在数据库表中，MyBank Web 应用程序使用 Spring 的 JdbcMutableAclService 对表中的 ACL 执行 CRUD（创建读取更新删除）操作。代码清单 16-12 展示了 JdbcMutableAclService 的配置。

代码清单 16-12　applicationContext-security.xml——JdbcMutableAclService 的配置

```
Project - ch16-bankapp-db-security
Source location - src/main/resources/META-INF/spring

<beans:bean id="aclService" class="org.springframework.security.acls.jdbc.JdbcMutableAclService">
  <beans:constructor-arg ref="dataSource" />
  <beans:constructor-arg ref="lookupStrategy" />
  <beans:constructor-arg ref="aclCache" />
</beans:bean>
```

如代码清单 16-12 所示，对 dataSource、lookupStrategy 和 aclCache bean 的引用被传递给了 JdbcMutableAclService 的构造函数。现在来介绍一下如何配置 JdbcMutableAclService 的依赖项（dataSource、lookupStrategy 和 aclCache）。

dataSource bean 标识包含 ACL 表的 javax.sql.DataSource（更多详情请参见 applicationContext.xml 文件

中的 dataSource bean 定义）。

lookupStrategy bean 代表 Spring 的 LookupStrategy 接口的一个实现，该实现负责查找 ACL 信息。代码清单 16-13 展示了 lookupStrategy bean 的定义。

代码清单 16-13 applicationContext-security.xml——LookupStrategy 配置

```
Project - ch16-bankapp-db-security
Source location - src/main/resources/META-INF/spring

<beans:bean id="lookupStrategy"
  class="org.springframework.security.acls.jdbc.BasicLookupStrategy">

  <beans:constructor-arg ref="dataSource" />
  <beans:constructor-arg ref="aclCache" />
  <beans:constructor-arg ref="aclAuthorizationStrategy" />
  <beans:constructor-arg ref="permissionGrantingStrategy" />
</beans:bean>

<beans:bean id="aclAuthorizationStrategy"
     class="org.springframework.security.acls.domain.AclAuthorizationStrategyImpl">
  <beans:constructor-arg>
     <beans:bean
          class="org.springframework.security.core.authority.SimpleGrantedAuthority">
             <beans:constructor-arg value="ROLE_CUSTOMER" />
     </beans:bean>
  </beans:constructor-arg>
</beans:bean>

<beans:bean id="permissionGrantingStrategy"
     class="org.springframework.security.acls.domain.DefaultPermissionGrantingStrategy">
  <beans:constructor-arg>
     <beans:bean
          class="org.springframework.security.acls.domain.ConsoleAuditLogger" />
  </beans:constructor-arg>
</beans:bean>
```

在代码清单 16-12 中，Spring 的 BasicLookupStrategy（一个 LookupStrategy 接口的实现）使用 JDBC 查询从标准 ACL 表（ACL_CLASS、ACL_ENTRY、ACL_SID 和 ACL_OBJECT_IDENTITY）获取 ACL 详细信息。如果 ACL 信息存储在自定义数据库表中，则可以通过设置 BasicLookupStrategy 的 selectClause、lookupPrimaryKeysWhereClause、lookupObjectIdentitiesWhereClause 和 orderByClause 属性来自定义 JDBC 查询。有关这些属性的更多信息，请参阅 Spring Security 的 API 文档。

BasicLookupStrategy 的构造函数接受以下类型的参数：DataSource（表示包含 ACL 表的数据库）、AclCache（表示 ACL 缓存层）、AclAuthorizationStrategy（表示决定一个 SID 是否具有对域对象实例的 ACL 条目执行管理操作的权限的策略 ）和 PermissionGrantingStrategy（根据分配给 SID 的权限授予或拒绝对受保护对象的访问策略）。

在代码清单 16-13 中，AclAuthorizationStrategyImpl 类实现了 AclAuthorizationStrategy。AclAuthorizationStrategyImpl 的构造函数接受了一个 GrantedAuthority 的实例。该实例指定可以对域对象实例的 ACL 条目（由 MutableAcl 类型的对象表示）执行管理操作（如更改 ACL 条目的所有权）的角色。在代码清单 16-13 中，ROLE_ADMIN 角色被传递给 AclAuthorizationStrategyImpl，这意味着具有 ROLE_ADMIN 角色的用户可以对 ACL 条目执行管理操作。在本章后面，我们将看到 AclAuthorizationStrategy 保护 MutableAcl 实例免受未经授权的修改。

在代码清单 16-13 中，DefaultPermissionGrantingStrategy 实现了 PermissionGrantingStrategy。DefaultPermissionGrantingStrategy 的构造函数接受一个 AuditLogger 的实例，该实例记录为 ACL_ENTRY 表中的 ACL 条目授予权限的成功和/或失败。在代码清单 16-13 中，如果 audit_success 列的值设置为 true（即 1），

则 ConsoleAuditLogger（在控制台上写入的一个 AuditLogger 的实现）会记录成功的权限，如果 audit_failure 列的值设置为 true（即 1），则记录失败的权限。例如，以下消息显示的是 ConsoleAuditLogger 对 ACL 条目的成功权限的输出。

```
GRANTED due to ACE: AccessControlEntryImpl[id: 1037; granting: true; sid: PrincipalSid[cust1]; pe
rmission: BasePermission[...............................R=1]; auditSuccess: true; auditFailure: true]
```

BasicLookupStrategy 接收表示 ACL 缓存的 AclCache 对象（由代码清单 16-13 中的 aclCache bean 表示）的实例。代码清单 16-14 展示了 BasicLookupStrategy 用于缓存 ACL 的 aclCache bean 的定义。

代码清单 16-14 applicationContext-security.xml——Cache 配置

```
Project - ch16-bankapp-db-security
Source location - src/main/resources/META-INF/spring

<beans:bean id="aclCache" class="org.springframework.security.acls.domain.EhCacheBasedAclCache">
  <beans:constructor-arg>
    <beans:bean class="org.springframework.cache.ehcache.EhCacheFactoryBean">
      <beans:property name="cacheManager">
         <beans:bean class="org.springframework.cache.ehcache.EhCacheManagerFactoryBean" />
      </beans:property>
      <beans:property name="cacheName" value="aclCache" />
    </beans:bean>
  </beans:constructor-arg>
  <beans:constructor-arg ref="aclAuthorizationStrategy" />
  <beans:constructor-arg ref="permissionGrantingStrategy" />
</beans:bean>
```

EhCacheBasedAclCache 是一个 AclCache 的实现，它使用 EhCache 来缓存 ACL。EhCacheFactoryBean 是一个 Spring 的 FactoryBean 的实现，它创建一个 net.sf.ehcache.EhCache 的实例。EhCacheFactoryBean 的 cacheManager 属性指定负责管理缓存的 net.sf.ehcache.CacheManager 实例。在代码清单 16-14 中，EhCacheManagerFactoryBean 是一个 Spring 的 FactoryBean 的实现，它创建一个 net.sf.ehcache.CacheManager 的实例。EhCacheFactoryBean 的 cacheName 属性是指在 EhCache 中创建的用于存储 ACL 的缓存区域。请注意，EhCacheBasedAclCache 接受并传递给 BasicLookupStrategy bean 相同的 AclAuthorizationStrategy 和 PermissionGrantingStrategy 实例。

现在我们已经配置了 JdbcMutableAclService 来对 ACL 执行 CRUD 操作，接下来介绍一下使用 JdbcMutableAclService 加载的 ACL 进行授权的方法级安全配置。

16.4.6 方法级安全配置

代码清单 16-15 展示了 MyBank Web 应用程序中的方法级安全配置。

代码清单 16-15 applicationContext-security.xml——方法级安全配置

```
Project - ch16-bankapp-db-security
Source location - src/main/resources/META-INF/spring

<global-method-security pre-post-annotations="enabled">
   <expression-handler ref="expressionHandler" />
</global-method-security>
```

<global-method-security>元素的 pre-post-annotations 特性值设置为 enabled，这样就可以使用@PreAuthorize（本章前面所述）、@PostAuthorize、@PostFilter 和@PostAuthorize 注解。在代码清单 16-14 中，<expression-handler>元素指向配置 SecurityExpressionHandler 实例的 expressionHandler bean。

Spring Security 使用 SecurityExpressionHandler 来评估安全表达式，如 hasRole、hasAnyRole、hasPermission 等。代码清单 16-16 展示了配置 DefaultMethodSecurityExpressionHandler（一个 SecurityExpressionHandler 的实现）实例的 expressionHandler bean 的定义。

代码清单 16-16 applicationContext-security.xml——SecurityExpressionHandler 配置

```
Project - ch16-bankapp-db-security
Source location - src/main/resources/META-INF/spring

<beans:bean id="expressionHandler" class="org.springframework.security.access.expression.method.
        DefaultMethodSecurityExpressionHandler">
  <beans:property name="permissionEvaluator" ref="permissionEvaluator" />
  <beans:property name="permissionCacheOptimizer">
    <beans:bean class="org.springframework.security.acls.AclPermissionCacheOptimizer">
       <beans:constructor-arg ref="aclService" />
    </beans:bean>
  </beans:property>
</beans:bean>

<beans:bean id="permissionEvaluator"
       class="org.springframework.security.acls.AclPermissionEvaluator">
  <beans:constructor-arg ref="aclService" />
</beans:bean>
```

在代码清单 16-16 中，permissionEvaluator 属性引用了使用 ACL 来评估安全表达式的 AclPermissionEvaluator 的一个实例。permissionCacheOptimzer 属性指向用于批量加载 ACL 以优化性能的 AclPermissionCacheOptimizer 的一个实例。

现在来介绍一下 MyBank Web 应用程序中如何实现域对象实例的安全。

16.4.7 域对象实例的安全

我们之前看到，@PreAuthorize 注解指定了方法的基于角色的安全性约束。如果@PreAuthorize 注解的方法接受域对象实例作为参数，则@PreAuthorize 注解可以指定认证用户必须在域对象实例上具有 ACL 权限才能调用该方法。代码清单 16-17 展示了指定 ACL 权限的@PreAuthorize 注解。

代码清单 16-17 FixedDepositService 接口——指定 ACL 权限的@PreAuthorize 注解

```
Project - ch16-bankapp-db-security
Source location - src/main/java/sample/spring/chatper16/service

package sample.spring.chapter16.service;

import org.springframework.security.access.prepost.PreAuthorize;
import sample.spring.chapter16.domain.FixedDepositDetails;
.....
public interface FixedDepositService {
  .....
  @PreAuthorize("hasPermission(#fixedDepositDetails, write)")
  void editFixedDeposit(FixedDepositDetails fixedDepositDetails);
}
```

在代码清单 16-16 中，FixedDepositService 的 editFixedDeposit 方法接受一个 FixedDepositDetails 的实例。在 hasPermission 表达式中，#fixedDepositDetails 表示一个表达式变量，它引用了传递给 editFixedDeposit 方法的 FixedDepositDetails 实例。如果经过身份验证的用户对传递到 editFixedDeposit 方法的 FixedDepositDetails 实例具有写入权限，则 hasPermission 表达式的计算值将为 true。在运行时，hasPermission 表达式由配置的 AclPermissionEvaluator（见代码清单 16-15）进行计算。如果 hasPermission 的计算结果为 true，则调用 editFixedDeposit 方法。

如果方法接收一个域对象标识符（而不是实际的域对象实例）作为参数，那么仍然可以指定适用于该标识符引用的域对象实例的 ACL 权限。代码清单 16-18 展示了接受 fixedDepositId（唯一标识 FixedDepositDetails 实例）作为参数的 provideAccessToAdmin 方法。

代码清单 16-18 FixedDepositService 接口——@PreAuthorize 注解的使用

```
Project - ch16-bankapp-db-security
Source location - src/main/java/sample/spring/chatper16/service

package sample.spring.chapter16.service;

import org.springframework.security.access.prepost.PreAuthorize;
.....
public interface FixedDepositService {
  .....
  @PreAuthorize("hasPermission(#fixedDepositId,
        'sample.spring.chapter16.domain.FixedDepositDetails', write)")
  void provideAccessToAdmin(int fixedDepositId);
}
```

在代码清单 16-18 中，#fixedDepositId 表达式变量指向传递给 provideAccessToAdmin 方法的 fixedDepositId 参数。由于 fixedDepositId 参数标识了一个 FixedDepositDetails 对象的实例，因此将 FixedDepositDetails 类的完全限定名称指定为 hasPermission 表达式的第二个参数。如果认证用户对传递给 provideAccessToAdmin 方法的 FixedDepositId 参数标识的 FixedDepositDetails 实例具有 write 权限，则 hasPermission（#fixedDepositId, 'sample.spring.chapter16.domain.FixedDepositDetails', write）计算结果为 true。

还可以组合多个安全表达式以形成更复杂的安全表达式，如代码清单 16-19 所示。

代码清单 16-19 FixedDepositService 接口——@PreAuthorize 注解的使用

```
Project - ch16-bankapp-db-security
Source location - src/main/java/sample/spring/chatper16/service

package sample.spring.chapter16.service;

import org.springframework.security.access.prepost.PreAuthorize;
.....
public interface FixedDepositService {
  .....
  @PreAuthorize("hasPermission(#fixedDepositId,
     'sample.spring.chapter16.domain.FixedDepositDetails', read) or "
     + "hasPermission(#fixedDepositId,
     'sample.spring.chapter16.domain.FixedDepositDetails', admin)")
  FixedDepositDetails getFixedDeposit(int fixedDepositId);
  .....
}
```

在代码清单 16-19 中，两个 hasPermission 表达式使用“or”运算符组合成了一个更复杂的安全表达式。只有经过身份验证的用户对由 fixedDepositId 参数标识的 FixedDepositDetails 实例具有 read 或 admin 权限时，才会调用 getFixedDeposit 方法。

如果一个方法返回域对象实例的列表，则可以使用注解@PostFilter 过滤结果。代码清单 16-20 展示了@PostFilter 的用法。

代码清单 16-20 FixedDepositService 接口——@PostFilter 注解的用法

```
Project - ch16-bankapp-db-security
Source location - src/main/java/sample/spring/chatper16/service

package sample.spring.chapter16.service;

import org.springframework.security.access.prepost.PostFilter;
.....
public interface FixedDepositService {
  .....
```

```
    @PreAuthorize("hasRole('ROLE_ADMIN')")
    @PostFilter("hasPermission(filterObject, read) or hasPermission(filterObject, admin)")
    List<FixedDepositDetails> getAllFixedDeposits();
    .....
}
```

像@PreAuthorize 注解一样，@PostFilter 指定了一个安全表达式。如果一个方法使用了@PostFilter 注解，Spring Security 会遍历该方法返回的集合，并移除指定的安全性表达式返回 false 的元素。在代码清单 16-19 中，Spring Security 会遍历 getAllFixedDeposits 方法返回的 FixedDepositDetails 实例的集合，并移除已认证用户没有 read 或 admin 权限的实例。@PostFilter 注解的 hasPermission 表达式中的 filterObject 指的是集合中的当前对象。请注意，getAllFixedDeposits 方法也使用了@PreAuthorize 注解，这表示只有已认证的用户具有 ROLE_ADMIN 角色才会调用 getAllFixedDeposits 方法。

我们之前看到一个客户(ROLE_CUSTOMER 角色)通过单击 Provide access to admin 超链接(见图 16-7)使 admin 用户（ROLE_ADMIN 角色）可以访问定期存款。当客户单击 Provide access to admin 时，应用程序会向 admin 用户授予对定期存款的 read、admin 和 delete 权限。我们将在本章后面看到如何以编程方式完成这个目的。当具有 ROLE_ADMIN 角色的用户访问显示定期存款列表的网页时，将调用 FixedDepositService 的 getAllFixedDeposits 方法（见图 16-8）。由于管理员用户只能看到客户授予其权限的定期存款，因此 getAllFixedDeposits 方法用@PostFilter 进行注解，以移除 admin 用户没有 read 或 admin 权限的定期存款。

现在来介绍一下如何以编程方式管理 ACL 条目。

16.4.8 以编程方式管理 ACL 条目

你可以通过使用在应用程序上下文 XML 文件中配置的 JdbcMutableAclService，以编程方式管理 ACL 条目（见代码清单 16-11）。

当客户创建一笔新的定期存款时，将向客户授予对新创建的定期存款的 read 和 write 权限。当客户单击定期存款的 Provide access to admin 超链接时，MyBank Web 应用程序授予 admin 用户对该定期存款的 read、admin 和 delete 权限。

如代码清单 16-21 所示，在单击 Provide access to admin 超链接时，调用 FixedDepositServiceImpl 的 provideAccessToAdmin 方法。

代码清单 16-21 FixedDepositServiceImpl 类——添加 ACL 权限

```
Project - ch16-bankapp-db-security
Source location - src/main/java/sample/spring/chatper16/service

package sample.spring.chapter16.service;

import org.springframework.security.acls.domain.*;
import org.springframework.security.acls.model.*;
.....
@Service
public class FixedDepositServiceImpl implements FixedDepositService {
  .....
  @Autowired
  private MutableAclService mutableAclService;

  @Override
  public void provideAccessToAdmin(int fixedDepositId) {
    addPermission(fixedDepositId, new PrincipalSid("admin"), BasePermission.READ);
    addPermission(fixedDepositId, new PrincipalSid("admin"), BasePermission.ADMINISTRATION);
    addPermission(fixedDepositId, new PrincipalSid("admin"), BasePermission.DELETE);
  }
```

```
  private void addPermission(long fixedDepositId, Sid recipient, Permission permission) { ... }
}
```

在代码清单 16-20 中，provideAccessToAdmin 方法使用 addPermission 方法向 admin 用户授予 read、admin 和 delete 权限。以下是传递给 addPermission 方法的参数：

- fixedDepositId，唯一标识我们要授予其权限的 FixedDepositDetails 实例；
- PrincipalSid object，表示我们要授予权限的 SID（即用户或角色），PrincipalSid 类实现了 Spring Security 的 Sid 接口；
- permission to grant，BasePermission 类定义了如 READ、ADMINISTRATION、DELETE 等常量，代表我们可以授予 PrincipalSid 的标准权限。BasePermission 类实现了 Spring Security 的 Permission 接口。

代码清单 16-22 展示了 addPermission 方法的实现。

代码清单 16-22　FixedDepositServiceImpl 类——添加 ACL 权限

```
Project - ch16-bankapp-db-security
Source location - src/main/java/sample/spring/chatper16/service

package sample.spring.chapter16.service;

import org.springframework.security.acls.domain.*;
import org.springframework.security.acls.model.*;
.....
@Service
public class FixedDepositServiceImpl implements FixedDepositService {
  .....
  @Autowired
  private MutableAclService mutableAclService;
  .....
  private void addPermission(long fixedDepositId, Sid recipient, Permission permission) {
     MutableAcl acl;
     ObjectIdentity oid = new ObjectIdentityImpl(FixedDepositDetails.class, fixedDepositId);

     try {
        acl = (MutableAcl) mutableAclService.readAclById(oid);
     } catch (NotFoundException nfe) {
        acl = mutableAclService.createAcl(oid);
     }
     acl.insertAce(acl.getEntries().size(), permission, recipient, true);
     mutableAclService.updateAcl(acl);
  }
  .....
}
```

由于 JdbcMutableAclService 类实现了 MutableAclService 接口，因此 JdbcMutableAclService 实例将自动装配到 FixedDepositServiceImpl 类中。

要授予权限，addPermission 方法遵循以下步骤。

（1）声明一个 MutableAcl 类型的对象。MutableAcl 对象表示域对象实例的 ACL 条目。MutableAcl 定义了可用于修改 ACL 条目的方法。

（2）通过传递域对象类型（即 Fixed Deposit Details.class）和标识（即 fixedDepositId）作为构造函数的参数来创建 ObjectId entityImpl 的实例。

（3）通过调用 MutableAclService 的 readAclById 方法来检索域对象实例的 ACL 条目。如果没有找到 ACL 条目，则 readAclById 方法将抛出 NotFoundException 异常。

- 如果引发 NotFoundException 异常，则使用 MutableAclService 的 createAcl 方法来创建一个不包含任何 ACL 条目的空 MutableAcl 实例。这相当于在 ACL_OBJECT_IDENTITY 表中创建一个条目

（见图 16-11）。

（4）使用 insertAce 方法将 ACL 条目添加到 MutableAcl 实例。添加到 MutableAcl 的 ACL 条目最终会持久存入 ACL_ENTRY 表（见图 16-12）。传递给 insertAce 方法的参数是：要添加的 ACL 条目的索引位置（对应于 ACE_ORDER 列）、要添加的权限（对应于 MASK 列）、添加权限的 SID（对应于 SID 列），以及指示 ACL 条目是用于授予或拒绝权限的标志（对应于 GRANTING 列）。

（5）使用 MutableAclService 的 updateAcl 方法对 MutableAcl 实例所做的更改持久化。

代码清单 16-23 展示了 FixedDepositServiceImpl 的 closeFixedDeposit 方法。该方法在 amdin 用户单击“Close”超链接以关闭定期存款时调用（见图 16-8）。

代码清单 16-23　FixedDepositServiceImpl 类——移除 ACL

```
Project - ch16-bankapp-db-security
Source location - src/main/java/sample/spring/chatper16/service

package sample.spring.chapter16.service;

import org.springframework.security.acls.domain.ObjectIdentityImpl;
import org.springframework.security.acls.model.MutableAclService;
import org.springframework.security.acls.model.ObjectIdentity;
.....
@Service
public class FixedDepositServiceImpl implements FixedDepositService {
  .....
  @Autowired
  private MutableAclService mutableAclService;
  .....
  @Override
  public void closeFixedDeposit(int fixedDepositId) {
    fixedDepositDao.closeFixedDeposit(fixedDepositId);
    ObjectIdentity oid = new ObjectIdentityImpl(FixedDepositDetails.class, fixedDepositId);
    mutableAclService.deleteAcl(oid, false);
  }
  .....
}
```

在代码清单 16-23 中，MutableAclService 的 deleteAcl 方法用于删除由 ObjectIdentity 实例标识的定期存款的 ACL 条目。例如，如果 fixedDepositId 为 101，则 deleteAcl 方法会从 ACL_ENTRY 表（见图 16-12）和 ACL_OBJECT_IDENTITY 表（见图 16-11）中删除定期存款 101 的所有 ACL 条目。

现在来介绍一下如何保护 MutableAcl 实例以防止未经授权的修改。

16.4.9　MutableAcl 及安全性

Spring Security 的 MutableAcl 接口定义了修改域对象实例的 ACL 条目的方法。我们之前看到过 MyBank Web 应用程序使用 MutableAcl 的 insertAce 方法为域对象实例添加一个 ACL 条目（见代码清单 16-22）。我们提供给 BasicLookupStrategy（见代码清单 16-13）的 AclAuthorizationStrategyImpl 实例用于在幕后确保经过身份验证的用户具有修改 ACL 条目的适当权限。

如果满足以下任一条件，则已认证用户可以修改域对象实例的 ACL 条目。

- 如果已认证用户拥有域对象实例，则用户可以修改该域对象实例的 ACL 条目。
- 如果已认证用户持有的权限被传递给 AclAuthorizationStrategyImpl 的构造函数。在代码清单 16-13 中，ROLE_ADMIN 角色被传递给 AclAuthorizationStrategyImpl 的构造函数，因此具有 ROLE_ADMIN 角色的用户可以更改任何域对象实例的 ACL 条目。
- 如果已认证用户对域对象实例具有 BasePermission 的 ADMINISTRATION 权限。

现在我们来介绍一下如何使用基于 Java 的配置方法为你的 Web 应用程序配置 Spring Security。

16.5 使用基于 Java 的配置方法配置 Spring Security

要使用基于 Java 的配置方法为你的 Web 应用程序配置 Spring Security，你需要执行以下操作。

- 创建一个继承 Spring Security 的 WebSecurityConfigurerAdapter 类的@Configuration 注解类。此类负责配置 Web 请求的安全。
- 创建一个继承 Spring Security 的 GlobalMethodSecurityConfiguration 类的@Configuration 注解类。此类负责配置方法级安全。
- 创建一个继承 Spring Security 的 AbstractSecurityWebApplicationInitializer 类的类。该类负责将 Spring 的 DelegatingFilterProxy 过滤器（名为 springSecurityFilterChain）注册到 ServletContext。
- 创建一个继承 Spring 的 AbstractAnnotationConfigDispatcherServletInitializer 类的类。该类负责将 DispatcherServlet 和 ContextLoaderListener 注册到 ServletContext。

含 义

chapter 16/ch16-javaconfig-simple-security（该项目是使用基于 Java 的配置方法来配置 Spring Security 的 ch16-bankapp-simple-security 项目的修改版本）。

我们来介绍一下在 ch16-javaconfig-simple-security 项目的上下文中提到的每个类。

16.5.1 使用 WebSecurityConfigurerAdapter 类配置 Web 请求安全

代码清单 16-24 展示了使用@Configuration 注解的 WebRequestSecurityConfig 类。该类继承了 WebSecurityConfigurerAdapter 类以配置 Web 请求安全。

代码清单 16-24 WebRequestSecurityConfig 类——配置 Web 请求安全

```
Project - ch16-javaconfig-simple-security
Source location - src/main/java/sample/spring/chatper16

package sample.spring.chapter16;

import org.springframework.security.config.annotation.web.builders.HttpSecurity;
import org.springframework.security.config.annotation.web.configuration.EnableWebSecurity;
import org.springframework.security.config.annotation.web.configuration.WebSecurityConfigurerAdapter;
.....
@Configuration
@EnableWebSecurity
public class WebRequestSecurityConfig extends WebSecurityConfigurerAdapter {

  protected void configure(HttpSecurity http) throws Exception {
    http.authorizeRequests().antMatchers("/**")
         .hasAnyAuthority("ROLE_CUSTOMER", "ROLE_ADMIN").and()
         .formLogin().and().logout().and().rememberMe().and().headers()
         .cacheControl().and().xssProtection();
  }

protected void configure(AuthenticationManagerBuilder auth) throws Exception {
        auth.inMemoryAuthentication()
             .passwordEncoder(new BCryptPasswordEncoder())
             .withUser("admin").password(<bcrypt-encoded-password>)
             .authorities("ROLE_ADMIN").and().withUser("cust1")
             .password(<bcrypt-encoded-password>).authorities("ROLE_CUSTOMER").and()
             .withUser("cust2").password(<bcrypt-encoded-password>)
             .authorities("ROLE_CUSTOMER");
```

```
    }

  @Bean
  @Override
  public AuthenticationManager authenticationManagerBean() throws Exception {
    return super.authenticationManagerBean();
  }
}
```

WebRequestSecurityConfig 类使用了@EnableWebSecurity 注解，对于任何继承 WebSecurityConfigurerAdapter 类的类来说这都是必需的。WebSecurityConfigurerAdapter 类定义了一些方法，你可以通过覆盖这些方法以配置 Web 请求安全。在代码清单 16-24 中，configure(HttpSecurity http)方法与 security 模式的<http>元素的作用相同。代码 http.authorizeRequests().antMatchers("/**"). hasAnyAuthority ("ROLE_CUSTOMER","ROLE_ ADMIN")指定了与 antMatchers 方法匹配的 URL 只能由具有 ROLE_ CUSTOMER 或 ROLE_ADMIN 角色的用户访问。and 方法使我们可以使用方法链方式来配置 Web 安全。formLogin 方法与<form-login>的目的相同，rememberMe 方法与<remember-me>的目的相同，以此类推。代码清单 16-24 中的 configure（HttpSecurity http）方法与 ch16-bankapp-simple-security 项目的 applicationContext- security.xml 文件中使用的<http>元素具有相同的效果。

configure（AuthenticationManagerBuilder auth）方法用于为应用程序配置 AuthenticationManager。该方法与 security 模式的<authentication-manager>元素的作用相同。AuthenticationManagerBuilder 的 inMemoryAuthentication 方法根据指定的用户来配置内存中的身份验证。代码清单 16-24 中的 configure（AuthenticationManagerBuilder-auth）方法与 ch16-bankapp-simple-security 项目的 applicationContext-security.xml 文件中使用的<authentication-manager>元素具有相同的作用。

你还必须通过覆盖 authenticationManagerBean 方法来将 AuthenticationManagerBuilder 配置的 Authentication Manager 暴露为 Spring bean。对 super.authenticationManagerBean 方法的调用将返回在 configure-（AuthenticationManager Builder auth）方法中配置的 AuthenticationManager 实例。

16.5.2 使用 GlobalMethodSecurityConfiguration 类配置方法级安全

代码清单 16-25 展示了使用@Configuration 注解的 MethodSecurityConfig 类。该类继承了 GlobalMethodSecurity Configuration 类以配置方法级安全。

代码清单 16-25 MethodSecurityConfig 类——配置方法级安全

```
Project - ch16-javaconfig-simple-security
Source location - src/main/java/sample/spring/chatper16

package sample.spring.chapter16;

import org.springframework.security.config.annotation.method.configuration.*;

@EnableGlobalMethodSecurity(securedEnabled = true)
public class MethodSecurityConfig extends GlobalMethodSecurityConfiguration  { }
```

MethodSecurityConfig 类使用了@EnableGlobalMethodSecurity 注解，这是任何继承 GlobalMethodSecurity-Configuration 类的类所必需的。securedEnabled 特性指定是否启用@Secured 注解。由于 secureEnabled 特性的值被设置为 true，所以@Secured 注解被启用。可以覆盖 GlobalMethodSecurityConfiguration 中定义的 protected 方法，以进一步自定义方法级安全配置。代码清单 16-24 中的 MethodSecurityConfig 类与 ch16-bankapp-simple-security 项目的 applicationContext-security.xml 文件中使用的<global-security-element>元素具有相同的作用。

16.5.3 将 DelegatingFilterProxy 过滤器注册到 ServletContext

代码清单 16-26 展示了 SecurityWebApplicationInitializer 类。该类继承了 Spring Security 的 Abstract-SecurityWebApplicationInitializer 类（一个 Spring 的 WebApplicationInitializer 的实现），以编程方式将 DelegatingFilterProxy 过滤器注册到 ServletContext。

代码清单 16-26 SecurityWebApplicationInitializer 类——注册 DelegatingFilterProxy 过滤器

```
Project - ch16-javaconfig-simple-security
Source location - src/main/java/sample/spring/chatper16

package sample.spring.chapter16;

import org.springframework.security.web.context.AbstractSecurityWebApplicationInitializer;

public class SecurityWebApplicationInitializer extends AbstractSecurityWebApplicationInitializer { }
```

SecurityWebApplicationInitializer 使用了名为 springSecurityFilterChain 的过滤器链将 DelegatingFilterProxy 过滤器注册到 ServletContext。

16.5.4 将 DispatcherServlet 和 ContextLoaderListener 注册到 ServletContext

我们在 13.7 节中看到，AbstractAnnotationConfigDispatcherServletInitializer（一个 Spring 的 WebApplicationInitializer 的实现）用于以编程方式将 DispatcherServlet 和 ContextLoaderListener 注册到 ServletContext。代码清单 16-27 展示了继承 AbstractAnnotationConfigDispatcherServletInitializer 类的 BankInitializer 类。

代码清单 16-27 BankInitializer——注册 DispatcherServlet 和 ContextLoaderListener

```
Project - ch16-javaconfig-simple-security
Source location - src/main/java/sample/spring/chatper16

package sample.spring.chapter16;
.....
public class BankAppInitializer extends
     AbstractAnnotationConfigDispatcherServletInitializer {

  @Override
  protected Class<?>[] getRootConfigClasses() {
    return new Class[] {
        RootContextConfig.class,
        WebRequestSecurityConfig.class, MethodSecurityConfig.class };
  }

  @Override
  protected Class<?>[] getServletConfigClasses() {
    return new Class[] { WebContextConfig.class };
  }

  @Override
  protected String[] getServletMappings() {
    return new String[] { "/" };
  }
}
```

由于 Spring Security 相关的 bean 已在根 Web 应用程序上下文中注册，getRootConfigClasses 方法返回 WebRequestSecurityConfig（见代码清单 16-24）和 MethodSecurityConfig（见代码清单 16-25）类以及 RootContextConfig（定义 DAO 和 Services）类。

这就是使用基于 Java 的配置方法配置 Spring Security 所需要做的所有工作。

16.6 小结

在本章中，我们介绍了如何使用 Spring Security 框架来保护 Spring 应用程序。还研究了如何整合 Web 请求安全、方法级安全和域对象实例安全。在第 17 章中，我们将介绍支持函数式风格编程的 Java 结构。

第 17 章 Java 的函数式编程

17.1 简介

Java 8 增加了对 Java 编程语言中函数式编程功能的支持。在本章中，我们将介绍 Java 8 中支持函数式编程的新语言结构和特点。本章为反应式编程（参见第 18 章）奠定了基础。

本章包括以下内容：

- 命令式和函数式编程风格；
- lambda 表达式；
- 创建简单函数和高阶函数；
- 流 API；
- 方法引用。

注 意

如果你已熟悉上述主题，则可以直接跳到第 18 章进行学习。

让我们首先看一下命令式编程风格与函数式编程风格的区别。

17.2 命令式和函数式编程风格

在 Java 8 发布之前，Java 编程语言仅支持命令式编程风格。以命令式风格编写的程序具有以下特点：

- 程序由必须按特定顺序执行的一系列指令组成；
- 程序指令通常会更改（或读取）可变变量；
- 程序不仅描述“做什么”，还要描述“如何做”来解决问题。

Java 8 引入了支持函数式编程风格的语言结构（如 lambda 表达式、方法引用等）和功能（如流 API）。遵循函数式编程风格的程序具有以下特点：

- 程序由一组函数组成，每个函数解决问题的一部分；
- 这些函数不会改变（或读取）可变变量；
- 程序使用函数来描述“解决问题的方法”。这使得以函数式编程风格编写的程序本质上更直观。

注 意

我们将在本章的后面看到一些示例的代码清单。这些示例展示了以函数式编程风格编写的 Java 程序与以命令式编程风格编写的 Java 程序的不同之处。

lambda 表达式是 Java 函数式编程风格的核心。让我们了解一下什么是 lambda 表达式以及它们是如何简化 Java 程序的。

17.3 lambda 表达式

Java 8 引入了函数接口的概念：定义了单个抽象方法的接口。一个函数接口可以定义多个静态和默认方法，但它们必须只定义一个抽象方法。例如，java.lang.Runnable 接口只定义了一个名为 run 的抽象方法；因此，java.lang.Runnable 接口是一个函数接口的例子。类似地，java.util.concurrent.Callable 也是一个函数接口，因为它只定义了一个名为 call 的抽象方法。

lambda 表达式表示为一个匿名函数。该匿名函数可以传递给一个接受函数接口类型的方法。例如，你可以将 lambda 表达式传递给接受 java.lang.Runnable 或 java.util.concurrent.Callable 类型或任何其他函数接口类型的方法。

lambda 表达式的语法如下：

```
(<arg1>, <arg2>, ...) -> { <method-body> }
```

其中，<arg1>、<arg2>等指的是函数接口的抽象方法接受的参数，<method-body>是抽象方法的实现

IMPORT chapter 17/ch17-lambdas（此项目包含了展示如何使用 lambda 表达式以简化 Java 程序编写的代码清单。）

代码清单 17-1 展示了执行 Callable 任务的 Sample 类。

代码清单 17-1　Sample——执行 Callable 任务

```
Project-ch17-lambdas
Source location - src/main/java/sample/lambdas
package sample.lambdas;

import java.util.concurrent.*;

public class Sample {
    public static void main(String args[]) throws Exception {
      System.out.println(executeTask().get());
    }

    private static Future<String> executeTask() throws Exception {
        ExecutorService executorService = Executors.newSingleThreadExecutor();

        Future<String> future = executorService.submit(new Callable<String>() {
            public String call() throws Exception {
                return "did something successfully";
            }
        });
        return future;
    }
}
```

Sample 的 executeTask 方法将 Callable 接口的匿名实现传递给 ExecutorService 的 submit 方法。请注意，Callable 的 call 方法不接受任何参数，并且它只包含一个语句：return"did something successfully"。

代码清单 17-2 展示了 Sample 类的变体，它将 lambda 表达式（取代 Callable 接口的匿名实现）传递给 ExecutorService 的 submit 方法。

代码清单 17-2　SampleWithLambda——执行 Callable 任务

```
Project-ch17-lambdas
Source location - src/main/java/sample/lambdas
package sample.lambdas;
```

```
import java.util.concurrent.*;

public class SampleWithLambda {
    .....
    private static Future<String> executeTask() throws Exception {
        ExecutorService executorService = Executors.newSingleThreadExecutor();

        Future<String> future = executorService.submit(() -> {
            return "did something successfully";
        });
        return future;
    }
}
```

在代码清单 17-2 中，将以下 lambda 表达式传递给 ExecutorService 的服务方法：

```
() -> { return "did something successfully"; }
```

由于 Callable 的 call 方法不接受任何参数，因此使用了小括号()。并且 call 方法的主体在开始{和关闭}括号内指定。这表明使用 lambda 表达式可以产生更简洁的程序。

如果 lambda 表达式的主体由单个语句组成，则可以删除大括号并将 return 语句替换为表达式。代码清单 17-3 展示了一个更简化的 SampleWithLambda 类。

代码清单 17-3 SampleWithLambda——一个更简化的 lambda 表达式

```
package sample.lambdas;

import java.util.concurrent.*;

public class SampleWithLambda {
    .....
    private static Future<String> executeTask() throws Exception {
        ExecutorService executorService = Executors.newSingleThreadExecutor();
        Future<String> future = executorService.submit(() ->
            "did something successfully"
        );
        return future;
    }
}
```

在代码清单 17-3 中，lambda 表达式很简单：

```
() -> "did something successfully"
```

我们删除了大括号，并用“did something successfully”表达式取代了“return "did something successfully"”语句。使用表达式替换 return 语句时，Java 编译器会根据表达式类型推断返回类型。

代码清单 17-4 展示了使用 java.util.Comparator（一个函数接口）根据最高速度对 Car 对象进行排序的 SortCars 类。

代码清单 17-4 SortCars——Car 对象列表进行排序

```
Project-ch17-lambdas
Source location - src/main/java/sample/lambdas
package sample.lambdas;

import java.util.*;

public class SortCars {
    public static void main(String args[]) {
        List<Car> cars = new ArrayList<Car>();
        cars.add(new Car(10));
```

```
        cars.add(new Car(7));
        cars.add(new Car(5));

        cars.sort(new Comparator<Car>() {
            public int compare(Car o1, Car o2) {
                if (o1.getTopSpeed() == o2.getTopSpeed())
                    return 0;
                else if (o1.getTopSpeed() > o2.getTopSpeed())
                    return 1;
                else
                    return -1;
            }
        });
    }
}
```

我们创建一个 List 并向其添加 Car 对象。Car 的构造函数的参数是汽车可以达到的最高速度。我们将 Comparator 实现传递给 List 的 sort 方法，以根据最高速度对 Car 对象进行排序。

代码清单 17-5 展示了 SortCarsWithLambda 类，它将 lambda 表达式（取代 Comparator 实现）传递给 List 的 sort 方法以对 Car 对象进行排序。

代码清单 17-5 SortCarsWithLambda——使用 lambda 表达式取代 Comparator

```
Project-ch17-lambdas
Source location - src/main/java/sample/lambdas
package sample.lambdas;

import java.util.*;

public class SortCarsWithLambda {
    public static void main(String args[]) {
        List<Car> cars = new ArrayList<Car>();
        cars.add(new Car(10));
   .....
        cars.sort((Car o1, Car o2) -> {
            if (o1.getTopSpeed() == o2.getTopSpeed())
                return 0;f
            else if (o1.getTopSpeed() > o2.getTopSpeed())
                return 1;
            else
                return -1;
        });
    }
}
```

在代码清单 17-5 中，我们将以下 lambda 表达式传递给 List 的 sort 方法：

```
(Car o1, Car o2) -> {
    if (o1.getTopSpeed() == o2.getTopSpeed())
        return 0;
    else if (o1.getTopSpeed() > o2.getTopSpeed())
        return 1;
    else
        return -1;
}
```

由于 Comparator 的 compare 方法接受两个 Car 对象进行比较，(Car o1，Car o2）指定了 compare 方法的参数。此外，compare 方法的主体在开始{和结束}大括号之间指定。

由于编译器可以推断出方法参数的类型，我们可以将 lambda 表达式重写为：

```
(o1, o2) -> {
    if (o1.getTopSpeed() == o2.getTopSpeed())
        return 0;
    else if (o1.getTopSpeed() > o2.getTopSpeed())
        return 1;
    else
        return -1;
}
```

由于读取多行 lambda 表达式有点困难，我们可以将方法主体移动到另外的方法中并从 lambda 表达式调用该方法。代码清单 17-6 展示了 SortCarsWithLambda 类的更简化版本。

代码清单 17-6　SimplifiedSortCarsWithLambda——简化的 lambda 表达式

```
Project-ch17-lambdas
Source location - src/main/java/sample/lambdas
package sample.lambdas;

import java.util.ArrayList;
import java.util.List;

public class SimplifiedSortCarsWithLambda {
    public static void main(String args[]) {
        List<Car> cars = new ArrayList<Car>();
        cars.add(new Car(10));
        .....
        cars.sort((o1, o2) -> compareCars(o1, o2));
    }

    private static int compareCars(Car o1, Car o2) {
        if (o1.getTopSpeed() == o2.getTopSpeed())
            return 0;
        .....
    }
}
```

在代码清单 17-6 中，我们定义了一个另外的 compareCars 方法来进行 Car 对象的比较。因此传递给 List 的 sort 方法的 lambda 表达式可以简化：

```
(o1, o2) -> compareCars(o1, o2)
```

在函数式编程中，你可以创建高阶函数：将一个或多个函数作为输入参数或返回函数的函数。下面让我们了解一下如何在 Java 中创建高阶函数。

17.4　创建简单函数和高阶函数

在 17.3 节中，我们看到可以将 lambda 表达式传递给接受函数接口类型的方法。这意味着我们可以将 lambda 表达式赋值给功能接口类型变量，如下所示：

```
Callable<String> callable = () -> "did something successfully";
```

以及

```
Comparator<Car> comparator = (o1, o2) -> compareCars(o1, o2);
```

java.util.function 包定义了帮助创建高阶函数的函数接口。表 17-1 描述了我们将很快用于创建高阶函数的一些函数接口。

表 17-1 创建高阶函数的一些函数接口

函数接口	描述
Function<T,R>	表示接受类型为 T 的参数，并返回类型 R 的结果的函数
BiFunction<T,U,R>	表示接受类型为 T 和 U 的参数，并返回 R 类型的结果的函数
Consumer<T>	表示接受类型为 T 的参数，并且不返回任何内容的函数
BiConsumer<T,U>	表示接受类型为 T 和 U 的参数，并且不返回任何内容的函数

让我们首先观察一个示例。该示例展示了如何使用上述函数接口来创建函数。

IMPORT chapter 17/ch17-functions（该项目包含了展示如何在 Java 中编写高阶函数的示例。）

示例：给定两个字符串（假设为 prefix 和 suffix），执行以下操作：

- 拼接 prefix 和 suffix 以创建新的字符串；
- 计算拼接后字符串的散列码；
- 将计算出的散列码打印到输出中。

让我们先了解一下如何编写一个使用简单函数执行上述操作的程序。

17.4.1 简单函数

代码清单 17-7 展示了 MyFunctions 类，它定义了执行上述操作的简单函数。

代码清单 17-7 MyFunctions——创建简单函数

```
Project-ch17-functions
Source location - src/main/java/sample/higherorder
package sample.higherorder;

import java.util.function.*;

public class MyFunctions {
    private static BiFunction<String, String, String> concatFn = (prefix,suffix) ->
            prefix + " " + suffix;

    private static Function<String, Integer> hashFn = input -> input.hashCode();

    private static Consumer<Object> printFn = input -> System.out.println(input);

    public static void main(String args[]) {
        printFn.accept(concatAndHash("Welcome", "Java 8"));
    }

    private static int concatAndHash(String prefix, String suffix) {
        return hashFn.apply(concatFn.apply(prefix, suffix));
    }
}
```

以下函数由 MyFunctions 类定义：concatFn、hashFn 和 printFn。让我们详细了解这些函数。

concatFn:

```
private static BiFunction<String, String, String> concatFn =  (prefix, suffix) ->
        prefix + " " + suffix;
```

由于 concatFn 变量的类型为 BiFunction <String，String，String>，这意味着 concatFn 函数接受两个 String 类型参数并返回 String 类型的值。concatFn 函数拼接 prefix 和 suffix 字符串参数，并返回拼接后的字符串。

hashFn:

```
private static Function<String, Integer> hashFn = input -> input.hashCode();
```

由于 hashFn 变量的类型为 Function <String，Integer>，因此它表示 hashFn 函数接受 String 类型参数并返回 Integer 类型的值。hashFn 函数通过调用 input 参数的 hashCode 方法返回散列码（类型为 Integer）。

printFn:

```
private static Consumer<Object> printFn = input -> System.out.println(input);
```

由于 printFn 变量的类型为 Consumer <Object>，这意味着 printFn 函数接受 Object 类型参数并且不返回任何内容。printFn 函数使用 System.out.println 方法将参数的值（由 input 变量标识）写入输出。

Function 和 BiFunction 接口都定义了一个 apply 方法，该方法执行给定参数的函数。MyFunctions 的 concatAndHash 方法通过调用它们的 apply 方法来执行 concatFn 和 hashFn 函数，如下所示：

```
private static int concatAndHash(String prefix, String suffix) {
    return hashFn.apply(concatFn.apply(prefix, suffix));
}
```

MyFunctions 的 main 方法使用参数"Welcome"（prefix 参数的值）和"Java 8"（suffix 参数的值）调用 concatAndHash 方法：

```
public static void main(String args[]) {
    printFn.accept(concatAndHash("Welcome", "Java 8"));
}
```

由于 prefix 的值为"Welcome"且 suffix 为"Java 8"，因此 concatAndHash 方法中会发生以下情况：

- concatFn 的 apply 方法拼接"Welcome"和"Java 8"以返回"Welcome Java 8"；
- concatFn 函数的输出传递给 hashFn 的 apply 方法。hashFn 函数返回"Welcome Java 8"字符串的散列码。

Consumer 接口定义了一个 accept 方法，该方法使用给定的参数执行该函数。由于 concatAndHash 方法返回的散列码被传递给 printFn 的 accept 方法，它只是将散列码写入输出。

现在让我们了解一下如何使用高阶函数重写 MyFunctions 类。

17.4.2 高阶函数

代码清单 17-8 展示了 MyFunctions 类的修改版本。该类使用高阶函数将"Welcome Java 8"字符串的散列代码写入输出。

代码清单 17-8 MyHigherOrderFunctions——创建高阶函数

```
Project-ch17-functions
Source location - src/main/java/sample/higherorder
package sample.higherorder;

import java.util.function.*;

public class MyHigherOrderFunctions {
  private static Function<String, Function<String, String>> concatFn =
      prefix -> {
          Function<String, String> addSuffixFn = suffix -> {
             return prefix + " " + suffix;
          };
          return addSuffixFn;
      };

  private static Function<String, Integer> hashFn = input -> input.hashCode();

  private static BiConsumer<String, Function<String, Integer>> hashAndPrintFn =
      (input, hashFn) -> {
           System.out.println(hashFn.apply(input));
      };

  public static void main(String args[]) {
      Function<String, String> prefix = concatFn.apply("Welcome");
      String string = prefix.apply("Java 8");
```

```
        hashAndPrintFn.accept(string, hashFn);
    }
}
```

MyHigherOrderFunctions 类定义了以下函数：concatFn、hashFn 和 hashAndPrintFn。让我们详细了解这些函数。

```
concatFn:
    private static Function<String, Function<String, String>> concatFn =
        prefix -> {
            Function<String, String> addSuffixFn = suffix -> {
               return prefix + " " + suffix;
            };
            return addSuffixFn;
        };
```

由于 concatFn 函数的类型为 Function <String,Function <String,String >>,这意味着 concatFn 接受 String 参数并返回 Function <String，String>类型的函数。concatFn 函数使用 prefix 参数来构建并返回接受 suffix 参数的 addSuffixFn 函数。addSuffixFn 拼接 prefix 和 suffix 字符串并返回拼接后的字符串。当 concatFn 返回另一个函数时，它是高阶函数的一个示例。

```
hashFn:
    private static Function<String, Integer> hashFn = input -> input.hashCode();
hashFn takes a String argument and returns its hash code value.
hashAndPrintFn:
    private static BiConsumer<String, Function<String, Integer>>
        hashAndPrintFn = (input, hashFn) -> {
             System.out.println(hashFn.apply(input));
        };
```

由于 hashAndPrintFn 函数的类型为 BiConsumer <String，Function <String，Integer >>，这意味着 hashAndPrintFn 接受 String 类型（input 参数）和 Function <String，Integer>（hashFn 参数）的参数。hashAndPrintFn 函数使用 hashFn 函数计算 input 字符串的散列码，并使用 System.out.println 方法将散列代码写入输出。由于 hashAndPrintFn 接受另一个函数作为参数，因此它是高阶函数的一个示例。

MyHigherOrderFunctions 类的 main 方法使用 concatFn 和 hashAndPrintFn 函数将“Welcome Java 8”字符串的散列码值写入输出：

```
    public static void main(String args[]) {
        Function<String, String> suffixFn = concatFn.apply("Welcome");
        String string = suffixFn.apply("Java 8");
        hashAndPrintFn.accept(string, hashFn);
    }
```

main 方法遵循以下步骤：

使用"Welcome"参数调用→concatFn 函数的 apply 方法，该方法返回以下函数：

```
    Function<String, String> addSuffixFn = suffix -> {
        return "Welcome" + " " + suffix;
    };
```

请注意，返回函数中的 prefix 变量被设置为传递给 concatFn 函数的“Welcome”字符串。对返回函数的引用存储在 main 方法的 suffixFn 变量中。

使用参数“Java 8”调用 suffixFn 函数的 apply 方法。suffixFn 函数返回拼接后的字符串“Welcome Java 8”。

使用“Welcome Java 8”字符串和 hashFn 函数作为参数调用 hashAndPrintFn 函数的 accept 方法。hashAndPrintFn 使用 hashFn 函数计算“Welcome Java 8”的散列码，并将散列码写入输出。

在本节中，我们了解了如何在 Java 中创建高阶函数。现在让我们了解一下流 API，它提供了与 Java 集合的函数式交互。

17.5 流 API

流 API 允许使用流源中的元素流。流源可以是：

- 一个数据结构（如集合、数组等）；
- 一个 I/ O 源（如文件）；
- 一个用于生成由流使用的元素的生成器函数。

注 意

对象流由 java.util.Stream <T>类型表示，其中 T 是流中对象的类型。 java.util.IntStream、java.util.LongStream 和 java.util.DoubleStream 分别表示 int、long 和 double 基本类型的流。

IMPORT chapter 17/ch17-streams（此项目包含的示例展示了如何使用流 API 处理从流源获取的数据。）

流不存储数据：它是一个操作管道，用于处理流源中的每个元素。代码清单 17-9 展示了如何使用流来计算给定数组中奇数的总和。

代码清单 17-9 SumOfOddNumbers——使用流 API

```
Project-ch17-streams
Source location - src/main/java/sample/streams
package sample.streams;

import java.util.Arrays;
import java.util.stream.IntStream;

public class SumOfOddNumbers {
    public static void main(String args[]) {
        int[] numbers = { 1, 2, 3, 4, 5, 6, 7, 8, 9, 10 };
        IntStream intStream = Arrays.stream(numbers);
        int sum = intStream
                .filter(n -> n % 2 != 0)
                .sum();
        System.out.println("Sum of odd numbers in numbers array is : " + sum);
    }
}
```

在代码清单 17-9 中，我们首先定义了一个包含 1～10 整数的 numbers 数组，然后将 numbers 数组传递给 Arrays 的 stream 方法——该方法返回一个 IntStream。这使得 numbers 数组成为流源。最后在返回的流上调用以下方法序列以计算奇数的总和。

- filter——返回另一个流（类型为 IntStream），其中包含与给定谓词匹配的元素（一个布尔值函数）。在 lambda 表达式 n -> n % 2 != 0 中，n 是流元素，只有当 n 是奇数时，n % 2 != 0 表达式才返回 true。这意味着，调用 filter filter(n -> n % 2 != 0)会返回一个由奇数组成的新流；
- sum——返回流中所有元素的总和。当 filter(n -> n % 2 != 0)方法返回奇数流时，sum 方法返回 1、3、5、7 和 9 之和（即 25）。

我们也可以使用 for 循环（或集合的 forEach 方法）代替流来计算奇数之和。代码清单 17-10 展示了使用 for 循环代替流的 SumUsingForLoop 类。

代码清单 17-10 SumUsingForLoop——使用 for 循环计算和

```
Project-ch17-streams
Source location - src/main/java/sample/streams
package sample.streams;
```

```
import java.util.*;

public class SumUsingForLoop {
    public static void main(String args[]) {
        List<Integer> numbers = Arrays.asList(1, 2, 3, 4, 5, 6, 7, 8, 9, 10);
        int sum = 0;
        for(int n : numbers) {
            if(n % 2 != 0) {
                sum = sum + n;
            }
        }
        System.out.println("Sum of odd numbers in numbers array is : " + sum);
    }
}
```

在代码清单 17-10 中，for 循环遍历 numbers 列表，并将 numbers 列表中找到的奇数加到 sum 变量中。

一方面，代码清单 17-10 展示了使用 for 循环编写有关如何计算奇数之和的详细信息——这是一种命令式编程风格；另一方面，使用流编写的代码是函数式编程风格。使用流编写的代码描述了要做什么而不是如何做，它将开发人员从较低级别的细节中抽离出来。这使得使用流编写的代码更容易阅读和维护。例如，下面的一段代码（见代码清单 17-9）清楚地指定——首先过滤流以仅返回奇数，然后将它们相加：

```
intStream.filter(n -> n % 2 != 0).sum()
```

现在让我们了解一下流管道中的不同操作类型。

17.5.1 中间操作和终结操作

流管道由一个或多个中间操作（intermediate operation）和一个终结操作（terminaloperation）组成。中间操作产生流，终结操作产生值或副作用（side-effect）。例如，filter 是一个中间操作，因为它产生一个流；sum 是一个终结操作，因为它产生一个值。

我们之前看到过 IntSream 的 filter 和 sum 操作如何用于过滤和计算数字之和。让我们再了解一些展示了流定义的其他操作的用法的示例。

mapToInt

代码清单 17-11 展示了使用流来计算列表中 Student 对象（具有 age 和 name 特性）的年龄总和。

代码清单 17-11 SumOfStudentsAges——计算学生对象的年龄总和

```
Project-ch17-streams
Source location - src/main/java/sample/streams
package sample.streams;

import java.util.*;

public class SumOfStudentsAges {
    public static void main(String args[]) {
        List<Student> students = new ArrayList<>();
        students.add(new Student("A", 15));
        students.add(new Student("B", 12));
        students.add(new Student("C", 13));

        int sumOfAges = students
                        .stream()
                        .mapToInt(s -> s.getAge())
                        .sum();
        System.out.println("sum of ages is: " + sumOfAges);
    }
}
```

在代码清单 17-11 中，我们创建了多个 Student 对象并将其添加到 students 列表中。我们通过将学生的姓名和年龄传递给构造函数来创建 Student 对象。Student 类分别定义 getName 和 getAge 方法来获取学生的姓名和年龄。

我们通过调用 stream 方法从 students 列表中获取 Student 对象流。你应该注意到，调用 students 列表的 stream 方法返回 Stream <Student>类型的流——一个包含 Student 对象作为其元素的流。

注 意

在 Java 8 中，将 stream 添加到 java.util.Collection 接口的默认方法中。因此，stream 方法可用于 java.util.Collection 的所有子接口（如 java.util.List、java.util.Set 等）。

mapToInt 方法可以接受一个应用于流元素的 lambda 表达式。传递给 mapToInt 方法的 lambda 表达式必须为整型值。mapToInt 方法返回一个包含将 lambda 表达式应用于流元素的结果的 IntStream。例如，在 Student 对象流上应用 s -> s.getAge()表达式将返回由其年龄组成的 IntStream。由于 mapToInt 方法返回流，因此它是一个中间操作。

mapToInt 方法返回的 IntStream 上的 sum 方法计算 IntStream 中的年龄总和。

map、collect 和 forEach

代码清单 17-12 使用流从 Student 对象列表创建学生姓名列表，并将学生姓名写入输出。

代码清单 17-12　NamesOfStudentsList——打印学生的姓名

```
Project-ch17-streams
Source location - src/main/java/sample/streams
package sample.streams;

import java.util.*;
import java.util.stream.Collectors;

public class NamesOfStudentsList {
    public static void main(String args[]) {
        List<Student> students = new ArrayList<>();
        students.add(new Student("A", 15));
        .....
        List<String> names = students.stream()
                                .map(s -> s.getName())
                                .collect(Collectors.toList());

        names.stream()
            .forEach(name -> System.out.println("Name is: " + name));
    }
}
```

首先，在 students 列表上调用 stream 方法以获取 Student 对象流。其次，调用流的 map 方法以获取学生姓名流。map 方法类似于 mapToInt，因为它将给定的 lambda 表达式应用于流元素。由于 map 方法返回流，因此它是一个中间操作。最后，collect 方法将流中的学生姓名聚积为 java.util.List 类型（由 Collectors.toList()参数指定），然后将其赋值给 names 变量。由于 collect 方法不返回流，因此它是终结操作。

要将学生姓名流化，我们在 collect 方法返回的 names 列表中调用 stream 方法。然后，我们使用流的 forEach 方法打印流中学生的姓名。forEach 方法接受 lambda 表达式 name -> System.out.println("Name is: " + name)，该表达式将学生的姓名打印到输出。请注意，forEach 方法不返回任何值，但具有将学生姓名写入输出的副作用。

reduce

代码清单 17-13 使用流创建一个包含从 Student 对象列表中获取的学生姓名（以逗号分隔）的字符串。

代码清单 17-13 ConcatenatedStudentNames——拼接学生的姓名

```
Project-ch17-streams
Source location - src/main/java/sample/streams
package sample.streams;

import java.util.*;

public class ConcatenatedStudentNames {
    public static void main(String args[]) {
        List<Student> students = new ArrayList<>();
        students.add(new Student("A", 15));
        students.add(new Student("B", 12));

        String combinedNames = students.stream()
                              .map(s -> s.getName())
                              .reduce("", (combinedNamesStr, name) ->
                                        combinedNamesStr.concat(name + ","));

        System.out.println("student names " + combinedNames);
  }
}
```

在代码清单 17-13 中，map 方法返回由学生姓名（A 和 B）组成的流，reduce 方法返回包含以逗号分隔的学生姓名的字符串。

reduce 方法接受以下参数。

- BinaryOperator 函数（BiFunction 的一种特殊形式，其参数和返回类型相同）——一个接受两个参数的函数。第一个参数是通过将函数应用于上一个流元素而返回的值，第二个参数是当前流元素。reduce 方法返回将此函数应用于流元素的结果。
- 标识元素——一个表示函数的初始结果或函数的默认值（如果没有找到流元素）的元素。

在代码清单 17-13 中，空字符串参数（""）是标识元素，它充当 BinaryOperator 函数返回的初始值或默认值。以下 lambda 表达式表示 BinaryOperator 函数：

```
(combinedNamesStr, name) -> combinedNamesStr.concat(name + ",")
```

在这里 combinedNamesStr 是将上述函数应用于前一个流元素的结果，name 是当前流元素。

当 reduce 方法处理第一个流元素“A”时，由于 combinedNamesStr 是 BinaryOperator 函数的初始值（由 identity 元素的值指定），因此它的值为空字符串（""）。该函数返回"".concat("A", + ","），这意味着“A,”将作为结果返回。

当通过 reduce 方法处理第二个流元素“B”（也是流中的最后一个元素）时，combinedNamesStr 值为“A,”（处理前一个“A”元素的结果）。因此，函数返回"A,".concat("B", + ","），这意味着“"A,B,”将作为结果返回。

现在让我们来了解一下流对延迟求值的支持。

17.5.2 延迟求值

在流管道中，中间操作的求值动作会被延迟执行；在调用终结操作之前，它们不会被执行。

代码清单 17-14 展示了代表一个人的 Person 类。

代码清单 17-14 Person 类

```
Project-ch17-lazy-evaluation
Source location - src/main/java/sample/streams
package sample.streams;

public class Person {
    private String name;
```

```
    private int age;

    public Person(String name, int age) {
        this.name = name;
        this.age = age;
    }
    .....
    public String getName() {
        System.out.println("getName method --> age of " + name + " is " + age);
        return name;
    }

    public int getAge() {
        System.out.println("getAge method --> age of " + name + " is " + age);
        return age;
    }
    .....
}
```

Person 类定义了 age 和 name 特性。请注意，当调用 getName 和 getAge 方法时，它们会打印这个人的姓名和年龄。

代码清单 17-15 展示了 LazyEval 类，其 main 方法遍历 Person 对象列表并打印第一个名为“Sam”的人的年龄。

代码清单 17-15　LazyEval 类——中间操作的延迟求值

```
Project-ch17-lazy-evaluation
Source location - src/main/java/sample/streams
package sample.streams;

import java.util.*;
import java.util.stream.IntStream;

public class LazyEval {
    public static void main(String args[]) {
        List<Person> persons = new ArrayList<>();

        persons.add(new Person("Tom", 15));
        persons.add(new Person("Sam", 30));
        persons.add(new Person("Bob", 25));
        persons.add(new Person("Sam", 18));
        persons.add(new Person("Tim", 25));

        IntStream ageStream = persons.stream()
                            .filter(p -> p.getName().equals("Sam"))
                            .mapToInt(p -> p.getAge());

        System.out.println("main method --> Calling findFirst operation");
        ageStream.findFirst()
                .ifPresent(e -> System.out.println("output --> Sam's age is : " + e));
    }
}
```

在代码清单 17-15 中，persons 变量持有 Person 对象列表。该列表包含两个名为“Sam”的人。由于要打印第一个名为“Sam”的人的年龄，因此我们创建一个 IntStream 来表示名为“Sam”的人的年龄。

```
IntStream ageStream = persons.stream()
                    .filter(p -> p.getName().equals("Sam"))
                    .mapToInt(p -> p.getAge());
```

filter 返回名为“Sam”的人的流，而 mapToInt 返回这些人的年龄流。

IntStream 的 findFirst 方法返回包含流的第一个元素的 Optional，如果流为空，则返回空的 Optional。由于 ageStream 流表示名为“Sam”的人的年龄，因此调用 findFirst 方法将返回名为“Sam”的第一个人的年龄。

```
ageStream.findFirst()
        .ifPresent(e -> System.out.println("output --> Sam's age is : " + e));
```

如果运行 LazyEval 的 main 方法，你会得到以下输出：

```
main method --> Calling findFirst operation
getName method --> age of Tom is 15
getName method --> age of Sam is 30
getAge method --> age of Sam is 30
output --> Sam's age is : 30
```

输出显示在流上调用终结操作（findFirst）之前，不会执行中间流操作（filter 和 mapToInt）。这表明中间操作是延迟求值的。

输出还显示并非所有 Person 对象都被查看以找到第一个名为“Sam”的人的年龄。流处理会在流中找到第一个名为“Sam”的人时结束。这意味着，Java 运行时会根据你尝试执行的操作来优化流处理。

在迄今为止看到的示例中，我们从流源获取了顺序流。我们还可以从流源获得并行流以并行执行操作。让我们了解一下如何从流源获取并行流以及如何并行执行操作。

17.5.3 顺序流和并行流

在顺序流中，元素由单个线程顺序处理。而在并行流中，元素由多个线程并行处理。如果一个 java.util.Collection 的实现是流源，则可以使用 java.util.Collection 的 parallelStream 方法来获取并行流。

注 意

在 Java 8 中，parallelStream 已添加到 java.util.Collection 接口的默认方法中。因此，parallelStream 方法可用于 java.util.Collection 的所有子接口（如 java.util.List、java.util.Set 等）。

代码清单 17-16 使用了顺序流和并行流来打印给定 List 中的各个姓名。

代码清单 17-16 PrintNames——使用顺序流和并行流打印姓名

```
Project-ch17-streams
Source location - src/main/java/sample/streams/parallel
package sample.streams.parallel;

import java.util.*;

public class PrintNames {

    public static void main(String args[]) {
        List<String> names = Arrays.asList("James", "John", "Robert",
                                "Michael", "Mary");

        System.out.println("Serial stream result:");
        names.stream()
             .forEach(e -> System.out.println(">" + e));

        System.out.println("\nParallel stream result:");
        names.parallelStream()
             .forEach(e -> System.out.println(">" + e));
    }
}
```

names 变量包含一个姓名列表。我们首先使用 names 作为流源获取顺序流和并行流，然后使用 forEach 方法打印每个在流中的姓名。如果你运行 PrintNames 的 main 方法，将得到如下输出：

```
Serial stream result:
>James
>John
>Robert
>Michael
>Mary

Parallel stream result:
>Robert
>Mary
>John
>James
>Michael
```

请注意，在顺序流的情况下，姓名会按照在 names 列表中定义的顺序打印。另外，在并行流的情况下，姓名不按顺序打印。输出的差异是因为 forEach 方法的行为对于并行流是不确定的。这意味着，在并行流的情况下，forEach 方法的每次执行都可以为相同的输入生成不同的结果，例如，如果重新执行 PrintNames 的 main 方法，并行流打印的姓名会有不同的顺序。

代码清单 17-17 展示了 ConcatNames 类。该类使用顺序流和并行流来拼接给定 List 中的姓名。

代码清单 17-17 ConcatNames——使用顺序流和并行流拼接姓名

```
Project-ch17-streams
Source location - src/main/java/sample/streams/parallel
package sample.streams.parallel;

import java.util.*;
import java.util.function.BinaryOperator;

public class ConcatNames {
    private static BinaryOperator<String> concatFn =
         (combinedNamesStr, name) -> combinedNamesStr.concat(name);

    public static void main(String args[]) {
        List<String> names = Arrays.asList("James", "John", "Robert",
                                "Michael", "Mary");

        String sequentialStream = names.stream()
                                  .reduce("", concatFn);
        System.out.println("Serial concat : " + sequentialStream);

        String parallelStream = names.parallelStream()
                                  .reduce("", concatFn);
        System.out.println("Parallel concat : " + parallelStream);
    }
}
```

在代码清单 17-17 中，concatFn 函数（一个 BinaryOperator 函数）将作为参数传递的两个 String 类型拼接在一起。names 变量持有一个姓名列表，以 names 作为流源获得一个顺序流和一个并行流。在两个流上调用 reduce 方法，其中""作为标识元素，concatFn 作为拼接姓名的函数。

如果你运行 ConcatNames 的 main 方法，将获得以下输出：

```
Serial concat : JamesJohnRobertMichaelMary
Parallel concat : JamesJohnRobertMichaelMary
```

请注意，无论流是顺序流还是并行流，结果都是相同的——'JamesJohnRobertMichaelMary'。这是因为 reduce 是一种确定性方法——无论流是顺序还是并行，都会产生相同结果的方法。

现在让我们了解一下如何使用方法引用来简化 lambda 表达式的编写。

17.6　方法引用

方法引用表示对方法或构造函数的引用。如果 lambda 表达式只是调用方法或构造函数，则可以通过方法引用替换表达式。

以下语法用于表示对方法的引用：

```
<object-or-class>::<method-name>
```

在这里<object-or-class>是我们想要引用其方法的对象或类，<method-name>是方法名。

以下语法用于表示对构造函数的引用：

```
<class>::new
```

在这里<class>是我们想要引用其构造函数的类。

注 意

方法引用的唯一限制是你不能将参数显式传递给引用的方法或构造函数。

IMPORT chapter 17/ch17-method-references（此项目包含一个展示如何使用方法引用替换 lambda 表达式的示例。）

代码清单 17-18 展示了 MethodRefs 类，它根据最高速度对给定的 Car 对象列表进行排序，然后打印出它们的最高速度。

代码清单 17-18　MethodRefs

```
Project-ch17-method-references
Source location - src/main/java/sample/methodref
package sample.methodref;

import java.util.*;

public class MethodRefs {
    public static void main(String args[]) {
        List<Car> cars = new ArrayList<Car>();
        cars.add(new Car(10));
        cars.add(new Car(7));
        cars.add(new Car(5));

        cars.sort((o1, o2) -> MyUtils.compareCars(o1, o2));
        cars.stream().mapToInt(car -> car.getTopSpeed())
                    .forEach(e -> System.out.println(e));
    }
}
```

在代码清单 17-18 中，cars 变量持有一个 Car 对象列表。这些对象通过调用 MyUtils 的 compareCars 静态方法进行排序。然后使用 Stream 的 forEach 方法打印汽车的最高速度。

由于 lambda 表达式(o1, o2) -> MyUtils.compareCars(o1, o2)只是调用 MyUtils 的 compareCars(o1, o2)静态方法，我们可以用方法引用替换它：

```
    cars.sort(MyUtils::compareCars);
```

在这里 `MyUtils :: compareCars` 是方法引用

你还可以使用方法引用重写用于打印汽车最高速度的代码：

```
    cars.stream()
        .mapToInt(car -> car.getTopSpeed())
```

```
.forEach(System.out::println);
```

在这里 System.out::println 是方法引用。

17.7 小结

本章介绍了 Java 中对函数式编程风格的支持。本章中涉及的概念将有助于我们更好地理解第 18 章中介绍的反应式编程范式。

第 18 章 RxJava 2 的反应式编程

18.1 简介

随着移动电话、物联网（IoT）和云基础设施的出现，对应用程序的需求在过去几年中发生了巨大变化。我们现在期望应用程序的响应以 ms 为单位，存储 PB 级的数据，具有 100%的正常运行时间，可以根据不同的负载进行扩展，即使在发生故障时也能保持响应，等等。这些新时代应用程序的要求可以通过遵循反应式设计原则来解决。使用反应式设计原则构建的应用程序具有高响应性、可扩展性和可恢复性。

注 意

使用反应式设计原理构建的应用程序称为反应式应用程序，用于开发反应式应用程序的编程范例称为反应式编程。

反应式应用程序具有以下特点。

- 高响应性：应用程序及时响应请求的能力。
- 可恢复性：应用程序在发生故障时保持响应的能力。
- 可伸缩性：应用程序即使在不同负载下也能保持响应能力。
- 消息驱动：不同的应用程序组件使用消息彼此异步通信。

将反应式应用程序与其他应用程序区分开来的关键特性是它们是“消息驱动的”。组件之间基于异步消息的交互导致组件之间的松散耦合。这种松散耦合有助于反应式应用程序实现高响应性、可恢复性和可伸缩性。

你可以通过在单独的线程中异步执行请求来创建反应式应用程序。但是，开发具有可恢复性和可伸缩性的多线程应用程序非常困难。此外，如果多线程应用程序包含阻塞代码（如文件 I / O 或数据库访问），则无论你使用的处理器数量如何，应用程序的性能都受执行线程被阻塞的持续时间的限制。当执行的线程被阻塞时，执行该线程的处理器不可用于其他应用程序线程。与典型的多线程应用程序不同，反应式应用程序本质上是非阻塞的，从而有效地利用了处理器。

反应式库将组件之间的消息传递等底层细节抽象出来，并提供函数式方法来组合结果，我们可以通过使用这些库来简化反应式应用程序的开发。RxJava 和 Reactor 是可用于开发反应式应用程序的反应式库的示例。RxJava 2.x 和 Reactor 3.x 实现了反应式流规范。该规范标准化了反应式组件如何使用消息流彼此异步交互。Spring 5 支持使用 RxJava 2.x 和 Reactor 3.x 来开发反应式应用程序。

注 意

在 Java 中开发反应式应用程序并不要求你的应用程序是使用 Java 8 或 9 构建的。例如，你可以使用 RxJava 1.x 开发反应式应用程序，这需要 Java 6 及更高版本。你应该注意到，RxJava 1.x 没有实现反应式流规范，RxJava 2.x 实现了反应式流规范。

在本章中，我们将介绍以下内容：

- 反应式流规范定义的核心接口和概念；
- 使用 RxJava 2 构建简单的反应式应用程序。

让我们先了解一下什么是反应式流规范。

18.2 反应式流

反应式流规范定义了反应式应用程序组件之间异步交互的标准。反应式流规范已被采用为 Java 9 的一部分，并由 java.util.concurrent.Flow 类表示。

java.util.concurrent.Flow 类中定义的以下接口对应于反应式流规范定义的接口：

Publisher<T>——发布者（Publisher）接口由生成 T 类型元素流的组件实现。发布者接口定义了以下方法。

- void subscribe(Subscriber<? Super T>)——为发布者添加订阅者（由 Subscriber 参数表示）。

Subscriber<T>——订阅者（Subscriber）接口由接收 T 类型元素的订阅者实现。订阅者接口定义了以下方法。

- void onSubscribe(Subscription)——当订阅者通过调用发布者的 subscribe 方法成功订阅发布者时，将调用此方法。Subscription 参数表示一个对象，用于控制从发布者到订阅者的元素流。
- void onNext(T)——从发布者接收元素（类型为 T）时调用此方法。
- void onError(Throwable)——当发布者或 Subscription 遇到不可恢复的错误时，将调用此方法。
- void onComplete()——当发布者通知其订阅者已完成数据发送时，将调用此方法。

Subscription——订阅(Subscription)将订阅者链接到发布者，用于控制从发布者到订阅者的事件流。订阅接口定义了以下方法：

- void request(int n)——调用此方法以从与此订阅关联的发布者请求 n 个元素（由参数指定）。
- void cancel()——此方法用于通知发布者订阅者不再有兴趣从发布者接收数据。

Processor<T,R>——处理者表示既充当发布者又充当订阅者的组件。T 是处理者发布的元素类型，R 表示处理者消费的元素类型。

图 18-1 展示了发布者和订阅者如何相互交互。只有当订阅者通过调用订阅的 request 方法请求数据时，发布者才会将数据发送到订阅者。当发布者通知订阅者已完成数据发送时，将调用 onComplete 方法。

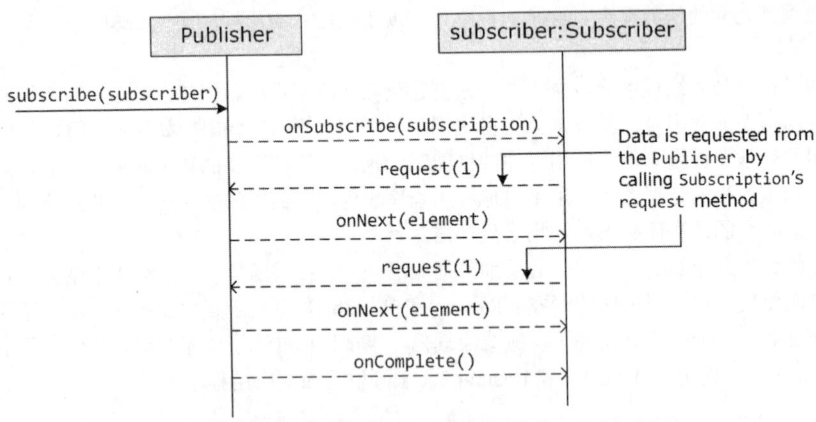

图 18-1 发布者和订阅者通过异步交换消息与对方进行交互

让我们来了解一下使用 RxJava 2 构建的心率监视应用程序，它演示了发布者、订阅者和订阅的概念。

心率监测应用程序

心率监视应用程序监视心率，并在心率超过预先配置的限制时发出警报。心率应用程序包含以下组件：

- HeartbeatPublisher——此组件发布心率；
- HeartbeatSubscriber——此组件接收 HeartbeatPublisher 发布的心率，并在速率超过预先配置的限制时发出警报。

注 意

在本章中，我们将开发心率监视应用程序作为独立的Java应用程序。但是，在现实世界中，此应用程序可以开发为移动应用程序或智能手表应用程序，其使用某种机制来接收人的心率，并在心率达到预先配置的限制时发出警报。

IMPORT chapter 18/ch18-reactiveapp（此项目包含心率监视应用程序的源代码。要运行此应用程序，请执行HeartbeatPublisher类的main方法。）

代码清单18-1展示了发布观察到的心率的HeartbeatPublisher类。

代码清单18-1 HeartbeatPublisher——发布心率

```
Project-ch18-reactiveapp
Source location - src/main/java/sample/reactiveapp
package sample.reactiveapp;

import io.reactivex.BackpressureStrategy;
import io.reactivex.Flowable;

public class HeartbeatPublisher {

    public static void main(String[] args) {
        Flowable.<Integer> create(flowableOnSubscribe,
                BackpressureStrategy.ERROR).subscribe(new HeartbeatSubscriber(120));
    }

    public static FlowableOnSubscribe<Integer> flowableOnSubscribe =
            new FlowableOnSubscribe<Integer>() {
        @Override
        public void subscribe(FlowableEmitter<Integer> emitter)
              throws Exception {
            for (int i = 90; i < 150; i++) {
                emitter.onNext(i);
            }
            emitter.onComplete();
        }
    };
}
```

以下是上述代码清单中需要注意的重点。

- io.reactivex包属于RxJava 2库。ch18-reactiveapp项目的pom.xml文件定义了对RxJava 2库的依赖，如下所示：

```
<dependency>
    <groupId>io.reactivex.rxjava2</groupId>
    <artifactId>rxjava</artifactId>
    <version>2.1.3</version>
</dependency>
```

- io.reactivex.Flowable 实现了反应式流规范的发布者接口。Flowable 的 create 静态方法用于创建Flowable的实例。create方法接受FlowableOnSubscribe<T>和BackpressureStrategy类型的对象。
- FlowableOnSubscribe<T>是一个函数接口，它定义了一个接受FlowableEmitter<T>对象的subscribe方法。如果一个订阅者通过调用Flowable的subscribe方法进行订阅，将调用FlowableOnSubscribe的 subscribe 方法。该方法用 FlowableEmitter<T>对象将类型 T 的元素发送到订阅者。由于HeartbeatPublisher发送心率（Integer类型），因此在上面的示例中将T指定为Integer。

FlowableEmitter<T>定义了以下用于向订阅者发送数据的方法：

- void onNext(T)——此方法向订阅者发送类型为T的元素；

- void onError(Throwable)——此方法向订阅者发送错误；
- void onComplete()——此方法通知订阅者数据发布已完成，且发布者不再发送数据。

FlowableEmitter<T>还定义了一些其他的方法将在本章后面的内容中进行介绍。

代码清单 18-1 中的以下代码创建了一个 Flowable 实例，并向其添加了 HeartbeatSubscriber（反应式流规范的订阅者接口的一个实现）：

```
Flowable.<Integer> create(flowableOnSubscribe,
    BackpressureStrategy.ERROR).subscribe(new HeartbeatSubscriber(120));
```

在代码清单 18-1 中，FlowableOnSubscribe 的 subscribe 方法用 FlowableEmitter 向订阅者发送从 90 到 149 的固定心率：

```
public void subscribe(FlowableEmitter<Integer> emitter) throws Exception {
    for (int i = 90; i < 150; i++) {
        emitter.onNext(i);
    }
    emitter.onComplete();
}
```

心率通过在 for 循环内调用 FlowableEmitter 的 onNext 方法来发送。在实际应用中，观察到的心率将发送给订阅者，并在结束时调用 FlowableEmitter 的 onComplete 方法通知订阅者将不再向其发送数据。

代码清单 18-2 展示了实现 RxJava 2 的 FlowableSubscriber<T>接口的 HeartbeatSubscriber 类。

代码清单 18-2　HeartbeatSubscriber——订阅 HeartbeatPublisher 发布的心率

```
Project-ch18-reactiveapp
Source location - src/main/java/sample/reactiveapp
package sample.reactiveapp;

import io.reactivex.FlowableSubscriber;
import org.reactivestreams.Subscription;

public class HeartbeatSubscriber implements FlowableSubscriber<Integer> {
    private final int targetHeartbeatRate;
    private Subscription subscription;

    public HeartbeatSubscriber(int targetHeartbeatRate) {
        this.targetHeartbeatRate = targetHeartbeatRate;
    }

    public void onSubscribe(Subscription subscription) {.....}

    public void onNext(Integer t) {.....}

    public void onError(Throwable t) {.....}

    public void onComplete() {.....}
}
```

以下是上述代码清单中需要注意的重点。

- FlowableSubscriber<T>是反应式流规范定义的 Subscriber<T>接口的子接口。这意味着 HeartbeatSubscriber 代表数据订阅者。T 表示订阅者消费的元素类型。由于 HeartbeatPublisher（见代码清单 18-1）发送整型的心率，因此 T 被指定为整型。
- targetHeartbeatRate 实例变量指定订阅者发出警报的心率的上限。targetHeartbeatRate 的值作为构造函数参数提供。
- subscription 实例变量包含将订阅者链接到发布者的订阅对象。请注意，订阅（Subscription）接口属于 org.reactivestreams 包。org.reactivestreams 包属于反应式流 API JAR 文件（reactive-streams-1.x.jar），该

文件由 RxJava 2 库包含在类路径中。

- 订阅者（Subscriber）接口定义 onSubscribe、onNext、onError 和 onComplete 方法，它们的实现由 HeartbeatSubscriber 类提供。

让我们看一下 HeartbeatSubscriber 类中 onSubscribe、onNext、onError 和 onComplete 方法的实现：

onSubscribe 方法

```
public void onSubscribe(Subscription subscription) {
    this.subscription = subscription;
    subscription.request(1);
}
```

- onSubscribe 方法接收我们存储在 subscription 实例变量中的 Subscription 对象供以后使用。
- 订阅者用 Subscription 的 request 方法来请求发布者发送更多数据。request 方法接受发布者应发送给订阅者的元素数。在上面的代码中，request（1）方法调用意味着订阅者正在向发布者请求一个元素。

onNext 方法

```
public void onNext(Integer t) {
    logger.info("Heartbeat --> " + t);
    if (t >= targetHeartbeatRate) {
        logger.info("Alert !! " + t);
        subscription.cancel();
    }
    subscription.request(1);
}
```

参数 t 表示从 HeartbeatPublisher 接收的心率。如果 t 的值大于等于 targetHeartbeatRate，则发出警报并通过调用 Subscription 的 cancel 方法取消订阅。调用 Subscription 的 cancel 方法后，通过调用 Subscription 的 request 方法获取更多元素的请求将被忽略。如果 t 的值小于 targetHeartbeatRate，则通过调用 Subscription 的 request 方法向 HeartbeatPublisher 发送获取另外一个元素的请求。

在 HeartbeatPublisher 类中创建了一个 HeartbeatSubscriber 实例，并将其传递给 Flowable 的 subscribe 方法，如下所示：

```
Flowable.<Integer> create(flowableOnSubscribe,
      BackpressureStrategy.ERROR).subscribe(new HeartbeatSubscriber(120));
```

将 120 作为参数传递给 HeartbeatSubscriber 的构造函数时，targetHeartbeatRate 变量的值被设置为 120。

onError 和 onComplete 方法

```
public void onError(Throwable t) {
    logger.info("Error " + t);
}

public void onComplete() {
   logger.info("Processing complete");
}
```

onError 方法打印 Throwable 参数，而 onComplete 方法打印消息“Processing complete”。

如果你运行 HeartbeatPublisher 的 main 方法，将在控制台上获得以下输出：

```
Heartbeat --> 90
Heartbeat --> 91
.....
.....
Heartbeat --> 120
Alert !! 120
```

请注意，当心率达到 120 次/分钟时，HeartbeatSubscriber 将停止从 HeartbeatPublisher 接收更多数据，并显示消息“Alert !! 120”。这是由于当接收到的心率大于等于 120 次/分钟时，HeartbeatSubscriber 的 onNext

方法调用了 Subscription 的 cancel 方法，因此不再向 HeartbeatSubscriber 发送数据。

让我们来看一下如果 HeartbeatPublisher 没有调用 Subscription 的 cancel 方法，或者没有调用 Subscription 的 request 方法请求数据会发生什么。

情况 1：未通过 HeartbeatSubscriber 的 onNext 方法调用 Subscription 的 cancle 方法

由于 HeartbeatSubscriber 在 HeartbeatPublisher 通过调用 FlowableEmitter 的 onComplete 方法（见代码清单 18-1）发送数据结束信号之前取消了订阅，因此 HeartbeatSubscriber 的 onComplete 方法永远不会被调用。

如果从 HeartbeatSubscriber 的 onNext 方法中删除对 Subscription 的 cancel 方法的调用，则运行 HeartbeatPublisher 的 main 方法将显示以下输出：

```
Heartbeat --> 90
Heartbeat --> 91
.....
Heartbeat --> 120
Alert !! 120
Heartbeat --> 121
Alert !! 121
.....
Heartbeat --> 149
Alert !! 149
Processing complete
```

由于 HeartbeatSubscriber 在发送者的心率大于等于 120 次/分钟时不再调用 Subscription 的 cancel 方法，因此心率达到 120 次/分钟后，HeartbeatSubscriber 会不断发出警报。如果 HeartbeatPublisher 接收到数据信号结束，会导致对 HeartbeatSubscriber 的 onComplete 方法的调用。因此，最终会在输出中写入消息“Processing Complete”。

情况 2：未通过 HeartbeatSubscriber 的 onNext 方法调用 Subscription 的 request 方法

我们在图 18-1 中看到，除非订阅者通过调用 Subscription 的 request 方法来请求，否则发布者不会向订阅者发送数据。如果从 HeartbeatSubscriber 的 onNext 方法中删除对 Subscription 的 request 方法的调用并运行 HeartbeatPublisher 的 main 方法，你将获得以下输出：

```
  Heartbeat --> 90
  Error io.reactivex.exceptions.MissingBackpressureException: create: could not emit value due to lack of r
equests
```

输出显示 HeartbeatPublisher 首先发送了一个数值 90（对应于来自 HeartbeatSubscriber 的 onSubscribe 方法中对 Subscription 的 request 方法调用），然后是一个导致调用 HeartbeatSubscriber 的 onError 方法的错误信号。该错误信号是由 HeartbeatPublisher 发送的，因为有些项目可以发送，但 HeartbeatSubscriber 从未请求它们。

18.3 冷发布者和热发布者

除非有一个订阅者订阅了冷发布者，否则冷发布者不会开始发送数据。当一个订阅者连接到冷发布者时，冷发布者会再次向订阅者发送完整数据。因此，冷发布者的订阅者永远不会错过在订阅者连接到发布者之前发出的任何数据。

以下是一些冷发布者的例子：

- 发布去年发行的电影的发布者；
- 发布在证券交易所交易的公司的股票代码的发布者。

由于此类数据的消费者不想错过任何电影或股票代码，因此应将此类数据的发布者建模为冷发布者。图 18-2 总结了冷发布者的工作原理。

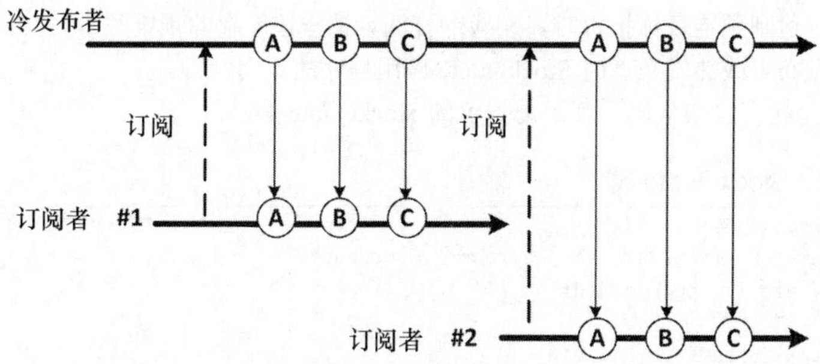

图 18-2　订阅者＃1 和订阅者＃2 从冷发布者接收相同的数据

图 18-2 中右向箭头粗线表示时间。图 18-2 展示了订阅者＃1 和订阅者＃2 从冷发布者获得相同的元素集 A、B 和 C，且与他们何时订阅发布者无关。在 RxJava 2 中，Flowable 表示一个冷发行者。

注 意

当多个订阅者订阅 Flowable（冷发布者）时，每个订阅者实际上会获得其自己的 Flowable 实例。该实例重新执行 FlowableOnSubscribe 的 subscribe 方法中包含的数据发布逻辑。

即使没有订阅者连接到热发布者，热发布者也会发布数据。热发布者的订阅者仅接收将订阅者连接到发布者后发布的数据。这意味着，所有订阅者实际上共用同一个热发布者。

以下是一些热发布者的例子：

- 发布现场表演视频流的发布者；
- 发布在证券交易所交易的公司的股票报价的发布者。

由于这些数据的消费者没有接收到在他们订阅之前发出的数据也没有关系，因此这些数据的发布者应该被建模为热发布者。

图 18-3 总结了热发布者的工作原理。

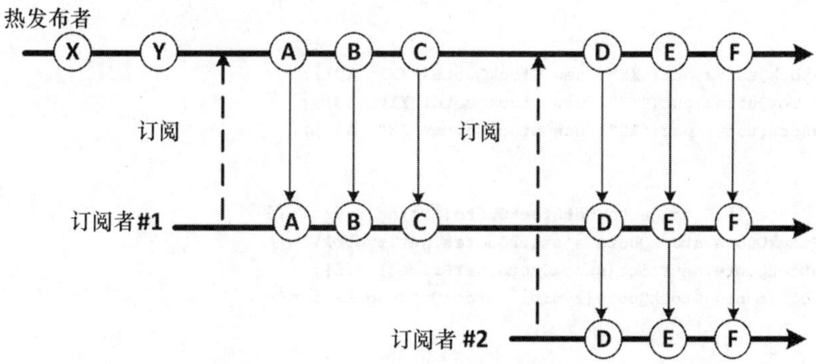

图 18-3　订阅者＃1 和订阅者＃2 仅接收订阅热发布者后发出的元素

图 18-3 中的右向箭头粗线表示时间。图 18-3 展示了即使没有订阅者订阅热发布者，热发布者也会发布元素 X 和 Y。订阅者＃1 接收在订阅者＃1 订阅发布者之后发出的元素 A、B、C、D、E 和 F；订阅者＃2 接收在订阅者＃2 订阅发布者之后发出的元素 D、E 和 F。在 RxJava 2 中，ConnectableFlowable 代表热发布者。

让我们了解一下 StockQuote 应用程序，该应用程序同时用了热发布者和冷发布者来发布股票报价。

IMPORT chapter 18/ch18-stockquote（该项目包含 StockQuote 应用程序的源代码。）

StockQuote 应用程序

在 StockQuote 应用程序中，股票报价发布者实时发出多个股票的股票报价，每个订阅者订阅单个股票的股票报价。当库存达到预定目标报价时，相应的订阅者销售该库存的预定数量。我们将观察当股票报价发布者被建模为冷发布者或热发布者时 StockQuote 应用程序的不同行为。

代码清单 18-3 是包含股票代码及其当前报价的 StockQuote 类。

代码清单 18-3 StockQuote 类

```
Project-ch18-stockquote
Source location - src/main/java/sample/reactiveapp/hotcold
package sample.reactiveapp.hotcold;

public class StockQuote {
    private String symbol;
    private float price;

    public StockQuote(String symbol, float price) {
        this.symbol = symbol;
        this.price = price;
    }
    .....
}
```

StockQuote 类分别定义代表股票代码和当前报价的 symbol 和 price 变量。

代码清单 18-4 中的 StockQuoteSupplier 类表示一个提供股票报价的工具类。

代码清单 18-4 StockQuoteSupplier——提供股票报价

```
Project-ch18-stockquote
Source location - src/main/java/sample/reactiveapp/hotcold
package sample.reactiveapp.hotcold;

import java.util.*;

public class StockQuoteSupplier {
    private static Map<String, StockQuote> stockQuotes = new HashMap<String, StockQuote>();

    static {
        stockQuotes.put("XX", new StockQuote("XX", 10));
        stockQuotes.put("YY", new StockQuote("YY", 50));
        stockQuotes.put("ZZ", new StockQuote("ZZ", 100));
    }

    public static StockQuote getStockQuote(String symbol) {
        StockQuote stockQuote = stockQuotes.get(symbol);
        stockQuote.setPrice(stockQuote.getPrice() + 5);
        return new StockQuote(symbol, stockQuote.getPrice());
    }
}
```

stockQuotes 变量（类型为 java.util.Map<String,StockQuote>）保存股票代码（String 类型）到 StockQuote 对象的映射。静态块用 XX、YY 和 ZZ 股票的初始股票报价初始化 stockQuotes 变量。getStockQuote 方法返回请求的股票代码的股票报价。为了模拟接近现实世界的股票报价供应商，getStockQuote 方法在返回之前将股票价格加 5。请注意，“XX”“YY”和“ZZ”股票的初始价格是 10、50 和 100。这意味着，当第一次为“XX”“YY”和“ZZ”股票代码调用 getStockQuote 方法时，你将分别得到 15、55 和 105 的价格。

代码清单 18-5 展示了消费指定股票代码的股票报价的 StockQuoteSubscriber。

代码清单 18-5 StockQuoteSubscriber——股票报价的消费者

```
Project-ch18-stockquote
Source location - src/main/java/sample/reactiveapp/hotcold
package sample.reactiveapp.hotcold;
```

```
import io.reactivex.FlowableSubscriber;
import org.reactivestreams.Subscription;

public class StockQuoteSubscriber implements FlowableSubscriber<StockQuote> {
    private final String symbol;
    private final float targetPrice;
    private int quantityToSell;
    private Subscription subscription;
    private String uniqueSubscriberId;
    .....
    public void onSubscribe(Subscription subscription) {
        logger.info("onSubscribe called for " + symbol);
        this.subscription = subscription;
        subscription.request(1);
    }

    public void onNext(StockQuote t) {
        if(t.getSymbol().equalsIgnoreCase(symbol)) {
            logger.info(uniqueSubscriberId + ":" + t.getSymbol() + ": --> "
                    + t.getPrice());
            if(t.getPrice() >= targetPrice) {
                logger.info(uniqueSubscriberId + ":"
                        + "Selling " + quantityToSell + " stocks of "
                    + t.getSymbol() + " at " + t.getPrice());
                subscription.cancel();
            }
        }
        subscription.request(1);
    }

    public void onError(Throwable t) {
        logger.info("Error " + t);
    }

    public void onComplete() {
        logger.info("Processing complete");
    }
}
```

StockQuoteSubscriber 类实现了 FlowableSubscriber<StockQuote>接口，这意味着 StockQuoteSubscriber 消费 StockQuote 类型的元素。

StockQuoteSubscriber 定义了以下实例变量：

- symbol——订阅者感兴趣的股票代码；
- targetPrice——订阅者想要出售股票的价格；
- quantityToSell——订阅者想要出售的股票数量；
- subscription——将订阅者链接到发布者的 Subscription；
- uniqueSubscriberId——订阅者的唯一标识符。

StockQuoteSubscriber 为 FlowableSubscriber 接口中定义的方法提供了以下实现。

- onSubscribe(Subscription)——该方法在输出上写入"onSubscribe called for <symbol>"，将 Subscription 类型参数赋值给 subscription 实例变量，并通过调用 Subscription 的 request 方法从发布者请求 1 个元素。
- onNext(StockQuote)——该方法接收来自发布者的股票报价。当股票价格达到目标价格（由 targetPrice 实例变量指定）时，它卖出股票（由 symbol 实例变量指定）。

由于 onNext 方法从发布者接收所有股票报价，该方法首先检查收到的股票报价的代码（通过调用

StockQuote 的 getSymbol 方法获得）是否与订阅者感兴趣的代码相同（由 symbol 实例变量表示）。如果代码匹配，则该方法在输出上写入"<uniqueSubscriberId> : <symbol> : --> <price>"。此输出描述了哪个订阅者获得了哪个股票代码数据以及该股票的价格是多少。onNext 方法还检查股票价格是否大于等于 targetPrice。如果股票价格大于等于 targetPrice，则订阅者将写入消息"<uniqueSubscriberId>:Selling <quantity> stocks of <symbol> at <price>"并通过调用 Subscription 的 cancel 方法取消订阅。

- onError(Throwable)——将 Throwable 参数写入输出。
- onComplete()——将消息“Processing complete”写入输出。

代码清单 18-6 展示了 ColdStockQuotePublisher 类的 main 方法。该方法从 StockQuoteSupplier 获取股票报价并创建一个冷发布者。

代码清单 18-6 ColdStockQuotePublisher——用 Flowable 发布股票报价

```
Project-ch18-stockquote
Source location - src/main/java/sample/reactiveapp/hotcold
package sample.reactiveapp.hotcold;

import io.reactivex.Flowable;
import io.reactivex.schedulers.Schedulers;
import java.util.*;

public class ColdStockQuotePublisher {
    private static Flowable<StockQuote> flowable;

    public static void main(String[] args) throws InterruptedException {
        List<StockQuote> stockQuoteList = new ArrayList<StockQuote>();

        for (int i = 0; i < 100; i++) {
            stockQuoteList.add(StockQuoteSupplier.getStockQuote("XX"));
            stockQuoteList.add(StockQuoteSupplier.getStockQuote("YY"));
            stockQuoteList.add(StockQuoteSupplier.getStockQuote("ZZ"));
        }

        flowable = Flowable.fromIterable(stockQuoteList)
                        .doAfterNext(t -> Thread.sleep(100))
                        .subscribeOn(Schedulers.io(), false);

        logger.info("adding XX subscriber");
        addSubscriber(new StockQuoteSubscriber("XX", 40, 10, "XX subscriber"));

        logger.info("adding YY subscriber");
        addSubscriber(new StockQuoteSubscriber("YY", 100, 10, "YY subscriber"));

        logger.info("adding ZZ subscriber");
        addSubscriberLater(new StockQuoteSubscriber("ZZ", 200, 10, "ZZ subscriber"));

        Thread.sleep(100000);
    }
    .....
}
```

以下是代码清单 18-6 中需要注意的重点。

- ColdStockQuotePublisher 的 main 方法用 for 循环从 StockQuoteSupplier 获取“XX”“YY”和“ZZ”股票代码中每支股票的 100 股股票报价。股票报价存储在 stockQuoteList（java.util.List）变量中。Flowable 的 fromIterable 方法接受由 Flowable 发出的 java.lang.Iterable 类型参数的数据。当 stockQuoteList 传递给 Flowable 的 fromIterable 方法时，Flowable 会发出存储在 stockQuoteList 中的股票报价。

- Flowable 的 doAfterNext 方法允许你在发出元素后执行某些操作。由于我们希望在连续股票报价的发布之间有 100ms 的间隔，我们将 lambda 表达式 t -> Thread.sleep(100) 传递给了 doAfterNext 方法。
- 如果未指定任何线程池，则会在主线程中将订阅者同步添加到 Flowable。Flowable 的 subscribeOn 方法用通过调用 Schedulers.io()创建的线程池来异步添加订阅者。你应该注意到，订阅者用相同的线程池来从 Flowable 接收数据。如果还指定了 observeOn 方法（在本章后面解释），则订阅者用 observeOn 方法指定的线程池来接收数据。
- addSubscriber 方法将“XX”和“YY”股票代码的订阅者添加到 Flowable。“XX”的目标售价为 40，销售数量为 10，订阅者 ID 为“XX subscriber。类似地，“YY”的目标销售价格是 100，销售数量是 10，订阅者 ID 是“YY subscriber”。
- addSubscriberLater 方法是 addSubscriber 方法的一种变体，它在延迟 10s 后将订阅者添加到 Flowable。这意味着，“ZZ”股票代码的订阅者在 10s 后被添加到 Flowable。“ZZ”的目标售价为 200，销售数量为 10，订阅者 IS 为“ZZ subscriber”。
- 在 main 方法结束时，调用 Thread.sleep 方法使主线程休眠 100s。这样做是为了确保在终止应用程序的子线程之前主线程不会终止。

注 意

Flowable 定义的大多数方法（也称为运算符）返回一个新的 Flowable 实例。一旦创建了一个 Flowable 实例，后续运算符就会向前一个运算符返回的 Flowable 添加功能。Flowable 定义了 doOnEach、doAfterNext、filter 等方法，它们在将 Flowable 发送给订阅者之前处理每个项目。

如果运行 ColdStockQuotePublisher 的 main 方法，你将获得以下输出：

```
adding XX subscriber
XX subscriber: onSubscribe called for XX

adding YY subscriber
YY subscriber: onSubscribe called for YY

adding ZZ subscriber
XX subscriber:XX: --> 15.0
YY subscriber:YY: --> 55.0
.....
XX subscriber:XX: --> 40.0
XX subscriber:Selling 10 stocks of XX at 40.0
YY subscriber:YY: --> 80.0
.....
YY subscriber:YY: --> 100.0
YY subscriber:Selling 10 stocks of YY at 100.0
ZZ subscriber: onSubscribe called for ZZ
ZZ subscriber:ZZ: --> 105.0
ZZ subscriber:ZZ: --> 110.0
.....
ZZ subscriber:ZZ: --> 200.0
ZZ subscriber:Selling 10 stocks of ZZ at 200.0
```

输出显示：

- 调用 addSubscriber 方法时，“XX”和“YY”股票代码的订阅者会立即被添加到 Flowable 中；
- “ZZ”股票代码的订阅者会在 10s 后被添加到 Flowable 中；
- 一旦添加了订阅者，Flowable 将立即发送 stockQuoteList 中的股票报价；
- “XX”“YY”和“ZZ”股票代码的订阅者只有在订阅了 Flowable 后才开始接收股票报价；
- 当“XX”的股票价格大于等于 40 时，“XX *subscriber*”卖出“XX”股票；

- 当“YY”的股票价格大于等于 100 时，“YY *subscriber*”卖出“YY”股票；
- 当“ZZ”的股票价格大于等于 200 时，“ZZ *subscriber*”卖出“ZZ”股票。

由于 Flowable 代表冷发布者，每个订阅者从一开始就获得所有股票报价。例如，请注意“ZZ *subscriber*”收到的“ZZ”股票的第一个报价是 105.0，即使它在 Flowable 开始发布股票报价数据后 10s 订阅。这表明当订阅者被添加到 Flowable 时，订阅者获得自己的 Flowable 副本。该副本通过重新执行数据发布逻辑向订阅者提供所有数据。

现在让我们看一下如果我们用热发布者替换冷发布者后，StockQuote 应用程序的行为方式。代码清单 18-7 展示了用 ConnectableFlowable（而不是 Flowable）发布股票报价的 HotStockQuotePublisher。

代码清单 18-7 HotStockQuotePublisher——用 ConnectableFlowable 发布股票报价

```
Project-ch18-stockquote
Source location - src/main/java/sample/reactiveapp/hotcold
package sample.reactiveapp.hotcold;

import io.reactivex.flowables.ConnectableFlowable;
.....
public class HotStockQuotePublisher {
    private static ConnectableFlowable<StockQuote> flowable;

    public static void main(String[] args) throws InterruptedException {
        List<StockQuote> stockQuoteList = new ArrayList<StockQuote>();

        for (int i = 0; i < 100; i++) {
            stockQuoteList.add(StockQuoteSupplier.getStockQuote("XX"));
            .....
        }

        flowable = Flowable.fromIterable(stockQuoteList)
                       .doAfterNext(t -> Thread.sleep(100))
                       .subscribeOn(Schedulers.io(), false).publish();

        logger.info("adding XX subscriber");
        addSubscriber("XX", 40, 10, "XX subscriber");

        logger.info("adding YY subscriber");
        addSubscriber("YY", 100, 10, "YY subscriber");

        logger.info("adding ZZ subscriber");
        addSubscriberLater("ZZ", 200, 10, "ZZ subscriber");

        flowable.connect();
        Thread.sleep(100000);
    }
    .....
}
```

HotStockQuotePublisher 用 RxJava 2 的 ConnectableFlowable 发布股票报价。对 Flowable 的 publish 方法的调用将返回一个 ConnectableFlowable 实例——一个热发布者。addSubscriber 方法将“XX”和“YY”股票代码的订阅者添加到 ConnectableFlowable 中。“ZZ”股票代码的订阅者则由 addSubscriberLater 方法添加。调用 ConnectableFlowable 的 connect 方法以指示 ConnectableFlowable 开始发送股票数据。

注 意

一旦有订阅者连接到 Flowable，Flowable 就会开始发送数据，而 ConnectableFlowable 只有在调用 connect 方法后才开始发送数据。

如果你运行 HotStockQuotePublisher 的 main 方法，将获得以下输出：

```
adding XX subscriber
XX subscriber: onSubscribe called for XX
adding YY subscriber
YY subscriber: onSubscribe called for YY
adding ZZ subscriber
XX subscriber:XX: --> 15.0
YY subscriber:YY: --> 55.0
.....
XX subscriber:Selling 10 stocks of XX at 40.0
YY subscriber:YY: --> 80.0
YY subscriber:YY: --> 85.0
.....
YY subscriber:Selling 10 stocks of YY at 100.0
ZZ subscriber: onSubscribe called for ZZ
ZZ subscriber:ZZ: --> 270.0
ZZ subscriber:Selling 10 stocks of ZZ at 270.0
```

上述输出显示了如下问题。

- 由于 ConnectableFlowable 的数据发送保证在调用 connect 方法后启动，因此“XX”和“YY”股票代码的订阅者不会错过 ConnectableFlowable 发出的任何数据。
- 由于“ZZ”股票代码的订阅者在 10s 后添加到 ConnectableFlowable，它将接收订阅后发出的数据。输出显示订阅者收到的“ZZ”股票的第一个价格是 270.0（而不是 105.0），这意味着 ConnectableFlowable 之前也发送了“ZZ”股票的数据，但对“ZZ”股票的订阅者来说是不可用的。

我们之前提到过，冷发布者只有在添加订阅者后才开始发送数据，而热发布者持续发出数据无论是否有订阅者。你可以用 doOnEach 方法验证 Flowable（冷发布者）或 ConnectableFlowable（热发布者）的这种行为。为发布者发出的每个项目调用 doOnEach 方法。

以下代码展示了 HotStockQuotePublisher 类中 Flowable 修改后的配置。该类用 doOnEach 方法打印“Emitting data”消息：

```
修改后的 HotStockQuotePublisher 在发出项目后打印"Emitting data"消息
flowable = Flowable.fromIterable(stockQuoteList)
                   .doAfterNext((t) -> Thread.sleep(100))
                   .doOnEach(t -> logger.info("Emitting data"))
                   .subscribeOn(Schedulers.io(), false).publish();
```

如果现在运行 HotStockQuotePublisher 的 main 方法，你会注意到即使在“ZZ”代码的订阅者取消订阅后，也会打印“Emitting data”消息。

以下代码展示了 ColdStockQuotePublisher 类中 Flowable 修改后的配置。该类用 doOnEach 方法打印“Emitting data”消息：

```
修改后的 ColdStockQuotePublisher 在发出项目后打印"Emitting data"消息
flowable = Flowable.fromIterable(stockQuoteList)
                   .doAfterNext(t -> Thread.sleep(100))
                   .doOnEach(t -> logger.info("Emitting data"))
                   .subscribeOn(Schedulers.io(), false);
```

如果你现在运行 ColdStockQuotePublisher 的 main 方法，就会注意到“ZZ”代码的订阅者取消订阅后，不会打印"Emitting data"消息。这表明如果没有活跃的订阅者，冷发布者将停止发布数据。

让我们看一下反应式流规范中定义的“背压”这一概念。

18.4 背压

如果订阅者无法处理发布者发送数据的速率，则其最终将失败。在这种情况下，订阅者通知发布者减慢发送数据的速率。这种通知发布者减速的机制被称为“背压”。“背压”的概念对于开发可恢复反应式应用至关重要。应用背压会对应用程序的吞吐量产生负面影响，但可确保应用程序在重负载下具有可恢复性。

让我们看一个简单的例子，它演示了背压在反应式应用中的工作原理。

代码清单 18-8 展示了 NumberPublisher 类，它用 while 循环发送 1 和 Integer.MAX_VALUE 之间的偶数。

代码清单 18-8 NumberPublisher——发送介于 1 和 Integer.MAX_VALUE 之间的偶数

```
Project-ch18-backpressure
Source location - src/main/java/sample/reactiveapp/backpressure
package sample.reactiveapp.backpressure;

import io.reactivex.*;
import io.reactivex.schedulers.Schedulers;

public class NumberPublisher {
    private static final Logger logger = LogManager.getLogger(NumberPublisher.class);

    public static void main(String args[]) throws InterruptedException {

        Flowable.create(flowableOnSubscribe, BackpressureStrategy.ERROR)
                .subscribeOn(Schedulers.computation())
                .doOnEach(t -> logger.info("emitting -> " + t.getValue()))
                .observeOn(Schedulers.computation(), true)
                .filter(t -> {
                    logger.info("--> filter operation called");
                    return t % 2 == 0;
                 })
                .subscribe(new NumberSubscriber());
        Thread.sleep(100000);
    }

    private static FlowableOnSubscribe<Integer> flowableOnSubscribe
          = new FlowableOnSubscribe<Integer>() {
        public void subscribe(FlowableEmitter<Integer> emitter) {
            logger.info("FlowableOnSubscriber's subscribe method called");

            int count = 1;
            while (count < Integer.MAX_VALUE) {
                emitter.onNext(count++);
            }
        }
    };
}
```

以下是代码清单 18-8 中需要注意的重点。

- Flowable 的 create 方法接受 BackpressureStrategy 类型的参数（枚举）。BackpressureStrategy 定义了不同的背压策略，当发布者以高于订阅者可以处理的速率发布数据时，可以应用这些策略。在代码清单 18-8 中，BackpressureStrategy.ERROR 的背压策略作为参数传递给 Flowable 的 create 方法。指定 BackpressureStrategy.ERROR 时，不会对发布者施加背压以降低数据发布的速度。相反，如果订阅者无法跟上发布者，则发布者会向订阅者发送 MissingBackpressureException。因此，如果发布者准备好发出数据时，如果订阅者没有待处理的数据请求，则发布者会向订阅者发送 MissingBackpressureException。

- FlowableOnSubscribe 的 subscribe 方法用 while 循环发送从 1 到 Integer.MAX_VALUE 的整数；
- Flowable 的 subscribeOn 方法指定用于添加订阅者和处理订阅者从 Flowable 接收的数据的线程池（通过调用 Schedulers.computation()方法获得）。
- Flowable 的 doOnEach 方法被每个发送的项目所调用。该方法将"emitting -> " + <emitted-value> 写入输出。
- Flowable 的 observeOn 方法指定在 observeOn 方法之后的操作符或方法使用的线程池（通过调用 Schedulers.computation()方法获得）。你应该注意到，订阅者用相同的线程池来接收数据。
- Flowable 的 filter 方法从发送的数据中过滤奇数。filter 方法将消息"--> filter operation called"写入输出。请注意，filter 方法位于 observeOn 方法之后。
- Flowable 的 subscribe 方法用于向 Flowable 添加 NumberSubscriber（FlowableSubscriber 接口的一个实现）。

代码清单 18-9 展示了实现 FlowableSubscriber 接口的 NumberSubscriber 类。

代码清单 18-9 NumberSubscriber 类

```
Project-ch18-backpressure
Source location - src/main/java/sample/reactiveapp/backpressure
package sample.reactiveapp.backpressure;

import org.reactivestreams.*;

public class NumberSubscriber implements FlowableSubscriber<Integer> {
    private static final Logger logger = LogManager.getLogger(NumberSubscriber.class);

    private Subscription subscription;

    @Override
    public void onNext(Integer t) {
        logger.info("onNext -> " + t);
        subscription.request(1);
    }

    @Override
    public void onError(Throwable t) {
        logger.info("onError -> " + t);
    }

    @Override
    public void onComplete() {
        logger.info("onComplete -> Processing complete");
    }

    @Override
    public void onSubscribe(Subscription subscription) {
        logger.info("onSubscribe -> onSubscribe called");
        this.subscription = subscription;
        subscription.request(1);
    }
}
```

NumberSubscriber 的 onNext、onError、onComplete 和 onSubscribe 方法将消息写入控制台。

如果你运行 NumberPublisher 的 main 方法，那么将看到类似下面所展示的输出：

```
[main] INFO ..NumberSubscriber  - onSubscribe -> onSubscribe called
[RxComputationThreadPool-2] INFO ..NumberPublisher  - FlowableOnSubscribe's subscribe method called
[RxComputationThreadPool-2] INFO ..NumberPublisher  - emitting -> 1
[RxComputationThreadPool-2] INFO ..NumberPublisher  - emitting -> 2
[RxComputationThreadPool-2] INFO ..NumberPublisher  - emitting -> 3
[RxComputationThreadPool-1] INFO ..NumberPublisher  - --> filter operation called
[RxComputationThreadPool-2] INFO ..NumberPublisher  - emitting -> 4
[RxComputationThreadPool-1] INFO ..NumberPublisher  - --> filter operation called
.....
[RxComputationThreadPool-1] INFO ..NumberSubscriber  - onNext -> 2
[RxComputationThreadPool-1] INFO ..NumberSubscriber  - onNext -> 4
.....
[RxComputationThreadPool-2] INFO ..NumberPublisher  - emitting -> null
.....
[RxComputationThreadPool-1] INFO ..NumberSubscriber  - onError ->
io.reactivex.exceptions.MissingBackpressureException: create: could not emit value due to lack of requests
```

在上面的输出中，每行都包含 NumberPublisher 和 NumberSubscriber 对象使用的线程或线程池的名称。以下是上述输出中需要注意的重点。

- NumberSubscriber 的 onSubscribe 方法在 main 线程上执行。这是因为在 main 线程上调用了 Flowable 的 subscribe 方法，因此导致在 main 线程上调用了 NumberSubscriber 的 onSubscribe 方法。
- 由于奇数被 filter 操作符过滤掉（参见代码清单 18-8），NumberSubscriber 仅能接收到偶数。
- 执行 subscribeOn 方法时，用了 RxComputationThreadPool-2 线程池（通过 Schedulers.computation() 获取）向 Flowable 添加订阅者以及向订阅者发送数据。因此，FlowableOnSubscribe 的 subscribe 和 Flowable 的 doOnEach 方法在来自 RxComputationThreadPool-2 线程池的一个线程上执行。
- 执行 observeOn 方法时，用了 RxComputationThreadPool-1 线程池（通过 Schedulers.computation() 获取）处理 observeOn 之后的操作符。因此，filter 方法在 RxComputationThreadPool-1 线程池的一个线程上执行。
- 由于 observeOn 方法用了 RxComputationThreadPool-1 线程池，订阅者现在将在 RxComputationThreadPool-1 线程池上接收数据。因此，NumberSubscriber 的 onNext、onError 和 onComplete 方法在 RxComputationThreadPool-1 线程池中的一个线程上执行。
- 最后 Flowable 发出了 io.reactivex.exceptions.MissingBackpressureException。抛出异常是因为 NumberPublisher 以比 NumberSubscriber 可以处理的更快的速率发送了数据。
- Flowable 在发送 MissingBackpressureException 后停止向订阅者发送数据。事实上，如果用 Subscription 的 request 方法向 NumberSubscriber 的 onError 方法请求项目，Flowable 将不会发送任何数据。

注 意

如果删除代码清单 18-8 中的 observeOn 方法，则 FlowableOnSubscribe 的 subscribe 方法、Flowable 的 doOnEach 和 filter 方法，以及 NumberSubscriber 的 onNext、onError 和 onComplete 方法将使用相同的线程池执行。

图 18-4 总结了每个 Flowable 操作符用哪个线程池来执行。由于 subscribeOn 用了 RxComputationThreadPool-2，因此 doOnEach 操作符使用相同的线程池。observeOn 操作符用了 RxComputationThreadPool-1 线程池，由于 filter 操作符位于 observeOn 操作符之后，filter 操作符同样 RxComputationThreadPool-1 线程池。订阅者也接收 RxComputationThreadPool-1 线程池的数据。

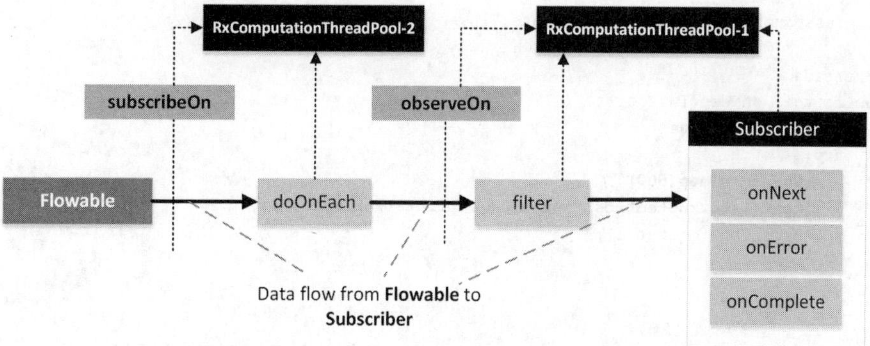

图 18-4 NumberPublisher 中 Flowable 的不同操作符使用的线程池（见代码清单 18-8）

代码清单 18-10 展示了 NumberPublisherDropOnBackpressure 类（NumberPublisher 的一种变体），它创建了一个 Flowable，如果订阅者无法跟上项目发布的速率，则会丢弃项目。

代码清单 18-10 NumberPublisherDropOnBackpressure——定义了一个在背压下丢弃项目的发布者

```
Project-ch18-backpressure
Source location - src/main/java/sample/reactiveapp/backpressure
package sample.reactiveapp.backpressure;

import io.reactivex.*;
import io.reactivex.schedulers.Schedulers;

public class NumberPublisherDropOnBackpressure {
    private static final Logger logger = LoggerFactory
                .getLogger(NumberPublisherDropOnBackpressure.class);

    public static void main(String args[]) throws InterruptedException {
        Flowable.create(flowableOnSubscribe, BackpressureStrategy.MISSING)
                .subscribeOn(Schedulers.computation())
                .doOnEach(t -> Thread.sleep(50))
                .onBackpressureDrop(t -> logger.info("---------------> Dropped " + t))
                .observeOn(Schedulers.computation(), true)
                .filter(t -> t % 2 == 0).subscribe(new NumberSubscriber());
        Thread.sleep(100000);
    }

    private static FlowableOnSubscribe<Integer> flowableOnSubscribe
            = new FlowableOnSubscribe<Integer>() {
        .....
    };
}
```

以下是代码清单 18-10 中需要注意的重点。

- BackpressureStrategy.MISSING 背压策略意味着没有为发布者定义背压策略。在这种情况下，onBackpressureXXX 操作符用于指定发布者如何处理背压。
- onBackpressureDrop 操作符指示发布者在订阅者无法跟上发布者时丢弃项目。onBackpressureDrop 操作符接受丢弃的项目作为参数。在代码清单 18-10 中，onBackpressureDrop 操作符只是将丢弃的项目打印出来。
- 在 doOnEach 操作符中调用 Thread.sleep 方法，可以使发布者线程在每个项目发出后睡眠 50ms。Thread.sleep 会降低发布者的速度，以便你可以查看输出中要丢弃的项目。

由于我们为 Flowable 添加了 50ms 的睡眠，因此需要使 NumberSubscriber 处理项目更慢，以便在 Flowable 上应用背压。要实现此目的，可以在 NumberSubscriber 类的 onNext 方法中添加 500ms 的睡眠：

```
public class NumberSubscriber implements FlowableSubscriber<Integer>{
    .....
    @Override
    public void onNext(Integer t) {
        logger.info("onNext -> " + t);
        try {
            Thread.sleep(500);
        } catch (InterruptedException e) { e.printStackTrace(); }
        subscription.request(1);
    }
    .....
}
```

现在，NumberSubscriber 的 onNext 方法处理从发布者收到的每个项目似乎需要至少 500ms。

如果你现在运行 NumberPublisherDropOnBackpressure 的 main 方法，那么将看到类似以下的输出：

```
sample.reactiveapp.backpressure.NumberSubscriber  - onSubscribe -> onSubscribe called
sample.reactiveapp.backpressure.NumberPublisherDropOnBackpressure  -
FlowableOnSubscriber's subscribe method called
sample.reactiveapp.backpressure.NumberSubscriber  - onNext -> 2
sample.reactiveapp.backpressure.NumberSubscriber  - onNext -> 4
.....
sample.reactiveapp.backpressure.NumberPublisherDropOnBackpressure  --------> Dropped 129
sample.reactiveapp.backpressure.NumberPublisherDropOnBackpressure  --------> Dropped 130
.....
sample.reactiveapp.backpressure.NumberSubscriber  - onNext -> 128
.....
sample.reactiveapp.backpressure.NumberSubscriber  - onNext -> 390
sample.reactiveapp.backpressure.NumberPublisherDropOnBackpressure  --------> Dropped 520
.....
sample.reactiveapp.backpressure.NumberSubscriber  - onNext -> 392
```

上述输出显示了如下问题。

- 发布者开始从 129 开始丢弃数字。
- NumberSubscriber 收到的偶数一直到 128，然后下一个从发布者收到的数字是 390。这表明由于订阅者无法跟上发布者发送数字的速率，因此发布者丢弃了 129 和 389 之间的数字。

除了 ERROR 和 MISSING 之外，BackpressureStrategy 类还提供 BUFFER，DROP 和 LATEST 等背压策略。你可以选择最适合你的应用需求的背压策略。例如，如果你希望发布者在订阅者用之前缓冲所有项目，你可以用 BUFFER 背压策略。如果你想要更好地控制应用背压时该怎么做，请用 MISSING 背压策略以及适当的 onBackpressureXXX 方法来处理背压。

18.5 小结

本章介绍了反应式设计原则，以及反应式流规范定义的核心概念和 API。我们还研究了如何用 RxJava 2 库来开发反应式应用程序。在第 19 章中，我们将介绍如何用 MongoDB 的反应式 JDBC 驱动程序 Spring Data、Spring Security 和 Spring WebFlux 开发真实的反应式应用程序。

第 19 章　用 Spring WebFlux、Spring Data 和 Spring Security 开发反应式 RESTful Web 服务

19.1　简介

反应式设计原则也可用于开发反应式 Web 应用程序和 RESTful Web 服务。Spring 5 的 WebFlux 模块简化了开发反应式 Web 应用程序和 RESTful Web 服务的过程。在本章中，我们将开发一个反应式 RESTful Web 服务，在该服务中：

- 用 Spring WebFlux 来开发 Web 层；
- 用 MongoDB 作为数据存储。

我们选择用 MongoDB 作为数据存储，因为 MongoDB 可以用反应式 Java 驱动程序，而且 Spring Data MongoDB 2.0 项目为 MongoDB 提供了反应式支持。我们将用 MongoDB 数据库的反应式驱动程序，以使得数据库的调用不被阻塞。

- 用 Spring Data MongoDB 2.0 来与 MongoDB 交互；
- 用 Spring Security 5 保护 Web 服务安全。

Spring Security 5 支持对用 Spring WebFlux 的反应式 Web 应用程序和 RESTful Web 服务提供安全保护。

让我们首先看一下 Reactor（对 Spring 5 开发反应式应用程序的支持进行强化的库）定义的反应式类型以及 RxJava 2。

IMPORT chapter 19/ch19-reactor3-webservice and chapter 19/ch19-rxjava2-webservice（ch19-reactor3-webservice 项目展示了一个用 Spring 的 Reactor 3.x 的 RESTful Web 服务，而 ch19-rxjava2-webservice 展示了一个用 RxJava 2 的同样的 RESTful Web 服务。这些 Web 服务在 MongoDB 数据库中存储和获取 BankAccountDetails 实体。）

19.2　Reactor 和 RxJava 2 定义的反应式类型

Reactor 与 RxJava 2 一样，是反应式流规范的一个实现。在开发反应式应用程序时，方法的返回类型被指定为反应式类型—— 一个表示数据发布者的类型。Spring 5 支持用 RxJava 2 和 Reactor 定义的反应式类型构建反应式应用程序。

在我们到目前为止看到的代码清单中，数据访问层中定义的方法通常返回 java.util.List，POJO 或者只返回 void。例如，代码清单 19-1 展示了 ch09-springdata-mongo 项目的 BankAccountRepository 接口（一个 Spring Data 存储库）定义的一些数据访问方法。

代码清单 19-1　BankAccountRepository—— 一个用于管理 BankAccountDetails 实体的存储库

```
Project-ch09-springdata-mongo
Source location - src/main/java/sample/spring/chapter09/bankapp/repository
package sample.spring.chapter09.bankapp.repository;
.....
public interface BankAccountRepository
```

```
    extends MongoRepository<BankAccountDetails, String ..... {

  long countByBalance(int balance);
  List<BankAccountDetails> removeByBalance(int balance);
  .....
  @Query("{'balance' : {'$lte' : ?0} }")
  List<BankAccountDetails> findByCustomQuery(int balance);
}
```

请注意，countByBalance 方法返回 long 类型，而 removeByBalance 和 findByCustomQuery 方法返回 List <BankAccountDetails>类型。

代码清单 19-2 展示了 ch19-rxjava2-webservice 项目的 BankAccountRxJava2Repository 接口（ch09-springdata-mongo 项目的 BankAccountRepository 的反应式版本），其方法返回由 RxJava 2 定义的反应式类型。

代码清单 19-2 BankAccountRxJava2Repository—— 一个反应式 Spring Data 存储库

```
Project-ch19-rxjava2-webservice
Source location - src/main/java/sample/spring/chapter19/bankapp/repository
package sample.spring.chapter19.bankapp.repository;

import io.reactivex.Flowable;
import io.reactivex.Single;
import org.springframework.data.mongodb.repository.ReactiveMongoRepository;
.....
public interface BankAccountRxJava2Repository extends
       ReactiveMongoRepository<BankAccountDetails, String> ..... {

   Single<Long> countByBalance(int balance);

   Flowable<BankAccountDetails> removeByBalance(int balance);
   .....
   @Query("{'balance' : {'$lte' : ?0} }")
   Flowable<BankAccountDetails> findByCustomQuery(int balance);
}
```

如代码清单 19-2 所示，BankAccountRxJava2Repository 继承了 Spring Data MongoDB 的 ReactiveMongoRepository 接口，而不是非反应式的 MongoRepository 接口。请注意，这些方法返回 Single 或 Flowable 类型——由 RxJava 2 定义的反应式类型。由于 Flowable（在第 18 章中讨论过）代表一个发送 0 到 N 项目的发布者，我们已经用 Flowable-<BankAccountDetails>类型替换了 returnByBalance 和 findByCustomQuery 方法的 List <BankAccountDetails>返回类型。由于 Single 表示发送单个项目的发布者，因此我们用 Single <Long>类型替换了 countByBalance 方法的 long 返回类型。

如果方法的返回类型为 void，则可以将其替换为 RxJava 2 的 Completable 反应式类型。Completable 表示不发送任何项目的发布者；它只会发送任务成功完成或错误。另外，如果方法的返回类型是 Optional，则可以将其替换为 RxJava 2 的 Maybe 反应式类型。Maybe 表示发布者发送 0 或 1 项目或一个错误。这意味着，Maybe 反应式类型是 Completable 和 Single 类型的并集。

在用 Spring 开发反应式应用程序时，你可以用 Reactor 的反应式类型取代 RxJava 2 的反应式类型。代码清单 19-3 展示了 ch19-reactor3-webservice 项目的 BankAccountReactorRepository 接口，其方法返回由 Reactor 定义的反应式类型（Flux 和 Mono）。

代码清单 19-3 BankAccountReactorRepository—— 一个反应式的 Spring Data 存储库

```
Project-ch19-reactor3-webservice
Source location - src/main/java/sample/spring/chapter19/bankapp/repository
package sample.spring.chapter19.bankapp.repository;

import reactor.core.publisher.Flux;
import reactor.core.publisher.Mono;
```

```
.....
public interface BankAccountReactorRepository
        extends ReactiveMongoRepository<BankAccountDetails, String> ..... {

    Mono<Long> countByBalance(int balance);
    Flux<BankAccountDetails> removeByBalance(int balance);
    .....
    @Query("{'balance' : {'$lte' : ?0} }")
    Flux<BankAccountDetails> findByCustomQuery(int balance);
}
```

Flux 相当于 RxJava 2 的 Flowable 类型；它表示一个发送 0 到 N 项目的发布者。Mono 表示发送 0 或 1 项目或错误的发布者。Mono <T>（其中 T 是 Mono 发送的元素类型）相当于 RxJava 2 的 Maybe 和 Single 类型。Mono <Void>相当于 RxJava 2 的 Completable 反应式类型，它只会发送任务成功完成或错误。

让我们看一下如何开发与 MongoDB 数据库交互的反应式应用程序的数据访问层。

19.3 用 Spring Data 开发数据访问层

传统的数据库驱动程序本质上是非反应式的（或阻塞的）。要开发与数据库交互的反应式应用程序，请用反应式（或非阻塞）数据库驱动程序。在编写本书时，MongoDB、Apache Cassandra 和 Redis 都已经有了相应的反应式数据库驱动程序。因此，Spring Data 现在支持对这些数据库的反应式访问。

注 意

ch19-reactor3-webservice 和 ch19-rxjava2-webservice 项目使用此处提供的反应式 MongoDB 驱动程序。此驱动程序实现了反应式流规范。

让我们看一下如何使用应用 Reactor 的反应式类型的 Spring Data MongoDB 存储库来开发 ch19-reactor3-webservice 项目的反应式数据访问层。

19.3.1 Reactor

为了在 Spring Data MongoDB 存储库上使用 Reactor 的反应式类型，ch19-reactor3-webservice 项目的 pom.xml 文件定义了对 reactor-core、spring-data-commons 和 spring-data-mongodb JAR 文件的依赖。

定义反应式存储库

如果要使用 Reactor 反应式类型来开发数据访问层，则存储库接口必须继承 ReactiveMongoRepository（见代码清单 19-3），并且方法必须返回 Reactor 定义的反应式类型。

你还可以创建一个自定义的反应式存储库，其中包含返回 Reactor 定义的反应式类型的方法，例如，代码清单 19-4 展示了 BankAccountReactorRepositoryCustom 存储库，其定义了 addFixedDeposit 方法。

代码清单 19-4 BankAccountReactorRepositoryCustom—— 一个自定义的反应式存储库

```
Project-ch19-reactor3-webservice
Source location - src/main/java/sample/spring/chapter19/bankapp/repository
package sample.spring.chapter19.bankapp.repository;

import reactor.core.publisher.Mono;

interface BankAccountReactorRepositoryCustom {
    Mono<Void> addFixedDeposit(String bankAccountId, int amount);
}
```

BankAccountReactorRepositoryCustom 的 addFixedDeposit 方法返回 Mono <Void>。addFixedDeposit 方

法将给定金额的定期存款（由 amount 参数指定）添加到银行账户（由 bankAccountId 参数标识）。

代码清单 19-5 展示了实现 BankAccountReactorRepositoryCustom 接口的类。

代码清单 19-5　BankAccountReactorRepositoryCustomImpl——自定义存储库实现

```
Project-ch19-reactor3-webservice
Source location - src/main/java/sample/spring/chapter19/bankapp/repository
package sample.spring.chapter19.bankapp.repository;

import org.springframework.data.mongodb.core.ReactiveMongoTemplate;
import reactor.core.publisher.Mono;
.....
public class BankAccountReactorRepositoryCustomImpl implements
        BankAccountReactorRepositoryCustom {
    @Autowired
    private ReactiveMongoTemplate mongoTemplate;

    @Override
    public Mono<Void> addFixedDeposit(String bankAccountId, int amount) {
        return mongoTemplate
                .findById(bankAccountId, BankAccountDetails.class)
                .map(account -> addFD(account, amount).subscribe()).then();
    }

    private Mono<BankAccountDetails> addFD(BankAccountDetails bankAccountDetails,
             int amount) {
        if (bankAccountDetails.getBalance() < amount) {
            throw new RuntimeException("Insufficient balance amount in bank account");
        }

        FixedDepositDetails fd2 = new FixedDepositDetails();
        fd2.setFdAmount(amount);
        .....
        bankAccountDetails.addFixedDeposit(fd2);
        bankAccountDetails.setBalance(bankAccountDetails.getBalance() - amount);
        return mongoTemplate.save(bankAccountDetails);
    }
}
```

在代码清单 19-5 中，我们已经自动装配了一个 ReactiveMongoTemplate 实例（由 Spring Data MongoDB 定义）来对 MongoDB 执行反应式操作。addFixedDeposit 方法执行了以下操作。

- 调用 ReactiveMongoTemplate 的 findById 方法以获取 ID 为 bankAccountId 的 BankAccountDetails 实体。findById 方法返回 Mono <BankAccountDetails>类型（即发送单个 BankAccountDetails 类型项目的发布者）。
- Mono 的 map 方法调用 addFD 方法。
- 如果银行账户中的余额低于定期存款金额，则抛出 RuntimeException。
- 创建一个新的 FixedDepositDetails 对象并将其添加到 findById 方法返回的 BankAccountDetails 实体中，并且通过调用 ReactiveMongoTemplate 的 save 方法将修改后的 BankAccountDetails 实体持久保存到 MongoDB 中。save 方法返回 Mono <BankAccountDetails>类型（即发送单个 BankAccountDetails 类型项目的发布者）。
- 调用 Mono 的 then 方法返回 Mono <Void>，它表示只发出成功或错误信号的发布者。

addFixedDeposit 方法的实现表明，Mono 反应式类型不仅可以充当项目的发布者，还可以定义帮助处理每个项目的方法，例如，你可以使用 map 方法转换项目，filter 方法以过滤项目等。这与我们使用 Java 8 Stream API 处理项目的方式（见 17.5 节）很类似。

注 意

我们在第 9 章中看到，存储库可以继承 QuerydslPredicateExecutor 以使用 Querydsl 创建查询。Spring Data 目前没有为使用 Querydsl 创建的查询提供反应式支持，因此，你的反应式存储库无法继承 QuerydslPredicateExecutor 接口。

现在让我们看一下如何配置 Spring Data MongoDB 以在 MongoDB 上执行反应式操作。

配置 Spring Data MongoDB

代码清单 19-6 展示了 DatabaseConfig 类（一个使用@Configuration 注解的类），它允许使用 MongoDB 的反应式存储库。

代码清单 19-6 DatabaseConfig——配置 Spring Data MongoDB 以使用反应式存储库

```
Project-ch19-reactor3-webservice
Source location - src/main/java/sample/spring/chapter19/bankapp
package sample.spring.chapter19.bankapp;

import org.springframework.data.mongodb.ReactiveMongoDatabaseFactory;
import org.springframework.data.mongodb.core.*;
import org.springframework.data.mongodb.repository.config.EnableReactiveMongoRepositories;
.....
@Configuration
@EnableReactiveMongoRepositories(
     basePackages = "sample.spring.chapter19.bankapp.repository ")
public class DatabaseConfig {
    @Bean
    public MongoClient mongoClient() throws UnknownHostException {
        return MongoClients.create("mongodb://localhost");
    }

    public ReactiveMongoDatabaseFactory mongoDbFactory() throws UnknownHostException {
        return new SimpleReactiveMongoDatabaseFactory(mongoClient(), "test");
    }

    @Bean
    public ReactiveMongoTemplate reactiveMongoTemplate() throws UnknownHostException {
        return new ReactiveMongoTemplate(mongoDbFactory());
    }
}
```

@EnableReactiveMongoRepositories 注解允许使用反应式 MongoDB 存储库。basePackages 特性指定了要扫描反应式 MongoDB 存储库的包。使用了@Bean 注解的 mongoDbFactory 方法创建并返回 SimpleReactiveMongoDatabaseFactory 的实例。SimpleReactiveMongoDatabaseFactory 的构造函数接受 MongoClient 的实例和数据库的名称（在我们的例子中是 test）。使用了@Bean 注解的 reactiveMongoTemplate 方法配置了 Spring Data MongoDB 的 ReactiveMongoTemplate 实例，存储库使用该实例在 MongoDB 上执行反应式操作。

测试数据访问层

在 ch19-reactor3-webservice 和 ch19-rxjava2-webservice 项目中，可以通过 BankAccountService 接口访问存储库方法。代码清单 19-7 展示了 ch19-reactor3-webservice 项目的 BankAccountService 接口。

代码清单 19-7 BankAccountService——服务接口

```
Project-ch19-reactor3-webservice
Source location - src/main/java/sample/spring/chapter19/bankapp/service
package sample.spring.chapter19.bankapp.service;
.....
```

```
public interface BankAccountService {
    Mono<String> createBankAccount(BankAccountDetails bankAccountDetails);
    Mono<BankAccountDetails> saveBankAccount(BankAccountDetails bankAccountDetails);
    .....
    Flux<BankAccountDetails> findByCustomQuery(int balance);
    .....
    Mono<Void> addFixedDeposit(String bankAccountId, int amount);
}
```

由于我们不希望调用 BankAccountService 方法时被阻塞，因此 BankAccountService 接口中定义的方法返回反应式类型。

代码清单 19-8 展示了 ch19-reactor3-webservice 项目的 DataAccessTest 类，其 main 方法调用 BankAccountService 方法与 MongoDB 数据库进行反应式交互。

代码清单 19-8　DataAccessTest——测试反应式存储库

```
Project-ch19-reactor3-webservice
Source location - src/test/java/sample/spring/chapter19/bankapp
package sample.spring.chapter19.bankapp;
.....
public class DataAccessTest {
  private static Logger logger = LogManager.getLogger(DataAccessTest.class);
  private static BankAccountService bankAccountService;

  public static void main(String args[]) throws Exception {
    .....
    bankAccountService = context.getBean(BankAccountService.class);
    BankAccountDetails bankAccountDetails_1 = getNewBankAccountDetails();
    bankAccountService
        .createBankAccount(bankAccountDetails_1)
        .subscribe(
            id -> {
              logger.info("createBankAccount: created bank account with id - " + id
                  + " and balance " + bankAccountDetails_1.getBalance());
            });
    .....
    BankAccountDetails bankAccountDetails_2 = getNewBankAccountDetails();
    bankAccountService
        .saveBankAccount(bankAccountDetails_2)
        .subscribe(bankAccountDetails -> bankAccountService.addFixedDeposit(
             bankAccountDetails.getAccountId(), 2000)
                     .subscribe(
                          item -> logger.info("Received item : " + item),
                          error -> logger.info
                             ("addFixedDeposit -> Exception occurred while adding fixed
                                deposit : '" + error.getMessage() + "'"),
                          () -> logger.info("Fixed deposit successfully added to "
                                + bankAccountDetails.getAccountId())
                     )
         );

    bankAccountService.findByCustomQuery(1000)
        .map(account -> account.getBalance())
        .reduce(0, Integer::sum)
        .subscribe(totalBalance ->
            logger.info("findByCustomQuery(1000) -> Sum of all balances " + totalBalance));
    .....
  }

  private static BankAccountDetails getNewBankAccountDetails() {
```

```
    BankAccountDetails bankAccountDetails = new BankAccountDetails();
    bankAccountDetails.setBalance(1000);
    .....
    return bankAccountDetails;
  }
}
```

以下是代码清单 19-8 中需要注意的重点。

- BankAccountService 的 createBankAccount 方法调用了 BankAccountReactorRepository 的 save 方法，该方法将 BankAccountDetails 实体持久保存到 MongoDB 中。createBankAccount 方法返回一个 Mono，它发布已持久化的 BankAccountDetails 实体的 id。
- BankAccountService 的 saveBankAccount 方法还调用了 BankAccountReactorRepository 的 save 方法，但返回了发布已持久化 BankAccountDetails 实体的 Mono。我们将新的定期存款添加到 saveBankAccount 方法返回的 BankAccountDetails 实体中。
- BankAccountService 的 addFixedDeposit 方法调用了 BankAccountReactorRepositoryCustom 的 addFixedDeposit 方法（见代码清单 19-4 和代码清单 19-5）。addFixedDeposit 方法返回 Mono <Void> 类型。当 addFixedDeposit 方法返回 Mono <Void>时，我们使用 subscribe 方法的变体来处理错误和完成信号。
- BankAccountService 的 findByCustomQuery 方法调用了 BankAccountReactorRepository 的 findByCustomQuery 方法，该方法返回 Flux <BankAccountDetails>类型。Flux 的 map 方法用于获取 findByCustomQuery 方法返回的每个 BankAccountDetails 实体的账户余额。由于 map 方法返回 Flux <Integer>类型，因此 Flux 的 reduce 方法用于计算账户余额的总和。由于 reduce 方法返回发布账户余额总和的 Mono <Integer>类型，因此调用 Mono 的 subscribe 方法以在控制台上写入账户余额的总和。

如果运行 DataAccessTest 的 main 方法，你将看到以下输出：

```
createBankAccount: created bank account with id - 59ecddddf0d02d23c0985693 and balance 1000
removeByBalance(500) -> Nothing found to delete
.....
addFixedDeposit -> Exception occurred while adding fixed deposit : 'Insufficient balance amount i
n bank account'
findByCustomQuery(1000) -> Sum of all balances 2000
```

对 BankAccountService 的 addFixedDeposit 方法的调用会导致 RuntimeException（见代码清单 19-5），因为银行账户余额为 1000，而我们尝试创建金额为 2000 的定期存款（见代码清单 19-8）。如果你参考代码清单 19-8，就会注意到我们没有通过调用 BankAccountService 的 addFixedDeposit 方法捕获任何异常。取而代之的是，Mono 的 subscribe 方法指定了如何处理错误或完成信号。因此，调用 addFixedDeposit 方法会在控制台上生成以下消息：

addFixedDeposit -> Exception occurred while adding fixed deposit : 'Insufficient balance amount in bank account'

在本节中，我们了解了如何使用 Reactor 的反应式类型和 Spring Data MongoDB 存储库来开发和测试反应式数据访问层。现在让我们看一下如何使用 RxJava 2 的反应式类型和 Spring Data MongoDB 存储库来开发和测试数据访问层。

19.3.2 RxJava 2

为了在 Spring Data MongoDB 存储库上使用 RxJava 2 的反应式类型，ch19-rxjava2-webservice 项目的 pom.xml 文件中定义了对 rxjava、reactor-core、reactor-adapter、spring-data-commons 和 spring-data-mongodb JAR 文件的依赖。

定义反应式存储库

如果要使用 RxJava 2 的反应式类型来开发数据访问层，则存储库接口必须继承 ReactiveMongoRepository（见代码清单 19-2），并且方法必须返回由 RxJava 2 定义的反应式类型。

你还可以创建一个自定义反应式存储库，其中包含返回由 RxJava 2 定义的反应式类型的方法，例如，代码清单 19-9 展示了定义 addFixedDeposit 方法的 BankAccountRxJava2RepositoryCustom 存储库（相当于代码清单 19-4 所示的 BankAccountReactorRepositoryCustom 存储库）。

代码清单 19-9　BankAccountRxJava2RepositoryCustom——一个自定义反应式存储库

```
Project-ch19-rxjava2-webservice
Source location - src/main/java/sample/spring/chapter19/bankapp/repository
package sample.spring.chapter19.bankapp.repository;

import io.reactivex.Completable;

interface BankAccountRxJava2RepositoryCustom {
   Completable addFixedDeposit(String bankAccountId, int amount);
}
```

BankAccountRxJava2RepositoryCustom 定义了一个 addFixedDeposit 方法。该方法返回 RxJava 2 的 Completable 反应式类型（相当于 Reactor 的 Mono <Void>类型）。

代码清单 19-10 展示了实现 BankAccountRxJava2RepositoryCustom 接口的 BankAccountRxJava2RepositoryCustomImpl 类（相当于代码清单 19-5 所示的 BankAccountReactorRepositoryCustomImpl 类）。

代码清单 19-10　BankAccountRxJava2RepositoryCustomImpl——自定义存储库实现

```
Project-ch19-rxjava2-webservice
Source location - src/main/java/sample/spring/chapter19/bankapp/repository
package sample.spring.chapter19.bankapp.repository;

import io.reactivex.Completable;
import io.reactivex.Maybe;
import reactor.adapter.rxjava.RxJava2Adapter;
.....
public class BankAccountRxJava2RepositoryCustomImpl implements
      BankAccountRxJava2RepositoryCustom {
   @Autowired
   private ReactiveMongoTemplate mongoTemplate;

   @Override
   public Completable addFixedDeposit(String bankAccountId, int amount) {
      return RxJava2Adapter.monoToCompletable(mongoTemplate
            .findById(bankAccountId, BankAccountDetails.class)
            .map(account -> addFD(account, amount).subscribe()).then());
   }

   private Maybe<BankAccountDetails> addFD(
         BankAccountDetails bankAccountDetails, int amount) {
      if (bankAccountDetails.getBalance() < amount) {
         throw new RuntimeException("Insufficient balance amount in bank account");
      }
      .....
      return RxJava2Adapter.monoToMaybe(mongoTemplate.save(bankAccountDetails));
   }
}
```

BankAccountRxJava2RepositoryCustomImpl 与 BankAccountReactorRepositoryCustomImpl 类（见代码清

单 19-5）的不同之处如下。

- addFixedDeposit 方法返回 Completable 类型（而不是 Mono <Void>），addFD 方法返回 Maybe <BankAccountDetails>类型（而不是 Mono <BankAccountDetails>）。
- RxJava2Adapter 工具类（在 reactor-adapter JAR 中定义）用于将 Reactor 定义的反应式类型转换为 RxJava 2 中的类型，例如，在 addFD 方法中，调用 ReactiveMongoTemplate 的 save 方法返回一个 Mono <BankAccountDetails>类型，该类型通过 RxJava2Adapter 的 monoToMaybe 方法转换为 RxJava 2 的 Maybe <BankAccountDetails>类型。类似地，在 addFixedDeposit 方法中，Mono <Void>类型通过 RxJava2Adapter 的 monoToCompletable 方法转换为 RxJava 2 的 Completable 类型。

测试数据访问层

在 ch19-reactor3-webservice 和 ch19-rxjava2-webservice 项目中，可以通过 BankAccountService 接口访问存储库方法。代码清单 19-11 展示了 ch19-rxjava2-webservice 项目的 BankAccountService 接口。

代码清单 19-11 BankAccountService——服务接口

```
Project-ch19-rxjava2-webservice
Source location - src/main/java/sample/spring/chapter19/bankapp/service
package sample.spring.chapter19.bankapp.service;

import io.reactivex.*;

public interface BankAccountService {
    Single<String> createBankAccount(BankAccountDetails bankAccountDetails);
    Single<BankAccountDetails> saveBankAccount(
            BankAccountDetails bankAccountDetails);
    .....
    Flowable<BankAccountDetails> findByCustomQuery(int balance);
    Completable addFixedDeposit(String bankAccountId, int amount);
}
```

由于我们不希望对 BankAccountService 方法的调用被阻塞，因此 BankAccountService 接口中定义的方法返回反应式类型。

代码清单 19-12 展示了实现代码清单 19-11 中 BankAccountService 接口的 BankAccountServiceImpl 类。

代码清单 19-12 BankAccountServiceImpl——服务实现

```
Project-ch19-rxjava2-webservice
Source location - src/main/java/sample/spring/chapter19/bankapp/service
package sample.spring.chapter19.bankapp.service;

import io.reactivex.*;
import reactor.adapter.rxjava.RxJava2Adapter;
.....
@Service
public class BankAccountServiceImpl implements BankAccountService {

    @Autowired
    private BankAccountRxJava2Repository bankAccountRepository;

    @Override
    public Single<String> createBankAccount(
            BankAccountDetails bankAccountDetails) {
        return RxJava2Adapter.monoToSingle(bankAccountRepository.save(
                bankAccountDetails).map(e -> e.getAccountId()));
    }
    .....
    @Override
```

```
    public Maybe<BankAccountDetails> findOne(String id) {
        return RxJava2Adapter.monoToMaybe(bankAccountRepository.findById(id));
    }
    .....
}
```

我们在代码清单 19-3 中看到，BankAccountRxJava2Repository 接口中定义的方法返回由 RxJava 2 定义的反应式类型。但是，Spring Data MongoDB 的 ReactiveMongoRepository 定义的方法（如 save、findById 等）返回由 Reactor 定义的反应式类型。因此，访问 ReactiveMongoRepository 方法的服务方法（如 createBankAccount、saveBankAccount 和 findOne）必须使用 RxJava2Adapter 来执行从 Reactor 的反应式类型到 RxJava 2 的反应式类型的转换。

代码清单 19-13 展示了 ch19-rxjava2-webservice 项目的 DataAccessTest 类，其 main 方法调用了 BankAccountService 方法与 MongoDB 数据库进行反应式交互。

代码清单 19-13　DataAccessTest——测试反应式存储库

```
Project-ch19-rxjava2-webservice
Source location - src/test/java/sample/spring/chapter19/bankapp
package sample.spring.chapter19.bankapp;
.....
public class DataAccessTest {
  private static Logger logger = LogManager.getLogger(DataAccessTest.class);
  private static BankAccountService bankAccountService;

  public static void main(String args[]) throws Exception {
    .....
    BankAccountDetails bankAccountDetails_2 = getNewBankAccountDetails();
    bankAccountService.saveBankAccount(bankAccountDetails_2).subscribe(
            bankAccountDetails -> bankAccountService.addFixedDeposit(
                    bankAccountDetails.getAccountId(), 2000)
                .subscribe(() -> logger.info("Fixed deposit successfully added to "
                                 + bankAccountDetails.getAccountId()),
                           error -> logger.info("addFixedDeposit -> "
                                 + Exception occurred while adding fixed deposit : '"
                                 + error.getMessage()
                                 + "'")
                )
         );
    .....
  }
  .....
}
```

ch19-rxjava2-webservice 的 DataAccessTest 类几乎与 ch19-reactor3-webservice 项目的 DataAccessTest 类完全相同（见代码清单 19-8）。唯一的区别是 Completable 的 subscribe 方法（由 BankAccountService 的 addFixedDeposit 方法返回）接受两个处理者（而不是 3 个）—— 一个用于处理完成信号，另一个用于处理错误信号。

开发反应式应用程序要求所有应用程序层本质上都是非阻塞的。在本节中，我们了解了如何开发 RESTful Web 服务的数据访问层和服务层。现在让我们看一下如何使用 Spring WebFlux 开发 RESTful Web 服务的 Web 层。

19.4　使用 Spring WebFlux 开发 Web 层

Spring WebFlux 模块（在 Spring 5 中引入）支持开发反应式 Web 应用程序和 RESTful Web 服务。与 Spring Web MVC 一样，你可以使用@Controller、@GetMapping 等注解来编写反应式 Web 控制器。

由于 Servlet API 的 HttpServletRequest 和 HttpSerlvetResponse 对象本质上是非反应式的，因此 WebFlux 使用 ServerHttpRequest 和 ServerHttpResponse（见 Spring 5 API 的 org.springframework.http.server.reactive 包）分别表示反应式 HTTP 请求和反应式 HTTP 响应对象。由于从 InputStream 读取和写入 OutputStream 本质上是阻塞的，ServerHttpRequest 和 ServerHttpResponse 对象将请求主体和响应主体暴露为 Flux <DataBuffer> 类型。Flux 是 Spring Reactor 的反应式类型，Spring 的 DataBuffer 类型是字节缓冲区的一个抽象。

让我们来看一下如何编写一个反应式 Web 控制器。

19.4.1 编写反应式 Web 控制器

代码清单 19-14 展示了在 ch19-reactor3-webservice 项目中调用 BankAccountService 方法的 BankAccount-Controller 类（一个反应式 Web 控制器）。

代码清单 19-14 BankAccountController—— 一个反应式 Web 控制器

```
Project-ch19-reactor3-webservice
Source location - src/main/java/sample/spring/chapter19/bankapp/controller
package sample.spring.chapter19.bankapp.controller;

import org.springframework.web.bind.annotation.*;
import reactor.core.publisher.*;
.....
@RestController
@RequestMapping("/bankaccount")
public class BankAccountController {
    @Autowired
    private BankAccountService bankAccountService;

    @PostMapping("/createBankAccount")
    public Mono<String> createBankAccount(
            @RequestBody BankAccountDetails bankAccountDetails) {
        return bankAccountService.createBankAccount(bankAccountDetails);
    }
    .....
    @GetMapping("/findOne/{id}")
    public Mono<BankAccountDetails> findOne(@PathVariable("id") String bankAccountId) {
        return bankAccountService.findOne(bankAccountId);
    }
    .....
    @PutMapping("/addFixedDeposit/{bankAccountId}/{amount}")
    public Mono<Void> addFixedDeposit(@PathVariable("bankAccountId") String bankAccountId,
            @PathVariable("amount") int amount) {
        return bankAccountService.addFixedDeposit(bankAccountId, amount);
    }
}
```

代码清单 19-14 展示了反应式和非反应式 Web 控制器之间的唯一区别是，反应式 Web 控制器的方法返回反应式类型。

注 意

ch19-rxjava2-webservice 的 BankAccountController 和 ch19-reactor3-webservice 的 BankAccount-Controller 之间的唯一区别是 ch19-rxjava2-webservice 的 BankAccountController 的方法返回由 RxJava 2 定义的反应式类型。

19.4.2 配置 Spring WebFlux

代码清单 19-15 展示了在 ch19-reactor3-webservice 项目中配置 WebFlux 的 WebConfig 类。

代码清单 19-15　WebConfig——配置 WebFlux

```
Project-ch19-reactor3-webservice
Source location - src/main/java/sample/spring/chapter19/bankapp
package sample.spring.chapter19.bankapp;

import org.springframework.web.reactive.config.EnableWebFlux;
.....
@EnableWebFlux
@Configuration
@ComponentScan(basePackages = "sample.spring.chapter19.bankapp.controller")
public class WebConfig { }
```

在代码清单 19-15 中，@EnableWebFlux 注解为项目配置了 WebFlux。@ComponentScan 指定了包含特定于 Web 层的类的包。由于控制器在 sample.spring.chapter19.bankapp.controller 包中定义，因此它被指定为@ComponentScan 注解的 basePackages 特性的值。

19.4.3　配置 ServletContext

你可以使用 Spring 的 AbstractAnnotationConfigDispatcherHandlerInitializer 类以编程方式配置基于 WebFlux 的 Web 应用程序（或 RESTful Web 服务）的 ServletContext，如代码清单 19-16 所示。

代码清单 19-16　BankAppInitializer——配置 ServletContext

```
Project-ch19-reactor3-webservice
Source location - src/main/java/sample/spring/chapter19/bankapp
package sample.spring.chapter19.bankapp;

import .....web.reactive.support.AbstractAnnotationConfigDispatcherHandlerInitializer;
.....
public class BankAppInitializer extends
        AbstractAnnotationConfigDispatcherHandlerInitializer {

    @Override
    protected Class<?>[] getConfigClasses() {
        return new Class[] { WebConfig.class,
            DatabaseConfig.class, BankAccountServiceImpl.class };
    }
}
```

getConfigClasses 方法返回我们要在应用程序上下文中注册的@Configuration（或@Component）类。WebConfig.class 在 Web 层中注册 bean，DatabaseConfig.class 在数据访问层中注册 bean。由于 BankAccountServiceImpl 是项目中唯一的服务实现，因此 getConfigClasses 方法也返回它。

如果在 Tomcat 上部署 ch19-reactor3-webservice（或 ch19-rxjava2-webservice）项目，则可以使用 Spring 的 WebClient 类（在 Spring 5 中引入）来反应式地调用 BankAccountController 方法。

19.4.4　使用 WebClient 与反应式 RESTful Web 服务交互

Spring 的 WebClient 类（与 RestTemplate 不同）允许你与反应式 RESTful Web 服务进行反应式交互。在 Spring 5 中，WebClient 也是与非反应式 RESTful Web 服务异步交互的首选方式。

> **注　意**
>
> ch19-reactor3-webservice 和 ch19-rxjava2-webservice 项目都包含一个 ReactiveWebClient 类（在 src/main/test 资源文件夹中），它使用 WebClient 与 webservice 进行反应式交互。

代码清单 19-17 展示了 ch19-reactor3-webservice 项目的 ReactiveWebClient 类，它使用 WebClient 与 ch19-reactor3-webservice 项目所代表的 RESTful Web 服务进行交互。

代码清单 19-17 ReactiveWebClient—— 一个反应式 Web 服务客户端

```
Project-ch19-reactor3-webservice
Source location - src/test/java/sample/spring/chapter19/bankapp
package sample.spring.chapter19.bankapp;

import org.springframework.http.MediaType;
import org.springframework.web.reactive.function.BodyInserters;
import org.springframework.web.reactive.function.client.WebClient;
.....
public class ReactiveWebClient {
  .....
  private static WebClient webClient =
       WebClient.create("http://localhost:8080/ch19-reactor3-webservice/bankaccount");

  public static void main(String args[]) throws InterruptedException {

    // --create a new BankAccountDetails entity
    webClient.post().uri("/createBankAccount")
        .accept(MediaType.APPLICATION_JSON)
        .body(BodyInserters.fromObject(getNewBankAccountDetails()))
        .retrieve()
        .bodyToMono(String.class)
        .subscribe(id -> logger.info("createBankAccount method. returned id is -> " + id));

    // --find BankAccountDetails entities with balance 1000
    webClient.get().uri("/findByBalance/{balance}",1000)
        .accept(MediaType.APPLICATION_JSON)
        .retrieve()
        .bodyToFlux(BankAccountDetails.class)
        .subscribe(account -> logger.info("account with balance 1000 -> "
          + account.getAccountId()));
    .....
  }
  .....
  private static BankAccountDetails getNewBankAccountDetails() {
    BankAccountDetails bankAccountDetails = new BankAccountDetails();
    bankAccountDetails.setBalance(1000);
    .....
  }
}
```

WebClient 的 create 方法使用 base URL、主机和端口信息创建了一个 WebClient 实例。由于 ch19-reactor3-webservice 在端口 8080 上本地部署，BankAccountController 映射到/bankaccount 请求路径，因此将 http://localhost:8080/ch19-reactor3-webservice/bankaccount 这个 URL 传递给 create 方法。

代码清单 19-17 展示了 ReactiveWebClient 如何调用 BankAccountController 的 createBankAccount 和 findByBalance 方法。以下是代码清单 19-17 中需要注意的重点。

- WebClient 的 post 方法创建一个 HTTP POST 请求，WebClient 的 get 方法创建一个 HTTP GET 请求。
- 创建 HTTP 请求后，uri 方法会指定请求 URI 模板。如果 URI 模板包含变量，则第一个方法参数是 URI 模板，接着是 URI 变量的值，例如，在 uri("findByBalance/{balance}", 1000)方法调用中，“findByBalance/{balance}”是 URI 模板，1000 是{balance} URI 变量的值。
- accept 方法指定了 Accept 请求 HTTP 标头的值。MediaType.APPLICATION_JSON 常量的值是“application / json”，这意味着来自 Web 服务的响应数据必须是 JSON 格式。
- body 方法（针对 POST、PUT 和 PATCH HTTP 请求）设置请求主体。对 BodyInserters.fromObject 方法的调用将给定对象写入请求主体。在代码清单 19-17 中，BodyInserters.fromObject(getNewBankAccount

Details())将 getNewBankAccountDetails 方法返回的 BankAccountDetails 对象写入 HTTP 请求主体。

- retrieve 方法发送 HTTP 请求并获取响应正文。
- bodyToMono 方法将响应主体提取为 Mono。响应主体的类型被指定为 bodyToMono 方法的参数。当 BankAccountController 的 createBankAccount 方法返回 Mono <String>类型时，将调用 bodyToMono（String.class）方法将响应主体转换为 Mono <String>。
- bodyToFlux 方法将响应主体提取为 Flux。当 BankAccountController 的 findByBalance 方法返回 Flux <BankAccountDetails>类型时，调用 bodyToFlux（BankAccountDetails.class）方法将响应主体转换为 Flux <BankAccountDetails>。

我们之前看到，如果账户余额小于定期存款金额，BankAccountReactorRepositoryCustom 的 addFixedDeposit 方法会抛出 RuntimeException（见代码清单 19-5）。代码清单 19-18 展示了 ReactiveWebClient 的 main 方法首先创建一笔余额为 1000 的 BankAccountDetails，然后尝试创建一笔金额为 2000 的定期存款（这将导致 Web 服务抛出异常）。

代码清单 19-18 ReactiveWebClient——调用 BankAccountController 的 addFixedDeposit 方法

```
Project-ch19-reactor3-webservice
Source location - src/test/java/sample/spring/chapter19/bankapp
package sample.spring.chapter19.bankapp;

import org.springframework.http.HttpStatus;
import sample.spring.chapter19.bankapp.exception.NotEnoughBalanceException;
.....
public class ReactiveWebClient {
  private static WebClient webClient =
       WebClient.create("http://localhost:8080/ch19-reactor3-webservice/bankaccount");

  public static void main(String args[]) throws InterruptedException {
    .....
    webClient.post().uri("/saveBankAccount").
        .....
        .subscribe(accountId -> addFixedDeposit(accountId, 2000)
              .subscribe(
                  item -> logger.info("Received item : " + item),
                  error -> logger.info("addFixedDeposit -->
                     Exception occurred while adding fixed deposit : '"
                     + error.getMessage() + "'"),
                  () -> logger.info("Fixed deposit successfully added to " + accountId)));
    .....
  }

  private static Mono<Void> addFixedDeposit(String accountId, int amount) {
    return webClient
        .put()
        .uri("/addFixedDeposit/{bankAccountId}/{amount}", accountId, amount)
        .accept(MediaType.APPLICATION_JSON)
        .retrieve()
        .onStatus(statusCode -> HttpStatus.INTERNAL_SERVER_ERROR.equals(statusCode),
            clientResponse ->
              Mono.error(new NotEnoughBalanceException("Not enough
                  balance in the bank account")))
        .bodyToMono(Void.class);
  }
  .....
}
```

在代码清单 19-18 中，对/saveBankAccount URI 的 POST HTTP 请求调用 BankAccountController 的 saveBankAccount 方法。该方法创建一个余额为 1000 的 BankAccountDetails 实体。然后将 PUT HTTP 请求

发送到调用 BankAccountController 的 addFixedDeposit 方法的/addFixedDeposit/{bankAccountId}/{amount} URI（其中{bankAccountId}是新创建的 BankAccountDetails 实体的银行账户 ID，{amount}为 2000）。由于账户余额为 1000，而我们尝试创建一笔 2000 的固定存款，BankAccountReactorRepositoryCustomImpl 的 addFixedDeposit 方法将抛出 RuntimeException（见代码清单 19-5）。

在代码清单 19-18 中展示的 addFixedDeposit 方法中需要注意以下几件重要事项。

- WebClient 的 put 方法用于创建 HTTP PUT 请求。
- uri 方法指定/addFixedDeposit/{bankAccountId}/{amount}作为 URI 模板。{bankAccountId}和{amount} URI 变量的值作为方法参数提供。
- 如果 HTTP 响应状态代码为 4xx 或 5xx，则 bodyToMono（或 bodyToFlux）方法使用 WebClient-ResponseException（特定于 Spring WebFlux 的异常）创建一个包含实际 HTTP 响应数据的 Mono（或 Flux）。你可以使用 onStatus 方法自定义此行为。onStatus 方法的第一个参数指定执行异常函数（由第二个参数指定）的异常条件。异常条件接收 HTTP 响应状态代码作为输入。在代码清单 19-18 中，statusCode　-> HttpStatus.INTERNAL_SERVER_ERROR.equals（statusCode）表达式指定仅当从 Web 服务接收的 HTTP 响应状态代码为 500（即“内部服务器错误”）时才执行异常函数。异常函数接收 ClientResponse 对象（表示 HTTP 响应）作为输入，异常函数可用于获取 HTTP 状态代码、标头和响应主体。异常函数必须返回包含 Throwable 的 Mono。在代码清单 19-18 中，异常函数创建了一个 NotEnoughBalanceException 实例（一个自定义异常），并通过调用 Mono 的 error 方法将其包装在 Mono 中。
- 我们通过使用 Void.class 作为参数调用 bodyToMono 方法来创建 Mono <Void>。

如果运行 ReactiveWebClient 的 main 方法，当请求发送到/addFixedDeposit/{bankAccountId}/{amount} URI 时，你会发现有以下消息写入控制台：

```
INFO  sample.spring.chapter19.bankapp.ReactiveWebClient - addFixedDeposit --> Exception occurred
while adding fixed deposit : 'Not enough balance in the bank account'
```

请注意，自定义异常消息“Not enough balance in the bank account”会写入输出。

如果删除 onStatus 方法并重新运行 ReactiveWebClient 的 main 方法，你将在控制台上看到以下输出：

```
INFO  sample.spring.chapter19.bankapp.ReactiveWebClient - addFixedDeposit --> Exception occurred
while adding fixed deposit : 'ClientResponse has erroneous status code: 500 Internal Server Error'
```

请注意，现在异常消息本质上非常通用，它只是描述从 Web 服务接收的 HTTP 响应状态代码。

让我们看一下 Web 浏览器如何使用 Server-Sent Events 接收由反应式 Web 服务发布的数据。

19.4.5　使用服务器发送事件接收数据

服务器发送事件（Server-Sent Event，SSE）允许 Web 浏览器自动从服务器接收更新。你可以使用 SseEmitter 类（在 org.springframework.web.servlet.mvc.method.annotation 包中定义）从 Spring Web MVC 应用程序发送服务器发送事件。如果你使用的是 Spring WebFlux，则任何返回 Flux（或 Flowable）类型的控制器方法都可用于发送服务器发送事件。

代码清单 19-19 展示了 BankAccountController 中发送服务器发送事件的 findByCustomQuerySse 方法。

代码清单 19-19　BankAccountController——发送服务器发送事件

```
Project-ch19-reactor3-webservice
Source location - src/main/java/sample/spring/chapter19/bankapp/controller
  @GetMapping(path = "/findByCustomQuerySse/{balance}",
       produces = MediaType.TEXT_EVENT_STREAM_VALUE)
  public Flux<BankAccountDetails>
          findByCustomQuerySse(@PathVariable("balance") int balance) {

    return bankAccountService.findByCustomQuery(balance).doOnNext(account -> {
      try {
        Thread.sleep(1000);
```

```
            } catch (InterruptedException e) {
                e.printStackTrace();
            }
        });
    }
```

在代码清单 19-19 中，@GetMapping 的 produce 特性指定 findByCustomQuerySse 方法返回一个事件流。MediaType.TEXT_EVENT_STREAM_VALUE 的值为“text / event-stream”，这意味着仅当 Accept 请求标头的值为“text /event-stream”时才调用 findByCustomQuerySse 方法。为了模拟一个事件流，我们使用 Flux 的 doOnNext 方法在两次发送之间添加了 1s 的延迟。

如果你现在打开支持服务器发送事件的 Web 浏览器（如 Chrome、Firefox 和 Safari）并单击 URL http://localhost：8080 /ch19-reactor3-webservice/bankaccount/findByCustomQuerySse/1000，就会注意到银行账户数据在服务器端已经做了流式处理。

你还可以使用 Javascript 的 EventSource 对象（在支持的浏览器中）接收服务器发送事件，例如，代码清单 19-20 展示了如何从 BankAccountController 的 findByCustomQuerySse 方法接收服务器发送事件。

代码清单 19-20　使用 EventSource 对象接收服务器发送事件

```
var eventSource = new EventSource(
        "/ch19-reactor3-webservice/bankaccount/findByCustomQuerySse/1000");
eventSource.onmessage = function(sse) {
    var newElement = document.getElementById("sseData");
    newElement.innerHTML += sse.data + "<br><br>";
}
```

如代码清单 19-20 所示，通过将 URI 传递给 BankAccountController 的 findByCustomQuerySse 方法来创建了一个 EventSource 对象。每次从服务器收到事件时，都会调用 EventSource 的 onmessage 处理程序。如上所示，你可以使用事件的 data 特性获取事件数据，并使用它更新用户界面。

现在让我们看一下如何使用 Spring Security 保护 WebFlux 应用程序。

IMPORT chapter 19/ch19-reactor3-secured-webservice（该项目是 ch19-reactor3-web 服务项目的变体，用 Spring Security 5 来保护 Web 请求和方法。）

19.5　保护 WebFlux 应用程序的安全性

Spring Security 5 为反应式保护 WebFlux 应用程序的安全性提供支持。与 Spring Web MVC 一样，你可以使用 Spring Security 为 WebFlux 应用程序添加 Web 请求安全性和方法级安全性。

代码清单 19-21 展示了 ch19-reactor3-secured-webservice 项目的 SecurityConfig 类。该项目为 Web 服务配置 Web 请求安全性和方法级安全性。

代码清单 19-21　SecurityConfig——Web 请求安全性和方法级安全性配置

```
Project-ch19-reactor3-secured-webservice
Source location - src/main/java/sample/spring/chapter19/bankapp
package sample.spring.chapter19.bankapp;

import org.springframework.security.config.annotation.method.configuration
.EnableReactiveMethodSecurity;
import org.springframework.security.config.annotation.web.reactive.EnableWebFluxSecurity;
import org.springframework.security.core.userdetails.ReactiveUserDetailsService;
import org.springframework.security.config.web.server.ServerHttpSecurity;
.....
@EnableWebFluxSecurity
@EnableReactiveMethodSecurity
@Configuration
```

```
public class SecurityConfig {
    @Bean
    public ReactiveUserDetailsService userDetailsService() {
        UserDetails user =  User.withDefaultPasswordEncoder()
                                .username("user").password("user").roles("USER")
                                .build();
        UserDetails admin = User.withDefaultPasswordEncoder()
                                .username("admin").password("admin").roles("ADMIN")
                                .build();
        return new MapReactiveUserDetailsService(user, admin);
    }

    @Bean
    public SecurityWebFilterChain springSecurityFilterChain(ServerHttpSecurity http) {
        return http.authorizeExchange().anyExchange().authenticated()
                .and().httpBasic()
                .and().csrf().disable()
                .build();
    }
}
```

在代码清单 19-21 中，@EnableWebFluxSecurity（类似于@EnableWebSecurity 注解）为 WebFlux 应用程序启用了安全性，@EnableReactiveMethodSecurity（类似于@EnableGlobalMethodSecurity 注解）启用了方法级安全性。

userDetailsService 方法返回一个用于 Spring Security 的身份验证的 ReactiveUserDetailsService（UserDetailsService 的反应式版本）bean。如代码清单 19-21 所示，我们创建了两个 UserDetails 对象（一个用于具有 USER 角色的用户，一个用于具有 ADMIN 角色的用户），并将它们添加到 MapReactiveUserDetailsService（ReactiveUserDetailsService 的一个实现）。

springSecurityFilterChain 方法返回一个 SecurityWebFliterChain bean，它反应式地应用了 Web 请求安全性。与 servlet 过滤器（本质上是阻塞的）不同，SecurityWebFilterChain 由反应式处理请求的 WebFilters（请参阅 Spring Framework API 中的 org.springframework.web.server.WebFilter 接口）组成。springSecurityFilterChain 方法随 ServerHttpSecurity 对象（在 Spring Security 5 中引入）一起提供，该对象用于反应式地配置 Web 请求安全性。在代码清单 19-21 中，authorizeExchange().anyExchange().authenticated()指定了只允许经过身份验证的 Web 请求，httpBasic()配置了 HTTP 基本身份验证，csrf().disable()禁用了 CSRF 保护。

代码清单 19-22 展示了 BankAccountService 类，其 findByCustomQuery 方法使用了 Spring Security 的@PreAuthorize 注解。

代码清单 19-22　BankAccountService——使用@PreAuthorize 注解保护方法

```
Project-ch19-reactor3-secured-webservice
Source location - src/main/java/sample/spring/chapter19/bankapp/service
package sample.spring.chapter19.bankapp.service;

import org.springframework.security.access.prepost.PreAuthorize;
.....
public interface BankAccountService {
    Flux<BankAccountDetails> findByBalance(int balance);
    .....
    @PreAuthorize("hasRole('ADMIN')")
    Flux<BankAccountDetails> findByCustomQuery(int balance);
    .....
}
```

findByCustomQuery 方法上的@PreAuthorize("hasRole('ADMIN')")注解指定了该方法只能由具有角色 ADMIN 的经过身份验证的用户调用。另外，任何用户都可以调用像 findByBalance（未使用@PreAuthorize 注解）这样的方法。

代码清单 19-23 展示了 ch19-reactor3-secured-webservice 项目的 ReactiveWebClient 类。该类使用 WebClient 调用 BankAccountController 的方法。

代码清单 19-23　ReactiveWebClient——访问受保护的 Web 服务

```
Project-ch19-reactor3-secured-webservice
Source location - src/test/java/sample/spring/chapter19/bankapp
package sample.spring.chapter19.bankapp;

import static org.springframework.web.reactive.function.client.ExchangeFilterFunctions
.basicAuthentication;
.....
public class ReactiveWebClient {
  private static WebClient unauthenticatedWebClient = WebClient.
       create("http://localhost:8080/ch19-reactor3-secured-webservice/bankaccount");

  private static WebClient userWebClient =
    WebClient.builder().filter(basicAuthentication("user", "user"))
    .baseUrl("http://localhost:8080/ch19-reactor3-secured-webservice/bankaccount").build();

  private static WebClient adminWebClient =
    WebClient.builder().filter(basicAuthentication("admin", "admin"))
    .baseUrl("http://localhost:8080/ch19-reactor3-secured-webservice/bankaccount").build();

  public static void main(String args[]) throws InterruptedException {
    unauthenticatedWebClient.get().uri("/findByBalance/{balance}", 1000)
       .....
       .subscribe(
            account -> logger.info("Unauthenticated  /findByBalance/{balance} ->
                        account with balance 1000 -> " + account.getAccountId()),
            error -> logger.info("Unauthenticated  /findByBalance/{balance} -> error -> "
                        + error));

    userWebClient.get().uri("/findByBalance/{balance}", 1000)
       .....
       . subscribe(
            account -> logger.info("USER  /findByBalance/{balance} ->
                         account with balance 1000 -> " + account.getAccountId()),
            error -> logger.info("USER /findByBalance/{balance} -> error -> " + error));

    userWebClient.get().uri("/findByCustomQuery/{balance}", 1000)
        .....
        .subscribe(
            account -> logger.info("USER /findByCustomQuery/{balance} ->
                         account with balance 1000 -> " + account.getAccountId()),
            error -> logger.info("USER /findByCustomQuery/{balance} -> error -> "
              + error));

    adminWebClient.get().uri("/findByCustomQuery/{balance}", 1000)
        .....
        .subscribe(
            account -> logger.info("ADMIN /findByCustomQuery/{balance} ->
                         account with balance 1000 -> " + account.getAccountId()),
            error -> logger.info("ADMIN /findByCustomQuery/{balance} -> error -> "
                  + error));
  }
}
```

在代码清单 19-23 中，我们创建了以下 WebClient 实例：

- unauthenticatedWebClient——未向请求添加任何授权标头的 WebClient；
- userWebClient——为角色为 USER 的用户添加授权标头的 WebClient；
- adminWebClient——为角色为 ADMIN 的用户添加授权标头的 WebClient。

请注意，unauthenticatedWebClient 实例的创建方式与 userWebClient 和 adminWebClient 实例不同。创建 userWebClient 和 adminWebClient 实例时，使用了 WebClient 构建器（由 builder()方法返回）创建 WebClient 实例，并使用 ExchangeFilterFunctions 的 baseAuthentication 静态方法添加 Authorization 标头。

让我们看一下当使用 unauthenticatedWebClient、userWebClient 和 adminWebClient 实例将请求发送到受保护的 Web 服务时会发生如下情况。

- 当使用 unauthenticatedWebClient 向/findByBalance/{balance}发送请求时，它受到了 Spring Security 的限制，因为我们在安全配置中指定（见代码清单 19-21），只允许经过身份验证的请求。
- 当使用 userWebClient 向/findByBalance/{balance}发送请求时，该请求包含具有 USER 角色的用户的 Authorization 标头。当请求成功通过配置的 ReactiveUserDetailsService 的身份验证时（见代码清单 19-21），Spring Security 允许访问/findByBalance/{balance}。
- 当使用 userWebClient 向/findByCustomQuery/{balance}发送请求时，该请求包含具有 USER 角色的用户的 Authorization 标头。成功验证请求后，Spring Security 允许访问/ findByCustomQuery/{balance} 请求 URI。现在，在执行 BankAccountService 的 findByCustomQuery 方法时，Spring Security 发现经过身份验证的用户具有 USER 角色（而不是 ADMIN）。由于 findByCustomQuery 方法使用了 @PreAuthorize("hasRole('ADMIN')")注解，因此 Spring Security 拒绝访问 findByCustomQuery 方法。
- 当使用 adminWebClient 向/findByCustomQuery/{balance}发送请求时，请求包含 ADMIN 角色的用户的 Authorization 标头。成功验证请求后，Spring Security 允许访问/ findByCustomQuery / {balance} 请求 URI。由于经过身份验证的用户具有 ADMIN 角色并且在 findByCustomQuery 方法上使用了 @PreAuthorize（"hasRole（'ADMIN'）"）注解，因此 Spring Security 允许访问 findByCustomQuery 方法。

如果运行 ReactiveWebClient 的 main 方法，你将看到以下输出：

```
Unauthenticated /findByBalance/{balance} -> error ->
org.springframework.web.reactive.function.client. WebClientResponseException: ClientResponse has erroneous
status code: 401 Unauthorized

USER /findByCustomQuery/{balance} -> error ->
org.springframework.web.reactive.function.client.  WebClientResponseException:  ClientResponse  has
erroneous status code: 403 Forbidden
ADMIN /findByCustomQuery/{balance} -> account with balance 1000 -> 59fc023fb533e71150514aa8

USER  /findByBalance/{balance} -> account with balance 1000 -> 59fc023fb533e71150514aa8
```

注 意

请注意，Web 服务响应的顺序与我们调用 Web 服务的顺序不同。由于反应式 RESTful Web 服务本质上是非阻塞和异步的，因此响应通常是交错的。

输出显示：

- 当未经身份验证的用户访问/findByBalance/{balance} URI 时，Web 服务返回 401（未授权）HTTP 响应代码；
- 当一个经过身份验证的 USER 角色的用户访问/findByCustomQuery/{balance} URI 时，Web 服务返回 403（禁止）HTTP 响应代码；
- 当一个具有 USER 角色的经过身份验证的用户访问/findByBalance/{balance} URI 时，Web 服务将使用数据进行响应；

- 当一个具有 ADMIN 角色的经过身份验证的用户访问/findByCustomQuery/{balance} URI 时，Web 服务将使用数据进行响应。

19.6 小结

在本章中，我们研究了如何创建一个反应式 RESTful Web 服务，其中所有应用程序层和数据库驱动程序本质上都是反应式的。我们专门研究了如何使用 Spring Data MongoDB 的反应式支持来构建 Web 服务的数据访问层，以及如何使用 Spring WebFlux 模块来构建 Web 服务的 Web 层。我们还研究了如何使 Spring Security 的反应式支持在基于 WebFlux 的应用程序中实现 Web 请求和方法级安全性。

附录A　下载和安装 MongoDB 数据库

在本附录中，我们将介绍如何下载安装 MongoDB 数据库以及如何在 Windows 上对该数据库进行访问。

A.1　下载并安装 MongoDB 数据库

请访问 MongoDB 官网查找并下载适用于你的操作系统的 MongoDB 数据库。例如，如果你使用 Windows，请下载用于安装 MongoDB 的 msi 文件。若要在 Windows 上安装 MongoDB，只需双击下载的 msi 文件，然后按照安装向导操作。

启动 MongoDB 数据库服务器

在 Windows 上，MongoDB 安装目录包含一个包含可执行文件的 bin 文件夹。转到 bin 文件夹并执行 mongod 命令，如下所示：

```
C:\>cd C:\Program Files\MongoDB\Server\3.4\bin
C:\Program Files\MongoDB\Server\3.4\bin>mongod --dbpath C:\data
```

mongodb 命令启动服务器，--dbpath 参数指定存储 MongoDB 数据的文件夹。如果 MongoDB 成功启动，你将在控制台上看到以下消息：

```
waiting for connections on port 27017
```

A.2　连接 MongoDB 数据库

在本节中，我们将介绍访问 MongoDB 数据库的工具 Nosqlclient。你可以从 GitHub 官网查找并下载 Windows 的 Nosqlclient ZIP 文件。

解压缩下载的 Nosqlclient ZIP 文件，然后单击 Nosqlclient.exe 文件启动 Nosqlclient。当用户界面启动以后，选择 Connect 选项以打开 MongoDB 连接列表。由于我们还没有配置任何连接，因此列表中不显示任何连接，如图 A-1 所示。

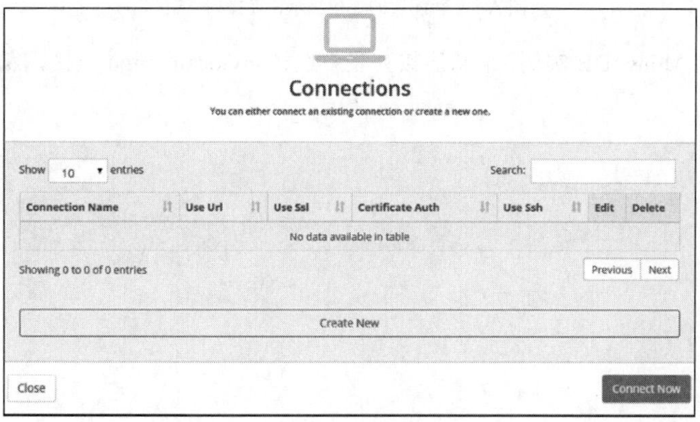

图 A-1　选择 Create New 选项以配置新的 MongoDB 连接

选择 Create New 选项将打开用于配置新的 MongoDB 连接的 Add Connection 对话框。参照图 A-2 输入连接详细信息，然后单击 Save changes 按钮。

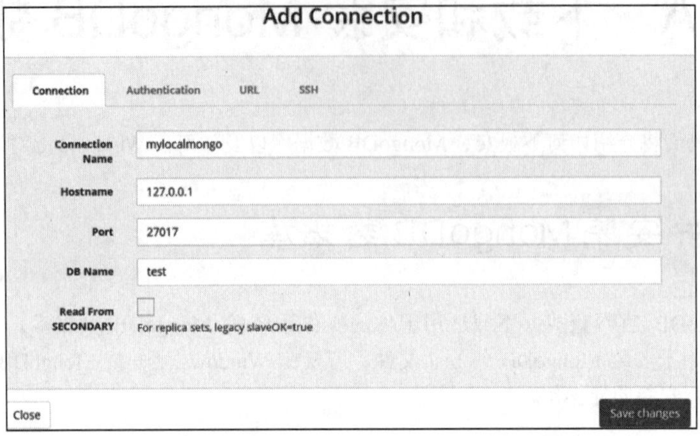

图 A-2 输入连接详细信息，然后单击 Save changes 按钮

如图 A-3 所示，输入的连接名称为 mylocalmongo，Hostname 为 127.0.0.1（也就是本地主机），27017 作为运行 MongoDB 实例的端口号，DB 名称为 test。默认情况下，在安装 MongoDB 时会创建 test 数据库。单击 Save changes 按钮后，连接详细信息将保存并显示在已配置的 MongoDB 连接列表中。

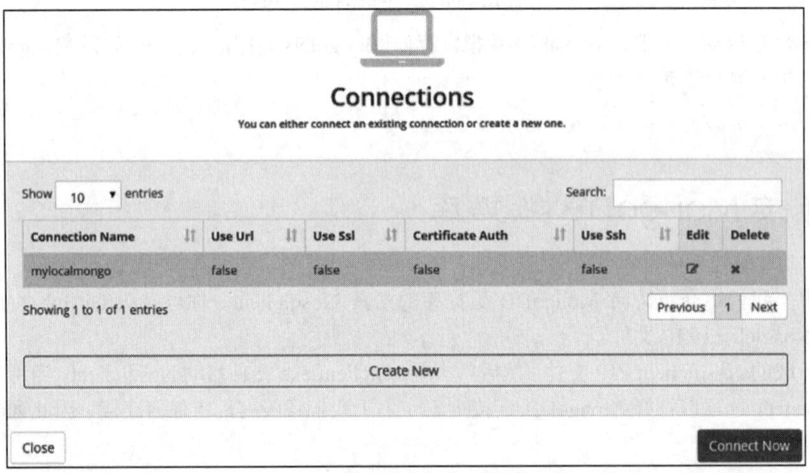

图 A-3 新配置的连接显示在连接列表中

现在，要连接到 MongoDB 实例，请从连接列表中选择 mylocalmongo 连接，然后单击 Connect Now 按钮。

附录 B　在 Eclipse IDE 中导入和运行示例项目

在本附录中，我们将介绍设置开发环境的方法，将示例项目导入到 Eclipse IDE 中，并将其作为独立应用程序运行（如果示例项目为独立的 Java 应用程序）或将其部署在 Tomcat 9 服务器上（如果示例项目为 Web 应用程序或一个 Web 服务）。

B.1　下载和安装 Eclipse IDE 和 Tomcat 9

在设置开发环境之前，你需要做以下事情。

- 下载并安装 Eclipse IDE。你可以从 Eclipse 官网下载适用于 Java EE 开发人员的 Eclipse IDE。要安装 Eclipse IDE，你只需将下载的 ZIP 文件解压到一个目录中即可。
- 下载并安装 Tomcat 9 服务器。你可以从 Tomcat 官网下载 Tomcat 9 服务器。建议你下载打包为 ZIP 文件的 Tomcat 9，然后将压缩包解压缩到本地文件系统中。

B.2　将示例项目导入 Eclipse IDE 中

要成功导入示例项目，你需要执行以下操作：

- 将项目导入到 Eclipse IDE 中；
- 在 Eclipse IDE 中配置一个 M2_REPO 类路径变量。M2_REPO 变量指向包含项目所依赖的 JAR 文件的本地 maven 仓库。

B.2.1　将示例项目导入 Eclipse IDE 中

请按照下列步骤操作来将一个示例项目导入到 Eclipse IDE 中。

- 打开命令提示符并设置 JAVA_HOME 环境变量来指向 Java SDK 安装目录。

```
C:\> set JAVA_HOME=C:\Program Files\Java\jdk1.8.0_92
```

- 转到包含示例项目的目录。

```
C:\> cd spring-samples
C:\spring-samples> cd ch01-bankapp-xml
C:\spring-samples\ch01-bankapp-xml>
```

- 将 maven 安装的 bin 目录的路径添加到 PATH 环境变量中。

```
C:\spring-samples\ch01-bankapp-xml> set path=%path%; C:\apache-maven-3.0.4\bin
```

- 如果要将示例项目导入 Eclipse IDE，请执行 Maven Eclipse Plugin 的 eclipse：eclipse 目标。

```
C:\spring-samples\ch01-bankapp-xml>mvn eclipse:eclipse
```

执行 eclipse：eclipse 目标下载示例项目的依赖项，并为 Eclipse IDE 创建配置文件（如.classpath 和.project）。

注 意

在源代码的根目录中，我们也提供了一个 pom.xml 文件，它构建了所有项目。你可以转到 spring-samples 目录并执行 mvn eclipse：eclipse 命令将所有项目转换为 Eclipse IDE 项目。

现在，通过以下步骤将示例项目导入 Eclipse IDE 中。

注 意

在源代码的根目录中还提供了 pom.xml 文件，该文件构建了所有项目。你可以转到 spring-samples 目录并执行 mvn eclipse：eclipse 命令将所有项目转换到 Eclipse IDE 中。

- 转到 File→Import 选项；
- 从对话框中选择 Maven→Existing Maven Projects 选项，单击 Next 按钮。
- 从文件系统中选择示例项目目录（如 ch01-bankapp-xml），单击 Finish 按钮。

你必须在此时连接到 Internet 以允许 Eclipse IDE 下载项目的依赖项（如 pom.xml 文件中所指定的）。

B.2.2 在 Eclipse IDE 中配置 M2_REPO 类路径变量

在将一个项目导入到 Eclipse IDE 时，你需要将项目的依赖项将下载到<home-directory>/.m2/repository 目录中。这里，<home-directory>是用户的主目录。在 Windows 上，这指的是 C:\Documents and Settings\<*myusername*>\。默认情况下，导入的项目的.classpath 文件指向使用 M2_REPO 类路径变量的项目的 JAR 依赖项。因此，你需要在 Eclipse IDE 中配置一个指向<home-directory>/.m2/repository 目录的新的 M2_REPO 类路径变量。

配置一个新的 M2_REPO 变量，执行以下步骤：

- 转到 Windows→Preferences 选项，这将显示 Preferences 对话框；
- 在对话框中选择 Java→Build Path→Classpath Variables 选项来查看配置的类路径变量；
- 现在，单击 New 按钮配置新的 M2_REPO 类路径变量。请注意，将 M2_REPO 类路径变量设置为<home-directory>/.m2/repository 目录。

我们现在已经将示例项目成功导入 Eclipse IDE 并设置了 M2_REPO 类路径变量。如果项目是一个独立应用程序，则可以按照以下步骤运行应用程序：

- 在 Eclipse IDE 的 Project Explorer 选项卡中，右键单击包含应用程序主方法的 Java 类。你现在将看到可以在所选 Java 类上执行的操作列表；
- 选择 Run As→Java Application 选项，这将执行 Java 类的 main 方法。

现在来介绍一下 Eclipse IDE 如何配置 Tomcat 9 服务器。

B.3 在 Eclipse IDE 中配置 Tomcat 9 服务器

你需要打开 Eclipse IDE 的 Servers 视图，才能在 Eclipse IDE 中配置 Tomcat 9 服务器。要打开 Servers 视图，可从 Eclipse IDE 的菜单栏中选择 Window→Show View→Servers 选项。要使用 Eclipse IDE 配置服务器，需先转到 Servers 视图，右键单击 Servers 视图，然后选择 New Server 选项。你现在将看到一个 New Server 向导，它允许你使用 Eclipse IDE 以步进方式配置服务器。第一步是 Define a New Server，其中你需要选择要配置 Eclipse IDE 服务器的类型和版本，如图 B-1 所示。

选择 Apache→Tomcat v9.0 Server 作为服务器，并以 Apache Tomcat v9.0 作为服务器名称。单击 Next 按钮，进入使用 Eclipse IDE 配置 Tomcat 9 服务器的下一步。下一步是指定 Tomcat 9 服务器的安装目录，如图 B-2 所示。

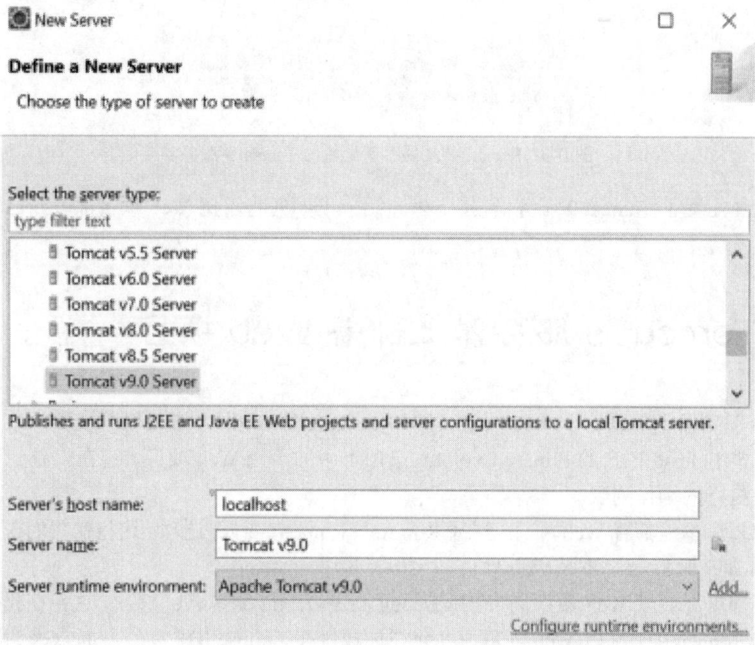

图 B-1 选择要用于 Eclipse IDE 的 Tomcat 服务器版本

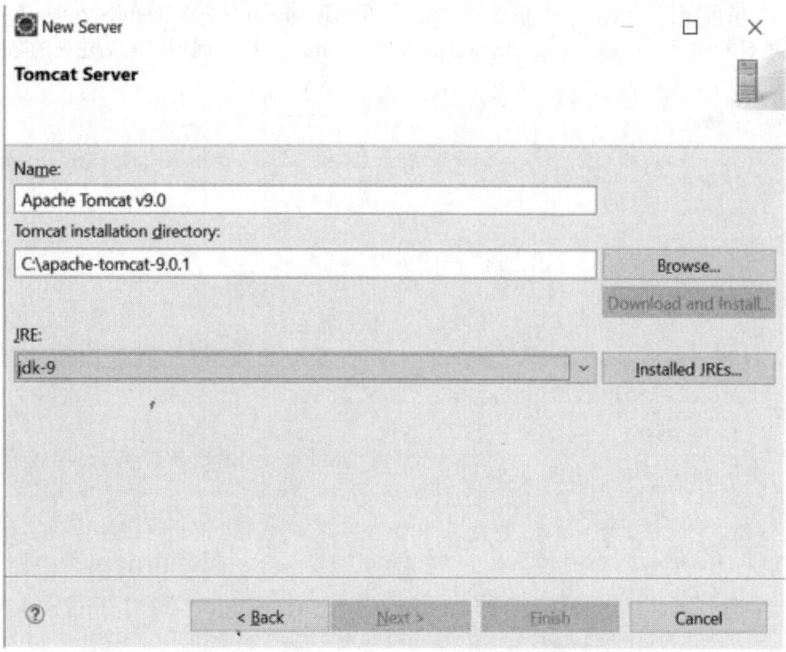

图 B-2 指定 Tomcat 服务器的安装目录并设置要由服务器使用的 Java SDK

要设置 Tomcat 安装目录，可单击 Browse 按钮，然后选择解压 Tomcat ZIP 文件的目录。此外，单击 Installed JREs 按钮，并配置 Eclipse IDE 用于运行 Tomcat 服务器的 Java SDK。单击 Finish 按钮，就完成了用 Eclipse IDE 配置 Tomcat 9 服务器的步骤。现在，可以在 Servers 视图中看到新配置的 Tomcat 9 服务器，如图 B-3 所示。

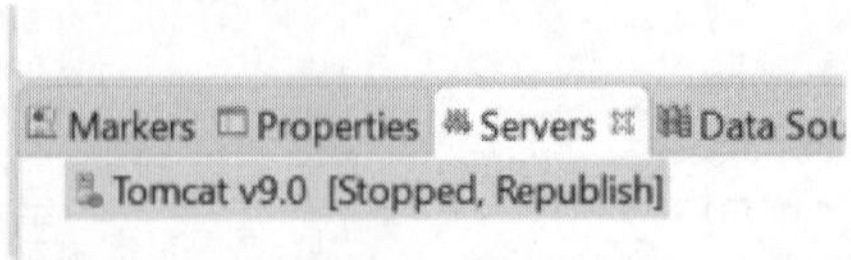

图 B-3 Servers 视图显示新配置的 Tomcat 9 服务器

现在我们已经配置了 Tomcat 9 服务器，接下来介绍一下如何将示例 Web 项目部署到已配置的 Tomcat 9 服务器上。

B.4 在 Tomcat 9 服务器上部署 Web 项目

在 Tomcat 9 服务器上部署一个 Web 项目（例如 ch12-helloworld），遵循以下步骤：

- 右键单击 Eclipse IDE 的 Project Explorer 选项卡中的示例 Web 项目。现在将看到可以在所选 Web 项目上执行的操作列表。
- 如果想要简单地部署 Web 项目，选择 Run As→Run on Server 选项。这将在我们在 B.3 部分中配置的 Tomcat 9 服务器上部署 Web 项目。
- 如果要部署和调试 Web 项目，请选择 Debug As→Debug on Server 选项。这将在我们在 B.3 部分中配置的 Tomcat 9 上部署 Web 项目，并允许你通过在 Eclipse IDE 中设置断点来调试 Web 项目。

如果使用 Eclipse IDE 正确配置了 Tomcat 9 服务器，则会注意到 Tomcat 9 服务器已启动，并且 Web 项目已部署完成。如果现在打开一个 Web 浏览器并转到 http://localhost:8080/<sample-project-folder-name>，你将看到该 Web 项目的主页。这里，<sample-project-folder-name>是指示例项目的文件夹的名称。